U0347728

"985 工程"
现代冶金与材料过程工程科技创新平台资助

"十二五"国家重点图书出版规划项目

现代冶金与材料过程工程丛书

非平衡态冶金热力学

翟玉春 著

科学出版社

北 京

内 容 简 介

本书是第一本非平衡态冶金热力学的专著，构建了非平衡态冶金热力学的理论体系。系统地阐述了非平衡态冶金热力学的基础理论和基本知识，内容包括非平衡态热力学基础、单元和多元体系的均相反应、气体与无孔隙固体的反应、气体与多孔固体的反应、气-液相反应、液-液相反应、液-固相反应、固-固相反应和一些应用实例，给出了单元、多元、均相、多相远离平衡的冶金体系发生不可逆的传输过程和化学反应的吉布斯自由能变的公式，以及传输速度和化学反应速率的公式，讨论了过程的各种控制步骤，描述了单一过程的情况和多个过程的耦合。

本书可供冶金、材料、化学、化工、地质等专业的本科生、研究生、教师、科技人员学习和参考。

图书在版编目（CIP）数据

非平衡态冶金热力学/翟玉春著. —北京：科学出版社，2017.6

（现代冶金与材料过程工程丛书）

"十二五"国家重点图书出版规划项目

ISBN 978-7-03-052698-4

Ⅰ. 非⋯　Ⅱ. 翟⋯　Ⅲ. ①冶金-不可逆过程热力学-研究　Ⅳ. TF01

中国版本图书馆 CIP 数据核字（2017）第 099650 号

责任编辑：张淑晓　高　微／责任校对：何艳萍
责任印制：徐晓晨／封面设计：蓝正设计

科学出版社出版

北京东黄城根北街 16 号
邮政编码：100717
http://www.sciencep.com

北京建宏印刷有限公司 印刷
科学出版社发行　各地新华书店经销

*

2017 年 6 月第 一 版　　开本：720×1000　1/16
2018 年 3 月第二次印刷　　印张：27 1/4
字数：550 000

定价：168.00 元
（如有印装质量问题，我社负责调换）

《现代冶金与材料过程工程丛书》编委会

《现代冶金与材料过程工程丛书》序

21 世纪世界冶金与材料工业主要面临两大任务：一是开发新一代钢铁材料、高性能有色金属材料及高效低成本的生产工艺技术，以满足新时期相关产业对金属材料性能的要求；二是要最大限度地降低冶金生产过程的资源和能源消耗，减少环境负荷，实现冶金工业的可持续发展。冶金与材料工业是我国发展最迅速的基础工业，钢铁和有色金属冶金工业承载着我国节能减排的重要任务。当前，世界冶金工业正向着高效、低耗、优质和生态化的方向发展。超级钢和超级铝等更高性能的金属材料产品不断涌现，传统的工艺技术不断被完善和更新，铁水炉外处理、连铸技术已经普及，直接还原、近终形连铸、电磁冶金、高温高压溶出、新型阴极结构电解槽等已经开始在工业生产上获得不同程度的应用。工业生态化的客观要求，特别是信息和控制理论与技术的发展及其与过程工业的不断融合，促使冶金与材料过程工程的理论、技术与装备迅速发展。

《现代冶金与材料过程工程丛书》是东北大学在国家"985 工程"科技创新平台的支持下，在冶金与材料领域科学前沿探索和工程技术研发成果的积累和结晶。丛书围绕冶金过程工程，以节能减排为导向，内容涉及钢铁冶金、有色金属冶金、材料加工、冶金工业生态和冶金材料等学科和领域，提出了计算冶金、自蔓延冶金、特殊冶金、电磁冶金等新概念、新方法和新技术。丛书的大部分研究得到了科学技术部"973"、"863"项目，国家自然科学基金重点和面上项目的资助（仅国家自然科学基金项目就达近百项）。特别是在"985 工程"二期建设过程中，得到 1.3 亿元人民币的重点支持，科研经费逾 5 亿元人民币。获得省部级科技成果奖 70 多项，其中国家级奖励 9 项；取得国家发明专利 100 多项。这些科研成果成为丛书编撰和出版的学术思想之源和基本素材之库。

以研发新一代钢铁材料及高效低成本的生产工艺技术为中心任务，王国栋院士率领的创新团队在普碳超级钢、高等级汽车板材以及大型轧机控轧控冷技术等方面取得突破，成果令世人瞩目，为宝钢、首钢和攀钢的技术进步做出了积极的贡献。例如，在低碳铁素体/珠光体钢的超细晶强韧化与控制技术研究过程中，提出适度细晶化（3~5μm）与相变强化相结合的强化方式，开辟了新一代钢铁材料生产的新途径。首次在现有工业条件下用 200MPa 级普碳钢生产出 400MPa 级超级钢，在保证韧性前提下实现了屈服强度翻番。在研究奥氏体再结晶行为时，引入时间轴概念，明确提出低碳钢在变形后短时间内存在奥氏体未在结晶区的现象，为低碳钢的控制轧制提供了理论依据；建立了有关低碳钢应变诱导相变研究的系统而严密的实验方法，解决了低碳钢高温变形后的组织固定问题。适当控制终轧温度和压下量分配，通过控制轧后冷却和卷取温度，利用普通低碳钢生产出铁素体晶粒为 3～5μm、屈服强度大于 400MPa，具有良好综合性能的超级钢，并成功地应用于汽车工业，该成果获得 2004 年国家科技进步奖一等奖。

宝钢高等级汽车板品种、生产及使用技术的研究形成了系列关键技术（如超低碳、氮和氧的冶炼控制等），取得专利 43 项（含发明专利 13 项）。自主开发了 183 个牌号的新产品，在国内首次实现高强度 IF 钢、各向同性钢、热镀锌双相钢和冷轧相变诱发塑性钢的生产。编制了我国汽车板标准体系框架和一批相关的技术标准，引领了我国汽车板业的发展。通过对用户使用技术的研究，与下游汽车厂形成了紧密合作和快速响应的技术链。项目运行期间，替代了至少 50% 的进口材料，年均创利润近 15 亿元人民币，年创外汇 600 余万美元。该技术改善了我国冶金行业的产品结构并结束了国外汽车板对国内市场的垄断，获得 2005 年国家科技进步奖一等奖。

提高 C-Mn 钢综合性能的微观组织控制与制造技术的研究以普碳钢和碳锰钢为对象，基于晶粒适度细化和复合强化的技术思路，开发出综合性能优良的 400～500MPa 级节约型钢材。解决了过去采用低温轧制路线生产细晶粒钢时，生产节奏慢、事故率高、产品屈强比高以及厚规格产品组织不均匀等技术难题，获得 10 项发明专利授权，形成工艺、设备、产品一体化的成套技术。该成果在钢铁生产企业得到大规模推广应用，采用该技术生产的节约型钢材产量到 2005 年年底超过 400 万 t，到 2006 年年底，国内采用该技术生产低成本高性能钢材累计产量超过 500 万 t。开发的产品用于制造卡车车轮、大梁、横臂及建筑和桥梁等结构件。由于节省了合金元素、降低了成本、减少了能源资源消耗，其社会效益巨大。该成果获 2007 年国家技术发明奖二等奖。

首钢 3500mm 中厚板轧机核心轧制技术和关键设备研制，以首钢 3500mm 中厚板轧机工程为对象，开发和集成了中厚板生产急需的高精度厚度控制技术、TMCP技术、控制冷却技术、平面形状控制技术、板凸度和板形控制技术、组织性能预测与控制技术、人工智能应用技术、中厚板厂全厂自动化与计算机控制技术等一系列具有自主知识产权的关键技术，建立了以 3500mm 强力中厚板轧机和加速冷却设备为核心的整条国产化的中厚板生产线，实现了中厚板轧制技术和重大装备的集成和集成基础上的创新，从而实现了我国轧制技术各个品种之间的全面、协调、可持续发展以及我国中厚板轧机的全面现代化。该成果已经推广到国内 20 余家中厚板企业，为我国中厚板轧机的改造和现代化做出了贡献，创造了巨大的经济效益和社会效益。该成果获 2005 年国家科技进步奖二等奖。

在国产 1450mm 热连轧关键技术及设备的研究与应用过程中，独立自主开发的热连轧自动化控制系统集成技术，实现了热连轧各子系统多种控制器的无隙衔接。特别是在层流冷却控制方面，利用有限元紊流分析方法，研发出带钢宽度方向温度均匀的层冷装置。利用自主开发的冷却过程仿真软件包，确定了多种冷却工艺制度。在终轧和卷取温度控制的基础之上，增加了冷却路径控制方法，提高了控冷能力，生产出了×75管线钢和具有世界先进水平的厚规格超细晶粒钢。经过多年的潜心研究和持续不断的工程实践，将攀钢国产第一代1450mm热连轧机组改造成具有当代国际先进水平的热连轧生产线，经济效益极其显著，提高了国内热连轧技术与装备研发水平和能力，是传统产业技术改造的成功典范。该成果获2006年国家科技进步奖二等奖。

以铁水为主原料生产不锈钢的新技术的研发也是值得一提的技术闪光点。该成果建立了K-OBM-S冶炼不锈钢的数学模型，提出了铁素体不锈钢脱碳、脱氮的机理和方法，开发了等轴晶控制技术。同时，开发了K-OBM-S转炉长寿命技术、高质量超纯铁素体不锈钢的生产技术、无氩冶炼工艺技术和连铸机快速转换技术等关键技术。实现了原料结构、生产效率、品种质量和生产成本的重大突破。主要技术经济指标国际领先，整体技术达到国际先进水平。K-OBM-S平均冶炼周期为53min，炉龄最高达到703次，铬钢比例达到58.9%，不锈钢的生产成本降低10%～15%。该生产线成功地解决了我国不锈钢快速发展的关键问题——不锈钢废钢和镍资源短缺，开发了以碳氮含量小于120ppm的409L为代表的一系列超纯铁素体不锈钢品种，产品进入我国车辆、家电、造币领域，并打入欧美市场。该成果获得2006年国家科技进步奖二等奖。

以生产高性能有色金属材料和研发高效低成本生产工艺技术为中心任务，先后研发了高合金化铝合金预拉伸板技术、大尺寸泡沫铝生产技术等，并取得显著进展。高合金化铝合金预拉伸板是我国大飞机等重大发展计划的关键材料，由于合金含量高，液固相线温度宽，铸锭尺寸大，铸造内应力高，所以极易开裂，这是制约该类合金发展的瓶颈，也是世界铝合金发展的前沿问题。与发达国家采用的技术方案不同，该高合金化铝合金预拉伸板技术利用低频电磁场的强贯穿能力，改变了结晶器内熔体的流场，显著地改变了温度场，使液穴深度明显变浅，铸造内应力大幅度降低，同时凝固组织显著细化，合金元素宏观偏析得到改善，铸锭抵抗裂纹的能力显著增强。为我国高合金化大尺寸铸锭的制备提供了高效、经济的新技术，已投入工业生产，为国防某工程提供了高质量的铸锭。该成果作为"铝资源高效利用与高性能铝材制备的理论与技术"的一部分获得了2007年的国家科技进步奖一等奖。大尺寸泡沫铝板材制备工艺技术是以共晶铝硅合金（含硅12.5%）为原料制造大尺寸泡沫铝材料，以A356铝合金（含硅7%）为原料制造泡沫铝材料，以工业纯铝为原料制造高韧性泡沫铝材料的工艺和技术。研究了泡沫铝材料制造过程中泡沫体的凝固机制以及生产气孔均匀、孔壁完整光滑、无裂纹泡沫铝产品的工艺条件；研究了控制泡沫铝材料密度和孔径的方法；研究了无泡层形成原因和抑制措施；研究了泡沫铝大块体中裂纹与大空腔产生原因和控制方法；研究了泡沫铝材料的性能及其影响因素等。泡沫铝材料在国防军工、轨道车辆、航空航天和城市基础建设方面具有十分重要的作用，预计国内市场年需求量在 20 万 t 以上，产值 100 亿元人民币，该成果获 2008 年辽宁省技术发明奖一等奖。

围绕最大限度地降低冶金生产过程中资源和能源的消耗，减少环境负荷，实现冶金工业的可持续发展的任务，先后研发了新型阴极结构电解槽技术、惰性阳极和低温铝电解技术和大规模低成本消纳赤泥技术。例如，冯乃祥教授的新型阴极结构电解槽的技术发明于 2008 年 9 月在重庆天泰铝业公司试验成功，并通过中国有色工业协会鉴定，节能效果显著，达到国际领先水平，被业内誉为"革命性的技术进步"。该技术已广泛应用于国内 80% 以上的电解铝厂，并获得"国家自然科学基金重点项目"和"国家高技术研究发展计划（'863'计划）重点项目"支持，该技术作为国家发展和改革委员会"高技术产业化重大专项示范工程"已在华东铝业实施 3 年，实现了系列化生产，槽平均电压为 3.72V，直流电耗 12 082kW·h/t Al，吨铝平均节电 1123kW·h。目前，新型阴极结构电解槽的国际推广工作正在进行中。初步估计，在 4～5 年内，全国所有电解铝厂都能将现有电解槽改为新型电解槽，届时全国电解铝厂一年的节电量将超过我国大型水电站——葛洲坝一年的发电量。

在工业生态学研究方面，陆钟武院士是我国最早开始研究的著名学者之一，因其在工业生态学领域的突出贡献获得国家光华工程大奖。他的著作《穿越"环境高山"——工业生态学研究》和《工业生态学概论》，集中反映了这些年来陆钟武院士及其科研团队在工业生态学方面的研究成果。在煤与废塑料共焦化、工业物质循环理论等方面取得长足发展；在废塑料焦化处理、新型球团竖炉与煤高温气化、高温贫氧燃烧一体化系统等方面获多项国家发明专利。

依据热力学第一、第二定律，提出钢铁企业燃料（气）系统结构优化，以及"按质用气、热值对口、梯级利用"的科学用能策略，最大限度地提高了煤气资源的能源效率、环境效率及其对企业节能减排的贡献率；确定了宝钢焦炉、高炉、转炉三种煤气资源的最佳回收利用方式和优先使用顺序，对煤气、氧气、蒸气、水等能源介质实施无人化操作、集中管控和经济运行；研究并计算了转炉煤气回收的极限值，转炉煤气的热值、回收量和转炉工序能耗均达到国际先进水平；在国内首先利用低热值纯高炉煤气进行燃气-蒸气联合循环发电。高炉煤气、焦炉煤气实现近"零"排放，为宝钢创建国家环境友好企业做出重要贡献。作为主要参与单位开发的钢铁企业副产煤气利用与减排综合技术获得了 2008 年国家科技进步奖二等奖。

另外，围绕冶金材料和新技术的研发及节能减排两大中心任务，在电渣冶金、电磁冶金、自蔓延冶金、新型炉外原位脱硫等方面都取得了不同程度的突破和进展。基于钙化-碳化的大规模消纳拜耳赤泥的技术，有望攻克拜耳赤泥这一世界性难题；

钢焖渣水除疤循环及吸收二氧化碳技术及装备，使用钢渣循环水吸收多余二氧化碳，大大降低了钢铁工业二氧化碳的排放量。这些研究工作所取得的新方法、新工艺和新技术都会不同程度地体现在丛书中。

总体来讲，《现代冶金与材料过程工程丛书》集中展现了东北大学冶金与材料学科群体多年的学术研究成果，反映了冶金与材料工程最新的研究成果和学术思想。尤其是在"985 工程"二期建设过程中，东北大学材料与冶金学院承担了国家 I 类"现代冶金与材料过程工程科技创新平台"的建设任务，平台依托冶金工程和材料科学与工程两个国家一级重点学科、连轧过程与控制国家重点实验室、材料电磁过程教育部重点实验室、材料微结构控制教育部重点实验室、多金属共生矿生态化利用教育部重点实验室、材料先进制备技术教育部工程研究中心、特殊钢工艺与设备教育部工程研究中心、有色金属冶金过程教育部工程研究中心、国家环境与生态工业重点实验室等国家和省部级基地，通过学科方向汇聚了学科与基地的优秀人才，同时也为丛书的编撰提供了人力资源。丛书聘请中国工程院陆钟武院士和王国栋院士担任编委会学术顾问，国内知名学者担任编委，汇聚了优秀的作者队伍，其中有中国工程院院士、国务院学科评议组成员、国家杰出青年科学基金获得者、学科学术带头人等。在此，衷心感谢丛书的编委会成员、各位作者以及所有关心、支持和帮助编辑出版的同志们。

希望丛书的出版能起到积极的交流作用，能为广大冶金和材料科技工作者提供帮助。欢迎读者对丛书提出宝贵的意见和建议。

赫冀成　张廷安

2011 年 5 月

前　言

　　非平衡体系发生不可逆过程,力学量之间的关系,以及非平衡体系的性质是非平衡态热力学研究的主要内容。在近平衡态,已经建立起完备的线性热力学理论,得到了近平衡体系的性质,以及近平衡体系发生不可逆过程,力学量间成线性关系的唯象方程,给出了处理近平衡体系发生不可逆过程的方法。对于远离平衡体系的性质也已经进行了深入的研究。但是,远离平衡的体系发生不可逆过程,力学量间成怎样的关系即唯象方程是什么样的形式,以及怎样用唯象方程处理问题,还很欠缺。传热、传质、传动等传输过程在许多情况下可以采用线性唯象方程处理。然而,化学反应大多是在远离平衡的体系中发生的不可逆过程,线性非平衡态热力学仅适用于接近平衡的化学反应。在化学反应的全过程,化学反应速率与亲和力之间不服从线性关系,不能用线性非平衡态热力学理论处理。在有些情况下,传输过程也是非线性的。因此,需要建立远离平衡态的不可逆过程的力学量间关系的非线性非平衡态热力学理论。

　　作者将线性非平衡态热力学推广到远离平衡体系和非线性不可逆过程,建立了远离平衡体系的非平衡态热力学,给出了远离平衡体系发生不可逆过程力学量间的关系(非线性唯象方程)和非线性反应(扩散方程),描述了远离平衡体系的性质。

　　传统的传输理论没有考虑不同传输过程的耦合。传统的化学热力学和化学动力学也没有考虑各化学反应间的耦合。而这些耦合在很多情况下是不能忽略的,耦合会产生很多意想不到的结果。宏观化学动力学采用化学反应速率与浓度幂次的乘积成正比的质量作用定律来描述,而质量作用定律只适用于基元反应。对于非基元反应,化学反应速率方程中浓度幂次的物理意义并不明确,化学反应机理并不清楚。化学反应方程式表示的是反应物和产物之间量的关系。反应物是始态,产物是末态,所以非基元的化学反应方程式可以看作热力学方程式,应用非平衡态热力学描述其反应速率正合适。传统的化学动力学对每个具体化学反应需要具体处理,不能给出普适方程,而非平衡态热力学可以给出统一的描述,将化学反应动力学理论建立在非平衡态热力学的基础上。非平衡态热力学沟通了化学动力学和化学热力学两个学科,使之得到统一。

　　经典热力学对于一个过程只能指出其能否发生及其方向和限度,而不能给出其变化的速度。这是由于经典热力学没有引入时间变量。而非平衡态热力学引入了时间变量，给出熵对时间的变化率即熵增率。熵的变化必然有相应的宏观力学量的变化，因此可以通过熵随时间的变化得到宏观力学量随时间的变化，即得到动力学方程。

例如，在恒温恒压条件下，一个化学反应引起的熵的变化必定有吉布斯自由能的变化，以及参加反应的物质量的变化。非平衡态热力学给出了物质量的变化率和吉布斯自由能的变化与熵随时间变化的关系，所以就给出了物质量的变化率与吉布斯自由能变的关系，即化学反应的动力学方程。

冶金过程都是不可逆过程，如鼓风炉还原、转炉吹炼、溶液和熔盐的电解、溶剂萃取、离子交换、金属凝固等。而将非平衡态热力学理论应用于冶金过程和冶金体系的研究很少。线性热力学理论在冶金中有些应用，但未形成体系；非线性热力学在冶金中几乎没有研究。冶金体系中普遍存在传输过程，冶金过程的化学反应大多是非线性的。非平衡态热力学理论在自然科学的许多领域都得到了应用，在冶金领域也应该有其用武之地。经典热力学在冶金中的应用为冶金的发展作出了巨大贡献，建立了冶金理论体系，使冶金由技艺发展成科学技术。非平衡态热力学在冶金中的应用必将深化人们对冶金过程和冶金体系的认识，推动冶金理论和技术的发展。

自 1981 年，作者在东北大学和中南大学为研究生讲授"非平衡态热力学（不可逆过程热力学）"，同时开始了非平衡态热力学的研究工作，尤其是在国家自然科学基金委员会的资助下，承担了"均相、非均相冶金体系的非平衡态热力学"的研究课题，系统地开展了非平衡态冶金热力学的研究工作，将非平衡态热力学理论应用于冶金体系和冶金过程，建立了非平衡态冶金热力学的理论体系。本书就是在这些研究工作的基础上写成的，是这些研究工作的一些成果。

在本书完成之际，首先感谢我国著名的冶金学家赵天从教授、傅崇说教授和冀春霖教授，他们都是作者的老师，在他们的关心、鼓励、帮助和支持下，作者开展了非平衡态冶金热力学的研究工作，并完成本书的写作。还要感谢东北大学出版社原社长李玉兴教授和国家自然科学基金委员会工程一处原处长张玉清教授，本书的完成与他们的关心、支持、帮助和鼓励分不开。

感谢国家自然科学基金委员会的支持，使作者得以系统地开展非平衡态热力学及其应用方面的研究工作。感谢东北大学"985 工程"为出版本书提供的部分资助。

此外，感谢科学出版社，感谢本书的责任编辑张淑晓女士、高微女士！为完成本书，她们倾注了大量的心血和精力，做了准确的文字修改和精益的润色。感谢所有支持和帮助完成本书的人，其中有作者的博士和硕士研究生王佳东、刘佳囡、谢宏伟、王锦霞、申晓毅、王乐、黄红波、刘彩玲、王志猛、任玲玲、王帅、黄海涛、于成龙等，他们录入了本书的书稿。

　　最后，还要感谢作者的妻子李桂兰女士，她的支持、鼓励、帮助和关心，使作者能够完成本书的写作。

　　限于作者的水平，书中难免存在疏漏和不妥之处，望读者不吝赐教。

作　者

2016 年 12 月 12 日于秦皇岛

目　　录

第1章 非平衡态热力学基础

1.1 熵增率和唯象方程

1.1.1 熵增率

不考虑外场和体积黏滞性，熵增率为

$$\sigma = -\frac{1}{T^2}\boldsymbol{J}_q \cdot \nabla T - \sum_{i=1}^{n}\boldsymbol{J}_i \cdot \frac{\nabla \mu_i}{T} - \frac{1}{T}\sum_{j=1}^{r}j_j A_j \geqslant 0 \tag{1.1}$$

式中，σ 为熵增率；T 为热力学温度；$\boldsymbol{J}_q$ 为通过单位界面的热流；∇T 为温度梯度；$\boldsymbol{J}_i$ 为第 i 个组元的物质流；j_j 为第 j 个化学反应速率；A_j 为第 j 个化学反应的化学亲和力，有

$$A_j = \Delta G_{\mathrm{m},j} = \sum_{i=1}^{n}\nu_{ij}\mu_i \tag{1.2}$$

式中，ν_{ij} 为第 j 个化学反应方程式中组元 i 的计量系数；μ_i 为组元 i 的化学势；$\Delta G_{\mathrm{m},j}$ 为第 j 个化学反应的摩尔吉布斯（Gibbs）自由能变。

1.1.2 线性唯象方程

热力学通量是热力学力的函数，且两者呈线性关系的假设，对于各向同性体系，根据居里（Curie）定理："不同对称性的热力学和热力学通量之间不能耦合"的要求，得到唯象方程

$$\boldsymbol{J}_q = -L_{qq}\frac{\nabla T}{T^2} - \sum_{i=1}^{n}L_{qi}\nabla\frac{\mu_i}{T} \tag{1.3}$$

$$\boldsymbol{J}_i = -L_{iq}\frac{\nabla T}{T^2} - \sum_{k=1}^{n}L_{ik}\nabla\frac{\mu_k}{T} \quad (i=1,2,\cdots,n) \tag{1.4}$$

$$j_j = -\sum_{k=1}^{r}L_{jk}\frac{A_{\mathrm{m},k}}{T} \quad (j=1,2,\cdots,r) \tag{1.5}$$

式（1.3）、式（1.4）描述了热传导、扩散及其间的耦合现象。唯象系数 L_{qq}、L_{qi}、L_{ik} 是标量，这是体系各项同性的结果。式（1.5）描述了 r 个化学反应之间的耦合现象，唯象方程系数 L_{jk} 是标量。

在各向同性体系中，唯象系数间有昂萨格（Onsager）关系

$$L_{ik} = L_{ki} \quad (i,k = 1,2,\cdots,n)$$

$$L_{jk} = L_{kj} \quad (j,k = 1,2,\cdots,n)$$

线性唯象方程仅适用于近平衡体系发生的不可逆过程。而在客观实际中存在着大量远离平衡的体系。远离平衡体系的性质不同于近平衡体系的性质，其间发生的不可逆过程不能用线性唯象方程描述。因此，需要研究远离平衡体系发生不可逆过程力学量间的关系。

1.1.3　非线性唯象方程

近平衡体系的线性唯象方程是将热力学通量看作热力学力的函数，作泰勒（Taylor）展开式取一级近似得到。将泰勒展开式取高次项，就得到描写远离平衡体系发生不可逆过程力学量间的关系，即非线性唯象方程

$$
\begin{aligned}
\boldsymbol{J}_q = & -L_{qq}\left(\frac{\nabla T}{T^2}\right) - \sum_{i=1}^{n} L_{qi}\left(\nabla\frac{\mu_i}{T}\right) - L_{qqq}\left(\frac{\nabla T}{T^2}\right)\cdot\left(\frac{\nabla T}{T^2}\right)\boldsymbol{n} - \sum_{i=1}^{n} L_{qqi}\frac{\nabla T}{T^2}\cdot\nabla\frac{\mu_i}{T}\boldsymbol{n} \\
& - \sum_{i=1}^{n}\sum_{k=1}^{n} L_{qik}\left(\nabla\frac{\mu_i}{T}\cdot\nabla\frac{\mu_k}{T}\right)\boldsymbol{n} - L_{qqqq}\left(\frac{\nabla T}{T^2}\cdot\frac{\nabla T}{T^2}\cdot\frac{\nabla T}{T^2}\right) \\
& - \sum_{i=1}^{n} L_{qqqi}\left(\frac{\nabla T}{T^2}\cdot\frac{\nabla T}{T^2}\cdot\nabla\frac{\mu_i}{T}\right) - \sum_{i=1}^{n}\sum_{k=1}^{n} L_{qqik}\left(\frac{\nabla T}{T^2}\cdot\nabla\frac{\mu_i}{T}\cdot\nabla\frac{\mu_k}{T}\right) \\
& - \sum_{i=1}^{n}\sum_{k=1}^{n}\sum_{l=1}^{n} L_{qikl}\left(\nabla\frac{\mu_i}{T}\cdot\nabla\frac{\mu_k}{T}\cdot\nabla\frac{\mu_l}{T}\right) - \cdots
\end{aligned}
\tag{1.6}
$$

$$
\begin{aligned}
\boldsymbol{J}_i = & -L_{iq}\left(\frac{\nabla T}{T^2}\right) - \sum_{k=1}^{n} L_{ik}\left(\nabla\frac{\mu_k}{T}\right) - L_{iqq}\left(\frac{\nabla T}{T^2}\right)\cdot\left(\frac{\nabla T}{T^2}\right)\boldsymbol{n} - \sum_{k=1}^{n} L_{iqk}\frac{\nabla T}{T^2}\cdot\nabla\frac{\mu_k}{T}\boldsymbol{n} \\
& - \sum_{k=1}^{n}\sum_{l=1}^{n} L_{ikl}\left(\nabla\frac{\mu_k}{T}\cdot\nabla\frac{\mu_l}{T}\right)\boldsymbol{n} - L_{iqqq}\left(\frac{\nabla T}{T^2}\cdot\frac{\nabla T}{T^2}\cdot\frac{\nabla T}{T^2}\right) \\
& - \sum_{k=1}^{n} L_{iqqk}\left(\frac{\nabla T}{T^2}\cdot\frac{\nabla T}{T^2}\cdot\nabla\frac{\mu_k}{T}\right) - \sum_{k=1}^{n}\sum_{l=1}^{n} L_{iqkl}\left(\frac{\nabla T}{T^2}\cdot\nabla\frac{\mu_k}{T}\cdot\nabla\frac{\mu_l}{T}\right) \\
& - \sum_{k=1}^{n}\sum_{l=1}^{n}\sum_{h=1}^{n} L_{iklh}\left(\nabla\frac{\mu_k}{T}\cdot\nabla\frac{\mu_l}{T}\cdot\nabla\frac{\mu_h}{T}\right) - \cdots
\end{aligned}
\tag{1.7}
$$

$$
j_j = -\sum_{k=1}^{r} L_{jk}\left(\frac{A_{\mathrm{m},i}}{T}\right) - \sum_{k=1}^{r}\sum_{l=1}^{r} L_{jkl}\left(\frac{A_{\mathrm{m},k}}{T}\right)\left(\frac{A_{\mathrm{m},l}}{T}\right) - \sum_{k=1}^{r}\sum_{l=1}^{r}\sum_{h=1}^{r} L_{jklh}\left(\frac{A_{\mathrm{m},k}}{T}\right)\left(\frac{A_{\mathrm{m},l}}{T}\right)\left(\frac{A_{\mathrm{m},h}}{T}\right) - \cdots
\tag{1.8}
$$

在非线区，唯象系数不服从昂萨格关系。

1.2　多相体系的熵增率和唯象方程

1.2.1　不连续体系

前面介绍的体系的状态变量都是空间坐标和时间坐标的连续函数，这类体系称为连续体系。此外，还存在一类体系，它是由性质完全不同的若干个子体系相连共同组成的体系。每个子体系内部都是连续体系。从一个子体系到另一个子体系是不连续的，性质发生突变。两个子体系之间可以由小孔、毛细管或薄膜连接。两个子体系间也可以直接连接。小孔、毛细管或薄膜也可以看作子体系，但这种子体系是不均匀的，其尺度应大于分子的平均自由程。

1.2.2　不连续体系的熵增率

将各子体系单独考虑，不考虑外场和体积黏滞性，其熵增率为

$$\sigma^{\alpha} = -\frac{1}{(T^{\alpha})^2} \boldsymbol{J}_q^{\alpha} \cdot \nabla T^{\alpha} - \frac{1}{T^{\alpha}} \sum_{i=1}^{n} \boldsymbol{J}_i^{\alpha} \cdot \left(T^{\alpha} \nabla \frac{\mu_i^{\alpha}}{T^{\alpha}} \right) - \frac{1}{T^{\alpha}} \sum_{j=1}^{r} j_j^{\alpha} A_j^{\alpha} \qquad (1.9)$$

（α= I 、II 、···、N，表示各子体系）

如果化学反应发生在不连续体系之间，化学反应的熵增率为

$$\sigma_r = \frac{1}{T} \sum_{j=1}^{r} j_j A_j \qquad (1.10)$$

式中，T 为发生化学反应的各子体系的温度；j_j 和 A_j 分别为子体系之间发生的化学反应的速率和化学亲和力。

1.2.3　线性唯象方程

不考虑各子体系间不同的热力学力和不同的热力学通量的耦合，各子体系的线性唯象方程为

$$\boldsymbol{J}_q^{\alpha} = -L_{qq}^{\alpha} \frac{\nabla T^{\alpha}}{(T^{\alpha})^2} - \sum_{i=1}^{n} L_{qi}^{\alpha} \nabla \frac{\mu_i^{\alpha}}{T^{\alpha}} \qquad (1.11)$$

$$\boldsymbol{J}_i^{\alpha} = -L_{iq}^{\alpha} \frac{\nabla T^{\alpha}}{(T^{\alpha})^2} - \sum_{k=1}^{n} L_{ik}^{\alpha} \nabla \frac{\mu_k^{\alpha}}{T^{\alpha}} \quad (i=1,2,\cdots,n) \qquad (1.12)$$

$$j_j^{\alpha} = -\sum_{k=1}^{r} l_{jk}^{\alpha} \frac{A_{m,k}^{\alpha}}{T^{\alpha}} \quad (j=1,2,\cdots,r) \qquad (1.13)$$

$$(\alpha = \text{I}, \text{II}, \cdots, N)$$

如果化学反应发生在子体系之间，有

$$j_j = -\sum_{k=1}^{r} l_{jk} \frac{A_{\mathrm{m},k}}{T} \quad (j = 1, 2, \cdots, r) \tag{1.14}$$

昂萨格关系为

$$L_{ik}^{\alpha} = L_{ki}^{\alpha} \quad (i, k = 1, 2, \cdots, n; \alpha = \text{I}, \text{II}, \cdots, N)$$

$$l_{jk}^{\alpha} = l_{kj}^{\alpha} \quad (j, k = 1, 2, \cdots, r; \alpha = \text{I}, \text{II}, \cdots, N)$$

1.2.4　非线性唯象方程

不考虑各子体系之间不同的热力学力和不同的热力学通量的耦合，各子体系的非线性唯象方程为

$$
\begin{aligned}
\boldsymbol{J}_{\mathrm{q}}^{\alpha} = &-L_{\mathrm{qq}}^{\alpha} \left[\frac{\nabla T^{\alpha}}{(T^{\alpha})^2}\right] - \sum_{i=1}^{n} L_{\mathrm{q}i}^{\alpha} \left[\nabla \frac{\mu_i^{\alpha}}{T^{\alpha}}\right] - L_{\mathrm{qqq}}^{\alpha} \left[\frac{\nabla T^{\alpha}}{(T^{\alpha})^2} \cdot \frac{\nabla T^{\alpha}}{(T^{\alpha})^2}\right] \boldsymbol{n} \\
&-\sum_{i=1}^{n} L_{\mathrm{qq}i}^{\alpha} \left[\frac{\nabla T^{\alpha}}{(T^{\alpha})^2} \cdot \nabla \frac{\mu_i^{\alpha}}{T^{\alpha}}\right] \boldsymbol{n} - \sum_{i=1}^{n} \sum_{k=1}^{n} L_{\mathrm{q}ik}^{\alpha} \left[\nabla \frac{\mu_i^{\alpha}}{T^{\alpha}} \cdot \nabla \frac{\mu_k^{\alpha}}{T^{\alpha}}\right] \boldsymbol{n} \\
&-L_{\mathrm{qqqq}}^{\alpha} \left[\frac{\nabla T^{\alpha}}{(T^{\alpha})^2} \cdot \frac{\nabla T^{\alpha}}{(T^{\alpha})^2} \cdot \frac{\nabla T^{\alpha}}{(T^{\alpha})^2}\right] - \sum_{i=1}^{n} L_{\mathrm{qqq}i}^{\alpha} \left[\frac{\nabla T^{\alpha}}{(T^{\alpha})^2} \cdot \frac{\nabla T^{\alpha}}{(T^{\alpha})^2} \cdot \nabla \frac{\mu_i^{\alpha}}{T^{\alpha}}\right] \\
&-\sum_{i=1}^{n} \sum_{k=1}^{n} L_{\mathrm{q}ik}^{\alpha} \left[\frac{\nabla T^{\alpha}}{(T^{\alpha})^2} \cdot \nabla \frac{\mu_i}{T} \cdot \nabla \frac{\mu_k}{T}\right] - \sum_{i=1}^{n} \sum_{k=1}^{n} \sum_{l=1}^{n} L_{\mathrm{q}ikl}^{\alpha} \left[\nabla \frac{\mu_i}{T} \cdot \nabla \frac{\mu_k}{T} \cdot \nabla \frac{\mu_l}{T}\right] - \cdots
\end{aligned}
\tag{1.15}
$$

$$
\begin{aligned}
\boldsymbol{J}_{i}^{\alpha} = &-L_{i\mathrm{q}}^{\alpha} \left[\frac{\nabla T^{\alpha}}{(T^{\alpha})^2}\right] - \sum_{k=1}^{n} L_{ik}^{\alpha} \left[\nabla \frac{\mu_k^{\alpha}}{T^{\alpha}}\right] - L_{i\mathrm{qq}}^{\alpha} \left[\frac{\nabla T^{\alpha}}{(T^{\alpha})^2} \cdot \frac{\nabla T^{\alpha}}{(T^{\alpha})^2}\right] \boldsymbol{n} \\
&-\sum_{k=1}^{n} L_{i\mathrm{q}k}^{\alpha} \left[\frac{\nabla T^{\alpha}}{(T^{\alpha})^2} \cdot \nabla \frac{\mu_k^{\alpha}}{T^{\alpha}}\right] \boldsymbol{n} - \sum_{k=1}^{n} \sum_{l=1}^{n} L_{ikl}^{\alpha} \left[\nabla \frac{\mu_k}{T} \cdot \nabla \frac{\mu_l}{T}\right] \boldsymbol{n} \\
&-L_{i\mathrm{qqq}}^{\alpha} \left[\frac{\nabla T^{\alpha}}{(T^{\alpha})^2} \cdot \frac{\nabla T^{\alpha}}{(T^{\alpha})^2} \cdot \frac{\nabla T^{\alpha}}{(T^{\alpha})^2}\right] - \sum_{k=1}^{n} L_{i\mathrm{qq}k}^{\alpha} \left[\frac{\nabla T^{\alpha}}{(T^{\alpha})^2} \cdot \frac{\nabla T^{\alpha}}{(T^{\alpha})^2} \cdot \nabla \frac{\mu_k}{T}\right] \\
&-\sum_{k=1}^{n} \sum_{l=1}^{n} L_{i\mathrm{q}kl}^{\alpha} \left[\frac{\nabla T^{\alpha}}{(T^{\alpha})^2} \cdot \nabla \frac{\mu_k^{\alpha}}{T^{\alpha}} \cdot \nabla \frac{\mu_l^{\alpha}}{T^{\alpha}}\right] - \sum_{k=1}^{n} \sum_{l=1}^{n} \sum_{h=1}^{n} L_{iklh}^{\alpha} \left[\nabla \frac{\mu_k^{\alpha}}{T^{\alpha}} \cdot \nabla \frac{\mu_l^{\alpha}}{T^{\alpha}} \cdot \nabla \frac{\mu_h^{\alpha}}{T^{\alpha}}\right] - \cdots
\end{aligned}
\tag{1.16}
$$

$$j_j^{\alpha} = -\sum_{k=1}^{r} l_{jk}^{\alpha} \left(\frac{A_{\mathrm{m},k}^{\alpha}}{T^{\alpha}}\right) - \sum_{k=1}^{r} \sum_{l=1}^{r} l_{jkl}^{\alpha} \left(\frac{A_{\mathrm{m},k}^{\alpha}}{T^{\alpha}}\right)\left(\frac{A_{\mathrm{m},l}^{\alpha}}{T^{\alpha}}\right) - \sum_{k=1}^{r} \sum_{l=1}^{r} \sum_{h=1}^{r} l_{jklh}^{\alpha} \left(\frac{A_{\mathrm{m},k}^{\alpha}}{T^{\alpha}}\right)\left(\frac{A_{\mathrm{m},l}^{\alpha}}{T^{\alpha}}\right)\left(\frac{A_{\mathrm{m},h}^{\alpha}}{T^{\alpha}}\right) - \cdots$$

$$(\alpha = \text{I}, \text{II}, \cdots, N, \text{表示各子体系}) \tag{1.17}$$

化学反应发生在不连续体系之间，有

$$j_j = -\sum_{k=1}^{r} l_{jk}\left(\frac{A_{m,k}}{T}\right) - \sum_{k=1}^{r}\sum_{l=1}^{r} l_{jkl}\left(\frac{A_{m,k}}{T}\right)\left(\frac{A_{m,l}}{T}\right) - \sum_{k=1}^{r}\sum_{l=1}^{r}\sum_{h=1}^{r} l_{jklh}\left(\frac{A_{m,k}}{T}\right)\left(\frac{A_{m,l}}{T}\right)\left(\frac{A_{m,h}}{T}\right) - \cdots$$

$$(1.18)$$

1.3　热传导与扩散

1.3.1　热传导

1. 近平衡体系的热传导

对于仅有热传导的体系，熵增率方程为

$$\sigma = -\frac{1}{T^2}\boldsymbol{J}_q \cdot \nabla T \tag{1.19}$$

近平衡态的唯象方程为

$$\boldsymbol{J}_q = -L_{qq}\left(\frac{\nabla T}{T^2}\right) \tag{1.20}$$

在各向同性的体系中，唯象系数是标量。写成傅里叶（Fourier）方程形式，为

$$\boldsymbol{J}_q = \lambda \nabla T \tag{1.21}$$

式中，$\lambda = -\dfrac{L_{qq}}{T^2}$ 为热导率，是标量。

2. 远离平衡体系的热传导

对于远离平衡状态的体系，温度梯度足够大，唯象方程为

$$\boldsymbol{J}_q = -L_{qq}\left(\frac{\nabla T}{T^2}\right) - L_{qqq}\left(\frac{\nabla T}{T^2} \cdot \frac{\nabla T}{T^2}\right)\boldsymbol{n} - L_{qqqq}\left(\frac{\nabla T}{T^2} \cdot \frac{\nabla T}{T^2} \cdot \frac{\nabla T}{T^2}\right) - \cdots \tag{1.22}$$

对于各向同性的体系，唯象系数为标量。

模仿式（1.21），有

$$\boldsymbol{J}_q = \lambda_1 \nabla T + \lambda_2 \nabla T \cdot \nabla T \boldsymbol{n} + \lambda_3 \nabla T \cdot \nabla T \cdot \nabla T + \cdots$$

其中

$$\lambda_1 = -\frac{L_{qq}}{T^2}$$

$$\lambda_2 = -\frac{L_{qqq}}{T^4}$$

$$\lambda_3 = -\frac{L_{qqqq}}{T^6}$$

$$\vdots$$

$$\lambda_n = -\frac{L_{q^{n+1}}}{T^{2n}}$$

1.3.2　扩散

1. 近平衡体系的扩散

在等温条件下，对于无外力作用、无体积黏滞性、无化学反应发生的体系，熵增率为

$$\sigma = -\frac{1}{T}\sum_{i=1}^{n} \boldsymbol{J}_i \cdot (\nabla \mu_i)_{T,p} \qquad (1.23)$$

其中

$$\boldsymbol{J}_i = \rho_i(v_i - v) \quad (i=1,2,\cdots,n) \qquad (1.24)$$

式中，$\boldsymbol{J}_i$ 为扩散流；v 为质心速度。

若体系无外力存在，整个体系中压强均匀，扩散流可以表示为

$$\boldsymbol{J}_i^a = \rho_i(v_i - v^a) \quad (i=1,2,\cdots,n) \qquad (1.25)$$

其中，v^a 为参考速度，有

$$v^a = \sum_{i=1}^{n} a_i v_i \qquad (1.26)$$

和

$$\sum_{i=1}^{n} a_i = 1 \qquad (1.27)$$

式中，a_i 为权重。

最常用的权重有以下 4 种。

第一种为质量分数

$$w_i = \frac{\rho_i}{\sum\limits_{i=1}^{n} \rho_i} \qquad (1.28)$$

第二种为摩尔分数

$$x_i = \frac{N_i}{\sum\limits_{i=1}^{n} N_i} \qquad (1.29)$$

第三种为 $\rho_i v_i$，这里 v_i 为组元 i 的分比体积，有

$$\rho_i v_i = n_i M_i v_i \tag{1.30}$$

式中，ρ_i 为组元 i 的密度；n_i 为组元 i 的摩尔密度，即单位体积组元 i 的物质的量，M_i 为组元 i 的摩尔质量。

第四种为 δ_{in}

$$\delta_{in} = \begin{cases} 1, & i = n \\ 0, & i \neq n \end{cases} \tag{1.31}$$

相应的扩散流有以下 4 种。

（1）质心速度和扩散流

$$v = \sum_{i=1}^{n} w_i v_i \tag{1.32}$$

$$\boldsymbol{J}_i = \rho_i(v_i - v) \tag{1.33}$$

（2）平均摩尔速度和扩散流

$$v^{\mathrm{m}} = \sum_{i=1}^{n} x_i v_i \tag{1.34}$$

$$\boldsymbol{J}_i^{\mathrm{m}} = \rho_i(v_i - v^{\mathrm{m}}) \tag{1.35}$$

（3）平均体积速度和扩散流

$$v^{\mathrm{o}} = \sum_{i=1}^{n} \rho_i v_i v_i \tag{1.36}$$

$$\boldsymbol{J}_i^{\mathrm{o}} = \rho_i(v_i - v^{\mathrm{o}}) \tag{1.37}$$

（4）第 n 种组元速度和扩散流

$$v_n = \sum_{i=1}^{n} \delta_{in} v_i \tag{1.38}$$

$$\boldsymbol{J}_i^{\delta} = \rho_i(v_i - v_n) \tag{1.39}$$

式（1.39）是相对于组元 n 的速度计算的"相对扩散流"。

利用式（1.25），熵增率也可以写作

$$\sigma = -\frac{1}{T}\sum_{i=1}^{n} \boldsymbol{J}_i^{\mathrm{a}} \cdot (\nabla \mu_i)_{T,p} \tag{1.40}$$

式中的下角标 T、p 表示温度、压力恒定。

唯象方程为

$$\boldsymbol{J}_i^{\mathrm{a}} = -\sum_{k=1}^{n} L_{ik}^{\mathrm{a}} \frac{(\nabla \mu_k)_{T,p}}{T} \quad (i=1,2,\cdots,n) \tag{1.41}$$

昂萨格关系为

$$L_{ik}^{\mathrm{a}} = L_{ki}^{\mathrm{a}}$$

式（1.41）中的热力学通量和热力学力不是完全独立的，热力学通量之间存在如下关系

$$\sum_{i=1}^{n} \frac{a_i}{x_i} \boldsymbol{J}_i^{a} = 0 \tag{1.42}$$

而根据吉布斯-杜亥姆（Duhem）方程，热力学力间有

$$\sum_{i=1}^{n} x_i (\nabla \mu_i)_{T,p} = 0 \tag{1.43}$$

利用式（1.42）和式（1.43）消去式（1.40）中 $\boldsymbol{J}_n^{a}$ 和 $\nabla \mu_n$，而得到仅包含独立的热力学通量和热力学力的熵增率表达式

$$\sigma = -\frac{1}{T} \sum_{i=1}^{n-1} \sum_{k=1}^{n-1} \boldsymbol{J}_i^{a} \cdot A_{i,k}^{a} (\nabla \mu_k)_{T,p} \tag{1.44}$$

其中

$$A_{ik}^{a} = A_{ik}^{m} = \sigma_{ik} + \frac{a_i x_k}{a_n x_i} \quad (i,k = 1,2,\cdots,n-1) \tag{1.45}$$

唯象方程为

$$\boldsymbol{J}_i^{a} = \boldsymbol{J}_i^{m} = \sum_{k=1}^{n-1} L_{ik}^{a} \boldsymbol{X}_k^{a} \quad (i = 1,2,\cdots,n-1) \tag{1.46}$$

其中

$$\boldsymbol{X}_k^{a} = -\frac{1}{T} \sum_{l=1}^{n-1} A_{kl}^{a} (\nabla \mu_l)_{T,p}$$

2. 远离平衡体系的扩散

若体系中组元的化学势梯度足够大，离平衡状态很远，热力学力和热力学通量之间已经不满足线性关系，唯象方程为

$$\boldsymbol{J}_i^{a} = -\sum_{k=1}^{n} L_{ik}^{a} \left[\frac{(\nabla \mu_k)_{T,p}}{T} \right] - \sum_{k=1}^{n} \sum_{l=1}^{n} L_{ikl}^{a} \left[\frac{(\nabla \mu_k)_{T,p}}{T} \right] \cdot \left[\frac{(\nabla \mu_l)_{T,p}}{T} \right] \boldsymbol{n}$$
$$- \sum_{k=1}^{n} \sum_{l=1}^{n} \sum_{h=1}^{n} L_{iklh}^{a} \left[\frac{(\nabla \mu_k)_{T,p}}{T} \right] \cdot \left[\frac{(\nabla \mu_l)_{T,p}}{T} \right] \cdot \left[\frac{(\nabla \mu_h)_{T,p}}{T} \right] + \cdots \tag{1.47}$$
$$(i = 1,2,\cdots,n)$$

若熵增率采用式（1.44），唯象方程为

$$\boldsymbol{J}_i^{a} = \sum_{k=1}^{n} L_{ik}^{a} \boldsymbol{X}_k^{a} + \sum_{k=1}^{n} \sum_{l=1}^{n} L_{ikl}^{a} \boldsymbol{X}_k^{a} \cdot \boldsymbol{X}_l^{a} \boldsymbol{n} + \sum_{k=1}^{n} \sum_{l=1}^{n} \sum_{h=1}^{n} L_{iklh}^{a} \boldsymbol{X}_k^{a} \cdot \boldsymbol{X}_l^{a} \cdot \boldsymbol{X}_h^{a} + \cdots \tag{1.48}$$
$$(i = 1,2,\cdots,n)$$

其中

$$X_k^a = -\frac{1}{T}\sum_{s=1}^{n-1} A_{ks}^a (\nabla \mu_s)_{T,p}$$

$$X_l^a = -\frac{1}{T}\sum_{t=1}^{n-1} A_{lt}^a (\nabla \mu_t)_{T,p}$$

$$X_h^a = -\frac{1}{T}\sum_{r=1}^{n-1} A_{hr}^a (\nabla \mu_r)_{T,p}$$

1.4 多元均相体系的化学反应

1.4.1 多元均相只有一个化学反应的体系

化学反应为

$$aA + bB \rule[0.5ex]{2em}{0.4pt} cC + dD \tag{1.a}$$

1. 只有一个化学反应的体系

在没有体积黏滞性、没有扩散，只有一个化学反应的体系中，熵增率

$$\sigma = -\frac{1}{T} j A_m \tag{1.49}$$

式中，j 为化学反应速率；A_m 为化学反应的亲和力，有

$$A_m = \Delta G_m = \sum_{i=1}^{n} \nu_i \mu_i \tag{1.50}$$

式中，ν_i 为化学反应方程式中组元 i 的计量系数，产物取正号，反应物取负号；μ_i 为组元 i 的化学势；ΔG_m 为化学反应的摩尔吉布斯自由能变。

线性唯象方程为

$$j = -l_1\left(\frac{A_m}{T}\right) \tag{1.51}$$

式（1.51）仅在化学反应接近达成平衡的近平衡区适用。对于整个化学反应过程，应采用非线性唯象方程

$$j = -l_1\left(\frac{A_m}{T}\right) - l_2\left(\frac{A_m}{T}\right)^2 - l_3\left(\frac{A_m}{T}\right)^3 - \cdots \tag{1.52}$$

由式（1.51）和式（1.52）可见，化学反应速率由化学亲和力即化学反应的吉布斯自由能变决定。这不符合经典热力学的说法。在经典热力学中，恒温

恒压条件下，吉布斯自由能变仅决定过程的方向和限度，不能决定过程的快慢。实际上，在一定条件下，吉布斯自由能变是能够决定过程的快慢的。例如，对于扩散过程，$\Delta\mu_i$ 是推动力，可以决定扩散的方向和限度，也可以决定扩散的速度。在扩散已经进行的情况下，如果扩散系数相同，$\Delta\mu_i$ 的绝对值越大，扩散速率越快。对于化学反应也如此。在未克服能垒时，虽然反应物的吉布斯自由能大于产物的吉布斯自由能，化学反应也不一定进行。这时，ΔG_m 不能决定化学反应的快慢。但是，一旦克服了能垒，化学反应进行了，吉布斯自由能变就能决定化学反应速率。对于同一个化学反应，吉布斯自由能越负，化学反应速率越快。

化学反应大部分过程是处于远离平衡的状态。因此，需要用高次展开式描述。至于取多少次方合适，对不同的化学反应是不同的，这取决于化学反应远离平衡的程度。

化学反应速率为

$$-\frac{1}{a}\frac{dc_A}{dt}=-\frac{1}{b}\frac{dc_B}{dt}=\frac{1}{c}\frac{dc_C}{dt}=\frac{1}{d}\frac{dc_D}{dt}=j \quad (1.53)$$

一般写作

$$\frac{1}{\nu_i}\frac{dc_i}{dt}=j \quad (1.54)$$

即

$$\frac{\partial c_i}{\partial t}=\nu_i j=\nu_i\left[-l_1\left(\frac{A_m}{T}\right)-l_2\left(\frac{A_m}{T}\right)^2-l_3\left(\frac{A_m}{T}\right)^3-\cdots\right] \quad (1.55)$$

式中，c_i 为体系中组元 i 的物质的量浓度；ν_i 为化学反应方程式的计量系数，产物取正号，反应物取负号。此即质量守恒方程。

式（1.55）各项乘以化学反应体系的体积 V，得

$$V\frac{\partial c_i}{\partial t}=\nu_i V j$$

即

$$\frac{\partial N_i}{\partial t}=\nu_i V j \quad (1.56)$$

对于理想气体的化学反应

$$aA(g)+bB(g)\Longrightarrow cC(g)+dD(g) \quad (1.b)$$

有

$$A_m = \Delta G_m = c\mu_C + d\mu_D - a\mu_A - b\mu_B$$
$$= \Delta G_m^* + RT\ln Q_p$$

其中

$$Q_p = \frac{(p_C/p^\ominus)^c (p_D/p^\ominus)^d}{(p_A/p^\ominus)^a (p_B/p^\ominus)^b}$$

式中，p_A、p_B、p_C 和 p_D 分别为组元 A、B、C、D 的压力。

$$\Delta G_m^* = c\mu_C^* + d\mu_D^* - a\mu_A^* - b\mu_B^*$$

式中，μ_A^*、μ_B^*、μ_C^* 和 μ_D^* 分别为组元 A、B、C、D 各为 1atm（1atm=1.01×10^{5}Pa）的化学势，即公式 $\mu_i = \mu_i^* + RT\ln\dfrac{p_i}{p^\ominus}$ $(i = A,B,C,D)$ 中 $p_i = p^\ominus$ 的化学势。

由

$$\frac{c_i}{\sum\limits_{i=1}^{n} c_i} p = x_i p = p_i = \frac{N_i}{\sum\limits_{i=1}^{n} N_i} p$$

得

$$c_i p = p_i \sum_{i=1}^{n} c_i$$

$$N_i p = p_i \sum_{i=1}^{n} N_i$$

式中，N_i 为体系中组元 i 的物质的量；$\sum\limits_{i=1}^{n} N_i$ 为体系中所有组元的总物质的量。

对于封闭体系，在恒温恒压条件下，测得 c_i 和 p 就可求出 p_i。

对于溶液中的化学反应

$$a(A) + b(B) \Longrightarrow c(C) + d(D) \tag{1.c}$$

有

$$A_m = \Delta G_m = c\mu_C + d\mu_D - a\mu_A - b\mu_B$$
$$= \Delta G_m^\ominus + RT\ln Q_a$$

其中

$$Q_a = \frac{a_C^c a_D^d}{a_A^a a_B^b}$$

$$\Delta G_m^\ominus = c\mu_C^\ominus + d\mu_D^\ominus - a\mu_A^\ominus - b\mu_B^\ominus$$

式中，a_A、a_B、a_C 和 a_D 分别为溶液中组元 A、B、C 和 D 的活度，其值与标准状态的选择有关；$\mu_A^\ominus$、$\mu_B^\ominus$、$\mu_C^\ominus$ 和 $\mu_D^\ominus$ 分别为组元 A、B、C 和 D 标准状态的化

学势，其值与标准状态的选择有关。

2. 有化学反应又有扩散的体系

在恒温恒压条件下，不考虑体积黏滞性，有一个化学反应又有扩散的体系，熵增率为

$$\sigma = -\sum_{i=1}^{n} \boldsymbol{J}_i \cdot \frac{\nabla \mu_i}{T} - j\frac{A_{\mathrm{m}}}{T} \tag{1.57}$$

唯象方程为

$$\boldsymbol{J}_i = -\sum_{k=1}^{n} L_{ik}\frac{\nabla \mu_k}{T} \quad (i=1,2,\cdots,n) \tag{1.58}$$

$$j = -l_1\left(\frac{A_{\mathrm{m}}}{T}\right) - l_2\left(\frac{A_{\mathrm{m}}}{T}\right)^2 - l_3\left(\frac{A_{\mathrm{m}}}{T}\right)^3 - \cdots \tag{1.59}$$

组元 i 的质量守恒方程

$$\begin{aligned}
\frac{\partial c_i}{\partial t} &= -\nabla \boldsymbol{J}_i + \nu_i j \\
&= -\nabla \cdot \sum_{k=1}^{n} -L_{ik}\frac{\nabla \mu_k}{T} + \nu_i j \\
&= \sum_{k=1}^{n} L_{ik}\frac{1}{T}\nabla^2 \mu_k + \nu_i j
\end{aligned} \tag{1.60}$$

方程（1.58）也称反应-扩散方程。

1.4.2　多元均相有多个化学反应的体系

1. 只有化学反应的体系

化学反应为

$$a_j \mathrm{A}_j + b_j \mathrm{B}_j \Longrightarrow c_j \mathrm{C}_j + d_j \mathrm{D}_j \tag{1.d}$$
$$(j=1,2,\cdots,r)$$

在没有体积黏滞性、没有扩散，多个化学反应同时进行的体系，熵增率为

$$\sigma = -\frac{1}{T}\sum_{j=1}^{r} j_j A_{\mathrm{m},j} \tag{1.61}$$

式中，j_j 为第 j 个化学反应的速率；$A_{\mathrm{m},j}$ 为第 j 个化学反应的亲和能。

$$A_{\mathrm{m},j} = \Delta G_{\mathrm{m},j} = \sum_{i=1}^{n} \nu_{ij} \mu_i$$

式中，ν_{ij} 为第 j 个化学反应方程式的计量系数，产物取正号，反应物取负号。

线性唯象方程为

$$j_j = -\sum_{k=1}^{r} l_{jk} \left(\frac{A_{\mathrm{m},k}}{T} \right) \quad (j=1,2,\cdots,r) \tag{1.62}$$

其中

$$A_{\mathrm{m},k} = \Delta G_{\mathrm{m},k} = \sum_{k=1}^{n} \nu_{ik} \mu_i$$

昂萨格关系式为

$$l_{jk} = l_{kj}$$

非线性唯象方程为

$$j_j = -\sum_{k=1}^{r} l_{jk} \left(\frac{A_{\mathrm{m},k}}{T} \right) - \sum_{k=1}^{r}\sum_{l=1}^{r} l_{jkl} \left(\frac{A_{\mathrm{m},k}}{T} \right)\left(\frac{A_{\mathrm{m},l}}{T} \right) - \sum_{k=1}^{r}\sum_{l=1}^{r}\sum_{h=1}^{r} l_{jklh} \left(\frac{A_{\mathrm{m},k}}{T} \right)\left(\frac{A_{\mathrm{m},l}}{T} \right)\left(\frac{A_{\mathrm{m},h}}{T} \right) - \cdots$$
$$\tag{1.63}$$

组元 i 的质量守恒方程为

$$\frac{\partial c_i}{\partial t} = \sum_{j=1}^{r} \nu_{ij} j_j$$
$$= \sum_{j=1}^{r} \nu_{ij} \left[-\sum_{k=1}^{r} l_{jk} \left(\frac{A_{\mathrm{m},k}}{T} \right) - \sum_{k=1}^{r}\sum_{l=1}^{r} l_{jkl} \left(\frac{A_{\mathrm{m},k}}{T} \right)\left(\frac{A_{\mathrm{m},l}}{T} \right) - \sum_{k=1}^{r}\sum_{l=1}^{r}\sum_{h=1}^{r} l_{jklh} \left(\frac{A_{\mathrm{m},k}}{T} \right)\left(\frac{A_{\mathrm{m},l}}{T} \right)\left(\frac{A_{\mathrm{m},h}}{T} \right) - \cdots \right]$$
$$\tag{1.64}$$
$$(i=1,2,\cdots,n)$$

2. 有化学反应又有扩散的体系

在恒温恒压条件下，不考虑体积黏滞性，有多个化学反应又有扩散的体系，熵增率为

$$\sigma = -\sum_{i=1}^{n} \boldsymbol{J}_i \cdot \frac{\nabla \mu_i}{T} - \sum_{j=1}^{r} j_j \frac{A_{\mathrm{m},j}}{T} \tag{1.65}$$

唯象方程为

$$\boldsymbol{J}_i = -\sum_{k=1}^{n} L_{ik} \frac{\nabla \mu_k}{T} \quad (i=1,2,\cdots,n) \tag{1.66}$$

$$j_j = -\sum_{k=1}^{r} l_{jk}\left(\frac{A_{m,k}}{T}\right) - \sum_{k=1}^{r}\sum_{l=1}^{r} l_{jkl}\left(\frac{A_{m,k}}{T}\right)\left(\frac{A_{m,l}}{T}\right) - \sum_{k=1}^{r}\sum_{l=1}^{r}\sum_{h=1}^{r} l_{jklh}\left(\frac{A_{m,k}}{T}\right)\left(\frac{A_{m,l}}{T}\right)\left(\frac{A_{m,h}}{T}\right) - \cdots$$

$$(1.67)$$

$$(j=1,2,\cdots,r)$$

这里扩散只取线性项。

组元 i 的质量守恒方程为

$$\frac{\partial c_i}{\partial t} = -\nabla \cdot \boldsymbol{J}_i + \sum_{j=1}^{r} \nu_{ij} j_j$$

$$= \sum_{k=1}^{n} L'_{ik}\nabla^2 \mu_k + \sum_{j=1}^{r}\nu_{ij}\left[-\sum_{k=1}^{r} l_{jk}\left(\frac{A_{m,k}}{T}\right) - \sum_{k=1}^{r}\sum_{l=1}^{r} l_{jkl}\left(\frac{A_{m,k}}{T}\right)\left(\frac{A_{m,l}}{T}\right)\right. \quad (1.68)$$

$$\left. -\sum_{k=1}^{r}\sum_{l=1}^{r}\sum_{h=1}^{r} l_{jklh}\left(\frac{A_{m,k}}{T}\right)\left(\frac{A_{m,l}}{T}\right)\left(\frac{A_{m,h}}{T}\right) - \cdots\right]$$

$$(i=1,2,\cdots,n)$$

1.5　多元非均相体系的化学反应

1.5.1　只有一个化学反应的多元非均相体系

在没有体积黏滞性、没有扩散，多相间只有一个化学反应

$$a\mathrm{A(g)} + b\mathrm{B(s)} \Longrightarrow c\mathrm{(C)} + d\mathrm{(D)} \qquad (1.e)$$

熵增率为

$$\sigma = -\frac{1}{T} j A_m \qquad (1.69)$$

式中，j 为化学反应速率；A_m 为化学反应的亲和力

$$A_m = \Delta G_m = \sum_{i=1}^{n} \nu_i \mu_i$$

唯象方程为

$$j = -l_1\left(\frac{A_m}{T}\right) - l_2\left(\frac{A_m}{T}\right)^2 - l_3\left(\frac{A_m}{T}\right)^3 - \cdots \qquad (1.70)$$

质量守恒方程为

$$\frac{\partial c_i}{\partial t} = \nu_i j$$

$$= \nu_i\left[-l_1\left(\frac{A_m}{T}\right) - l_2\left(\frac{A_m}{T}\right)^2 - l_3\left(\frac{A_m}{T}\right)^3 - \cdots\right] \qquad (1.71)$$

对于化学反应方程式（1.e），有

$$-\frac{1}{a}\frac{\partial c_A}{\partial t} = -\frac{1}{b}\frac{\partial c_B}{\partial t} = \frac{1}{c}\frac{\partial c_C}{\partial t} = \frac{1}{d}\frac{\partial c_D}{\partial t} = j \tag{1.72}$$

多相反应发生在气体组元和固体组元的界面上，

$$-\frac{\partial N_A}{\partial t} = a\Omega j \tag{1.73}$$

式中，N_A 为组元 A 的总物质的量；Ω 为气体组元 A 和固体组元 B 的界面面积。

1.5.2　只有一个化学反应又有扩散的多元非均相体系

熵增率为

$$\sigma = -\sum_{i=1}^{n} \boldsymbol{J}_i \cdot \frac{\nabla \mu_i}{T} - j\frac{A_m}{T} \tag{1.74}$$

唯象方程为

$$\boldsymbol{J}_i = -\sum_{k=1}^{n} L_{ik}\frac{\nabla \mu_k}{T} \quad (i=1,2,\cdots,n) \tag{1.75}$$

$$j = -l_1\left(\frac{A_m}{T}\right) - l_2\left(\frac{A_m}{T}\right)^2 - l_3\left(\frac{A_m}{T}\right)^3 - \cdots \tag{1.76}$$

质量守恒方程为

$$\frac{\partial c_i}{\partial t} = -\nabla \cdot \boldsymbol{J}_i + \nu_i j$$

$$= \sum_{k=1}^{n} L_{ik}\frac{\nabla^2 \mu_i}{T} + \nu_i j \tag{1.77}$$

式中的扩散项是组元 i 所在的液相或气相中的扩散。

对于化学反应式（1.e），有

$$\frac{\partial c_A}{\partial t} = -\nabla \cdot \boldsymbol{J}_A - aj$$

$$= L_{AA}\nabla^2 \mu_A - a\left[-l_1\left(\frac{A_m}{T}\right) - l_2\left(\frac{A_m}{T}\right)^2 - l_3\left(\frac{A_m}{T}\right)^3 - \cdots\right]$$

$$-\frac{\partial c_B}{\partial t} = bj = b\left[-l_1\left(\frac{A_m}{T}\right) - l_2\left(\frac{A_m}{T}\right)^2 - l_3\left(\frac{A_m}{T}\right)^3 - \cdots\right]$$

$$\frac{\partial c_{\mathrm{C}}}{\partial t} = -\nabla \cdot \boldsymbol{J}_{\mathrm{C}} + cj$$

$$= L_{\mathrm{CC}}\frac{\nabla^2 \mu_{\mathrm{C}}}{T} + L_{\mathrm{CD}}\frac{\nabla^2 \mu_{\mathrm{D}}}{T} + c\left[-l_1\left(\frac{A_{\mathrm{m}}}{T}\right) - l_2\left(\frac{A_{\mathrm{m}}}{T}\right)^2 - l_3\left(\frac{A_{\mathrm{m}}}{T}\right)^3 - \cdots\right]$$

$$\frac{\partial c_{\mathrm{D}}}{\partial t} = -\nabla \cdot \boldsymbol{J}_{\mathrm{D}} + dj$$

$$= L_{\mathrm{DC}}\frac{\nabla^2 \mu_{\mathrm{C}}}{T} + L_{\mathrm{DD}}\frac{\nabla^2 \mu_{\mathrm{D}}}{T} + d\left[-l_1\left(\frac{A_{\mathrm{m}}}{T}\right) - l_2\left(\frac{A_{\mathrm{m}}}{T}\right)^2 - l_3\left(\frac{A_{\mathrm{m}}}{T}\right)^3 - \cdots\right]$$

$$\frac{\partial N_{\mathrm{A}}}{\partial t} = \Omega\left\{L_{\mathrm{AA}}\nabla^2 \mu_{\mathrm{A}} - a\left[-l_1\left(\frac{A_{\mathrm{m}}}{T}\right) - l_2\left(\frac{A_{\mathrm{m}}}{T}\right)^2 - l_3\left(\frac{A_{\mathrm{m}}}{T}\right)^3 - \cdots\right]\right\}$$

$$= \Omega\left\{L_{\mathrm{AA}}\nabla^2 \mu_{\mathrm{A}} + a\left[l_1\left(\frac{A_{\mathrm{m}}}{T}\right) + l_2\left(\frac{A_{\mathrm{m}}}{T}\right)^2 + l_3\left(\frac{A_{\mathrm{m}}}{T}\right)^3 + \cdots\right]\right\}$$

$$-\frac{\partial N_{\mathrm{B}}}{\partial t} = b\Omega j$$

$$= b\Omega\left[-l_1\left(\frac{A_{\mathrm{m}}}{T}\right) - l_2\left(\frac{A_{\mathrm{m}}}{T}\right)^2 - l_3\left(\frac{A_{\mathrm{m}}}{T}\right)^3 - \cdots\right]$$

$$\frac{\partial N_{\mathrm{C}}}{\partial t} = \Omega\left\{L_{\mathrm{CC}}\frac{\nabla^2 \mu_{\mathrm{C}}}{T} + L_{\mathrm{CD}}\frac{\nabla^2 \mu_{\mathrm{D}}}{T} + c\left[-l_1\left(\frac{A_{\mathrm{m}}}{T}\right) - l_2\left(\frac{A_{\mathrm{m}}}{T}\right)^2 - l_3\left(\frac{A_{\mathrm{m}}}{T}\right)^3 - \cdots\right]\right\}$$

$$\frac{\partial N_{\mathrm{D}}}{\partial t} = \Omega\left\{L_{\mathrm{DC}}\frac{\nabla^2 \mu_{\mathrm{C}}}{T} + L_{\mathrm{DD}}\frac{\nabla^2 \mu_{\mathrm{D}}}{T} + d\left[-l_1\left(\frac{A_{\mathrm{m}}}{T}\right) - l_2\left(\frac{A_{\mathrm{m}}}{T}\right)^2 - l_3\left(\frac{A_{\mathrm{m}}}{T}\right)^3 - \cdots\right]\right\}$$

式中，N 为体系中总物质的量；Ω 为界面面积。

1.5.3　同时有多个化学反应的多元多相体系

1. 只有化学反应的体系

多元多相体系没有体积黏滞性、没有扩散，同时有多个化学反应发生，化学反应为

$$a_j \mathrm{A}_j(\mathrm{g}) + b_j \mathrm{B}_j(\mathrm{s}) = c_j(\mathrm{C}_j)_1 + d_j(\mathrm{D}_j)_1 \tag{1.f}$$

$$(j = 1, 2, \cdots, r)$$

该体系的熵增率为

$$\sigma = -\frac{1}{T}\sum_{j=1}^{r} j_j A_{m,j} \tag{1.78}$$

式中，j_j 为第 j 个化学反应的速率；$A_{m,j}$ 为第 j 个化学反应的亲和能

$$A_{m,j} = \Delta G_{m,j} = \sum_{i=1}^{n} \nu_{ij} \mu_i$$

式中，ν_{ij} 为第 j 个化学反应方程式的计量系数。

多元多相体系，同时发生 r 个化学反应的唯象方程为

$$j_j = -\sum_{k=1}^{r} l_{jk}\left(\frac{A_{m,k}}{T}\right) - \sum_{k=1}^{r}\sum_{l=1}^{r} l_{jkl}\left(\frac{A_{m,k}}{T}\right)\left(\frac{A_{m,l}}{T}\right) - \sum_{k=1}^{r}\sum_{l=1}^{r}\sum_{h=1}^{r} l_{jklh}\left(\frac{A_{m,k}}{T}\right)\left(\frac{A_{m,l}}{T}\right)\left(\frac{A_{m,h}}{T}\right) - \cdots$$
$$(j=1,2,\cdots,r) \tag{1.79}$$

该反应体系中组元 i 的质量守恒方程为

$$\frac{\partial c_i}{\partial t} = \sum_{j=i}^{r} \nu_{ij} j_j$$
$$= \sum_{j=1}^{r} \nu_{ij}\left[-\sum_{k=1}^{r} l_{jk}\left(\frac{A_{m,k}}{T}\right) - \sum_{k=1}^{r}\sum_{l=1}^{r} l_{jkl}\left(\frac{A_{m,k}}{T}\right)\left(\frac{A_{m,l}}{T}\right) - \sum_{k=1}^{r}\sum_{l=1}^{r}\sum_{h=1}^{r} l_{jklh}\left(\frac{A_{m,k}}{T}\right)\left(\frac{A_{m,l}}{T}\right)\left(\frac{A_{m,h}}{T}\right) - \cdots \right]$$
$$\tag{1.80}$$
$$(i=1,2,\cdots,n)$$

2. 有化学反应又有扩散

在多元多相体系中，同时发生 r 个化学反应，还有扩散，熵增率为

$$\sigma = -\sum_{i=1}^{n} \boldsymbol{J}_i \cdot \frac{\nabla \mu_i}{T} - \sum_{j=1}^{r} j_j \frac{A_{m,j}}{T} \tag{1.81}$$

该体系的唯象方程为

$$\boldsymbol{J}_i = -\sum_{k=1}^{n} L_{ik} \frac{\nabla \mu_k}{T} \quad (i=1,2,\cdots,n) \tag{1.82}$$

$$j_j = -\sum_{k=1}^{r} l_{jk}\left(\frac{A_{m,k}}{T}\right) - \sum_{k=1}^{r}\sum_{l=1}^{r} l_{jkl}\left(\frac{A_{m,k}}{T}\right)\left(\frac{A_{m,l}}{T}\right) - \sum_{k=1}^{r}\sum_{l=1}^{r}\sum_{h=1}^{r} l_{jklh}\left(\frac{A_{m,k}}{T}\right)\left(\frac{A_{m,l}}{T}\right)\left(\frac{A_{m,h}}{T}\right) - \cdots$$
$$\tag{1.83}$$
$$(j=1,2,\cdots,r)$$

质量守恒方程

$$\frac{\partial c_i}{\partial t} = -\nabla \cdot \boldsymbol{J}_i + \sum_{j=1}^{r} \nu_{ij} j_j$$

$$= -\sum_{k=1}^{n} L_{ik} \frac{\nabla \mu_k}{T} + \sum_{j=1}^{r} \nu_{ij} \left[-\sum_{k=1}^{r} l_{jk} \left(\frac{A_{m,k}}{T}\right) - \sum_{k=1}^{r}\sum_{l=1}^{r} l_{jkl} \left(\frac{A_{m,k}}{T}\right)\left(\frac{A_{m,l}}{T}\right) \right. \quad (1.84)$$

$$\left. -\sum_{k=1}^{r}\sum_{l=1}^{r}\sum_{h=1}^{r} l_{jklh} \left(\frac{A_{m,k}}{T}\right)\left(\frac{A_{m,l}}{T}\right)\left(\frac{A_{m,h}}{T}\right) - \cdots \right]$$

$$(i = 1, 2, \cdots, n)$$

式中，发生扩散的组元 i 是和参加化学反应的组元 i 在同一相中。

1.6 稳 态 过 程

很多化学反应是由多个步骤串联而成，前一个反应的产物是后一个反应的反应物。对于多元多相反应，不仅有前一个反应的产物是后一个反应的反应物的情况，还有些步骤不是化学反应，是传质、传热等过程。解这种反应体系的微分方程往往相当困难。为了简化这类问题的处理，可以采用稳态近似的方法。

1.6.1 只有一个化学反应的多相体系

以气-固反应为例，一个固体与气体发生反应。气体从气相本体经过气膜扩散到固体表面，在固体表面与固体组元 B 发生化学反应。该过程可以表示为

$$A \xrightarrow{\text{I}} A + B \xrightarrow{\text{II}} C \qquad (1.g)$$

I 为扩散过程，II 为化学反应。气体反应物 A 在气相本体的化学势为 $\mu_{A,g}$，在固体表面的化学势为 $\mu_{A,s}$，气膜厚度为 δ，则气体 A 在气膜内的扩散速率为

$$\boldsymbol{J}_A = -L_{AA} \frac{\nabla \mu_A}{T} - L_{AC} \frac{\nabla \mu_C}{T} \qquad (1.85)$$

$$J_A = |\boldsymbol{J}_A| = \left| -L_{AA} \frac{\nabla \mu_A}{T} - L_{AC} \frac{\nabla \mu_C}{T} \right|$$

$$= L_{AA} \frac{\Delta \mu_A / \delta}{T} + L_{AC} \frac{\Delta \mu_A / \delta}{T} \qquad (1.86)$$

$$= L'_{AA} \frac{1}{T}(\mu_{A,g} - \mu_{A,s}) + L'_{AC} \frac{1}{T}(\mu_{C,s} - \mu_{C,g})$$

其中

$$L'_{AA} = \frac{L_{AA}}{\delta}$$

$$L'_{AC} = \frac{L_{AC}}{\delta}$$

在固体表面，气体反应物 A 与固体 B 发生化学反应，表示为

$$a\mathrm{A(g)} + b\mathrm{B(s)} == c\mathrm{C(g)} \tag{1.h}$$

化学反应速率为

$$j = -l_1\left(\frac{A_{\mathrm{m}}}{T}\right) - l_2\left(\frac{A_{\mathrm{m}}}{T}\right)^2 - l_3\left(\frac{A_{\mathrm{m}}}{T}\right)^3 - \cdots \tag{1.87}$$

$$A_{\mathrm{m}} = \Delta G_{\mathrm{m}} = \sum_{i=1}^{n} v_i \mu_i$$

$$-\frac{\partial c_{\mathrm{A}}}{\partial t} = aj = a\left[-l_1\left(\frac{A_{\mathrm{m}}}{T}\right) - l_2\left(\frac{A_{\mathrm{m}}}{T}\right)^2 - l_3\left(\frac{A_{\mathrm{m}}}{T}\right)^3 - \cdots\right] \tag{1.88}$$

过程达到稳态

$$-\frac{\partial c_{\mathrm{A}}}{\partial t} = J_{\mathrm{A}} = aj = J$$

$$J = J_{\mathrm{A}} = L'_{\mathrm{AA}}\frac{1}{T}(\mu_{\mathrm{A,g}} - \mu_{\mathrm{A,s}}) + L'_{\mathrm{AC}}\frac{1}{T}(\mu_{\mathrm{C,s}} - \mu_{\mathrm{C,g}}) \tag{1.89}$$

$$J = aj = a\left[-l_1\left(\frac{A_{\mathrm{m}}}{T}\right) - l_2\left(\frac{A_{\mathrm{m}}}{T}\right)^2 - l_3\left(\frac{A_{\mathrm{m}}}{T}\right)^3 - \cdots\right] \tag{1.90}$$

$$-\frac{\partial c_{\mathrm{A}}}{\partial t} = J = \frac{1}{2}(J_{\mathrm{A}} + aj)$$

$$= \frac{1}{2}\left\{L'_{\mathrm{AA}}\frac{1}{T}(\mu_{\mathrm{A,g}} - \mu_{\mathrm{A,s}}) + L'_{\mathrm{AC}}\frac{1}{T}(\mu_{\mathrm{C,s}} - \mu_{\mathrm{C,g}}) - a\left[l_1\left(\frac{A_{\mathrm{m}}}{T}\right) + l_2\left(\frac{A_{\mathrm{m}}}{T}\right)^2 + l_3\left(\frac{A_{\mathrm{m}}}{T}\right)^3 + \cdots\right]\right\}$$

$$\tag{1.91}$$

1.6.2　同时有多个化学反应的多元多相体系

仍以气-固相反应为例，气体从本体经过气膜到达固体表面，在固体表面与固体中的多个组元发生化学反应，该过程可以表示为

$$\mathrm{A} \xrightarrow{\mathrm{I}} \mathrm{A} + \mathrm{B}_j \xrightarrow{\mathrm{II}} \mathrm{C}_j \tag{1.i}$$

气体 A 在气膜内的扩散速率为

$$J_A = |\boldsymbol{J}_A| = \left| -L_{AA}\frac{\nabla\mu_A}{T} - \sum_{j=1}^{r}L_{AC_j}\frac{\nabla\mu_{C_j}}{T} \right|$$

$$= L_{AA}\frac{\Delta\mu_A/\delta}{T} + \sum_{j=1}^{r}L_{AC_j}\frac{\Delta\mu_{C_j}/\delta}{T}$$

$$= L'_{AA}\frac{\Delta\mu_A}{T} + \sum_{j=1}^{r}L'_{AC_j}\frac{\Delta\mu_{C_j}}{T}$$

$$= L'_{AA}\frac{1}{T}(\mu_{A,g} - \mu_{A,s}) + \sum_{j=1}^{r}L'_{AC_j}\frac{1}{T}(\mu_{C_j,s} - \mu_{C_j,g}) \tag{1.92}$$

式中，C_j 表示第 j 个化学反应产生的气体组元。

在固体表面，发生的化学反应为

$$a_j A(g) + b_j B_j(s) \Longrightarrow c_j C_j(g) \tag{1.j}$$

$$(j = 1, 2, \cdots, r)$$

化学反应速率为

$$j_j = -\sum_{k=1}^{r}l_{jk}\left(\frac{A_{m,k}}{T}\right) - \sum_{k=1}^{r}\sum_{l=1}^{r}l_{jkl}\left(\frac{A_{m,k}}{T}\right)\left(\frac{A_{m,l}}{T}\right) - \sum_{k=1}^{r}\sum_{l=1}^{r}\sum_{h=1}^{r}l_{jklh}\left(\frac{A_{m,k}}{T}\right)\left(\frac{A_{m,l}}{T}\right)\left(\frac{A_{m,h}}{T}\right) - \cdots \tag{1.93}$$

$$(j = 1, 2, \cdots, r)$$

$$-\frac{1}{a_j}\frac{\partial N_{A(j)}}{\partial t} = -\frac{1}{b_j}\frac{\partial N_{B_j}}{\partial t} = \frac{1}{c_j}\frac{\partial N_{C_j}}{\partial t} = \Omega_{g's}j_j = \Omega_{g'}\frac{1}{a_j}J_{A(j)} = \Omega J_j \tag{1.94}$$

式中，$N_{A(j)}$ 为按化学反应方程式计量参与第 j 个反应的组元 A 的量；$J_{A(j)}$ 为参与第 j 个反应组元 A 扩散的量；$\Omega_{g'}$ 为气膜的表面积；$\Omega_{g's}$ 为气-固界面面积，可以认为

$$\Omega_{g'} = \Omega_{g's} = \Omega$$

过程达到稳态，式（1.94）等于常数。

由式（1.94），有

$$J_j = \frac{1}{a_j}J_{A(j)} \tag{1.95}$$

$$J_j = j_j \tag{1.96}$$

$$J_j = \frac{1}{2}\left(\frac{1}{a_j}J_{A(j)} + j_j\right) \tag{1.97}$$

$$-\frac{\partial N_{A(j)}}{\partial t} = a_j\Omega J_j = \frac{1}{2}\Omega(J_{A(j)} + a_j j_j) \tag{1.98}$$

$$-\frac{\partial N_{\mathrm{A}}}{\partial t} = -\frac{\partial}{\partial t}\sum_{j=1}^{r} N_{\mathrm{A}(j)} = \sum_{j=1}^{r}\frac{\partial N_{\mathrm{A}(j)}}{\partial t}$$

$$= \frac{1}{2}\varOmega\sum_{j=1}^{r}(J_{\mathrm{A}(j)} + a_j j_j)$$

$$= \frac{\varOmega}{2}\left(J_{\mathrm{A}} + \sum_{j=1}^{r} a_j j_j\right) \tag{1.99}$$

式中，J_{A} 为式（1.92），j_j 为式（1.93）。

由式（1.95）得

$$-\frac{\partial N_{\mathrm{A}(j)}}{\partial t} = -\frac{a_j}{b_j}\frac{\partial N_{\mathrm{B}_j}}{\partial t} \tag{1.100}$$

对 j 求和，得

$$-\frac{\partial N_{\mathrm{A}}}{\partial t} = -\sum_{j=1}^{r}\frac{a_j}{b_j}\frac{\partial N_{\mathrm{B}_j}}{\partial t}$$

$$= -\sum_{j=1}^{r}\frac{a_j}{b_j}\frac{\partial}{\partial t}\left(\frac{V\rho'_{\mathrm{B}_j}}{M_{\mathrm{B}_j}}\right)$$

$$= -\sum_{j=1}^{r}\frac{a_j\rho'_{\mathrm{B}_j}}{b_j M_{\mathrm{B}_j}}\frac{\partial V}{\partial t} \tag{1.101}$$

由式（1.99）和式（1.101），得

$$-\frac{\partial V}{\partial t} = \frac{\varOmega}{2}\left(J_{\mathrm{A}} + \sum_{j=1}^{r} a_j j_j\right)\bigg/\sum_{j=1}^{r}\frac{a_j\rho'_{\mathrm{B}_j}}{b_j M_{\mathrm{B}_j}} \tag{1.102}$$

其中

$$\rho'_{\mathrm{B}_j} = \frac{W_{\mathrm{B}_j}}{V_0}$$

式中，W_{B_j} 为固体中组元 B_j 的质量；V_0 为固体的初始体积；ρ'_{B_j} 为组元 B_j 的表观密度。

由固体体积和表面积的表达式，就可以由式（1.102）求得固体特征尺寸（如球的半径）与时间的关系。

第2章 均相反应

在同一相中反应物之间进行的化学反应称为均相反应，通常指在气相中或液相中进行的化学反应。

2.1 气-气相反应

通常气体能完全混合，因此气体之间的化学反应一般为均一气相反应。

2.1.1 单一气-气相反应

在恒温恒压条件下，气相中只有一个化学反应，可以表示为

$$a\text{A(g)} + b\text{B(g)} \Longrightarrow c\text{C(g)} + d\text{D(g)} \tag{2.a}$$

化学反应亲和力为

$$A = \Delta G_m = \Delta G_m^{\ominus} + RT \ln \frac{(p_C/p^{\ominus})^c (p_D/p^{\ominus})^d}{(p_A/p^{\ominus})^a (p_B/p^{\ominus})^b} \tag{2.1}$$

理想气体有

$$pV = nRT$$

$$p = \frac{n}{V}RT = cRT$$

其中

$$c = \frac{n}{V} \tag{2.2}$$

式中，c 为单位体积气体的物质的量。

将式（2.2）代入式（2.1），得

$$A_m = \Delta G_m = \Delta G_m^{\ominus} + RT \ln \frac{c_C^c c_D^d}{c_A^a c_D^b} \left(\frac{RT}{p^{\ominus}} \right)^{c+d-a-b} \tag{2.3}$$

化学反应速率为

$$-\frac{1}{a}\frac{dc_A}{dt} = -\frac{1}{b}\frac{dc_B}{dt} = \frac{1}{c}\frac{dc_C}{dt} = \frac{1}{d}\frac{dc_D}{dt} = j \tag{2.4}$$

$$j = -l_1\left(\frac{A_m}{T}\right) - l_2\left(\frac{A_m}{T}\right)^2 - l_3\left(\frac{A_m}{T}\right)^3 - \cdots \tag{2.5}$$

2.1.2 多个气-气相反应

在恒温恒压条件下，气相中有多个化学反应同时进行，可以表示为

$$a_j A_j(g) + b_j B_j(g) \Longrightarrow c_j C_j(g) + d_j D_j(g) \tag{2.b}$$

$$(j = 1, 2, \cdots, r)$$

化学反应亲和力为

$$
\begin{aligned}
A_{m,j} = \Delta G_{m,j} &= \Delta G_{m,j}^{\ominus} + RT \ln \frac{(p_{C_j}/p^{\ominus})^{c_j}(p_{D_j}/p^{\ominus})^{d_j}}{(p_{A_j}/p^{\ominus})^{a_j}(p_{B_j}/p^{\ominus})^{b_j}} \\
&= \Delta G_{m,j}^{\ominus} + RT \ln \frac{c_{C_j}^{c_j} c_{D_j}^{c_j}}{c_{A_j}^{c_j} c_{D_j}^{c_j}} \left(\frac{RT}{p^{\ominus}}\right)^{c_j + d_j - a_j - b_j}
\end{aligned}
\tag{2.6}
$$

化学反应速率为

$$-\frac{1}{a_j}\frac{dc_{A_j}}{dt} = -\frac{1}{b_j}\frac{dc_{B_j}}{dt} = \frac{1}{c_j}\frac{dc_{C_j}}{dt} = \frac{1}{d_j}\frac{dc_{D_j}}{dt} = j_j \tag{2.7}$$

$$j_j = -\sum_{k=1}^{r} l_{jk}\left(\frac{A_{m,k}}{T}\right) - \sum_{k=1}^{r}\sum_{l=1}^{r} l_{jkl}\left(\frac{A_{m,k}}{T}\right)\left(\frac{A_{m,l}}{T}\right) - \sum_{k=1}^{r}\sum_{l=1}^{r}\sum_{h=1}^{r} l_{jklh}\left(\frac{A_{m,k}}{T}\right)\left(\frac{A_{m,l}}{T}\right)\left(\frac{A_{m,h}}{T}\right) - \cdots \tag{2.8}$$

2.1.3 有一个化学反应，同时有多个扩散

$$
\begin{aligned}
-\frac{\partial c_A}{\partial t} &= aj + \sum_{i=1}^{n} L_{Ai}\frac{1}{T}\nabla^2 \mu_i \\
&= aj + \sum_{i=1}^{n} D_{Ai}\nabla^2 \mu_i
\end{aligned}
\tag{2.9}
$$

$$
\begin{aligned}
-\frac{\partial c_B}{\partial t} &= bj + \sum_{i=1}^{n} L_{Bi}\frac{1}{T}\nabla^2 \mu_i \\
&= bj + \sum_{i=1}^{n} D_{Bi}\nabla^2 \mu_i
\end{aligned}
\tag{2.10}
$$

$$
\begin{aligned}
\frac{\partial c_C}{\partial t} &= cj + \sum_{i=1}^{n} L_{Ci}\frac{1}{T}\nabla^2 \mu_i \\
&= cj + \sum_{i=1}^{n} D_{Ci}\nabla^2 \mu_i
\end{aligned}
\tag{2.11}
$$

$$\frac{\partial c_{\mathrm{D}}}{\partial t} = dj + \sum_{i=1}^{n} L_{\mathrm{D}i}\frac{1}{T}\nabla^2 \mu_i$$

$$= dj + \sum_{i=1}^{n} D_{\mathrm{D}i}\nabla^2 \mu_i \qquad (2.12)$$

$$(i=\mathrm{A}、\ \mathrm{B}、\ \mathrm{C}、\ \mathrm{D}、\cdots)$$

其中

$$D_{\mathrm{A}i} = \frac{L_{\mathrm{A}i}}{T}$$

$$D_{\mathrm{B}i} = \frac{L_{\mathrm{B}i}}{T}$$

$$D_{\mathrm{C}i} = \frac{L_{\mathrm{C}i}}{T}$$

$$D_{\mathrm{D}i} = \frac{L_{\mathrm{D}i}}{T}$$

$$j = -l_1\left(\frac{A_{\mathrm{m}}}{T}\right) - l_2\left(\frac{A_{\mathrm{m}}}{T}\right)^2 - l_3\left(\frac{A_{\mathrm{m}}}{T}\right)^3 - \cdots$$

2.1.4 同时有多个化学反应，又有多个扩散

$$\frac{\partial c_{\mathrm{A}_j}}{\partial t} = -a_j j + \sum_{i=1}^{n} D_{\mathrm{A}_j x_i}\nabla^2 \mu_{x_i} \qquad (2.13)$$

$$\frac{\partial c_{\mathrm{B}_j}}{\partial t} = -b_j j + \sum_{i=1}^{n} D_{\mathrm{B}_j x_i}\nabla^2 \mu_{x_i} \qquad (2.14)$$

$$\frac{\partial c_{\mathrm{C}_j}}{\partial t} = c_j j + \sum_{i=1}^{n} D_{\mathrm{C}_j x_i}\nabla^2 \mu_{x_i} \qquad (2.15)$$

$$\frac{\partial c_{\mathrm{D}_j}}{\partial t} = d_j j + \sum_{i=1}^{n} D_{\mathrm{D}_j x_i}\nabla^2 \mu_{x_i} \qquad (2.16)$$

$$(j=1,2,\cdots,r; x=\mathrm{A}、\ \mathrm{B}、\ \mathrm{C}、\ \mathrm{D}、\cdots)$$

其中

$$D_{\mathrm{A}_j x_i} = \frac{L_{\mathrm{A}_j x_i}}{T}$$

$$D_{\mathrm{B}_j x_i} = \frac{L_{\mathrm{B}_j x_i}}{T}$$

$$D_{\mathrm{C}_j x_i} = \frac{L_{\mathrm{C}_j x_i}}{T}$$

$$D_{D_j x_i} = \frac{L_{D_j x_i}}{T}$$

2.1.5 实际反应

1. 一氧化碳的燃烧反应

一氧化碳的燃烧反应为

$$2CO(g) + O_2(g) \Longrightarrow 2CO_2(g) \tag{2.c}$$

化学反应亲和力，即摩尔吉布斯自由能变为

$$
\begin{aligned}
A_m = \Delta G_m &= \Delta G_m^\ominus + RT \ln \frac{(p_{CO_2}/p^\ominus)^2}{(p_{CO}/p^\ominus)^2 (p_{O_2}/p^\ominus)} \\
&= \Delta G_m^\ominus + RT \ln \frac{p_{CO_2}^2 p^\ominus}{p_{CO}^2 p_{O_2}} \\
&= \Delta G_m^\ominus + RT \ln \frac{c_{CO_2}^2 p^\ominus}{c_{CO}^2 c_{O_2} RT}
\end{aligned}
$$

将气体当作理想气体，反应过程中总压力恒定，温度恒定，有

$$p_{CO_2} = \frac{c_{CO_2}}{c_{CO_2} + c_{CO} + c_{O_2}} p_{总}$$

$$p_{总} = p_{CO_2} + p_{CO} + p_{O_2}$$

式中，p_{CO}、p_{O_2}、p_{CO_2} 分别为气相中 CO、O_2 和 CO_2 的分压；$\Delta G_m^\ominus$ 为 CO、O_2 和 CO_2 都是标准状态下，即压力都为 1atm 条件下的化学势。质量守恒方程为

$$-\frac{1}{2}\frac{\partial c_{CO}}{\partial t} = -\frac{\partial c_{O_2}}{\partial t} = \frac{1}{2}\frac{\partial c_{CO_2}}{\partial t} = j \tag{2.17}$$

$$j = -l_1\left(\frac{A_m}{T}\right) - l_2\left(\frac{A_m}{T}\right)^2 - l_3\left(\frac{A_m}{T}\right)^3 - \cdots \tag{2.18}$$

同时又有扩散，有

$$\frac{\partial c_{CO}}{\partial t} = -2j + D_{CO,CO}\nabla^2 \mu_{CO} + D_{CO,O_2}\nabla^2 \mu_{O_2} + D_{CO,CO_2}\nabla^2 \mu_{CO_2} \tag{2.19}$$

$$\frac{\partial c_{O_2}}{\partial t} = -j + D_{O_2,O_2}\nabla^2 \mu_{O_2} + D_{O_2,CO}\nabla^2 \mu_{CO} + D_{O_2,CO_2}\nabla^2 \mu_{CO_2} \tag{2.20}$$

$$\frac{\partial c_{CO_2}}{\partial t} = j + D_{CO_2,CO_2}\nabla^2 \mu_{CO_2} + D_{CO_2,CO}\nabla^2 \mu_{CO} + D_{CO_2,O_2}\nabla^2 \mu_{O_2} \tag{2.21}$$

2. 氢的燃烧反应

氢的燃烧反应为

$$2H_2(g) + O_2(g) \Longrightarrow 2H_2O(g) \tag{2.d}$$

化学反应亲和力为

$$A_m = \Delta G_m$$

$$= \Delta G_m^\ominus + RT \ln \frac{(p_{H_2O}/p^\ominus)^2}{(p_{H_2}/p^\ominus)^2 (p_{O_2}/p^\ominus)}$$

$$= \Delta G_m^\ominus + RT \ln \frac{p_{H_2O}^2 p^\ominus}{p_{H_2}^2 p_{O_2}}$$

$$= \Delta G_m^\ominus + RT \ln \frac{c_{H_2O}^2 p^\ominus}{c_{H_2}^2 c_{O_2} RT}$$

将气体当作理想气体，反应过程中总压力恒定，温度恒定，有

$$p_{H_2O} = \frac{c_{H_2O}}{c_{H_2O} + c_{H_2} + c_{O_2}} p_{总}$$

$$p_{总} = p_{H_2O} + p_{H_2} + p_{O_2}$$

式中，p_{H_2O}、p_{H_2}、p_{O_2} 分别为气相中 H_2O、H_2 和 O_2 的分压。质量守恒方程为

$$\frac{1}{2} \frac{\partial c_{H_2O}}{\partial t} = -\frac{1}{2} \frac{\partial c_{H_2}}{\partial t} = -\frac{\partial c_{O_2}}{\partial t} = j \tag{2.22}$$

$$j = -l_1 \left(\frac{A_m}{T}\right) - l_2 \left(\frac{A_m}{T}\right)^2 - l_3 \left(\frac{A_m}{T}\right)^3 - \cdots \tag{2.23}$$

3. 水煤气反应

水煤气反应为

$$CO(g) + H_2O(g) \Longrightarrow CO_2(g) + H_2(g) \tag{2.e}$$

化学反应亲和力为

$$A_m = \Delta G_m$$

$$= \Delta G_m^\ominus + RT \ln \frac{(p_{CO_2}/p^\ominus)(p_{H_2}/p^\ominus)}{(p_{CO}/p^\ominus)(p_{H_2O}/p^\ominus)}$$

$$= \Delta G_m^\ominus + RT \ln \frac{p_{CO_2} p_{H_2}}{p_{CO} p_{H_2O}}$$

$$= \Delta G_m^\ominus + RT \ln \frac{c_{CO_2} c_{H_2}}{c_{CO} c_{H_2O}}$$

式中，p_{CO_2}、p_{H_2}、p_{CO}、p_{H_2O} 分别为气相中 CO_2、H_2、CO 和 H_2O 的分压。质量守恒方程为

$$-\frac{\partial c_{CO}}{\partial t} = -\frac{\partial c_{H_2O}}{\partial t} = \frac{\partial c_{CO_2}}{\partial t} = \frac{\partial c_{H_2}}{\partial t} = j \qquad (2.24)$$

$$j = -l_1\left(\frac{A_m}{T}\right) - l_2\left(\frac{A_m}{T}\right)^2 - l_3\left(\frac{A_m}{T}\right)^3 - \cdots \qquad (2.25)$$

2.2 均一液相的化学反应

2.2.1 只有一个化学反应

在恒温恒压条件下，在均一液相中没有体积黏滞性、没有扩散，只有一个化学反应

$$a[A] + b[B] =\!=\!= c[C] + d[D] \qquad (2.f)$$

化学反应亲和力为

$$A_m = \Delta G_m = \Delta G_m^{\ominus} + RT \ln \frac{a_C^c a_D^d}{a_A^a a_B^b}$$

式中，a_A、a_B、a_C 和 a_D 分别为溶液中组元 A、B、C 和 D 的活度。活度的标准状态依具体情况选择。化学反应速率为

$$-\frac{1}{a}\frac{\partial c_A}{\partial t} = -\frac{1}{b}\frac{\partial c_B}{\partial t} = \frac{1}{c}\frac{\partial c_C}{\partial t} = \frac{1}{d}\frac{\partial c_D}{\partial t} = j \qquad (2.26)$$

$$j = -l_1\left(\frac{A_m}{T}\right) - l_2\left(\frac{A_m}{T}\right)^2 - l_3\left(\frac{A_m}{T}\right)^3 - \cdots \qquad (2.27)$$

$$-\frac{\partial c_A}{\partial t} = aj$$

$$-\frac{\partial c_B}{\partial t} = bj$$

$$\frac{\partial c_C}{\partial t} = cj$$

$$\frac{\partial c_D}{\partial t} = dj$$

2.2.2 同时有多个化学反应

在恒温恒压条件下，在均一液相中，没有体积黏滞性、没有扩散，同时有多个化学反应

$$a_j[\mathrm{A}_j] + b_j[\mathrm{B}_j] =\!=\!= c_j[\mathrm{C}_j] + d_j[\mathrm{D}_j] \tag{2.g}$$

化学反应亲和力为

$$A_{\mathrm{m},j} = \Delta G_{\mathrm{m},j} = \Delta G_{\mathrm{m},j}^{\ominus} + RT \ln \frac{(a_{\mathrm{C}_j})^{c_j}(a_{\mathrm{D}_j})^{d_j}}{(a_{\mathrm{A}_j})^{a_j}(a_{\mathrm{B}_j})^{b_j}}$$

$$(j = 1, 2, \cdots, r)$$

式中，a_{A_j}、a_{B_j}、a_{C_j} 和 a_{D_j} 分别为第 j 个化学反应的组元 A_j、B_j、C_j 和 D_j 的活度；a_j、b_j、c_j 和 d_j 分别为化学反应方程式中的计量系数。

化学反应速率为

$$-\frac{1}{a_j}\frac{\partial c_{\mathrm{A}_j}}{\partial t} = -\frac{1}{b_j}\frac{\partial c_{\mathrm{B}_j}}{\partial t} = \frac{1}{c_j}\frac{\partial c_{\mathrm{C}_j}}{\partial t} = \frac{1}{d_j}\frac{\partial c_{\mathrm{D}_j}}{\partial t} = j_j \tag{2.28}$$

$$j_j = -\sum_{k=1}^{r} l_{jk}\left(\frac{A_{\mathrm{m},k}}{T}\right) - \sum_{k=1}^{r}\sum_{l=1}^{r} l_{jkl}\left(\frac{A_{\mathrm{m},k}}{T}\right)\left(\frac{A_{\mathrm{m},l}}{T}\right) - \sum_{k=1}^{r}\sum_{l=1}^{r}\sum_{h=1}^{r} l_{jklh}\left(\frac{A_{\mathrm{m},k}}{T}\right)\left(\frac{A_{\mathrm{m},l}}{T}\right)\left(\frac{A_{\mathrm{m},h}}{T}\right) - \cdots$$

$$(j = 1, 2, \cdots, r) \tag{2.29}$$

2.2.3　有一个化学反应，又有扩散

化学反应如（2.f）。过程速率为

$$\frac{\partial c_{\mathrm{A}}}{\partial t} = -aj + \sum_{i=1}^{n} D_{\mathrm{A}_i}\nabla^2 \mu_i \tag{2.30}$$

$$\frac{\partial c_{\mathrm{B}}}{\partial t} = -bj + \sum_{i=1}^{n} D_{\mathrm{B}_i}\nabla^2 \mu_i \tag{2.31}$$

$$\frac{\partial c_{\mathrm{C}}}{\partial t} = cj + \sum_{i=1}^{n} D_{\mathrm{C}_i}\nabla^2 \mu_i \tag{2.32}$$

$$\frac{\partial c_{\mathrm{D}}}{\partial t} = dj + \sum_{i=1}^{n} D_{\mathrm{D}_i}\nabla^2 \mu_i \tag{2.33}$$

$$(i = \mathrm{A}、\mathrm{B}、\mathrm{C}、\mathrm{D}、\cdots)$$

2.2.4　同时有多个化学反应，又有扩散

化学反应如（2.g），过程速率为

$$\frac{\partial c_{\mathrm{A}_j}}{\partial t} = -a_j j + \sum_{i=1}^{n} D_{\mathrm{A}_j x_i}\nabla^2 \mu_{x_i} \tag{2.34}$$

$$\frac{\partial c_{\mathrm{B}_j}}{\partial t} = -b_j j + \sum_{i=1}^{n} D_{\mathrm{B}_j x_i}\nabla^2 \mu_{x_i} \tag{2.35}$$

$$\frac{\partial c_{C_j}}{\partial t} = c_j j + \sum_{i=1}^{n} D_{C_j x_i} \nabla^2 \mu_{x_i} \quad (2.36)$$

$$\frac{\partial c_{D_j}}{\partial t} = d_j j + \sum_{i=1}^{n} D_{D_j x_i} \nabla^2 \mu_{x_i} \quad (2.37)$$

$$(j = 1, 2, \cdots, r; \ x_i = A、B、C、D、\cdots)$$

2.2.5 实际反应

1. 沉淀脱氧

固体脱氧物质 M 溶入钢液后与溶解在钢液中的氧反应即为沉淀脱氧反应

$$x[M] + y[O] = M_x O_y (s 或 l)$$

化学反应亲和力为

$$A_m = \Delta G_m = \Delta G_m^{\ominus} + RT \ln \frac{a_{M_x O_y}}{a_M^x a_O^y}$$

式中，$a_{M_x O_y}$、a_M 和 a_O 分别为组元 $M_x O_y$、M 和 O 的活度；$M_x O_y$ 以纯物质为标准状态，$a_{M_x O_y} = 1$；M 和 O 以质量百分之一浓度溶液为标准状态，有

$$A_m = \Delta G_m^{\ominus} + RT \ln \frac{1}{a_M^x a_O^y}$$

化学反应速率为

$$-\frac{1}{x}\frac{dc_M}{dt} = -\frac{1}{y}\frac{dc_O}{dt} = j \quad (2.38)$$

$$j = -l_1 \left(\frac{A_m}{T}\right) - l_2 \left(\frac{A_m}{T}\right)^2 - l_3 \left(\frac{A_m}{T}\right)^3 - \cdots \quad (2.39)$$

常用的脱氧剂有铝、锰、硅等。脱氧反应为

$$2[Al] + 3[O] = Al_2 O_3 (s) \quad (2.h)$$

$$[Mn] + [O] = MnO(l) \quad (2.i)$$

$$[Si] + 2[O] = SiO_2(l) \quad (2.j)$$

化学反应亲和力为

$$A_{m,1} = \Delta G_{m,1} = \Delta G_{m,1}^{\ominus} + RT \ln \frac{a_{Al_2 O_3}}{a_{Al}^2 a_O^3}$$

$$= \Delta G_{m,1}^{\ominus} + RT \ln \frac{1}{a_{Al}^2 a_O^3}$$

$$A_{m,2} = \Delta G_{m,2} = \Delta G_{m,2}^{\ominus} + RT \ln \frac{a_{MnO}}{a_{Mn}a_{O}}$$

$$= \Delta G_{m,2}^{\ominus} + RT \ln \frac{1}{a_{Mn}a_{O}}$$

$$A_{m,3} = \Delta G_{m,3} = \Delta G_{m,3}^{\ominus} + RT \ln \frac{a_{SiO_2}}{a_{Si}a_{O}^2}$$

$$= \Delta G_{m,3}^{\ominus} + RT \ln \frac{1}{a_{Si}a_{O}^2}$$

$$j_j = -l_1 \left(\frac{A_{m,j}}{T} \right) - l_2 \left(\frac{A_{m,j}}{T} \right)^2 - l_3 \left(\frac{A_{m,j}}{T} \right)^3 - \cdots$$

$$(j = 1, 2, \cdots, r)$$

化学反应速率为

$$-\frac{dc_{Al}}{dt} = 2j_1 \tag{2.40}$$

$$-\frac{dc_{O}}{dt} = 3j_1 \tag{2.41}$$

$$\frac{dN_{Al_2O_3}}{dt} = Vj_1 \tag{2.42}$$

式中，V 为溶液体积。

$$-\frac{dc_{Mn}}{dt} = j_2 \tag{2.43}$$

$$-\frac{dc_{O}}{dt} = j_2 \tag{2.44}$$

$$\frac{dN_{MnO}}{dt} = Vj_2 \tag{2.45}$$

$$-\frac{dc_{Si}}{dt} = j_3 \tag{2.46}$$

$$-\frac{dc_{O}}{dt} = 2j_3 \tag{2.47}$$

$$\frac{dN_{SiO_2}}{dt} = Vj_3 \tag{2.48}$$

同时又有扩散，过程速率为

$$\frac{dc_{Al}}{dt} = -2j_1 + \sum_x D_{Alx} \nabla^2 \mu_x \tag{2.49}$$

$$(x = Al、O、Al_2O_3、\cdots)$$

$$\frac{dc_O}{dt} = -3j_1 + \sum_x D_{Ox} \nabla^2 \mu_x \tag{2.50}$$

$$(x = O、Al、Al_2O_3、\cdots)$$

$$\frac{dc_{Mn}}{dt} = -j_2 + \sum_x D_{Mnx} \nabla^2 \mu_x \tag{2.51}$$

$$(x = Mn、O、MnO、\cdots)$$

$$\frac{dc_O}{dt} = -j_2 + \sum_x D_{Ox} \nabla^2 \mu_x \tag{2.52}$$

$$(x = O、Mn、MnO、\cdots)$$

$$\frac{dc_{Si}}{dt} = -j_3 + \sum_x D_{Six} \nabla^2 \mu_x \tag{2.53}$$

$$(x = Si、O、SiO_2、\cdots)$$

$$\frac{dc_O}{dt} = -2j_3 + \sum_x D_{Ox} \nabla^2 \mu_x \tag{2.54}$$

$$(x = O、Si、SiO_2、\cdots)$$

2. 复合脱氧

两种或两种以上的脱氧物质同时加入钢液中脱氧，称为复合脱氧。炼钢常用的复合脱氧剂有硅锰、硅铝锰、硅钙、锰铝等。复合脱氧至少有两种脱氧产物，熔点比单一脱氧产物低，往往是液态，易于上浮，比单一脱氧剂的脱氧能力强。

$$2[Al] + 3[O] == (Al_2O_3)$$

$$[Mn] + [O] == (MnO)$$

$$[Si] + 2[O] == (SiO_2)$$

化学反应亲和力为

$$A_{m,1} = \Delta G_{m,1} = \Delta G_{m,1}^\ominus + RT \ln \frac{a_{Al_2O_3}}{a_{Al}^2 a_O^3}$$

$$A_{m,2} = \Delta G_{m,2} = \Delta G_{m,2}^\ominus + RT \ln \frac{a_{MnO}}{a_{Mn} a_O}$$

$$A_{m,3} = \Delta G_{m,3} = \Delta G_{m,3}^\ominus + RT \ln \frac{a_{SiO_2}}{a_{Si} a_O^2}$$

化学反应速率为

$$-\frac{1}{2}\frac{dc_{Al}}{dt} = -\frac{1}{3}\frac{dc_O}{dt} = j_1 \tag{2.55}$$

$$j_1 = -\sum_{k=1}^3 l_{1k}\left(\frac{A_{m,k}}{T}\right) - \sum_{k=1}^3 \sum_{l=1}^3 l_{1kl}\left(\frac{A_{m,k}}{T}\right)\left(\frac{A_{m,l}}{T}\right) - \sum_{k=1}^3 \sum_{l=1}^3 \sum_{h=1}^3 l_{1klh}\left(\frac{A_{m,k}}{T}\right)\left(\frac{A_{m,l}}{T}\right)\left(\frac{A_{m,h}}{T}\right) - \cdots$$

$$-\frac{dc_{Mn}}{dt} = -\frac{dc_O}{dt} = j_2 \tag{2.56}$$

$$j_2 = -\sum_{k=1}^{3} l_{2k}\left(\frac{A_{m,k}}{T}\right) - \sum_{k=1}^{3}\sum_{l=1}^{3} l_{2kl}\left(\frac{A_{m,k}}{T}\right)\left(\frac{A_{m,l}}{T}\right) - \sum_{k=1}^{3}\sum_{l=1}^{3}\sum_{h=1}^{3} l_{2klh}\left(\frac{A_{m,k}}{T}\right)\left(\frac{A_{m,l}}{T}\right)\left(\frac{A_{m,h}}{T}\right) - \cdots$$

$$-\frac{dc_{Si}}{dt} = -\frac{1}{2}\frac{dc_O}{dt} = j_3 \tag{2.57}$$

$$j_3 = -\sum_{k=1}^{3} l_{3k}\left(\frac{A_{m,k}}{T}\right) - \sum_{k=1}^{3}\sum_{l=1}^{3} l_{3kl}\left(\frac{A_{m,k}}{T}\right)\left(\frac{A_{m,l}}{T}\right) - \sum_{k=1}^{3}\sum_{l=1}^{3}\sum_{h=1}^{3} l_{3klh}\left(\frac{A_{m,k}}{T}\right)\left(\frac{A_{m,l}}{T}\right)\left(\frac{A_{m,h}}{T}\right) - \cdots$$

同时有扩散,则

$$\frac{dc_{Al}}{dt} = -2j_1 + \sum_x D_{Alx}\nabla^2\mu_x \tag{2.58}$$

$$\frac{dc_{Mn}}{dt} = -j_2 + \sum_x D_{Mnx}\nabla^2\mu_x \tag{2.59}$$

$$\frac{dc_{Si}}{dt} = -j_3 + \sum_x D_{Six}\nabla^2\mu_x \tag{2.60}$$

$$\frac{dc_O}{dt} = -3j_1 - j_2 - 2j_3 + \sum_x D_{Ox}\nabla^2\mu_x \tag{2.61}$$

$$(x = Al、Mn、Si、O、Al_2O_3、MnO、SiO_2、\cdots)$$

3. 碳氧反应

铁液中的碳氧反应是炼钢过程的基本反应之一。在转炉炼钢和电炉吹氧炼钢的过程中,氧气可以直接和铁液中的碳反应,也可以溶入铁液中,再与铁液中的碳反应。这里讨论后一种情况,有

$$[C] + [O] = CO(g) \tag{2.k}$$

化学反应亲和力为

$$A_m = \Delta G_m = \Delta G_m^\ominus + RT\ln\frac{p_{CO}/p^\ominus}{a_C a_O}$$

通常取 $p_{CO} = 1atm$,得

$$A_m = \Delta G_m = \Delta G_m^\ominus + RT\ln\frac{1}{a_C a_O}$$

化学反应速率为

$$-\frac{dc_C}{dt} = -\frac{dc_O}{dt} = j \tag{2.62}$$

或

$$-\frac{dN_C}{dt} = -\frac{dN_O}{dt} = \frac{dN_{CO}}{dt} = Vj \tag{2.63}$$

$$j = -l_1\left(\frac{A_m}{T}\right) - l_2\left(\frac{A_m}{T}\right)^2 - l_3\left(\frac{A_m}{T}\right)^3 - \cdots$$

式中，N_{CO} 为 CO 的物质的量；V 为铁液的体积。

若又有扩散，过程速率为

$$\frac{dc_C}{dt} = -j + \sum_x D_{Cx}\nabla^2 \mu_x \tag{2.64}$$

$$(x = C、O、CO、\cdots)$$

$$\frac{dc_O}{dt} = -j + \sum_x D_{Ox}\nabla^2 \mu_x \tag{2.65}$$

$$(x = O、C、CO、\cdots)$$

第3章 气体与无孔隙固体的反应

在冶金、化工和材料制备过程中，气-固反应普遍存在，如铁矿石的还原、硫化物的焙烧、金属的氧化等。研究气-固反应的规律，既具有理论意义，又具有实际价值。

本书主要讨论单一颗粒的固体与气体的反应。固体颗粒浸没在气体中，气体静止或缓慢运动，其浓度均匀。除特别指出外，整个反应体系温度均匀，过程为等温。根据参加反应的固体有无孔隙，可以将气-固反应分为无孔隙固体与气体的反应和多孔固体与气体的反应。本章讨论气体与无孔隙固体的反应。

3.1 气体与无孔隙固体的反应类型和反应步骤

3.1.1 气体与无孔隙固体的反应类型

气体与无孔隙固体的反应可以分为三种类型：

（1）在反应过程中，固体颗粒体积变小。反应产物是气体或易脱落的固体，在反应过程中，固体反应物总是裸露在气体中。

（2）在反应过程中，固体颗粒大小不变。在反应过程中，固体产物和不反应的物质仍保留在未反应核的外部，颗粒总尺寸不变。

（3）在反应前后，固体颗粒尺寸不相等。固体颗粒的总尺寸随着反应进行而变化。固体产物或不反应的固体物质包覆在未反应核的外部。

3.1.2 气体与无孔隙固体反应不生成致密产物层的反应步骤

气体与无孔隙固体反应不生成致密产物层的情况与只生成气体的情况一样，都是未反应核直接浸没在气体中。因此，仅需讨论只生成气体的情况。

化学反应可表示为

$$a\text{A(g)} + b\text{B(s)} === c\text{C(g)} \tag{3.a}$$

例如，碳的燃烧反应、硫和氧的反应等。

这类反应的步骤是：

（1）气体反应物 A 从气相本体通过气膜（气体边界层）扩散到固体反应物的

表面，称为外扩散。

（2）在固体表面，气体反应物 A 与固体反应物 B 进行化学反应，生成气体产物 C。

（3）气体产物 C 由固体表面通过气膜扩散到气相本体。此类反应仅需考虑在气膜中的扩散和化学反应步骤。

3.2　气体与无孔固体不生成致密产物层的反应

3.2.1　气体反应物 A 在气膜中的扩散为控制步骤

在反应过程中，气膜面积随固体颗粒变小而减小，但气膜厚度不变。气体反应物 A 在气膜中的扩散速率为

$$
\begin{aligned}
J_{Ag'} &= \left| \boldsymbol{J}_{Ag'} \right| \\
&= \left| -L_{AA}\frac{\nabla\mu_{Ag'}}{T} - L_{AC}\frac{\nabla\mu_{Cg'}}{T} \right| \\
&= L_{AA}\frac{\Delta\mu_{Ag'}}{T\delta_{g'}} + L_{AC}\frac{\Delta\mu_{Cg'}}{T\delta_{g'}} \\
&= \frac{L'_{AA}}{T}\Delta\mu_{Ag'} + \frac{L'_{AC}}{T}\Delta\mu_{Cg'}
\end{aligned}
\tag{3.1}
$$

其中

$$
\Delta\mu_{Ag'} = \mu_{Ag'g} - \mu_{Ag's} = RT\ln\frac{p_{Ag'g}}{p_{Ag's}} = RT\ln\frac{c_{Ag'g}}{c_{Ag's}}
$$

$$
\Delta\mu_{Cg'} = \mu_{Cg's} - \mu_{Cg'g} = RT\ln\frac{p_{Cg's}}{p_{Cg'g}} = RT\ln\frac{c_{Cg's}}{c_{Cg'g}}
$$

式中，$\mu_{Ag'g}$ 和 $\mu_{Ag's}$、$\mu_{Cg'g}$ 和 $\mu_{Cg's}$，$p_{Ag'g}$ 和 $p_{Ag's}$、$p_{Cg'g}$ 和 $p_{Cg's}$，$c_{Ag'g}$ 和 $c_{Ag's}$、$c_{Cg'g}$ 和 $c_{Cg's}$ 分别为气膜中靠近气体本体一侧和靠近固体一侧组元 A 和 C 的化学势、压力和浓度。

过程速率为

$$
-\frac{1}{a}\frac{dN_A}{dt} = -\frac{1}{b}\frac{dN_B}{dt} = \frac{1}{c}\frac{dN_C}{dt} = \frac{1}{a}\Omega_{g'}J_{Ag'}
\tag{3.2}
$$

过程达到稳态，式（3.2）为常数，对于半径为 r 的球形颗粒，有

$$
\begin{aligned}
-\frac{dN_A}{dt} &= 4\pi r^2 J_{Ag'} \\
&= 4\pi r^2\left(\frac{L'_{AA}}{T}\Delta\mu_{Ag'} + \frac{L'_{AC}}{T}\Delta\mu_{Cg'}\right)
\end{aligned}
\tag{3.3}
$$

将

$$N_{\mathrm{B}} = \frac{\frac{4}{3}\pi r^3 \rho_{\mathrm{B}}}{M_{\mathrm{B}}} \tag{3.4}$$

代入式（3.2）中，得

$$-\frac{\mathrm{d}N_{\mathrm{A}}}{\mathrm{d}t} = -\frac{a}{b}\frac{\mathrm{d}N_{\mathrm{B}}}{\mathrm{d}t} = -\frac{a}{b}\frac{4\pi r^2 \rho_{\mathrm{B}}}{M_{\mathrm{B}}}\frac{\mathrm{d}r}{\mathrm{d}t} \tag{3.5}$$

比较式（3.3）和式（3.5），得

$$-\frac{\mathrm{d}r}{\mathrm{d}t} = \frac{bM_{\mathrm{B}}}{a\rho_{\mathrm{B}}}\left(\frac{L'_{\mathrm{AA}}}{T}\Delta\mu_{\mathrm{Ag'}} + \frac{L'_{\mathrm{AC}}}{T}\Delta\mu_{\mathrm{Cg'}}\right) \tag{3.6}$$

将式（3.6）分离变量积分，得

$$1 - \frac{r}{r_0} = \frac{bM_{\mathrm{B}}}{a\rho_{\mathrm{B}}r_0}\int_0^t\left(\frac{L'_{\mathrm{AA}}}{T}\Delta\mu_{\mathrm{Ag'}} + \frac{L'_{\mathrm{AC}}}{T}\Delta\mu_{\mathrm{Cg'}}\right)\mathrm{d}t \tag{3.7}$$

引入转化率 α_{B}，得

$$1 - (1-\alpha_{\mathrm{B}})^{\frac{1}{3}} = \frac{bM_{\mathrm{B}}}{a\rho_{\mathrm{B}}r_0}\int_0^t\left(\frac{L'_{\mathrm{AA}}}{T}\Delta\mu_{\mathrm{Ag'}} + \frac{L'_{\mathrm{AC}}}{T}\Delta\mu_{\mathrm{Cg'}}\right)\mathrm{d}t \tag{3.8}$$

其中

$$\begin{aligned}\alpha_{\mathrm{B}} &= \frac{W_{\mathrm{B0}} - W_{\mathrm{B}}}{W_{\mathrm{B0}}} \\ &= \frac{\left(\frac{4}{3}\pi r_0^3\rho_{\mathrm{B}} - \frac{4}{3}\pi r^3\rho_{\mathrm{B}}\right)/M_{\mathrm{B}}}{\frac{4}{3}\pi r_0^3\rho_{\mathrm{B}}/M_{\mathrm{B}}} \\ &= \frac{N_{\mathrm{B0}} - N_{\mathrm{B}}}{N_{\mathrm{B0}}} \\ &= 1 - \left(\frac{r}{r_0}\right)^3 \tag{3.9}\end{aligned}$$

$$\frac{r}{r_0} = (1-\alpha_{\mathrm{B}})^{\frac{1}{3}} \tag{3.10}$$

3.2.2　界面化学反应为过程的控制步骤

化学反应的速率为

$$-\frac{1}{a}\frac{dN_A}{dt}=-\frac{1}{b}\frac{dN_B}{dt}=\frac{1}{c}\frac{dN_C}{dt}=\Omega_{g's}j \qquad (3.11)$$

式中

$$j=-l_1\left(\frac{A_m}{T}\right)-l_2\left(\frac{A_m}{T}\right)^2-l_3\left(\frac{A_m}{T}\right)^3-\cdots \qquad (3.12)$$

$$A_m=\Delta G_m=\Delta G_m^\ominus+RT\ln\frac{\left(\dfrac{p_C}{p^\ominus}\right)^c}{\left(\dfrac{p_A}{p^\ominus}\right)^a a_B^b} \qquad (3.13)$$

对于纯固态组元 B，$a_B=1$。

对于半径为 r 的球形颗粒，有

$$N_B=\frac{4}{3}\pi r^3\frac{\rho_B}{M_B} \qquad (3.14)$$

将式（3.14）代入下式

$$-\frac{1}{b}\frac{dN_B}{dt}=4\pi r^2 j \qquad (3.15)$$

得

$$-\frac{dr}{dt}=\frac{bM_B}{\rho_B}j \qquad (3.16)$$

将式（3.16）分离变量积分，得

$$1-\frac{r}{r_0}=\frac{bM_B}{\rho_B r_0}\int_0^t j\,dt \qquad (3.17)$$

和

$$1-(1-\alpha_B)^{\frac{1}{3}}=\frac{bM_B}{\rho_B r_0}\int_0^t j\,dt \qquad (3.18)$$

3.2.3　气体反应物 A 在气膜中的扩散和化学反应共同为控制步骤

过程速率有

$$-\frac{1}{a}\frac{dN_A}{dt} = -\frac{1}{b}\frac{dN_B}{dt} = \frac{1}{c}\frac{dN_C}{dt} = \frac{1}{a}\Omega_{g's}J_{Ag'} = \Omega_{g's}j = \Omega J_{g'j} \qquad (3.19)$$

其中

$$\Omega_{g's} = \Omega \qquad (3.20)$$

$$J_{g'j} = \frac{1}{a}J_{Ag'} = \frac{1}{a}\left(\frac{L'_{AA}}{T}\Delta\mu_{Ag'} - \frac{L'_{AC}}{T}\Delta\mu_{Cg'}\right) \qquad (3.21)$$

$$J_{g'j} = j = -l_1\left(\frac{A_m}{T}\right) - l_2\left(\frac{A_m}{T}\right)^2 - l_3\left(\frac{A_m}{T}\right)^3 - \cdots \qquad (3.22)$$

式（3.20）+式（3.21）后除以 2，得

$$J_{g'j} = \frac{1}{2}\left(\frac{1}{a}J_{Ag'} + j\right) \qquad (3.23)$$

对于半径为 r 的球形颗粒，由式（3.19）得

$$-\frac{dN_A}{dt} = 4\pi r^2 J_{Ag'} = 4\pi r^2 \left(\frac{L'_{AA}}{T}\Delta\mu_{Ag'} - \frac{L'_{AC}}{T}\Delta\mu_{Cg'}\right) \qquad (3.24)$$

其中

$$\Delta\mu_{Ag'} = RT\ln\frac{c_{Ag'g}}{c_{Ag's}}$$

$$\Delta\mu_{Cg'} = RT\ln\frac{c_{Cg's}}{c_{Cg'g}}$$

由式（3.19）得

$$-\frac{dN_A}{dt} = -\frac{a}{b}\frac{dN_B}{dt} = -\frac{4\pi r^2 a\rho_B}{bM_B}\frac{dr}{dt} \qquad (3.25)$$

将式（3.24）和式（3.25）比较，得

$$-\frac{dr}{dt} = \frac{bM_B}{a\rho_B}\left(\frac{L'_{AA}}{T}\Delta\mu_{Ag'} + \frac{L'_{AC}}{T}\Delta\mu_{Cg'}\right) \qquad (3.26)$$

将式（3.26）分离变量积分，得

$$1 - \frac{r}{r_0} = \frac{bM_B}{a\rho_B r_0}\int_0^t \left(\frac{L'_{AA}}{T}\Delta\mu_{Ag'} + \frac{L'_{AC}}{T}\Delta\mu_{Cg'}\right)dt \qquad (3.27)$$

和

$$1-(1-\alpha_B)^{\frac{1}{3}} = \frac{bM_B}{a\rho_B r_0} \int_0^t \left(\frac{L'_{AA}}{T}\Delta\mu_{Ag'} + \frac{L'_{AC}}{T}\Delta\mu_{Cg'} \right) dt \tag{3.28}$$

由式（3.21）得

$$-\frac{dN_A}{dt} = 4\pi r^2 aj \tag{3.29}$$

将式（3.25）和式（3.29）比较，得

$$-\frac{dr}{dt} = \frac{bM_B}{\rho_B}j \tag{3.30}$$

将式（3.30）分离变量积分，得

$$1 - \frac{r}{r_0} = \frac{bM_B}{\rho_B r_0}\int_0^t j\,dt \tag{3.31}$$

和

$$1-(1-\alpha_B)^{\frac{1}{3}} = \frac{bM_B}{\rho_B r_0}\int_0^t j\,dt \tag{3.32}$$

式（3.27）+式（3.31）得

$$2 - \frac{2r}{r_0} = \frac{bM_B}{a\rho_B r_0}\int_0^t \left(\frac{L'_{AA}}{T}\Delta\mu_{Ag'} + \frac{L'_{AC}}{T}\Delta\mu_{Cg'} \right) dt + \frac{bM_B}{\rho_B r_0}\int_0^t j\,dt \tag{3.33}$$

式（3.28）+式（3.32）得

$$2 - 2(1-\alpha_B)^{\frac{1}{3}} = \frac{bM_B}{a\rho_B r_0}\int_0^t \left(\frac{L'_{AA}}{T}\Delta\mu_{Ag'} + \frac{L'_{AC}}{T}\Delta\mu_{Cg'} \right) dt + \frac{bM_B}{\rho_B r_0}\int_0^t j\,dt \tag{3.34}$$

3.3　反应前后固体颗粒尺寸不变的气-固反应

在有些气-固反应中，有固体产物生成。生成的固体产物包覆在尚未反应的内

核外面，随着反应的进行，未反应的核不断减小，但是整个颗粒的尺寸不变。化学反应发生在固体产物与未反应的内核之间的界面，如金属的氧化、金属氧化物的气体还原等。

化学反应方程式为

$$aA(g) + bB(s) = dD(s) \tag{3.b}$$

$$aA(g) + bB(s) = cC(g) + dD(s) \tag{3.c}$$

过程的步骤如下：

（1）气体反应物 A 由气相本体通过固体表面的气膜扩散到固体颗粒表面。

（2）气体反应物 A 通过固体产物（或不反应物）层扩散到未反应核的表面。

（3）在固体产物（或不反应物）层和未反应核界面，气体反应物 A 与固体 B 进行化学反应。

（4）气体产物 C 通过固体产物（或不反应物）层扩散到气相本体。

不生成气体的反应没有步骤（4）。

3.3.1　气体反应物 A 在气膜中的扩散为过程的控制步骤

此种情况颗粒外表面组元 A 的压力（浓度）等于固体产物层与未反应核界面组元 A 的压力（浓度）。在整个过程中，气膜厚度 δ_g 不变。组元 A 的扩散速率为

$$
\begin{aligned}
J_{Ag'} = \left| \boldsymbol{J}_{Ag'} \right| &= \left| -L_{AA} \frac{\nabla \mu_{Ag'}}{T} - L_{AC} \frac{\nabla \mu_{Cg'}}{T} \right| \\
&= L_{AA} \frac{\Delta \mu_{Ag'}}{T \delta_{g'}} + L_{AC} \frac{\Delta \mu_{Cg'}}{T \delta_{g'}} \\
&= \frac{L'_{AA}}{T} \Delta \mu_{Ag'} + \frac{L'_{AC}}{T} \Delta \mu_{Cg'}
\end{aligned} \tag{3.35}
$$

其中

$$L'_{AA} = \frac{L_{AA}}{\delta_{g'}}$$

$$L'_{AC} = \frac{L_{AC}}{\delta_{g'}}$$

$$\Delta\mu_{Ag'} = \mu_{Ag'g} - \mu_{Ag's} = RT\ln\frac{p_{Ag'g}}{p_{Ag's}} = RT\ln\frac{c_{Ag'g}}{c_{Ag's}}$$

$$\Delta\mu_{Cg'} = \mu_{Cg's} - \mu_{Cg'g} = RT\ln\frac{p_{Cg's}}{p_{Cg'g}} = RT\ln\frac{c_{Cg's}}{c_{Cg'g}}$$

过程速率为

$$-\frac{1}{a}\frac{dN_A}{dt} = -\frac{1}{b}\frac{dN_B}{dt} = \frac{1}{c}\frac{dN_C}{dt} = \frac{1}{d}\frac{dN_D}{dt} = \frac{1}{a}\Omega_{g's'}J_{Ag'} \qquad (3.36)$$

对于半径为 r 的球形颗粒，由式（3.36）得

$$-\frac{dN_B}{dt} = \frac{b}{a}4\pi r_0^2 J_{Ag'}$$

将 $N_B = \frac{4}{3}\pi r^3 \frac{\rho_B}{M_B}$ 代入上式，得

$$-\frac{dr}{dt} = \frac{bM_B r_0^2}{a\rho_B r^2}\left(\frac{L'_{AA}}{T}\Delta\mu_{Ag'} + \frac{L'_{AC}}{T}\Delta\mu_{Cg'}\right) \qquad (3.37)$$

分离变量式（3.37）积分，得

$$1 - \left(\frac{r}{r_0}\right)^3 = \frac{3bM_B}{a\rho_B r_0}\int_0^t \left(\frac{L'_{AA}}{T}\Delta\mu_{Ag'} + \frac{L'_{AC}}{T}\Delta\mu_{Cg'}\right)dt \qquad (3.38)$$

和

$$\alpha_B = \frac{3bM_B}{a\rho_B r_0}\int_0^t \left(\frac{L'_{AA}}{T}\Delta\mu_{Ag'} + \frac{L'_{AC}}{T}\Delta\mu_{Cg'}\right)dt \qquad (3.39)$$

3.3.2　气体反应物 A 在固体产物层中的扩散为控制步骤

过程由气体反应物 A 在固体产物层中的扩散控制，也称内扩散控制。在此情况，气-固界面反应物 A 的浓度和气相本体 A 的浓度相等，大于固-固界面反应物 A 的浓度，由于化学反应速率快，反应物 A 在固-固界面的浓度可以当作零，即

$$c_{Ab} = c_{Ag's'} > c_{As's} = 0$$

式中，g's' 为气-固界面；s's 为固-固界面。

气体反应物 A 在固体产物层中的扩散速率为

$$J_{As'} = |\boldsymbol{J}_{As'}| = \left|-L_{AA}\frac{\nabla\mu_{As'}}{T} - L_{AC}\frac{\nabla\mu_{Cs'}}{T}\right| = \frac{L_{AA}}{T}\frac{d\mu_{As'}}{dr} + \frac{L_{AC}}{T}\frac{d\mu_{Cs'}}{dr} \qquad (3.40)$$

过程速率为

$$-\frac{1}{a}\frac{\mathrm{d}N_\mathrm{A}}{\mathrm{d}t} = -\frac{1}{b}\frac{\mathrm{d}N_\mathrm{B}}{\mathrm{d}t} = \frac{1}{c}\frac{\mathrm{d}N_\mathrm{C}}{\mathrm{d}t} = \frac{1}{d}\frac{\mathrm{d}N_\mathrm{D}}{\mathrm{d}t} = \frac{1}{a}\Omega_{\mathrm{s's}}J_{\mathrm{As'}} \qquad (3.41)$$

由式（3.36），对于半径为 r 的球形颗粒，有

$$-\frac{\mathrm{d}N_\mathrm{A}}{\mathrm{d}t} = 4\pi r_0{}^2 \left(\frac{L_\mathrm{AA}}{T}\frac{\mathrm{d}\mu_\mathrm{As'}}{\mathrm{d}r} + \frac{L_\mathrm{AC}}{T}\frac{\mathrm{d}\mu_\mathrm{Cs'}}{\mathrm{d}r} \right) \qquad (3.42)$$

过程为稳态，$\dfrac{\mathrm{d}N_\mathrm{A}}{\mathrm{d}t}$ 为常数，对 r 分离变量积分得

$$-\frac{\mathrm{d}N_\mathrm{A}}{\mathrm{d}t} = \frac{4\pi r_0 r}{r_0 - r} \left(\frac{L_\mathrm{AA}}{T}\Delta\mu_\mathrm{As'} + \frac{L_\mathrm{AC}}{T}\Delta\mu_\mathrm{Cs'} \right) \qquad (3.43)$$

其中

$$\Delta\mu_\mathrm{As'} = \mu_\mathrm{Ag's'} - \mu_\mathrm{As's} = RT\ln\frac{c_\mathrm{Ag's'}}{c_\mathrm{As's}}$$

$$\Delta\mu_\mathrm{Cs'} = \mu_\mathrm{Cs's} - \mu_\mathrm{Cg's'} = RT\ln\frac{c_\mathrm{Cs's}}{c_\mathrm{Cg's'}}$$

由式（3.41），得

$$-\frac{\mathrm{d}N_\mathrm{A}}{\mathrm{d}t} = -\frac{a}{b}\frac{\mathrm{d}N_\mathrm{B}}{\mathrm{d}t} = \frac{4\pi r^2 \rho_\mathrm{B} a}{b M_\mathrm{B}}\frac{\mathrm{d}r}{\mathrm{d}t} \qquad (3.44)$$

将式（3.44）代入式（3.43），得

$$-\frac{\mathrm{d}r}{\mathrm{d}t} = \frac{b M_\mathrm{B} r_0}{a \rho_\mathrm{B} r(r_0 - r)} \left(\frac{L_\mathrm{AA}}{T}\Delta\mu_\mathrm{As'} + \frac{L_\mathrm{AC}}{T}\Delta\mu_\mathrm{Cs'} \right) \qquad (3.45)$$

将式（3.45）分离变量后积分，得

$$1 - 3\left(\frac{r}{r_0}\right)^2 + 2\left(\frac{r}{r_0}\right)^3 = \frac{6b M_\mathrm{B}}{a \rho_\mathrm{B} r_0^2}\int_0^t \left(\frac{L_\mathrm{AA}}{T}\Delta\mu_\mathrm{As'} + \frac{L_\mathrm{AC}}{T}\Delta\mu_\mathrm{Cs'} \right)\mathrm{d}t \qquad (3.46)$$

$$3 - 3(1-\alpha_\mathrm{B})^{\frac{2}{3}} - 2\alpha_\mathrm{B} = \frac{6b M_\mathrm{B}}{a \rho_\mathrm{B} r_0^2}\int_0^t \left(\frac{L_\mathrm{AA}}{T}\Delta\mu_\mathrm{As'} + \frac{L_\mathrm{AC}}{T}\Delta\mu_\mathrm{Cs'} \right)\mathrm{d}t \qquad (3.47)$$

3.3.3　界面化学反应为过程的控制步骤

　　因为发生在界面的化学反应为过程的控制步骤，所以气体反应物 A 和产物 C 在气相本体、气膜与固体产物层界面以及在固体产物层与未反应核界面的压力、浓度都相等。即

$$p_\mathrm{Ab} = p_\mathrm{As'g'} = p_\mathrm{As's}$$

$$c_\mathrm{Ab} = c_\mathrm{As'g'} = c_\mathrm{As's}$$

因此，化学反应速率与固体产物层无关，和无固相产物只生成气体的反应相同。由化学反应控制的只生成气体的公式适用于这种情况。过程速率为

$$-\frac{1}{a}\frac{dN_A}{dt} = -\frac{1}{b}\frac{dN_B}{dt} = \frac{1}{c}\frac{dN_C}{dt} = \frac{1}{d}\frac{dN_D}{dt} = \Omega_{s's}j \qquad (3.48)$$

其中

$$j = -l_1\left(\frac{A_m}{T}\right) - l_2\left(\frac{A_m}{T}\right)^2 - l_3\left(\frac{A_m}{T}\right)^3 \cdots$$

$$A_m = \Delta G_m = \Delta G_m^{\ominus} + RT\ln\frac{\left(\dfrac{p_{Cs's}}{p^{\ominus}}\right)^c a_{Ds's}^d}{\left(\dfrac{p_{As's}}{p^{\ominus}}\right)^a a_{Bss'}^b} = \Delta G_m^{\ominus} + RT\ln\frac{\left(\dfrac{p_{Cb}}{p^{\ominus}}\right)^c a_{Ds's}^d}{\left(\dfrac{p_{Ab}}{p^{\ominus}}\right)^a a_{Bss'}^b}$$

$$= \Delta G_m^{\ominus} + RT\ln\frac{c_{Cb}^c a_{Ds's}^d}{c_{Ab}^a a_{Bss'}^b}\left(\frac{RT}{p^{\ominus}}\right)^{c-a}$$

式中，$p_{As's}$ 和 $p_{Cs's}$ 为产物层和未反应核界面组元 A 和 C 的压力；p_{Ab} 和 p_{Cb}、c_{Ab} 和 c_{Cb} 分别为气相本体中组元 A 和 C 的压力和浓度；$a_{Bss'}$ 为未反应核与产物层界面组元 B 的活度，$a_{Ds's}$ 为产物层与未反应核界面组元 D 的活度。如果组元 B 和 D 为纯物质，则

$$a_D = 1，\quad a_B = 1$$

对于半径为 r 的球形颗粒，由式（3.48）得

$$-\frac{dN_B}{dt} = 4\pi r^2 bj \qquad (3.49)$$

将式（3.44）代入式（3.49）中，得

$$-\frac{dr}{dt} = \frac{bM_B}{\rho_B}j \qquad (3.50)$$

将式（3.50）分离变量积分，得

$$1 - \frac{r}{r_0} = \frac{bM_B}{\rho_B r_0}\int_0^t j\,dt \qquad (3.51)$$

引入转化率 α，得

$$1 - (1-\alpha_B)^{\frac{1}{3}} = \frac{bM_B}{\rho_B r_0}\int_0^t j\,dt$$

3.3.4　气体反应物在气膜中的扩散和在固体产物层中的扩散共同为控制步骤

气体反应物 A 在气膜中的扩散速率为

$$J_{Ag'} = \left| \boldsymbol{J}_{Ag'} \right|$$

$$= \left| -L_{AA} \frac{\nabla \mu_{Ag'}}{T} - L_{AC} \frac{\nabla \mu_{Cg'}}{T} \right|$$

$$= L_{AA} \frac{\Delta \mu_{Ag'}}{T \delta_{g'}} + L_{AC} \frac{\Delta \mu_{Cg'}}{T \delta_{g'}}$$

$$= \frac{L'_{AA}}{T} \Delta \mu_{Ag'} + \frac{L'_{AC}}{T} \Delta \mu_{Cg'} \tag{3.52}$$

其中

$$L'_{AA} = \frac{L_{AA}}{\delta_{g'}}$$

$$L'_{AC} = \frac{L_{AC}}{\delta_{g'}}$$

$$\Delta \mu_{Ag'} = \mu_{Ag'g} - \mu_{Ag's'} = RT \ln \frac{p_{Ag'g}}{p_{Ag's'}} = RT \ln \frac{c_{Ag'g}}{c_{Ag's'}}$$

$$\Delta \mu_{Cg'} = \mu_{Cg's'} - \mu_{Cg'g} = RT \ln \frac{p_{Cg's'}}{p_{Cg'g}} = RT \ln \frac{c_{Cg's'}}{c_{Cg'g}}$$

式中，g' 为气膜；g 为气相本体；s' 为固体产物层；$p_{Ag'g}$ 和 $c_{Ag'g}$ 分别为气膜中靠近气相本体一侧组元 A 的压力和浓度；$p_{Ag's'}$ 和 $c_{Ag's'}$ 分别为气膜中靠近固体产物层一侧组元 A 的压力和浓度；$p_{Cg's'}$ 和 $c_{Cg's'}$ 分别为气膜中靠近固体产物层一侧组元 C 的压力和浓度；$p_{Cg'g}$ 和 $c_{Cg'g}$ 为气膜中靠近气相本体一侧组元 C 的压力和浓度。

气体反应物 A 在固体产物层中的扩散速率为

$$J_{As'} = \left| \boldsymbol{J}_{As'} \right| = \left| -L_{AA} \frac{\nabla \mu_{As'}}{T} - L_{AC} \frac{\nabla \mu_{Cs'}}{T} \right| = \frac{L_{AA}}{T} \frac{\mathrm{d} \mu_{As'}}{\mathrm{d} r} + \frac{L_{AC}}{T} \frac{\mathrm{d} \mu_{Cs'}}{\mathrm{d} r} \tag{3.53}$$

过程速率为

$$-\frac{1}{a} \frac{\mathrm{d} N_A}{\mathrm{d} t} = -\frac{1}{b} \frac{\mathrm{d} N_B}{\mathrm{d} t} = \frac{1}{c} \frac{\mathrm{d} N_C}{\mathrm{d} t} = \frac{1}{d} \frac{\mathrm{d} N_D}{\mathrm{d} t} = \frac{1}{a} \Omega_{g's'} J_{Ag'} = \frac{1}{a} \Omega_{s's} J_{As'} = \Omega J_{g's'} \tag{3.54}$$

其中

$$\Omega_{g's'} = \Omega$$

$$J_{g's'} = \frac{1}{a} J_{Ag'} = \frac{1}{a} \left(\frac{L'_{AA}}{T} \Delta \mu_{Ag'} + \frac{L'_{AC}}{T} \Delta \mu_{Cg'} \right) \tag{3.55}$$

$$J_{g's'} = \frac{1}{a} \frac{\Omega_{s's}}{\Omega} J_{As'} = \frac{1}{a} \left(\frac{L_{AA}}{T} \frac{\mathrm{d} \mu_{As'}}{\mathrm{d} r} - \frac{L_{AC}}{T} \frac{\mathrm{d} \mu_{Cs'}}{\mathrm{d} r} \right) \tag{3.56}$$

式（3.55）+式（3.56）后除 2，得

$$J_{g's'} = \frac{1}{2}\left(\frac{1}{a}J_{Ag'} + \frac{1}{a}\frac{\Omega_{ss'}}{\Omega}J_{As'}\right) \tag{3.57}$$

对于半径为 r 的球形颗粒，由式（3.54），得

$$-\frac{dN_A}{dt} = 4\pi r_0^2 J_{Ag'} \tag{3.58}$$

$$-\frac{dN_A}{dt} = 4\pi r^2 J_{As'} = 4\pi r^2\left(\frac{L_{AA}}{T}\frac{d\mu_{As'}}{dr} + \frac{L_{AC}}{T}\frac{d\mu_{Cs'}}{dr}\right) \tag{3.59}$$

将式（3.59）对 r 分离变量积分，得

$$-\frac{dN_A}{dt} = \frac{4\pi r_0 r}{r_0 - r}\left(\frac{L_{AA}}{T}\Delta\mu_{As'} + \frac{L_{AC}}{T}\Delta\mu_{Cs'}\right) \tag{3.60}$$

由式（3.54），得

$$-\frac{dN_A}{dt} = -\frac{a}{b}\frac{dN_B}{dt} = -\frac{4\pi r^2 a\rho_B}{bM_B}\frac{dr}{dt} \tag{3.61}$$

将式（3.61）代入式（3.58），得

$$-\frac{dr}{dt} = \frac{bM_B r_0^2}{a\rho_B r^2}J_{Ag'} \tag{3.62}$$

将式（3.62）分离变量积分，得

$$\begin{aligned}
1-\left(\frac{r}{r_0}\right)^3 &= \frac{3bM_B}{a\rho_B r_0}\int_0^t J_{Ag'}dt \\
&= \frac{3bM_B}{a\rho_B r_0}\int_0^t\left(\frac{L'_{AA}}{T}\Delta\mu_{Ag'} + \frac{L'_{AC}}{T}\Delta\mu_{Cg'}\right)dt
\end{aligned} \tag{3.63}$$

和

$$\alpha_B = \frac{3bM_B}{a\rho_B r_0}\int_0^t\left(\frac{L'_{AA}}{T}\Delta\mu_{Ag'} + \frac{L'_{AC}}{T}\Delta\mu_{Cg'}\right)dt \tag{3.64}$$

将式（3.61）代入式（3.60），得

$$-\frac{dr}{dt} = \frac{bM_B r_0}{a\rho_B r(r_0 - r)}\left(\frac{L_{AA}}{T}\Delta\mu_{As'} + \frac{L_{AC}}{T}\Delta\mu_{Cs'}\right) \tag{3.65}$$

分离变量积分，得

$$1 - 3\left(\frac{r}{r_0}\right)^2 + 2\left(\frac{r}{r_0}\right)^3 = \frac{6bM_B}{a\rho_B r_0^2}\int_0^t\left(\frac{L_{AA}}{T}\Delta\mu_{As'} + \frac{L_{AC}}{T}\Delta\mu_{Cs'}\right)dt \tag{3.66}$$

和

$$3 - 3(1-\alpha_B)^{\frac{2}{3}} - 2\alpha_B = \frac{6bM_B}{a\rho_B r_0^2}\int_0^t\left(\frac{L_{AA}}{T}\Delta\mu_{As'} + \frac{L_{AC}}{T}\Delta\mu_{Cs'}\right)dt \tag{3.67}$$

式（3.63）+式（3.66），得

$$
\begin{aligned}
2-3\left(\frac{r}{r_0}\right)^2+\left(\frac{r}{r_0}\right)^3 &= \frac{6bM_{\mathrm{B}}}{a\rho_{\mathrm{B}}r_0^2}\int_0^t\left(\frac{L_{\mathrm{AA}}}{T}\Delta\mu_{\mathrm{As'}}+\frac{L_{\mathrm{AC}}}{T}\Delta\mu_{\mathrm{Cs'}}\right)\mathrm{d}t \\
&\quad +\frac{3bM_{\mathrm{B}}}{a\rho_{\mathrm{B}}r_0}\int_0^t\left(\frac{L_{\mathrm{AA}}'}{T}\Delta\mu_{\mathrm{Ag'}}+\frac{L_{\mathrm{AC}}'}{T}\Delta\mu_{\mathrm{Cg'}}\right)\mathrm{d}t
\end{aligned}
\tag{3.68}
$$

式（3.64）+式（3.67）得

$$
\begin{aligned}
3-3(1-\alpha_{\mathrm{B}})^{\frac{2}{3}}-\alpha_{\mathrm{B}} &= \frac{6bM_{\mathrm{B}}}{a\rho_{\mathrm{B}}r_0^2}\int_0^t\left(\frac{L_{\mathrm{AA}}}{T}\Delta\mu_{\mathrm{As'}}+\frac{L_{\mathrm{AC}}}{T}\Delta\mu_{\mathrm{Cs'}}\right)\mathrm{d}t \\
&\quad +\frac{3bM_{\mathrm{B}}}{a\rho_{\mathrm{B}}r_0}\int_0^t\left(\frac{L_{\mathrm{AA}}'}{T}\Delta\mu_{\mathrm{Ag'}}+\frac{L_{\mathrm{AC}}'}{T}\Delta\mu_{\mathrm{Cg'}}\right)\mathrm{d}t
\end{aligned}
\tag{3.69}
$$

3.3.5　反应物 A 在气膜中的扩散和界面化学反应共同为控制步骤

在这种情况下，产物层与未反应核界面反应物 A 的浓度、压力与气膜与固体产物层界面反应物 A 的浓度、压力相等。这与仅生成气体产物的情况相同。将相应的公式做一些变动即可用于此种情况。

过程速率为

$$
-\frac{1}{a}\frac{\mathrm{d}N_{\mathrm{A}}}{\mathrm{d}t}=-\frac{1}{b}\frac{\mathrm{d}N_{\mathrm{B}}}{\mathrm{d}t}=\frac{1}{c}\frac{\mathrm{d}N_{\mathrm{C}}}{\mathrm{d}t}=\frac{1}{d}\frac{\mathrm{d}N_{\mathrm{D}}}{\mathrm{d}t}=\frac{1}{a}\Omega_{\mathrm{g's'}}J_{\mathrm{Ag'}}=\Omega_{\mathrm{s's}}j=\Omega J_{\mathrm{g's'}}
\tag{3.70}
$$

其中

$$
\Omega_{\mathrm{g's'}}=\Omega
$$

$$
J_{\mathrm{g's'}}=\frac{1}{a}J_{\mathrm{Ag'}}=\frac{1}{a}\left(\frac{L_{\mathrm{AA}}'}{T}\Delta\mu_{\mathrm{Ag'}}+\frac{L_{\mathrm{AC}}'}{T}\Delta\mu_{\mathrm{Cg'}}\right)
\tag{3.71}
$$

$$
\Delta\mu_{\mathrm{Ag'}}=\mu_{\mathrm{Ag'g}}-\mu_{\mathrm{Ag's'}}=L_{\mathrm{AA}}'R\ln\frac{c_{\mathrm{Ag'g}}}{c_{\mathrm{Ag's'}}}
$$

$$
\Delta\mu_{\mathrm{Cg'}}=\mu_{\mathrm{Cg's'}}-\mu_{\mathrm{Cg'g}}=L_{\mathrm{AC}}'R\ln\frac{c_{\mathrm{Cg's'}}}{c_{\mathrm{Cg'g}}}
$$

$$
J_{\mathrm{g's'}}=\frac{\Omega_{\mathrm{ss'}}}{\Omega}j=\frac{\Omega_{\mathrm{ss'}}}{\Omega}\left[-l_1\left(\frac{A_{\mathrm{m}}}{T}\right)-l_2\left(\frac{A_{\mathrm{m}}}{T}\right)^2-l_3\left(\frac{A_{\mathrm{m}}}{T}\right)^3-\cdots\right]
\tag{3.72}
$$

式中

$$
A_{\mathrm{m}}=\Delta G_{\mathrm{m}}=\Delta G_{\mathrm{m}}^{\ominus}+RT\ln\frac{\left(\dfrac{p_{\mathrm{Cg's'}}}{p^{\ominus}}\right)^c a_{\mathrm{D}}^d}{\left(\dfrac{p_{\mathrm{Ag's'}}}{p^{\ominus}}\right)^a a_{\mathrm{B}}^b}=\Delta G_{\mathrm{m}}^{\ominus}+RT\ln\frac{c_{\mathrm{Cb}}^c a_{\mathrm{D}}^d}{c_{\mathrm{Ab}}^a a_{\mathrm{B}}^b}\left(\frac{RT}{p^{\ominus}}\right)^{c-a}
$$

对于半径为 r 的球形颗粒，由式（3.70）得

$$-\frac{\mathrm{d}N_\mathrm{A}}{\mathrm{d}t} = 4\pi r_0^{\,2}\left(\frac{L'_\mathrm{AA}}{T}\Delta\mu_\mathrm{Ag'} + \frac{L'_\mathrm{AC}}{T}\Delta\mu_\mathrm{Cg'}\right) \quad (3.73)$$

$$-\frac{\mathrm{d}N_\mathrm{A}}{\mathrm{d}t} = 4\pi r^2 aj \quad (3.74)$$

将式（3.61）代入式（3.73），得

$$-\frac{\mathrm{d}r}{\mathrm{d}t} = \frac{bM_\mathrm{B}r_0^{\,2}}{a\rho_\mathrm{B}r^2}\left(\frac{L'_\mathrm{AA}}{T}\Delta\mu_\mathrm{Ag'} + \frac{L'_\mathrm{AC}}{T}\Delta\mu_\mathrm{Cg'}\right) \quad (3.75)$$

过程达到稳态，$J_\mathrm{Ag'}$ 为常数。分离变量积分式（3.75），得

$$1-\left(\frac{r}{r_0}\right)^3 = \frac{3bM_\mathrm{B}}{a\rho_\mathrm{B}r_0}\int_0^t\left(\frac{L'_\mathrm{AA}}{T}\Delta\mu_\mathrm{Ag'} + \frac{L'_\mathrm{AC}}{T}\Delta\mu_\mathrm{Cg'}\right)\mathrm{d}t \quad (3.76)$$

$$\alpha_\mathrm{B} = \frac{3bM_\mathrm{B}}{a\rho_\mathrm{B}r_0}\int_0^t\left(\frac{L'_\mathrm{AA}}{T}\Delta\mu_\mathrm{Ag'} + \frac{L'_\mathrm{AC}}{T}\Delta\mu_\mathrm{Cg'}\right)\mathrm{d}t \quad (3.77)$$

将式（3.61）代入式（3.74），得

$$-\frac{\mathrm{d}r}{\mathrm{d}t} = \frac{bM_\mathrm{B}}{\rho_\mathrm{B}}j \quad (3.78)$$

分离变量积分得

$$1-\frac{r}{r_0} = \frac{bM_\mathrm{B}}{\rho_\mathrm{B}r_0}\int_0^t j\mathrm{d}t \quad (3.79)$$

和

$$1-(1-\alpha_\mathrm{B})^{\frac{1}{3}} = \frac{bM_\mathrm{B}}{\rho_\mathrm{B}r_0}\int_0^t j\mathrm{d}t \quad (3.80)$$

式（3.76）+式（3.79），得

$$2-\frac{r}{r_0}-\left(\frac{r}{r_0}\right)^3 = \frac{3bM_\mathrm{B}}{a\rho_\mathrm{B}r_0}\int_0^t\left(\frac{L'_\mathrm{AA}}{T}\Delta\mu_\mathrm{Ag'} + \frac{L'_\mathrm{AC}}{T}\Delta\mu_\mathrm{Cg'}\right)\mathrm{d}t + \frac{bM_\mathrm{B}}{\rho_\mathrm{B}r_0}\int_0^t j\mathrm{d}t \quad (3.81)$$

式（3.77）+式（3.80），得

$$1-(1-\alpha_\mathrm{B})^{\frac{1}{3}}+\alpha_\mathrm{B} = \frac{3bM_\mathrm{B}}{a\rho_\mathrm{B}r_0}\int_0^t\left(\frac{L'_\mathrm{AA}}{T}\Delta\mu_\mathrm{Ag'} + \frac{L'_\mathrm{AC}}{T}\Delta\mu_\mathrm{Cg'}\right)\mathrm{d}t + \frac{bM_\mathrm{B}}{\rho_\mathrm{B}r_0}\int_0^t j\mathrm{d}t \quad (3.82)$$

3.3.6 反应物 A 在固体产物层的扩散和界面化学反应共同为控制步骤

在这种情况下，气膜与固体产物层界面气体反应物 A 的浓度、压力与气体本体相同。

过程速率为

$$-\frac{1}{a}\frac{\mathrm{d}N_A}{\mathrm{d}t}=-\frac{1}{b}\frac{\mathrm{d}N_B}{\mathrm{d}t}=\frac{1}{c}\frac{\mathrm{d}N_C}{\mathrm{d}t}=\frac{1}{d}\frac{\mathrm{d}N_D}{\mathrm{d}t}=\frac{1}{a}\Omega_{s's}J_{As'}=\Omega_{s's}j=\Omega J_{s'j} \tag{3.83}$$

其中

$$\Omega_{s's}=\Omega$$

$$J_{s'j}=\frac{1}{a}J_{As'}=\frac{1}{a}\left(\frac{L_{AA}}{T}\frac{\mathrm{d}\mu_{As'}}{\mathrm{d}r}-\frac{L_{AC}}{T}\frac{\mathrm{d}\mu_{Cs'}}{\mathrm{d}r}\right) \tag{3.84}$$

$$J_{s'j}=j=\left[-l_1\left(\frac{A_m}{T}\right)-l_2\left(\frac{A_m}{T}\right)^2-l_3\left(\frac{A_m}{T}\right)^3-\cdots\right] \tag{3.85}$$

$$A_m=\Delta G_m=\Delta G_m^{\ominus}+RT\ln\frac{\left(\dfrac{p_{Cs's}}{p^{\ominus}}\right)^c a_{Ds's}^d}{\left(\dfrac{p_{As's}}{p^{\ominus}}\right)^a a_{Bss}^b}$$

$$J_{s'j}=\frac{1}{2}\left(\frac{1}{a}J_{As'}+j\right) \tag{3.86}$$

对于半径为 r 的球形颗粒，由式（3.83）得

$$-\frac{\mathrm{d}N_A}{\mathrm{d}t}=4\pi r^2\left(\frac{L_{AA}}{T}\frac{\mathrm{d}\mu_{As'}}{\mathrm{d}r}-\frac{L_{AC}}{T}\frac{\mathrm{d}\mu_{Cs'}}{\mathrm{d}r}\right) \tag{3.87}$$

过程达到稳态，$\dfrac{\mathrm{d}N_A}{\mathrm{d}t}=$ 常数，对 r 分离变量积分，得

$$-\frac{\mathrm{d}N_A}{\mathrm{d}t}=\frac{4\pi r_0 r}{r_0-r}\left(\frac{L_{AA}}{T}\Delta\mu_{As'}+\frac{L_{AC}}{T}\Delta\mu_{Cs'}\right) \tag{3.88}$$

其中

$$\Delta\mu_{As'}=\mu_{Ag's'}-\mu_{As's}=RT\ln\frac{c_{As'g'}}{c_{As's}}$$

$$\Delta\mu_{Cs'}=\mu_{Cs's}-\mu_{Cg's'}=RT\ln\frac{c_{Cs's}}{c_{Cs'g'}}$$

由式（3.83）得

$$-\frac{\mathrm{d}N_A}{\mathrm{d}t}=4\pi r^2 j$$

将式（3.61）代入式（3.87）和式（3.88）得

$$-\frac{\mathrm{d}r}{\mathrm{d}t}=\frac{bM_B r_0}{a\rho_B r(r_0-r)}\left(\frac{L_{AA}}{T}\Delta\mu_{As'}+\frac{L_{AC}}{T}\Delta\mu_{Cs'}\right) \tag{3.89}$$

$$-\frac{\mathrm{d}r}{\mathrm{d}t}=\frac{bM_B}{\rho_B}j \tag{3.90}$$

将式（3.89）、式（3.90）分离变量积分，得

$$1-3\left(\frac{r}{r_0}\right)^2+2\left(\frac{r}{r_0}\right)^3=\frac{6bM_{\text{B}}}{a\rho_{\text{B}}r_0^2}\int_0^t\left(\frac{L_{\text{AA}}}{T}\Delta\mu_{\text{As}'}+\frac{L_{\text{AC}}}{T}\Delta\mu_{\text{Cs}'}\right)\text{d}t \qquad (3.91)$$

$$3-3(1-\alpha_{\text{B}})^{\frac{2}{3}}-2\alpha_{\text{B}}=\frac{6bM_{\text{B}}}{a\rho_{\text{B}}r_0^2}\int_0^t\left(\frac{L_{\text{AA}}}{T}\Delta\mu_{\text{As}'}+\frac{L_{\text{AC}}}{T}\Delta\mu_{\text{Cs}'}\right)\text{d}t \qquad (3.92)$$

$$1-\frac{r}{r_0}=\frac{bM_{\text{B}}}{\rho_{\text{B}}r_0}\int_0^t j\text{d}t \qquad (3.93)$$

$$1-(1-\alpha_{\text{B}})^{\frac{1}{3}}=\frac{bM_{\text{B}}}{\rho_{\text{B}}r_0}\int_0^t j\text{d}t \qquad (3.94)$$

式（3.91）+式（3.93），得

$$2-\frac{r}{r_0}-3\left(\frac{r}{r_0}\right)^2+2\left(\frac{r}{r_0}\right)^3$$

$$=\frac{6bM_{\text{B}}}{a\rho_{\text{B}}r_0^2}\int_0^t\left(\frac{L_{\text{AA}}}{T}\Delta\mu_{\text{As}'}+\frac{L_{\text{AC}}}{T}\Delta\mu_{\text{Cs}'}\right)\text{d}t+\frac{bM_{\text{B}}}{\rho_{\text{B}}r_0}\int_0^t j\text{d}t \qquad (3.95)$$

式（3.92）+式（3.94），得

$$4-(1-\alpha_{\text{B}})^{\frac{1}{3}}-3(1-\alpha_{\text{B}})^{\frac{2}{3}}-2\alpha_{\text{B}}$$

$$=\frac{6bM_{\text{B}}}{a\rho_{\text{B}}r_0^2}\int_0^t\left(\frac{L_{\text{AA}}}{T}\Delta\mu_{\text{As}'}+\frac{L_{\text{AC}}}{T}\Delta\mu_{\text{Cs}'}\right)\text{d}t+\frac{bM_{\text{B}}}{\rho_{\text{B}}r_0}\int_0^t j\text{d}t \qquad (3.96)$$

3.3.7　反应物 A 在气膜中的扩散、在产物层中的扩散和界面化学反应共同为控制步骤

过程速率为

$$-\frac{1}{a}\frac{\text{d}N_{\text{A}}}{\text{d}t}=-\frac{1}{b}\frac{\text{d}N_{\text{B}}}{\text{d}t}=\frac{1}{c}\frac{\text{d}N_{\text{C}}}{\text{d}t}=\frac{1}{d}\frac{\text{d}N_{\text{D}}}{\text{d}t}=\frac{1}{a}\Omega_{\text{g}'\text{s}'}J_{\text{Ag}'}=\frac{1}{a}\Omega_{\text{s}'\text{s}}J_{\text{As}'}=\Omega_{\text{s}'\text{s}}j=\Omega J_{\text{g}'\text{s}'j}$$

$$(3.97)$$

有

$$\Omega_{\text{g}'\text{s}'}=\Omega$$

$$J_{\text{g}'\text{s}'j}=\frac{1}{a}J_{\text{Ag}'}=\frac{1}{a}\left(\frac{L'_{\text{AA}}}{T}\Delta\mu_{\text{Ag}'}+\frac{L'_{\text{AC}}}{T}\Delta\mu_{\text{Cg}'}\right) \qquad (3.98)$$

$$\Delta\mu_{\text{Ag}'}=\mu_{\text{Ag}'\text{g}}-\mu_{\text{Ag}'\text{s}'}=L'_{\text{AA}}R\ln\frac{c_{\text{Ag}'\text{g}}}{c_{\text{Ag}'\text{s}'}}$$

$$\Delta\mu_{\text{Cg}'}=\mu_{\text{Cg}'\text{s}'}-\mu_{\text{Cg}'\text{g}}=L'_{\text{AC}}R\ln\frac{c_{\text{Cg}'\text{s}'}}{c_{\text{Cg}'\text{g}}}$$

$$J_{g's'j} = \frac{1}{a}\frac{\Omega_{s's}}{\Omega}J_{As'} = \frac{1}{a}\frac{\Omega_{ss'}}{\Omega}\left(\frac{L_{AA}}{T}\frac{d\mu_{As'}}{dr} - \frac{L_{AC}}{T}\frac{d\mu_{Cs'}}{dr}\right) \tag{3.99}$$

$$J_{g's'j} = \frac{\Omega_{ss'}}{\Omega}j = \frac{\Omega_{ss'}}{\Omega}\left[-l_1\left(\frac{A_m}{T}\right) - l_2\left(\frac{A_m}{T}\right)^2 - l_3\left(\frac{A_m}{T}\right)^3 - \cdots\right] \tag{3.100}$$

其中

$$A_m = \Delta G_m = \Delta G_m^\ominus + RT\ln\frac{\left(\dfrac{p_{Cs's}}{p^\ominus}\right)^c a_{Ds's}^d}{\left(\dfrac{p_{As's}}{p^\ominus}\right)^a a_{Bss'}^b}$$

$$J_{g's'j} = \frac{1}{3}\left(\frac{1}{a}J_{Ag'} + \frac{1}{a}\frac{\Omega_{s's}}{\Omega}J_{As'} + \frac{\Omega_{s's}}{\Omega}j\right) \tag{3.101}$$

过程达到稳态，$\dfrac{dN_A}{dt} = $ 常数，将式（3.99）对 r 分离变量积分，得

$$-\frac{dN_A}{dt} = \frac{4\pi r_0 r}{r_0 - r}\left(\frac{L_{AA}}{T}\Delta\mu_{As'} + \frac{L_{AC}}{T}\Delta\mu_{Cs'}\right) \tag{3.102}$$

对于半径为 r 的球形颗粒，由式（3.98）得

$$-\frac{dN_A}{dt} = 4\pi r_0^2\left(\frac{L'_{AA}}{T}\Delta\mu_{Ag'} + \frac{L'_{AC}}{T}\Delta\mu_{Cg'}\right) \tag{3.103}$$

$$-\frac{dN_A}{dt} = 4\pi r^2 j \tag{3.104}$$

将式（3.61）分别代入式（3.102）～式（3.104），得

$$-\frac{dr}{dt} = \frac{bM_B r_0^2}{a\rho_B r^2}\left(\frac{L'_{AA}}{T}\Delta\mu_{Ag'} + \frac{L'_{AC}}{T}\Delta\mu_{Cg'}\right) \tag{3.105}$$

$$-\frac{dr}{dt} = \frac{bM_B r_0}{a\rho_B r(r_0 - r)}\left(\frac{L_{AA}}{T}\Delta\mu_{As'} + \frac{L_{AC}}{T}\Delta\mu_{Cs'}\right) \tag{3.106}$$

$$-\frac{dr}{dt} = \frac{bM_B}{\rho_B}j \tag{3.107}$$

分离变量积分式（3.105）～式（3.107），得

$$1 - \left(\frac{r}{r_0}\right)^3 = \frac{3bM_B}{a\rho_B r_0}\int_0^t\left(\frac{L'_{AA}}{T}\Delta\mu_{Ag'} + \frac{L'_{AC}}{T}\Delta\mu_{Cg'}\right)dt \tag{3.108}$$

$$\alpha_{\rm B} = \frac{3bM_{\rm B}}{a\rho_{\rm B}r_0}\int_0^t\left(\frac{L'_{\rm AA}}{T}\Delta\mu_{\rm Ag'} + \frac{L'_{\rm AC}}{T}\Delta\mu_{\rm Cg'}\right){\rm d}t \tag{3.109}$$

$$1 - 3\left(\frac{r}{r_0}\right)^2 + 2\left(\frac{r}{r_0}\right)^3 = \frac{6bM_{\rm B}}{a\rho_{\rm B}r_0^2}\int_0^t\left(\frac{L_{\rm AA}}{T}\Delta\mu_{\rm As'} + \frac{L_{\rm AC}}{T}\Delta\mu_{\rm Cs'}\right){\rm d}t \tag{3.110}$$

$$3 - 3(1-\alpha_{\rm B})^{\frac{2}{3}} - 2\alpha_{\rm B} = \frac{6bM_{\rm B}}{a\rho_{\rm B}r_0^2}\int_0^t\left(\frac{L_{\rm AA}}{T}\Delta\mu_{\rm As'} + \frac{L_{\rm AC}}{T}\Delta\mu_{\rm Cs'}\right){\rm d}t \tag{3.111}$$

$$1 - \frac{r}{r_0} = \frac{bM_{\rm B}}{\rho_{\rm B}r_0}\int_0^t j\,{\rm d}t \tag{3.112}$$

$$1 - (1-\alpha_{\rm B})^{\frac{1}{3}} = \frac{bM_{\rm B}}{\rho_{\rm B}r_0}\int_0^t j\,{\rm d}t \tag{3.113}$$

式（3.108）+式（3.110）+式（3.112），得

$$3 - \frac{r}{r_0} - 3\left(\frac{r}{r_0}\right)^2 + \left(\frac{r}{r_0}\right)^3 = \frac{3bM_{\rm B}}{a\rho_{\rm B}r_0}\int_0^t\left(\frac{L'_{\rm AA}}{T}\Delta\mu_{\rm Ag'} + \frac{L'_{\rm AC}}{T}\Delta\mu_{\rm Cg'}\right){\rm d}t$$
$$+ \frac{6bM_{\rm B}}{a\rho_{\rm B}r_0^2}\int_0^t\left(\frac{L_{\rm AA}}{T}\Delta\mu_{\rm As'} + \frac{L_{\rm AC}}{T}\Delta\mu_{\rm Cs'}\right){\rm d}t + \frac{bM_{\rm B}}{\rho_{\rm B}r_0}\int_0^t j\,{\rm d}t \tag{3.114}$$

式（3.109）+式（3.111）+式（3.113），得

$$4 - (1-\alpha_{\rm B})^{\frac{1}{3}} - 3(1-\alpha_{\rm B})^{\frac{2}{3}} - \alpha_{\rm B} = \frac{3bM_{\rm B}}{a\rho_{\rm B}r_0}\int_0^t\left(\frac{L'_{\rm AA}}{T}\Delta\mu_{\rm Ag'} + \frac{L'_{\rm AC}}{T}\Delta\mu_{\rm Cg'}\right){\rm d}t$$
$$+ \frac{6bM_{\rm B}}{a\rho_{\rm B}r_0^2}\int_0^t\left(\frac{L_{\rm AA}}{T}\Delta\mu_{\rm As'} + \frac{L_{\rm AC}}{T}\Delta\mu_{\rm Cs'}\right){\rm d}t + \frac{bM_{\rm B}}{\rho_{\rm B}r_0}\int_0^t j\,{\rm d}t \tag{3.115}$$

3.4 多个反应同时进行的气体与无孔固体的反应
——只生成气体

气体与固体可以同时进行多个化学反应。例如，煤燃烧时，其中的磷、硫、有机物和氧气的反应，高炉炼铁过程氢气、一氧化碳和氧化铁、二氧化硅、氧化锰的反应等。本节讨论只生成气体的多个同时进行的气体与无孔固体的反应。化学反应可以表示为

$$a_j{\rm A}_j({\rm g}) + b_j{\rm B}_j({\rm s}) =\!=\!= c_j{\rm C}_j({\rm g}) \tag{3.d}$$

反应步骤与只发生一个反应的情况相同。

3.4.1　气体反应物 A_j 在气膜中的扩散为控制步骤

气体反应物 A_j 在气膜中的扩散速率为

$$
\begin{aligned}
J_{A_jg'} = \left| \boldsymbol{J}_{A_jg'} \right| &= \left| \sum_{k=1}^{r} \left(-L_{A_jA_k} \frac{\nabla \mu_{A_kg'}}{T} - L_{A_jC_k} \frac{\nabla \mu_{C_kg'}}{T} \right) \right| \\
&= \sum_{k=1}^{r} \left(L_{A_jA_k} \frac{\Delta \mu_{A_kg'}}{T\delta_{g'}} + L_{A_jC_k} \frac{\Delta \mu_{C_kg'}}{T\delta_{g'}} \right) \\
&= \sum_{k=1}^{r} \left(\frac{L'_{A_jA_k}}{T} \Delta \mu_{A_kg'} + \frac{L'_{A_jC_k}}{T} \Delta \mu_{C_kg'} \right)
\end{aligned}
\tag{3.116}
$$

过程速率为

$$
-\frac{1}{a_j}\frac{dN_{A_j}}{dt} = -\frac{1}{b_j}\frac{dN_{B_j}}{dt} = \frac{1}{c_j}\frac{dN_{C_j}}{dt} = \frac{1}{a_j}\Omega_{g's}J_{A_jg'}
\tag{3.117}
$$

$$(j = 1, 2, 3, \cdots, r)$$

对于含有组元 B_j 的半径为 r_j 的球形颗粒，由式（3.117）得

$$
-\frac{dN_{A_j}}{dt} = 4\pi r_j^2 \sum_{k=1}^{r} \left(\frac{L'_{A_jA_k}}{T} \Delta \mu_{A_kg'} + \frac{L'_{A_jC_k}}{T} \Delta \mu_{C_kg'} \right)
\tag{3.118}
$$

其中

$$
\Delta \mu_{A_kg'} = \mu_{A_kg'g} - \mu_{A_kg's} = RT \ln \frac{p_{A_kg'g}}{p_{A_kg's}} = RT \ln \frac{c_{A_kg'g}}{c_{A_kg's}}
$$

$$
\Delta \mu_{C_kg'} = \mu_{C_kg'g} - \mu_{C_kg's} = RT \ln \frac{p_{C_kg's}}{p_{C_kg'g}} = RT \ln \frac{c_{C_kg's}}{c_{C_kg'g}}
\tag{3.119}
$$

式中，$\mu_{A_kg'g}$ 和 $\mu_{A_kg's}$、$p_{A_kg'g}$ 和 $p_{A_kg's}$、$c_{C_kg'g}$ 和 $c_{C_kg's}$ 分别为气膜中靠近气相本体一侧和靠近固相一侧组元 A 的化学势、压力和浓度；$\mu_{C_kg's}$ 和 $\mu_{C_kg'g}$、$p_{C_kg's}$ 和 $p_{C_kg'g}$、$c_{C_kg's}$ 和 $c_{C_kg'g}$ 分别为气膜中靠近固相一侧和靠近气相本体一侧组元 C_k 的化学势、压力和浓度。

由式（3.116）得

$$
-\frac{dN_{A_j}}{dt} = -\frac{a_j}{b_j}\frac{dN_{B_j}}{dt} = -\frac{4\pi r_j^2 a_j \rho_{B_j}}{b_j M_{B_j}}\frac{dr_j}{dt}
\tag{3.120}
$$

其中

$$N_{B_j} = \frac{\frac{4}{3}\pi r_j^3 \rho'_{B_j}}{M_{B_j}}$$

$$\rho'_{B_j} = \frac{W_{B_j}}{\frac{4}{3}\pi r_j^3}$$

式中，W_{B_j} 为一个半径为 r 的颗粒中组元 B_j 的质量；ρ'_{B_j} 为单位体积颗粒中 B_j 的质量，即表观密度。

将式（3.117）和式（3.120）比较，得

$$-\frac{dr_j}{dt} = \frac{b_j M_{B_j}}{a_j \rho'_{B_j}} \sum_{k=1}^{r} \left(\frac{L'_{A_j A_k}}{T} \Delta\mu_{A_k g'} + \frac{L'_{A_j C_k}}{T} \Delta\mu_{C_k g'} \right) \tag{3.121}$$

将式（3.121）分离变量积分，得

$$1 - \frac{r_j}{r_{j0}} = \frac{b_j M_{B_j}}{a_j \rho'_{B_j} r_{j0}} \sum_{k=1}^{r} \int_0^t \left(\frac{L'_{A_j A_k}}{T} \Delta\mu_{A_k g'} + \frac{L'_{A_j C_k}}{T} \Delta\mu_{C_k g'} \right) dt \tag{3.122}$$

$$1 - (1-\alpha_{B_j})^{\frac{1}{3}} = \frac{b_j M_{B_j}}{a_j \rho'_{B_j} r_{j0}} \sum_{k=1}^{r} \int_0^t \left(\frac{L'_{A_j A_k}}{T} \Delta\mu_{A_k g'} + \frac{L'_{A_j C_k}}{T} \Delta\mu_{C_k g'} \right) dt \tag{3.123}$$

3.4.2　界面化学反应为过程的控制步骤

在此情况，组元 A_j、C_j 在气膜-固相界面的压力（浓度）等于其在气相本体压力（浓度），组元 B_j 在气膜-固相界面的活度等于其在固相本体活度。

化学反应速率为

$$\frac{1}{a_j}\frac{dN_{A_j}}{dt} = -\frac{1}{b_j}\frac{dN_{B_j}}{dt} = \frac{1}{c_j}\frac{dN_{C_j}}{dt} = \Omega_{g's} j_j \tag{3.124}$$

其中

$$j_j = -\sum_{k=1}^{r} l_{jk}\left(\frac{A_{m,k}}{T}\right) - \sum_{k=1}^{r}\sum_{l=1}^{r} l_{jkl}\left(\frac{A_{m,k}}{T}\right)\left(\frac{A_{m,l}}{T}\right) - \sum_{k=1}^{r}\sum_{l=1}^{r}\sum_{h=1}^{r} l_{jkl}\left(\frac{A_{m,k}}{T}\right)\left(\frac{A_{m,l}}{T}\right)\left(\frac{A_{m,h}}{T}\right)$$

$$A_{m,j} = \Delta G_{m,j} = \Delta G_{m,j}^{\ominus} + RT \ln \frac{\left(p_{C_j g}/p^{\ominus}\right)^{c_j}}{\left(p_{A_j g}/p^{\ominus}\right)^{a_j} a_{B_j s}^{b_j}} \tag{3.125}$$

式中，$p_{A_j g}$ 和 $p_{C_j g}$ 为气相本体组分 A_j 和 C_j 的压力；$a_{B_j s}$ 为固相中组元 B_j 的活度。

如果颗粒中的各组元为独立相，则

$$a_{B_js} = 1$$

对于半径为 r 的球形颗粒，由式（3.124）有

$$-\frac{dN_{A_j}}{dt} = 4\pi r_j^2 a_j j_j \tag{3.126}$$

$$-\frac{dN_{A_j}}{dt} = -\frac{a_j}{b_j}\frac{dN_{B_j}}{dt} = -\frac{4\pi r_j^2 \rho'_{B_j} a_j}{b_j M_{B_j}}\frac{dr_j}{dt} \tag{3.127}$$

将式（3.126）和式（3.127）比较，得

$$-\frac{dr_j}{dt} = -\frac{b_j M_{B_j}}{\rho'_{B_j}} j_j \tag{3.128}$$

将式（3.128）分离变量积分，得

$$1 - \frac{r_j}{r_{j0}} = -\frac{b_j M_{B_j}}{\rho'_{B_j} r_{j0}} \int_0^t j_j dt \tag{3.129}$$

和

$$1 - (1-\alpha_{B_j})^{\frac{1}{3}} = -\frac{b_j M_{B_j}}{\rho'_{B_j} r_{j0}} \int_0^t j_j dt \tag{3.130}$$

3.4.3 气体反应物在气膜中的扩散和化学反应共同为过程的控制步骤

过程速率为

$$-\frac{1}{a_j}\frac{dN_{A_j}}{dt} = -\frac{1}{b_j}\frac{dN_{B_j}}{dt} = \frac{1}{c_j}\frac{dN_{C_j}}{dt} = \frac{1}{a_j}\Omega_g J_{A_jg'} = \Omega_{g's} j_j = \Omega J_j \tag{3.131}$$

其中

$$\Omega_{g'} = \Omega_{g's} = \Omega$$

$$J_j = \frac{1}{a_j}J_{A_jg'} = \frac{1}{a_j}\sum_{k=1}^{r}\left(\frac{L'_{A_jA_k}}{T}\Delta\mu_{A_kg'} + \frac{L'_{A_jA_k}}{T}\Delta\mu_{C_kg'}\right) \tag{3.132}$$

$$J_j = j_j = -\sum_{k=1}^{r}l_{jk}\left(\frac{A_{m,k}}{T}\right) - \sum_{k=1}^{r}\sum_{l=1}^{r}l_{jkl}\left(\frac{A_{m,k}}{T}\right)\left(\frac{A_{m,l}}{T}\right) - \sum_{k=1}^{r}\sum_{l=1}^{r}\sum_{h=1}^{r}l_{jkl}\left(\frac{A_{m,k}}{T}\right)\left(\frac{A_{m,l}}{T}\right)\left(\frac{A_{m,h}}{T}\right)$$

$$\tag{3.133}$$

式（3.131）+式（3.132）后除以 2，得

$$J_j = \frac{1}{2}\left(\frac{1}{a_j}J_{A_jg'} + j_j\right) \tag{3.134}$$

对于含有组元 B_j 的半径为 r_j 的球形颗粒，由式（3.131）有

$$-\frac{dN_{A_j}}{dt} = 4\pi r_j^2 J_{A_jg'} = 4\pi r_j^2 \sum_{k=1}^r\left(\frac{L'_{A_jA_k}}{T}\Delta\mu_{A_kg'} + \frac{L'_{A_jC_k}}{T}\Delta\mu_{C_kg'}\right) \tag{3.135}$$

其中

$$\Delta\mu_{A_kg'} = \mu_{A_kg'g} - \mu_{A_kg's} = RT\ln\frac{a_{A_kg'g}}{a_{A_kg's}} \tag{3.136}$$

$$\Delta\mu_{C_kg'} = \mu_{C_kg's} - \mu_{C_kg'g} = RT\ln\frac{a_{C_kg's}}{a_{C_kg'g}} \tag{3.137}$$

由式（3.131），得

$$-\frac{dN_{A_j}}{dt} = -\frac{a_j}{b_j}\frac{dN_{B_j}}{dt} = -\frac{4\pi r_j^2 a_j \rho'_{B_j}}{b_j M_{B_j}}\frac{dr_j}{dt} \tag{3.138}$$

式（3.135）和式（3.138）比较，得

$$-\frac{dr_j}{dt} = \frac{b_j M_{B_j}}{a_j \rho'_{B_j}}\sum_{k=1}^r\left(\frac{L'_{A_jA_k}}{T}\Delta\mu_{A_kg'} + \frac{L'_{A_jC_k}}{T}\Delta\mu_{C_kg'}\right) \tag{3.139}$$

将式（3.139）分离变量积分，得

$$1 - \frac{r_j}{r_{j0}} = \frac{b_j M_{B_j}}{a_j \rho'_{B_j} r_{j0}}\sum_{k=1}^r\int_0^t\left(\frac{L'_{A_jA_k}}{T}\Delta\mu_{A_kg'} + \frac{L'_{A_jC_k}}{T}\Delta\mu_{C_kg'}\right)dt \tag{3.140}$$

$$1 - (1-\alpha_{B_j})^{\frac{1}{3}} = \frac{b_j M_{B_j}}{a_j \rho'_{B_j} r_{j0}}\sum_{k=1}^r\int_0^t\left(\frac{L'_{A_jA_k}}{T}\Delta\mu_{A_kg'} + \frac{L'_{A_jC_k}}{T}\Delta\mu_{C_kg'}\right)dt \tag{3.141}$$

由式（3.131），得

$$-\frac{dN_{A_j}}{dt} = 4\pi r_j^2 a_j j_j \tag{3.142}$$

式（3.138）和式（3.142）比较，得

$$-\frac{\mathrm{d}r_j}{\mathrm{d}t}=\frac{b_j M_{B_j}}{\rho'_{B_j}}j_j \tag{3.143}$$

将式（3.143）分离变量积分，得

$$1-\frac{r_j}{r_{j0}}=-\frac{b_j M_{B_j}}{\rho'_{B_j}r_{j0}}\int_0^t j_j \mathrm{d}t \tag{3.144}$$

$$1-(1-\alpha_{B_j})^{\frac{1}{3}}=\frac{b_j M_{B_j}}{\rho'_{B_j}r_{j0}}\int_0^t j_j \mathrm{d}t \tag{3.145}$$

式（3.140）+式（3.144），得

$$2-2\left(\frac{r_j}{r_{j0}}\right)=\frac{b_j M_{B_j}}{a_j\rho'_{B_j}r_{j0}}\sum_{k=1}^r\int_0^t\left(\frac{L'_{A_jA_k}}{T}\Delta\mu_{A_kg'}+\frac{L'_{A_jC_k}}{T}\Delta\mu_{C_kg'}\right)\mathrm{d}t+\frac{b_j M_{B_j}}{\rho'_{B_j}r_{j0}}\int_0^t j_j \mathrm{d}t \tag{3.146}$$

式（3.141）+式（3.145），得

$$2-2(1-\alpha_{B_j})^{\frac{1}{3}}=\frac{b_j M_{B_j}}{a_j\rho'_{B_j}r_{j0}}\sum_{k=1}^r\int_0^t\left(\frac{L'_{A_jA_k}}{T}\Delta\mu_{A_kg'}+\frac{L'_{A_jC_k}}{T}\Delta\mu_{C_kg'}\right)\mathrm{d}t+\frac{b_j M_{B_j}}{\rho'_{B_j}r_{j0}}\int_0^t j_j \mathrm{d}t \tag{3.147}$$

3.5　多个反应同时进行的气体与无孔固体的反应——反应前后固体颗粒尺寸不变

过程的步骤与单个反应情况相同。化学反应可以表示为

$$a_j A_j(g)+b_j B_j(s)\Longrightarrow c_j C_j(g)+d_j D_j(s) \tag{3.e}$$

$$(j=1,2,\cdots,r)$$

3.5.1　气体反应物在气膜中的扩散为过程的控制步骤

颗粒外表面组元 A_j 的压力（浓度）等于固体产物层与未反应核界面组元 A_j 的压力（浓度），在整个过程中气膜厚度不变。组元 A_j 的扩散速率为

$$J_{A_jg'} = \left| \boldsymbol{J}_{A_jg'} \right| = \left| \sum_{k=1}^{r} \left(-L_{A_jA_k} \frac{\nabla \mu_{A_kg'}}{T} - L_{A_jC_k} \frac{\nabla \mu_{C_kg'}}{T} \right) \right|$$

$$= \sum_{k=1}^{r} \left(L_{A_jA_k} \frac{\Delta \mu_{A_kg'}}{\delta_g T} + \sum_{k=1}^{r} L_{A_jC_k} \frac{\Delta \mu_{C_kg'}}{\delta_g T} \right)$$

$$= \sum_{k=1}^{r} \left(\frac{L'_{A_jA_k}}{T} \Delta \mu_{A_kg'} + \frac{L'_{A_jC_k}}{T} \Delta \mu_{C_kg'} \right) \qquad (3.148)$$

$$(j = 1, 2, \cdots, r)$$

其中

$$L'_{A_jA_k} = \frac{L_{A_jA_k}}{\delta_{g'}}, \quad L'_{A_jc_k} = \frac{L_{A_jC_k}}{\delta_{g'}} \qquad (3.149)$$

$$\Delta \mu_{A_kg'} = \mu_{A_kg'g} - \mu_{A_kg's'} = RT \ln \frac{a_{A_kg'g}}{a_{A_kg's'}}$$

$$\Delta \mu_{C_kg'} = \mu_{C_kg's'} - \mu_{C_kg'g} = RT \ln \frac{a_{C_kg's'}}{a_{C_kg'g}}$$

式中，$\mu_{A_kg'g}$、$\mu_{C_kg'g}$ 和 $a_{A_kg'g}$、$a_{C_kg'g}$ 分别为气膜靠近气相本体一侧组元 A_k 和 C_k 的化学势和活度；$\mu_{A_kg's'}$、$\mu_{C_kg's'}$ 和 $a_{A_kg's'}$、$a_{C_kg's'}$ 分别为气膜靠近固体产物层一侧组元 A_k 和 C_k 的化学势和活度。

过程的速率为

$$-\frac{1}{a_j}\frac{dN_{A_j}}{dt} = -\frac{1}{b_j}\frac{dN_{B_j}}{dt} = \frac{1}{c_j}\frac{dN_{C_j}}{dt} = \frac{1}{d_j}\frac{dN_{D_j}}{dt} = \frac{1}{a_j}\Omega_{g'}J_{A_jg'} \qquad (3.150)$$

$$(j = 1, 2, \cdots, r)$$

对于含有组元 B_j 的半径为 r_j 的球形颗粒，由式（3.150）得

$$-\frac{dN_{B_j}}{dt} = \frac{b_j}{a_j} 4\pi r_{j0}^2 \sum_{k=1}^{r} \left(\frac{L'_{A_jA_k}}{T} \Delta \mu_{A_kg'} + \frac{L'_{A_jC_k}}{T} \Delta \mu_{C_kg'} \right) \qquad (3.151)$$

式中，r_{j0} 为颗粒的初始半径。

将

$$N_{B_j} = \frac{4}{3}\pi r_j^3 \rho'_{B_j} / M_j \qquad (3.152)$$

代入式（3.151），得

$$-\frac{dr_j}{dt} = \frac{r_{j0}^2 b_j M_{B_j}}{r_j^2 a_j \rho'_{B_j}} \sum_{k=1}^{r} \left(\frac{L'_{A_jA_k}}{T} \Delta \mu_{A_kg'} + \frac{L'_{A_jC_k}}{T} \Delta \mu_{C_kg'} \right) \qquad (3.153)$$

分离变量积分式（3.153）得

$$1 - \left(\frac{r_j}{r_{j0}}\right)^3 = \frac{3b_j M_{B_j}}{a_j \rho'_{B_j} r_{j0}} \sum_{k=1}^{r} \int_0^t \left(\frac{L'_{A_j A_k}}{T} \Delta\mu_{A_k g'} + \frac{L'_{A_j C_k}}{T} \Delta\mu_{C_k g'}\right) dt \quad (3.154)$$

$$\alpha_{B_j} = \frac{3b_j M_{B_j}}{a_j \rho'_{B_j} r_{j0}} \sum_{k=1}^{r} \int_0^t \left(\frac{L'_{A_j A_k}}{T} \Delta\mu_{A_k g'} + \frac{L'_{A_j C_k}}{T} \Delta\mu_{C_k g'}\right) dt \quad (3.155)$$

3.5.2　气体反应物 A_j 在固体产物层中的扩散为过程的控制步骤

对于半径为 r 的球形颗粒，组元 A_j 的扩散速率为

$$J_{A_j s'} = \left|\boldsymbol{J}_{A_j g'}\right| = \left|\sum_{k=1}^{r} -\left(L_{A_j A_k}\frac{\nabla\mu_{A_k s'}}{T} + L_{A_j C_k}\frac{\nabla\mu_{C_k s'}}{T}\right)\right|$$
$$= \sum_{k=1}^{r}\left(\frac{L_{A_j A_k}}{T}\frac{d\mu_{A_k s'}}{dr} - \frac{L_{A_j C_k}}{T}\frac{\Delta\mu_{C_k s'}}{dr}\right) \quad (3.156)$$

过程速率为

$$-\frac{1}{a_j}\frac{dN_{A_j}}{dt} = -\frac{1}{b_j}\frac{dN_{B_j}}{dt} = \frac{1}{c_j}\frac{dN_{C_j}}{dt} = \frac{1}{d_j}\frac{dN_{D_j}}{dt} = \frac{1}{a_j}\Omega_{s's}J_{A_j s'} \quad (3.157)$$

由式（3.156）和式（3.157），有

$$\frac{dN_{A_j}}{dt} = 4\pi r_j^2 \sum_{k=1}^{r}\left(\frac{L_{A_j A_k}}{T}\frac{d\mu_{A_k s'}}{dr_j} + \frac{L_{A_j C_k}}{T}\frac{d\mu_{C_k s'}}{dr_j}\right) \quad (3.158)$$

过程达到稳态，$\dfrac{dN_{A_j}}{dt}$ 为常数，对 r_j 分离变量积分式（3.158），得

$$-\frac{dN_{A_j}}{dt} = \frac{4\pi r_{j0} r_j}{r_{j0} - r_j} \sum_{k=1}^{r}\left(\frac{L_{A_j A_k}}{T}\Delta\mu_{A_k s'} + \frac{L_{A_j C_k}}{T}\Delta\mu_{C_k s'}\right) \quad (3.159)$$

其中

$$\Delta\mu_{A_k s'} = \mu_{A_k s' g'} - \mu_{A_k s' s} = RT\ln\frac{c_{A_k s' g'}}{c_{A_k s' s}}$$

$$\Delta\mu_{C_k s'} = \mu_{C_k s' g'} - \mu_{C_k s' s} = RT\ln\frac{c_{C_k s' g'}}{c_{C_k s' s}} = -RT\ln\frac{c_{C_k s' s}}{c_{C_k s' g'}}$$

由式（3.157）和

$$N_{B_j} = \frac{4}{3}\pi r_j^3 \rho'_{B_j} \Big/ M_j \tag{3.160}$$

得

$$-\frac{dN_{A_j}}{dt} = \frac{a_j}{b_j}\frac{dN_{B_j}}{dt} = -\frac{4\pi r_j^2 \rho'_{B_j} a_j}{b_j M_{B_j}}\frac{dr_j}{dt} \tag{3.161}$$

比较式（3.159）和式（3.161），得

$$-\frac{dr_j}{dt} = \frac{b_j M_{B_j} r_{j0}}{a_j \rho'_{B_j} r_j(r_{j0}-r_j)}\sum_{k=1}^{r}\left(\frac{L_{A_jA_k}}{T}\Delta\mu_{A_{ks'}} + \frac{L_{A_jC_k}}{T}\Delta\mu_{C_{ks'}}\right) \tag{3.162}$$

分离变量积分式（3.162），得

$$1-3\left(\frac{r_j}{r_{j0}}\right)^2 + 2\left(\frac{r_j}{r_{j0}}\right)^3 = \frac{6b_j M_{B_j}}{a_j \rho'_{B_j} r_{j0}^2}\sum_{k=1}^{r}\int_0^t\left(\frac{L_{A_jA_k}}{T}\Delta\mu_{A_{ks'}} + \frac{L_{A_jC_k}}{T}\Delta\mu_{C_{ks'}}\right)dt \tag{3.163}$$

$$3-3(1-\alpha_{B_j})^{\frac{2}{3}} - 2\alpha_{B_j} = \frac{6b_j M_{B_j}}{a_j \rho'_{B_j} r_{j0}^2}\sum_{k=1}^{r}\int_0^t\left(\frac{L_{A_jA_k}}{T}\Delta\mu_{A_{ks'}} + \frac{L_{A_jC_k}}{T}\Delta\mu_{C_{ks'}}\right)dt \tag{3.164}$$

3.5.3　界面化学反应为过程的控制步骤

气体反应物 A_j 在气相本体、气-固界面以及固体产物与未反应核界面的压力、浓度都相等，即

$$p_{A_jg'g} = p_{A_jg's'} = p_{A_js's}$$
$$c_{A_jg'g} = c_{A_jg's'} = c_{A_js's}$$

化学反应发生在产物层与未反应核界面，过程速率为

$$-\frac{1}{a_j}\frac{dN_{A_j}}{dt} = -\frac{1}{b_j}\frac{dN_{B_j}}{dt} = \frac{1}{c_j}\frac{dN_{C_j}}{dt} = \frac{1}{d_j}\frac{dN_{D_j}}{dt} = \Omega_{s's}j_j \tag{3.165}$$

其中

$$j_j = -\sum_{k=1}^{r}l_{jk}\left(\frac{A_{m,k}}{T}\right) - \sum_{k=1}^{r}\sum_{l=1}^{r}l_{jkl}\left(\frac{A_{m,k}}{T}\right)\left(\frac{A_{m,l}}{T}\right) - \sum_{k=1}^{r}\sum_{l=1}^{r}\sum_{h=1}^{r}l_{jklh}\left(\frac{A_{m,k}}{T}\right)\left(\frac{A_{m,l}}{T}\right)\left(\frac{A_{m,h}}{T}\right) - \cdots$$

$$A_{\mathrm{m},j} = \Delta G_{\mathrm{m},j} = \Delta G_{\mathrm{m},j}^{\ominus} + RT \ln \frac{\left(p_{\mathrm{C}_j\mathrm{s's}}/p^{\ominus}\right)^{c_j} a_{\mathrm{D}_j\mathrm{s's}}^{d_j}}{\left(p_{\mathrm{A}_j\mathrm{s's}}/p^{\ominus}\right)^{a_j} a_{\mathrm{B}_j\mathrm{s's}}^{b_j}}$$

对于含有组元 B_j 的半径为 r_j 的球形颗粒，由式（3.165）和 $N_{\mathrm{B}_j} = \dfrac{4}{3}\pi r_j^3 \rho_{\mathrm{B}_j}'/M_j$，得

$$-\frac{\mathrm{d}N_{\mathrm{A}_j}}{\mathrm{d}t} = 4\pi r_j^2 a_j j_j \tag{3.166}$$

$$-\frac{\mathrm{d}N_{\mathrm{A}_j}}{\mathrm{d}t} = -\frac{a_j}{b_j}\frac{\mathrm{d}N_{\mathrm{B}_j}}{\mathrm{d}t} = -\frac{a_j 4\pi r_j^2 \rho_{\mathrm{B}_j}'}{b_j M_{\mathrm{B}_j}}\frac{\mathrm{d}r_j}{\mathrm{d}t} \tag{3.167}$$

比较式（3.166）和式（3.167），得

$$-\frac{\mathrm{d}r_j}{\mathrm{d}t} = \frac{b_j M_{\mathrm{B}_j}}{\rho_{\mathrm{B}_j}'} j_j \tag{3.168}$$

将式（3.168）分离变量积分，得

$$1 - \frac{r_j}{r_{j0}} = \frac{b_j M_{\mathrm{B}_j}}{\rho_{\mathrm{B}_j}' r_0} \int_0^t j_j \mathrm{d}t \tag{3.169}$$

和

$$1 - (1-\alpha_{\mathrm{B}_j})^{\frac{1}{3}} = \frac{b_j M_{\mathrm{B}_j}}{\rho_{\mathrm{B}_j}' r_{j0}} \int_0^t j_j \mathrm{d}t \tag{3.170}$$

3.5.4　反应物在气膜中的扩散及其在固体产物层中的扩散共同为控制步骤

过程速率为

$$-\frac{1}{a_j}\frac{\mathrm{d}N_{\mathrm{A}_j}}{\mathrm{d}t} = -\frac{1}{b_j}\frac{\mathrm{d}N_{\mathrm{B}_j}}{\mathrm{d}t} = \frac{1}{c_j}\frac{\mathrm{d}N_{\mathrm{C}_j}}{\mathrm{d}t} = \frac{1}{d_j}\frac{\mathrm{d}N_{\mathrm{D}_j}}{\mathrm{d}t} = \frac{1}{a_j}\Omega_{\mathrm{g's'}}J_{\mathrm{A}_j\mathrm{g'}} = \frac{1}{a_j}\Omega_{\mathrm{s's}}J_{\mathrm{A}_j\mathrm{s'}} = \Omega J_{\mathrm{g's'}}$$

$$\tag{3.171}$$

其中

$$\Omega_{\mathrm{g's'}} = \Omega$$

$$J_{\mathrm{g's'}} = \frac{1}{a_j} J_{\mathrm{A}_j\mathrm{g'}} = \frac{1}{a_j}\sum_{k=1}^r \left(\frac{L_{\mathrm{A}_j\mathrm{A}_k}'}{T}\Delta\mu_{\mathrm{A}_k\mathrm{g'}} + \frac{L_{\mathrm{A}_j\mathrm{C}_k}'}{T}\Delta\mu_{\mathrm{C}_k\mathrm{g'}}\right) \tag{3.172}$$

$$J_{\mathrm{g's'}} = \frac{1}{a_j}\frac{\Omega_{\mathrm{s's}}}{\Omega} J_{\mathrm{A}_j\mathrm{s'}} = \frac{1}{a_j}\frac{\Omega_{\mathrm{s's}}}{\Omega}\sum_{k=1}^r \left(\frac{L_{\mathrm{A}_j\mathrm{A}_k}}{T}\frac{\mathrm{d}\mu_{\mathrm{A}_k\mathrm{s'}}}{\mathrm{d}r_j} - \frac{L_{\mathrm{A}_j\mathrm{C}_k}}{T}\frac{\mathrm{d}\mu_{\mathrm{C}_k\mathrm{s'}}}{\mathrm{d}r_j}\right) \tag{3.173}$$

式（3.172）+式（3.173）后除以 2，得

$$J_{g's'} = \frac{1}{2}\left(\frac{1}{a_j} J_{A_j g'} + \frac{1}{a_j} \frac{\Omega_{s's}}{\Omega_{g'}} J_{A_j s'} \right) \tag{3.174}$$

对于含有组元 B_j 的半径为 r_j 的球形颗粒，由式（3.171）得

$$-\frac{dN_{A_j}}{dt} = 4\pi r_{j0} \sum_{k=1}^{r} \left(\frac{L'_{A_j A_k}}{T} \Delta\mu_{A_k g'} + \frac{L'_{A_j C_k}}{T} \Delta\mu_{C_k g'} \right) \tag{3.175}$$

将

$$-\frac{dN_{A_j}}{dt} = -\frac{a_j}{b_j} \frac{dN_{B_j}}{dt} = -\frac{4\pi r_j^2 \rho_{B_j} a_j}{b_j M_{B_j}} \frac{dr_j}{dt} \tag{3.176}$$

与式（3.175）比较，得

$$-\frac{dr_j}{dt} = \frac{r_{j0}^2 b_j M_{B_j}}{r_j^2 a_j \rho_{B_j}} \sum_{k=1}^{r} \left(\frac{L'_{A_j A_k}}{T} \Delta\mu_{A_k g'} + \frac{L'_{A_j C_k}}{T} \Delta\mu_{C_k g'} \right) \tag{3.177}$$

分离变量积分式（3.177），得

$$1 - \left(\frac{r_j}{r_{j0}} \right)^3 = \frac{3b_j M_{B_j}}{a_j \rho'_{B_j} r_{j0}} \sum_{k=1}^{r} \int_0^t \left(\frac{L'_{A_j A_k}}{T} \Delta\mu_{A_k g'} + \frac{L'_{A_j C_k}}{T} \Delta\mu_{C_k g'} \right) dt \tag{3.178}$$

和

$$\alpha_{B_j} = \frac{3b_j M_{B_j}}{a_j r_{j0} \rho'_{B_j}} \sum_{k=1}^{r} \int_0^t \left(\frac{L'_{A_j A_k}}{T} \Delta\mu_{A_k g'} + \frac{L'_{A_j C_k}}{T} \Delta\mu_{C_k g'} \right) dt \tag{3.179}$$

由式（3.171），得

$$-\frac{dN_{A_j}}{dt} = 4\pi r_j^2 J_{A_j s'} = 4\pi r_j^2 \sum_{k=1}^{r} \left(\frac{L_{A_j A_k}}{T} \frac{d\mu_{A_k s'}}{dr_j} - \frac{L_{A_j C_k}}{T} \frac{d\mu_{C_k s'}}{dr_j} \right) \tag{3.180}$$

过程达到稳态，$\dfrac{dN_{A_j}}{dt}=$ 常数，对 r_j 进行分离变量积分，得

$$-\frac{dN_{A_j}}{dt} = \frac{4\pi r_{j0} r_j}{r_{j0} - r_j} \sum_{k=1}^{r} \left(\frac{L_{A_j A_k}}{T} \Delta\mu_{A_k s'} + \frac{L_{A_j C_k}}{T} \Delta\mu_{C_k s'} \right)$$

与

$$-\frac{dN_{A_j}}{dt} = -\frac{a_j}{b_j} \frac{dN_{B_j}}{dt} = -\frac{4\pi r_j^2 \rho'_{B_j} a_j}{b_j M_{B_j}} \frac{dr_j}{dt} \tag{3.181}$$

比较，得

$$-\frac{dr_j}{dt} = \frac{b_j M_{B_j} r_{j0}}{a_j \rho'_{B_j} r_j (r_{j0} - r_j)} \sum_{k=1}^{r} \left(\frac{L_{A_j A_k}}{T} \Delta\mu_{A_k s'} + \frac{L_{A_j C_k}}{T} \Delta\mu_{C_k s'} \right) \tag{3.182}$$

分离变量积分式（3.182），得

$$1-3\left(\frac{r_j}{r_{j0}}\right)^2+2\left(\frac{r_j}{r_{j0}}\right)^3=\frac{6b_jM_{B_j}}{a_j\rho'_{B_j}r_{j0}^2}\sum_{k=1}^{r}\int_0^t\left(\frac{L_{A_jA_k}}{T}\Delta\mu_{A_ks'}+\frac{L_{A_jC_k}}{T}\Delta\mu_{C_ks'}\right)dt \quad (3.183)$$

$$3-3(1-\alpha_{B_j})^{\frac{2}{3}}-2\alpha_{B_j}=\frac{6b_jM_{B_j}}{a_j\rho'_{B_j}r_{j0}^2}\sum_{k=1}^{r}\int_0^t\left(\frac{L_{A_jA_k}}{T}\Delta\mu_{A_ks'}+\frac{L_{A_jC_k}}{T}\Delta\mu_{C_ks'}\right)dt \quad (3.184)$$

式（3.178）+式（3.183），得

$$2-3\left(\frac{r_j}{r_{j0}}\right)^2+\left(\frac{r_j}{r_{j0}}\right)^3=\frac{6b_jM_{B_j}}{a_j\rho'_{B_j}r_{j0}^2}\sum_{k=1}^{r}\int_0^t\left(\frac{L_{A_jA_k}}{T}\Delta\mu_{A_ks'}+\frac{L_{A_jC_k}}{T}\Delta\mu_{C_ks'}\right)dt$$
$$+\frac{3b_jM_{B_j}}{a_j\rho'_{B_j}r_{j0}}\sum_{k=1}^{r}\int_0^t\left(\frac{L'_{A_jA_k}}{T}\Delta\mu_{A_kg'}+\frac{L'_{A_jC_k}}{T}\Delta\mu_{C_kg'}\right)dt$$

$$(3.185)$$

式（3.179）+式（3.184）得

$$3-3(1-\alpha_{B_j})^{\frac{2}{3}}-\alpha_{B_j}=\frac{6b_jM_{B_j}}{a_j\rho'_{B_j}r_{j0}^2}\sum_{k=1}^{r}\int_0^t\left(\frac{L_{A_jA_k}}{T}\Delta\mu_{A_ks'}+\frac{L_{A_jC_k}}{T}\Delta\mu_{C_ks'}\right)dt$$
$$+\frac{3b_jM_{B_j}}{a_j\rho'_{B_j}r_{j0}}\sum_{k=1}^{r}\int_0^t\left(\frac{L'_{A_jA_k}}{T}\Delta\mu_{A_kg'}+\frac{L'_{A_jC_k}}{T}\Delta\mu_{C_kg'}\right)dt$$

$$(3.186)$$

3.5.5　反应物 A_j 在气膜中的扩散和化学反应共同为控制步骤

在此种情况下气膜与固体产物层界面反应物 A_j 的压力（浓度）与固体产物层和未反应核界面反应物 A_j 的压力（浓度）相同。

过程速率为

$$-\frac{1}{a_j}\frac{dN_{A_j}}{dt}=-\frac{1}{b_j}\frac{dN_{B_j}}{dt}=\frac{1}{c_j}\frac{dN_{C_j}}{dt}=\frac{1}{d_j}\frac{dN_{D_j}}{dt}=\frac{1}{a_j}\Omega_{g's'}J_{A_jg'}=\Omega_{s's}j_j=\Omega J_{g'j}$$
$$\Omega_{g's'}=\Omega \quad (3.187)$$

其中

$$J_{g'j}=\frac{1}{a_j}J_{A_jg'}=\frac{1}{a_j}\sum_{k=1}^{r}\left(\frac{L'_{A_jA_k}}{T}\Delta\mu_{A_kg'}+\frac{L'_{A_jC_k}}{T}\Delta\mu_{C_kg'}\right) \quad (3.188)$$

$$J_{g'j}=\frac{\Omega_{s's}}{\Omega}j_j=\frac{\Omega_{s's}}{\Omega}\left(-\sum_{k=1}^{r}l_{jk}\left(\frac{A_{m,k}}{T}\right)-\sum_{k=1}^{r}\sum_{l=1}^{r}l_{jkl}\left(\frac{A_{m,k}}{T}\right)\left(\frac{A_{m,l}}{T}\right)\right.$$
$$\left.-\sum_{k=1}^{r}\sum_{l=1}^{r}\sum_{h=1}^{r}l_{jklh}\left(\frac{A_{m,k}}{T}\right)\left(\frac{A_{m,l}}{T}\right)\left(\frac{A_{m,h}}{T}\right)-\cdots\right)$$

$$(3.189)$$

$$A_{\mathrm{m}} = \Delta G_{\mathrm{m}} = \Delta G_{\mathrm{m}}^{\ominus} + RT \ln \frac{\left(p_{\mathrm{C}_j\mathrm{s's}}/p^{\ominus}\right)^{c_j} a_{\mathrm{D}_j\mathrm{s's}}^{d_j}}{\left(p_{\mathrm{A}_j\mathrm{s's}}/p^{\ominus}\right)^{a_j} a_{\mathrm{B}_j\mathrm{s's}}^{b_j}}$$

式（3.188）+式（3.189）后除以 2，得

$$J_{g'j} = \frac{1}{2}\left(\frac{1}{a_j}J_{\mathrm{A}_jg'} + \frac{\varOmega_{\mathrm{s's}}}{\varOmega}j_j\right)$$

对于含有组元 B_j 的半径为 r_j 的球形颗粒，由式（3.187）和 $N_{\mathrm{B}_j} = \dfrac{4}{3}\pi r_j^{\,3}\rho_{\mathrm{B}_j}'\left/M_j\right.$，
得

$$-\frac{\mathrm{d}N_{\mathrm{A}_j}}{\mathrm{d}t} = 4\pi r_{j0}^2 \sum_{k=1}^{r}\left(\frac{L_{\mathrm{A}_j\mathrm{A}_k}'}{T}\Delta\mu_{\mathrm{A}_kg'} + \frac{L_{\mathrm{A}_j\mathrm{C}_k}'}{T}\Delta\mu_{\mathrm{C}_kg'}\right) \tag{3.190}$$

$$-\frac{\mathrm{d}N_{\mathrm{A}_j}}{\mathrm{d}t} = -\frac{a_j}{b_j}\frac{\mathrm{d}N_{\mathrm{B}_j}}{\mathrm{d}t} = -\frac{4\pi r_j^2 a_j\rho_{\mathrm{B}_j}'}{b_j M_{\mathrm{B}_j}}\frac{\mathrm{d}r_j}{\mathrm{d}t} \tag{3.191}$$

比较式（3.190）和式（3.191），得

$$-\frac{\mathrm{d}r_j}{\mathrm{d}t} = -\frac{r_{j0}^2 b_j M_{\mathrm{B}_j}}{r_j^2 a_j\rho_{\mathrm{B}_j}'}\sum_{k=1}^{r}\left(\frac{L_{\mathrm{A}_j\mathrm{A}_k}'}{T}\Delta\mu_{\mathrm{A}_kg'} + \frac{L_{\mathrm{A}_j\mathrm{C}_k}'}{T}\Delta\mu_{\mathrm{C}_kg'}\right) \tag{3.192}$$

将式（3.192）分离变量积分，得

$$1-\left(\frac{r_j}{r_{j0}}\right)^3 = \frac{3b_j M_{\mathrm{B}_j}}{a_j\rho_{\mathrm{B}_j}' r_{j0}^2}\sum_{k=1}^{r}\int_0^t\left(\frac{L_{\mathrm{A}_j\mathrm{A}_k}'}{T}\Delta\mu_{\mathrm{A}_kg'} + \frac{L_{\mathrm{A}_j\mathrm{C}_k}'}{T}\Delta\mu_{\mathrm{C}_kg'}\right)\mathrm{d}t \tag{3.193}$$

$$\alpha_{\mathrm{B}_j} = \frac{3b_j M_{\mathrm{B}_j}}{a_j\rho_{\mathrm{B}_j}' r_{j0}^2}\sum_{k=1}^{r}\int_0^t\left(\frac{L_{\mathrm{A}_j\mathrm{A}_k}'}{T}\Delta\mu_{\mathrm{A}_kg'} + \frac{L_{\mathrm{A}_j\mathrm{C}_k}'}{T}\Delta\mu_{\mathrm{C}_kg'}\right)\mathrm{d}t \tag{3.194}$$

由式（3.187），得

$$-\frac{\mathrm{d}N_{\mathrm{B}_j}}{\mathrm{d}t} = 4\pi r_j^2 b_j j_j \tag{3.195}$$

将式（3.195）和 $N_{\mathrm{B}_j} = \dfrac{4}{3}\pi r_j^{\,3}\rho_{\mathrm{B}_j}'\left/M_{\mathrm{B}_j}\right.$ 比较，得

$$-\frac{\mathrm{d}r_j}{\mathrm{d}t} = \frac{b_j M_{\mathrm{B}_j}}{\rho_{\mathrm{B}_j}'}j_j \tag{3.196}$$

将式（3.196）分离变量积分，得

$$1-\frac{r_j}{r_{j0}} = \frac{b_j M_{\mathrm{B}_j}}{\rho_{\mathrm{B}_j}' r_{j0}}\int_0^t j_j \mathrm{d}t \tag{3.197}$$

$$1 - (1 - \alpha_{B_j})^{\frac{1}{3}} = \frac{b_j M_{B_j}}{\rho'_{B_j} r_{j0}} \int_0^t j_j \, \mathrm{d}t \qquad (3.198)$$

式（3.193）+式（3.197），得

$$2 - \frac{r_j}{r_{j0}} - \left(\frac{r_j}{r_{j0}}\right)^3 = \frac{3b_j M_{B_j}}{a_j \rho'_{B_j} r_{j0}^2} \sum_{k=1}^r \int_0^t \left(\frac{L'_{A_j A_k}}{T} \Delta \mu_{A_k g'} + \frac{L'_{A_j C_k}}{T} \Delta \mu_{C_k g'}\right) \mathrm{d}t + \frac{b_j M_{B_j}}{\rho'_{B_j} r_{j0}} \int_0^t j_j \, \mathrm{d}t$$

$$(3.199)$$

式（3.194）+式（3.198），得

$$1 + \alpha_{B_j} - (1 - \alpha_{B_j})^{\frac{1}{3}} = \frac{3b_j M_{B_j}}{a_j \rho'_{B_j} r_{j0}^2} \sum_{k=1}^r \int_0^t \left(\frac{L'_{A_j A_k}}{T} \Delta \mu_{A_k g'} + \frac{L'_{A_j C_k}}{T} \Delta \mu_{C_k g'}\right) \mathrm{d}t + \frac{b_j M_{B_j}}{\rho'_{B_j} r_{j0}} \int_0^t j_j \, \mathrm{d}t$$

$$(3.200)$$

3.5.6　反应物 A_j 在固体产物层中的扩散和化学反应共同为控制步骤

在此情况下，在气膜和固体产物层界面气体反应物 A_j 的浓度（压力）与气相本体相同。

过程速率为

$$-\frac{1}{a_j}\frac{\mathrm{d}N_{A_j}}{\mathrm{d}t} = -\frac{1}{b_j}\frac{\mathrm{d}N_{B_j}}{\mathrm{d}t} = \frac{1}{c_j}\frac{\mathrm{d}N_{C_j}}{\mathrm{d}t} = \frac{1}{d_j}\frac{\mathrm{d}N_{D_j}}{\mathrm{d}t} = \frac{1}{a_j} \Omega_{s's} J_{A_j s'} = \Omega_{s's} j_j = \Omega J_{s'j}$$

$$(3.201)$$

其中

$$\Omega_{s's} = \Omega$$

$$J_{s'j} = \frac{1}{a_j} \frac{\Omega_{s's}}{\Omega} J_{A_j s'} = \frac{1}{a_j} \frac{\Omega_{s's}}{\Omega} \sum_{k=1}^r \left(\frac{L_{A_j A_k}}{T} \frac{\mathrm{d}\mu_{A_k s'}}{\mathrm{d}r} - \frac{L_{A_j C_k}}{T} \frac{\mathrm{d}\mu_{C_k s'}}{\mathrm{d}r}\right) \qquad (3.202)$$

$$J_{s'j} = \frac{\Omega_{s's}}{\Omega} j_j = \frac{\Omega_{s's}}{\Omega}\left[-\sum_{k=1}^r l_{jk}\left(\frac{A_{m,k}}{T}\right) - \sum_{k=1}^r \sum_{l=1}^r l_{jkl}\left(\frac{A_{m,k}}{T}\right)\left(\frac{A_{m,l}}{T}\right)\right.$$

$$\left. - \sum_{k=1}^r \sum_{l=1}^r \sum_{h=1}^r l_{jklh}\left(\frac{A_{m,k}}{T}\right)\left(\frac{A_{m,l}}{T}\right)\left(\frac{A_{m,h}}{T}\right) - \cdots\right] \qquad (3.203)$$

式（3.202）+式（3.203）后除以 2，得

$$J_{s'j} = \frac{1}{2}\left(\frac{1}{a_j} \frac{\Omega_{s's}}{\Omega} J_{A_j s'} + \frac{\Omega_{s's}}{\Omega} j_j\right) \qquad (3.204)$$

对于含有组元 B_j 的半径为 r_j 的球形颗粒，由式（3.201）得

$$-\frac{\mathrm{d}N_{\mathrm{A}_j}}{\mathrm{d}t} = 4\pi r_j^2 J_{\mathrm{A}_j s'} = 4\pi r_j^2 \sum_{k=1}^{r}\left(\frac{L_{\mathrm{A}_j \mathrm{A}_k}}{T}\frac{\mathrm{d}\mu_{\mathrm{A}_k s'}}{\mathrm{d}r_j} - \frac{L_{\mathrm{A}_j C_k}}{T}\frac{\mathrm{d}\mu_{C_k s'}}{\mathrm{d}r_j}\right)$$

过程达到稳态，$\dfrac{\mathrm{d}N_{\mathrm{A}_j}}{\mathrm{d}t}=$ 常数，对 r_j 进行分离变量积分，得

$$-\frac{\mathrm{d}N_{\mathrm{A}_j}}{\mathrm{d}t} = \frac{4\pi r_{j0} r_j}{r_{j0}-r_j}\sum_{k=1}^{r}\left(\frac{L_{\mathrm{A}_j \mathrm{A}_k}}{T}\Delta\mu_{\mathrm{A}_k s'} + \frac{L_{\mathrm{A}_j C_k}}{T}\Delta\mu_{C_k s'}\right) \tag{3.205}$$

将

$$-\frac{\mathrm{d}N_{\mathrm{A}_j}}{\mathrm{d}t} = -\frac{4\pi r_j^2 \rho'_{\mathrm{B}_j} a_j}{b_j M_{\mathrm{B}_j}}\frac{\mathrm{d}r_j}{\mathrm{d}t} \tag{3.206}$$

与式（3.205）比较，得

$$-\frac{\mathrm{d}r_j}{\mathrm{d}t} = \frac{b_j M_{\mathrm{B}_j} r_{j0}}{a_j \rho'_{\mathrm{B}_j} r_j(r_{j0}-r_j)}\sum_{k=1}^{r}\left(\frac{L_{\mathrm{A}_j \mathrm{A}_k}}{T}\Delta\mu_{\mathrm{A}_k s'} + \frac{L_{\mathrm{A}_j C_k}}{T}\Delta\mu_{C_k s'}\right) \tag{3.207}$$

分离变量积分式（3.207），得

$$1-3\left(\frac{r_j}{r_{j0}}\right)^2+2\left(\frac{r_j}{r_{j0}}\right)^3 = \frac{6b_j M_{\mathrm{B}_j}}{a_j \rho'_{\mathrm{B}_j} r_{j0}^2}\sum_{k=1}^{r}\int_0^t\left(\frac{L_{\mathrm{A}_j \mathrm{A}_k}}{T}\Delta\mu_{\mathrm{A}_k s'} + \frac{L_{\mathrm{A}_j C_k}}{T}\Delta\mu_{C_k s'}\right)\mathrm{d}t \tag{3.208}$$

$$3-3(1-\alpha_{\mathrm{B}_j})^{\frac{2}{3}}-2\alpha_{\mathrm{B}_j} = \frac{6b_j M_{\mathrm{B}_j}}{a_j \rho'_{\mathrm{B}_j} r_{j0}^2}\sum_{k=1}^{r}\int_0^t\left(\frac{L_{\mathrm{A}_j \mathrm{A}_k}}{T}\Delta\mu_{\mathrm{A}_k s'} + \frac{L_{\mathrm{A}_j C_k}}{T}\Delta\mu_{C_k s'}\right)\mathrm{d}t \tag{3.209}$$

由式（3.201），得

$$-\frac{\mathrm{d}N_{\mathrm{A}_j}}{\mathrm{d}t} = 4\pi r_j^2 a_j j_j \tag{3.210}$$

将式（3.210）和式（3.206）比较，得

$$-\frac{\mathrm{d}r_j}{\mathrm{d}t} = \frac{b_j M_{\mathrm{B}_j}}{\rho'_{\mathrm{B}_j}}j_j \tag{3.211}$$

分离变量积分式（3.211），得

$$1-\frac{r_j}{r_{j0}} = \frac{b_j M_{\mathrm{B}_j}}{\rho'_{\mathrm{B}_j} r_{j0}}\int_0^t j_j \mathrm{d}t \tag{3.212}$$

$$1-(1-\alpha_{\mathrm{B}_j})^{\frac{1}{3}} = \frac{b_j M_{\mathrm{B}_j}}{\rho'_{\mathrm{B}_j} r_{j0}}\int_0^t j_j \mathrm{d}t \tag{3.213}$$

式（3.208）+式（3.212），得

$$1 - \frac{r_j}{r_{j0}} - 3\left(\frac{r_j}{r_{j0}}\right)^2 + 2\left(\frac{r_j}{r_{j0}}\right)^3$$

$$= \frac{b_j M_{B_j}}{\rho'_{B_j} r_{j0}} \int_0^t j_j \mathrm{d}t + \frac{6b_j M_{B_j}}{a_j \rho'_{B_j} r_{j0}^2} \sum_{k=1}^r \int_0^t \left(\frac{L_{A_j A_k}}{T}\Delta\mu_{A_k s'} + \frac{L_{A_j C_k}}{T}\Delta\mu_{C_k s'}\right)\mathrm{d}t \tag{3.214}$$

式（3.209）+式（3.213）得

$$4 - (1-\alpha_{B_j})^{\frac{1}{3}} - 3(1-\alpha_{B_j})^{\frac{2}{3}} - 2\alpha_{B_j}$$

$$= \frac{b_j M_{B_j}}{\rho'_{B_j} r_{j0}} \int_0^t j_j \mathrm{d}t + \frac{6b_j M_{B_j}}{a_j \rho'_{B_j} r_{j0}^2} \sum_{k=1}^r \int_0^t \left(\frac{L_{A_j A_k}}{T}\Delta\mu_{A_k s'} + \frac{L_{A_j C_k}}{T}\Delta\mu_{C_k s'}\right)\mathrm{d}t \tag{3.215}$$

3.5.7 反应物 A_j 在气膜中的扩散、在产物层中的扩散和化学反应共同为控制步骤

过程速率为

$$-\frac{1}{a_j}\frac{\mathrm{d}N_{A_j}}{\mathrm{d}t} = -\frac{1}{b_j}\frac{\mathrm{d}N_{B_j}}{\mathrm{d}t} = \frac{1}{c_j}\frac{\mathrm{d}N_{C_j}}{\mathrm{d}t} = \frac{1}{d_j}\frac{\mathrm{d}N_{D_j}}{\mathrm{d}t} = \frac{1}{a_j}\Omega_{g's'}J_{A_j g'} = \frac{1}{a_j}\Omega_{s's}J_{A_j s'} = \Omega_{s's}j_j = \Omega J_{g's'j} \tag{3.216}$$

其中

$$\Omega_{g's'} = \Omega$$

$$J_{g's'j} = \frac{1}{a_j}J_{A_j g'} \tag{3.217}$$

$$J_{g's'j} = \frac{1}{a_j}\frac{\Omega_{s's}}{\Omega}J_{A_j s'} = \frac{1}{a_j}\frac{\Omega_{s's}}{\Omega}\left(\frac{L_{A_j A_k}}{T}\frac{\mathrm{d}\mu_{A_k s'}}{\mathrm{d}r_j} - \frac{L_{A_j C_k}}{T}\frac{\mathrm{d}\mu_{C_k s'}}{\mathrm{d}r_j}\right) \tag{3.218}$$

$$J_{g's'j} = \frac{\Omega_{s's}}{\Omega}j_j \tag{3.219}$$

式（3.217）+式（3.218）+式（3.219）后除以 3，得

$$J_{g's'j} = \frac{1}{3}\left(\frac{1}{a_j}J_{A_j g'} + \frac{1}{a_j}\frac{\Omega_{s's}}{\Omega}J_{A_j s'} + \frac{\Omega_{s's}}{\Omega}j_j\right) \tag{3.220}$$

对于含有组元 B_j 的半径为 r_j 的球形颗粒，由式（3.216），得

$$-\frac{\mathrm{d}N_{A_j}}{\mathrm{d}t} = 4\pi r_{j0}^2 J_{A_j g'} \tag{3.221}$$

$$-\frac{\mathrm{d}N_{A_j}}{\mathrm{d}t} = 4\pi r_j^2 J_{A_j s'} = 4\pi r_j^2 \sum_{k=1}^r \left(\frac{L_{A_j A_k}}{T}\frac{\mathrm{d}\mu_{A_k s'}}{\mathrm{d}r_j} - \frac{L_{A_j C_k}}{T}\frac{\mathrm{d}\mu_{C_k s'}}{\mathrm{d}r_j}\right) \tag{3.222}$$

$$-\frac{\mathrm{d}N_{\mathrm{A}_j}}{\mathrm{d}t} = 4\pi r_j^2 a_j j_j \tag{3.223}$$

将

$$-\frac{\mathrm{d}N_{\mathrm{A}_j}}{\mathrm{d}t} = -\frac{4\pi r_j^2 \rho_{\mathrm{B}_j}' a_j}{b_j M_{\mathrm{B}_j}} \frac{\mathrm{d}r_j}{\mathrm{d}t} \tag{3.224}$$

与式（3.221）比较，得

$$-\frac{\mathrm{d}r_j}{\mathrm{d}t} = \frac{b_j M_{\mathrm{B}_j} r_{j0}^2}{a_j \rho_{\mathrm{B}_j} r_j^2} J_{\mathrm{A}_j\mathrm{g}'} \tag{3.225}$$

分离变量积分式（3.225），得

$$1 - \left(\frac{r_j}{r_{j0}}\right)^3 = \frac{3b_j M_{\mathrm{B}_j}}{a_j \rho_{\mathrm{B}_j}' r_{j0}} \sum_{k=1}^{r} \int_0^t \left(\frac{L_{\mathrm{A}_j\mathrm{A}_k}'}{T}\Delta\mu_{\mathrm{A}_k\mathrm{g}'} + \frac{L_{\mathrm{A}_j\mathrm{C}_k}'}{T}\Delta\mu_{\mathrm{C}_k\mathrm{g}'}\right)\mathrm{d}t \tag{3.226}$$

$$\alpha_{\mathrm{B}_j} = \frac{3b_j M_{\mathrm{B}_j}}{a_j \rho_{\mathrm{B}_j}' r_{j0}} \sum_{k=1}^{r} \int_0^t \left(\frac{L_{\mathrm{A}_j\mathrm{A}_k}'}{T}\Delta\mu_{\mathrm{A}_k\mathrm{g}'} + \frac{L_{\mathrm{A}_j\mathrm{C}_k}'}{T}\Delta\mu_{\mathrm{C}_k\mathrm{g}'}\right)\mathrm{d}t \tag{3.227}$$

将式（3.222）对 r_j 进行分离变量积分，得

$$-\frac{\mathrm{d}N_{\mathrm{A}_j}}{\mathrm{d}t} = \frac{4\pi r_{j0} r_j}{r_{j0} - r_j} \sum_{k=1}^{r} \left(\frac{L_{\mathrm{A}_j\mathrm{A}_k}}{T}\Delta\mu_{\mathrm{A}_k\mathrm{s}'} + \frac{L_{\mathrm{A}_j\mathrm{C}_k}}{T}\Delta\mu_{\mathrm{C}_k\mathrm{s}'}\right) \tag{3.228}$$

将式（3.224）和式（3.228）比较，得

$$-\frac{\mathrm{d}r_j}{\mathrm{d}t} = \frac{4\pi r_{j0} r_j}{r_{j0} - r_j} \sum_{k=1}^{r} \left(\frac{L_{\mathrm{A}_j\mathrm{A}_k}}{T}\Delta\mu_{\mathrm{A}_k\mathrm{s}'} + \frac{L_{\mathrm{A}_j\mathrm{C}_k}}{T}\Delta\mu_{\mathrm{C}_k\mathrm{s}'}\right) \tag{3.229}$$

进行分离变量积分

$$1 - 3\left(\frac{r_j}{r_{j0}}\right)^2 + 2\left(\frac{r_j}{r_{j0}}\right)^3 = \frac{6b_j M_{\mathrm{B}_j}}{a_j \rho_{\mathrm{B}_j}' r_{j0}^2} \sum_{k=1}^{r} \int_0^t \left(\frac{L_{\mathrm{A}_j\mathrm{A}_k}}{T}\Delta\mu_{\mathrm{A}_k\mathrm{s}'} + \frac{L_{\mathrm{A}_j\mathrm{C}_k}}{T}\Delta\mu_{\mathrm{C}_k\mathrm{s}'}\right)\mathrm{d}t \tag{3.230}$$

$$3 - 3(1-\alpha_{\mathrm{B}_j})^{\frac{2}{3}} - 2\alpha_{\mathrm{B}_j} = \frac{6b_j M_{\mathrm{B}_j}}{a_j \rho_{\mathrm{B}_j}' r_{j0}^2} \sum_{k=1}^{r} \int_0^t \left(\frac{L_{\mathrm{A}_j\mathrm{A}_k}}{T}\Delta\mu_{\mathrm{A}_k\mathrm{s}'} + \frac{L_{\mathrm{A}_j\mathrm{C}_k}}{T}\Delta\mu_{\mathrm{C}_k\mathrm{s}'}\right)\mathrm{d}t \tag{3.231}$$

将式（3.224）与式（3.223）比较，得

$$-\frac{\mathrm{d}r_j}{\mathrm{d}t} = \frac{b_j M_{\mathrm{B}_j}}{\rho_{\mathrm{B}_j}'} j_j \tag{3.232}$$

将（3.232）分离变量积分得

$$1 - \frac{r_j}{r_{j0}} = -\frac{b_j M_{\mathrm{B}_j}}{\rho_{\mathrm{B}_j}' r_{j0}} \int_0^t j_j \mathrm{d}t \tag{3.233}$$

$$1 - (1-\alpha_{\mathrm{B}_j})^{\frac{1}{3}} = -\frac{b_j M_{\mathrm{B}_j}}{\rho_{\mathrm{B}_j}' r_{j0}} \int_0^t j_j \mathrm{d}t \tag{3.234}$$

式（3.226）+式（3.230）+式（3.233），得

$$3 - \frac{r_j}{r_{j0}} - 3\left(\frac{r_j}{r_{j0}}\right)^2 + 2\left(\frac{r_j}{r_{j0}}\right)^3 = \frac{3b_j M_{B_j}}{a_j r_{j0} \rho'_{B_j}} \sum_{k=1}^{r} \int_0^t \left(\frac{L'_{A_j A_k}}{T} \Delta\mu_{A_k g'} + \frac{L'_{A_j C_k}}{T} \Delta\mu_{C_k g'} \right) dt$$

$$+ \frac{6b_j M_{B_j}}{a_j \rho'_{B_j} r_{j0}^2} \sum_{k=1}^{r} \int_0^t \left(\frac{L_{A_j A_k}}{T} \Delta\mu_{A_k s'} + \frac{L_{A_j C_k}}{T} \Delta\mu_{C_k s'} \right) dt$$

$$+ \frac{b_j M_{B_j}}{\rho'_{B_j} r_{j0}} \int_0^t j_j \, dt$$

$$（3.235）$$

式（3.226）+式（3.231）+式（3.234），得

$$4 - (1-\alpha_{B_j})^{\frac{1}{3}} - 3(1-\alpha_{B_j})^{\frac{2}{3}} - \alpha_{B_j} = \frac{3b_j M_{B_j}}{a_j r_{j0} \rho'_{B_j}} \sum_{k=1}^{r} \int_0^t \left(\frac{L'_{A_j A_k}}{T} \Delta\mu_{A_k g'} + \frac{L'_{A_j C_k}}{T} \Delta\mu_{C_k g'} \right) dt$$

$$+ \frac{6b_j M_{B_j}}{a_j \rho'_{B_j} r_{j0}^2} \sum_{k=1}^{r} \int_0^t \left(\frac{L_{A_j A_k}}{T} \Delta\mu_{A_k s'} + \frac{L_{A_j C_k}}{T} \Delta\mu_{C_k s'} \right) dt$$

$$+ \frac{b_j M_{B_j}}{\rho'_{B_j} r_{j0}} \int_0^t j_j \, dt$$

$$（3.236）$$

3.6　气体与反应前后体积变化的固体颗粒的反应

实际上，在很多情况下，化学反应前后固体颗粒体积会发生变化。对于内扩散为过程控制步骤的情况，固体颗粒体积在反应前后发生变化对整个过程的影响最为显著。对于化学反应或外传质为控制步骤的情况则不明显，可以忽略。

下面仅讨论内扩散为过程的控制步骤，固体颗粒的体积在反应前后变化的气-固反应。

3.6.1　气体与无孔固体只有一个反应

假设固体颗粒为球形，起始半径为 r_0，反应后颗粒的半径为 r_D。化学反应方程为式（3.f）。

$$aA(g) + bB(s) =\!=\!= cC(g) + dD(s) \qquad （3.f）$$

由于化学反应所消耗的每种反应物的物质的量除以其化学计量系数等于化学反应所生成的每种产物的物质的量除以其化学计量系数。即

$$-\frac{\Delta N_A}{a} = -\frac{\Delta N_B}{b} = \frac{\Delta N_C}{c} = \frac{\Delta N_D}{d}$$

所以

$$\frac{\left(\frac{4}{3}\pi r_0^3 - \frac{4}{3}\pi r^3\right)\rho_B}{bM_B} = \frac{\left(\frac{4}{3}\pi r_D^3 - \frac{4}{3}\pi r^3\right)\rho_D}{dM_D} \tag{3.237}$$

式中，M_B、M_D、ρ_B、ρ_D、b、d 分别为固体反应物 B 和固体产物 D 的摩尔质量、密度和化学反应计量系数。

将式（3.237）简化，得

$$\frac{(r_0^3 - r^3)\rho_B}{bM_B} = \frac{(r_D^3 - r^3)\rho_D}{dM_D}$$

即

$$\frac{r_0^3 - r^3}{bV_{m,B}} = \frac{r_D^3 - r^3}{dV_{m,D}} \tag{3.238}$$

其中

$$V_{m,B} = \frac{M_B}{\rho_B}, \quad V_{m,D} = \frac{M_D}{\rho_D}$$

$V_{m,B}$ 和 $V_{m,D}$ 分别为固体反应物 B 和固体产物 D 的摩尔体积。

由式（3.238），得

$$r_D^3 = \frac{dV_{m,D}}{bV_{m,B}}r_0^3 + \left(1 - \frac{dV_{m,D}}{bV_{m,B}}\right)r^3$$

所以

$$r_D = [zr_0^3 + (1-z)r^3]^{\frac{1}{3}}$$

其中

$$z = \frac{dV_{m,D}}{bV_{m,B}}$$

气体反应物 A 通过固相产物层的扩散速率为

$$-\frac{dN_A}{dt} = 4\pi r^2 |J_A|$$

$$= 4\pi r^2 \left|-L_{AA}\frac{\nabla\mu_{As'}}{T} - L_{AC}\frac{\nabla\mu_C}{T}\right|$$

$$= 4\pi r^2 \left(\frac{L_{AA}}{T}\Delta\mu_{As'} + \frac{L_{AC}}{T}\Delta\mu_{Cs'}\right) \tag{3.239}$$

当过程达到稳态时，$\dfrac{dN_A}{dt}$ 为常数。

对式（3.239）积分，有

$$\frac{L_{AA}}{T}\int_{\mu_{AC}}^{\mu_{AD}}d\mu_{As'}-\frac{L_{AC}}{T}\int_{\mu_{CC}}^{\mu_{CD}}d\mu_{Cs'}=-\frac{1}{4\pi}\frac{dN_A}{dt}\int_r^{r_D}\frac{dr}{r^2}$$

得

$$\frac{dN_A}{dt}=-4\pi\left(\frac{r_Dr}{r_D-r}\right)\left(\frac{L_{AA}}{T}\Delta\mu_{As'}+\frac{L_{AC}}{T}\Delta\mu_{Cs'}\right) \tag{3.240}$$

由式（3.f），得

$$-\frac{1}{a}\frac{dN_A}{dt}=-\frac{1}{b}\frac{dN_B}{dt}=-\frac{4\pi r^2\rho_B}{bM_B}\frac{dr}{dt} \tag{3.241}$$

比较式（3.240）和式（3.241），得

$$-\frac{dr}{dt}=\frac{bM_Br_D}{a\rho_Br(r_D-r)}\left(\frac{L_{AA}}{T}\Delta\mu_{As'}+\frac{L_{AC}}{T}\Delta\mu_{Cs'}\right) \tag{3.242}$$

对式（3.242）分离变量积分，得

$$\frac{1}{2}r^2+\frac{zr_0^2-\left[zr_0^3+r^3(1-z)\right]^{\frac{2}{3}}}{2(1-z)}=\frac{bM_B}{a\rho_B}\int_0^r\left(\frac{L_{AA}}{T}\Delta\mu_{As'}+\frac{L_{AC}}{T}\Delta\mu_{Cs'}\right)dt \tag{3.243}$$

其中

$$\Delta\mu_{As'}=\mu_{As'g}-\mu_{As's}$$
$$=RT\ln\frac{a_{As'g}}{a_{As's}}$$
$$\Delta\mu_{Cs'}=\mu_{Cs's}-\mu_{Cs'g}$$
$$=RT\ln\frac{a_{Cs's}}{a_{Cs'g}}$$

式中，$\mu_{As'g}$ 和 $\mu_{As's}$、$a_{As'g}$ 和 $a_{As's}$ 分别为产物层靠近气相一侧和靠近未反应核一侧组元 A 的化学势和活度；$\mu_{Cs's}$ 和 $\mu_{Cs'g}$、$a_{Cs's}$ 和 $a_{Cs'g}$ 分别为产物层靠近未反应核一侧和靠近气相一侧组元 C 的化学势和活度。

3.6.2　同时进行多个气体与无孔固体的反应

界面化学反应为

$$a_jA_j(g)+b_jB_j(s)\Longrightarrow c_jC_j(g)+d_jD_j(s) \tag{3.g}$$

$$-\frac{\Delta N_{A_j}}{a_j}=-\frac{\Delta N_{B_j}}{b_j}=\frac{\Delta N_{C_j}}{c_j}=\frac{\Delta N_{D_j}}{d_j} \tag{3.244}$$

则

$$\frac{\left(\dfrac{4}{3}\pi r_{j0}^{3}-\dfrac{4}{3}\pi r_{j}^{3}\right)\rho_{\mathrm{B}_{j}}'}{b_{j}M_{\mathrm{B}_{j}}}=\frac{\left(\dfrac{4}{3}\pi r_{j\mathrm{D}}^{3}-\dfrac{4}{3}\pi r_{j}^{3}\right)\rho_{\mathrm{D}_{j}}'}{d_{j}M_{\mathrm{D}_{j}}} \tag{3.245}$$

式中，$M_{\mathrm{B}_{j}}$、$\rho_{\mathrm{B}_{j}}'$、$M_{\mathrm{D}_{j}}$、$\rho_{\mathrm{D}_{j}}'$ 分别为固体反应物 B_{j} 和固体产物 D_{j} 的摩尔质量和表观密度；r_{j0} 为固体颗粒的初始半径；$r_{j\mathrm{D}}$ 为形成固体产物后的半径；r_{j} 为未反应核半径。

$$\rho_{\mathrm{B}_{j}}'=\frac{W_{\mathrm{B}_{j}}}{\dfrac{4}{3}\pi r_{j0}^{3}}$$

$$\rho_{\mathrm{D}_{j}}'=\frac{W_{\mathrm{D}_{j}}}{\dfrac{4}{3}\pi r_{j\mathrm{D}}^{3}}$$

将式（3.245）简化，得

$$\frac{r_{j0}^{3}-r_{j}^{3}}{b_{j}V_{\mathrm{m,B}_{j}}}=\frac{r_{j\mathrm{D}}^{3}-r_{j}^{3}}{d_{j}V_{\mathrm{m,D}_{j}}} \tag{3.246}$$

其中

$$V_{\mathrm{m,B}_{j}}=\frac{M_{\mathrm{B}_{j}}}{\rho_{\mathrm{B}_{j}}'}, \quad V_{\mathrm{m,D}_{j}}=\frac{M_{\mathrm{D}_{j}}}{\rho_{\mathrm{D}_{j}}'}$$

式中，$V_{\mathrm{m,B}_{j}}$ 和 $V_{\mathrm{m,D}_{j}}$ 为表观摩尔体积。

由式（3.246），得

$$r_{j\mathrm{D}}^{3}=\frac{d_{j}V_{\mathrm{m,D}_{j}}}{b_{j}V_{\mathrm{m,B}_{j}}}r_{j\mathrm{D}}^{3}+\left(1-\frac{d_{j}V_{\mathrm{m,D}_{j}}}{b_{j}V_{\mathrm{m,B}_{j}}}\right)r_{j}^{3}$$

所以

$$r_{j\mathrm{D}}=\left[zr_{j0}^{3}+(1-z)r_{j}^{3}\right]^{1/3} \tag{3.247}$$

其中

$$z=\frac{d_{j}V_{\mathrm{m,D}_{j}}}{b_{j}V_{\mathrm{m,B}_{j}}}$$

气体反应物 A_{j} 通过固体产物层的扩散速率为

$$-\frac{dN_{A_j}}{dt} = 4\pi r_j^2 J_{A_j} = 4\pi r_j^2 \left| J_{A_j} \right|$$

$$= 4\pi r_j^2 \left| \sum_{k=1}^{r} -L_{A_j A_k} \frac{\nabla\mu_{A_k s'}}{T} - L_{A_j C_k} \frac{\nabla\mu_{C_k s'}}{T} \right| = 4\pi r_j^2 \sum_{k=1}^{r} \left(\frac{L_{A_j A_k}}{T} \frac{d\mu_{A_k s'}}{dr_j} - \frac{L_{A_j C_k}}{T} \frac{d\mu_{C_k s'}}{dr_j} \right)$$

$$(3.248)$$

过程达到稳态，$-\dfrac{dN_{A_j}}{dt}$ 为常数。将式（3.248）分离变量积分，得

$$-\frac{dN_{A_j}}{dt} = 4\pi \frac{r_{jD} r_j}{r_{jD} - r_j} \sum_{k=1}^{r} \left(\frac{L_{A_j A_k}}{T} \frac{d\mu_{A_k s'}}{dr_j} + \frac{L_{A_j C_k}}{T} \frac{\Delta\mu_{C_k s'}}{dr_j} \right) \tag{3.249}$$

由式（3.g），得

$$-\frac{dN_{A_j}}{dt} = -\frac{a_j}{b_j} \frac{dN_{B_j}}{dt} = -\frac{4\pi r_j^2 a_j \rho'_{B_j}}{b_j M_{B_j}} \frac{dr_j}{dt} \tag{3.250}$$

将式（3.249）和式（3.250）比较，得

$$-\frac{dr_j}{dt} = -\frac{b_j M_{B_j} r_{jD}}{a_j \rho'_{B_j} r_j (r_{jD} - r_j)} \sum_{k=1}^{r} \left(\frac{L_{A_j A_k}}{T} \Delta\mu_{A_k s'} + \frac{L_{A_j C_k}}{T} \Delta\mu_{C_k s'} \right) \tag{3.251}$$

对式（3.251）分离变量积分，得

$$\frac{1}{2} r_j^2 + \frac{z r_{j0}^2 - \left[z r_{j0}^3 + r_j^3 (1-z) \right]^{2/3}}{2(1-z)} = \frac{b_j M_{B_j}}{a_j \rho'_{B_j}} \sum_{k=1}^{r} \int_0^t \left(\frac{L_{A_j A_k}}{T} \Delta\mu_{A_k s'} + \frac{L_{A_j C_k}}{T} \Delta\mu_{C_k s'} \right) dt$$

$$(3.252)$$

其中

$$\Delta\mu_{A_j s'} = \mu_{As'g} - \mu_{As's} = RT \ln \frac{a_{As'g}}{a_{As's}}$$

$$\Delta\mu_{C_j s'} = \mu_{Cs's} - \mu_{Cs'g} = RT \ln \frac{a_{Cs's}}{a_{Cs'g}}$$

式中，$\mu_{As'g}$ 和 $\mu_{As's}$、$a_{As'g}$ 和 $a_{As's}$ 分别为产物层靠近气相一侧和靠近未反应核一侧组元 A 的化学势和活度；$\mu_{Cs's}$ 和 $\mu_{Cs'g}$、$a_{Cs's}$ 和 $a_{Cs'g}$ 分别为产物层靠近未反应核一侧和靠近气相一侧组元 C 的化学势和活度。

第4章　气体与多孔固体的反应

前面所研究的气-固反应中，固体是致密无孔隙的，而有些发生气-固反应的固体具有孔隙。气体与多孔固体的反应和气体与致密无孔固体的反应不同，气体反应物会扩散到固体内部。因此，化学反应和扩散不是发生在明显的界面上，而是同时发生在整个扩散区内。

气体与多孔固体的反应可以分为三种情况：

（1）气化反应。在反应过程中固体被消耗，没有固体产物。

（2）有固体生成，在反应过程中，整个固体颗粒的大小不变。

（3）在反应过程中，固体的结构发生变化。

4.1　多孔固体的完全气化反应

4.1.1　多孔固体气化反应的三种控制步骤

在冶金中，多孔固体的气化反应很多。例如，焦炭的燃烧，多孔镍和一氧化碳反应生成羰基镍，焦炭和二氧化碳反应生成一氧化碳的碳气化反应等。

多孔固体气化反应的化学方程式为

$$a\text{A(g)} + b\text{B(s)} === c\text{C(g)} \tag{4.a}$$

多孔固体的气化反应有以下三种情况：

（1）化学反应为过程的控制步骤。化学反应比气膜扩散和孔隙扩散都慢。气体反应物的分子可以容易地通过孔隙扩散，深入到固体内部。

（2）化学反应和孔隙扩散共同为过程的控制步骤。化学反应比较快，气体反应物通过孔隙扩散到达固体内部的量比第一种情况大为减少。

（3）气膜扩散为控制步骤，化学反应速率快，气体颗粒一穿过固体颗粒表面的气膜层就立即反应。

4.1.2　化学反应为过程的控制步骤

化学反应是控制步骤的特征：

（1）气体反应物的浓度在固体的所有孔隙中都相同，等于气相本体的浓度。

（2）反应速率与固体尺寸大小无关。

（3）化学反应在固体的孔隙内均匀地进行，固体内部孔隙不断扩大，但固体外形尺寸不变，直到整个固体几乎反应完毕。

化学反应控制的多孔固体的气化反应过程与多孔固体的初始孔隙结构以及反应过程中孔隙结构的变化密切相关。多孔固体的孔隙结构复杂。为简单计算，采用彼德森（Petersen）模型：假设固体具有均匀的圆柱形孔隙，孔隙之间随机相交呈网络结构。随着化学反应的进行，孔隙直径变大。

设各孔隙半径相等，为 r_h，体积为 V 的固体内孔隙的总长度为 L，单位体积内孔隙的长度为 l，则此固体的总表面积为

$$\Omega = V\Omega_V = 2\pi r_h L = 2\pi r_h lV \tag{4.1}$$

其中

$$\Omega_V = 2\pi r_h l \tag{4.2}$$

式中，Ω_V 为单位体积固体的表面积，且有

$$L = lV$$

孔隙所占的体积为

$$V_h = \pi r_h^2 L = \pi r_h^2 lV = V\varepsilon$$

单位体积固体的孔隙所占的体积为

$$v_h = \frac{V_h}{V} = \pi r_h^2 l = \varepsilon \tag{4.3}$$

式中，ε 为孔隙率，即孔隙所占的体积与总体积之比。反应物 B 实际所占体积为

$$V_B = V(1-\varepsilon)$$

单位体积固体中反应物所占的实际体积为

$$v_B = \frac{V_B}{V} = 1-\varepsilon \tag{4.4}$$

微分式（4.3）并与式（4.2）比较，得

$$d\varepsilon = 2\pi r_h l dr = \Omega_V dr_h \tag{4.5}$$

由化学反应方程（4.a）得以反应物 B 表示的化学反应速率

$$-\frac{1}{b}\frac{dN_B}{dt} = -\frac{d}{dt}\left(\frac{\rho_B V_B}{bM_B}\right)$$

$$= -\frac{d}{dt}\left[\frac{\rho_B V(1-\varepsilon)}{bM_B}\right]$$

$$= \frac{V\rho_B}{bM_B}\frac{d\varepsilon}{dt} \tag{4.6}$$

式中，ρ_B 为不包括孔隙的固体反应物 B 的密度，即 B 的真实密度。

将式（4.5）代入式（4.6），得

$$-\frac{1}{b}\frac{dN_B}{dt}=\frac{V\rho_B\Omega_V}{bM_B}\frac{dr_h}{dt} \qquad (4.7)$$

以气体反应物 A 表示的化学反应速率为

$$-\frac{1}{a}\frac{dN_A}{dt}=V\Omega_V j \qquad (4.8)$$

由化学反应方程式（4.a），得

$$-\frac{1}{a}\frac{dN_A}{dt}=-\frac{1}{b}\frac{dN_B}{dt}$$

所以式（4.7）与式（4.8）相等，有

$$\frac{V\rho_B\Omega_V}{bM_B}\frac{dr_h}{dt}=V\Omega_V j \qquad (4.9)$$

即

$$\frac{dr_h}{dt}=\frac{bM_B}{\rho_B}j=\frac{bM_B}{\rho_B}\left[-l_1\left(\frac{A_m}{T}\right)-l_2\left(\frac{A_m}{T}\right)^2-l_3\left(\frac{A_m}{T}\right)^3-\cdots\right] \qquad (4.10)$$

分离变量积分式（4.10），得

$$r_h=r_{h_0}+\frac{bM_B}{\rho_B}\int_0^t\left[-l_1\left(\frac{A_m}{T}\right)-l_2\left(\frac{A_m}{T}\right)^2-l_3\left(\frac{A_m}{T}\right)^3-\cdots\right]dt \qquad (4.11)$$

式中，$A_m=\Delta G_m=\Delta G_m^\ominus+RT\ln\frac{(p_C/p^\ominus)^c}{(p_A/p^\ominus)^a a_B^b}$

4.1.3　通过孔隙的扩散和化学反应共同为过程的控制步骤

此过程的特征如下：

（1）化学反应主要发生在固体颗粒外表面附近的孔隙薄层内。

（2）过程的速率参数是化学反应和扩散的综合结果。

（3）随着过程的进行，固体颗粒外表面尺寸不断减小，但固体颗粒未反应的部分保持不变，一直保持到最后。

假设，在固体颗粒的反应薄层内，唯象系数和比表面积都为常数；当反应向固体颗粒内部推进时，反应区域的孔隙构造保持不变。

在单位体积固体反应物中，所进行的反应的质量平衡方程为

$$-\frac{dc_A}{dt} = \nabla \cdot \boldsymbol{J}_A + a\Omega_v j$$

$$= \nabla \cdot \left(-L_{AA}\frac{\nabla \mu_A}{T} + L_{AC}\frac{\nabla \mu_C}{T}\right) - a\Omega_v j$$

$$= -\frac{L_{AA}}{T}\nabla^2 \mu_A + \frac{L_{AC}}{T}\nabla^2 \mu_C + a\Omega_v j$$

当达到稳态时

$$\frac{dc_A}{dt} = 0$$

所以

$$\frac{L_{AA}}{T}\nabla^2 \mu_A - \frac{L_{AC}}{T}\nabla^2 \mu_C - a\Omega_v j = 0 \qquad (4.12)$$

对于单一固体颗粒而言，若反应主要发生在靠近固体颗粒的外部表面孔隙附近，则固体反应物的形状并不重要。除在反应的最后阶段外，都可将反应过程进行的区域看作平板。这样，式（4.12）可以写作

$$\frac{L_{AA}}{T}\frac{d^2 \mu_A}{dx^2} - \frac{L_{AC}}{T}\frac{d^2 \mu_C}{dx^2} - a\Omega_v j = 0 \qquad (4.13)$$

式中，x 为与固体颗粒外表面垂直的坐标轴的变量；Ω_v 为单位体积固体颗粒具有的孔隙的表面积。

假定气体本体通量可以忽略不计，这对于等物质的量的逆流扩散或 A 浓度低时成立。式（4.13）的边界条件如下：

$x=0$ （即固体颗粒的外表面位置），$c_A = c_{As}$；

$x \to \infty$，$c_A = \dfrac{dc_A}{dx} = 0$ \qquad (4.14)

第一个边界条件忽略了外部传质引起的阻力。第二个边界条件表示在距固体颗粒的表面某一位置的颗粒内，气体反应物 A 的浓度为零。这意味着固体反应物的尺寸要足够大，以保证它与反应区域的厚度相比可以看作无穷大。

将式（4.13）作一阶积分，得

$$\frac{L_{AA}}{T}\frac{d\mu_A}{dx} - \frac{L_{AC}}{T}\frac{d\mu_C}{dx} = \int_0^\infty a\Omega_v j\,dx \qquad (4.15)$$

其中

$$j = -l_1\left(\frac{A}{T}\right) - l_2\left(\frac{A}{T}\right)^2 - l_3\left(\frac{A}{T}\right)^3 - \cdots$$

若知道各组元的浓度与位置 x 的关系（即浓度分布），则可作式（4.15）右边的积分。

根据外表面（$x=0$）的化学势梯度可以求得固体颗粒外表面附近单位体积反

应区的总速率为

$$\frac{L_{AA}}{T}\left(\frac{\mathrm{d}\mu_A}{\mathrm{d}x}\right)_{外表面} - \frac{L_{AC}}{T}\left(\frac{\mathrm{d}\mu_C}{\mathrm{d}x}\right)_{外表面} = \frac{L_{AA}}{T}\left(\frac{\mathrm{d}\mu_A}{\mathrm{d}x}\right)_{x=0} - \frac{L_{AC}}{T}\left(\frac{\mathrm{d}\mu_C}{\mathrm{d}x}\right)_{x=0} = a\Omega_{V'}j$$

$$= a\Omega_V\left[-l_1\left(\frac{A_m}{T}\right) - l_2\left(\frac{A_m}{T}\right)^2 - l_3\left(\frac{A_m}{T}\right)^3 - \cdots\right]$$

$$(4.16)$$

在计算 A 时，气体反应物 A 的浓度取作 c_{As}。

需要指出，式（4.16）中的 $\Omega_{V'}$ 是指反应区单位体积包含的表面积，而不是指整个固体颗粒单位体积包含的表面积。一般来说，二者是不同的。随着反应的进行，固体反应物不断被消耗，但可以认为 $\Omega_{V'}$ 守常。

以上讨论没有考虑固体的外表面积。如果固体的孔隙率低或化学反应速率快，则反应面积应包括固体颗粒的外表面积。

4.1.4 通过气膜的扩散为过程的控制步骤

如果气体组元 A 在整个固体颗粒外部表面形成的气膜中扩散的阻力比化学反应和在孔隙中扩散的阻力都大，则在气膜中的扩散成为过程的控制步骤。其特征如下：

（1）气体反应物在固体-气膜界面的浓度接近于零。

（2）化学反应发生在固体颗粒外表面上，固体颗粒尺寸不断减小，固体颗粒内部无变化。

这种情况和无孔隙固体颗粒反应由在气膜中的扩散控制的情况基本相同，多孔固体的气化反应可以用与无孔固体的气化反应相同的公式表示。

$$\begin{aligned}
J_{Ag'} &= \left|\boldsymbol{J}_{Ag'}\right| \\
&= \left|-L_{AA}\frac{\nabla\mu_{Ag'}}{T} - L_{AC}\frac{\nabla\mu_{Cg'}}{T}\right| \\
&= L_{AA}\frac{\Delta\mu_{Ag'}}{T\delta_{g'}} + L_{AC}\frac{\Delta\mu_{Cg'}}{T\delta_{g'}} \\
&= \frac{L'_{AA}}{T}\Delta\mu_{Ag'} + \frac{L'_{AC}}{T}\Delta\mu_{Cg'}
\end{aligned} \qquad (4.17)$$

其中

$$\Delta\mu_{Ag'} = \mu_{Ag'g} - \mu_{Ag's} = RT\ln\frac{p_{Ag'g}}{p_{Ag's}} = RT\ln\frac{c_{Ag'g}}{c_{Ag's}}$$

$$\Delta\mu_{Cg'} = \mu_{Cg's} - \mu_{Cg'g} = RT\ln\frac{p_{Cg's}}{p_{Cg'g}} = RT\ln\frac{c_{Cg's}}{c_{Cg'g}}$$

式中，$\mu_{Ag'g}$ 和 $\mu_{Ag's}$、$\mu_{Cg'g}$ 和 $\mu_{Cg's}$，$p_{Ag'g}$ 和 $p_{Ag's}$、$p_{Cg'g}$ 和 $p_{Cg's}$，$c_{Ag'g}$ 和 $c_{Ag's}$、$c_{Cg'g}$ 和 $c_{Cg's}$ 分别为气膜中靠近气体本体一侧和靠近固体一侧组元 A 和 C 的化学势、压力和浓度。

过程速率为

$$-\frac{1}{a}\frac{dN_A}{dt} = -\frac{1}{b}\frac{dN_B}{dt} = \frac{1}{c}\frac{dN_C}{dt} = \frac{1}{a}\Omega_{g'}J_{Ag'} \tag{4.18}$$

过程达到稳态，式（4.18）为常数，对于半径为 r 的球形颗粒，有

$$-\frac{dN_A}{dt} = 4\pi r^2 J_{Ag'} = 4\pi r^2 \left(\frac{L'_{AA}}{T}\Delta\mu_{Ag'} + \frac{L'_{AC}}{T}\Delta\mu_{Cg'} \right) \tag{4.19}$$

由式（4.18）得

$$-\frac{dN_A}{dt} = -\frac{a}{b}\frac{dN_B}{dt} = -\frac{a}{b}\frac{4\pi r^2 \rho''_B}{M_B}\frac{dr}{dt} \tag{4.20}$$

比较式（4.19）和式（4.20）

$$-\frac{dr}{dt} = \frac{bM_B}{a\rho'_B}\left(L'_{AA}\Delta\mu_{Ag'} + L'_{AC}\Delta\mu_{Cg'} \right) \tag{4.21}$$

其中

$$\rho''_B = \rho_B(1-\varepsilon)$$

为 B 的表观密度。

分离变量积分式（4.21），得

$$1 - \frac{r}{r_0} = \frac{bM_B}{a\rho''_B r_0}\int_0^t \left(\frac{L'_{AA}}{T}\Delta\mu_{Ag'} + \frac{L'_{AC}}{T}\Delta\mu_{Cg'} \right) dt \tag{4.22}$$

$$1 - (1-\alpha)^{\frac{1}{3}} = \frac{bM_B}{a\rho''_B r_0}\int_0^t \left(\frac{L'_{AA}}{T}\Delta\mu_{Ag'} + \frac{L'_{AC}}{T}\Delta\mu_{Cg'} \right) dt \tag{4.23}$$

需注意，这里的 r 是固体颗粒的半径，而不是孔隙的半径，这与 4.1.2 节的情况不同。

4.2　有固体产物的多孔固体与气体的反应

有固体产物的多孔固体与气体反应的化学方程可以写作

$$aA(g) + bB(s) = cC(g) + dD(s) \tag{4.b}$$

在反应过程中，由于固体产物和固体反应物的密度不同，固体体积会发生变化。在许多情况下，这种变化较小，可以近似地认为固体总体积不变。

若化学反应是过程的控制步骤，则气体反应物的浓度在整个固体孔隙内部相同，反应在整个固体孔隙内部均匀地进行。

若孔隙扩散是过程的控制步骤，则化学反应在反应完全的产物层和未反应核之间的薄层区域内进行。

若过程由化学反应和在孔隙内的扩散共同控制，则整个固体颗粒的转化程度是渐变的。经过一定的时间后，形成一个完全反应的产物层。这一产物逐渐向固体颗粒内部延伸。产物层和未反应核之间是部分反应层，在此层内化学反应和气体反应物的扩散并存。无孔隙固体的气-固反应存在一个明显的界面，该界面把未反应的固体反应物与已经完全反应的固体产物分开。因此，无孔固体只存在化学反应和扩散串联过程。可见，在这种情况下，多孔固体和无孔固体的反应过程是不同的。

为了处理方便，通常采用"粒子模型"。粒子模型假设：首先，多孔固体具有球形、圆柱形或平板形等规则的几何形状，而且它们也是由形状相同、大小相等的球形、圆柱形或平板形的小粒子构成。其次，这些小粒子本身没有孔隙。再次，小粒子与气体反应物的反应可以按照未反应核模型处理。反应过程中，小粒子的形状不变。反应前后，小粒子的体积不变。

4.2.1　化学反应为过程的控制步骤

在化学反应为过程的控制步骤的情况下，气体反应物在固体颗粒孔隙内的浓度是均匀的，等于气相本体的浓度。固体反应物是单个小粒子的集合体。各个小粒子之间都是孔隙，每个小粒子都是无孔隙的固体颗粒，适用于对无孔隙固体的气-固反应所推导的公式。

对于半径为 r 的球形小粒子，有

$$-\frac{\mathrm{d}N_\mathrm{A}}{\mathrm{d}t} = -\frac{a}{b}\frac{\mathrm{d}N_\mathrm{B}}{\mathrm{d}t} = -\frac{a}{b}\frac{4\pi r^2 \rho_\mathrm{B}}{M_\mathrm{B}}\frac{\mathrm{d}r}{\mathrm{d}t} \qquad (4.24)$$

$$-\frac{\mathrm{d}N_\mathrm{B}}{\mathrm{d}t} = 4\pi r^2 aj \qquad (4.25)$$

比较式（4.24）和式（4.25）得

$$-\frac{\mathrm{d}r}{\mathrm{d}t} = \frac{bM_\mathrm{B}}{\rho_\mathrm{B}}j \qquad (4.26)$$

其中

$$j = \left[-l_1\left(\frac{A_\mathrm{m}}{T}\right) - l_2\left(\frac{A_\mathrm{m}}{T}\right)^2 - l_3\left(\frac{A_\mathrm{m}}{T}\right)^3 - \cdots \right]$$

$$A_\mathrm{m} = \Delta G_\mathrm{m} = \Delta G_\mathrm{m}^\ominus + RT\ln\frac{(p_\mathrm{C}/p^\ominus)^c}{(p_\mathrm{A}/p^\ominus)^a a_\mathrm{B}^b}$$

r 为球形小粒子的半径。

积分式（4.26），得

$$1-\frac{r}{r_0}=\frac{bM_B}{\rho_B r_0}\int_0^t j\mathrm{d}t \tag{4.27}$$

$$1-(1-\alpha)^3=\frac{bM_B}{\rho_B r_0}\int_0^t j\mathrm{d}t \tag{4.28}$$

其中，α 为转化率。

4.2.2　通过固体产物层的扩散为控制步骤

过程由通过固体产物层的扩散所控制，则化学反应发生在未反应核与完全反应的产物层之间的薄层区域。这与无孔隙固体的扩散控制情况相似。过程速率为

$$-\frac{1}{a}\frac{\mathrm{d}N_A}{\mathrm{d}t}=-\frac{1}{b}\frac{\mathrm{d}N_B}{\mathrm{d}t}=\frac{1}{c}\frac{\mathrm{d}N_C}{\mathrm{d}t}=\frac{1}{d}\frac{\mathrm{d}N_D}{\mathrm{d}t}=\frac{1}{a}\Omega_{s's}J_{As'} \tag{4.29}$$

气体反应物 A 在固体产物层中的扩散速率为

$$J_{As'}=\left|\boldsymbol{J}_{As'}\right|=\left|-L_{AA}\frac{\nabla\mu_{As'}}{T}-L_{AC}\frac{\nabla\mu_{Cs'}}{T}\right|$$
$$=\frac{L_{AA}}{T}\frac{\mathrm{d}\mu_{As'}}{\mathrm{d}r}-\frac{L_{AC}}{T}\frac{\mathrm{d}\mu_{Cs'}}{\mathrm{d}r} \tag{4.30}$$

由式（4.29），对于半径为 r 的球形颗粒，有

$$-\frac{\mathrm{d}N_A}{\mathrm{d}t}=4\pi r^2\left(\frac{L_{AA}}{T}\frac{\mathrm{d}\mu_{As'}}{\mathrm{d}r}+\frac{L_{AC}}{T}\frac{\mathrm{d}\mu_{Cs'}}{\mathrm{d}r}\right) \tag{4.31}$$

过程为稳态，$\dfrac{\mathrm{d}N_A}{\mathrm{d}t}$ 为常数，对 r 分离变量积分得

$$-\frac{\mathrm{d}N_A}{\mathrm{d}t}=\frac{4\pi r_0 r}{r_0-r}\left(\frac{L_{AA}}{T}\Delta\mu_{As'}+\frac{L_{AC}}{T}\Delta\mu_{Cs'}\right) \tag{4.32}$$

其中

$$\Delta\mu_{As'}=\mu_{Ag's'}-\mu_{As's}=RT\ln\frac{c_{As'g'}}{c_{As's}}$$

$$\Delta\mu_{Cs'}=\mu_{Cs's}-\mu_{Cg's'}=RT\ln\frac{c_{Cs's}}{c_{Cs'g'}}$$

由式（4.29），得

$$-\frac{\mathrm{d}N_A}{\mathrm{d}t}=-\frac{a}{b}\frac{\mathrm{d}N_B}{\mathrm{d}t}=-\frac{4\pi r^2\rho_B''a}{bM_B}\frac{\mathrm{d}r}{\mathrm{d}t} \tag{4.33}$$

将式（4.33）代入式（4.32），得

$$-\frac{\mathrm{d}r}{\mathrm{d}t}=\frac{bM_B r_0}{a\rho_B'' r(r_0-r)}\left(\frac{L_{AA}}{T}\Delta\mu_{As'}+\frac{L_{AC}}{T}\Delta\mu_{Cs'}\right) \tag{4.34}$$

将式（4.34）分离变量后积分，得

$$1 - 3\left(\frac{r}{r_0}\right)^2 + 2\left(\frac{r}{r_0}\right)^3 = \frac{6bM_B}{a\rho_B'' r_0^2}\int_0^t \left(\frac{L_{AA}}{T}\Delta\mu_{As'} + \frac{L_{AC}}{T}\Delta\mu_{Cs'}\right)\mathrm{d}t \qquad (4.35)$$

$$3 - 3(1-\alpha)^{\frac{2}{3}} - 2\alpha = \frac{6bM_B}{a\rho_B'' r_0^2}\int_0^t \left(\frac{L_{AA}}{T}\Delta\mu_{As'} + \frac{L_{AC}}{T}\Delta\mu_{Cs'}\right)\mathrm{d}t \qquad (4.36)$$

其中

$$\rho_B'' = \rho_B(1-\varepsilon)$$

ε 为孔隙率，可得

$$1 - 3\left(\frac{r}{r_0}\right)^2 + 2\left(\frac{r}{r_0}\right)^3 = \frac{6bM_B}{a(1-\varepsilon)\rho_B r_0^2}\int_0^t \left(\frac{L_{AA}}{T}\Delta\mu_{As'} + \frac{L_{AC}}{T}\Delta\mu_{Cs'}\right)\mathrm{d}t \qquad (4.37)$$

$$3 - 3(1-\alpha)^{\frac{2}{3}} - 2\alpha = \frac{6bM_B}{a(1-\varepsilon)\rho_B r_0^2}\int_0^t \left(\frac{L_{AA}}{T}\Delta\mu_{As'} + \frac{L_{AC}}{T}\Delta\mu_{Cs'}\right)\mathrm{d}t \qquad (4.38)$$

4.2.3　化学反应和通过固体产物层的孔隙扩散共同为控制步骤

为了处理化学反应和通过固体产物层的扩散共同为控制步骤的情况，作如下假设：

（1）固体颗粒的结构在宏观上是均匀的，并且不受反应影响。

（2）在固体颗粒孔隙中的扩散是等分子逆向扩散，或者扩散组分浓度较低。气体反应物和产物的有效扩散系数彼此相等，并且在整个固体颗粒中都相同。

（3）气体反应物通过每个小粒子的产物层的扩散不影响固体颗粒孔隙中的扩散速率。

（4）黏滞流动对孔隙中的传质的贡献可以忽略。

根据质量守恒方程

$$\begin{aligned}
\frac{\partial c_A}{\partial t} &= -\nabla \cdot \boldsymbol{J}_A - a\Omega_V j \\
&= -\nabla \cdot \left(-L_{AA}\frac{\nabla\mu_A}{T} - L_{AC}\frac{\nabla\mu_C}{T}\right) - a\Omega_V j \\
&= \frac{L_{AA}}{T}\nabla^2\mu_A + \frac{L_{AC}}{T}\nabla^2\mu_C - a\Omega_V j \qquad (4.39)
\end{aligned}$$

过程速率为

$$\frac{\mathrm{d}c_A}{\mathrm{d}t} = 0$$

所以

$$\frac{L_{AA}}{T}\nabla^2\mu_A+\frac{L_{AC}}{T}\nabla^2\mu_C-a\Omega_v j=0 \tag{4.40}$$

式中，Ω_v 为单位固体颗粒体积所含小粒子的总表面积。

$$\Omega_v=(1-\varepsilon)4\pi r^2/\frac{4}{3}\pi r^3$$

$$=\frac{3(1-\varepsilon)}{r}$$

所以

$$\frac{L_{AA}}{T}\nabla^2\mu_A+\frac{L_{AC}}{T}\nabla^2\mu_C-\frac{3a(1-\varepsilon)}{r}j=0 \tag{4.41}$$

式中，∇^2 是以颗粒中心为坐标原点选择的坐标系的拉普拉斯（Laplace）算符。如果固体颗粒为球形，选择球坐标方便。

边界条件如下：

（1）当 $t=0$ 时

$r=r_0$ $c_A=c_{Ab}$，$\mu_A=\mu_{Ab}$

      $c_C=0$，$\mu_C=0$

$r=r$ $c_A=0$，$\mu_A=0$

      $c_C=0$，$\mu_C=0$

（2）当 $t=t$ 时

$r=r_0$ $c_A=c_{Ab}-c_C$， $\mu_A=\mu_A^\ominus+RT\ln(p_A/p^\ominus)$

                  $=\mu_A^\ominus-RT\ln(c_A RT)$

            $\mu_C=\mu_C^\ominus+RT\ln(p_C/p^\ominus)$

                  $=\mu_C^\ominus-RT\ln(c_C RT)$

$r=r$ （反应区） $\dfrac{dc_A}{dt}=0$，$\mu_A=\mu_A^\ominus+RT\ln(p_A/p^\ominus)$

                  $=\mu_A^\ominus+RT\ln(c_A RT)$

           $\dfrac{dc_C}{dt}=0$，$\mu_C=\mu_C^\ominus+RT\ln(p_C/p^\ominus)$

                  $=\mu_C^\ominus+RT\ln(c_C RT)$

解方程（4.41），可以得到固体颗粒内组元 A、C 的化学势与固体颗粒内位置的关系，以及和小粒子内位置的关系，即组元 A、C 化学势的分布。

每个小粒子的反应速率为

$$-\frac{dr}{dt}=\frac{bM_B}{\rho_B}j \tag{4.42}$$

分离变量积分式（4.42）得

$$1 - \frac{r}{r_0} = \frac{bM_B}{\rho_B} \int_0^t j \mathrm{d}t \tag{4.43}$$

从方程（4.41）解得的化学势分布，就可以计算固体颗粒各位置的化学反应速率 j，从而得到整个固体颗粒中各个位置的反应速率。

4.3 多孔固体同时进行多个气化反应

4.3.1 多个化学反应为过程的控制步骤

化学反应可以表示为

$$a_j A_j(g) + b_j B_j(s) = c_j C_j(g) \tag{4.c}$$

$$(j = 1, 2, \cdots, r)$$

$$-\frac{1}{a_j}\frac{\mathrm{d}N_{A_j}}{\mathrm{d}t} = -\frac{1}{b_j}\frac{\mathrm{d}N_{B_j}}{\mathrm{d}t} = \frac{1}{c_j}\frac{\mathrm{d}N_{C_j}}{\mathrm{d}t} = \Omega j_j \tag{4.44}$$

化学反应亲和力为

$$A_{\mathrm{m},j} = \Delta G_{\mathrm{m},j} = \Delta G_{\mathrm{m},j}^{\ominus} = RT \ln \frac{(p_{C_j}/p^{\ominus})^{c_j}}{(p_{A_j}/p^{\ominus})^{a_j} a_{B_j}^{b_j}}$$

由式（4.44），有

$$-\frac{\mathrm{d}N_{B_j}}{\mathrm{d}t} = b_j \Omega j_j \tag{4.45}$$

$$-\frac{\mathrm{d}N_{B_j}}{\mathrm{d}t} = -\frac{\mathrm{d}}{\mathrm{d}t}\left[\frac{\rho'_{B_j} V(1-\varepsilon)}{M_{B_j}}\right]$$

$$= \frac{\rho'_{B_j} V}{M_{B_j}} \frac{\mathrm{d}\varepsilon}{\mathrm{d}t} \tag{4.46}$$

其中，ρ'_{B_j} 为表观密度，即

$$\rho'_{B_j} = \frac{W_{B_j}}{V(1-\varepsilon)} \tag{4.47}$$

式中，W_{B_j} 为组元 B_j 的质量；$V(1-\varepsilon)$ 为多组元固体颗粒的实际体积。

将式（4.46）对 j 求和，得

$$-\frac{\mathrm{d}}{\mathrm{d}t}\sum_{j=1}^{r}N_{\mathrm{B}_j}=-\sum_{j=1}^{r}\frac{\rho_{\mathrm{B}_j}'}{M_{\mathrm{B}_j}}\frac{\mathrm{d}V(1-\varepsilon)}{\mathrm{d}t}$$

$$=V\sum_{j=1}^{r}\frac{\rho_{\mathrm{B}_j}'}{M_{\mathrm{B}_j}}\frac{\mathrm{d}\varepsilon}{\mathrm{d}t}$$

将式（4.5）代入上式

$$-\frac{\mathrm{d}}{\mathrm{d}t}\sum_{j=1}^{r}N_{\mathrm{B}_j}=\sum_{j=1}^{r}\frac{\rho_{\mathrm{B}_j}'V\Omega_V}{M_{\mathrm{B}_j}}\frac{\mathrm{d}r_{\mathrm{h}}}{\mathrm{d}t}$$

$$=\sum_{j=1}^{r}\frac{\rho_{\mathrm{B}_j}'\Omega}{M_{\mathrm{B}_j}}\frac{\mathrm{d}r_{\mathrm{h}}}{\mathrm{d}t} \tag{4.48}$$

其中

$$\Omega=V\Omega_V$$

将式（4.45）对 j 求和后，和式（4.48）比较，得

$$\frac{\mathrm{d}r_{\mathrm{h}}}{\mathrm{d}t}=\sum_{j=1}^{r}\frac{b_j M_{\mathrm{B}_j}}{\rho_{\mathrm{B}_j}'}j_j \tag{4.49}$$

将式（4.49）分离变量积分，得

$$1-\frac{r_{\mathrm{h}}}{r_{\mathrm{h}0}}=\sum_{j=1}^{r}\frac{b_j M_{\mathrm{B}_j}}{\rho_{\mathrm{B}_j}'}\int_0^t j_j\mathrm{d}t \tag{4.50}$$

其中

$$j_j=-\sum_{k=1}^{r}l_{jk}\left(\frac{A_{\mathrm{m},k}}{T}\right)-\sum_{k=1}^{r}\sum_{l=1}^{r}l_{jkl}\left(\frac{A_{\mathrm{m},k}}{T}\right)\left(\frac{A_{\mathrm{m},l}}{T}\right)-\sum_{k=1}^{r}\sum_{l=1}^{r}\sum_{h=1}^{r}l_{jklh}\left(\frac{A_{\mathrm{m},k}}{T}\right)\left(\frac{A_{\mathrm{m},l}}{T}\right)\left(\frac{A_{\mathrm{m},h}}{T}\right)-\cdots$$

$$\tag{4.51}$$

式中，$A_{\mathrm{m},k}=A_{\mathrm{m},l}=A_{\mathrm{m},h}=\Delta G=\Delta G_{\mathrm{m}}^{\ominus}+RT\ln\dfrac{(p_{\mathrm{C}_j}/p^{\ominus})^{c_j}}{(p_{\mathrm{A}_j}/p^{\ominus})^{a_j}a_{\mathrm{B}}^{b_j}}$

4.3.2　多个组元同时通过孔隙扩散和同时进行的多个化学反应共同为过程的控制步骤

过程速率为

$$\frac{\mathrm{d}c_A}{\mathrm{d}t} = -\nabla \cdot \boldsymbol{J}_{A_j} - a_j \Omega_V j_j$$

$$= -\nabla \cdot \sum_{k=1}^{r} \left(-L_{A_j A_k} \frac{\nabla \mu_{A_k}}{T} - L_{A_j C_k} \frac{\nabla \mu_{C_k}}{T} \right) - a_j \Omega_V j_j$$

$$= \sum_{k=1}^{r} \left(\frac{L_{A_j A_k}}{T} \nabla^2 \mu_{A_k} + \frac{L_{A_j C_k}}{T} \nabla^2 \mu_{C_k} \right) - a_j \Omega_V j_j \qquad （4.52）$$

过程达到稳态，有

$$\frac{\mathrm{d}c_A}{\mathrm{d}t} = 0$$

所以

$$\sum_{k=1}^{r} \left(\frac{L_{A_j A_k}}{T} \nabla^2 \mu_{A_k} + \frac{L_{A_j C_k}}{T} \nabla^2 \mu_{C_k} \right) - a_j \Omega_V j_j = 0 \qquad （4.53）$$

将反应区域看作平板，式（4.53）可以写成

$$\sum_{k=1}^{r} \left(\frac{L_{A_j A_k}}{T} \frac{\mathrm{d}^2 \mu_{A_k}}{\mathrm{d}x^2} + \frac{L_{A_j C_k}}{T} \frac{\mathrm{d}^2 \mu_{C_k}}{\mathrm{d}x^2} \right) - a_j \Omega_V j_j = 0 \qquad （4.54）$$

式中，x 为与固体颗粒外表面垂直的坐标轴的变量；Ω_V 为单位体积固体颗粒的孔隙表面积。

式（4.54）的边界条件为

（1）$x = 0$，$c_{A_k} = c_{A_k g}$，$c_{C_k} = c_{C_k g}$；

（2）$x = \infty$，$c_{A_k} = \dfrac{\mathrm{d}c_{A_k}}{\mathrm{d}x} = 0$，$c_{C_k} = \dfrac{\mathrm{d}c_{C_k}}{\mathrm{d}x} = 0$。

第一个边界条件表示没有在气膜内的传质阻力。第二个边界条件表示在距固体颗粒表面某一位置的颗粒内，气体反应物 A_j 的浓度为零。

将式（4.54）作一阶积分，得

$$\sum_{k=1}^{r} \left[\frac{L_{A_j A_k}}{T} \left(\frac{\mathrm{d}\mu_{A_k}}{\mathrm{d}x} \right)_{x=0} + \frac{L_{A_j C_k}}{T} \left(\frac{\mathrm{d}\mu_{C_k}}{\mathrm{d}x} \right)_{x=0} \right] = a_j \Omega_{V'} j_j \qquad （4.55）$$

式中，$\Omega_{V'}$ 为固体颗粒表面附近反应区单位体积固体颗粒的表面积，在反应过程中守常。

4.3.3　多个组元通过气膜的扩散为过程的控制步骤

这种情况与无孔隙固体颗粒相同。过程速率为

$$-\frac{1}{a_j}\frac{\mathrm{d}N_{\mathrm{A}_j}}{\mathrm{d}t}=-\frac{1}{b_j}\frac{\mathrm{d}N_{\mathrm{B}_j}}{\mathrm{d}t}=\frac{1}{c_j}\frac{\mathrm{d}N_{\mathrm{C}_j}}{\mathrm{d}t}=\frac{1}{a_j}\Omega_{\mathrm{g}'}J_{\mathrm{A}_j\mathrm{g}'} \qquad (4.56)$$

$$(j=1,2,3,\cdots,r)$$

气体反应物 A_j 在气膜中的扩散速率为

$$
\begin{aligned}
J_{\mathrm{A}_j\mathrm{g}'}=\left|\boldsymbol{J}_{\mathrm{A}_j\mathrm{g}'}\right| &=\left|\sum_{k=1}^{r}-\left(L_{\mathrm{A}_j\mathrm{A}_k}\frac{\nabla\mu_{\mathrm{A}_k\mathrm{g}'}}{T}+L_{\mathrm{A}_j\mathrm{C}_k}\frac{\nabla\mu_{\mathrm{C}_k\mathrm{g}'}}{T}\right)\right| \\
&=\sum_{k=1}^{r}\left(L_{\mathrm{A}_j\mathrm{A}_k}\frac{\Delta\mu_{\mathrm{A}_k\mathrm{g}'}}{T\delta_{\mathrm{g}'}}+L_{\mathrm{A}_j\mathrm{C}_k}\frac{\Delta\mu_{\mathrm{C}_k\mathrm{g}'}}{T\delta_{\mathrm{g}'}}\right) \\
&=\sum_{k=1}^{r}\left(\frac{L'_{\mathrm{A}_j\mathrm{A}_k}}{T}\Delta\mu_{\mathrm{A}_k\mathrm{g}'}+\frac{L'_{\mathrm{A}_j\mathrm{C}_k}}{T}\Delta\mu_{\mathrm{C}_k\mathrm{g}'}\right)
\end{aligned} \qquad (4.57)
$$

对于半径为 r_j 的球形颗粒，由式（4.56）得

$$-\frac{\mathrm{d}N_{\mathrm{A}_j}}{\mathrm{d}t}=4\pi r^2\sum_{k=1}^{r}\left(\frac{L'_{\mathrm{A}_j\mathrm{A}_k}}{T}\Delta\mu_{\mathrm{A}_k\mathrm{g}'}+\frac{L'_{\mathrm{A}_j\mathrm{C}_k}}{T}\Delta\mu_{\mathrm{C}_k\mathrm{g}'}\right) \qquad (4.58)$$

其中

$$\Delta\mu_{\mathrm{A}_k\mathrm{g}'}=\mu_{\mathrm{A}_k\mathrm{g}'\mathrm{g}}-\mu_{\mathrm{A}_k\mathrm{g}'\mathrm{s}}=RT\ln\frac{p_{\mathrm{A}_k\mathrm{g}'\mathrm{g}}}{p_{\mathrm{A}_k\mathrm{g}'\mathrm{s}}}=RT\ln\frac{c_{\mathrm{A}_k\mathrm{g}'\mathrm{g}}}{c_{\mathrm{A}_k\mathrm{g}'\mathrm{s}}}$$

$$\Delta\mu_{\mathrm{C}_k\mathrm{g}'}=\mu_{\mathrm{C}_k\mathrm{g}'\mathrm{g}}-\mu_{\mathrm{C}_k\mathrm{g}'\mathrm{s}}=RT\ln\frac{p_{\mathrm{C}_k\mathrm{g}'\mathrm{s}}}{p_{\mathrm{C}_k\mathrm{g}'\mathrm{g}}}=RT\ln\frac{c_{\mathrm{C}_k\mathrm{g}'\mathrm{s}}}{c_{\mathrm{C}_k\mathrm{g}'\mathrm{g}}}$$

式中，$\mu_{\mathrm{A}_k\mathrm{g}'\mathrm{g}}$ 和 $\mu_{\mathrm{A}_k\mathrm{g}'\mathrm{s}}$、$p_{\mathrm{A}_k\mathrm{g}'\mathrm{g}}$ 和 $p_{\mathrm{A}_k\mathrm{g}'\mathrm{s}}$、$c_{\mathrm{C}_k\mathrm{g}'\mathrm{g}}$ 和 $c_{\mathrm{C}_k\mathrm{g}'\mathrm{s}}$ 分别为气膜中靠近气相本体一侧和靠近固相一侧组元 A 的化学势、压力和浓度；$\mu_{\mathrm{C}_k\mathrm{g}'\mathrm{s}}$ 和 $\mu_{\mathrm{C}_k\mathrm{g}'\mathrm{g}}$、$p_{\mathrm{C}_k\mathrm{g}'\mathrm{s}}$ 和 $p_{\mathrm{C}_k\mathrm{g}'\mathrm{g}}$、$c_{\mathrm{C}_k\mathrm{g}'\mathrm{s}}$ 和 $c_{\mathrm{C}_k\mathrm{g}'\mathrm{g}}$ 分别为气膜中靠近固相一侧和靠近气相本体一侧组元 C_k 的化学势、压力和浓度。

由式（4.56）得

$$-\frac{\mathrm{d}N_{\mathrm{A}_j}}{\mathrm{d}t}=-\frac{a_j}{b_j}\frac{\mathrm{d}N_{\mathrm{B}_j}}{\mathrm{d}t}=-\frac{4\pi r_j^2 a_j\rho''_{\mathrm{B}_j}}{b_j M_{\mathrm{B}_j}}\frac{\mathrm{d}r_j}{\mathrm{d}t} \qquad (4.59)$$

其中

$$N_{\mathrm{B}_j}=\frac{\dfrac{4}{3}\pi r_j^3\rho''_{\mathrm{B}_j}}{M_{\mathrm{B}_j}}$$

$$\rho''_{\mathrm{B}_j}=\frac{W_{\mathrm{B}_j}}{\dfrac{4}{3}\pi r_j^3}$$

式中，W_{B_j} 为一个半径为 r_j 的颗粒中组元 B_j 的质量；ρ''_{B_j} 为单位体积颗粒中 B_j 的

质量，即表观密度。

将式（4.58）和式（4.59）比较，得

$$-\frac{\mathrm{d}r_j}{\mathrm{d}t} = \frac{b_j M_{\mathrm{B}_j}}{a_j \rho''_{\mathrm{B}_j}} \sum_{k=1}^{r}\left(\frac{L'_{\mathrm{A}_j\mathrm{A}_k}}{T}\Delta\mu_{\mathrm{A}_k\mathrm{g}'} + \frac{L'_{\mathrm{A}_j\mathrm{C}_k}}{T}\Delta\mu_{\mathrm{C}_k\mathrm{g}'}\right) \tag{4.60}$$

将式（4.60）分离变量积分，得

$$1 - \frac{r_j}{r_{j0}} = \frac{b_j M_{\mathrm{B}_j}}{a_j \rho''_{\mathrm{B}_j} r_{j0}} \sum_{k=1}^{r}\int_0^t\left(\frac{L'_{\mathrm{A}_j\mathrm{A}_k}}{T}\Delta\mu_{\mathrm{A}_k\mathrm{g}'} + \frac{L'_{\mathrm{A}_j\mathrm{C}_k}}{T}\Delta\mu_{\mathrm{C}_k\mathrm{g}'}\right)\mathrm{d}t \tag{4.61}$$

$$1 - \left(1 - \alpha_{\mathrm{B}_j}\right)^{\frac{1}{3}} = \frac{b_j M_{\mathrm{B}_j}}{a_j \rho''_{\mathrm{B}_j} r_{j0}} \sum_{k=1}^{r}\int_0^t\left(\frac{L'_{\mathrm{A}_j\mathrm{A}_k}}{T}\Delta\mu_{\mathrm{A}_k\mathrm{g}'} + \frac{L'_{\mathrm{A}_j\mathrm{C}_k}}{T}\Delta\mu_{\mathrm{C}_k\mathrm{g}'}\right)\mathrm{d}t \tag{4.62}$$

其中

$$\rho''_{\mathrm{B}_j} = \rho'_{\mathrm{B}_j}\left(1 - \varepsilon\right)$$

4.4　有固体产物的多孔固体与气体同时进行多个反应

化学反应可以表示为

$$a_j \mathrm{A}_j(\mathrm{g}) + b_j \mathrm{B}_j(\mathrm{s}) = c_j \mathrm{C}_j(\mathrm{g}) + d_j \mathrm{D}_j(\mathrm{s}) \tag{4.d}$$

$$(j = 1, 2, \cdots, r)$$

4.4.1　化学反应为过程的控制步骤

对于半径为 r 的球形小粒子，气体反应物 A_j 在气相本体、气-固界面以及固体产物与未反应核界面的压力、浓度都相等，即

$$p_{\mathrm{A}_j\mathrm{g}'\mathrm{g}} = p_{\mathrm{A}_j\mathrm{g}'\mathrm{s}'} = p_{\mathrm{A}_j\mathrm{s}'\mathrm{s}}$$

$$c_{\mathrm{A}_j\mathrm{g}'\mathrm{g}} = c_{\mathrm{A}_j\mathrm{g}'\mathrm{s}'} = c_{\mathrm{A}_j\mathrm{s}'\mathrm{s}}$$

化学反应发生在产物层与未反应核界面，过程速率为

$$-\frac{1}{a_j}\frac{\mathrm{d}N_{\mathrm{A}_j}}{\mathrm{d}t} = -\frac{1}{b_j}\frac{\mathrm{d}N_{\mathrm{B}_j}}{\mathrm{d}t} = \frac{1}{c_j}\frac{\mathrm{d}N_{\mathrm{C}_j}}{\mathrm{d}t} = \frac{1}{d_j}\frac{\mathrm{d}N_{\mathrm{D}_j}}{\mathrm{d}t} = \Omega_{\mathrm{s}'\mathrm{s}}j_j \tag{4.63}$$

其中

$$j_j = -\sum_{k=1}^{r}l_{jk}\left(\frac{A_{\mathrm{m},k}}{T}\right) - \sum_{k=1}^{r}\sum_{l=1}^{r}l_{jkl}\left(\frac{A_{\mathrm{m},k}}{T}\right)\left(\frac{A_{\mathrm{m},l}}{T}\right) - \sum_{k=1}^{r}\sum_{l=1}^{r}\sum_{h=1}^{r}l_{jklh}\left(\frac{A_{\mathrm{m},k}}{T}\right)\left(\frac{A_{\mathrm{m},l}}{T}\right)\left(\frac{A_{\mathrm{m},h}}{T}\right) - \cdots$$

$$A_{\mathrm{m},j} = \Delta G_{\mathrm{m},j} = \Delta G_{\mathrm{m},j}^{\ominus} + RT\ln\frac{\left(p_{\mathrm{C}_j\mathrm{s}'\mathrm{s}}/p^{\ominus}\right)^{c_j} a_{\mathrm{D}_j\mathrm{s}'\mathrm{s}}^{d_j}}{\left(p_{\mathrm{A}_j\mathrm{s}'\mathrm{s}}/p^{\ominus}\right)^{a_j} a_{\mathrm{B}_j\mathrm{s}'\mathrm{s}}^{b_j}}$$

对于半径为 r_j 的球形颗粒，由式（4.63）得

$$-\frac{\mathrm{d}N_{\mathrm{A}_j}}{\mathrm{d}t}=4\pi r_j^2 a_j j_j \tag{4.64}$$

$$-\frac{\mathrm{d}N_{\mathrm{A}_j}}{\mathrm{d}t}=-\frac{a_j}{b_j}\frac{\mathrm{d}N_{\mathrm{B}_j}}{\mathrm{d}t}=-\frac{a_j 4\pi r_j^2 \rho'_{\mathrm{B}_j}}{b_j M_{\mathrm{B}_j}}\frac{\mathrm{d}r_j}{\mathrm{d}t} \tag{4.65}$$

比较式（4.64）和式（4.65），得

$$-\frac{\mathrm{d}r_j}{\mathrm{d}t}=\frac{b_j M_{\mathrm{B}_j}}{\rho'_{\mathrm{B}_j}}j_j \tag{4.66}$$

将式（4.66）分离变量积分，得

$$1-\frac{r_j}{r_{j0}}=\frac{b_j M_{\mathrm{B}_j}}{\rho'_{\mathrm{B}_j} r_{j0}}\int_0^t j_j \mathrm{d}t \tag{4.67}$$

和

$$1-(1-\alpha_j)^{\frac{1}{3}}=\frac{b_j M_{\mathrm{B}_j}}{\rho'_{\mathrm{B}_j} r_{j0}}\int_0^t j_j \mathrm{d}t \tag{4.68}$$

4.4.2　在固体产物层中的扩散为控制步骤

在固体产物层中的扩散与无孔隙的情况相同。对于半径为 r 的整个球形颗粒，组元 A_j 的扩散速率为

$$J_{\mathrm{A}_js'}=\left|\boldsymbol{J}_{\mathrm{A}_jg'}\right|=\left|\sum_{k=1}^r -\left(L_{\mathrm{A}_j\mathrm{A}_k}\frac{\nabla\mu_{\mathrm{A}_ks'}}{T}+L_{\mathrm{A}_j\mathrm{C}_k}\frac{\nabla\mu_{\mathrm{C}_ks'}}{T}\right)\right|$$

$$=\sum_{k=1}^r\left(\frac{L_{\mathrm{A}_j\mathrm{A}_k}}{T}\frac{\mathrm{d}\mu_{\mathrm{A}_ks'}}{\mathrm{d}r_j}-\frac{L_{\mathrm{A}_j\mathrm{C}_k}}{T}\frac{\mathrm{d}\mu_{\mathrm{C}_ks'}}{\mathrm{d}r_j}\right) \tag{4.69}$$

过程速率为

$$-\frac{1}{a_j}\frac{\mathrm{d}N_{\mathrm{A}_j}}{\mathrm{d}t}=-\frac{1}{b_j}\frac{\mathrm{d}N_{\mathrm{B}_j}}{\mathrm{d}t}=\frac{1}{c_j}\frac{\mathrm{d}N_{\mathrm{C}_j}}{\mathrm{d}t}=\frac{1}{d_j}\frac{\mathrm{d}N_{\mathrm{D}_j}}{\mathrm{d}t}=\frac{1}{a_j}\Omega_{s's}J_{\mathrm{A}_js'} \tag{4.70}$$

由式（4.69）和式（4.70），有

$$\frac{\mathrm{d}N_{\mathrm{A}_j}}{\mathrm{d}t}=4\pi r_j^2\sum_{k=1}^r\frac{L_{\mathrm{A}_j\mathrm{A}_k}}{T}\frac{\mathrm{d}\mu_{\mathrm{A}_ks'}}{\mathrm{d}r_j}+\frac{L_{\mathrm{A}_j\mathrm{C}_k}}{T}\frac{\Delta\mu_{\mathrm{C}_ks'}}{\mathrm{d}r_j} \tag{4.71}$$

过程达到稳态，$\dfrac{\mathrm{d}N_{A_j}}{\mathrm{d}t}$ 为常数，对 r_j 分离变量积分式（4.71），得

$$-\dfrac{\mathrm{d}N_{A_j}}{\mathrm{d}t}=\dfrac{4\pi r_{j0}r_j}{r_{j0}-r_j}\sum_{k=1}^{r}\left(\dfrac{L_{A_jA_k}}{T}\Delta\mu_{A_ks'}+\dfrac{L_{A_jC_k}}{T}\Delta\mu_{C_ks'}\right)\tag{4.72}$$

其中

$$\Delta\mu_{A_ks'}=\mu_{A_ks'g'}-\mu_{A_ks's}=RT\ln\dfrac{c_{A_ks'g'}}{c_{A_ks's}}$$

$$\Delta\mu_{C_ks'}=\mu_{C_ks'g'}-\mu_{C_ks's}=RT\ln\dfrac{c_{C_ks'g}}{c_{C_ks's}}=-RT\ln\dfrac{c_{C_ks's}}{c_{C_ks'g'}}$$

由式（4.70），得

$$-\dfrac{\mathrm{d}N_{A_j}}{\mathrm{d}t}=\dfrac{a_j}{b_j}\dfrac{\mathrm{d}N_{B_j}}{\mathrm{d}t}=-\dfrac{4\pi r_j^2\rho_{B_j}''a_j}{b_jM_{B_j}}\dfrac{\mathrm{d}r_j}{\mathrm{d}t}\tag{4.73}$$

比较式（4.72）和式（4.73），得

$$-\dfrac{\mathrm{d}r_j}{\mathrm{d}t}=\dfrac{b_jM_{B_j}r_{j0}}{a_j\rho_{B_j}''r_j(r_{j0}-r_j)}\sum_{k=1}^{r}\left(\dfrac{L_{A_jA_k}}{T}\Delta\mu_{A_ks'}+\dfrac{L_{A_jC_k}}{T}\Delta\mu_{C_ks'}\right)\tag{4.74}$$

分离变量积分式（4.74），得

$$1-3\left(\dfrac{r_j}{r_{j0}}\right)^2+2\left(\dfrac{r_j}{r_{j0}}\right)^3=\dfrac{6b_jM_{B_j}}{a_j\rho_{B_j}''r_{j0}^2}\sum_{k=1}^{r}\int_0^t\left(\dfrac{L_{A_jA_k}}{T}\Delta\mu_{A_ks'}+\dfrac{L_{A_jC_k}}{T}\Delta\mu_{C_ks'}\right)\mathrm{d}t\tag{4.75}$$

$$3-3(1-\alpha_{B_j})^{\frac{2}{3}}-2\alpha_{B_j}=\dfrac{6b_jM_{B_j}}{a_j\rho_{B_j}''r_{j0}^2}\sum_{k=1}^{r}\int_0^t\left(\dfrac{L_{A_jA_k}}{T}\Delta\mu_{A_ks'}+\dfrac{L_{A_jC_k}}{T}\Delta\mu_{C_ks'}\right)\mathrm{d}t\tag{4.76}$$

4.4.3　在固体产物层的孔隙扩散和化学反应共同为控制步骤

过程速率为

$$-\dfrac{1}{a_j}\dfrac{\mathrm{d}N_{A_j}}{\mathrm{d}t}=-\dfrac{1}{b_j}\dfrac{\mathrm{d}N_{B_j}}{\mathrm{d}t}=\dfrac{1}{c}\dfrac{\mathrm{d}N_{C_j}}{\mathrm{d}t}=\dfrac{1}{d}\dfrac{\mathrm{d}N_{D_j}}{\mathrm{d}t}\tag{4.77}$$

$$(j=1,2,\cdots,r)$$

$$\frac{\mathrm{d}c_A}{\mathrm{d}t} = -\nabla \cdot \boldsymbol{J}_{A_j} - a_j \Omega_V j_j$$

$$= -\nabla \cdot \sum_{k=1}^{r}\left(-L_{A_jA_k}\frac{\nabla\mu_{A_k}}{T} - L_{A_jC_k}\frac{\nabla\mu_{C_k}}{T}\right) - a_j\Omega_V\left[-\sum_{k=1}^{r}l_{jk}\left(\frac{A_{m,k}}{T}\right)\right.$$

$$\left. -\sum_{k=1}^{r}\sum_{l=1}^{r}l_{jkl}\left(\frac{A_{m,k}}{T}\right)\left(\frac{A_{m,l}}{T}\right) - \sum_{k=1}^{r}\sum_{l=1}^{r}\sum_{h=1}^{r}l_{jklh}\left(\frac{A_{m,k}}{T}\right)\left(\frac{A_{m,l}}{T}\right)\left(\frac{A_{m,h}}{T}\right) - \cdots\right]$$

$$= \sum_{k=1}^{r}\left(\frac{L_{A_jA_k}}{T}\nabla^2\mu_{A_k} + \frac{L_{A_jC_k}}{T}\nabla^2\mu_{C_k}\right) - a_j\Omega_V\left[-\sum_{k=1}^{r}l_{jk}\left(\frac{A_{m,k}}{T}\right)\right.$$

$$\left. -\sum_{k=1}^{r}\sum_{l=1}^{r}l_{jkl}\left(\frac{A_{m,k}}{T}\right)\left(\frac{A_{m,l}}{T}\right) - \sum_{k=1}^{r}\sum_{l=1}^{r}\sum_{h=1}^{r}l_{jklh}\left(\frac{A_{m,k}}{T}\right)\left(\frac{A_{m,l}}{T}\right)\left(\frac{A_{m,h}}{T}\right) - \cdots\right] \tag{4.78}$$

过程达到稳态，有

$$\frac{\mathrm{d}c_A}{\mathrm{d}t} = 0$$

所以

$$\nabla \cdot \boldsymbol{J}_{A_j} + a_j\Omega_V j_j = 0 \tag{4.79}$$

即

$$\sum_{k=1}^{r}\left(\frac{L_{A_jA_k}}{T}\nabla^2\mu_{A_k} + \frac{L_{A_jC_k}}{T}\nabla^2\mu_{C_k}\right) + a_j\Omega_V\left[-\sum_{k=1}^{r}l_{jk}\left(\frac{A_{m,k}}{T}\right)\right.$$

$$\left. -\sum_{k=1}^{r}\sum_{l=1}^{r}l_{jkl}\left(\frac{A_{m,k}}{T}\right)\left(\frac{A_{m,l}}{T}\right) - \sum_{k=1}^{r}\sum_{l=1}^{r}\sum_{h=1}^{r}l_{jklh}\left(\frac{A_{m,k}}{T}\right)\left(\frac{A_{m,l}}{T}\right)\left(\frac{A_{m,h}}{T}\right) - \cdots\right] = 0 \tag{4.80}$$

移项得

$$\sum_{k=1}^{r}\left(\frac{L_{A_jA_k}}{T}\nabla^2\mu_{A_k} + \frac{L_{A_jC_k}}{T}\nabla^2\mu_{C_k}\right) = a_j\Omega_V\left[\sum_{k=1}^{r}l_{jk}\left(\frac{A_{m,k}}{T}\right) + \sum_{k=1}^{r}\sum_{l=1}^{r}l_{jkl}\left(\frac{A_{m,k}}{T}\right)\left(\frac{A_{m,l}}{T}\right)\right.$$

$$\left. +\sum_{k=1}^{r}\sum_{l=1}^{r}\sum_{h=1}^{r}l_{jklh}\left(\frac{A_{m,k}}{T}\right)\left(\frac{A_{m,l}}{T}\right)\left(\frac{A_{m,h}}{T}\right) + \cdots\right] \tag{4.81}$$

式中，Ω_V 为单位固体颗粒的表面积，有

$$\Omega_V = \frac{3(1-\varepsilon)}{r}$$

边界条件如下：

（1）当 $t=0$ 时

$$r = r_0, \quad c_{A_j} = c_{A_jb}, \quad \mu_{A_j} = \mu_{A_jb}$$

$$c_{C_j} = 0, \quad \mu_{C_j} = 0$$

$$r = r, \quad c_{A_j} = 0, \quad \mu_{A_j} = 0$$

$$c_{C_j} = 0, \quad \mu_{C_j} = 0$$

（2）当 $t=t$ 时

$$r = r_0, \quad c_{A_j} = c_{A_jb} - c_{C_j}, \quad \Delta\mu_{A_j} = \Delta\mu_{A_j}^{\ominus} + RT\ln(p_{A_j}/p^{\ominus})$$

$$= \Delta\mu_{A_j}^{\ominus} + RT\ln(c_{A_j}RT)$$

$$\Delta\mu_{C_j} = \Delta\mu_{C_j}^{\ominus} + RT\ln(p_{C_j}/p^{\ominus})$$

$$= \Delta\mu_{C_j}^{\ominus} + RT\ln(c_{C_j}RT)$$

$$r = r(\text{反应区}), \quad \frac{\partial c_{A_j}}{\partial t} = 0, \quad \frac{\partial c_{C_j}}{\partial t} = 0$$

每个小粒子的反应速率为

$$-\frac{1}{a_j}\frac{dc_{A_j}}{dt} = 4\pi r_j^2 j_j \tag{4.82}$$

$$-\frac{1}{a_j}\frac{dc_{A_j}}{dt} = -\frac{1}{b_j}\frac{dc_{B_j}}{dt} = \frac{4\pi r_j^2 \rho_B}{b_j M_{B_j}}\frac{dr_j}{dt} \tag{4.83}$$

将式（4.82）和式（4.83）比较，得

$$-\frac{dr_j}{dt} = \frac{b_j M_{B_j}}{\rho'_{B_j}} j_j \tag{4.84}$$

分离变量积分式（4.84），得

$$r_j = r_{j0} - \frac{b_j M_{B_j}}{\rho'_{B_j}}\int_0^t j_j dt \tag{4.85}$$

第5章 气-液相反应

5.1 一种气体在溶液中溶解

5.1.1 一种气体在溶液中溶解的热力学

1. 溶解后气体分子不分解

气体溶解进入液体，气体分子不分解。例如，空气中的氮气、氧气溶解于水中；单原子气体分子溶解到金属溶液中，可以表示为

$$B_2(g) = (B_2) \tag{5.a}$$

溶解过程的摩尔吉布斯自由能变为

$$\Delta G_{m,B_2} = \Delta G_{m,B_2}^{\ominus} + RT \ln \frac{a_{B_2}}{p_{B_2}/p^{\ominus}} \tag{5.1}$$

其中

$$\Delta G_{m,B_2} = \mu_{(B_2)} - \mu_{B_2(g)}$$

$$\mu_{(B_2)} = \mu_{B_2}^{\ominus} + RT \ln a_{B_2}$$

$$\mu_{B_2(g)} = \mu_{B_2(g)}^{\ominus} + RT \ln(p_{B_2(g)}/p^{\ominus})$$

$$\Delta G_{m,B_2}^{\ominus} = \mu_{B_2}^{\ominus} - \mu_{B_2(g)}^{\ominus} = \Delta_{sol} G_{m,B_2}^{\ominus}$$

$\mu_{B_2}^{\ominus}$、$\mu_{B_2(g)}^{\ominus}$ 和 $\Delta_{sol} G_{m,B_2}^{\ominus}$ 的值由标准状态的选择决定。通常溶解到溶液中的气体以假想的符合亨利定律的纯物质，摩尔百分之一或质量百分之一浓度为标准状态，气体以 1atm 为标准状态。对于纯气体，p_{B_2} 为气相压力，对于混合气体，p_{B_2} 为 B_2 在气相中的分压。

2. 溶解后气体分子分解

气体溶解进入溶液，气体分子分解。例如，氮气、氢气溶解到金属溶液中，可以表示为

$$B_2(g) = 2[B] \tag{5.b}$$

溶解过程的摩尔吉布斯自由能变为

$$\Delta G_{m,B} = 2\mu_{[B]} - \mu_{B_2(g)}$$

$$= \Delta G_{m,B}^{\ominus} + RT\ln\frac{a_B^2}{p_{B_2}/p^{\ominus}} \qquad (5.2)$$

其中

$$\mu_{[B]} = \mu_B^{\ominus} + RT\ln a_B$$

$$\mu_{B_2(g)} = \mu_{B_2(g)}^{\ominus} + RT\ln(p_{B_2}/p^{\ominus})$$

$$\Delta G_{m,B}^{\ominus} = 2\mu_B^{\ominus} - \mu_{B_2(g)}^{\ominus}$$

5.1.2　一种气体溶解的控制步骤

1. 气体在液体中的溶解为过程的控制步骤

1）溶解后气体分子不分解

气体溶解速率为

$$-\frac{\mathrm{d}N_{B_2(g)}}{\mathrm{d}t} = \frac{\mathrm{d}N_{B_2}}{\mathrm{d}t} = V\frac{\mathrm{d}c_{B_2}}{\mathrm{d}t} = \Omega_{g'}j_{B_2} \qquad (5.3)$$

其中

$$j_{B_2} = -l_1\left(\frac{A_{m,B_2}}{T}\right) - l_2\left(\frac{A_{m,B_2}}{T}\right)^2 - l_3\left(\frac{A_{m,B_2}}{T}\right)^3 - \cdots \qquad (5.4)$$

式中，N_{B_2} 为溶液中组元 B_2 的物质的量；c_{B_2} 为溶液中组元 B_2 的物质的量浓度；V 为溶液的体积；$\Omega_{g'}$ 为气膜即气液界面面积；$N_{B_2(g)}$ 为气相中组元 B_2 的物质的量。

化学反应亲和力为

$$A_{m,B_2} = \Delta G_{m,B_2} = \Delta G_{m,B_2}^{\ominus} + RT\ln\frac{a_{B_2}}{p_{B_2}/p^{\ominus}} \qquad (5.5)$$

将式（5.4）代入式（5.3）后，分离变量积分，得

$$N_{B_2t} = N_{B_20} + \Omega_{g'}\int_0^t j_{B_2}\mathrm{d}t$$

$$c_{B_2t} = c_{B_20} + \Omega_{g'}\int_0^t j_{B_2}\mathrm{d}t$$

$$N_{B_2(g)t} = N_{B_2(g)0} - \Omega_{g'}\int_0^t j_{B_2}\mathrm{d}t$$

2）溶解后气体分子分解

气体溶解速率为

$$-\frac{\mathrm{d}N_{B_2(g)}}{\mathrm{d}t} = \frac{1}{2}\frac{\mathrm{d}N_B}{\mathrm{d}t} = \frac{1}{2}V\frac{\mathrm{d}c_B}{\mathrm{d}t} = \Omega_{g'}j_B \qquad (5.6)$$

其中

$$j_B = -l_1\left(\frac{A_{m,B}}{T}\right) - l_2\left(\frac{A_{m,B}}{T}\right)^2 - l_3\left(\frac{A_{m,B}}{T}\right)^3 - \cdots \tag{5.7}$$

$$A_{m,B} = \Delta G_{m,B} = \Delta G_{m,B}^{\ominus} + RT\ln\frac{a_B^2}{p_{B_2}/p^{\ominus}} \tag{5.8}$$

将式（5.6）分离变量积分，得

$$N_{Bt} = N_{B0} + 2\Omega_{g'l'}\int_0^t j_B \mathrm{d}t$$

$$c_{Bt} = c_{B0} + \frac{2\Omega_{g'l'}}{V}\int_0^t j_B \mathrm{d}t$$

$$N_{B_2(g)t} = N_{B_2(g)0} - \Omega_{g'l'}\int_0^t j_B \mathrm{d}t$$

2. 气体在气膜中的扩散是过程的控制步骤

1）溶解后气体分子不分解

气体组元 B_2 在气膜单位面积的扩散速率为

$$J_{B_2g'} = |J_{B_2g'}| = \left|-L_{B_2}\frac{\nabla\mu_{B_2g'}}{T}\right| = L_{B_2}\frac{\Delta\mu_{B_2g'}}{T\delta_{g'}} = L'_{B_2}\frac{\Delta\mu_{B_2g'}}{T} \tag{5.9}$$

式中，J_{B_2} 为气体组分 B_2 通过单位气膜-液体界面向液体表面扩散的速度；$\delta_{g'}$ 为气膜的厚度。

$$\Delta\mu_{B_2g'} = \mu_{B_2g'g} - \mu_{B_2g'l'} = RT\ln\frac{p_{B_2g'g}}{p_{B_2g'l'}} = RT\ln\frac{c_{B_2g'g}}{c_{B_2g'l'}} \tag{5.10}$$

根据理想气体状态方程

$$pV = nRT$$

得

$$p = cRT$$

将式（5.10）代入式（5.9），得

$$J_{B_2g'} = L'_{B_2}R\ln\frac{p_{B_2g'g}}{p_{B_2g'l'}} = L'_{B_2}R\ln\frac{c_{B_2g'g}}{c_{B_2g'l'}} \tag{5.11}$$

式中，$p_{B_2g'g}$ 和 $p_{B_2g'l'}$、$c_{B_2g'g}$ 和 $c_{B_2g'l'}$ 分别为气膜靠近气相本体和气膜靠近液膜一侧组元 B_2 的压力和浓度。

溶解速率为

$$-\frac{\mathrm{d}N_{B_2(g)}}{\mathrm{d}t} = \frac{\mathrm{d}N_{B_2}}{\mathrm{d}t} = V\frac{\mathrm{d}c_{B_2}}{\mathrm{d}t} = \Omega_{g'}J_{B_2g'} \tag{5.12}$$

将式（5.12）分离变量积分，得

$$N_{B_2t} = N_{B_20} + \Omega_{g'} \int_0^t J_{B_2g'} \mathrm{d}t$$

$$c_{B_2t} = c_{B_20} + \frac{\Omega_{g'}}{V} \int_0^t J_{B_2g'} \mathrm{d}t$$

$$N_{B_2(g)t} = N_{B_2(g)0} - \Omega_{g'} \int_0^t J_{B_2g'} \mathrm{d}t$$

2）溶解后气体分子分解

气体组元 B_2 的溶解速率为

$$-\frac{\mathrm{d}N_{B_2(g)}}{\mathrm{d}t} = \frac{1}{2}\frac{\mathrm{d}N_B}{\mathrm{d}t} = \frac{1}{2}V\frac{\mathrm{d}c_B}{\mathrm{d}t} = \Omega_{g'}J_{B_2g'} \qquad (5.13)$$

将式（5.13）分离变量积分，得

$$N_{Bt} = N_{B0} + 2\Omega_{g'} \int_0^t J_{B_2g'} \mathrm{d}t$$

$$c_{Bt} = c_{B0} + \frac{2\Omega_{g'}}{V} \int_0^t J_{B_2g'} \mathrm{d}t$$

$$N_{B_2(g)t} = N_{B_2(g)0} - \Omega_{g'} \int_0^t J_{B_2g'} \mathrm{d}t$$

3. 溶解的气体在液膜中的扩散为过程的控制步骤

1）溶解后气体分子不分解

溶解组元在单位面积液膜中的扩散速率为

$$J_{B_2l'} = \left| \boldsymbol{J}_{B_2l'} \right| = \left| -L_{B_2} \frac{\nabla \mu_{B_2l'}}{T} \right|$$

$$= L_{B_2} \frac{\Delta \mu_{B_2l'}}{T\delta_{l'}}$$

$$= L'_{B_2} \frac{\Delta \mu_{B_2l'}}{T} \qquad (5.14)$$

式中，$\boldsymbol{J}_{B_2l'}$ 是溶解组元 B_2 通过液膜单位界面向溶液本体扩散的速度；$\delta_{l'}$ 为液膜的厚度。

$$\Delta \mu_{B_2l'} = \mu_{B_2l'g} - \mu_{B_2l'l} = RT\ln \frac{a_{B_2l'g}}{a_{B_2l'l}} \qquad (5.15)$$

式中，$\mu_{B_2l'g}$ 和 $\mu_{B_2l'l}$、$a_{B_2l'g}$ 和 $a_{B_2l'l}$ 分别为液膜靠近气相一侧和靠近溶液本体一侧组元 B_2 的化学势和活度。由于在气膜中的扩散不是过程的控制步骤，所以 g'就是 g。

将式（5.15）代入式（5.14），得

$$J_{B_2l'} = L'_{B_2} R\ln \frac{a_{B_2l'g}}{a_{B_2l'l}} \qquad (5.16)$$

气体在整个液相中的溶解速率为

$$-\frac{dN_{B_2(g)}}{dt} = \frac{dN_{B_2}}{dt} = V\frac{dc_{B_2}}{dt} = \Omega_{l'}J_{B_2l'} \tag{5.17}$$

将式（5.17）分离变量积分，得

$$N_{B_2t} = N_{B_20} + \Omega_{l'}\int_0^t J_{B_2l'}dt$$

$$c_{B_2t} = c_{B_20} + \frac{\Omega_{l'}}{V}\int_0^t J_{B_2l'}dt$$

$$N_{B_2(g)t} = N_{B_2(g)0} - \Omega_{l'}\int_0^t J_{B_2l'}dt$$

2）溶解后气体分子分解

溶解组元在单位面积液膜中的扩散速率为

$$J_{Bl'} = |\boldsymbol{J}_{Bl'}| = \left|-L_B\frac{\nabla\mu_{Bl'}}{T}\right| = L_{B_2}\frac{\Delta\mu_{Bl'}}{T\delta_{l'}} = L'_{B_2}\frac{\Delta\mu_{Bl'}}{T} \tag{5.18}$$

式中，$\boldsymbol{J}_{Bl'}$ 为溶解组元 B 通过液膜单位面积向溶液本体扩散的速度。

$$\Delta\mu_{Bl'} = \mu_{Bl'g'} - \mu_{Bl'l} = RT\ln\frac{a_{Bl'g'}}{a_{Bl'l}} \tag{5.19}$$

式中，$\mu_{Bl'g'}$ 和 $\mu_{Bl'l}$、$a_{Bl'g'}$ 和 $a_{Bl'l}$ 分别是液膜靠近气相一侧和靠近溶液本体一侧组元 B 的化学势和活度。由于在气膜中的扩散不是控制步骤，所以 g′ 就是 g。

将式（5.19）代入式（5.18），得

$$J_{Bl'} = L'_{B_2}R\ln\frac{a_{Bl'g'}}{a_{Bl'l}} \tag{5.20}$$

气体在整个液相的溶解速率为

$$-\frac{dN_{B_2(g)}}{dt} = \frac{1}{2}\frac{dN_B}{dt} = \frac{1}{2}V\frac{dc_B}{dt} = \frac{1}{2}\Omega_{l'}J_{Bl'} \tag{5.21}$$

将式（5.21）分离变量积分，得

$$N_{Bt} = N_{B0} + \Omega_{l'}\int_0^t J_{Bl'}dt$$

$$c_{Bt} = c_{B0} + \frac{\Omega_{l'}}{V}\int_0^t J_{Bl'}dt$$

$$N_{B_2(g)t} = N_{B_2(g)0} - \frac{1}{2}\Omega_{l'}\int_0^t J_{Bl'}dt$$

4. 气体在气膜中扩散和气体在液体中溶解为过程的共同控制步骤

1）溶解后气体分子不分解

过程速率为

$$\frac{dN_{B_2}}{dt} = V\frac{dc_{B_2}}{dt} = -\frac{dN_{B_2(g)}}{dt} = \Omega_{g'}J_{B_2g'} = \Omega_{g'l'}j_{B_2} = \Omega J_{B_2} \tag{5.22}$$

其中

$$\Omega_{g'} = \Omega_{g'l'} = \Omega$$

$$J_{B_2} = J_{B_2g'} = L'_{B_2}R\ln\frac{a_{B_2g'g}}{a_{B_2g'l'}} \tag{5.23}$$

$$J_{B_2} = j_{B_2} = -l_1\left(\frac{A_{m,B_2}}{T}\right) - l_2\left(\frac{A_{m,B_2}}{T}\right)^2 - l_3\left(\frac{A_{m,B_2}}{T}\right)^3 - \cdots \tag{5.24}$$

式（5.23）+式（5.24）后除以 2，得

$$J_{B_2} = \frac{1}{2}(J_{B_2g'} + j_{B_2}) \tag{5.25}$$

将式（5.25）代入式（5.22）后，分离变量积分得

$$N_{B_2t} = N_{B_20} + \Omega\int_0^t J_{B_2}dt$$

$$c_{B_2t} = c_{B_20} + \frac{\Omega}{V}\int_0^t J_{B_2}dt$$

$$N_{B_2(g)t} = N_{B_2(g)0} - \int_0^t J_{B_2}dt$$

2）溶解后气体分子分解

过程速率为

$$-\frac{dN_{B_2(g)}}{dt} = \frac{1}{2}\frac{dN_B}{dt} = \frac{1}{2}V\frac{dc_B}{dt} = \Omega_{g'}J_{B_2g'} = \Omega_{g'l'}j_B = \Omega J_B \tag{5.26}$$

其中

$$\Omega_{g'} = \Omega_{g'l'} = \Omega$$

$$J_B = J_{B_2g'} = L'_{B_2}R\ln\frac{p_{B_2g'l'}}{p_{B_2g'g}} \tag{5.27}$$

$$J_B = j_B = -l_1\left(\frac{A_{m,B}}{T}\right) - l_2\left(\frac{A_{m,B}}{T}\right)^2 - l_3\left(\frac{A_{m,B}}{T}\right)^3 - \cdots \tag{5.28}$$

式（5.27）+式（5.28）后除以 2，得

$$J_B = \frac{1}{2}(J_{B_2g'} + j_B) \tag{5.29}$$

将式（5.29）代入式（5.26）后，分离变量积分得

$$N_{Bt} = N_{B0} - 2\Omega\int_0^t J_B dt$$

$$c_{Bt} = c_{B0} - \frac{2\Omega}{V}\int_0^t J_B dt$$

$$N_{B_2(g)t} = N_{B_2(g)0} + \Omega \int_0^t J_B dt$$

5. 气体在溶液中溶解和在液膜中扩散共同为控制步骤

1）溶解后气体分子不分解

过程速率为

$$-\frac{dN_{B_2(g)}}{dt} = \frac{dN_{B_2}}{dt} = V\frac{dc_{B_2}}{dt} = \Omega_{g'l'} j_{B_2} = \Omega_{l'} J_{B_2l'} = \Omega J_{B_2} \tag{5.30}$$

其中

$$\Omega_{g'l'} = \Omega_{l'} = \Omega$$

$$J_{B_2} = j_{B_2} = -l_1\left(\frac{A_{m,B_2}}{T}\right) - l_2\left(\frac{A_{m,B_2}}{T}\right)^2 - l_3\left(\frac{A_{m,B_2}}{T}\right)^3 - \cdots \tag{5.31}$$

$$J_{B_2} = J_{B_2l'} = L'_{B_2} \ln\frac{a_{B_2l'g'}}{a_{B_2l'l}} \tag{5.32}$$

其中

$$A_{B_2} = \Delta G_{m,B_2} = \Delta G_{m,B_2}^\ominus + RT\ln\frac{a_{B_2l'g'}}{a_{B_2g'l'}}$$

由于在气膜中的扩散不是控制步骤，所以 $p_{B_2g'l'}$ 就是气相本体中组元 B_2 的压力；$a_{B_2l'g}$ 是液膜中靠近气膜一侧组元 B_2 的活度。

式（5.31）＋式（5.32）后除以 2，得

$$J_{B_2} = \frac{1}{2}(j_{B_2} + J_{B_2l'}) \tag{5.33}$$

将式（5.33）代入式（5.30）后，分离变量积分，得

$$N_{B_2t} = N_{B_20} + \Omega\int_0^t J_{B_2} dt$$

$$c_{B_2t} = c_{B_20} + \frac{\Omega}{V}\int_0^t J_{B_2} dt$$

$$N_{B_2(g)t} = N_{B_2(g)0} - \Omega\int_0^t J_{B_2} dt$$

2）溶解后气体分子分解

过程速率为

$$-\frac{dN_{B_2(g)}}{dt} = \frac{1}{2}\frac{dN_B}{dt} = \frac{1}{2}V\frac{dc_B}{dt} = \Omega_{g'l'} j_B = \Omega_{l'} J_{Bl'} = \Omega J_B \tag{5.34}$$

其中

$$\Omega_{g'l'} = \Omega_{l'} = \Omega$$

$$J_B = j_B = -l_1 \left(\frac{A_{m,B}}{T} \right) - l_2 \left(\frac{A_{m,B}}{T} \right)^2 - l_3 \left(\frac{A_{m,B}}{T} \right)^3 - \cdots \tag{5.35}$$

$$J_B = J_{Bl'} = L'_B R \ln \frac{a_{Bl'g'}}{a_{Bl'l}} \tag{5.36}$$

式（5.35）＋式（5.36）后除以 2，得

$$J_B = \frac{1}{2}(j_B + J_{Bl'}) \tag{5.37}$$

将式（5.37）代入式（5.34）后，分离变量积分得

$$N_{Bt} = N_{B0} + 2\Omega \int_0^t J_B \mathrm{d}t$$

$$c_{Bt} = c_{B0} + 2\frac{\Omega}{V} \int_0^t J_B \mathrm{d}t$$

$$N_{B_2(g)t} = N_{B_2(g)0} - \Omega \int_0^t J_B \mathrm{d}t$$

6. 气体在气膜中扩散和在液膜中扩散为过程的共同控制步骤

1）溶解后气体分子不分解

过程速率为

$$-\frac{\mathrm{d}N_{B_2(g)}}{\mathrm{d}t} = \frac{\mathrm{d}N_{B_2}}{\mathrm{d}t} = V\frac{\mathrm{d}c_{B_2}}{\mathrm{d}t} = \Omega_{g'} J_{B_2g'} = \Omega_{l'} J_{B_2l'} = \Omega J_{B_2} \tag{5.38}$$

其中

$$\Omega_{g'} = \Omega_{l'} = \Omega$$

$$J_{B_2} = J_{B_2g'} = L'_{B_2} R \ln \frac{p_{B_2g'g}}{p_{B_2g'l}} \tag{5.39}$$

$$J_{B_2} = J_{B_2l'} = L'_{B_2} R \ln \frac{a_{B_2l'g'}}{a_{B_2l'l}} \tag{5.40}$$

式（5.39）＋式（5.40）后除以 2，得

$$J_{B_2} = \frac{1}{2}(J_{B_2g'} + J_{B_2l'}) \tag{5.41}$$

将式（5.41）代入式（5.38）后，分离变量积分得

$$N_{B_2t} = N_{B_20} + \Omega \int_0^t J_{B_2} \mathrm{d}t$$

$$c_{B_2t} = c_{B_20} + \frac{\Omega}{V} \int_0^t J_{B_2} \mathrm{d}t$$

$$N_{B_2(g)t} = N_{B_2(g)0} - \Omega \int_0^t J_{B_2} \mathrm{d}t$$

2）溶解后气体分子分解

过程速率为

$$-\frac{\mathrm{d}N_{B_2(g)}}{\mathrm{d}t} = \frac{1}{2}\frac{\mathrm{d}N_B}{\mathrm{d}t} = \frac{1}{2}V\frac{\mathrm{d}c_B}{\mathrm{d}t} = \Omega_{g'}J_{B_2(g)} = \frac{1}{2}\Omega_{l'}J_{Bl'} = \Omega J_B \tag{5.42}$$

其中

$$\Omega_{g'} = \Omega_{l'} = \Omega$$

$$J_B = J_{Bg'} = L'_{B_2}R\ln\frac{p_{B_2g'g}}{p_{B_2g'l'}} = L'_{B_2}R\ln\frac{c_{B_2g'g}}{c_{B_2g'l'}} \tag{5.43}$$

$$J_B = \frac{1}{2}J_{Bl'} = L'_{B_2}R\ln\frac{a_{B_2l'g'}}{a_{B_2l'l}} \tag{5.44}$$

式（5.43）+式（5.44）后除以 2，得

$$J_B = \frac{1}{2}\left(J_{B_2g'} + \frac{1}{2}J_{Bl'}\right) \tag{5.45}$$

将式（5.45）代入式（5.42）后，分离变量积分得

$$N_{Bt} = N_{B0} + 2\Omega\int_0^t J_B\mathrm{d}t$$

$$c_{Bt} = c_{B0} + 2\frac{\Omega}{V}\int_0^t J_B\mathrm{d}t$$

$$N_{B_2(g)t} = N_{B_2(g)0} - \Omega\int_0^t J_B\mathrm{d}t$$

7. 溶解过程由气体在气膜中的扩散、界面溶解和在液膜中的扩散共同控制

1）溶解后气体分子不分解

过程速率为

$$-\frac{\mathrm{d}N_{B_2(g)}}{\mathrm{d}t} = \frac{\mathrm{d}N_{B_2}}{\mathrm{d}t} = V\frac{\mathrm{d}c_{B_2}}{\mathrm{d}t} = \Omega_{g'}J_{B_2g'} = \Omega_{g'l'}j_{B_2} = \Omega_{l'}J_{B_2l'} = \Omega J_{B_2} \tag{5.46}$$

其中

$$\Omega_{g'} = \Omega_{g'l'} = \Omega_{l'} = \Omega$$

$$J_{B_2} = J_{B_2g'} = L'_{B_2}R\ln\frac{p_{B_2g'g}}{p_{B_2g'l'}} = L'_{B_2}R\ln\frac{c_{B_2g'g}}{c_{B_2g'l'}} \tag{5.47}$$

$$J_{B_2} = j_{B_2} = -l_1\left(\frac{A_{m,B_2}}{T}\right) - l_2\left(\frac{A_{m,B_2}}{T}\right)^2 - l_3\left(\frac{A_{m,B_2}}{T}\right)^3 - \cdots \tag{5.48}$$

$$J_{B_2} = J_{B_2l'} = L'_{B_2}R\ln\frac{a_{B_2l'g'}}{a_{B_2l'l}} \tag{5.49}$$

式（5.47）+式（5.48）+式（5.49）后除以 3，得

$$J_{B_2} = \frac{1}{3}(J_{B_2g'} + j_{B_2} + J_{B_2l'}) \tag{5.50}$$

将式（5.50）代入式（5.46）后，分离变量积分得

$$N_{B_2t} = N_{B_20} + \Omega \int_0^t J_{B_2} \mathrm{d}t$$

$$c_{B_2t} = c_{B_20} + \frac{\Omega}{V} \int_0^t J_{B_2} \mathrm{d}t$$

$$N_{B_2(g)t} = N_{B_2(g)0} - \Omega \int_0^t J_{B_2} \mathrm{d}t$$

2）溶解后气体分子分解

过程速率为

$$-\frac{\mathrm{d}N_{B_2(g)}}{\mathrm{d}t} = \frac{1}{2}\frac{\mathrm{d}N_B}{\mathrm{d}t} = \frac{1}{2}V\frac{\mathrm{d}c_B}{\mathrm{d}t} = \Omega_{g'}J_{B_2g'} = \Omega_{g'l'}j_B = \frac{1}{2}\Omega_{l'}J_{Bl'} = \Omega J_B \quad （5.51）$$

其中

$$\Omega_{g'} = \Omega_{g'l'} = \Omega_{l'} = \Omega$$

$$J_B = J_{B_2g'} = L'_{B_2}R\ln\frac{p_{B_2g'g}}{p_{B_2g'l'}} = L'_{B_2}R\ln\frac{c_{B_2g'g}}{c_{B_2g'l'}} \quad （5.52）$$

$$J_B = j_B = -l_1\left(\frac{A_{m,B}}{T}\right) - l_2\left(\frac{A_{m,B}}{T}\right)^2 - l_3\left(\frac{A_{m,B}}{T}\right)^3 - \cdots \quad （5.53）$$

$$J_B = \frac{1}{2}J_{Bl'} = \frac{1}{2}L'_B R\ln\frac{a_{B_2l'g'}}{a_{B_2l'l}} \quad （5.54）$$

式（5.52）＋式（5.53）＋式（5.54）后除以 3，得

$$J_B = \frac{1}{3}\left(J_{B_2g'} + j_B + \frac{1}{2}J_{Bl'}\right) \quad （5.55）$$

将式（5.55）代入式（5.51）后，分离变量积分，得

$$N_{Bt} = N_{B0} + 2\Omega \int_0^t J_B \mathrm{d}t$$

$$c_{Bt} = c_{B0} + 2\frac{\Omega}{V} \int_0^t J_B \mathrm{d}t$$

$$N_{B_2(g)t} = N_{B_2(g)0} - \Omega \int_0^t J_B \mathrm{d}t$$

5.2 多种气体在溶液中溶解

5.2.1 多种气体在溶液中溶解的热力学

1. 溶解后气体分子不分解

多种气体同时溶解进入液相，气体分子不分解。可以表示为

$$i_2(g) \Longrightarrow (i_2) \tag{5.c}$$

$$(i = 1, 2, \cdots, n)$$

组元 i 可以是单原子分子、双原子分子或多原子分子。溶解过程的摩尔吉布斯自由能变为

$$\Delta G_{m,i_2} = \Delta G_{m,i_2}^{\ominus} + RT\ln\frac{a_{i_2}}{p_{i_2}/p^{\ominus}} \tag{5.56}$$

$$(i = 1, 2, \cdots, n)$$

其中

$$\Delta G_{m,i_2} = \mu_{(i_2)} - \mu_{i_2(g)}$$

$$\mu_{(i_2)} = \mu_{i_2}^{\ominus} + RT\ln a_{i_2}$$

$$\mu_{i_2(g)} = \mu_{i_2(g)}^{\ominus} + RT\ln(p_{i_2}/p^{\ominus})$$

$$\Delta G_{m,i_2}^{\ominus} = \mu_{i_2}^{\ominus} - \mu_{i_2(g)}^{\ominus} = \Delta_{sol}G_{m,i_2}^{\ominus}$$

式中，$\Delta G_{m,i_2}^{\ominus}$ 为气体 i_2 的标准溶解自由能；$\mu_{i_2}^{\ominus}$、$\mu_{i_2(g)}^{\ominus}$ 和 $\Delta_{sol}G_{m,i_2}^{\ominus}$ 的值与标准状态的选择有关。

化学亲和力为

$$A_{i_2} = \Delta G_{m,i_2}$$

2. 溶解后气体分子分解

多种气体同时溶解进入液相，气体分子分解。可以表示为

$$i_2(g) \Longrightarrow 2[i] \tag{5.d}$$

$$(i = 1, 2, \cdots, n)$$

溶解过程的摩尔吉布斯自由能变为

$$\Delta G_{m,i} = \Delta G_{m,i}^{\ominus} + RT\ln\frac{a_i^2}{p_{i_2(g)}/p^{\ominus}}$$

$$= \Delta G_{m,i}^{\ominus} + RT\ln\frac{a_i^2}{c_i RT/p^{\ominus}} \tag{5.57}$$

其中

$$\Delta G_{m,i}^{\ominus} = 2\mu_{[i]}^{\ominus} - \mu_{i_2(g)}^{\ominus}$$

化学亲和力为

$$A_{m,i} = \Delta G_{m,i}$$

5.2.2　多种气体溶解的控制步骤

1. 气体在液体中的溶解为过程的控制步骤

1）溶解后气体分子不分解

溶解速率为

$$-\frac{\mathrm{d}N_{i_2(\mathrm{g})}}{\mathrm{d}t} = \frac{\mathrm{d}N_{i_2}}{\mathrm{d}t} = V\frac{\mathrm{d}c_{i_2}}{\mathrm{d}t} = \varOmega_{\mathrm{g'l'}}j_{i_2} \tag{5.58}$$

$$(j, i = 1, 2, \cdots, n)$$

其中

$$j_{i_2} = -\sum_{k=1}^{n}l_{i_2k_2}\left(\frac{A_{\mathrm{m},k_2}}{T}\right) - \sum_{k=1}^{n}\sum_{l=1}^{n}l_{i_2k_2l_2}\left(\frac{A_{\mathrm{m},k_2}}{T}\right)\left(\frac{A_{\mathrm{m},l_2}}{T}\right) - \sum_{k=1}^{n}\sum_{l=1}^{n}\sum_{h=1}^{n}l_{i_2k_2l_2h_2}\left(\frac{A_{\mathrm{m},k_2}}{T}\right)\left(\frac{A_{\mathrm{m},l_2}}{T}\right)\left(\frac{A_{\mathrm{m},h_2}}{T}\right) - \cdots \tag{5.59}$$

将式（5.58）分离变量积分，得

$$N_{i_2t} = N_{i_20} + \varOmega_{\mathrm{g'l'}}\int_0^t j_{i_2}\mathrm{d}t$$

$$c_{i_2t} = c_{i_20} + \frac{\varOmega_{\mathrm{g'l'}}}{V}\int_0^t j_{i_2}\mathrm{d}t$$

$$N_{i_2(\mathrm{g})t} = N_{i_2(\mathrm{g})0} - \varOmega_{\mathrm{g'l'}}\int_0^t j_{i_2}\mathrm{d}t$$

$$(i = 1, 2, \cdots, n)$$

2）溶解后气体分子分解

溶解速率为

$$-\frac{\mathrm{d}N_{i_2(\mathrm{g})}}{\mathrm{d}t} = \frac{1}{2}\frac{\mathrm{d}N_i}{\mathrm{d}t} = \frac{V}{2}\frac{\mathrm{d}c_i}{\mathrm{d}t} = \varOmega_{\mathrm{g'l'}}j_i \tag{5.60}$$

$$(i = 1, 2, \cdots, n)$$

其中

$$j_i = -\sum_{k=1}^{n}l_{ik}\left(\frac{A_{\mathrm{m},k}}{T}\right) - \sum_{k=1}^{n}\sum_{l=1}^{n}l_{ikl}\left(\frac{A_{\mathrm{m},k}}{T}\right)\left(\frac{A_{\mathrm{m},l}}{T}\right) - \sum_{k=1}^{n}\sum_{l=1}^{n}\sum_{h=1}^{n}l_{iklh}\left(\frac{A_{\mathrm{m},k}}{T}\right)\left(\frac{A_{\mathrm{m},l}}{T}\right)\left(\frac{A_{\mathrm{m},h}}{T}\right) - \cdots \tag{5.61}$$

将式（5.60）分离变量积分，得

$$N_{it} = N_{i0} + 2\varOmega_{\mathrm{g'l'}}\int_0^t j_i\mathrm{d}t$$

$$c_{it} = c_{i0} + 2\frac{\varOmega_{\mathrm{g'l'}}}{V}\int_0^t j_i\mathrm{d}ta$$

$$N_{i_2(\mathrm{g})t} = N_{i_2(\mathrm{g})0} - \varOmega_{\mathrm{g'l'}}\int_0^t j_i\mathrm{d}t$$

2. 气体在气膜中的扩散是过程的控制步骤

1）溶解后气体分子不分解

$$J_{i_2g'} = \left| \boldsymbol{J}_{i_2g'} \right| = \left| -\sum_{k=1}^{n} L_{ik} \frac{\nabla \mu_{k_2g'}}{T} \right|$$

$$= \sum_{k=1}^{n} L_{ik} \frac{\Delta \mu_{k_2g'}}{T \delta_{g'}}$$

$$= \sum_{k=1}^{n} L'_{ik} \frac{\Delta \mu_{k_2g'}}{T} \qquad (5.62)$$

式中，$\boldsymbol{J}_{i_2g'}$ 为通过气膜的单位界面向液相本体扩散的速度；$\delta_{g'}$ 为气膜厚度。

$$\Delta \mu_{k_2g'} = \mu_{k_2g'g} - \mu_{k_2g'l'} = RT \ln p_{i_2g'g}/p_{i_2g'l'} = RT \ln c_{i_2g'g}/c_{i_2g'l'} \qquad (5.63)$$

由于液膜中的扩散不是控制步骤，所以 l′ 就是溶液本体 l。

将式（5.63）代入式（5.62），得

$$J_{i_2g'} = \sum_{k=1}^{n} L'_{ik} R \ln(p_{i_2g'g}/p_{i_2g'l'})$$

$$= \sum_{k=1}^{n} L'_{ik} R \ln(c_{i_2g'g}/c_{i_2g'l'}) \qquad (5.64)$$

气体在全部液体中的溶解速率为

$$-\frac{dN_{i_2(g)}}{dt} = \frac{dN_{i_2}}{dt} = V \frac{dc_{i_2}}{dt} = \Omega_{g'} j_{i_2g'} \qquad (5.65)$$

将式（5.65）分离变量积分，得

$$N_{i_2t} = N_{i_20} + \Omega_{g'} \int_0^t j_{i_2g'} dt$$

$$c_{i_2t} = c_{i_20} + \frac{\Omega_{g'}}{V} \int_0^t j_{i_2g'} dt$$

$$N_{i_2(g)t} = N_{i_2(g)0} - \Omega_{g'} \int_0^t j_{i_2g'} dt$$

2）溶解后气体分子分解

气体在气膜中的扩散速率仍为式（5.62）和式（5.64）。气体在溶液中的溶解速率为

$$-\frac{dN_{i_2(g)}}{dt} = \frac{1}{2} \frac{dN_i}{dt} = \frac{V}{2} \frac{dc_i}{dt} = \Omega_{g'} J_{i_2g'} \qquad (5.66)$$

将式（5.66）分离变量积分，得

$$N_{it} = N_{i0} + 2\Omega_{g'} \int_0^t J_{i_2g'} dt$$

$$c_{it} = c_{i0} + \frac{2\Omega_{g'}}{V} \int_0^t J_{i_2 g'} \mathrm{d}t$$

$$N_{i_2(g)t} = N_{i_2(g)0} - \Omega_{g'} \int_0^t J_{i_2 g'} \mathrm{d}t$$

3. 气体在液膜中的扩散为过程的控制步骤

1）溶解后气体分子不分解

气体在液膜中的扩散速率为

$$J_{i_2 l'} = \left| \boldsymbol{J}_{i_2 l'} \right| = \left| -\sum_{k=1}^n L_{ik} \frac{\nabla \mu_{k_2 l'}}{T} \right|$$

$$= \sum_{k=1}^n L_{ik} \frac{\Delta \mu_{k_2 l'}}{T \delta_{l'}}$$

$$= \sum_{k=1}^n L'_{ik} \frac{\Delta \mu_{k_2 l'}}{T} \qquad (5.67)$$

$$(i = 1, 2, \cdots, n)$$

式中，$\boldsymbol{J}_{i_2 l'}$ 为气体通过液膜的单位界面面积向溶液本体扩散的速率；$\delta_{l'}$ 为液膜厚度。

$$\Delta \mu_{k_2 l'} = \mu_{k_2 l' g'} - \mu_{k_2 l' l}$$

$$= RT \ln \frac{a_{k_2 l' g'}}{a_{k_2 l' l}} \qquad (5.68)$$

式中，$a_{k_2 l' g'}$ 和 $a_{k_2 l' l}$ 为液膜中靠近气膜一侧和液相本体一侧组元 k_2 的活度。由于气膜扩散不是限制条件，g' 就是 g。

将式（5.68）代入式（5.67），得

$$J_{i_2 l'} = \sum_{k=1}^n L'_{ik} R \ln \frac{a_{k_2 l' g'}}{a_{k_2 l' l}} \qquad (5.69)$$

$$(i = 1, 2, \cdots, n)$$

气体在全部液体中的溶解速率为

$$-\frac{\mathrm{d}N_{i_2(g)}}{\mathrm{d}t} = \frac{\mathrm{d}N_{i_2}}{\mathrm{d}t} = V \frac{\mathrm{d}c_{i_2}}{\mathrm{d}t} = \Omega_{l'} J_{i_2 l'} \qquad (5.70)$$

将式（5.70）分离变量积分，得

$$N_{i_2 t} = N_{i_2 0} + \Omega_{l'} \int_0^t J_{i_2 l'} \mathrm{d}t$$

$$c_{i_2 t} = c_{i_2 0} + \frac{\Omega_{l'}}{V} \int_0^t J_{i_2 l'} \mathrm{d}t$$

$$N_{i_2(g)t} = N_{i_2(g)0} - \Omega_{l'} \int_0^t J_{i_2 l'} \mathrm{d}t$$

2）溶解后气体分子分解

气体在液膜中的溶解速率为

$$
\begin{aligned}
J_{i1'} = \left| \boldsymbol{J}_{i1'} \right| &= \left| -\sum_{k=1}^{n} L_{ik} \frac{\nabla \mu_{k1'}}{T} \right| \\
&= \sum_{k=1}^{n} L_{ik} \frac{\Delta \mu_{k1'}}{T \delta_{1'}} \\
&= \sum_{k=1}^{n} L'_{ik} \frac{\Delta \mu_{k1'}}{T}
\end{aligned}
\tag{5.71}
$$

$$
(i = 1, 2, \cdots, n)
$$

式中，$\boldsymbol{J}_{i1'}$ 为溶解进入液相的组元 i 在液膜中的扩散速率。

$$
\Delta \mu_{k1'} = \mu_{k1'g'} - \mu_{k1'1} = RT \ln \frac{a_{k1'g'}}{a_{k1'1}}
\tag{5.72}
$$

将式（5.72）代入式（5.71），得

$$
J_{i1'} = \sum_{k=1}^{n} L'_{ik} R \ln \frac{a_{k1'g'}}{a_{k1'1}}
\tag{5.73}
$$

$$
(i = 1, 2, \cdots, n)
$$

气体在全部液体中的溶解速率为

$$
-\frac{\mathrm{d} N_{i_2(g)}}{\mathrm{d} t} = \frac{1}{2} \frac{\mathrm{d} N_i}{\mathrm{d} t} = \frac{V}{2} \frac{\mathrm{d} c_i}{\mathrm{d} t} = \frac{1}{2} \Omega_{1'} J_{i1'}
\tag{5.74}
$$

将式（5.74）分离变量积分，得

$$
N_{it} = N_{i0} + \Omega_{1'} \int_0^t J_{i1'} \mathrm{d} t
$$

$$
c_{it} = c_{i0} + \frac{\Omega_{1'}}{V} \int_0^t J_{i1'} \mathrm{d} t
$$

$$
N_{i_2(g)t} = N_{i_2(g)0} - \frac{1}{2} \Omega_{1'} \int_0^t J'_{i1} \mathrm{d} t
$$

4. 气体在气膜中的扩散和气体在溶液中的溶解共同为过程的控制步骤

1）溶解前后气体分子组成不变

过程速率为

$$
-\frac{\mathrm{d} N_{i_2(g)}}{\mathrm{d} t} = \frac{\mathrm{d} N_{i_2}}{\mathrm{d} t} = V \frac{\mathrm{d} c_{i_2}}{\mathrm{d} t} = \Omega_{g'} J_{i_2 g'} = \Omega_{g'1'} j_{i_2} = \Omega J_{i_2}
\tag{5.75}
$$

$$
(i = 1, 2, \cdots, n)
$$

其中

$$
\Omega_{g'} = \Omega_{g'1'} = \Omega
$$

$$J_{i_2} = J_{i_2 g'} = \sum_{k=1}^{n} L'_{ik} R \ln(p_{k_2 g' g}/p_{k_2 g' l})$$

$$= \sum_{k=1}^{n} L'_{ik} R \ln(c_{k_2 g' g}/c_{k_2 g' l}) \tag{5.76}$$

$$J_{i_2} = j_{i_2} = -\sum_{k=1}^{n} l_{i_2 k_2}\left(\frac{A_{m,k_2}}{T}\right) - \sum_{k=1}^{n}\sum_{l=1}^{n} l_{i_2 k_2 l_2}\left(\frac{A_{m,k_2}}{T}\right)\left(\frac{A_{m,l_2}}{T}\right) - \sum_{k=1}^{n}\sum_{l=1}^{n}\sum_{h=1}^{n} l_{i_2 k_2 l_2 h_2}\left(\frac{A_{m,k_2}}{T}\right)\left(\frac{A_{m,l_2}}{T}\right)\left(\frac{A_{m,h_2}}{T}\right) - \cdots \tag{5.77}$$

式（5.76）＋式（5.77）后除以 2，得

$$J_{i_2} = \frac{1}{2}(J_{i_2 g'} + j_{i_2}) \tag{5.78}$$

将式（5.78）代入式（5.75）后，分离变量积分得

$$N_{i_2 t} = N_{i_2 0} + \Omega \int_0^t J_{i_2} \mathrm{d}t$$

$$c_{i_2 t} = c_{i_2 0} + \frac{\Omega}{V} \int_0^t J_{i_2} \mathrm{d}t$$

$$N_{i_2(g)t} = N_{i_2(g)0} - \Omega \int_0^t J_{i_2} \mathrm{d}t$$

2）溶解前后气体分子组成变化

过程速率为

$$-\frac{\mathrm{d}N_{i_2(g)}}{\mathrm{d}t} = \frac{1}{2}\frac{\mathrm{d}N_i}{\mathrm{d}t} = \frac{V}{2}\frac{\mathrm{d}c_i}{\mathrm{d}t} = \Omega_{g'} J_{i_2 g'} = \Omega_{g' l} j_i = \Omega J_i \tag{5.79}$$

$$(i = 1, 2, \cdots, n)$$

其中

$$\Omega_{g'} = \Omega_{g' l} = \Omega$$

$$J_i = J_{i_2 g'} = \sum_{k=1}^{n} L'_{ik} R \ln \frac{p_{k_2 g' g}}{p_{k_2 g' l}}$$

$$= \sum_{k=1}^{n} L'_{ik} R \ln \frac{c_{k_2 g' g}}{c_{k_2 g' l}} \tag{5.80}$$

$$J_i = j_i = -\sum_{k=1}^{n} l_{ik}\left(\frac{A_{m,k}}{T}\right) - \sum_{k=1}^{n}\sum_{l=1}^{n} l_{ikl}\left(\frac{A_{m,k}}{T}\right)\left(\frac{A_{m,l}}{T}\right) - \sum_{k=1}^{n}\sum_{l=1}^{n}\sum_{h=1}^{n} l_{iklh}\left(\frac{A_{m,k}}{T}\right)\left(\frac{A_{m,l}}{T}\right)\left(\frac{A_{m,h}}{T}\right) - \cdots \tag{5.81}$$

式（5.80）＋式（5.81）后除以 2，得

$$J_i = \frac{1}{2}(J_{i_2 g'} + j_i) \tag{5.82}$$

将式（5.82）代入式（5.79）后，分离变量积分得

$$N_{it} = N_{i0} + 2\Omega \int_0^t J_i \mathrm{d}t$$

$$c_{it} = c_{i0} + \frac{2\Omega}{V}\int_0^t J_i \mathrm{d}t$$

$$N_{i_2 t} = N_{i_2 0} - \Omega\int_0^t J_i \mathrm{d}t$$

5. 气体在液体中的溶解和在液膜中的扩散共同为过程的控制步骤

1）溶解前后气体分子组成不变

过程速率为

$$-\frac{\mathrm{d}N_{i_2(\mathrm{g})}}{\mathrm{d}t} = \frac{\mathrm{d}N_{i_2}}{\mathrm{d}t} = V\frac{\mathrm{d}c_{i_2}}{\mathrm{d}t} = \Omega_{\mathrm{g'l'}}j_{i_2} = \Omega_{\mathrm{l'}}J_{i_2 l'} = \Omega J_{i_2} \tag{5.83}$$

其中

$$\Omega_{\mathrm{g'l'}} = \Omega_{\mathrm{l'}} = \Omega$$

$$J_{i_2} = j_{i_2} = -\sum_{k=1}^n l_{i_2 k_2}\left(\frac{A_{\mathrm{m},k_2}}{T}\right) - \sum_{k=1}^n\sum_{l=1}^n l_{i_2 k_2 l_2}\left(\frac{A_{\mathrm{m},k_2}}{T}\right)\left(\frac{A_{\mathrm{m},l_2}}{T}\right) - \sum_{k=1}^n\sum_{l=1}^n\sum_{h=1}^n l_{i_2 k_2 l_2 h_2}\left(\frac{A_{\mathrm{m},k_2}}{T}\right)\left(\frac{A_{\mathrm{m},l_2}}{T}\right)\left(\frac{A_{\mathrm{m},h_2}}{T}\right) - \cdots \tag{5.84}$$

$$J_{i_2} = J_{i_2 l'} = \sum_{k=1}^n L'_{ik} R\ln\frac{a_{i_2 l'g'}}{a_{i_2 l'l}} \tag{5.85}$$

式（5.84）+式（5.85）后除以 2，得

$$J_{i_2} = \frac{1}{2}(j_{i_2} + J_{i_2 l'}) \tag{5.86}$$

将式（5.86）代入式（5.83）后，分离变量积分得

$$N_{i_2 t} = N_{i_2 0} + \Omega\int_0^t J_{i_2}\mathrm{d}t$$

$$c_{i_2 t} = c_{i_2 0} + \frac{\Omega}{V}\int_0^t J_{i_2}\mathrm{d}t$$

$$N_{i_2(\mathrm{g})t} = N_{i_2(\mathrm{g})0} - \Omega\int_0^t J_{i_2}\mathrm{d}t$$

2）溶解前后气体分子组成变化

过程速率为

$$-\frac{\mathrm{d}N_{i_2(\mathrm{g})}}{\mathrm{d}t} = \frac{1}{2}\frac{\mathrm{d}N_i}{\mathrm{d}t} = \frac{V}{2}\frac{\mathrm{d}c_i}{\mathrm{d}t} = \Omega_{\mathrm{g'l'}}j_i = \frac{1}{2}\Omega_{\mathrm{l'}}J_{il'} = \Omega J_i \tag{5.87}$$

$$(i = 1, 2, \cdots, n)$$

其中

$$\Omega_{\mathrm{g'l'}} = \Omega_{\mathrm{l'}} = \Omega$$

$$J_i = j_i = -\sum_{k=1}^n l_{ik}\left(\frac{A_{\mathrm{m},k}}{T}\right) - \sum_{k=1}^n\sum_{l=1}^n l_{ikl}\left(\frac{A_{\mathrm{m},k}}{T}\right)\left(\frac{A_{\mathrm{m},l}}{T}\right) - \sum_{k=1}^n\sum_{l=1}^n\sum_{h=1}^n l_{iklh}\left(\frac{A_{\mathrm{m},k}}{T}\right)\left(\frac{A_{\mathrm{m},l}}{T}\right)\left(\frac{A_{\mathrm{m},h}}{T}\right) - \cdots \tag{5.88}$$

$$J_i = \frac{1}{2}J_{il'} = \frac{1}{2}\sum_{k=1}^{n}L'_{ik}R\ln\frac{a_{il'g'}}{a_{il'l}} \tag{5.89}$$

式（5.88）＋式（5.89）后除以 2，得

$$J_i = \frac{1}{2}\left(j_i + \frac{1}{2}J_{il'}\right) \tag{5.90}$$

将式（5.90）代入式（5.87）后，分离变量积分得

$$N_{it} = N_{i0} + 2\Omega\int_0^t J_i \mathrm{d}t$$

$$c_{it} = c_{i0} + \frac{2\Omega}{V}\int_0^t J_i \mathrm{d}t$$

$$N_{i_2(\mathrm{g})t} = N_{i_2(\mathrm{g})0} - \Omega\int_0^t J_i \mathrm{d}t$$

6. 气体在气膜中的扩散和在液膜中的扩散共同为过程的控制步骤

1）溶解后气体分子不分解

过程速率为

$$-\frac{\mathrm{d}N_{i_2(\mathrm{g})}}{\mathrm{d}t} = \frac{\mathrm{d}N_{i_2}}{\mathrm{d}t} = V\frac{\mathrm{d}c_{i_2}}{\mathrm{d}t} = \Omega_{\mathrm{g}'}J_{i_2\mathrm{g}'} = \Omega_{\mathrm{l}'}J_{i_2\mathrm{l}'} = \Omega J_{i_2} \tag{5.91}$$

$$(i = 1, 2, \cdots, n)$$

其中

$$\Omega_{\mathrm{g}'} = \Omega_{\mathrm{l}'} = \Omega$$

$$J_{i_2} = J_{i_2\mathrm{g}'} = \sum_{k=1}^{n}L'_{ik}R\ln\frac{p_{k_2\mathrm{g}'\mathrm{g}}}{p_{k_2\mathrm{g}'\mathrm{l}'}}$$

$$= \sum_{k=1}^{n}L'_{ik}R\ln\frac{c_{k_2\mathrm{g}'\mathrm{g}}}{c_{k_2\mathrm{g}'\mathrm{l}'}} \tag{5.92}$$

$$J_{i_2} = J_{i_2\mathrm{l}'} = \sum_{k=1}^{n}L'_{ik}R\ln\frac{a_{k_2\mathrm{l}'\mathrm{g}'}}{a_{k_2\mathrm{l}'\mathrm{l}}} \tag{5.93}$$

式（5.92）＋式（5.93）后除以 2，得

$$J_{i_2} = \frac{1}{2}(J_{i_2\mathrm{g}'} + J_{i_2\mathrm{l}'}) \tag{5.94}$$

将式（5.94）代入式（5.91）后，分离变量积分得

$$N_{i_2t} = N_{i_20} + \Omega\int_0^t J_{i_2} \mathrm{d}t$$

$$c_{i_2t} = c_{i_20} + \frac{\Omega}{V}\int_0^t J_{i_2} \mathrm{d}t$$

$$N_{i_2(\mathrm{g})t} = N_{i_2(\mathrm{g})0} - \Omega\int_0^t J_{i_2} \mathrm{d}t$$

2）溶解后气体分子分解

过程速率为

$$-\frac{\mathrm{d}N_{i(\mathrm{g})}}{\mathrm{d}t}=\frac{1}{2}\frac{\mathrm{d}N_i}{\mathrm{d}t}=\frac{V}{2}\frac{\mathrm{d}c_i}{\mathrm{d}t}=\Omega_{\mathrm{g}'}J_{i\mathrm{g}'}=\frac{1}{2}\Omega_{1'}J_{i1'}=\Omega J_i \qquad (5.95)$$

$$(i=1,2,\cdots,n)$$

其中

$$\Omega_{\mathrm{g}'}=\Omega_{1'}=\Omega$$

$$J_i=J_{i_2\mathrm{g}'}=\sum_{k=1}^n L'_{ik}R\ln\frac{p_{k_2\mathrm{g}'\mathrm{g}}}{p_{k_2\mathrm{g}'1'}}$$

$$=\sum_{k=1}^n L'_{ik}R\ln\frac{c_{k_2\mathrm{g}'\mathrm{g}}}{c_{k_2\mathrm{g}'1'}} \qquad (5.96)$$

$$J_i=\frac{1}{2}J_{i1'}=\sum_{k=1}^n L'_{ik}R\ln\frac{a_{k1'\mathrm{g}'}}{a_{k1'1}} \qquad (5.97)$$

式（5.96）＋式（5.97）后除以 2，得

$$J_i=\frac{1}{2}(J_{i\mathrm{g}'}+\frac{1}{2}J_{i1'}) \qquad (5.98)$$

将式（5.98）代入式（5.95）后，分离变量积分得

$$N_{it}=N_{i0}+2\Omega\int_0^t J_i\mathrm{d}t$$

$$c_{it}=c_{i0}+\frac{2\Omega}{V}\int_0^t J_i\mathrm{d}t$$

$$N_{i_2(\mathrm{g})t}=N_{i(\mathrm{g})0}-\Omega\int_0^t J_i\mathrm{d}t$$

7. 溶解过程由气体在气膜中的扩散、界面溶解和在液膜中的扩散共同控制

1）溶解后气体分子不分解

过程速率为

$$-\frac{\mathrm{d}N_{i_2(\mathrm{g})}}{\mathrm{d}t}=\frac{\mathrm{d}N_{i_2}}{\mathrm{d}t}=V\frac{\mathrm{d}c_{i_2}}{\mathrm{d}t}=\Omega_{\mathrm{g}'}J_{i_2\mathrm{g}'}=\Omega_{\mathrm{g}'1'}j_{i_2}=\Omega_{1'}J_{i_21'}=\Omega J_{i_2} \qquad (5.99)$$

$$(i=1,2,\cdots,n)$$

其中

$$\Omega_{\mathrm{g}'}=\Omega_{\mathrm{g}'1'}=\Omega_{1'}=\Omega$$

$$J_{i_2}=J_{i_2\mathrm{g}'}=\sum_{k=1}^n L'_{ik}R\ln\frac{p_{k_2\mathrm{g}'\mathrm{g}}}{p_{k_2\mathrm{g}'1'}}$$

$$=\sum_{k=1}^n L'_{ik}R\ln\frac{c_{k_2\mathrm{g}'\mathrm{g}}}{c_{k_2\mathrm{g}'1'}} \qquad (5.100)$$

$$J_{i_2} = j_{i_2} = -\sum_{k=1}^{n} l_{i_2 k_2}\left(\frac{A_{m,k_2}}{T}\right) - \sum_{k=1}^{n}\sum_{l=1}^{n} l_{i_2 k_2 l_2}\left(\frac{A_{m,k_2}}{T}\right)\left(\frac{A_{m,l_2}}{T}\right) - \sum_{k=1}^{n}\sum_{l=1}^{n}\sum_{h=1}^{n} l_{i_2 k_2 l_2 h_2}\left(\frac{A_{m,k_2}}{T}\right)\left(\frac{A_{m,l_2}}{T}\right)\left(\frac{A_{m,h_2}}{T}\right) - \cdots$$

$$(5.101)$$

$$J_{i_2} = J_{i_2 1'} = \sum_{k=1}^{n} L'_{ik} R \ln \frac{a_{k_2 1' g'}}{a_{k_2 1' 1}} \tag{5.102}$$

式（5.100）+ 式（5.101）+ 式（5.102）后除以 3，得

$$J_{i_2} = \frac{1}{3}(J_{i_2 g'} + j_{i_2} + J_{i_2 1'}) \tag{5.103}$$

将式（5.103）代入式（5.99）后，分离变量积分得

$$N_{i_2 t} = N_{i_2 0} + \Omega \int_0^t J_{i_2} dt$$

$$c_{i_2 t} = c_{i_2 0} + \frac{\Omega}{V} \int_0^t J_{i_2} dt$$

$$N_{i_2(g)t} = N_{i_2(g)0} - \Omega \int_0^t J_{i_2} dt$$

2）溶解后气体分子分解

过程速率为

$$-\frac{dN_{i_2(g)}}{dt} = \frac{1}{2}\frac{dN_i}{dt} = \frac{V}{2}\frac{dc_i}{dt} = \Omega_{g'} J_{i_2 g'} = \Omega_{g 1'} j_i = \frac{1}{2}\Omega_{1'} J_{i 1'} = \Omega J_i \tag{5.104}$$

$$(i = 1, 2, \cdots, n)$$

其中

$$\Omega_{g'} = \Omega_{g 1'} = \Omega_{1'} = \Omega$$

$$J_i = J_{i_2 g'} = \sum_{k=1}^{n} L'_{ik} R \ln \frac{p_{i_2 g' g}}{p_{i_2 g' 1'}}$$

$$= \sum_{k=1}^{n} L'_{ik} R \ln \frac{c_{i_2 g' g}}{c_{i_2 g' 1'}} \tag{5.105}$$

$$J_i = j_i = -\sum_{k=1}^{n} l_{ik}\left(\frac{A_{m,k}}{T}\right) - \sum_{k=1}^{n}\sum_{l=1}^{n} l_{ikl}\left(\frac{A_{m,k}}{T}\right)\left(\frac{A_{m,l}}{T}\right) - \sum_{k=1}^{n}\sum_{l=1}^{n}\sum_{h=1}^{n} l_{iklh}\left(\frac{A_{m,k}}{T}\right)\left(\frac{A_{m,l}}{T}\right)\left(\frac{A_{m,h}}{T}\right) - \cdots$$

$$(5.106)$$

$$J_i = \frac{1}{2} J_{i 1'} = \frac{1}{2}\sum_{k=1}^{n} L'_{ik} R \ln \frac{a_{k 1' g'}}{a_{k 1' 1}} \tag{5.107}$$

式（5.105）+ 式（5.106）+ 式（5.107）后除以 3，得

$$J_i = \frac{1}{3}\left(J_{i_2 g'} + j_i + \frac{1}{2} J_{i 1'}\right) \tag{5.108}$$

将式（5.108）代入式（5.104）后，分离变量积分得

$$N_{it} = N_{i0} + 2\Omega \int_0^t J_i \mathrm{d}t$$

$$c_{it} = c_{i0} + \frac{2\Omega}{V} \int_0^t J_i \mathrm{d}t$$

$$N_{i_2(g)t} = N_{i_2(g)0} - \Omega \int_0^t J_i \mathrm{d}t$$

5.3　从溶液中析出一种气体

5.3.1　从溶液中析出一种气体的热力学

1. 析出前后气体分子组成不变

从溶液中析出的气体分子组成不变，可以表示为

$$(B_2) \Longrightarrow B_2(g) \tag{5.e}$$

析出过程的摩尔吉布斯自由能变为

$$\Delta G_{m,B_2} = \Delta G_{m,B_2}^{\ominus} + RT\ln \frac{p_{B_2}/p^{\ominus}}{a_{B_2}} \tag{5.109}$$

其中

$$\Delta G_{m,B_2}^{\ominus} = \mu_{B_2(g)}^{\ominus} - \mu_{B_2}^{\ominus} = -\Delta_{sol} G_{m,B_2}^{\ominus}$$

$-\Delta_{sol} G_{m,B_2}^{\ominus}$ 是气体组元 B_2 的溶解自由能的负值。

2. 析出的气体分子与溶液中溶解的组元不同

从溶液中析出的气体分子与溶液中溶解的组元不同，可以表示为

$$2[B] \Longrightarrow B_2(g)$$

析出过程的摩尔吉布斯自由能变为

$$\Delta G_{m,B} = \Delta G_{m,B}^{\ominus} + RT\ln \frac{p_{B_2(g)}/p^{\ominus}}{a_{[B]}^2} \tag{5.110}$$

其中

$$\Delta G_{m,B}^{\ominus} = \mu_{B_2(g)}^{\ominus} - 2\mu_B^{\ominus}$$

5.3.2　从溶液中析出一种气体的控制步骤

1. 从溶液中析出气体为过程的控制步骤

1）析出前后气体分子组成不变

气体析出速率为

$$-\frac{\mathrm{d}N_{B_2}}{\mathrm{d}t} = -V\frac{\mathrm{d}c_{B_2}}{\mathrm{d}t} = \frac{\mathrm{d}N_{B_2(g)}}{\mathrm{d}t} = \Omega_{g'T}j_{B_2} \tag{5.111}$$

式中，N_{B_2} 为溶液中组元 B_2 的物质的量；c_{B_2} 为溶液中组元 B_2 的浓度；$N_{B_2(g)}$ 为气体中组元 B_2 的物质的量；V 为溶液的体积；$\Omega_{g'T}$ 为气液界面面积。化学反应速率为

$$j_{B_2} = -l_1\left(\frac{A_{m,B_2}}{T}\right) - l_2\left(\frac{A_{m,B_2}}{T}\right)^2 - l_3\left(\frac{A_{m,B_2}}{T}\right)^3 - \cdots \tag{5.112}$$

$$A_{m,B_2} = \Delta G_{m,B_2} = \Delta G_{m,B}^{\ominus} + RT\ln\frac{p_{B_2}/p^{\ominus}}{a_{B_2}}$$

将式（5.112）代入式（5.111），分离变量积分得

$$N_{B_2t} = N_{B_20} - \Omega_{g'T}\int_0^t j_{B_2}\mathrm{d}t$$

$$c_{B_2t} = c_{B_20} - \frac{\Omega_{g'T}}{V}\int_0^t j_{B_2}\mathrm{d}t$$

$$N_{B_2(g)t} = N_{B_2(g)0} + \Omega_{g'T}\int_0^t j_{B_2}\mathrm{d}t$$

2）析出前后气体非分子组成变化

$$-\frac{1}{2}\frac{\mathrm{d}N_B}{\mathrm{d}t} = -\frac{1}{2}V\frac{\mathrm{d}c_B}{\mathrm{d}t} = \frac{\mathrm{d}N_{B_2(g)}}{\mathrm{d}t} = \Omega_{g'T}j_B \tag{5.113}$$

式中，N_B 为溶液中组元 B 的物质的量；c_{B_2} 为溶液中组元 B 的浓度。化学反应速率为

$$j_B = -l_1\left(\frac{A_{m,B}}{T}\right) - l_2\left(\frac{A_{m,B}}{T}\right)^2 - l_3\left(\frac{A_{m,B}}{T}\right)^3 - \cdots \tag{5.114}$$

$$A_{m,B} = \Delta G_{m,B} = \Delta G_{m,B}^{\ominus} + RT\ln\frac{p_{B_2}/p^{\ominus}}{a_B^2}$$

将式（5.114）代入式（5.113），分离变量积分得

$$N_{Bt} = N_{B0} - 2\Omega_{g'T}\int_0^t j_B\mathrm{d}t$$

$$c_{Bt} = c_{B0} - 2\frac{\Omega_{g'T}}{V}\int_0^t j_B\mathrm{d}t$$

$$N_{B_2t} = N_{B_20} + \Omega_{g'T}\int_0^t j_B\mathrm{d}t$$

2. 溶解组元在液膜中的扩散为过程的控制步骤

1）析出前后气体分子组成不变

组元 B_2 通过液膜单位界面的扩散速率为

$$J_{B_2l'} = \left| \boldsymbol{J}_{B_2l'} \right| = \left| -L_{B_2} \frac{\nabla \mu_{B_2l'}}{T\delta_{l'}} \right| = L_{B_2} \frac{\Delta \mu_{B_2l'}}{T\delta_{l'}} = L'_{B_2} \frac{\Delta \mu_{B_2l'}}{T} \tag{5.115}$$

式中，$J_{B_2l'}$ 为组元 B_2 在液膜中的扩散速率；$\delta_{l'}$ 是液膜厚度。

$$\Delta \mu_{B_2l'} = \mu_{B_2l'l} - \mu_{B_2l'g'} = RT \ln \frac{a_{B_2l'l}}{a_{B_2l'g'}} \tag{5.116}$$

式中，$\mu_{B_2l'l}$ 和 $\mu_{B_2l'g'}$、$a_{B_2l'l}$ 和 $a_{B_2l'g'}$ 分别为靠近溶液本体一侧和靠近气膜一侧液膜中组元 B_2 的化学势和活度。由于气膜中的扩散不是控制步骤，g′ 就是气体本体 g。

将式（5.116）代入式（5.115），得

$$J_{B_2l'} = \left| \boldsymbol{J}_{B_2l'} \right| = L'_{B_2} R \ln \frac{a_{B_2l'l}}{a_{B_2l'g'}} \tag{5.117}$$

气体从整个液相析出的速率为

$$-\frac{dN_{B_2}}{dt} = -V\frac{dc_{B_2}}{dt} = \frac{dN_{B_2(g)}}{dt} = \Omega_{l'} J_{B_2l'} \tag{5.118}$$

将式（5.117）代入式（5.118）后，分离变量积分得

$$N_{B_2t} = N_{B_20} - \Omega_{l'} \int_0^t J_{B_2l'} dt$$

$$c_{B_2t} = c_{B_20} - \frac{\Omega_{l'}}{V} \int_0^t J_{B_2l'} dt$$

$$N_{B_2(g)t} = N_{B_2(g)0} + \frac{\Omega_{l'}}{V} \int_0^t J_{B_2l'} dt$$

2）析出前后气体分子组成变化

组元 B 通过液膜单位面积的扩散速率为

$$J_{Bl'} = \left| \boldsymbol{J}_{Bl'} \right| = \left| -L_B \frac{\nabla \mu_{Bl'}}{T} \right| = L_B \frac{\Delta \mu_{Bl'}}{T\delta_{l'}} = L'_B \frac{\Delta \mu_{Bl'}}{T} \tag{5.119}$$

式中，$J_{Bl'}$ 为组元 B 在液膜中的扩散速率。

$$\Delta \mu_{Bl'} = \mu_{Bl'l} - \mu_{Bl'g'} = RT \ln \frac{a_{Bl'l}}{a_{Bl'g'}} \tag{5.120}$$

将式（5.120）代入式（5.119），得

$$J_{Bl'} = L'_B R \ln \frac{a_{Bl'l}}{a_{Bl'g'}} \tag{5.121}$$

气体从整个液相析出的速率为

$$-\frac{1}{2}\frac{dN_B}{dt} = -\frac{1}{2}V\frac{dc_B}{dt} = \frac{dN_{B_2(g)}}{dt} = \frac{1}{2}\Omega_{l'} J_{Bl'} \tag{5.122}$$

将式（5.121）代入式（5.122）后，分离变量积分得

$$N_{Bt} = N_{i0} - \Omega_{l'} \int_0^t J_{Bl'} dt$$

$$c_{Bt} = c_{i0} - \frac{\Omega_{l'}}{V}\int_0^t J_{Bl'}\mathrm{d}t$$

$$N_{B_2(g)t} = N_{B_2(g)0} + \frac{\Omega_{l'}}{2}\int_0^t J_{Bl'}\mathrm{d}t$$

3. 气体在气膜中的扩散为过程的控制步骤

1）析出前后气体分子组成不变

析出气体在气膜单位界面的扩散速率为

$$J_{B_2g'} = \left|\boldsymbol{J}_{B_2g'}\right| = \left|-L_{B_2}\frac{\nabla\mu_{B_2g'}}{T}\right| = L_{B_2}\frac{\Delta\mu_{B_2g'}}{T\delta_{g'}} = L'_{B_2}\frac{\Delta\mu_{B_2g'}}{T} \tag{5.123}$$

式中，$\boldsymbol{J}_{B_2g'}$ 为通过单位气膜界面向气体本体扩散的速率；$\delta_{g'}$ 为气膜厚度。

$$\Delta\mu_{B_2g'} = \mu_{B_2g'l'} - \mu_{B_2g'g} = RT\ln\frac{p_{B_2g'l'}}{p_{B_2g'g}} = RT\ln\frac{c_{B_2g'l'}}{c_{B_2g'g}} \tag{5.124}$$

式中，$p_{B_2g'l'}$ 和 $p_{B_2g'g}$、$c_{B_2g'l'}$ 和 $c_{B_2g'g}$ 分别为靠近液膜一侧和靠近气相本体一侧液膜中组元 B_2 的压力和浓度。

将式（5.124）代入式（5.123），得

$$J_{B_2g'} = L'_{B_2}R\ln\frac{p_{B_2l'l}}{p_{B_2g'g}} = L'_{B_2}R\ln\frac{c_{B_2l'l}}{c_{B_2g'g}} \tag{5.125}$$

从整个液相析出气体的速率为

$$-\frac{\mathrm{d}N_{B_2}}{\mathrm{d}t} = -V\frac{\mathrm{d}c_{B_2}}{\mathrm{d}t} = \frac{\mathrm{d}N_{B_2(g)}}{\mathrm{d}t} = \Omega_{g'}J_{B_2g'} \tag{5.126}$$

将式（5.125）代入式（5.126），分离变量积分得

$$N_{B_2t} = N_{B_20} - \Omega_{g'}\int_0^t J_{B_2g'}\mathrm{d}t$$

$$c_{B_2t} = c_{B_20} - \frac{\Omega_{g'}}{V}\int_0^t J_{B_2g'}\mathrm{d}t$$

$$N_{B_2(g)t} = N_{B_2(g)0} + \Omega_{g'}\int_0^t J_{B_2g'}\mathrm{d}t$$

2）析出前后气体分子组成变化

析出气体在气膜单位界面的扩散速率为

$$J_{B_2g'} = \left|\boldsymbol{J}_{B_2g'}\right| = \left|-L_{B_2}\frac{\nabla\mu_{B_2g'}}{T}\right| = L_{B_2}\frac{\Delta\mu_{B_2g'}}{T\delta_{g'}} = L'_{B_2}\frac{\Delta\mu_{B_2g'}}{T} \tag{5.127}$$

其中

$$\Delta\mu_{B_2g'} = RT\ln\frac{p_{B_2g'l'}}{p_{B_2g'g}} = RT\ln\frac{c_{B_2g'l'}}{c_{B_2g'g}} \tag{5.128}$$

将式（5.128）代入式（5.127），得

$$J_{B_2g'} = L'_{B_2} RT \ln \frac{p_{B_2g'l'}}{p_{B_2g'g}} = L'_{B_2} RT \ln \frac{c_{B_2g'l'}}{c_{B_2g'g}} \tag{5.129}$$

从整个液相析出气体的速率为

$$-\frac{1}{2}\frac{dN_B}{dt} = -\frac{1}{2}V\frac{dc_B}{dt} = \frac{dN_{B_2(g)}}{dt} = \Omega_{g'}J_{B_2g'} \tag{5.130}$$

将式（5.129）代入式（5.130）后，分离变量积分得

$$N_{Bt} = N_{B0} - 2\Omega_{g'}\int_0^t J_{B_2g'}dt$$

$$c_{Bt} = c_{B0} - 2\frac{\Omega_{g'}}{V}\int_0^t J_{B_2g'}dt$$

$$N_{B_2(g)t} = N_{B_2(g)0} + \Omega_{g'}\int_0^t J_{B_2g'}dt$$

4. 溶解组元在液膜中的扩散和从液相中析出为过程的控制步骤

1）析出前后气体分子组成不变

过程速率为

$$-\frac{dN_{B_2}}{dt} = -V\frac{dc_{B_2}}{dt} = \frac{dN_{B_2(g)}}{dt} = \Omega_{l'}J_{B_2l'} = \Omega_{l'g'}j_{B_2} = \Omega J_{B_2} \tag{5.131}$$

其中

$$\Omega_{l'} = \Omega_{l'g'} = \Omega$$

$$J_{B_2} = J_{B_2l'} = RT \ln \frac{a_{B_2l'l}}{a_{B_2l'g'}} \tag{5.132}$$

$$J_{B_2} = j_{B_2} = -l_1\left(\frac{A_{m,B_2}}{T}\right) - l_2\left(\frac{A_{m,B_2}}{T}\right)^2 - l_3\left(\frac{A_{m,B_2}}{T}\right)^3 - \cdots \tag{5.133}$$

由于在液膜中的扩散不是控制步骤，所以 g′ 就是 g。

将式（5.132）+式（5.133）后除以 2，得

$$J_{B_2} = \frac{1}{2}(J_{B_2l'} + j_{B_2}) \tag{5.134}$$

将式（5.134）代入式（5.131）后，分离变量积分得

$$N_{B_2t} = N_{B_20} - \Omega\int_0^t J_{B_2}dt$$

$$c_{B_2t} = c_{B_20} - \frac{\Omega}{V}\int_0^t J_{B_2}dt$$

$$N_{B_2(g)t} = N_{B_2(g)0} + \Omega\int_0^t J_{B_2}dt$$

2）析出前后气体分子组成变化

过程速率为

$$-\frac{1}{2}\frac{dN_B}{dt}=-\frac{1}{2}V\frac{dc_B}{dt}=\frac{dN_{B_2(g)}}{dt}=\frac{1}{2}\Omega_{l'}J_{Bl'}=\Omega_{l'g'}j_B=\Omega J_B \qquad (5.135)$$

其中

$$\Omega_{l'}=\Omega_{l'g'}=\Omega$$

$$J_B=\frac{1}{2}J_{Bl'}=\frac{1}{2}L'_B R\ln\frac{a_{B_2l'l}}{a_{B_2l'g'}} \qquad (5.136)$$

$$J_B=j_B=-l_1\left(\frac{A_{m,B}}{T}\right)-l_2\left(\frac{A_{m,B}}{T}\right)^2-l_3\left(\frac{A_{m,B}}{T}\right)^3-\cdots \qquad (5.137)$$

式（5.136）+式（5.137）后除以 2，得

$$J_B=\frac{1}{2}(\frac{1}{2}J_{Bl'}+j_B) \qquad (5.138)$$

将式（5.138）代入式（5.135），分离变量积分得

$$N_{Bt}=N_{B0}-2\Omega\int_0^t J_B dt$$

$$c_{Bt}=c_{B0}-2\frac{\Omega}{V}\int_0^t J_B dt$$

$$N_{B_2(g)t}=N_{B_2(g)0}+\Omega\int_0^t J_B dt$$

5. 溶解组元从液相中析出和在气膜中的扩散为过程控制步骤

1）析出前后气体分子组成不变

过程速率为

$$-\frac{dN_{B_2}}{dt}=-V\frac{dc_{B_2}}{dt}=\frac{dN_{B_2(g)}}{dt}=\Omega_{l'g'}j_{B_2}=\Omega_{g'}J_{B_2g'}=\Omega J_{B_2} \qquad (5.139)$$

其中

$$\Omega_{l'g'}=\Omega_{g'}=\Omega$$

$$J_{B_2}=j_{B_2}=-l_1\left(\frac{A_{m,B_2}}{T}\right)-l_2\left(\frac{A_{m,B_2}}{T}\right)^2-l_3\left(\frac{A_{m,B_2}}{T}\right)^3-\cdots \qquad (5.140)$$

$$J_{B_2}=J_{B_2g'}=L'_{B_2}RT\ln\frac{p_{B_2g'l'}}{p_{B_2g'g}}=L'_{B_2}RT\ln\frac{c_{B_2g'l'}}{c_{B_2g'g}} \qquad (5.141)$$

式（5.140）+式（5.141）后除以 2，得

$$J_{B_2}=\frac{1}{2}(j_{B_2}+J_{B_2g'}) \qquad (5.142)$$

将式（5.142）代入式（5.139）后，分离变量积分得

$$N_{B_2t} = N_{B_20} - \Omega \int_0^t J_{B_2} \mathrm{d}t$$

$$c_{B_2t} = c_{B_20} - \frac{\Omega}{V} \int_0^t J_{B_2} \mathrm{d}t$$

$$N_{B_2(g)t} = N_{B_2(g)0} + \Omega \int_0^t J_{B_2} \mathrm{d}t$$

2）析出前后气体分子组成变化

过程速率为

$$-\frac{1}{2}\frac{\mathrm{d}N_B}{\mathrm{d}t} = -\frac{1}{2}V\frac{\mathrm{d}c_B}{\mathrm{d}t} = \frac{\mathrm{d}N_{B_2(g)}}{\mathrm{d}t} = \Omega_{1'g'} j_B = \Omega_{g'} J_{B_2g'} = \Omega J_B \qquad (5.143)$$

其中

$$\Omega_{1'g'} = \Omega_{g'} = \Omega$$

$$J_B = j_B = -l_1\left(\frac{A_{m,B}}{T}\right) - l_2\left(\frac{A_{m,B}}{T}\right)^2 - l_3\left(\frac{A_{m,B}}{T}\right)^3 - \cdots \qquad (5.144)$$

$$J_B = J_{B_2g'} = L'_{B_2} R \ln\frac{p_{B_2g'1'}}{p_{B_2g'g}} = L'_{B_2} R \ln\frac{c_{B_2g'1'}}{c_{B_2g'g}} \qquad (5.145)$$

式（5.144）+式（5.145）后除以2，得

$$J_B = \frac{1}{2}(j_B + J_{B_2g'}) \qquad (5.146)$$

将式（5.146）代入式（5.143），积分得

$$N_{Bt} = N_{B0} - 2\Omega \int_0^t J_B \mathrm{d}t$$

$$c_{Bt} = c_{B0} - 2\frac{\Omega}{V} \int_0^t J_B \mathrm{d}t$$

$$N_{B_2(g)t} = N_{B_2(g)0} + \Omega \int_0^t J_B \mathrm{d}t$$

6. 溶解组元在液膜中的扩散和析出气体在气膜中的扩散共同为过程的控制步骤

1）析出前后气体分子组成不变

过程速率为

$$-\frac{\mathrm{d}N_{B_2}}{\mathrm{d}t} = -V\frac{\mathrm{d}c_{B_2}}{\mathrm{d}t} = \frac{\mathrm{d}N_{B_2(g)}}{\mathrm{d}t} = \Omega_{1'} J_{B_21'} = \Omega_{g'} J_{B_2g'} = \Omega J_{B_2} \qquad (5.147)$$

其中

$$\Omega_{1'} = \Omega_{g'} = \Omega$$

$$J_{B_2} = J_{B_21'} = L'_{B_2} R \ln\frac{a_{B_2g'1'}}{a_{B_2g'g}} \qquad (5.148)$$

$$J_{B_2} = J_{B_2g'} = L'_{B_2} R \ln \frac{p_{B_2g'l'}}{p_{B_2g'g}} = L'_{B_2} R \ln \frac{c_{B_2g'l'}}{c_{B_2g'g}} \qquad (5.149)$$

将式（5.148）+式（5.149）后除以 2，得

$$J_{B_2} = \frac{1}{2}(J_{B_2l'} + J_{B_2g'}) \qquad (5.150)$$

将式（5.150）代入式（5.147），分离变量积分得

$$N_{B_2t} = N_{B_20} - \Omega \int_0^t J_{B_2} dt$$

$$c_{B_2t} = c_{B_20} - \frac{\Omega}{V} \int_0^t J_{B_2} dt$$

$$N_{B_2(g)t} = N_{B_2(g)0} + \Omega \int_0^t J_{B_2} dt$$

2）析出前后气体分子组成变化

过程速率为

$$-\frac{1}{2}\frac{dN_B}{dt} = -\frac{1}{2}V\frac{dc_B}{dt} = \frac{dN_{B_2(g)}}{dt} = \frac{1}{2}\Omega_{l'}J_{Bl'} = \Omega_{g'}J_{B_2g'} = \Omega J_B \qquad (5.151)$$

其中

$$\Omega_{l'} = \Omega_{g'} = \Omega$$

$$J_B = \frac{1}{2}J_{Bl'} = \frac{1}{2}L'_B R \ln \frac{a_{Bg'l'}}{a_{Bg'g}} \qquad (5.152)$$

$$J_B = J_{B_2g'} = L'_{B_2} R \ln \frac{p_{B_2l'l}}{p_{B_2l'g}} = L'_{B_2} R \ln \frac{c_{B_2l'l}}{c_{B_2l'g}} \qquad (5.153)$$

将式（5.152）+式（5.153）后除以 2，得

$$J_B = \frac{1}{2}\left(\frac{1}{2}J_{Bl'} + J_{B_2g'}\right) \qquad (5.154)$$

将式（5.154）代入式（5.151），分离变量积分得

$$N_{Bt} = N_{B0} - 2\Omega \int_0^t J_B dt$$

$$c_{Bt} = c_{B0} - 2\frac{\Omega}{V} \int_0^t J_B dt$$

$$N_{B_2(g)t} = N_{B_2(g)0} + \int_0^t J_B dt$$

7. 溶解组元在液膜中的扩散，从液相析出气体和析出的气体在气膜中的扩散共同为控制步骤

1）析出前后气体分子不分解

$$-\frac{dN_{B_2}}{dt} = -V\frac{dc_{B_2}}{dt} = \frac{dN_{B_2(g)}}{dt} = \Omega_{l'}J_{B_2l'} = \Omega_{l'g}j_{B_2} = \Omega_{g'}J_{B_2g} = \Omega J_{B_2} \qquad (5.155)$$

其中

$$\Omega_{l'} = \Omega_{l'g'} = \Omega_{g'} = \Omega$$

$$J_{B_2} = J_{B_2 l'} = L'_{B_2} R \ln \frac{a_{B_2 l'l}}{a_{B_2 l'g'}} \tag{5.156}$$

$$J_{B_2} = j_{B_2} = -l_1 \left(\frac{A_{m,B_2}}{T} \right) - l_2 \left(\frac{A_{m,B_2}}{T} \right)^2 - l_3 \left(\frac{A_{m,B_2}}{T} \right)^3 - \cdots \tag{5.157}$$

$$J_{B_2} = J_{B_2 g'} = L'_{B_2} R \ln \frac{p_{B_2 g'l}}{p_{B_2 g'g}} = L'_{B_2} R \ln \frac{c_{B_2 g'l}}{c_{B_2 g'g}} \tag{5.158}$$

式（5.156）+式（5.157）+式（5.158）后除以 3，得

$$J_{B_2} = \frac{1}{3} (J_{B_2 l'} + j_{B_2} + J_{B_2 g'}) \tag{5.159}$$

将式（5.159）代入式（5.155），分离变量积分得

$$N_{B_2 t} = N_{B_2 0} - \Omega \int_0^t J_{B_2} dt$$

$$c_{B_2 t} = c_{B_2 0} - \frac{\Omega}{V} \int_0^t J_{B_2} dt$$

$$N_{B_2(g)t} = N_{B_2(g)0} + \int_0^t J_{B_2} dt$$

2）析出前后气体分子组成变化

过程速率为

$$-\frac{1}{2} \frac{dN_B}{dt} = -\frac{1}{2} V \frac{dc_B}{dt} = \frac{dN_{B_2(g)}}{dt} = \frac{1}{2} \Omega_{l'} J_{Bl'} = \Omega_{l'g'} j_B = \Omega_{g'} J_{B_2(g)} = \Omega J_B \tag{5.160}$$

其中

$$\Omega_{l'} = \Omega_{l'g'} = \Omega_{g'} = \Omega$$

$$J_B = \frac{1}{2} J_{Bl'} = \frac{1}{2} L'_B R \ln \frac{a_{Bl'l}}{a_{Bl'g'}} \tag{5.161}$$

$$J_B = j_B = -l_1 \left(\frac{A_{m,B}}{T} \right) - l_2 \left(\frac{A_{m,B}}{T} \right)^2 - l_3 \left(\frac{A_{m,B}}{T} \right)^3 - \cdots \tag{5.162}$$

$$J_B = J_{B_2} = L'_{B_2} R \ln \frac{p_{B_2 g'l}}{p_{B_2 g'g}} = L'_{B_2} R \ln \frac{c_{B_2 g'l}}{c_{B_2 g'g}} \tag{5.163}$$

式（5.161）+式（5.162）+式（5.163）后除以 3，得

$$J_B = \frac{1}{3} \left(\frac{1}{2} J_{Bl'} + j_B + J_{B_2} \right) \tag{5.164}$$

将式（5.164）代入式（5.160），分离变量积分得

$$N_{Bt} = N_{B0} - 2\Omega \int_0^t J_B dt$$

$$c_{Bt} = c_{B0} - 2\frac{\Omega}{V}\int_0^t J_B dt$$

$$N_{B_2(g)t} = N_{B_2(g)0} + \Omega\int_0^t J_B dt$$

5.4 从溶液中析出多种气体

5.4.1 从溶液中析出多种气体的热力学

1. 析出前后气体组成不变

从溶液中析出的气体分子组成不变，可以表示为

$$(i_2) \Longrightarrow i_2(g)$$
$$(i = 1, 2, \cdots, n)$$

析出过程的摩尔吉布斯自由能变为

$$\Delta G_{m,i_2} = \Delta G_{m,i_2}^{\ominus} + RT\ln\frac{p_{i_2}/p^{\ominus}}{a_{i_2}} \tag{5.165}$$

2. 析出前后气体组成变化

$$2[i] \Longrightarrow i_2(g)$$
$$(i = 1, 2, \cdots, n)$$

析出过程的摩尔吉布斯自由能变为

$$\Delta G_{m,i} = \Delta G_{m,i}^{\ominus} + RT\ln\frac{p_{i_2}/p^{\ominus}}{a_i^2} \tag{5.166}$$

5.4.2 多种气体析出的控制步骤

1. 从溶液中析出气体为过程的控制步骤

1）析出前后气体分子组成不变

$$-\frac{dN_{i_2}}{dt} = -V\frac{dc_{i_2}}{dt} = \frac{dN_{i_2(g)}}{dt} = \Omega_{i'g'}j_{i_2} \tag{5.167}$$
$$(i = 1, 2, \cdots, n)$$

$$j_{i_2} = -\sum_{k=1}^n l_{i_2k_2}\left(\frac{A_{m,k_2}}{T}\right) - \sum_{k=1}^n\sum_{l=1}^n l_{i_2k_2l_2}\left(\frac{A_{m,k_2}}{T}\right)\left(\frac{A_{m,l_2}}{T}\right) - \sum_{k=1}^n\sum_{l=1}^n\sum_{h=1}^n l_{i_2k_2h_2l_2}\left(\frac{A_{m,k_2}}{T}\right)\left(\frac{A_{m,l_2}}{T}\right)\left(\frac{A_{m,h_2}}{T}\right)\cdots \tag{5.168}$$

其中

$$A_{m,i_2} = \Delta G_{m,i_2} = \Delta G_{m,i_2}^{\ominus} + RT \ln \frac{p_{i_2}/p^{\ominus}}{a_{i_2}}$$

$$(i = k, h, l)$$

将式（5.168）代入式（5.167）后，分离变量积分得

$$N_{i_2 t} = N_{i_2 0} - \Omega_{l'g'} \int_0^t j_{i_2} \mathrm{d}t$$

$$c_{i_2 t} = c_{i_2 0} - \frac{\Omega_{l'g'}}{V} \int_0^t j_{i_2} \mathrm{d}t$$

$$N_{i_2(g)t} = N_{i_2(g)0} + \Omega_{l'g'} \int_0^t j_{i_2} \mathrm{d}t$$

2）析出前后气体分子组成变化

$$-\frac{1}{2}\frac{\mathrm{d}N_i}{\mathrm{d}t} = -\frac{1}{2}V\frac{\mathrm{d}c_i}{\mathrm{d}t} = \frac{\mathrm{d}N_{i_2(g)}}{\mathrm{d}t} = \Omega_{l'g'}j_i \tag{5.169}$$

$$j_i = -\sum_{k=1}^n l_{ik}\left(\frac{A_{m,k}}{T}\right) - \sum_{k=1}^n\sum_{l=1}^n l_{ikl}\left(\frac{A_{m,k}}{T}\right)\left(\frac{A_{m,l}}{T}\right) - \sum_{k=1}^n\sum_{l=1}^n\sum_{h=1}^n l_{ikhl}\left(\frac{A_{m,k}}{T}\right)\left(\frac{A_{m,l}}{T}\right)\left(\frac{A_{m,h}}{T}\right)\cdots$$

$$\tag{5.170}$$

其中

$$A_{m,i} = \Delta G_{m,i} = \Delta G_{m,i}^{\ominus} + RT \ln \frac{p_{i_2}/p^{\ominus}}{a_i^2}$$

将式（5.170）代入式（5.169），分离变量积分得

$$N_{it} = N_{i0} - 2\Omega_{l'g'} \int_0^t j_i \mathrm{d}t$$

$$c_{it} = c_{i0} - 2\frac{\Omega_{l'g'}}{V} \int_0^t j_i \mathrm{d}t$$

$$N_{i_2(g)t} = N_{i_2(g)0} + \Omega_{l'g'} \int_0^t j_{i_2} \mathrm{d}t$$

2. 溶解组元在液膜中的扩散为过程的控制步骤

1）析出前后气体分子组成不变

$$-\frac{\mathrm{d}N_{i_2}}{\mathrm{d}t} = -V\frac{\mathrm{d}c_{i_2}}{\mathrm{d}t} = \frac{\mathrm{d}N_{i_2(g)}}{\mathrm{d}t} = \Omega_{l'}J_{i_2 l'} \tag{5.171}$$

$$(i = 1, 2, \cdots, n)$$

$$J_{i_2 l'} = \sum_{k=1}^n L'_{i_2 k_2} R \ln \frac{a_{k_2 l' l}}{p_{k_2 l'g'}} \tag{5.172}$$

由于气膜中的扩散不是控制步骤，所以 g′ 就是 g。将式（5.172）代入式（5.171），分离变量积分得

$$N_{i_2t} = N_{i_20} - \Omega_{1'} \int_0^t J_{i_21'} \mathrm{d}t$$

$$c_{i_2t} = c_{i_20} - \frac{\Omega_{1'g'}}{V} \int_0^t J_{i_21'} \mathrm{d}t$$

$$N_{i_2t} = N_{i_20} + \Omega_{1'} \int_0^t J_{i_21'} \mathrm{d}t$$

2）析出前后气体分子组成变化

$$-\frac{1}{2}\frac{\mathrm{d}N_i}{\mathrm{d}t} = -\frac{1}{2}V\frac{\mathrm{d}c_i}{\mathrm{d}t} = \frac{\mathrm{d}N_{i_2(\mathrm{g})}}{\mathrm{d}t} = \frac{1}{2}\Omega_{1'}J_{i1'} \tag{5.173}$$
$$(i=1,2,\cdots,n)$$

其中

$$J_{i1'} = \sum_{k=1}^n L'_{ik} R \ln \frac{a_{kl'1}}{a_{kl'g'}} \tag{5.174}$$

将式（5.174）代入式（5.173），分离变量积分得

$$N_{it} = N_{i0} - \Omega_{1'g'} \int_0^t J_{i1'}\mathrm{d}t$$

$$c_{it} = c_{i0} - \frac{\Omega_{1'}}{V} \int_0^t J_{i1'}\mathrm{d}t$$

$$N_{i_2(\mathrm{g})t} = N_{i_2(\mathrm{g})0} + \frac{\Omega_{1'}}{2} \int_0^t J_{i1'}\mathrm{d}t$$

3. 析出气体在气膜中的扩散为过程控制步骤

1）析出前后气体分子组成不变

$$-\frac{\mathrm{d}N_{i_2}}{\mathrm{d}t} = -V\frac{\mathrm{d}c_{i_2}}{\mathrm{d}t} = \frac{\mathrm{d}N_{i_2(\mathrm{g})}}{\mathrm{d}t} = \Omega_{g'}J_{i_2g'} \tag{5.175}$$
$$(i=1,2,\cdots,n)$$

其中

$$J_{ig'} = \sum_{k=1}^n L'_{i_2k_2} R \ln \frac{p_{k_2g'1'}}{p_{k_2g'g}} \tag{5.176}$$

将式（5.176）代入式（5.175），分离变量积分得

$$N_{i_2t} = N_{i_20} - \Omega_{g'} \int_0^t J_{i_2g'}\mathrm{d}t$$

$$c_{i_2t} = c_{i_20} - \frac{\Omega_{g'}}{V} \int_0^t J_{i_2g'}\mathrm{d}t$$

$$N_{i_2(\mathrm{g})t} = N_{i_2(\mathrm{g})0} + \Omega_{g'} \int_0^t J_{i_2g'}\mathrm{d}t$$

2）析出前后气体分子组成变化

$$-\frac{1}{2}\frac{dN_i}{dt} = -\frac{1}{2}V\frac{dc_i}{dt} = \frac{dN_{i_2(g)}}{dt} = \Omega_{g'}J_{i_2g'} \tag{5.177}$$

$$(i = 1, 2, \cdots, n)$$

其中

$$J_{ig'} = \sum_{k=1}^{n} L'_{ik}R\ln\frac{p_{k_2g'1}}{p_{k_2g'g}} \tag{5.178}$$

将式（5.178）代入式（5.177），分离变量积分得

$$N_{it} = N_{i0} - 2\Omega_{g'}\int_0^t J_{i_2g'}dt$$

$$c_{it} = c_{i0} - 2\frac{\Omega_{g'}}{V}\int_0^t J_{i_2g'}dt$$

$$N_{i_2(g)t} = N_{i_2(g)0} + \Omega_{g'}\int_0^t J_{i_2g}dt$$

4. 溶解组元在液膜中的扩散和从液相中析出共同为过程的控制步骤

1）析出前后气体分子组成不变

过程速率为

$$-\frac{dN_{i_2}}{dt} = -V\frac{dc_{i_2}}{dt} = \frac{dN_{i_2(g)}}{dt} = \Omega_{1'}J_{i_21'} = \Omega_{1'g'}j_{i_2} = \Omega J_{i_2} \tag{5.179}$$

$$(i = 1, 2, \cdots, n)$$

其中

$$\Omega_{1'} = \Omega_{1'g'} = \Omega$$

$$J_{i_2} = J_{i_21'} = \sum_{k=1}^{n} L'_{i_2k_2}R\ln\frac{a_{k_21'1}}{a_{k_21'g'}} \tag{5.180}$$

$$J_{i_2} = j_{i_2} = -\sum_{k=1}^{n} l_{i_2k_2}\left(\frac{A_{m,k_2}}{T}\right) - \sum_{k=1}^{n}\sum_{l=1}^{n} l_{i_2k_2l_2}\left(\frac{A_{m,k_2}}{T}\right)\left(\frac{A_{m,l_2}}{T}\right) - \sum_{k=1}^{n}\sum_{l=1}^{n}\sum_{h=1}^{n} l_{i_2k_2h_2l_2}\left(\frac{A_{m,k_2}}{T}\right)\left(\frac{A_{m,l_2}}{T}\right)\left(\frac{A_{m,h_2}}{T}\right)\cdots \tag{5.181}$$

式（5.180）+式（5.181）后除以 2，得

$$J_{i_2} = \frac{1}{2}(J_{i_21'}+j_{i_2}) \tag{5.182}$$

将式（5.182）代入式（5.179），分离变量积分得

$$N_{i_2t} = N_{i_20} - \Omega_{1'}\int_0^t J_{i_2}dt$$

$$c_{i_2t} = c_{i_20} - \frac{\Omega_{1'}}{V}\int_0^t J_{i_2}dt$$

$$N_{i_2(\mathrm{g})t} = N_{i_2(\mathrm{g})0} + \varOmega_{1'}\int_0^t J_{i_2}\mathrm{d}t$$

2）析出前后气体分子组成变化

过程速率为

$$-\frac{1}{2}\frac{\mathrm{d}N_i}{\mathrm{d}t} = -\frac{1}{2}V\frac{\mathrm{d}c_i}{\mathrm{d}t} = \frac{\mathrm{d}N_{i_2(\mathrm{g})}}{\mathrm{d}t} = \frac{1}{2}\varOmega_{1'}J_{i1'} = \varOmega_{1'\mathrm{g}}j_i = \varOmega J_i \tag{5.183}$$

$$(i = 1, 2, \cdots, n)$$

其中

$$\varOmega_{1'} = \varOmega_{1'\mathrm{g}'} = \varOmega$$

$$J_i = \frac{1}{2}J_{i1'} = \frac{1}{2}\sum_{k=1}^n L'_{ik}R\ln\frac{a_{k1'1}}{a_{k1'\mathrm{g}'}} \tag{5.184}$$

$$J_i = j_i = -\sum_{k=1}^n l_{ik}\left(\frac{A_{\mathrm{m},k}}{T}\right) - \sum_{k=1}^n\sum_{l=1}^n l_{ikl}\left(\frac{A_{\mathrm{m},k}}{T}\right)\left(\frac{A_{\mathrm{m},l}}{T}\right) - \sum_{k=1}^n\sum_{l=1}^n\sum_{h=1}^n l_{ikhl}\left(\frac{A_{\mathrm{m},k}}{T}\right)\left(\frac{A_{\mathrm{m},l}}{T}\right)\left(\frac{A_{\mathrm{m},h}}{T}\right)\cdots \tag{5.185}$$

式（5.184）+式（5.185）后除以 2，得

$$J_i = \frac{1}{2}\left(\frac{1}{2}J_{i1'} + j_i\right) \tag{5.186}$$

将式（5.186）代入式（5.183），分离变量积分得

$$N_{it} = N_{i0} - 2\varOmega\int_0^t J_i\mathrm{d}t$$

$$c_{it} = c_{i0} - 2\frac{\varOmega}{V}\int_0^t J_i\mathrm{d}t$$

$$N_{i_2(\mathrm{g})t} = N_{i_2(\mathrm{g})0} + \varOmega\int_0^t J_i\mathrm{d}t$$

5. 溶解组元从液相析出和析出气体在液膜中的扩散为过程控制步骤

1）析出前后气体组元分子不变

过程速率为

$$-\frac{\mathrm{d}N_{i_2}}{\mathrm{d}t} = -V\frac{\mathrm{d}c_{i_2}}{\mathrm{d}t} = \frac{\mathrm{d}N_{i_2(\mathrm{g})}}{\mathrm{d}t} = \varOmega_{1'\mathrm{g}'}j_{i_2} = \varOmega_{\mathrm{g}'}J_{i_2\mathrm{g}'} = \varOmega J_{i_2} \tag{5.187}$$

$$(i = 1, 2, \cdots, n)$$

其中

$$\varOmega_{1'\mathrm{g}'} = \varOmega_{\mathrm{g}'} = \varOmega$$

$$J_{i_2} = j_{i_2} = -\sum_{k=1}^n l_{i_2k_2}\left(\frac{A_{\mathrm{m},k_2}}{T}\right) - \sum_{k=1}^n\sum_{l=1}^n l_{i_2k_2l_2}\left(\frac{A_{\mathrm{m},k_2}}{T}\right)\left(\frac{A_{\mathrm{m},l_2}}{T}\right) - \sum_{k=1}^n\sum_{l=1}^n\sum_{h=1}^n l_{i_2k_2h_2l_2}\left(\frac{A_{\mathrm{m},k_2}}{T}\right)\left(\frac{A_{\mathrm{m},l_2}}{T}\right)\left(\frac{A_{\mathrm{m},h_2}}{T}\right)\cdots$$

$$\tag{5.188}$$

$$J_{i_2} = J_{i_2 g'} = \sum_{k=1}^{n} -L'_{i_2 k} R \ln \frac{p_{k_2 g' 1'}}{p_{k_2 g' g}} \tag{5.189}$$

将式（5.188）+式（5.189）后除以 2，得

$$J_{i_2} = \frac{1}{2}(j_{i_2} + J_{i_2 g'}) \tag{5.190}$$

将式（5.190）代入式（5.187）后，分离变量积分得

$$N_{i_2 t} = N_{i_2 0} - \Omega \int_0^t J_{i_2} \mathrm{d}t$$

$$c_{i_2 t} = c_{i_2 0} - \frac{\Omega}{V} \int_0^t J_{i_2} \mathrm{d}t$$

$$N_{i_2 (\mathrm{g}) t} = N_{i_2 (\mathrm{g}) 0} + \Omega \int_0^t J_{i_2} \mathrm{d}t$$

2）析出前后气体分子组成变化

过程速率为

$$-\frac{1}{2}\frac{\mathrm{d}N_i}{\mathrm{d}t} = -\frac{1}{2}V\frac{\mathrm{d}c_i}{\mathrm{d}t} = \frac{\mathrm{d}N_{i_2 (\mathrm{g})}}{\mathrm{d}t} = \Omega_{1'\mathrm{g}'} j_i = \Omega_{\mathrm{g}'} J_{i_2 \mathrm{g}'} = \Omega J_i \tag{5.191}$$

$$(i = 1, 2, \cdots, n)$$

其中

$$\Omega_{1'\mathrm{g}'} = \Omega_{\mathrm{g}'} = \Omega$$

$$J_i = j_i = -\sum_{k=1}^{n} l_{ik}\left(\frac{A_{\mathrm{m},k}}{T}\right) - \sum_{k=1}^{n}\sum_{l=1}^{n} l_{ikl}\left(\frac{A_{\mathrm{m},k}}{T}\right)\left(\frac{A_{\mathrm{m},l}}{T}\right) - \sum_{k=1}^{n}\sum_{l=1}^{n}\sum_{h=1}^{n} l_{ikhl}\left(\frac{A_{\mathrm{m},k}}{T}\right)\left(\frac{A_{\mathrm{m},l}}{T}\right)\left(\frac{A_{\mathrm{m},h}}{T}\right) \cdots \tag{5.192}$$

$$J_i = J_{i_2 \mathrm{g}'} = \sum_{k=1}^{n} L'_{i_2 k_2} R \ln \frac{p_{k_2 g' 1'}}{p_{k_2 g' g}} \tag{5.193}$$

式（5.192）+式（5.193）后除以 2，得

$$J_i = \frac{1}{2}(j_i + J_{i_2 \mathrm{g}}) \tag{5.194}$$

将式（5.194）代入式（5.191），分离变量积分得

$$N_{it} = N_{i0} - 2\Omega \int_0^t J_i \mathrm{d}t$$

$$c_{it} = c_{i0} - \frac{2\Omega}{V} \int_0^t J_i \mathrm{d}t$$

$$N_{i_2 t} = N_{i_2 0} + \Omega \int_0^t J_i \mathrm{d}t$$

6. 溶解组元在液膜中扩散和析出气体在气膜中扩散为过程的控制步骤

1）析出前后气体分子组成不变

过程速率为

$$-\frac{\mathrm{d}N_{i_2}}{\mathrm{d}t} = -V\frac{\mathrm{d}c_{i_2}}{\mathrm{d}t} = \frac{\mathrm{d}N_{i_2(\mathrm{g})}}{\mathrm{d}t} = \Omega_{\mathrm{l}'}j_{i_2\mathrm{l}'} = \Omega_{\mathrm{g}'}J_{i_2\mathrm{g}'} = \Omega J_{i_2} \tag{5.195}$$

$$(i = 1, 2, \cdots, n)$$

其中

$$\Omega_{\mathrm{l}'} = \Omega_{\mathrm{g}'} = \Omega$$

$$J_{i_2} = J_{i_2\mathrm{l}'} = \sum_{k=1}^{n} L'_{ik}R\ln\frac{a_{k_2\mathrm{l}'1}}{a_{k_2\mathrm{l}'\mathrm{g}'}} \tag{5.196}$$

$$J_{i_2} = J_{i_2\mathrm{g}'} = \sum_{k=1}^{n} L'_{ik}R\ln\frac{p_{k_2\mathrm{g}'1}}{p_{k_2\mathrm{g}'\mathrm{g}}} = \sum_{k=1}^{n} L'_{ik}R\ln\frac{c_{k_2\mathrm{g}'1}}{c_{k_2\mathrm{g}'\mathrm{g}}} \tag{5.197}$$

式（5.196）+式（5.197）后除以 2，得

$$J_{i_2} = \frac{1}{2}(J_{i_2\mathrm{g}'} + J_{i_2\mathrm{l}'}) \tag{5.198}$$

将式（5.198）代入式（5.195），分离变量积分得

$$N_{it} = N_{i0} - \Omega\int_0^t J_{i_2}\mathrm{d}t$$

$$c_{it} = c_{i0} - \frac{\Omega}{V}\int_0^t J_{i_2}\mathrm{d}t$$

$$N_{i_2t} = N_{i_20} + \Omega\int_0^t J_{i_2}\mathrm{d}t$$

2）析出前后气体分子组成变化

过程速率为

$$-\frac{1}{2}\frac{\mathrm{d}N_i}{\mathrm{d}t} = -\frac{1}{2}V\frac{\mathrm{d}c_i}{\mathrm{d}t} = \frac{\mathrm{d}N_{i_2(\mathrm{g})}}{\mathrm{d}t} = \frac{1}{2}\Omega_{\mathrm{l}'}J_{i\mathrm{l}'} = \Omega_{\mathrm{g}'}J_{i_2\mathrm{g}'} = \Omega J_i \tag{5.199}$$

$$(i = 1, 2, \cdots, n)$$

其中

$$\Omega_{\mathrm{l}'} = \Omega_{\mathrm{g}'} = \Omega$$

$$J_i = \frac{1}{2}J_{i\mathrm{l}'} = \sum_{k=1}^{n}\frac{1}{2}L'_{ik}R\ln\frac{a_{k\mathrm{l}'1}}{a_{k\mathrm{l}'\mathrm{g}'}} \tag{5.200}$$

$$J_i = J_{i\mathrm{g}'} = \sum_{k=1}^{n}L'_{ik}R\ln\frac{p_{k_2\mathrm{g}'1}}{p_{k_2\mathrm{g}'\mathrm{g}}} \tag{5.201}$$

式（5.200）+式（5.201）后除以 2，得

$$J_i = \frac{1}{2}\left(J_{i\mathrm{g}'} + \frac{1}{2}J_{i\mathrm{l}'}\right) \tag{5.202}$$

将式（5.202）代入式（5.199）后，分离变量积分得

$$N_{it} = N_{i0} - 2\Omega\int_0^t J_i\mathrm{d}t$$

$$c_{it} = c_{i0} - 2\frac{\Omega}{V}\int_0^t J_i \mathrm{d}t$$

$$N_{i_2(\mathrm{g})t} = N_{i_2(\mathrm{g})0} + \Omega\int_0^t J_i \mathrm{d}t$$

7. 析出过程由液膜中的扩散、从液相中析出气体和析出气体在气膜中的扩散共同控制

1）析出前后气体分子组成不变

过程速率为

$$-\frac{\mathrm{d}N_{i_2}}{\mathrm{d}t} = -V\frac{\mathrm{d}c_{i_2}}{\mathrm{d}t} = \frac{\mathrm{d}N_{i_2(\mathrm{g})}}{\mathrm{d}t} = \Omega_{\mathrm{l'}} j_{i_2\mathrm{l'}} = \Omega_{\mathrm{l'g'}} J_{i_2} = \Omega_{\mathrm{g'}} J_{i_2\mathrm{g'}} = \Omega J_{i_2} \quad （5.203）$$

$$(i = 1, 2, \cdots, n)$$

其中

$$\Omega_{\mathrm{l'}} = \Omega_{\mathrm{l'g'}} = \Omega_{\mathrm{g'}} = \Omega$$

$$J_{i_2} = J_{i_2\mathrm{l'}} = \sum_{k=1}^n L'_{ik} R \ln \frac{a_{k_2\mathrm{l'1}}}{a_{k_2\mathrm{l'g'}}} \quad （5.204）$$

$$J_{i_2} = j_{i_2} = -\sum_{k=1}^n l_{i_2k_2}\left(\frac{A_{\mathrm{m},k_2}}{T}\right) - \sum_{k=1}^n\sum_{l=1}^n l_{i_2k_2l_2}\left(\frac{A_{\mathrm{m},k_2}}{T}\right)\left(\frac{A_{\mathrm{m},l_2}}{T}\right) - \sum_{k=1}^n\sum_{l=1}^n\sum_{h=1}^n l_{i_2k_2h_2l_2}\left(\frac{A_{\mathrm{m},k_2}}{T}\right)\left(\frac{A_{\mathrm{m},l_2}}{T}\right)\left(\frac{A_{\mathrm{m},h_2}}{T}\right)\cdots$$

$$（5.205）$$

$$J_{i_2} = J_{i_2\mathrm{g'}} = \sum_{k=1}^n L'_{ik} R \ln \frac{p_{k_2\mathrm{g'l'}}}{p_{k_2\mathrm{l'g'}}} \quad （5.206）$$

式（5.204）+式（5.205）+式（5.206）后除以 3，得

$$J_{i_2} = \frac{1}{3}(J_{i_2\mathrm{l'}} + j_{i_2} + J_{i_2\mathrm{g'}}) \quad （5.207）$$

将式（5.207）代入式（5.203），分离变量积分得

$$N_{i_2t} = N_{i_20} - \Omega\int_0^t J_{i_2}\mathrm{d}t$$

$$c_{i_2t} = c_{i_20} - \Omega\int_0^t J_{i_2}\mathrm{d}t$$

$$N_{i_2(\mathrm{g})t} = N_{i_2(\mathrm{g})0} + \Omega\int_0^t J_{i_2}\mathrm{d}t$$

2）析出前后气体分子组成变化

过程速率为

$$-\frac{1}{2}\frac{\mathrm{d}N_i}{\mathrm{d}t} = -\frac{1}{2}V\frac{\mathrm{d}c_i}{\mathrm{d}t} = \frac{\mathrm{d}N_{i_2(\mathrm{g})}}{\mathrm{d}t} = \frac{1}{2}\Omega_{\mathrm{l'}} J_{i\mathrm{l'}} = \Omega_{\mathrm{l'g'}} j_i = \Omega_{\mathrm{g'}} J_{i_2\mathrm{g'}} = \Omega J_i \quad （5.208）$$

$$(i = 1, 2, \cdots, n)$$

其中

$$\Omega_{l'} = \Omega_{l'g'} = \Omega_{g'} = \Omega$$

$$J_i = \frac{1}{2}J_{il'} = \frac{1}{2}\sum_{k=1}^{n}L'_{ik}R\ln\frac{a_{kl'l}}{a_{kl'g'}} \tag{5.209}$$

$$J_i = j_i = -\sum_{k=1}^{n}l_{ik}\left(\frac{A_{m,k}}{T}\right) - \sum_{k=1}^{n}\sum_{l=1}^{n}l_{ikl}\left(\frac{A_{m,k}}{T}\right)\left(\frac{A_{m,l}}{T}\right) - \sum_{k=1}^{n}\sum_{l=1}^{n}\sum_{h=1}^{n}l_{ikhl}\left(\frac{A_{m,k}}{T}\right)\left(\frac{A_{m,l}}{T}\right)\left(\frac{A_{m,h}}{T}\right)\cdots \tag{5.210}$$

$$J_i = J_{i_2g'} = \sum_{k=1}^{n}L'_{i_2k}R\ln\frac{p_{k_2g'l'}}{p_{k_2l'g'}} \tag{5.211}$$

式（5.209）+式（5.210）+式（5.211）后除以 3，得

$$J_i = \frac{1}{3}\left(\frac{1}{2}J_{il'}+j_i+J_{i_2g'}\right) \tag{5.212}$$

将式（5.212）代入式（5.208），分离变量积分得

$$N_{it} = N_{i0} - 2\Omega\int_0^t J_i\mathrm{d}t$$

$$c_{it} = c_{i0} - 2\frac{\Omega}{V}\int_0^t J_i\mathrm{d}t$$

$$N_{i_2(g)t} = N_{i_2(g)0} + \Omega\int_0^t J_i\mathrm{d}t$$

5.5　气体和液体的化学反应

5.5.1　气体和液体的反应步骤

气体和液体的反应包括下列步骤：

（1）气体通过气膜向气-液界面扩散。

（2）气体向液体中溶解。

（3）溶解的气体通过液膜向液相本体扩散。

（4）溶解的气体与液体中的组元在溶液本体某个区域进行化学反应。

（5）产物在液体中扩散，或气体产物过饱和后析出。

与前面讨论的气体在液体中的溶解相比，多了气体反应物溶解后和溶液中的组元发生化学反应，以及产物扩散、析出的环节。下面仅讨论与气体溶解不同的内容。

5.5.2　反应物 A 在液膜中的扩散和化学反应共同为过程的控制步骤

化学反应为

$$aA(g) + b[B] \Longrightarrow cC(g) \tag{5.f}$$

$$\Delta G_m = \Delta G_m^{\ominus} + RT\ln \frac{\left(\dfrac{p_C}{p^{\ominus}}\right)^c}{\left(\dfrac{p_A}{p^{\ominus}}\right)^a a_B^b} \tag{5.213}$$

其中

$$\Delta G_m^{\ominus} = c\mu_C^{\ominus} - a\mu_A^{\ominus} - b\mu_B^{\ominus}$$

反应物 A 在液膜中的扩散速率为

$$J_{Al'} = \left| \boldsymbol{J}_{Al'} \right|$$

$$= \left| -L_{AA}\frac{\nabla\mu_{Al'}}{T} - L_{AC}\frac{\nabla\mu_{Cl'}}{T} \right|$$

$$= L_{AA}\frac{\Delta\mu_{Al'}}{T\delta_{l'}} + L_{AC}\frac{\Delta\mu_{Cl'}}{T\delta_{l'}}$$

$$= L'_{AA}\frac{\Delta\mu_{Al'}}{T} + L'_{AC}\frac{\Delta\mu_{Cl'}}{T} \tag{5.214}$$

式中，$\delta_{l'}$ 为液膜厚度；l′ 为液膜；g′ 为气膜；l′g′ 为液膜-气膜界面；l′l 为液膜-液相本体界面。

$$L'_{AA} = \frac{L_{AA}}{\delta_{l'}}, \quad L'_{AC} = \frac{L_{AC}}{\delta_{l'}}$$

$$\Delta\mu_{Al'} = \mu_{Al'g'} - \mu_{Al'l}$$

$$= RT\ln\frac{a_{Al'g'}}{a_{Al'l}}$$

$$\Delta\mu_{Cl'} = \mu_{Cl'l} - \mu_{Cl'g'}$$

$$= RT\ln\frac{a_{Cl'l}}{a_{Cl'g'}}$$

化学反应速率为

$$j = -l_1\left(\frac{A_m}{T}\right) - l_2\left(\frac{A_m}{T}\right)^2 - l_3\left(\frac{A_m}{T}\right)^3 - \cdots \tag{5.215}$$

其中

$$A_m = \Delta G_m = \Delta G_m^{\ominus} + RT\ln\frac{\left(\dfrac{p_C}{p^{\ominus}}\right)^c}{\left(\dfrac{p_A}{p^{\ominus}}\right)a_B^b}$$

过程速率为

$$-\frac{1}{a}\frac{dN_{A(g)}}{dt} = -\frac{1}{b}\frac{dN_B}{dt} = \frac{1}{c}\frac{dN_C}{dt} = \frac{\Omega_{l'}}{a}J_{Al'} = V_L j = \Omega J \quad (5.216)$$

式中，$\Omega_{l'}$ 为液膜界面面积；V_L 为反应区的体积。

$$\Omega_{l'} = \Omega$$

$$J = \frac{1}{a}J_{Al'} = \frac{1}{a}\left(L'_{AA}R\ln\frac{a_{Al'g'}}{a_{Al'l}} + L'_{AC}R\ln\frac{c_{Cl'l}}{c_{Cl'g'}}\right) \quad (5.217)$$

$$J = \frac{V_L}{\Omega}J = \frac{V_L}{\Omega}\left[-l_1\left(\frac{A_m}{T}\right) - l_2\left(\frac{A_m}{T}\right)^2 - l_3\left(\frac{A_m}{T}\right)^3 - \cdots\right] \quad (5.218)$$

式（5.217）+式（5.218）后除以 2，得

$$J = \frac{1}{2}\left(\frac{1}{a}J_{Al'} + \frac{V_L}{\Omega}j\right) \quad (5.219)$$

将式（5.219）代入式（5.216），分离变量积分得

$$N_{A(g)t} = N_{A(g)0} - a\Omega\int_0^t J dt$$

$$N_{Bt} = N_{B0} - b\Omega\int_0^t J dt$$

$$N_{C(g)t} = N_{C(g)0} + c\Omega\int_0^t J dt$$

5.5.3　反应物 A 在气膜中的扩散和化学反应共同为过程的控制步骤

过程速率为

$$-\frac{1}{a}\frac{dN_{A(g)}}{dt} = -\frac{1}{b}\frac{dN_B}{dt} = \frac{1}{c}\frac{dN_C}{dt} = \frac{\Omega_{g'}}{a}J_{Ag'} = V_L j = \Omega J \quad (5.220)$$

式中，$\Omega_{g'}$ 为气膜界面面积；V_L 为反应区体积。

$$\Omega_{g'} = \Omega$$

$$\begin{aligned}
J_{Ag'} = \left|\boldsymbol{J}_{Ag'}\right| &= \left|-L_{AA}\frac{\nabla\mu_{Ag'}}{T} - L_{AC}\frac{\nabla\mu_{Cg'}}{T}\right| \\
&= L_{AA}\frac{\Delta\mu_{Ag'}}{T\delta_{g'}} + L_{AC}\frac{\Delta\mu_{Cg'}}{T\delta_{g'}} \\
&= \frac{L'_{AA}}{T}\Delta\mu_{Ag'} + \frac{L'_{AC}}{T}\Delta\mu_{Cg'}
\end{aligned} \quad (5.221)$$

其中

$$L'_{AA} = \frac{L_{AA}}{\delta_{g'}}, L'_{AC} = \frac{L_{AC}}{\delta_{g'}}$$

$$\Delta\mu_{Ag'} = \mu_{Ag'g} - \mu_{Ag'l'} = RT\ln\frac{p_{Ag'g}}{p_{Ag'l'}}$$

$$\Delta\mu_{Cg'} = \mu_{Cg'l'} - \mu_{Cg'g} = RT\ln\frac{p_{Cg'l'}}{p_{Cg'g}}$$

式中，g' 表示气膜；$p_{Ag'g}$ 和 $p_{Ag'l'}$ 分别为气膜 g' 靠近气相本体一侧和靠近液膜一侧组元 A 的压力；$p_{Cg'l'}$ 和 $p_{Cg'g}$ 分别为气膜靠近液膜一侧和靠近气相本体一侧组元 C 的压力。

$$J = \frac{V_L}{\Omega}j = \frac{V_L}{\Omega}\left[-l_1\left(\frac{A_m}{T}\right) - l_2\left(\frac{A_m}{T}\right)^2 - l_3\left(\frac{A_m}{T}\right)^3 \cdots\right] \qquad (5.222)$$

式（5.221）+式（5.222）后除以 2，得

$$J = \frac{1}{2}\left(\frac{1}{a}J_{Ag'} + \frac{V_L}{\Omega}j\right) \qquad (5.223)$$

将式（5.223）代入式（5.220），分离变量积分得

$$N_{At} = N_{A0} - a\Omega\int_0^t J\mathrm{d}t$$

$$N_{Bt} = N_{B0} - b\Omega\int_0^t J\mathrm{d}t$$

$$N_{C(g)t} = N_{C(g)0} + c\Omega\int_0^t J\mathrm{d}t$$

5.5.4　反应物 A 在气膜中的扩散、在液膜中的扩散和化学反应共同为过程的控制步骤

过程速率为

$$-\frac{1}{a}\frac{\mathrm{d}N_{A(g)}}{\mathrm{d}t} = -\frac{1}{b}\frac{\mathrm{d}N_B}{\mathrm{d}t} = \frac{1}{c}\frac{\mathrm{d}N_C}{\mathrm{d}t} = \frac{\Omega_{g'}}{a}J_{Ag'} = \frac{\Omega_{l'}}{a}J_{Al'} = V_L j = \Omega J \qquad (5.224)$$

其中

$$\Omega_{g'} = \Omega_{l'} = \Omega$$

$$
\begin{aligned}
J_{Ag'} = \left|\boldsymbol{J}_{Ag'}\right| &= \left|-L_{AA}\frac{\nabla\mu_{Ag'}}{T} - L_{AC}\frac{\nabla\mu_{Cg'}}{T}\right| \\
&= L_{AA}\frac{\Delta\mu_{Ag'}}{T\delta_{g'}} + L_{AC}\frac{\Delta\mu_{Cg'}}{T\delta_{g'}} \\
&= \frac{L'_{AA}}{T}\Delta\mu_{Ag'} + \frac{L'_{AC}}{T}\Delta\mu_{Cg'}
\end{aligned} \qquad (5.225)
$$

其中

$$L'_{AA} = \frac{L_{AA}}{\delta_{g'}}, \quad L'_{AC} = \frac{L_{AC}}{\delta_{g'}}$$

$$\Delta\mu_{Ag'} = \mu_{Ag'g} - \mu_{Ag'l'} = RT\ln\frac{p_{Ag'g}}{p_{Ag'l'}}$$

$$\Delta\mu_{Cg'} = \mu_{Cg'l'} - \mu_{Cg'g} = RT\ln\frac{p_{Cg'l'}}{p_{Cg'g}}$$

式中，g' 表示气膜；$p_{Ag'g}$ 和 $p_{Ag'l'}$ 分别为气膜 g' 靠近气相本体一侧和靠近液膜一侧组元 A 的压力；$p_{Cg'l'}$ 和 $p_{Cg'g}$ 分别为气膜靠近液膜一侧和靠近气相本体一侧组元 C 的压力。

$$\begin{aligned}
J_{Al'} &= \left|\boldsymbol{J}_{Al'}\right| \\
&= \left|-L_{AA}\frac{\nabla\mu_{Al'}}{T} - L_{AC}\frac{\nabla\mu_{Cl'}}{T}\right| \\
&= L_{AA}\frac{\Delta\mu_{Al'}}{T\delta_{l'}} + L_{AC}\frac{\Delta\mu_{Cl'}}{T\delta_{l'}} \\
&= L'_{AA}\frac{\Delta\mu_{Al'}}{T} + L'_{AC}\frac{\Delta\mu_{Cl'}}{T}
\end{aligned}$$

$$（5.226）$$

$$L'_{AA} = \frac{L_{AA}}{\delta_{l'}}, \quad L'_{AC} = \frac{L_{AC}}{\delta_{l'}}$$

$$\Delta\mu_{Al'} = \mu_{Al'g'} - \mu_{Al'l} = RT\ln\frac{a_{Al'g'}}{a_{Al'l}}$$

$$\Delta\mu_{Cl'} = \mu_{Cl'l} - \mu_{Cl'g'} = RT\ln\frac{a_{Cl'l}}{a_{Cl'g'}}$$

式中，$\delta_{l'}$ 为液膜厚度；l' 为液膜；g' 为气膜。

$$J = \frac{V_L}{\Omega}j = \frac{V_L}{\Omega}\left[-l_1\left(\frac{A_m}{T}\right) - l_2\left(\frac{A_m}{T}\right)^2 - l_3\left(\frac{A_m}{T}\right)^3 - \cdots\right] \quad （5.227）$$

式（5.225）+式（5.226）+式（5.227）后除以 3，得

$$J = \frac{1}{3}\left(\frac{1}{a}J_{Ag'} + \frac{V_L}{\Omega}j + \frac{1}{a}J_{Al'}\right) \quad （5.228）$$

将式（5.228）代入式（5.224），分离变量积分得

$$N_{At} = N_{A0} - a\Omega\int_0^t J\mathrm{d}t$$

$$N_{Bt} = N_{B0} - b\Omega\int_0^t J\mathrm{d}t$$

$$N_{Ct} = N_{C(g)0} + c\Omega\int_0^t J\mathrm{d}t$$

5.5.5　反应物 B 在液相中的扩散和化学反应为过程的控制步骤

过程速率为

$$-\frac{1}{a}\frac{\mathrm{d}N_{A(g)}}{\mathrm{d}t} = -\frac{1}{b}\frac{\mathrm{d}N_B}{\mathrm{d}t} = \frac{1}{c}\frac{\mathrm{d}N_C}{\mathrm{d}t} = \frac{1}{b}\Omega_{1''}J_{B1''} = V_L j = \Omega J \tag{5.229}$$

$$\Omega_{1''} = \Omega \tag{5.230}$$

反应物 B 在液相中的扩散速率为

$$\begin{aligned} J_{B1''} = \left|\boldsymbol{J}_{B1''}\right| &= \left|-L_{BB}\frac{\nabla\mu_{B1''}}{T} - L_{BC}\frac{\nabla\mu_{C1''}}{T}\right| \\ &= L_{BB}\frac{\Delta\mu_{B1''}}{T\delta_{1''}} + L_{BC}\frac{\Delta\mu_{C1''}}{T\delta_{1''}} \\ &= \frac{L'_{BB}}{T}\Delta\mu_{B1''} + \frac{L'_{BC}}{T}\Delta\mu_{C1''} \end{aligned} \tag{5.231}$$

其中

$$L'_{BB} = \frac{L_{BB}}{\delta_{1''}}, \quad L'_{BC} = \frac{L_{BC}}{\delta_{1''}}$$

$$\Delta\mu_{B1''} = \mu_{B1''1} - \mu_{B1''L} = RT\ln\frac{a_{B1''1}}{a_{B1''L}}$$

$$\Delta\mu_{C1''} = \mu_{C1''L} - \mu_{C1''1} = RT\ln\frac{a_{C1''L}}{a_{C1''1}}$$

式中，1″ 表示液相本体和反应区之间的液相边界层（过渡层）；$a_{B1''1}$ 和 $a_{B1''L}$ 分别为边界层 1″ 靠近液相本体一侧和靠近反应区一侧组元 B 的活度；$a_{C1''L}$ 和 $a_{C1''1}$ 分别为边界层靠近反应区一侧和靠近液相本体一侧组元 C 的活度。

式中，$\Omega_{1''}$ 为液相边界层 1″ 的界面面积；V_L 为反应区的体积，有

$$J = \frac{V_L}{\Omega}j = \frac{V_L}{\Omega}\left[-l_1\left(\frac{A_m}{T}\right) - l_2\left(\frac{A_m}{T}\right)^2 - l_3\left(\frac{A_m}{T}\right)^3\cdots\right] \tag{5.232}$$

式（5.231）+式（5.232）后除以 2，得

$$J = \frac{1}{2}\left(\frac{1}{b}J_{B1''} + \frac{V_L}{\Omega}j\right) \tag{5.233}$$

将式（5.233）代入式（5.229），分离变量积分得

$$N_{A(g)t} = N_{A(g)0} - a\Omega\int_0^t J\mathrm{d}t$$

$$N_{Bt} = N_{B0} - b\Omega\int_0^t J\mathrm{d}t$$

$$N_{Ct} = N_{C0} + c\Omega\int_0^t J\mathrm{d}t$$

5.6 多种气体和液体中多个组元同时进行化学反应

5.6.1 反应物 A_j 在液膜中的扩散和化学反应共同为过程的控制步骤

化学反应为

$$a_j A_j(g) + b_j[B_j] \Longrightarrow c_j C_j(g) \tag{5.g}$$
$$(j = 1, 2, \cdots, n)$$

化学反应亲和力为

$$A_{m,j} = \Delta G_{m,j} = \Delta G_{m,j}^{\ominus} + RT\ln\frac{\left(\dfrac{p_{C_j}}{p^{\ominus}}\right)^{c_j}}{\left(\dfrac{p_{A_j}}{p^{\ominus}}\right)^{a_j} a_{B_j}^{b_j}} \tag{5.234}$$

A_j 在液膜中的扩散速率为

$$\begin{aligned}
J_{A_j l'} = \left| \boldsymbol{J}_{A_j l'} \right| &= \left| -\sum_{k=1}^r L_{jk}\frac{\nabla\mu_{A_k l'}}{T} - \sum_{l=1}^r L_{jl}\frac{\nabla\mu_{B_l l'}}{T} \right| \\
&= \sum_{k=1}^r L_{jk}\frac{\Delta\mu_{A_k l'}}{T\delta_{l'}} + \sum_{l=1}^r L_{jl}\frac{\Delta\mu_{C_l l'}}{T\delta_{l'}} \\
&= \sum_{k=1}^r \frac{L'_{jk}}{T}\Delta\mu_{A_k l'} + \sum_{l=1}^r \frac{L'_{jl}}{T}\Delta\mu_{C_l l'} \\
&(j = 1, 2, \cdots, r)
\end{aligned} \tag{5.235}$$

其中

$$\Delta\mu_{A_j l'} = \mu_{A_j l'g'} - \mu_{A_j l'1} = RT\ln\frac{a_{A_j l'g'}}{a_{A_j l'1}}$$

$$\Delta\mu_{C_j l'} = \mu_{C_j l'1} - \mu_{C_j l'g'} = RT\ln\frac{a_{C_j l'1}}{a_{C_j l'g'}}$$

$$L'_{ik} = \frac{L_{ik}}{\delta_{l'}}, \quad L'_{il} = \frac{L_{il}}{\delta_{l'}}$$

$$j_j = -\sum_{k=1}^{r} l_{jk}\left(\frac{A_{m,k}}{T}\right) - \sum_{k=1}^{r}\sum_{l=1}^{r} l_{jkl}\left(\frac{A_{m,k}}{T}\right)\left(\frac{A_{m,l}}{T}\right) - \sum_{k=1}^{r}\sum_{l=1}^{r}\sum_{h=1}^{r} l_{jklh}\left(\frac{A_{m,k}}{T}\right)\left(\frac{A_{m,l}}{T}\right)\left(\frac{A_{m,h}}{T}\right)\cdots$$

$$(5.236)$$

过程速率为

$$-\frac{1}{a_j}\frac{dN_{A_j(g)}}{dt} = -\frac{1}{b_j}\frac{dN_{B_j}}{dt} = \frac{1}{c_j}\frac{dN_{C_j}}{dt} = \frac{\Omega_{l'}}{a_j}J_{A_jl'} = V_L j_j = \Omega J_j (j=1,2,\cdots,n) \quad (5.237)$$

式中，$\Omega_{l'} = \Omega$，V_L 为反应区域的体积。

$$J_j = \frac{1}{a_j}J_{A_jl'} = \frac{1}{a_j}\left(\sum_{k=1}^{r}\frac{L'_{ik}}{T}\Delta\mu_{A_kl'} + \sum_{l=1}^{r}\frac{L'_{il}}{T}\Delta\mu_{C_jl'}\right) \quad (5.238)$$

$$J_j = \frac{V_L}{\Omega}j_j = \frac{V_L}{\Omega}\left[-\sum_{k=1}^{r} l_{jk}\left(\frac{A_{m,k}}{T}\right) - \sum_{k=1}^{r}\sum_{l=1}^{r} l_{jkl}\left(\frac{A_{m,k}}{T}\right)\left(\frac{A_{m,l}}{T}\right) - \sum_{k=1}^{r}\sum_{l=1}^{r}\sum_{h=1}^{r} l_{jklh}\left(\frac{A_{m,k}}{T}\right)\left(\frac{A_{m,l}}{T}\right)\left(\frac{A_{m,h}}{T}\right)\cdots\right]$$

$$(5.239)$$

式（5.238）+式（5.239）后除以 2，得

$$J_j = \frac{1}{2}\left(\frac{1}{a_j}J_{A_jl'} + \frac{V_L}{\Omega}j_j\right) \quad (5.240)$$

将式（5.240）代入式（5.237），分离变量积分得

$$N_{A_j(g)t} = N_{A_j(g)0} - a_j\Omega\int_0^t J_j dt$$

$$N_{B_jt} = N_{B_j0} - b_j\Omega\int_0^t J_j dt$$

$$N_{C_jt} = N_{C_j0} + c_j\Omega\int_0^t J_j dt$$

5.6.2　反应物 A_j 在气膜中的扩散和化学反应共同为过程的控制步骤

过程速率为

$$-\frac{1}{a_j}\frac{dN_{A_j(g)}}{dt} = -\frac{1}{b_j}\frac{dN_{B_j}}{dt} = \frac{1}{c_j}\frac{dN_{C_j}}{dt} = \frac{\Omega_{g'}}{a_j}J_{A_jg'} = V_L j_j = \Omega J_j \quad (5.241)$$

其中

$$\Omega_{g'} = \Omega_{g'l'} = \Omega$$

化学反应方程式同（5.g），化学反应亲和力同式（5.234）。

反应物 A_j 在气膜中的扩散速率为

$$J_{A_jg'} = \left| \boldsymbol{J}_{A_jg'} \right|$$

$$= \left| -\sum_{k=1}^{r} L_{jk} \frac{\nabla \mu_{A_kg'}}{T} - \sum_{l=1}^{r} L_{jl} \frac{\nabla \mu_{C_lg'}}{T} \right|$$

$$= \sum_{k=1}^{r} L_{jk} \frac{\Delta \mu_{A_kg'}}{T \delta_{g'}} + \sum_{l=1}^{r} L_{jl} \frac{\Delta \mu_{C_lg'}}{T}$$

$$= \sum_{k=1}^{r} \frac{L'_{jk}}{T} \Delta \mu_{A_kg'} + \sum_{l=1}^{r} \frac{L'_{jl}}{T} \Delta \mu_{C_lg'} \qquad （5.242）$$

其中

$$\Delta \mu_{A_kl'} = \mu_{A_kg'g} - \mu_{A_kg'l'} = RT \ln \frac{a_{A_kg'g}}{a_{A_kg'l'}}$$

$$\Delta \mu_{C_ll'} = \mu_{C_lg'l'} - \mu_{C_lg'g} = RT \ln \frac{a_{C_lg'l'}}{a_{C_lg'g}}$$

$$L'_{jk} = \frac{L_{jk}}{\delta_{g'}}, \qquad L'_{jl} = \frac{L_{jl}}{\delta_{g'}}$$

$$J_j = \frac{1}{a_j} J_{A_jg'} = \frac{1}{a_j} \left(\sum_{k=1}^{r} \frac{L'_{jk}}{T} \Delta \mu_{A_kg'} + \sum_{l=1}^{r} \frac{L'_{jl}}{T} \Delta \mu_{C_lg'} \right) \qquad （5.243）$$

$$J_j = \frac{V_L}{\Omega} j_j = \frac{V_L}{\Omega} \left[-\sum_{k=1}^{r} l_{jk} \left(\frac{A_{m,k}}{T} \right) - \sum_{k=1}^{r}\sum_{l=1}^{r} l_{jkl} \left(\frac{A_{m,k}}{T} \right)\left(\frac{A_{m,l}}{T} \right) - \sum_{k=1}^{r}\sum_{l=1}^{r}\sum_{h=1}^{r} l_{jklh} \left(\frac{A_{m,k}}{T} \right)\left(\frac{A_{m,l}}{T} \right)\left(\frac{A_{m,h}}{T} \right) \cdots \right]$$

$$（5.244）$$

式（5.244）+式（5.243）后除以 2，得

$$J_j = \frac{1}{2}\left(\frac{1}{a_j} J_{A_jg'} + \frac{V_L}{\Omega} j_j \right) \qquad （5.245）$$

将式（5.245）代入式（5.242），分离变量积分得

$$N_{A_j(g)t} = N_{A_j(g)0} - a_j \Omega \int_0^t J_j \mathrm{d}t$$

$$N_{B_jt} = N_{B_j0} - b_j \Omega \int_0^t J_j \mathrm{d}t$$

$$N_{C_jt} = N_{C_j0} + c_j \Omega \int_0^t J_j \mathrm{d}t$$

5.6.3　反应物 A_j 在气膜中的扩散、在液膜中的扩散和化学反应共同为过程的控制步骤

过程速率为

$$-\frac{1}{a_j}\frac{\mathrm{d}N_{A_j(g)}}{\mathrm{d}t}=-\frac{1}{b_j}\frac{\mathrm{d}N_{B_j}}{\mathrm{d}t}=\frac{1}{c_j}\frac{\mathrm{d}N_{C_j}}{\mathrm{d}t}=\frac{\Omega_{g'}}{a_j}J_{A_jg'}=\frac{\Omega_{1'}}{a_j}J_{A_j1'}=V_Lj_j=\Omega J_j \quad (5.246)$$

其中

$$\Omega_{g'}=\Omega_{1'}=\Omega$$

$$
\begin{aligned}
J_j&=\frac{1}{a_j}J_{A_jg'}=\frac{1}{a_j}\left(\sum_{k=1}^r\frac{L'_{jk}}{T}\Delta\mu_{A_kg'}+\sum_{l=1}^r\frac{L'_{jl}}{T}\Delta\mu_{C_lg'}\right)\\
&=\frac{1}{a_j}\left(\sum_{k=1}^r L'_{jk}RT\ln\frac{p_{A_jg'g}}{p_{A_jg'1'}}+\sum_{l=1}^r L'_{jl}RT\ln\frac{p_{C_lg'1'}}{p_{C_lg'g}}\right)
\end{aligned}
\quad (5.247)
$$

$$
\begin{aligned}
J_j&=\frac{1}{a_j}J_{A_j1'}=\frac{1}{a_j}\left(\sum_{k=1}^r\frac{L'_{jk}}{T}\Delta\mu_{A_k1'}+\sum_{l=1}^r\frac{L'_{jl}}{T}\Delta\mu_{C_l1'}\right)\\
&=\frac{1}{a_j}\left(\sum_{k=1}^r L'_{jk}RT\ln\frac{a_{A_k1'g'}}{a_{A_k1'1}}+\sum_{l=1}^r L'_{jl}RT\ln\frac{a_{Cl'1}}{a_{Cl'g'}}\right)
\end{aligned}
\quad (5.248)
$$

$$J_j=\frac{V_L}{\Omega}j_j=\frac{V_L}{\Omega}\left[-\sum_{k=1}^r l_{jk}\left(\frac{A_{m,k}}{T}\right)-\sum_{k=1}^r\sum_{l=1}^r l_{jkl}\left(\frac{A_{m,k}}{T}\right)\left(\frac{A_{m,l}}{T}\right)-\sum_{k=1}^r\sum_{l=1}^r\sum_{h=1}^r l_{jklh}\left(\frac{A_{m,k}}{T}\right)\left(\frac{A_{m,l}}{T}\right)\left(\frac{A_{m,h}}{T}\right)\cdots\right]$$

$$(5.249)$$

式（5.247）+式（5.248）+式（5.249）后除以 2，得

$$J_j=\frac{1}{3}\left(\frac{1}{a_j}J_{A_jg'}+\frac{1}{a_j}J_{A_j1'}+\frac{V_L}{\Omega}j_j\right) \quad (5.250)$$

将式（5.250）代入式（5.246），分离变量积分得

$$N_{A_jt}=N_{A_j0}-a_j\Omega\int_0^t J_j\mathrm{d}t$$

$$N_{B_jt}=N_{B_j0}-b_j\Omega\int_0^t J_j\mathrm{d}t$$

$$N_{C_jt}=N_{C_j0}+c_j\Omega\int_0^t J_j\mathrm{d}t$$

5.6.4　反应物B_j在液相中的扩散和化学反应共同为过程的控制步骤

过程速率为

$$-\frac{1}{a_j}\frac{\mathrm{d}N_{A_j(g)}}{\mathrm{d}t}=-\frac{1}{b_j}\frac{\mathrm{d}N_{B_j}}{\mathrm{d}t}=\frac{1}{c_j}\frac{\mathrm{d}N_{C_j}}{\mathrm{d}t}=\frac{\Omega_{1''}}{b_j}J_{B_j1''}=V_Lj_j=\Omega J_j \quad (5.251)$$

式中，$\Omega_{1''}$为液相边界层 1″ 的界面面积，V_L 为反应区的体积，有

$$\Omega_{l''} = \Omega$$

化学反应方程式同（5.g），化学反应亲和力同式（5.234），反应物 B_j 在液相中的扩散速率为

$$
\begin{aligned}
J_{B_{j}l''} = \left| \boldsymbol{J}_{B_{j}l''} \right| &= \left| -\sum_{k=1}^{r} L_{jk} \frac{\nabla \mu_{B_{k}l''}}{T} - \sum_{l=1}^{r} L_{jl} \frac{\nabla \mu_{C_{l}l''}}{T} \right| \\
&= \sum_{k=1}^{r} L_{jk} \frac{\Delta \mu_{B_{k}l''}}{T \delta_{l''}} + \sum_{l=1}^{r} L_{jl} \frac{\Delta \mu_{C_{l}l''}}{T \delta_{l''}} \\
&= \sum_{k=1}^{r} \frac{L'_{jk}}{T} \Delta \mu_{B_{k}l''} + \sum_{l=1}^{r} \frac{L'_{jl}}{T} \Delta \mu_{C_{l}l''}
\end{aligned}
\tag{5.252}
$$

其中

$$\Delta \mu_{B_{k}l''} = \mu_{B_{k}l''1} - \mu_{B_{k}l''L} = RT\ln \frac{a_{B_{k}l''1}}{a_{B_{k}l''L}}$$

$$\Delta \mu_{C_{l}l''} = \mu_{C_{l}l''L} - \mu_{C_{l}l''1} = RT\ln \frac{a_{C_{l}l''L}}{a_{C_{l}l''1}}$$

$$L'_{jk} = \frac{L_{jk}}{\delta_{l''}}, \quad L'_{jl} = \frac{L_{jl}}{\delta_{l''}}$$

式中，l'' 表示液相本体和反应区之间的液相边界层（过渡层）；$a_{B_{k}l''1}$ 和 $a_{B_{k}l''L}$ 分别为边界层 l'' 靠近液相本体一侧和靠近反应区一侧组元 B_j 的活度；$a_{C_{l}l''L}$ 和 $a_{C_{l}l''1}$ 分别为边界层靠近反应区一侧和靠近液相本体一侧组元 C 的活度。

$$
J_j = \frac{1}{b_j} J_{B_{j}l''} = \frac{1}{b_j} \left(\sum_{k=1}^{r} \frac{L'_{jk}}{T} \Delta \mu_{B_{k}l''} + \sum_{l=1}^{r} \frac{L'_{jl}}{T} \Delta \mu_{C_{l}l''} \right)
\tag{5.253}
$$

$$
J_j = \frac{V_r}{\Omega} j_j = \frac{V_L}{\Omega} \left[-\sum_{k=1}^{r} l_{jk} \left(\frac{A_{m,k}}{T} \right) - \sum_{k=1}^{r} \sum_{l=1}^{r} l_{jkl} \left(\frac{A_{m,k}}{T} \right) \left(\frac{A_{m,l}}{T} \right) - \sum_{k=1}^{r} \sum_{l=1}^{r} \sum_{h=1}^{r} l_{jklh} \left(\frac{A_{m,k}}{T} \right) \left(\frac{A_{m,l}}{T} \right) \left(\frac{A_{m,h}}{T} \right) \cdots \right]
\tag{5.254}
$$

式（5.253）+式（5.254）后除以 2，得

$$
J_j = \frac{1}{2} \left(\frac{1}{b_j} J_{B_{j}l'} + \frac{V_L}{\Omega} j_j \right)
\tag{5.255}
$$

将式（5.255）代入式（5.252），分离变量积分得

$$N_{A_{j}(g)t} = N_{A_{j}(g)0} - a_j \Omega \int_0^t J_j \mathrm{d}t$$

$$N_{B_{j}t} = N_{B_{j}0} - b_j \Omega \int_0^t J_j \mathrm{d}t$$

$$N_{C_{j}t} = N_{C_{j}0} + c_j \Omega \int_0^t J_j \mathrm{d}t$$

5.7　气体在钢液中的溶解

5.7.1　在液膜中的扩散为控制步骤

1. 氮在钢液中的溶解

在液膜中的扩散为控制步骤，氮在钢液中的溶解可以表示为

$$N_2(g) == 2[N]$$

化学反应亲和力为

$$A_{m,N} = \Delta G_{m,N} = \Delta G_{m,N}^{\ominus} + RT \ln \frac{a_N^2}{p_{N_2}/p^{\ominus}} \tag{5.256}$$

化学反应速率为

$$j_N = -l_1 \left(\frac{A_{m,N}}{T} \right) - l_2 \left(\frac{A_{m,N}}{T} \right) - l_3 \left(\frac{A_{m,N}}{T} \right) - \cdots \tag{5.257}$$

研究表明，钢液吸氮由钢液边界层中的传质控制，即由溶解的氮在液膜中的扩散控制。氮的扩散速率为

$$J_{Nl'} = \left| \boldsymbol{J}_{Nl'} \right| = \left| -L_N \frac{\nabla \mu_{Nl'}}{T} \right| = L_N \frac{\Delta \mu_{Nl'}}{T\delta_{l'}} = L_N' R \ln \frac{a_{Nl'g'}}{a_{Nl'l}} \tag{5.258}$$

其中

$$L_N' = \frac{L_N}{\delta_{l'}}$$

式中，$\delta_{l'}$ 为液相边界层即液膜厚度；$a_{Nl'g'}$ 和 $a_{Nl'l}$ 分别为液膜靠近气相一侧和靠近钢液本体一侧组元 N 的活度。

在钢液中氮的溶解速率为

$$-\frac{dN_{N_2(g)}}{dt} = -\frac{1}{2} \frac{dc_N}{dt} = \frac{1}{2} \frac{dN_N}{dt} = \frac{1}{2} \Omega_{l'} J_{Nl'} \tag{5.259}$$

将式（5.258）代入式（5.259），分离变量积分得

$$N_{N_2(g)t} = N_{N_2(g)0} - \frac{1}{2} \Omega_{l'} \int_0^t J_{Nl'} dt$$

$$N_{Nt} = N_{N0} + \Omega_{l'} \int_0^t J_{Nl'} dt$$

式中，$N_{N_2(g)}$ 为气相中氮气的物质的量；N_N 为钢液中氮的物质的量。

2. 氢在钢液中的溶解

氢在钢液中溶解可以表示为

$$H_2(g) \Longrightarrow 2[H]$$

化学反应亲和力为

$$A_{m,H} = \Delta G_{m,H} = \Delta G_{m,H}^{\ominus} + RT \ln \frac{a_H^2}{p_{H_2}/p^{\ominus}}$$

研究表明，钢液吸氢由钢液边界层中的传质控制，即由溶解的氢在液膜中心的扩散控制。氢的扩散速率为

$$J_{Hl'} = \left| \boldsymbol{J}_{Hl'} \right| = \left| -L_H \frac{\nabla \mu_{Hl'}}{T} \right| = L_H \frac{\Delta \mu_{Hl'}}{T \delta_{l'}} = L_H' R \ln \frac{a_{Hl'g'}}{a_{Hl'l}} \qquad (5.260)$$

$$L_H' = \frac{L_H}{\delta_{l'}}$$

式中，$\delta_{l'}$ 为边界层即液膜厚度；$a_{Hl'g'}$ 和 $a_{Hl'l}$ 分别为液膜靠近气相一侧和靠近钢液本体一侧组元 H 的活度。

在钢液中氢的溶解速率为

$$-\frac{dN_{H_2(g)}}{dt} = -\frac{1}{2}\frac{dc_H}{dt} = \frac{1}{2}\frac{dN_H}{dt} = \frac{1}{2}\Omega_{l'} J_{Hl'} \qquad (5.261)$$

将式（5.260）代入（5.261），分离变量积分得

$$N_{H_2(g)t} = N_{H_2(g)0} - \frac{1}{2}\Omega_{l'}\int_0^t J_{Hl'} dt$$

$$N_{Ht} = N_{H0} + \Omega_{l'}\int_0^t J_{Hl'} dt$$

5.7.2　界面化学反应和在液膜中的扩散共同为过程的控制步骤

若钢液中含有硫和氢，钢液吸收氮气由界面反应和钢液边界层传质共同控制。过程速率为

$$-\frac{dN_{N_2(g)}}{dt} = \frac{1}{2}\frac{dN_N}{dt} = \frac{1}{2}\Omega_{l'} J_{Nl'} = \Omega_{g'l'} j_N = \Omega J_N \qquad (5.262)$$

其中

$$\Omega_{l'} = \Omega_{g'l'} = \Omega$$

$$J_N = \frac{1}{2}J_{Nl'} = \frac{1}{2}L_N' R \ln \frac{a_{Nl'g'}}{a_{Nl'l}} \qquad (5.263)$$

$$J_N = j_N = -l_1\left(\frac{A_N}{T}\right) - l_2\left(\frac{A_N}{T}\right)^2 - l_3\left(\frac{A_N}{T}\right)^3 - \cdots \qquad (5.264)$$

式（5.263）+式（5.264）后除以 2，得

$$J_N = \frac{1}{2}\left(\frac{1}{2}J_{Nl'} + j_N\right) \qquad (5.265)$$

将式（5.265）代入式（5.262），分离变量积分得

$$N_{N_2(g)t}=N_{N_2(g)0}-\Omega\int_0^t J_N \mathrm{d}t$$

$$N_{Nt}=N_{N0}+2\Omega\int_0^t J_N \mathrm{d}t$$

5.8　从钢液中析出气体

5.8.1　氮从钢液中析出

氮从钢液中析出可以表示为

$$2[N]\Longrightarrow N_2(g)$$

化学反应亲和力为

$$A_N=\Delta G_{m,N}=\Delta G_{m,N}^{\ominus}+RT\ln\frac{p_{N_2}/p^{\ominus}}{a_N^2}$$

研究表明，钢液析氮由钢液边界层中的传质控制，即在液膜中组元 N 的扩散控制。氮在液膜中的扩散速率为

$$J_{Nl'}=\left|\boldsymbol{J}_{Nl'}\right|=\left|-L_N\frac{\nabla\mu_{Nl'}}{T}\right|=L_N\frac{\Delta\mu_{Nl'}}{T\delta_{l'}}=L_N'R\ln\frac{a_{Nl'l}}{a_{Nl'g'}} \tag{5.266}$$

其中

$$L_N'=\frac{L_N}{\delta_{l'}}$$

$\delta_{l'}$ 为液相边界层即液膜厚度；$a_{Nl'l}$ 和 $a_{Nl'g'}$ 分别为液膜靠近钢液本体一侧和靠近气相一侧组元 N 的活度。

氮从钢液中析出的速率为

$$-\frac{1}{2}\frac{\mathrm{d}N_N}{\mathrm{d}t}=\frac{\mathrm{d}N_{N_2(g)}}{\mathrm{d}t}=\frac{1}{2}\Omega_{l'}J_{Nl'} \tag{5.267}$$

将式（5.266）代入式（5.267），分离变量积分得

$$N_{Nt}=N_{N0}-\Omega_{l'}\int_0^t J_{Nl'}\mathrm{d}t$$

$$N_{N_2(g)t}=N_{N_2(g)0}+\frac{1}{2}\Omega_{l'}\int_0^t J_{Nl'}\mathrm{d}t$$

$$c_{Nt}=c_{N0}-\frac{\Omega_{l'}}{V}\int_0^t J_{Nl'}\mathrm{d}t$$

研究表明，向钢液中吹氩脱氮，则脱氮过程由液膜传质和界面化学反应共同控制。过程速率为

$$-\frac{1}{2}\frac{dN_N}{dt}=\frac{dN_{N_2(g)}}{dt}=\frac{1}{2}\varOmega_{l'}J_{Nl'}=\varOmega_{l'g'}j_N=\varOmega J_N \tag{5.268}$$

其中

$$\varOmega_{l'}=\varOmega_{l'g'}=\varOmega$$

$$J_N=\frac{1}{2}J_{Nl'}=\frac{1}{2}\left(L'_N R\ln\frac{a_{Nl'l}}{a_{Nl'g'}}+L'_N R\ln\frac{a_{Arl'g'}}{a_{Arl'l}}\right) \tag{5.269}$$

$$J_N=j_N=-l_1\left(\frac{A_{m,N}}{T}\right)-l_2\left(\frac{A_{m,N}}{T}\right)^2-l_3\left(\frac{A_{m,N}}{T}\right)^3-\cdots \tag{5.270}$$

式（5.269）+式（5.270）后除以 2，得

$$J_N=\frac{1}{2}\left(\frac{1}{2}J_{Nl'}+j_N\right) \tag{5.271}$$

将式（5.271）代入式（5.268），分离变量积分得

$$N_{N_2(g)t}=N_{N_2(g)0}+\varOmega\int_0^t J_N dt$$

$$N_{Nt}=N_{N0}-2\varOmega\int_0^t J_N dt$$

$$c_{Nt}=c_{N0}-\frac{2\varOmega}{V}\int_0^t J_N dt$$

式中，V 为钢液体积。

5.8.2　氢从钢液中析出

氢从钢液中析出可以表示为

$$2[H]\rule[0.5ex]{2em}{0.4pt}\rule[0.9ex]{2em}{0.4pt} H_2(g)$$

化学反应亲和力为

$$A_{m,H}=\Delta G_{m,H}=\Delta G_{m,H}^{\ominus}+RT\ln\frac{p_{H_2}\big/p^{\ominus}}{a_H^2} \tag{5.272}$$

研究表明，钢液析氢由钢液界面层中的传质控制，即在液膜中组元 H 的扩散控制。氢在液膜中的扩散速率为

$$J_{Hl'}=\left|\boldsymbol{J}_{Hl'}\right|=\left|-L_H\frac{\nabla\mu_{Hl'}}{T}\right|=L_H\frac{\Delta\mu_{Hl'}}{T\delta_{l'}}=L'_H R\ln\frac{a_{Hl'l}}{a_{Hl'g'}} \tag{5.273}$$

其中

$$L'_H=\frac{L_H}{\delta_{l'}}$$

从整个钢液中析出氢的速率为

$$-\frac{1}{2}\frac{\mathrm{d}N_{\mathrm{H}}}{\mathrm{d}t}=\frac{\mathrm{d}N_{\mathrm{H}_2}}{\mathrm{d}t}=\Omega_{\mathrm{l'}}J_{\mathrm{Hl'}} \tag{5.274}$$

将式（5.273）代入式（5.274），分离变量积分得

$$N_{\mathrm{H}t}=N_{\mathrm{H0}}-2\Omega_{\mathrm{l'}}\int_0^t J_{\mathrm{Hl'}}\mathrm{d}t$$

$$c_{\mathrm{H}t}=c_{\mathrm{H0}}-\frac{2\Omega_{\mathrm{l'}}}{V_1}\int_0^t J_{\mathrm{Hl'}}\mathrm{d}t$$

$$N_{\mathrm{H}_2(\mathrm{g})t}=N_{\mathrm{H}_2(\mathrm{g})0}+\Omega_{\mathrm{l'}}\int_0^t J_{\mathrm{Hl'}}\mathrm{d}t$$

5.9　冰　铜　吹　炼

5.9.1　冰铜吹炼的化学反应

冰铜吹炼分为两个阶段。第一阶段为造渣期，温度为 1150～1250℃，FeS 被氧化，生成的 FeO 和 SiO$_2$ 形成渣，产出白冰铜。主要化学反应为

$$2[\mathrm{FeS}]+3\mathrm{O}_2(\mathrm{g})=\!=\!=2(\mathrm{FeO})+2\mathrm{SO}_2(\mathrm{g}) \tag{5.275}$$

$$A_{\mathrm{m},1}=\Delta G_{\mathrm{m}}(1)=\Delta G_{\mathrm{m}}^{\ominus}(1)+RT\ln\frac{a_{\mathrm{FeO}}^2(p_{\mathrm{SO}_2}/p^{\ominus})^2}{a_{\mathrm{FeS}}^2(p_{\mathrm{O}_2}/p^{\ominus})^3}$$

第二阶段为造铜期，温度为 1200～1280℃，白冰铜被吹炼成粗铜。主要化学反应为

$$
\begin{aligned}
2[\mathrm{Cu}_2\mathrm{S}]+3\mathrm{O}_2(\mathrm{g})&=\!=\!=2(\mathrm{Cu}_2\mathrm{O})+2\mathrm{SO}_2(\mathrm{g}) \\
[\mathrm{Cu}_2\mathrm{S}]+2(\mathrm{Cu}_2\mathrm{O})&=\!=\!=6\mathrm{Cu}+\mathrm{SO}_2(\mathrm{g}) \\
3[\mathrm{Cu}_2\mathrm{S}]+3\mathrm{O}_2(\mathrm{g})&=\!=\!=6\mathrm{Cu}+3\mathrm{SO}_2(\mathrm{g})
\end{aligned}
\tag{5.276}
$$

$$A_{\mathrm{m},2}=\Delta G_{\mathrm{m}}(2)=\Delta G_{\mathrm{m}}^{\ominus}(2)+RT\ln\frac{a_{\mathrm{Cu}}^6(p_{\mathrm{SO}_2}/p^{\ominus})^3}{a_{\mathrm{Cu}_2\mathrm{S}}^3(p_{\mathrm{O}_2}/p^{\ominus})^3}$$

5.9.2　造渣期的反应步骤

造渣期的反应步骤为

（1）O$_2$ 从气相本体通过气液边界层（气膜）扩散到气液界面。

（2）FeS 从冰铜本体通过液相边界层（液膜）扩散到气液界面。

（3）O$_2$ 与 FeS 在气液界面进行化学反应。

（4）生成的 FeO 进入渣相。

（5）生成的 SO$_2$ 进入气相。

在冰铜吹炼的条件下，步骤（3）、（4）、（5）都不是控制步骤，过程的控制步骤是（1）或（2）。研究表明，当冰铜中 FeS 含量高时，O_2 的传质为过程的控制步骤；当冰铜中的 FeS 含量低时，FeS 的传质为过程的控制步骤。当冰铜中的 FeS 含量居中时，O_2 和 FeS 的传质共同为过程的控制步骤。

5.9.3　造渣期的控制步骤

1. O_2 在气膜中的扩散为控制步骤

O_2 在气膜中的扩散速率为

$$J_{O_2g'} = \left| \boldsymbol{J}_{O_2g'} \right| = \left| -L_{O_2} \frac{\nabla \mu_{O_2g'}}{T} - L_{SO_2} \frac{\nabla \mu_{SO_2g'}}{T} \right|$$

$$= L_{O_2} \frac{\Delta \mu_{O_2g'}}{T \delta_{g'}} + L_{SO_2} \frac{\Delta \mu_{SO_2g'}}{T \delta_{g'}}$$

$$= \frac{L'_{O_2}}{T} \Delta \mu_{O_2g'} + \frac{L'_{SO_2}}{T} \Delta \mu_{SO_2g'} \tag{5.277}$$

其中

$$\Delta \mu_{O_2g'} = \mu_{O_2g'g} - \mu_{O_2g'l'} = RT \ln \frac{p_{O_2g'g}}{p_{O_2g'l'}}$$

$$\Delta \mu_{SO_2g'} = \mu_{SO_2g'l'} - \mu_{SO_2g'g} = RT \ln \frac{p_{SO_2g'l'}}{p_{SO_2g'g}}$$

$$L'_{O_2} = \frac{L_{O_2}}{\delta_{g'}}, \quad L'_{SO_2} = \frac{L_{SO_2}}{\delta_{g'}}$$

式中，$p_{O_2g'g}$ 和 $p_{O_2g'l'}$ 分别为气膜中靠近气相本体一侧和靠近液相一侧 O_2 的压力；$p_{SO_2g'l'}$ 和 $p_{SO_2g'g}$ 分别为气膜中靠近液相一侧和靠近气相本体一侧 SO_2 的压力。

反应速率为

$$-\frac{1}{2} \frac{dN_{FeS}}{dt} = -\frac{1}{3} \frac{dN_{O_2(g)}}{dt} = \frac{1}{2} \frac{dN_{FeO}}{dt} = \frac{1}{2} \frac{dN_{SO_2(g)}}{dt} = \frac{1}{3} \Omega_{g'} J_{O_2g'} \tag{5.278}$$

式中，$\Omega_{g'}$ 为气膜界面面积。

将式（5.277）代入式（5.278），分离变量积分得

$$N_{FeSt} = N_{FeS0} - \frac{2}{3} \Omega_{g'} \int_0^t J_{O_2g'} dt$$

$$N_{O_2(g)t} = N_{O_2(g)0} - \Omega_{g'} \int_0^t J_{O_2g'} dt$$

$$N_{FeOt} = N_{FeO0} + \frac{2}{3}\Omega_{g'}\int_0^t J_{O_2g'}dt$$

$$N_{SO_2(g)t} = N_{SO_2(g)0} + \frac{2}{3}\Omega_{g'}\int_0^t J_{O_2g'}dt \qquad (5.279)$$

2. FeS 在液膜中的扩散为控制步骤

FeS 在液膜中的扩散速率为

$$J_{FeSl'} = \left| \boldsymbol{J}_{FeSl'} \right| = \left| -L_{FeS}\frac{\nabla\mu_{FeSl'}}{T} \right|$$

$$= L_{FeS}\frac{\Delta\mu_{FeSl'}}{T\delta_{l'}}$$

$$= \frac{L'_{FeS}}{T}\Delta\mu_{FeSl'} \qquad (5.280)$$

其中

$$\Delta\mu_{FeSl'} = \mu_{FeSl'1} - \mu_{FeSl'g'} = RT\ln\frac{a_{FeSl'1}}{a_{FeSl'g'}}$$

$$L'_{FeS} = \frac{L_{FeS}}{\delta_{l'}}$$

式中，$a_{FeSl'1}$ 为液相本体组元 FeS 的活度；$a_{FeSl'g'}$ 为液气界面组元 FeS 的活度，如果有熔渣，则为靠近熔渣一侧冰铜中组元 FeS 的活度。

过程速率为

$$-\frac{1}{2}\frac{dN_{FeS}}{dt} = -\frac{1}{3}\frac{dN_{O_2(g)}}{dt} = \frac{1}{2}\frac{dN_{FeO}}{dt} = \frac{1}{2}\frac{dN_{SO_2(g)}}{dt} = \frac{1}{2}\Omega_{l'}J_{FeSl'} \qquad (5.281)$$

式中，$\Omega_{l'}$ 为液膜界面面积。

将式（5.280）代入式（5.281），得

$$N_{FeSt} = N_{FeS0} - \Omega_{l'}\int_0^t J_{FeSl'}dt$$

$$N_{O_2(g)t} = N_{O_2(g)0} - \frac{3}{2}\Omega_{l'}\int_0^t J_{FeSl'}dt$$

$$N_{FeOt} = N_{FeO0} + \Omega_{l'}\int_0^t J_{FeSl'}dt$$

$$N_{SO_2(g)t} = N_{SO_2(g)0} + \Omega_{l'}\int_0^t J_{FeSl'}dt$$

3. O_2 在气膜中的扩散和 FeS 在液膜中的扩散共同为过程的控制步骤

过程速率为

$$-\frac{1}{2}\frac{\mathrm{d}N_{FeS}}{\mathrm{d}t}=-\frac{1}{3}\frac{\mathrm{d}N_{O_2(g)}}{\mathrm{d}t}=\frac{1}{2}\frac{\mathrm{d}N_{FeO}}{\mathrm{d}t}=\frac{1}{2}\frac{\mathrm{d}N_{SO_2(g)}}{\mathrm{d}t}=\frac{1}{3}\Omega_{g'}J_{O_2g'}=\frac{1}{2}\Omega_{l'}J_{FeSl'}=\Omega J$$

（5.282）

其中

$$\Omega_{g'}=\Omega_{l'}=\Omega$$

$$J=\frac{1}{3}J_{O_2(g)}=\frac{1}{3}\left(L'_{O_2}R\ln\frac{p_{O_2g'g}}{p_{O_2g'l'}}+L'_{SO_2}R\ln\frac{p_{SO_2g'l'}}{p_{SO_2g'g}}\right)$$

（5.283）

$$J=\frac{1}{2}J_{FeSl'}=\frac{1}{2}L'_{FeS}R\ln\frac{a_{FeSl'l}}{a_{FeSl'g'}}$$

（5.284）

式（5.283）+式（5.284）后除以 2，得

$$J=\frac{1}{2}\left(\frac{1}{3}J_{O_2(g)}+\frac{1}{2}J_{FeSl'}\right)$$

（5.285）

将式（5.285）代入式（5.282），分离变量积分得

$$N_{FeSt}=N_{FeS0}-2\Omega\int_0^t J\mathrm{d}t$$

$$N_{O_2(g)t}=N_{O_2(g)0}-3\Omega\int_0^t J\mathrm{d}t$$

$$N_{FeOt}=N_{FeO0}+2\Omega\int_0^t J\mathrm{d}t$$

$$N_{SO_2(g)t}=N_{SO_2(g)0}+2\Omega\int_0^t J\mathrm{d}t$$

在冰铜中 FeS 的浓度为 $1.47mol\cdot L^{-1}$ 时，O_2 的传质速率等于 FeS 的传质速率。FeS 浓度大于此值，过程为 O_2 的传质控制；FeS 浓度小于此值，过程为 FeS 传质控制，FeS 浓度在此范围附近，过程由 O_2 的传质和 FeS 传质共同控制。

实践表明，在造渣期，冰铜中的 FeS 的浓度都大于此值。因此，在造渣期，O_2 的传质是过程的控制步骤，过程的速率和 FeS 的浓度没有明显的关系。

由于 O_2 的扩散是过程的控制步骤，$J_{O_2(g)}$ 可以看作常数，因此有

$$N_{FeSt}=N_{FeS0}-\frac{2}{3}\Omega_{g'}\int_0^t J_{O_2g'}\mathrm{d}t=N_{FeS0}-kt$$

冰铜吹炼过程中 FeS 含量与时间呈线性关系，即冰铜中 Fe 含量与时间呈线性关系，与实际情况相符。

4. 造铜期的控制步骤

造铜期主要是白冰铜（Cu_2S）氧化。反应速率与熔体中硫含量和供氧速率都有关系。

在保证供氧速率的条件下，反应速率由熔体中的含硫量决定，即化学反应为

过程的控制步骤。

$$-\frac{1}{3}\frac{dN_{Cu_2S}}{dt}=-\frac{1}{3}\frac{dN_{O_2(g)}}{dt}=\frac{1}{6}\frac{dN_{Cu}}{dt}=\frac{1}{3}\frac{dN_{SO_2(g)}}{dt}=\Omega_{g'}j \qquad (5.286)$$

其中，$\Omega_{g'}$ 为气膜界面面积。

$$j=-l_1\left(\frac{A_{m,2}}{T}\right)-l_2\left(\frac{A_{m,2}}{T}\right)^2-l_3\left(\frac{A_{m,2}}{T}\right)^3-\cdots \qquad (5.287)$$

将式（5.287）代入式（5.286）后，分离变量积分得

$$N_{Cu_2St}=N_{Cu_2S0}-3\Omega_{g'}\int_0^t j\,dt$$

$$N_{O_2(g)t}=N_{O_2(g)0}-3\Omega_{g'}\int_0^t j\,dt$$

$$N_{Cut}=N_{Cu0}+6\Omega_{g'}\int_0^t j\,dt$$

$$N_{SO_2(g)t}=N_{SO_2(g)0}+3\Omega_{g'}\int_0^t j\,dt$$

当白冰铜基本氧化完全，转化为金属铜，其含硫量很少。继续通 O_2，进行铜氧化反应，可以表示为

$$2Cu(l)+O_2(g)\Longrightarrow 2[CuO]_{Cu}$$

$$A_{m,3}=\Delta G_m(3)=\Delta G_m^{\ominus}(3)+RT\ln a_{CuO}^2$$

单位溶液体积的反应速率为

$$j_3=-l_1\left(\frac{A_{m,3}}{T}\right)-l_2\left(\frac{A_{m,3}}{T}\right)^2-l_3\left(\frac{A_{m,3}}{T}\right)^3-\cdots \qquad (5.288)$$

整个溶液的反应速率为

$$-\frac{1}{2}\frac{dN_{Cu}}{dt}=-\frac{dN_{O_2(g)}}{dt}=\frac{1}{2}\frac{dN_{CuO}}{dt}=\Omega_{g'}j_3 \qquad (5.289)$$

式中，$\Omega_{g'}$ 为气膜界面面积。

将式（5.288）代入式（5.289）后，分离变量积分得

$$N_{Cut}=N_{Cu0}-2\Omega_{g'}\int_0^t j_3\,dt$$

$$N_{O_2(g)t}=N_{O_2(g)0}-\Omega_{g'}\int_0^t j_3\,dt$$

$$N_{CuOt}=N_{CuO0}+2\Omega_{g'}\int_0^t j_3\,dt$$

当铜中含氧量超过 0.13（摩尔分数），体系开始分层，形成 Cu 和 CuO 层。可以表示为

$$2Cu(l) + O_2(g) = 2CuO(l)$$

$$A_4 = \Delta G_m(4) = \Delta G_m^{\ominus}(4) + RT \ln \frac{a_{CuO}^2}{a_{Cu}^2} \approx \Delta G_m^{\ominus}(4)$$

式中，$a_{CuO} \approx 1$，$a_{Cu} \approx 1$。

单位溶液体积的反应速率为

$$j_4 = -l_1\left(\frac{A_{m,4}}{T}\right) - l_2\left(\frac{A_{m,4}}{T}\right)^2 - l_3\left(\frac{A_{m,4}}{T}\right)^3 - \cdots \tag{5.290}$$

整个溶液的反应速率为

$$-\frac{1}{2}\frac{dN_{Cu}}{dt} = -\frac{dN_{O_2(g)}}{dt} = \frac{1}{2}\frac{dN_{CuO}}{dt} = \Omega_{g'} j_4 \tag{5.291}$$

式中，$\Omega_{g'}$ 为气膜界面面积。

将式（5.290）代入式（5.291），分离变量积分得

$$N_{Cut} = N_{Cu0} - 2\Omega_{g'}\int_0^t j_4 \, dt$$

$$N_{O_2(g)t} = N_{O_2(g)0} - \Omega_{g'}\int_0^t j_4 \, dt$$

$$N_{CuOt} = N_{CuO0} + 2\Omega_{g'}\int_0^t j_4 \, dt$$

5.10　碳　氧　反　应

5.10.1　碳氧反应的步骤

钢液中的碳氧反应由以下步骤组成：
（1）氧溶入钢液，并向钢液内部扩散。
（2）溶在钢液中的碳和氧向反应区扩散。
（3）在反应界面上碳氧反应。
（4）生成的 CO 进入气泡，气泡长大上浮。
炼钢的碳氧反应过程因炼钢工艺不同而不同，对于不吹氧气的电炉炼钢，炉气中的 O_2 通过熔渣进入钢液。溶解在钢液中的氧和碳向钢液中的气泡表面扩

散，达到气泡表面吸附并进行化学反应，生成的 CO 即进入气泡。由于化学反应速率很快，不是碳氧反应的控制步骤。而 C 和 O 向钢-气界面的扩散是过程的控制步骤。

对于氧气顶吹转炉炼钢，吹入的氧气只有少量的直接与碳反应，大量的先溶入钢液。由于氧气的强烈搅拌作用，氧气在钢液中的传质不是控制步骤，化学反应是控制步骤。

碳氧反应可以表示为

$$[C]+[O] \Longrightarrow CO(g)$$

$$A_m = \Delta G_m = \Delta G_m^{\ominus} + RT \ln \frac{p_{CO}/p^{\ominus}}{a_C a_O} \tag{5.292}$$

其中

$$\Delta G_m^{\ominus} = \mu_{CO}^{\ominus} - \mu_C^{\ominus} - \mu_O^{\ominus}$$

依据标准状态选择取值。

5.10.2　钢液中碳、氧扩散为控制步骤

1. 氧在钢液中的扩散为控制步骤

研究表明，当钢液中的碳含量高时，溶解在钢液中的氧的扩散是碳氧反应的控制步骤。

氧的扩散速率为

$$\begin{aligned} J_{OI'} = \left| \boldsymbol{J}_{OI'} \right| &= \left| -L_{OO} \frac{\nabla \mu_{OI'}}{T} - L_{OC} \frac{\nabla \mu_{CI'}}{T} \right| \\ &= L_{OO} \frac{\Delta \mu_{OI'}}{T \delta_{I'}} + L_{OC} \frac{\Delta \mu_{CI'}}{T \delta_{I'}} \\ &= \frac{L'_{OO}}{T} \Delta \mu_{OI'} + \frac{L'_{OC}}{T} \Delta \mu_{CI'} \end{aligned} \tag{5.293}$$

其中

$$\Delta \mu_{OI'} = \mu_{Ob} - \mu_{Oi} = RT \ln \frac{a_{Ob}}{a_{Oi}}$$

$$\Delta \mu_{CI'} = \mu_{Cb} - \mu_{Ci} = RT \ln \frac{a_{Cb}}{a_{Ci}}$$

$$L'_{OO} = \frac{L_{OO}}{\delta_{I'}}, \quad L'_{OC} = \frac{L_{OC}}{\delta_{I'}}$$

式中，b 表示钢液本体；i 表示气-液界面；l' 表示气-液界面的液体边界层（液膜）。

脱碳速率为

$$-\frac{dN_C}{dt}=-\frac{dN_O}{dt}=\frac{dN_{CO}}{dt}=\Omega_{l'}J_{Ol'} \tag{5.294}$$

将式（5.293）代入式（5.294），分离变量积分得

$$N_{Ct}=N_{C0}-\Omega_{l'}\int_0^t J_{Ol'}dt$$

$$N_{Ot}=N_{O0}-\Omega_{l'}\int_0^t J_{Ol'}dt$$

$$N_{CO(g)t}=N_{CO(g)0}+\Omega_{l'}\int_0^t J_{Ol'}dt$$

$$c_{Ot}=c_{c_{o0}}-\frac{\Omega_{l'}}{V}\int_0^t J_{Ol'}dt$$

式中，$\Omega_{l'}$ 为气-液界面面积（气相为气泡）；V 为钢液体积。

2. 碳在钢液中的扩散为控制步骤

当钢液中碳含量低时，溶解在钢液中的碳成为脱碳过程的控制步骤。这个临界值为 $w_c/w^\ominus = 0.06\sim0.10$。

碳的扩散速率为

$$\begin{aligned}J_{Cl'}=\left|\boldsymbol{J}_{Cl'}\right|&=\left|-L_{CO}\frac{\nabla\mu_{Ol'}}{T}-L_{CC}\frac{\nabla\mu_{Cl'}}{T}\right|\\&=L_{CO}\frac{\Delta\mu_{Ol'}}{T\delta_{l'}}+L_{CC}\frac{\Delta\mu_{Cl'}}{T\delta_{l'}}\\&=\frac{L_{CO}'}{T}\Delta\mu_{Ol'}+\frac{L_{CC}'}{T}\Delta\mu_{Cl'}\end{aligned} \tag{5.295}$$

其中

$$\Delta\mu_{Ol'}=\mu_{Ob}-\mu_{Oi}=RT\ln\frac{a_{Ob}}{a_{Oi}}$$

$$\Delta\mu_{Cl'}=\mu_{Cb}-\mu_{Ci}=RT\ln\frac{a_{Cb}}{a_{Ci}}$$

$$L_{CO}'=\frac{L_{CO}}{\delta_{l'}},\quad L_{CC}'=\frac{L_{CC}}{\delta_{l'}}$$

脱碳速率为

$$-\frac{dN_C}{dt}=-\frac{dN_O}{dt}=\frac{dN_{CO}}{dt}=\Omega_{1'}J_{Cl'} \qquad (5.296)$$

将式（5.295）代入式（5.296），分离变量积分得

$$N_{Ct}=N_{C0}-\Omega_{1'}\int_0^t J_{Cl'}dt$$

$$N_{Ot}=N_{O0}-\Omega_{1'}\int_0^t J_{Cl'}dt$$

$$N_{CO(g)t}=N_{CO(g)0}+\Omega_{1'}\int_0^t J_{Cl'}dt$$

$$c_{Ct}=c_{C0}-\frac{\Omega_{1'}}{V}\int_0^t J_{Cl'}dt$$

3. 氧和碳在钢液中的扩散共同为控制步骤

当碳含量在 $w_C/w^\ominus=0.06\sim0.10$ 范围时，氧和碳在钢液中的扩散是脱碳过程的共同控制步骤。过程达到稳态，有

$$-\frac{dN_C}{dt}=-\frac{dN_O}{dt}=\frac{dN_{CO}}{dt}=\Omega_{1'}J_{Ol'}=\Omega_{1'}J_{Cl'}=\Omega J \qquad (5.297)$$

其中 $\Omega_{1'}=\Omega$

$$J=J_{Ol'}=L_{OO}'R\ln\frac{a_{Ob}}{a_{Oi}}+L_{OC}'R\ln\frac{a_{Cb}}{a_{Ci}} \qquad (5.298)$$

$$J=J_{Cl'}=L_{CO}'R\ln\frac{a_{Ob}}{a_{Oi}}+L_{CC}'R\ln\frac{a_{Cb}}{a_{Ci}} \qquad (5.299)$$

式（5.298）+式（5.299）后除以 2，得

$$J=\frac{1}{2}(J_{Ol'}+J_{Cl'}) \qquad (5.300)$$

将式（5.300）代入式（5.297），分离变量积分得

$$N_{Ct}=N_{C0}-\Omega\int_0^t Jdt$$

$$N_{Ot}=N_{O0}-\Omega\int_0^t Jdt$$

$$N_{COt}=N_{CO0}+\Omega\int_0^t Jdt$$

4. 钢液中溶解碳和氧的反应为控制步骤

在转炉吹炼过程，由于供氧强度大，搅拌强烈，传质速度快，脱碳过程由化学反应控制。脱碳速率为

$$-\frac{\mathrm{d}c_C}{\mathrm{d}t}=j_C=-l_1\left(\frac{A_m}{T}\right)-l_2\left(\frac{A_m}{T}\right)^2-l_3\left(\frac{A_m}{T}\right)^3-\cdots \tag{5.301}$$

其中

$$A_m=\Delta G_m=\Delta G_m^\ominus+RT\ln\frac{p_{CO}/p^\ominus}{a_C a_O} \tag{5.302}$$

取 p_{CO} 为 1atm，从实测数据中选取若干个活度值代入式（5.302），计算得到 A_m，再将 A_m 代入式（5.301），解得系数 l_1、l_2、l_3、$\cdots$，则得到描述脱碳速率的具体方程。

第 6 章　液-液相反应

液-液反应在冶金中具有重要意义，如湿法冶金中的萃取，火法冶金中的熔渣-金属间的反应。液-液相反应是两个互不相溶（或溶解度很小）的液相间的反应，包括物质在两个液相中由于化学势不同而产生的传质过程，还包括在一个液相内或两个液相间的化学反应。

两个液相间的接触有两种情况：一种是两个液相都是连续相，相间界面为一平面，并且在发生反应的过程中界面面积基本保持不变，如炼钢过程的扩散脱氧；另一种是一个液相分散在另一个液相中，分散的液相不是连续相，另一个液相是连续相，如熔渣中的金属液滴、液膜萃取。

6.1　界面现象及其机理

6.1.1　界面现象

把两个互不相溶的液体倒入同一个容器，在开始的短时间内，界面上发生激烈的扰动，称这种现象为界面现象。在某些部分互溶的双组分体系中也会发生界面现象。其原因是两液相通过界面相互传质时，界面上各点的浓度发生变化而引起界面张力不均匀变化。通常，当传质过程很快时，界面现象明显；当界面现象显著时，传质过程快。这是因为界面张力的变化速率与溶质浓度变化速率有关。一般来说，溶质浓度变化越快，界面张力变化越快。但是，对于不同的体系，界面张力随溶质浓度变化的幅度不同。

界面现象常出现在三组分以上的多元系中。在某些情况下，当溶质从分散相向连续相传递时，界面现象强；而当溶质从连续相向分散相传递时，却不发生界面扰动。当传质的同时还存在化学反应时，界面现象更明显。界面扰动可使传质速度成倍提高。如果界面上有表面活性物质，界面的扰动会减少。

把少许表面张力小的液体加到表面张力大的液体中时，表面张力小的液体会在表面张力大的液体表面铺成一薄层。不论两种液体是否互溶或部分互溶都如此。这种现象称为马昂高里（Marangori）效应。例如，在水的表面加入一滴乙醇，由于乙醇的表面张力比水小，乙醇就在水面上铺成一薄层。用马昂高里效应可以解释将少许表面张力和密度小的液体加到表面张力大的液体中，表面产生波纹的现象。在水的表面加入一滴表面张力很低且密度较水小的液体，由于传质的推动力很大，在瞬间产生一些界面张力梯度极大的区域，从而产生很快的扩展。由于扩展的动量很大，以至于在原来液滴的中央部位把液膜拉破，把下面的水暴露出来。这样，就形成了一个表面张力小的扩展圆环和表面张力大的中心。在中心处界面张力趋向于产生相反方向的扩展运动，液体从本体及扩展着的液膜流向圆环中心，这些流体的动量使中心部分的液面隆起，液面形成波纹。

如果在水面上加入一滴表面张力大的液体，界面张力变化的趋势与上述情况相反，传质使界面张力增加。传质快的点比周围具有大的界面张力，该点不产生扩展。因此，液面不产生波纹，界面稳定。

6.1.2 界面现象产生的机理

1. 单一组元传质的情况

为了解释界面现象，哈依达姆（Haydom）假设非常靠近界面处的溶质是平衡分布的，该处溶质在两相中的浓度之比为常数，即为分配比；界面张力与向外迁移溶质的相中的溶质浓度有关。据此，得

$$\Delta\sigma = -\beta(c_{i^{\mathrm{II}}_b} - c_{i^{\mathrm{II}}_i}) = \beta c_{i^{\mathrm{II}}_b} - \beta c_{i^{\mathrm{II}}_i} \tag{6.1}$$

式中，$\Delta\sigma$ 为界面张力变化，负号表示界面张力减小；β 为比例常数；$c_{i^{\mathrm{II}}_b}$ 为液相 II 本体中溶质 i 的浓度；$c_{i^{\mathrm{II}}_i}$ 为界面处液相 II 中溶质 i 的浓度。

因为界面扰动强度与 $\Delta\sigma$ 成正比，对于具有一定溶质浓度的液相 II，β 大、$c_{i^{\mathrm{II}}_f}$ 小时，界面扰动大，溶质传递快。这里的溶质传递是指越过两相界面的溶质传递。与此同时，溶质 i 从液相 II 本体向界面处传递的速度也快。令溶质 i 越过界面的传递速率为 $|\boldsymbol{J}'_i|$，溶质 i 从液相 II 的本体向界面处的传递速率为 $|\boldsymbol{J}_{i^{\mathrm{II}}}|$，则有

$$\Delta\sigma = \lambda'|\boldsymbol{J}'_i| = \lambda|\boldsymbol{J}_{i^{\mathrm{II}}}|$$
$$= \lambda'J'_i = \lambda J_{i^{\mathrm{II}}} \tag{6.2}$$

而

$$J_{i^{\mathrm{II}}} = |\boldsymbol{J}_{i^{\mathrm{II}}}| = \left|-L_i^{\mathrm{II}}\frac{\nabla\mu_{i^{\mathrm{II}}}}{T}\right|$$
$$= L_i^{\mathrm{II}}\frac{\Delta\mu_{i^{\mathrm{II}}}}{T\delta^{\mathrm{II}}}$$
$$= L_i'^{\mathrm{II}}\frac{\Delta\mu_{i^{\mathrm{II}}}}{T}$$
$$= \frac{L_i'^{\mathrm{II}}}{T}(\mu_{i^{\mathrm{II}}_b} - \mu_{i^{\mathrm{II}}_i}) \tag{6.3}$$

式中，$\nabla\mu_{i\mathrm{II}}$ 为液相 II 中溶质 i 在溶液本体与界面间的化学势梯度；$\Delta\mu_{i\mathrm{II}}$ 为液相 II 中溶质 i 在本体与界面的化学势差；$\mu_{i\mathrm{II}_b}$ 为液相 II 本体中溶质 i 的化学势，$\mu_{i\mathrm{II}_i}$ 为靠近界面一侧液相 II 中溶质 i 的化学势；δ^{II} 为界面处液相 II 一侧的液膜厚度；L_i^{II} 和 $L_i^{\prime\mathrm{II}}$ 是唯象系数，并有

$$L_i^{\prime\mathrm{II}}=\frac{L_i^{\mathrm{II}}}{\delta^{\mathrm{II}}}\qquad(6.4)$$

在界面处液相 II 侧溶质 i 在溶液本体和界面处的化学势分别为

$$\mu_{i\mathrm{II}_b}=\mu_i^{\ominus}+RT\ln a_{i\mathrm{II}_b}\qquad(6.5)$$
$$\mu_{i\mathrm{II}_i}=\mu_i^{\ominus}+RT\ln a_{i\mathrm{II}_i}\qquad(6.6)$$

式中，$a_{i\mathrm{II}_b}$ 为液相本体中溶质 i 的活度；$a_{i\mathrm{II}_i}$ 为液相 II 靠近界面一侧溶质 i 的活度。

将式（6.5）和式（6.6）代入式（6.3），得

$$J_{i\mathrm{II}}=\left|\boldsymbol{J}_{i\mathrm{II}}\right|=L_i^{\prime\mathrm{II}}R\ln\frac{a_{i\mathrm{II}_b}}{a_{i\mathrm{II}_i}}\qquad(6.7)$$

将式（6.7）代入式（6.2），得

$$\Delta\sigma=\lambda L_i^{\prime\mathrm{II}}R\ln\frac{a_{i\mathrm{II}_b}}{a_{i\mathrm{II}_i}}=\varLambda_i^{\mathrm{II}}R\ln\frac{a_{i\mathrm{II}_b}}{a_{i\mathrm{II}_i}}\qquad(6.8)$$

其中

$$\varLambda_i^{\mathrm{II}}=\lambda L_i^{\prime\mathrm{II}}$$

将式（6.8）与式（6.2）比较，得

$$J_i^{\prime}=\left|\boldsymbol{J}_i^{\prime}\right|=\frac{1}{\lambda^{\prime}}\Delta\sigma$$
$$=\frac{\varLambda_i^{\mathrm{II}}}{\lambda^{\prime}}R\ln\frac{a_{i\mathrm{II}_b}}{a_{i\mathrm{II}_i}}=\varLambda^{\prime\mathrm{II}}R\ln\frac{a_{i\mathrm{II}_b}}{a_{i\mathrm{II}_i}}\qquad(6.9)$$

其中

$$\varLambda_i^{\prime\mathrm{II}}=\frac{\varLambda_i^{\mathrm{II}}}{\lambda^{\prime}}$$

如果界面被表面活性物质覆盖，溶质 i 难以越过表面活性物质传递到液相 I，β 值会很小，界面扰动将受到抑制。

2. 多个组元同时传质的情况

如果同时有 n 个组元的溶质从液相 II 传质到液相 I，则

$$\Delta\sigma=\sum_{i=1}^{n}\Delta\sigma_i\qquad(6.10)$$

$$\Delta\sigma_i = \lambda_i' \left| \boldsymbol{J}_i' \right| = \lambda_i \left| \boldsymbol{J}_{i^{\text{II}}} \right|$$

$$= \lambda_i' J_i' = \lambda_i J_{i^{\text{II}}} \tag{6.11}$$

$$J_{i^{\text{II}}} = \left| \boldsymbol{J}_{i^{\text{II}}} \right| = \sum_{k=1}^{r} \left| -L_{ik}^{\text{II}} \frac{\nabla\mu_{k^{\text{II}}}}{T} \right|$$

$$= \sum_{k=1}^{r} L_{ik}^{\text{II}} \frac{\Delta\mu_{k^{\text{II}}}}{T\delta}$$

$$= \sum_{k=1}^{r} L_{ik}^{\text{II}} \frac{\Delta\mu_{k^{\text{II}}}}{T}$$

$$= \sum_{k=1}^{r} L_{ik}'^{\text{II}} R\ln \frac{a_{k^{\text{II}}_{\text{b}}}}{a_{k^{\text{II}}_{\text{i}}}} \tag{6.12}$$

其中

$$L_{ik}'^{\text{II}} = \frac{L_{ik}^{\text{II}}}{\delta}$$

由式（6.1）和式（6.12），有

$$J_i' = \left| \boldsymbol{J}_i' \right| = \frac{\lambda_i}{\lambda_i'} \left| \boldsymbol{J}_{i^{\text{II}}} \right|$$

$$= \sum_{k=1}^{n} \frac{\lambda_i}{\lambda_i'} L_{ik}'^{\text{II}} R\ln \frac{a_{k^{\text{II}}_{\text{b}}}}{a_{k^{\text{II}}_{\text{i}}}}$$

$$= \sum_{k=1}^{n} \Lambda_{ik}'^{\text{II}} L_{ik}'^{\text{II}} R\ln \frac{a_{k^{\text{II}}_{\text{b}}}}{a_{k^{\text{II}}_{\text{i}}}}$$

$$= \sum_{k=1}^{n} \Lambda_{ik}^{\text{II}} R\ln \frac{a_{k^{\text{II}}_{\text{b}}}}{a_{k^{\text{II}}_{\text{i}}}} \tag{6.13}$$

其中

$$\Lambda_{ik}'^{\text{II}} = \frac{\lambda_i}{\lambda_i'}$$

$$\Lambda_{ik}^{\text{II}} = \frac{\lambda_i L_{ik}'^{\text{II}}}{\lambda_i'}$$

将式（6.12）代入式（6.11），得

$$\Delta\sigma_i = \lambda_i \sum_{k=1}^{n} L_{ik}'^{\text{II}} R\ln \frac{a_{k^{\text{II}}_{\text{b}}}}{a_{k^{\text{II}}_{\text{i}}}}$$

$$= \sum_{k=1}^{n} \Lambda_{ik}''^{\text{II}} R\ln \frac{a_{k^{\text{II}}_{\text{b}}}}{a_{k^{\text{II}}_{\text{i}}}} \tag{6.14}$$

其中

$$\Lambda_{ik}^{\prime\prime\mathrm{II}} = \lambda_i L_{ik}^{\prime\mathrm{II}}$$

将式（6.13）代入式（6.10），得

$$\Delta\sigma = \sum_{i=1}^{n}\Delta\sigma_i = \sum_{i=1}^{n}\sum_{k=1}^{n}\Lambda_{ik}^{\prime\prime\mathrm{II}}R\ln\frac{a_{k^{\mathrm{II}}\mathrm{b}}}{a_{k^{\mathrm{II}}\mathrm{i}}} \qquad (6.15)$$

6.2　两个连续液相间的传质与化学反应

两个连续液相 I 和 II 之间可以有传质，又有化学反应。化学反应可以表示为

$$a(\mathrm{A}) + b(\mathrm{B}) \Longrightarrow c(\mathrm{C}) + d(\mathrm{D}) \qquad (6.\mathrm{a})$$

化学反应发生的位置与传质速度和化学反应速率有关。

6.2.1　化学反应进行的位置

1. 化学反应在液相 II 中进行

液相 I 中的组元 A 扩散速率快，通过液相 I 的液膜到达界面的组元 A 的量大于界面化学反应消耗的组元 A 的量，且液相 II 中的组元 B 的扩散速率慢，则组元 A 会进入液相 II 与组元 B 进行化学反应。发生这种情况的条件为

$$\frac{1}{a}J_{\mathrm{A^I}} > j, \quad \frac{1}{a}J_{\mathrm{A^I}} > \frac{1}{b}J_{\mathrm{B^{II}}}, \quad \frac{1}{a}J_{\mathrm{A^{II}}} > \frac{1}{b}J_{\mathrm{B^{II}}}$$

式中，j 为化学反应速率。

2. 化学反应在液相 I 和液相 II 中进行

液相 I 中的组元 A 和液相 II 中的组元 B 扩散速率都快，两者通过各自液相的液膜到达界面的量大于界面化学反应消耗的量，则组元 A 会进入液相 II，组元 B 会进入液相 I，化学反应会在液相 I 和 II 中进行。发生这种情况的条件为

$$\frac{1}{a}J_{\mathrm{A^I}} > j, \quad \frac{1}{b}J_{\mathrm{B^{II}}} > j$$

3. 化学反应在界面进行

液相 I 中组元 A 和液相 II 中组元 B 的扩散速率都慢，化学反应速率快，化学反应在界面进行。发生这种情况的条件为

$$j > \frac{1}{a}J_{\mathrm{A^I}}, \quad j > \frac{1}{b}J_{\mathrm{B^{II}}}, \quad \frac{1}{a}J_{\mathrm{A^I}} = \frac{1}{b}J_{\mathrm{B^{II}}}$$

化学反应和传质都慢，满足

$$j = \frac{1}{a} J_{A^I} = \frac{1}{b} J_{B^{II}}$$

化学反应在界面进行。

4. 化学反应在界面附近进行

化学反应速率和传质速率相近，传质能满足化学反应需要的组元 A 和 B 的量，即

$$\frac{1}{a} J_{A^I} \approx j , \quad \frac{1}{b} J_{B^{II}} \approx j , \quad \frac{1}{a} J_{A^I} = \frac{1}{b} J_{B^{II}}$$

化学反应在界面附近进行。

6.2.2　过程的控制步骤

两相间组元的反应过程有如下步骤：
（1）液相 II 中的组元 B 向界面扩散。
（2）液相 I 中的组元 A 向界面扩散。
（3）组元 A 和组元 B 相遇，发生化学反应。
（4）产物 C 和产物 D 从反应区向外扩散或析出。

因此，过程由化学反应控制、扩散控制及化学反应与扩散共同控制。由于化学反应可以在不同位置发生，所以化学反应亲和力不同。

6.2.3　只发生一个化学反应的体系

1. 化学反应为过程的控制步骤

1）化学反应在液相 II 中进行

组元 A 在液相 I 和液相 II 中扩散速率快，扩散的量超过化学反应需要的量，化学反应发生在液相 II 中，成为均相反应，有

$$a(A^{II}) + b(B^{II}) = c(C^{II}) + d(D^{II}) \tag{6.b}$$

化学亲和力为

$$A_m = \Delta G_m = \Delta G_m^{\ominus} + RT \ln \frac{(a_{C^{II}})^c (a_{D^{II}})^d}{(a_{A^{II}})^a (a_{B^{II}})^b} \tag{6.16}$$

化学反应速率为

$$j = -l_1\left(\frac{A_\mathrm{m}}{T}\right) - l_2\left(\frac{A_\mathrm{m}}{T}\right)^2 - l_3\left(\frac{A_\mathrm{m}}{T}\right)^3 - \cdots \qquad (6.17)$$

$$-\frac{1}{a}\frac{\mathrm{d}c_\mathrm{A}}{\mathrm{d}t} = -\frac{1}{b}\frac{\mathrm{d}c_\mathrm{B}}{\mathrm{d}t} = \frac{1}{c}\frac{\mathrm{d}c_\mathrm{C}}{\mathrm{d}t} = \frac{1}{d}\frac{\mathrm{d}c_\mathrm{D}}{\mathrm{d}t} = j \qquad (6.18)$$

$$-\frac{1}{a}\frac{\mathrm{d}N_\mathrm{A}}{\mathrm{d}t} = -\frac{1}{b}\frac{\mathrm{d}N_\mathrm{B}}{\mathrm{d}t} = \frac{1}{c}\frac{\mathrm{d}N_\mathrm{C}}{\mathrm{d}t} = \frac{1}{d}\frac{\mathrm{d}N_\mathrm{D}}{\mathrm{d}t} = Vj \qquad (6.19)$$

式中，V 为反应区域的体积。

将（6.17）代入式（6.18）和式（6.19），分离变量后积分得

$$c_{\mathrm{A}t} = c_{\mathrm{A}0} - a\int_0^t j\mathrm{d}t$$

$$c_{\mathrm{B}t} = c_{\mathrm{B}0} - b\int_0^t j\mathrm{d}t$$

$$c_{\mathrm{C}t} = c_{\mathrm{C}0} + c\int_0^t j\mathrm{d}t$$

$$c_{\mathrm{D}t} = c_{\mathrm{D}0} + d\int_0^t j\mathrm{d}t$$

$$N_{\mathrm{A}t} = N_{\mathrm{A}0} - aV\int_0^t j\mathrm{d}t$$

$$N_{\mathrm{B}t} = N_{\mathrm{B}0} - bV\int_0^t j\mathrm{d}t$$

$$N_{\mathrm{C}t} = N_{\mathrm{C}0} + cV\int_0^t j\mathrm{d}t$$

$$N_{\mathrm{D}t} = N_{\mathrm{D}0} + dV\int_0^t j\mathrm{d}t$$

式中，V 为液相 II 的体积。

2）化学反应在界面进行

$$a(\mathrm{A^I}) + b(\mathrm{B^{II}}) =\!=\!= c(\mathrm{C^I}) + d(\mathrm{D^{II}}) \qquad (6.\mathrm{c})$$

化学亲和力为

$$A_\mathrm{m} = \Delta G_\mathrm{m} = \Delta G_\mathrm{m}^{\ominus} + RT\ln\frac{(a_{\mathrm{C^I}})^c (a_{\mathrm{D^{II}}})^d}{(a_{\mathrm{A^I}})^a (a_{\mathrm{B^{II}}})^b} \qquad (6.20)$$

化学反应速率为

$$j = -l_1\left(\frac{A_\mathrm{m}}{T}\right) - l_2\left(\frac{A_\mathrm{m}}{T}\right)^2 - l_3\left(\frac{A_\mathrm{m}}{T}\right)^3 - \cdots \qquad (6.21)$$

$$-\frac{1}{a}\frac{\mathrm{d}N_\mathrm{A}}{\mathrm{d}t} = -\frac{1}{b}\frac{\mathrm{d}N_\mathrm{B}}{\mathrm{d}t} = \frac{1}{c}\frac{\mathrm{d}N_\mathrm{C}}{\mathrm{d}t} = \frac{1}{d}\frac{\mathrm{d}N_\mathrm{D}}{\mathrm{d}t} = \Omega j \qquad (6.22)$$

式中，Ω 为界面面积。

将（6.21）代入式（6.22），分离变量后积分得

$$N_{At} = N_{A0} - a\Omega\int_0^t j\mathrm{d}t$$

$$N_{Bt} = N_{B0} - b\Omega\int_0^t j\mathrm{d}t$$

$$N_{Ct} = N_{C0} + c\Omega\int_0^t j\mathrm{d}t$$

$$N_{Dt} = N_{D0} + d\Omega\int_0^t j\mathrm{d}t$$

3）化学反应在液相Ⅰ和液相Ⅱ中进行

$$a(A^{I})+b(B^{I})\Longrightarrow c(C^{I})+d(D^{I}) \tag{6.d}$$

$$a(A^{II})+b(B^{II})\Longrightarrow c(C^{II})+d(D^{II}) \tag{6.e}$$

化学亲和力为

$$A_m(I) = \Delta G_m(I) = \Delta G_m^{\ominus}(I) + RT\ln\frac{(a_{C^I})^c (a_{D^I})^d}{(a_{A^I})^a (a_{B^I})^b} \tag{6.23}$$

$$A_m(II) = \Delta G_m(II) = \Delta G_m^{\ominus}(II) + RT\ln\frac{(a_{C^{II}})^c (a_{D^{II}})^d}{(a_{A^{II}})^a (a_{B^{II}})^b} \tag{6.24}$$

化学反应速率为

$$j_I = -l_1^I\left(\frac{A_m(I)}{T}\right) - l_2^I\left(\frac{A_m(I)}{T}\right)^2 - l_3^I\left(\frac{A_m(I)}{T}\right)^3 - \cdots \tag{6.25}$$

$$j_{II} = -l_1^{II}\left(\frac{A_m(II)}{T}\right) - l_2^{II}\left(\frac{A_m(II)}{T}\right)^2 - l_3^{II}\left(\frac{A_m(II)}{T}\right)^3 - \cdots \tag{6.26}$$

$$-\frac{1}{a}\frac{\mathrm{d}c_{A^I}}{\mathrm{d}t} = -\frac{1}{b}\frac{\mathrm{d}c_{B^I}}{\mathrm{d}t} = \frac{1}{c}\frac{\mathrm{d}c_{C^I}}{\mathrm{d}t} = \frac{1}{d}\frac{\mathrm{d}c_{D^I}}{\mathrm{d}t} = j_I \tag{6.27}$$

$$-\frac{1}{a}\frac{\mathrm{d}c_{A^{II}}}{\mathrm{d}t} = -\frac{1}{b}\frac{\mathrm{d}c_{B^{II}}}{\mathrm{d}t} = \frac{1}{c}\frac{\mathrm{d}c_{C^{II}}}{\mathrm{d}t} = \frac{1}{d}\frac{\mathrm{d}c_{D^{II}}}{\mathrm{d}t} = j_{II} \tag{6.28}$$

$$-\frac{1}{a}\frac{\mathrm{d}N_{A^I}}{\mathrm{d}t} = -\frac{1}{b}\frac{\mathrm{d}N_{B^I}}{\mathrm{d}t} = \frac{1}{c}\frac{\mathrm{d}N_{C^I}}{\mathrm{d}t} = \frac{1}{d}\frac{\mathrm{d}N_{D^I}}{\mathrm{d}t} = V_I j_I \tag{6.29}$$

$$-\frac{1}{a}\frac{\mathrm{d}N_{A^{II}}}{\mathrm{d}t} = -\frac{1}{b}\frac{\mathrm{d}N_{B^{II}}}{\mathrm{d}t} = \frac{1}{c}\frac{\mathrm{d}N_{C^{II}}}{\mathrm{d}t} = \frac{1}{d}\frac{\mathrm{d}N_{D^{II}}}{\mathrm{d}t} = V_{II} j_{II} \tag{6.30}$$

将式（6.25）和式（6.26）分别代入式（6.27）和式（6.28）及式（6.29）和式（6.30），分离变量积分得

$$c_{A^I t} = c_{A^I 0} - a\int_0^t j_I \mathrm{d}t$$

$$c_{B^I t} = c_{B^I 0} - b\int_0^t j_I \mathrm{d}t$$

$$c_{C^I t} = c_{C^I 0} + c\int_0^t j_I \mathrm{d}t$$

$$c_{D^{I}t} = c_{D^{I}0} + d\int_0^t j_{I}dt$$

$$N_{A^{I}t} = N_{A^{I}0} - aV_{I}\int_0^t j_{I}dt$$

$$N_{B^{I}t} = N_{B^{I}0} - bV_{I}\int_0^t j_{I}dt$$

$$N_{C^{I}t} = N_{C^{I}0} + cV_{I}\int_0^t j_{I}dt$$

$$N_{D^{I}t} = N_{D^{I}0} + dV_{I}\int_0^t j_{I}dt$$

及

$$c_{A^{II}t} = c_{A^{II}0} - a\int_0^t j_{II}dt$$

$$c_{B^{II}t} = c_{B^{II}0} - b\int_0^t j_{II}dt$$

$$c_{C^{II}t} = c_{C^{II}0} + c\int_0^t j_{II}dt$$

$$c_{D^{II}t} = c_{D^{II}0} + d\int_0^t j_{II}dt$$

$$N_{A^{II}t} = N_{A^{II}0} - aV_{II}\int_0^t j_{II}dt$$

$$N_{B^{II}t} = N_{B^{II}0} - bV_{II}\int_0^t j_{II}dt$$

$$N_{C^{II}t} = N_{C^{II}0} + cV_{II}\int_0^t j_{II}dt$$

$$N_{D^{II}t} = N_{D^{II}0} + dV_{II}\int_0^t j_{II}dt$$

2. 扩散为过程的控制步骤

1）组元 B 在液相 II 中的扩散为过程的控制步骤

组元 A 扩散速率快，化学反应在液相 II 中进行

$$a(A^{II}) + b(B^{II}) \Longequal c(C^{II}) + d(D^{II}) \tag{6.f}$$

组元 B 在液相 II 中的扩散速率为

$$\begin{aligned} J_{B^{II}} = \left|\boldsymbol{J}_{B^{II}}\right| &= \left|-L_{BA}^{II}\frac{\nabla\mu_{A^{II}}}{T} - L_{BB}^{II}\frac{\nabla\mu_{B^{II}}}{T} - L_{BC}^{II}\frac{\nabla\mu_{C^{II}}}{T} - L_{BD}^{II}\frac{\nabla\mu_{D^{II}}}{T}\right| \\ &= L_{BA}^{II}\frac{\Delta\mu_{A^{II}}}{T\delta^{II}} + L_{BB}^{II}\frac{\Delta\mu_{B^{II}}}{T\delta^{II}} + L_{BC}^{II}\frac{\Delta\mu_{C^{II}}}{T\delta^{II}} + L_{BD}^{II}\frac{\Delta\mu_{D^{II}}}{T\delta^{II}} \\ &= \frac{L'^{II}_{BA}}{T}\Delta\mu_{A^{II}} + \frac{L'^{II}_{BB}}{T}\Delta\mu_{B^{II}} + \frac{L'^{II}_{BC}}{T}\Delta\mu_{C^{II}} + \frac{L'^{II}_{BD}}{T}\Delta\mu_{D^{II}} \end{aligned} \tag{6.31}$$

其中

$$\Delta\mu_{A^{II}} = \mu_{A^{II}_b} - \Delta\mu_{A^{II}_i} = RT\ln\frac{a_{A^{II}_b}}{a_{A^{II}_i}}$$

$$\Delta\mu_{B^{II}} = \mu_{B^{II}_b} - \Delta\mu_{B^{II}_i} = RT\ln\frac{a_{B^{II}_b}}{a_{B^{II}_i}}$$

$$\Delta\mu_{C^{II}} = \Delta\mu_{C^{II}_i} - \mu_{C^{II}_b} = RT\ln\frac{a_{C^{II}_i}}{a_{C^{II}_b}}$$

$$\Delta\mu_{D^{II}} = \Delta\mu_{D^{II}_i} - \mu_{D^{II}_b} = RT\ln\frac{a_{D^{II}_i}}{a_{D^{II}_b}}$$

$$L'^{II}_{BA} = \frac{L^{II}_{BA}}{\delta}, \quad L'^{II}_{BB} = \frac{L^{II}_{BB}}{\delta}, \quad L'^{II}_{BC} = \frac{L^{II}_{BC}}{\delta}, \quad L'^{II}_{BD} = \frac{L^{II}_{BD}}{\delta}$$

式中，δ 为扩散距离。

过程达到稳态，有

$$-\frac{1}{a}\frac{dc_{A^{II}}}{dt} = -\frac{1}{b}\frac{dc_{B^{II}}}{dt} = \frac{1}{c}\frac{dc_{C^{II}}}{dt} = \frac{1}{d}\frac{dc_{D^{II}}}{dt} = \frac{1}{b}J_{B^{II}} \qquad (6.32)$$

$$-\frac{1}{a}\frac{dN_{A^{II}}}{dt} = -\frac{1}{b}\frac{dN_{B^{II}}}{dt} = \frac{1}{c}\frac{dN_{C^{II}}}{dt} = \frac{1}{d}\frac{dN_{D^{II}}}{dt} = \frac{1}{b}V_{II}J_{B^{II}} \qquad (6.33)$$

将式（6.31）代入式（6.32）后，分离变量积分得

$$c_{A^{II}_t} = c_{A^{II}_0} - \frac{a}{b}\int_0^t J_{B^{II}}dt$$

$$c_{B^{II}_t} = c_{B^{II}_0} - \int_0^t J_{B^{II}}dt$$

$$c_{C^{II}_t} = c_{C^{II}_0} + \frac{c}{b}\int_0^t J_{B^{II}}dt$$

$$c_{D^{II}_t} = c_{D^{II}_0} + \frac{d}{b}\int_0^t J_{B^{II}}dt$$

$$N_{A^{II}_t} = N_{A^{II}_0} - \frac{a}{b}V_{II}\int_0^t J_{B^{II}}dt$$

$$N_{B^{II}_t} = N_{B^{II}_0} - V_{II}\int_0^t J_{B^{II}}dt$$

$$N_{C^{II}_t} = N_{C^{II}_0} + \frac{c}{b}V_{II}\int_0^t J_{B^{II}}dt$$

$$N_{D^{II}_t} = N_{D^{II}_0} + \frac{d}{b}V_{II}\int_0^t J_{B^{II}}dt$$

2）组元 A 在液相Ⅰ中的扩散和组元 B 在液相Ⅱ中的扩散共同为过程的控制步骤

化学反应在界面进行。组元 A 在液相Ⅰ中的扩散速率为

$$
\begin{aligned}
J_{B^{I}} = \left| \boldsymbol{J}_{B^{I}} \right| &= \left| -L_{AA}^{I} \frac{\nabla \mu_{A^{I}}}{T} - L_{AC}^{I} \frac{\nabla \mu_{C^{I}}}{T} \right| \\
&= L_{AA}^{I} \frac{\Delta \mu_{A^{I}}}{T \delta^{I}} + L_{AC}^{I} \frac{\Delta \mu_{C^{I}}}{T \delta^{I}} \\
&= \frac{L_{AA}^{'I}}{T} \Delta \mu_{A^{I}} + \frac{L_{AC}^{'}}{T} \Delta \mu_{C^{I}}
\end{aligned}
\tag{6.34}
$$

其中

$$
\Delta \mu_{A^{I}} = \mu_{A^{I}b} - \Delta \mu_{A^{I}i} = RT \ln \frac{a_{A^{I}b}}{a_{A^{I}i}}
$$

$$
\Delta \mu_{C^{I}} = \mu_{C^{I}i} - \mu_{C^{I}b} = RT \ln \frac{a_{C^{I}i}}{a_{C^{I}b}}
$$

$$
L_{AA}^{'I} = \frac{L_{AA}^{I}}{\delta^{I}}, \quad L_{AC}^{'I} = \frac{L_{AC}^{I}}{\delta^{I}}
$$

组元 B 在液相Ⅱ中的扩散速率为

$$
\begin{aligned}
J_{B^{II}} = \left| \boldsymbol{J}_{B^{II}} \right| &= \left| -L_{BB}^{II} \frac{\nabla \mu_{B^{II}}}{T} - L_{BD}^{II} \frac{\nabla \mu_{D^{II}}}{T} \right| \\
&= L_{BB}^{II} \frac{\Delta \mu_{B^{II}}}{T \delta^{II}} + L_{BD}^{II} \frac{\Delta \mu_{D^{II}}}{T \delta^{II}} \\
&= \frac{L_{BB}^{'II}}{T} \Delta \mu_{B^{I}} + \frac{L_{BD}^{'III}}{T} \Delta \mu_{D^{II}}
\end{aligned}
\tag{6.35}
$$

其中

$$
\Delta \mu_{B^{II}} = \mu_{B^{II}b} - \mu_{B^{II}i} = RT \ln \frac{a_{B^{II}b}}{a_{B^{II}i}}
$$

$$
\Delta \mu_{D^{II}} = \mu_{D^{II}i} - \mu_{D^{II}b} = RT \ln \frac{a_{D^{II}i}}{a_{D^{II}b}}
$$

$$
L_{BB}^{'II} = \frac{L_{BB}^{II}}{\delta^{I}}, \quad L_{BD}^{'II} = \frac{L_{BD}^{II}}{\delta^{I}}
$$

过程速率为

$$
-\frac{1}{a} \frac{dN_{A}}{dt} = -\frac{1}{b} \frac{dN_{B}}{dt} = \frac{1}{c} \frac{dN_{C}}{dt} = \frac{1}{d} \frac{dN_{D}}{dt} = \frac{1}{a} \Omega J_{A^{I}} = \frac{1}{b} \Omega J_{B^{II}} = \Omega J
\tag{6.36}
$$

其中

$$J=\frac{1}{a}J_{A^{I}}=\frac{1}{a}\left(\frac{L'^{\,I}_{AA}}{T}\Delta\mu_{A^{I}}+\frac{L'^{\,I}_{AC}}{T}\Delta\mu_{C^{I}}\right) \tag{6.37}$$

$$J=\frac{1}{b}J_{B^{II}}=\frac{1}{b}\left(\frac{L'^{\,II}_{BB}}{T}\Delta\mu_{B^{II}}+\frac{L'^{\,II}_{BD}}{T}\Delta\mu_{D^{II}}\right) \tag{6.38}$$

式（6.37）+式（6.38）后除以 2，得

$$J=\frac{1}{2}\left(\frac{1}{a}J_{A^{I}}+\frac{1}{b}J_{B^{II}}\right) \tag{6.39}$$

将式（6.39）代入式（6.36）后，分离变量积分得

$$N_{At}=N_{A0}-a\varOmega\int_{0}^{t}J\mathrm{d}t$$

$$N_{Bt}=N_{B0}-b\varOmega\int_{0}^{t}J\mathrm{d}t$$

$$N_{Ct}=N_{C0}+c\varOmega\int_{0}^{t}J\mathrm{d}t$$

$$N_{Dt}=N_{D0}+d\varOmega\int_{0}^{t}J\mathrm{d}t$$

3. 扩散和化学反应共同为过程的控制步骤

1）组元 B 的扩散和化学反应共同为过程的控制步骤

组元 A 扩散快，进入液相 II。在液相 II 组元 B 扩散慢，化学反应速率慢，两者是过程的共同控制步骤，化学反应在液相 II 中进行，是均相反应，可以表示为

$$a(A^{II})+b(B^{II})=\!=\!=\!c(C^{II})+d(D^{II}) \tag{6.g}$$

化学反应亲和力

$$A_{m}=\Delta G_{m}=\Delta G_{m}^{\ominus}+RT\ln\frac{(a_{C^{II}})^{c}(a_{D^{II}})^{d}}{(a_{A^{II}})^{a}(a_{B^{II}})^{b}} \tag{6.40}$$

$$-\frac{1}{a}\frac{\mathrm{d}c_{A^{II}}}{\mathrm{d}t}=-\frac{1}{b}\frac{\mathrm{d}c_{B^{II}}}{\mathrm{d}t}=\frac{1}{c}\frac{\mathrm{d}c_{C^{II}}}{\mathrm{d}t}=\frac{1}{d}\frac{\mathrm{d}c_{D^{II}}}{\mathrm{d}t}=\frac{1}{b}J_{B^{II}}=j=J \tag{6.41}$$

$$-\frac{1}{a}\frac{\mathrm{d}N_{A^{II}}}{\mathrm{d}t}=-\frac{1}{b}\frac{\mathrm{d}N_{B^{II}}}{\mathrm{d}t}=\frac{1}{c}\frac{\mathrm{d}N_{C^{II}}}{\mathrm{d}t}=\frac{1}{d}\frac{\mathrm{d}N_{D^{II}}}{\mathrm{d}t}=\frac{1}{b}V_{II}J_{B^{II}}=V_{II}j=V_{II}J \tag{6.42}$$

其中

$$\begin{aligned}J=\frac{1}{b}J_{B^{II}}&=\frac{1}{b}\left(\frac{L'^{\,II}_{BA}}{T}\Delta\mu_{A^{II}}+\frac{L'^{\,II}_{BB}}{T}\Delta\mu_{B^{II}}+\frac{L'^{\,II}_{BC}}{T}\Delta\mu_{C^{II}}+\frac{L'^{\,II}_{BD}}{T}\Delta\mu_{D^{II}}\right)\\ &=\frac{1}{b}\left(L'^{\,II}_{BA}R\ln\frac{a_{A^{II}b}}{a_{A^{II}i'}}+L'^{\,II}_{BB}R\ln\frac{a_{B^{II}b}}{a_{B^{II}i'}}+L'^{\,II}_{BC}R\ln\frac{a_{C^{II}b}}{a_{C^{II}i'}}+L'^{\,II}_{BD}R\ln\frac{a_{D^{II}b}}{a_{D^{II}i'}}\right)\end{aligned} \tag{6.43}$$

式中，i' 表示化学反应区。

$$J=j=-l_1\left(\frac{A_{\mathrm{m}}}{T}\right)-l_2\left(\frac{A_{\mathrm{m}}}{T}\right)^2-l_3\left(\frac{A_{\mathrm{m}}}{T}\right)^3-\cdots \tag{6.44}$$

式（6.43）+式（6.44）后除以 2，得

$$J=\frac{1}{2}\left(\frac{1}{b}J_{\mathrm{B^{II}}}+j\right) \tag{6.45}$$

将式（6.45）代入式（6.41）和式（6.42）后，分离变量积分得

$$c_{\mathrm{A^{II}}_t}=c_{\mathrm{A^{II}}_0}-a\int_0^t J\mathrm{d}t$$

$$c_{\mathrm{B^{II}}_t}=c_{\mathrm{B^{II}}_0}-b\int_0^t J\mathrm{d}t$$

$$c_{\mathrm{C^{II}}_t}=c_{\mathrm{C^{II}}_0}+c\int_0^t J\mathrm{d}t$$

$$c_{\mathrm{D^{II}}_t}=c_{\mathrm{D^{II}}_0}+d\int_0^t J\mathrm{d}t$$

$$N_{\mathrm{A^{II}}_t}=N_{\mathrm{A^{II}}_0}-aV_{\mathrm{II}}\int_0^t J\mathrm{d}t$$

$$N_{\mathrm{B^{II}}_t}=N_{\mathrm{B^{II}}_0}-bV_{\mathrm{II}}\int_0^t J\mathrm{d}t$$

$$N_{\mathrm{C^{II}}_t}=N_{\mathrm{C^{II}}_0}+cV_{\mathrm{II}}\int_0^t J\mathrm{d}t$$

$$N_{\mathrm{D^{II}}_t}=N_{\mathrm{D^{II}}_0}+dV_{\mathrm{II}}\int_0^t J\mathrm{d}t$$

如果组元 A 和组元 B 相比扩散速率特别快，则化学反应发生在整个液相区，式（6.43）中没有组元 B 的扩散项 $L'^{\mathrm{II}}_{\mathrm{BB}}R\ln\dfrac{a_{\mathrm{B^{II}b}}}{a_{\mathrm{B^{II}i'}}}$。

2）组元 A 在液相Ⅰ中和组元 B 在液相Ⅱ中的扩散及化学反应共同为控制步骤

化学反应在界面进行，可以表示为

$$a(\mathrm{A^I})+b(\mathrm{B^{II}})=\!=\!=c(\mathrm{C^I})+d(\mathrm{D^{II}}) \tag{6.h}$$

化学反应的亲和力为

$$A_{\mathrm{m}}=\Delta G_{\mathrm{m}}=\Delta G_{\mathrm{m}}^{\ominus}+RT\ln\frac{(a_{\mathrm{C^I}})^c(a_{\mathrm{D^{II}}})^d}{(a_{\mathrm{A^I}})^a(a_{\mathrm{B^{II}}})^b}$$

过程达到稳态，有

$$-\frac{1}{a}\frac{\mathrm{d}N_{\mathrm{A^I}}}{\mathrm{d}t}=-\frac{1}{b}\frac{\mathrm{d}N_{\mathrm{B^{II}}}}{\mathrm{d}t}=\frac{1}{c}\frac{\mathrm{d}N_{\mathrm{C^I}}}{\mathrm{d}t}=\frac{1}{d}\frac{\mathrm{d}N_{\mathrm{D^{II}}}}{\mathrm{d}t}=\frac{1}{a}\varOmega J_{\mathrm{A^I}}=\frac{1}{b}\varOmega J_{\mathrm{B^{II}}}=\varOmega j=\varOmega J \tag{6.46}$$

其中

$$J = \frac{1}{a} J_{A^I} = \frac{1}{a} \left(\frac{L'_{AA}{}^I}{T} \Delta\mu_{A^I} + \frac{L'_{AC}{}^I}{T} \Delta\mu_{C^I} \right)$$

$$= \frac{1}{a} \left(L'_{AA}{}^I R\ln\frac{a_{A^Ib}}{a_{A^Ii}} + L'_{AC}{}^I R\ln\frac{a_{C^Ii}}{a_{C^Ib}} \right) \tag{6.47}$$

$$J = \frac{1}{b} J_{B^{II}} = \frac{1}{b} \left(\frac{L'_{BB}{}^{II}}{T} \Delta\mu_{B^{II}} + \frac{L'_{BD}{}^{II}}{T} \Delta\mu_{D^{II}} \right)$$

$$= \frac{1}{b} \left(L'_{BB}{}^{II} R\ln\frac{a_{B^{II}b}}{a_{B^{II}i}} + L'_{BD}{}^{II} R\ln\frac{a_{D^{II}i}}{a_{D^{II}b}} \right) \tag{6.48}$$

$$J = j = -l_1 \left(\frac{A_m}{T} \right) - l_2 \left(\frac{A_m}{T} \right)^2 - l_3 \left(\frac{A_m}{T} \right)^3 - \cdots \tag{6.49}$$

式（6.47）+式（6.48）+式（6.49）后除以 3，得

$$J = \frac{1}{3} \left(\frac{1}{a} J_{A^I} + \frac{1}{b} J_{B^{II}} + j \right) \tag{6.50}$$

将式（6.50）代入式（6.46），分离变量积分得

$$N_{At} = N_{A0} - a\Omega \int_0^t J dt$$

$$N_{Bt} = N_{B0} - b\Omega \int_0^t J dt$$

$$N_{Ct} = N_{C0} + c\Omega \int_0^t J dt$$

$$N_{Dt} = N_{D0} + d\Omega \int_0^t J dt$$

6.2.4 发生多个化学反应的体系

1. 化学反应为过程的控制步骤

1）化学反应在液相 II 中进行

组元 A_j 在液相 I 和 II 中扩散速率快。化学反应发生在液相 II 中，成为均相反应，有

$$a_j(A_j^{II}) + b_j(B_j^{II}) = c_j(C_j^{II}) + d_j(D_j^{II}) \tag{6.i}$$

$$(j = 1, 2, \cdots, r)$$

化学亲和力为

$$A_{m,j} = \Delta G_{m,j} = \Delta G_{m,j}^{\ominus} + RT\ln\frac{\left(a_{C_j^{II}}\right)^{c_j}\left(a_{D_j^{II}}\right)^{d_j}}{\left(a_{A_j^{II}}\right)^{a_j}\left(a_{B_j^{II}}\right)^{b_j}} \tag{6.51}$$

化学反应速率为

$$j_{j^{\mathrm{II}}}=-\sum_{k=1}^{r}l_{jk}\left(\frac{A_{\mathrm{m},k}}{T}\right)-\sum_{k=1}^{r}\sum_{l=1}^{r}l_{jkl}\left(\frac{A_{\mathrm{m},k}}{T}\right)\left(\frac{A_{\mathrm{m},l}}{T}\right)-\sum_{k=1}^{r}\sum_{l=1}^{r}\sum_{h=1}^{r}l_{jklh}\left(\frac{A_{\mathrm{m},k}}{T}\right)\left(\frac{A_{\mathrm{m},l}}{T}\right)\left(\frac{A_{\mathrm{m},h}}{T}\right)-\cdots$$

并有

$$-\frac{1}{a_j}\frac{dc_{A_j^{\mathrm{II}}}}{dt}=-\frac{1}{b_j}\frac{dc_{B_j^{\mathrm{II}}}}{dt}=\frac{1}{c_j}\frac{dc_{C_j^{\mathrm{II}}}}{dt}=\frac{1}{d_j}\frac{dc_{D_j^{\mathrm{II}}}}{dt}=j_{j^{\mathrm{II}}} \tag{6.52}$$

$$-\frac{1}{a_j}\frac{dN_{A_j^{\mathrm{II}}}}{dt}=-\frac{1}{b_j}\frac{dN_{B_j^{\mathrm{II}}}}{dt}=\frac{1}{c_j}\frac{dN_{C_j^{\mathrm{II}}}}{dt}=\frac{1}{d_j}\frac{dN_{D_j^{\mathrm{II}}}}{dt}=V_{\mathrm{II}}j_{j^{\mathrm{II}}} \tag{6.53}$$

将式（6.52）和式（6.53）分离变量积分得

$$c_{A_j^{\mathrm{II}}t}=c_{A_j^{\mathrm{II}}0}-a_j\int_0^t j_{j^{\mathrm{II}}}dt$$

$$c_{B_j^{\mathrm{II}}t}=c_{B_j^{\mathrm{II}}0}-b_j\int_0^t j_{j^{\mathrm{II}}}dt$$

$$c_{C_j^{\mathrm{II}}t}=c_{C_j^{\mathrm{II}}0}+c_j\int_0^t j_{j^{\mathrm{II}}}dt$$

$$c_{D_j^{\mathrm{II}}t}=c_{D_j^{\mathrm{II}}0}+d_j\int_0^t j_{j^{\mathrm{II}}}dt$$

$$N_{A_j^{\mathrm{II}}t}=N_{A_j^{\mathrm{II}}0}-a_jV_{\mathrm{II}}\int_0^t j_{j^{\mathrm{II}}}dt$$

$$N_{B_j^{\mathrm{II}}t}=N_{B_j^{\mathrm{II}}0}-b_jV_{\mathrm{II}}\int_0^t j_{j^{\mathrm{II}}}dt$$

$$N_{C_j^{\mathrm{II}}t}=N_{C_j^{\mathrm{II}}0}+c_jV_{\mathrm{II}}\int_0^t j_{j^{\mathrm{II}}}dt$$

$$N_{D_j^{\mathrm{II}}t}=N_{D_j^{\mathrm{II}}0}+d_jV_{\mathrm{II}}\int_0^t j_{j^{\mathrm{II}}}dt$$

2）化学反应在界面进行

组元 A 在液相 I 中扩散速率较快，组元 B 在液相 II 中扩散速率较快，化学反应速率慢，化学反应发生在界面。

$$a_j(A_j^{\mathrm{I}})+b_j(B_j^{\mathrm{II}})\mathop{=\!=\!=}c_j(C_j^{\mathrm{I}})+d_j(D_j^{\mathrm{II}}) \tag{6.j}$$

$$(j=1,2,\cdots,r)$$

化学亲和力为

$$A_{\mathrm{m},j}=\Delta G_{\mathrm{m},j}=\Delta G_{\mathrm{m},j}^{\ominus}+RT\ln\frac{(a_{C_j^{\mathrm{I}}})^{c_j}(a_{D_j^{\mathrm{II}}})^{d_j}}{(a_{A_j^{\mathrm{I}}})^{a_j}(a_{B_j^{\mathrm{II}}})^{b_j}} \tag{6.54}$$

化学反应速率为

$$j_j = -\sum_{k=1}^{r} l_{jk}\left(\frac{A_{m,k}}{T}\right) - \sum_{k=1}^{r}\sum_{l=1}^{r} l_{jkl}\left(\frac{A_{m,k}}{T}\right)\left(\frac{A_{m,l}}{T}\right) - \sum_{k=1}^{r}\sum_{l=1}^{r}\sum_{h=1}^{r} l_{jklh}\left(\frac{A_{m,k}}{T}\right)\left(\frac{A_{m,l}}{T}\right)\left(\frac{A_{m,h}}{T}\right) - \cdots$$

$$\tag{6.55}$$

$$-\frac{1}{a_j}\frac{\mathrm{d}N_{A_j^{\mathrm{I}}}}{\mathrm{d}t} = -\frac{1}{b_j}\frac{\mathrm{d}N_{B_j^{\mathrm{II}}}}{\mathrm{d}t} = \frac{1}{c_j}\frac{\mathrm{d}N_{C_j^{\mathrm{I}}}}{\mathrm{d}t} = \frac{1}{d_j}\frac{\mathrm{d}N_{D_j^{\mathrm{II}}}}{\mathrm{d}t} = \Omega j_j \tag{6.56}$$

将式（6.56）分离变量后积分，得

$$N_{A_j^{\mathrm{I}}t} = N_{A_j^{\mathrm{I}}0} - a_j\Omega\int_0^t j_j\,\mathrm{d}t$$

$$N_{B_j^{\mathrm{II}}t} = N_{B_j^{\mathrm{II}}0} - b_j\Omega\int_0^t j_j\,\mathrm{d}t$$

$$N_{C_j^{\mathrm{I}}t} = N_{C_j^{\mathrm{I}}0} + c_j\Omega\int_0^t j_j\,\mathrm{d}t$$

$$N_{D_j^{\mathrm{II}}t} = N_{D_j^{\mathrm{II}}0} + d_j\Omega\int_0^t j_j\,\mathrm{d}t$$

3）化学反应在液相Ⅰ和液相Ⅱ中进行

组元 A 和 B 扩散速率快，分别穿过界面，进入另一液相化学反应发生在液相Ⅰ和液相Ⅱ中。

$$a_j(\mathrm{A}_j^{\mathrm{I}}) + b_j(\mathrm{B}_j^{\mathrm{I}}) =\!=\!= c_j(\mathrm{C}_j^{\mathrm{I}}) + d_j(\mathrm{D}_j^{\mathrm{I}}) \tag{6.k}$$

$$a_j(\mathrm{A}_j^{\mathrm{II}}) + b_j(\mathrm{B}_j^{\mathrm{II}}) =\!=\!= c_j(\mathrm{C}_j^{\mathrm{II}}) + d_j(\mathrm{D}_j^{\mathrm{II}}) \tag{6.l}$$

化学亲和力为

$$A_{m,j}(\mathrm{I}) = \Delta G_{m,j}(\mathrm{I}) = \Delta G_{m,j}^{\ominus}(\mathrm{I}) + RT\ln\frac{\left(a_{C_j^{\mathrm{I}}}\right)^{c_j}\left(a_{D_j^{\mathrm{I}}}\right)^{d_j}}{\left(a_{A_j^{\mathrm{I}}}\right)^{a_j}\left(a_{B_j^{\mathrm{I}}}\right)^{b_j}} \tag{6.57}$$

$$A_{m,j}(\mathrm{II}) = \Delta G_{m,j}(\mathrm{II}) = \Delta G_{m,j}^{\ominus}(\mathrm{II}) + RT\ln\frac{\left(a_{C_j^{\mathrm{II}}}\right)^{c_j}\left(a_{D_j^{\mathrm{II}}}\right)^{d_j}}{\left(a_{A_j^{\mathrm{II}}}\right)^{a_j}\left(a_{B_j^{\mathrm{II}}}\right)^{b_j}} \tag{6.58}$$

化学反应速率为

$$j_{j^{\mathrm{I}}} = -\sum_{k=1}^{r} l_{jk}^{\mathrm{I}}\left(\frac{A_{m,k}(\mathrm{I})}{T}\right) - \sum_{k=1}^{r}\sum_{l=1}^{r} l_{jkl}^{\mathrm{I}}\left(\frac{A_{m,k}(\mathrm{I})}{T}\right)\left(\frac{A_{m,l}(\mathrm{I})}{T}\right)$$
$$-\sum_{k=1}^{r}\sum_{l=1}^{r}\sum_{h=1}^{r} l_{jklh}^{\mathrm{I}}\left(\frac{A_{m,k}(\mathrm{I})}{T}\right)\left(\frac{A_{m,l}(\mathrm{I})}{T}\right)\left(\frac{A_{m,h}(\mathrm{I})}{T}\right) - \cdots \tag{6.59}$$

$$j_{j^{\mathrm{II}}} = -\sum_{k=1}^{r} l_{jk}^{\mathrm{II}}\left(\frac{A_{m,k}(\mathrm{II})}{T}\right) - \sum_{k=1}^{r}\sum_{l=1}^{r} l_{jkl}^{\mathrm{II}}\left(\frac{A_{m,k}(\mathrm{II})}{T}\right)\left(\frac{A_{m,l}(\mathrm{II})}{T}\right)$$
$$-\sum_{k=1}^{r}\sum_{l=1}^{r}\sum_{h=1}^{r} l_{jklh}^{\mathrm{II}}\left(\frac{A_{m,k}(\mathrm{II})}{T}\right)\left(\frac{A_{m,l}(\mathrm{II})}{T}\right)\left(\frac{A_{m,h}(\mathrm{II})}{T}\right) - \cdots \tag{6.60}$$

$$-\frac{1}{a_j}\frac{dc_{A_j^{I}}}{dt}=-\frac{1}{b_j}\frac{dc_{B_j^{I}}}{dt}=\frac{1}{c_j}\frac{dc_{C_j^{I}}}{dt}=\frac{1}{d_j}\frac{dc_{D_j^{I}}}{dt}=j_{j^{I}} \tag{6.61}$$

$$-\frac{1}{a_j}\frac{dc_{A_j^{II}}}{dt}=-\frac{1}{b_j}\frac{dc_{B_j^{II}}}{dt}=\frac{1}{c_j}\frac{dc_{C_j^{II}}}{dt}=\frac{1}{d_j}\frac{dc_{D_j^{II}}}{dt}=j_{j^{II}} \tag{6.62}$$

将式（6.59）和式（6.60）分别代入式（6.61）和式（6.62），分离变量积分得

$$c_{A_j^{I}t}=c_{A_j^{I}0}-a_j\int_0^t j_j^{I}dt$$

$$c_{B_j^{I}t}=c_{B_j^{I}0}-b_j\int_0^t j_j^{I}dt$$

$$c_{C_j^{I}t}=c_{C_j^{I}0}+c_j\int_0^t j_j^{I}dt$$

$$c_{D_j^{I}t}=c_{D_j^{I}0}+d_j\int_0^t j_j^{I}dt$$

及

$$c_{A_j^{II}t}=c_{A_j^{II}0}-a_j\int_0^t j_j^{II}dt$$

$$c_{B_j^{II}t}=c_{B_j^{II}0}-b_j\int_0^t j_j^{II}dt$$

$$c_{C_j^{II}t}=c_{C_j^{II}0}+c_j\int_0^t j_j^{II}dt$$

$$c_{D_j^{II}t}=c_{D_j^{II}0}+d_j\int_0^t j_j^{II}dt$$

2. 扩散为过程的控制步骤

1）组元 B_j 在液相 II 中的扩散为过程的控制步骤

化学反应发生在液相 II 中

$$a_j(A_j^{II})+b(B_j^{II})=\!=\!=c(C_j^{II})+d(D_j^{II}) \tag{6.m}$$

组元 B_j 在液相 II 中的扩散速率为

$$\begin{aligned}
J_{B_j^{II}}=\left|\boldsymbol{J}_{B_j^{II}}\right|&=\left|\sum_{k=1}^{r}(-L_{B_kA_k}^{II}\frac{\nabla\mu_{A_k^{II}}}{T}-L_{B_kB_k}^{II}\frac{\nabla\mu_{B_k^{II}}}{T}-L_{B_kC_k}^{II}\frac{\nabla\mu_{C_k^{II}}}{T}-L_{B_kD_k}^{II}\frac{\nabla\mu_{D_k^{II}}}{T})\right|\\
&=\sum_{k=1}^{r}\left(L_{B_kA_k}^{II}\frac{\Delta\mu_{A_k^{II}}}{T\delta}+L_{B_kB_k}^{II}\frac{\Delta\mu_{B_k^{II}}}{T\delta}+L_{B_kC_k}^{II}\frac{\Delta\mu_{C_k^{II}}}{T\delta}+L_{B_kD_k}^{II}\frac{\Delta\mu_{D_k^{II}}}{T\delta}\right)\\
&=\sum_{k=1}^{r}\left(\frac{L_{B_kA_k}^{'II}}{T}\Delta\mu_{A_k^{II}}+\frac{L_{B_kB_k}^{'II}}{T}\Delta\mu_{B_k^{II}}+\frac{L_{B_kC_k}^{'II}}{T}\Delta\mu_{C_k^{II}}+\frac{L_{B_kD_k}^{'II}}{T}\Delta\mu_{D_k^{II}}\right)
\end{aligned} \tag{6.63}$$

其中

$$\Delta\mu_{A_k^{II}} = \mu_{A_k^{II}b} - \Delta\mu_{A_k^{II}i} = RT\ln\frac{a_{A_k^{II}i}}{a_{A_k^{II}i'}}$$

$$\Delta\mu_{B_k^{II}} = \mu_{B_k^{II}b} - \Delta\mu_{B_k^{II}i} = RT\ln\frac{a_{B_k^{II}b}}{a_{B_k^{II}i'}}$$

$$\Delta\mu_{C_k^{II}} = \Delta\mu_{C_k^{II}i'} - \mu_{C_k^{II}i} = RT\ln\frac{a_{C_k^{II}i'}}{a_{C_k^{II}i}}$$

$$\Delta\mu_{D_k^{II}} = \Delta\mu_{D_k^{II}i} - \mu_{D_k^{II}b} = RT\ln\frac{a_{D_k^{II}i'}}{a_{D_k^{II}b}}$$

$$L'^{II}_{B_kA_k} = \frac{L^{II}_{B_kA_k}}{\delta}, \quad L'^{II}_{B_kB_k} = \frac{L^{II}_{B_kB_k}}{\delta}, \quad L'^{II}_{B_kC_k} = \frac{L^{II}_{B_kC_k}}{\delta}, \quad L'^{II}_{B_kD_k} = \frac{L^{II}_{B_kD_k}}{\delta}$$

式中，δ 为扩散距离；i′表示化学反应区，i 表示界面，b 表示本体。

过程速率为

$$-\frac{1}{a_j}\frac{dc_{A_j^{II}}}{dt} = -\frac{1}{b_j}\frac{dc_{B_j^{II}}}{dt} = \frac{1}{c_j}\frac{dc_{C_j^{II}}}{dt} = \frac{1}{d_j}\frac{dc_{D_j^{II}}}{dt} = \frac{1}{b_j}J_{B_j^{II}} \qquad (6.64)$$

将式（6.63）代入式（6.64）后，分离变量积分得

$$c_{A_j^{II}t} = c_{A_j^{II}0} - \frac{a_j}{b_j}\int_0^t J_{B_j^{II}}dt$$

$$c_{B_j^{II}t} = c_{B_j^{II}0} - \int_0^t J_{B_j^{II}}dt$$

$$c_{C_j^{II}t} = c_{C_j^{II}0} + \frac{c_j}{b_j}\int_0^t J_{B_j^{II}}dt$$

$$c_{D_j^{II}t} = c_{D_j^{II}0} + \frac{d_j}{b_j}\int_0^t J_{B_j^{II}}dt$$

2）组元 A_j 在液相 II 中的扩散和组元 B_j 在液相 II 中的扩散共同为过程的控制步骤

化学反应发生在液相 II 中

$$a_j(A_j^{II}) + b_j(B_j^{II}) = c_j(C_j^{II}) + d_j(D_j^{II}) \qquad (6.n)$$

组元 A_j 在液相 II 中的扩散速率为

$$J_{A_j^{II}} = \left| \boldsymbol{J}_{A_j^{II}} \right| = \left| \sum_{k=1}^{r} \left(-L_{A_k A_k}^{II} \frac{\nabla \mu_{A_k^{II}}}{T} - L_{A_k B_k}^{II} \frac{\nabla \mu_{B_k^{II}}}{T} - L_{A_k C_k}^{II} \frac{\nabla \mu_{C_k^{II}}}{T} - L_{A_k D_k}^{II} \frac{\nabla \mu_{D_k^{II}}}{T} \right) \right|$$

$$= \sum_{k=1}^{r} \left(L_{A_k A_k}^{II} \frac{\Delta \mu_{A_k^{II}}}{T\delta} + L_{A_k B_k}^{II} \frac{\Delta \mu_{B_k^{II}}}{T\delta} + L_{A_k C_k}^{II} \frac{\Delta \mu_{C_k^{II}}}{T\delta} + L_{A_k D_k}^{II} \frac{\Delta \mu_{D_k^{II}}}{T\delta} \right)$$

$$= \sum_{k=1}^{r} \left(\frac{L'^{II}_{A_k A_k}}{T} \Delta \mu_{A_k^{II}} + \frac{L'^{II}_{A_k B_k}}{T} \Delta \mu_{B_k^{II}} + \frac{L'^{II}_{A_k C_k}}{T} \Delta \mu_{C_k^{II}} + \frac{L'^{II}_{A_k D_k}}{T} \Delta \mu_{D_k^{II}} \right) \qquad (6.65)$$

$$J_{B_j^{II}} = \left| \boldsymbol{J}_{B_j^{II}} \right| = \left| \sum_{k=1}^{r} \left(-L_{B_k A_k}^{II} \frac{\nabla \mu_{A_k^{II}}}{T} - L_{B_k B_k}^{II} \frac{\nabla \mu_{B_k^{II}}}{T} - L_{B_k C_k}^{II} \frac{\nabla \mu_{C_k^{II}}}{T} - L_{B_k D_k}^{II} \frac{\nabla \mu_{D_k^{II}}}{T} \right) \right|$$

$$= \sum_{k=1}^{r} \left(L_{B_k A_k}^{II} \frac{\Delta \mu_{A_k^{II}}}{T\delta} + L_{B_k B_k}^{II} \frac{\Delta \mu_{B_k^{II}}}{T\delta} + L_{B_k C_k}^{II} \frac{\Delta \mu_{C_k^{II}}}{T\delta} + L_{B_k D_k}^{II} \frac{\Delta \mu_{D_k^{II}}}{T\delta} \right)$$

$$= \sum_{k=1}^{r} \left(\frac{L'^{II}_{B_k A_k}}{T} \Delta \mu_{A_k^{II}} + \frac{L'^{II}_{B_k B_k}}{T} \Delta \mu_{B_k^{II}} + \frac{L'^{II}_{B_k C_k}}{T} \Delta \mu_{C_k^{II}} + \frac{L'^{II}_{B_k D_k}}{T} \Delta \mu_{D_k^{II}} \right) \qquad (6.66)$$

其中

$$\Delta \mu_{A_k^{II}} = \mu_{A_k^{II} b} - \mu_{A_k^{II} i'} = RT \ln \frac{a_{A_k^{II} b}}{a_{A_k^{II} i'}}$$

$$\Delta \mu_{B_k^{II}} = \mu_{B_k^{II} b} - \mu_{a_{B_k^{II} i'}} = RT \ln \frac{a_{B_k^{II} b}}{a_{B_k^{II} i'}}$$

$$\Delta \mu_{C_k^{II}} = \mu_{C_k^{II} i'} - \mu_{C_k^{II} b} = RT \ln \frac{a_{C_k^{II} i'}}{a_{C_k^{II} b}}$$

$$\Delta \mu_{D_k^{II}} = \mu_{D_k^{II} i'} - \mu_{D_k^{II} b} = RT \ln \frac{a_{D_k^{II} i'}}{a_{D_k^{II} b}}$$

$$L'^{II}_{A_k A_k} = \frac{L_{A_k A_k}^{II}}{\delta}, \quad L'^{II}_{A_k B_k} = \frac{L_{A_k B_k}^{II}}{\delta}$$

$$L'^{II}_{A_k C_k} = \frac{L_{A_k C_k}^{II}}{\delta}, \quad L'^{II}_{A_k D_k} = \frac{L_{A_k D_k}^{II}}{\delta}$$

其中 b 表示液相本体，i' 表示反应区。

过程速率为

$$-\frac{1}{a_j} \frac{dc_{A_j^{II}}}{dt} = -\frac{1}{b_j} \frac{dc_{B_j^{II}}}{dt} = \frac{1}{c_j} \frac{dc_{C_j^{II}}}{dt} = \frac{1}{d_j} \frac{dc_{D_j^{II}}}{dt} = \frac{1}{a_j} J_{A_j^{II}} = \frac{1}{b_j} J_{B_j^{II}} = J^{II} \qquad (6.67)$$

其中

$$J^{\mathrm{II}}=\frac{1}{a_j}J_{\mathrm{A}_j^{\mathrm{II}}} \tag{6.68}$$

$$J^{\mathrm{II}}=\frac{1}{b_j}J_{\mathrm{B}_j^{\mathrm{II}}} \tag{6.69}$$

式（6.68）+式（6.69）后除以 2，得

$$J^{\mathrm{II}}=\frac{1}{2}\left(\frac{1}{a_j}J_{\mathrm{A}_j^{\mathrm{II}}}+\frac{1}{b_j}J_{\mathrm{B}_j^{\mathrm{II}}}\right) \tag{6.70}$$

将式（6.70）代入式（6.67）后，分离变量积分得

$$c_{\mathrm{A}_j^{\mathrm{II}}t}=c_{\mathrm{A}_j^{\mathrm{II}}0}-a_j\int_0^t J^{\mathrm{II}}\mathrm{d}t$$

$$c_{\mathrm{B}_j^{\mathrm{II}}t}=c_{\mathrm{B}_j^{\mathrm{II}}0}-b_j\int_0^t J^{\mathrm{II}}\mathrm{d}t$$

$$c_{\mathrm{C}_j^{\mathrm{II}}t}=c_{\mathrm{C}_j^{\mathrm{II}}0}+c_j\int_0^t J^{\mathrm{II}}\mathrm{d}t$$

$$c_{\mathrm{D}_j^{\mathrm{II}}t}=c_{\mathrm{D}_j^{\mathrm{II}}0}+d_j\int_0^t J^{\mathrm{II}}\mathrm{d}t$$

3）组元 A_j 在液相Ⅰ中的扩散和组元 B_j 在液相Ⅱ中的扩散共同为过程的控制步骤

化学反应在界面进行

$$a_j(\mathrm{A}_j^{\mathrm{I}})+b_j(\mathrm{B}_j^{\mathrm{II}})=\!=\!=c_j(\mathrm{C}_j^{\mathrm{I}})+d_j(\mathrm{D}_j^{\mathrm{II}}) \tag{6.o}$$

扩散速率为

$$\begin{aligned}J_{\mathrm{A}_j^{\mathrm{I}}}=\left|\boldsymbol{J}_{\mathrm{A}_j^{\mathrm{I}}}\right|&=\left|\sum_{k=1}^r(-L_{\mathrm{A}_k\mathrm{A}_k}^{\mathrm{I}}\frac{\nabla\mu_{\mathrm{A}_k^{\mathrm{I}}}}{T}-L_{\mathrm{A}_k\mathrm{C}_k}^{\mathrm{I}}\frac{\nabla\mu_{\mathrm{C}_k^{\mathrm{I}}}}{T})\right|\\&=\sum_{k=1}^r\left(L_{\mathrm{A}_k\mathrm{A}_k}^{\mathrm{I}}\frac{\Delta\mu_{\mathrm{A}_k^{\mathrm{I}}}}{T\delta}+L_{\mathrm{A}_k\mathrm{C}_k}^{\mathrm{I}}\frac{\Delta\mu_{\mathrm{C}_k^{\mathrm{I}}}}{T\delta}\right)\\&=\sum_{k=1}^r\left(\frac{L_{\mathrm{A}_k\mathrm{A}_k}^{\prime\mathrm{I}}}{T}\Delta\mu_{\mathrm{A}_k^{\mathrm{I}}}+\frac{L_{\mathrm{A}_k\mathrm{C}_k}^{\prime\mathrm{I}}}{T}\Delta\mu_{\mathrm{C}_k^{\mathrm{I}}}\right)\end{aligned} \tag{6.71}$$

$$\begin{aligned}J_{\mathrm{B}_j^{\mathrm{II}}}=\left|\boldsymbol{J}_{\mathrm{B}_j^{\mathrm{II}}}\right|&=\left|\sum_{k=1}^r(-L_{\mathrm{B}_k\mathrm{B}_k}^{\mathrm{II}}\frac{\nabla\mu_{\mathrm{B}_k^{\mathrm{II}}}}{T}-L_{\mathrm{B}_k\mathrm{D}_k}^{\mathrm{II}}\frac{\nabla\mu_{\mathrm{D}_k^{\mathrm{II}}}}{T})\right|\\&=\sum_{k=1}^r\left(L_{\mathrm{B}_k\mathrm{B}_k}^{\mathrm{II}}\frac{\Delta\mu_{\mathrm{B}_k^{\mathrm{II}}}}{T\delta}+L_{\mathrm{B}_k\mathrm{D}_k}^{\mathrm{II}}\frac{\Delta\mu_{\mathrm{D}_k^{\mathrm{II}}}}{T\delta}\right)\\&=\sum_{k=1}^r\left(\frac{L_{\mathrm{B}_k\mathrm{B}_k}^{\prime\mathrm{II}}}{T}\Delta\mu_{\mathrm{B}_k^{\mathrm{II}}}+\frac{L_{\mathrm{B}_k\mathrm{D}_k}^{\prime\mathrm{II}}}{T}\Delta\mu_{\mathrm{D}_k^{\mathrm{II}}}\right)\end{aligned} \tag{6.72}$$

其中

$$\Delta\mu_{A_k^I} = \mu_{A_k^I b} - \mu_{A_k^I i} = RT\ln\frac{a_{A_k^I b}}{a_{A_k^I i}}$$

$$\Delta\mu_{C_k^I} = \mu_{C_k^I i} - \mu_{C_k^I b} = RT\ln\frac{a_{C_k^I i}}{a_{C_k^I b}}$$

$$L'^{I}_{A_k A_k} = \frac{L^I_{A_k A_k}}{\delta^I}, \quad L'^{I}_{A_k C_k} = \frac{L^I_{A_k C_k}}{\delta^I}$$

$$\Delta\mu_{B_k^{II}} = \mu_{B_k^{II} b} - \mu_{B_k^{II} i} = RT\ln\frac{a_{B_k^{II} b}}{a_{B_k^{II} i}}$$

$$\Delta\mu_{D_k^{II}} = \mu_{D_k^{II} i} - \mu_{D_k^{II} b} = RT\ln\frac{a_{D_k^{II} i}}{a_{D_k^{II} b}}$$

$$L'^{II}_{B_k B_k} = \frac{L'^{II}_{B_k B_k}}{\delta^I}, \quad L'^{II}_{B_k D_k} = \frac{L'^{II}_{B_k D_k}}{\delta^I}$$

过程速率为

$$-\frac{1}{a_j}\frac{\mathrm{d}N_{A_j^I}}{\mathrm{d}t} = -\frac{1}{b_j}\frac{\mathrm{d}N_{B_j^{II}}}{\mathrm{d}t} = \frac{1}{c_j}\frac{\mathrm{d}N_{C_j^I}}{\mathrm{d}t} = \frac{1}{d_j}\frac{\mathrm{d}N_{D_j^{II}}}{\mathrm{d}t} = \frac{1}{a_j}\Omega J_{A_j^I} = \frac{1}{b_j}\Omega J_{B_j^{II}} = \Omega J \quad （6.73）$$

其中

$$J = \frac{1}{a_j}J_{A_j^I} \qquad\qquad （6.74）$$

$$J = \frac{1}{b_j}J_{B_j^{II}} \qquad\qquad （6.75）$$

式（6.74）+式（6.75）后除以 2，得

$$J = \frac{1}{2}\left(\frac{1}{a_j}J_{A_j^I} + \frac{1}{b_j}J_{B_j^{II}}\right) \qquad （6.76）$$

将式（6.76）代入式（6.73）后，分离变量后积分得

$$N_{A_j^I t} = N_{A_j^I 0} - a_j\Omega\int_0^t J\mathrm{d}t$$

$$N_{B_j^{II} t} = N_{B_j^{II} 0} - b_j\Omega\int_0^t J\mathrm{d}t$$

$$N_{C_j^I t} = N_{C_j^I 0} + c_j\Omega\int_0^t J\mathrm{d}t$$

$$N_{D_j^{II}t} = N_{D_j^{II}0} + d_j \Omega \int_0^t J \mathrm{d}t$$

3. 扩散和化学反应共同为过程的控制步骤

1）液相 I 中组元的扩散和化学反应共同为过程的控制步骤

化学反应发生在界面

$$a_j(A_j^I) + b_j(B_j^{II}) = c_j(C_j^I) + d_j(D_j^{II}) \tag{6.p}$$

化学亲和力为

$$A_{m,j} = \Delta G_{m,j} = \Delta G_{m,j}^{\ominus} + RT\ln\frac{(a_{C_{j_i}^I})^{c_j}(a_{D_{j_i}^{II}})^{d_j}}{(a_{A_{j_i}^I})^{a_j}(a_{B_{j_i}^{II}})^{b_j}}$$

式中，i 表示界面。

过程速率为

$$-\frac{1}{a_j}\frac{\mathrm{d}N_{A_j^I}}{\mathrm{d}t} = -\frac{1}{b_j}\frac{\mathrm{d}N_{B_j^{II}}}{\mathrm{d}t} = \frac{1}{c_j}\frac{\mathrm{d}N_{C_j^I}}{\mathrm{d}t} = \frac{1}{d_j}\frac{\mathrm{d}N_{D_j^{II}}}{\mathrm{d}t} = \frac{1}{a_j}\Omega J_{A_j^I} = \Omega j_j = \Omega J_j \tag{6.77}$$

$$(j=1,2,\cdots,r)$$

其中

$$J_j = \frac{1}{a_j}J_{A_j^I} = \frac{1}{a_j}\sum_{k=1}^r\left(L'^I_{A_jA_k}R\ln\frac{a_{A_k^I b}}{a_{A_k^I i}} + L'^{II}_{A_jB_k}R\ln\frac{a_{B_k^{II} i}}{a_{B_k^{II} b}} + L'^I_{A_jC_k}R\ln\frac{a_{C_k^I i}}{a_{C_k^I b}} + L'^{II}_{A_jD_k}R\ln\frac{a_{D_k^{II} i}}{a_{D_k^I b}}\right)$$

$$\tag{6.78}$$

$$J_j = j_j = -\sum_{k=1}^r l_{jk}\left(\frac{A_{m,k}}{T}\right) - \sum_{k=1}^r\sum_{l=1}^r l_{jkl}\left(\frac{A_{m,k}}{T}\right)\left(\frac{A_{m,l}}{T}\right) - \sum_{k=1}^r\sum_{l=1}^r\sum_{h=1}^r l_{jklh}\left(\frac{A_{m,k}}{T}\right)\left(\frac{A_{m,l}}{T}\right)\left(\frac{A_{m,h}}{T}\right) - \cdots$$

$$\tag{6.79}$$

式（6.78）+式（6.79）后除以 2，得

$$J_j = \frac{1}{2}\left(\frac{1}{a_j}J_{A_j^I} + j_j\right) \tag{6.80}$$

将式（6.80）代入式（6.77）后，分离变量积分得

$$N_{A_j^I t} = N_{A_j^I 0} - a_j\Omega\int_0^t J_j\mathrm{d}t$$

$$N_{B_j^{II} t} = N_{B_j^{II} 0} - b_j\Omega\int_0^t J_j\mathrm{d}t$$

$$N_{C_j^I t} = N_{C_j^I 0} + c_j\Omega\int_0^t J_j\mathrm{d}t$$

$$N_{D_j^{II} t} = N_{D_j^{II} 0} + d_j\Omega\int_0^t J_j\mathrm{d}t$$

2）液相Ⅱ中组元的扩散和化学反应共同为过程的控制步骤

化学反应发生在界面，有

$$a_j(A_j^{\mathrm{I}})+b_j(B_j^{\mathrm{II}})=\!\!=\!\!=c_j(C_j^{\mathrm{I}})+d_j(D_j^{\mathrm{II}}) \tag{6.q}$$

过程速率为

$$-\frac{1}{a_j}\frac{\mathrm{d}N_{A_j^{\mathrm{I}}}}{\mathrm{d}t}=-\frac{1}{b_j}\frac{\mathrm{d}N_{B_j^{\mathrm{II}}}}{\mathrm{d}t}=\frac{1}{c_j}\frac{\mathrm{d}N_{C_j^{\mathrm{I}}}}{\mathrm{d}t}=\frac{1}{d_j}\frac{\mathrm{d}N_{D_j^{\mathrm{II}}}}{\mathrm{d}t}=\frac{1}{b_j}\Omega J_{B_j^{\mathrm{II}}}=\Omega j_j=\Omega J_j \tag{6.81}$$

$$(j=1,2,\cdots,r)$$

其中

$$J_j=\frac{1}{b_j}J_{B_j^{\mathrm{II}}}=\frac{1}{b_j}\sum_{k=1}^{r}\left(L_{B_jA_k}^{\prime\ \mathrm{I}}R\ln\frac{a_{A_k^{\mathrm{I}}\mathrm{b}}}{a_{A_k^{\mathrm{II}}\mathrm{i}}}+L_{B_jB_k}^{\prime\ \mathrm{II}}R\ln\frac{a_{B_k^{\mathrm{II}}\mathrm{b}}}{a_{B_k^{\mathrm{II}}\mathrm{i}}}+L_{B_jC_k}^{\prime\ \mathrm{I}}R\ln\frac{a_{C_k^{\mathrm{I}}\mathrm{i}}}{a_{C_k^{\mathrm{I}}\mathrm{b}}}+L_{B_jD_k}^{\prime\ \mathrm{II}}R\ln\frac{a_{D_k^{\mathrm{II}}\mathrm{i}}}{a_{D_k^{\mathrm{II}}\mathrm{b}}}\right) \tag{6.82}$$

$$J_j=j_j=-\sum_{k=1}^{r}l_{jk}\left(\frac{A_{\mathrm{m},k}}{T}\right)-\sum_{k=1}^{r}\sum_{l=1}^{r}l_{jkl}\left(\frac{A_{\mathrm{m},k}}{T}\right)\left(\frac{A_{\mathrm{m},l}}{T}\right)-\sum_{k=1}^{r}\sum_{l=1}^{r}\sum_{h=1}^{r}l_{jklh}\left(\frac{A_{\mathrm{m},k}}{T}\right)\left(\frac{A_{\mathrm{m},l}}{T}\right)\left(\frac{A_{\mathrm{m},h}}{T}\right)-\cdots \tag{6.83}$$

式（6.82）+式（6.83）后除以 2，得

$$J_j=\frac{1}{2}\left(\frac{1}{b_j}J_{B_j^{\mathrm{II}}}+j_j\right) \tag{6.84}$$

将式（6.84）代入式（6.81）后，分离变量积分得

$$N_{A_j^{\mathrm{I}}t}=N_{A_j^{\mathrm{I}}0}-a_j\Omega\int_0^t J_j\mathrm{d}t$$

$$N_{B_j^{\mathrm{II}}t}=N_{B_j^{\mathrm{II}}0}-b_j\Omega\int_0^t J_j\mathrm{d}t$$

$$N_{C_j^{\mathrm{I}}t}=N_{C_j^{\mathrm{I}}0}+c_j\Omega\int_0^t J_j\mathrm{d}t$$

$$N_{D_j^{\mathrm{II}}t}=N_{D_j^{\mathrm{II}}0}+d_j\Omega\int_0^t J_j\mathrm{d}t$$

3）液相Ⅰ中组元的扩散、液相Ⅱ中组元的扩散和化学反应共同为控制步骤

化学反应发生在界面，有

$$a_j(A_j^{\mathrm{I}})+b_j(B_j^{\mathrm{II}})=\!\!=\!\!=c_j(C_j^{\mathrm{I}})+d_j(D_j^{\mathrm{II}}) \tag{6.r}$$

化学亲和力为

$$A_{\mathrm{m},j}=\Delta G_{\mathrm{m},j}=\Delta G_{\mathrm{m},j}^{\ominus}+RT\ln\frac{(a_{C_j^{\mathrm{I}}})^{c_j}(a_{D_j^{\mathrm{II}}})^{d_j}}{(a_{A_j^{\mathrm{I}}})^{a_j}(a_{B_j^{\mathrm{II}}})^{b_j}}$$

式中，i 表示界面。

过程速率为

$$-\frac{1}{a_j}\frac{dN_{A_j^I}}{dt}=-\frac{1}{b_j}\frac{dN_{B_j^{II}}}{dt}=\frac{1}{c_j}\frac{dN_{C_j^I}}{dt}=\frac{1}{d_j}\frac{dN_{D_j^{II}}}{dt}=\frac{1}{a_j}\Omega J_{A_j^I}=\frac{1}{b_j}\Omega J_{B_j^{II}}=\Omega j_j=\Omega J_j \quad (6.85)$$

$$(j=1,2,\cdots,r)$$

其中

$$J_j=\frac{1}{a_j}J_{A_j^I}=\frac{1}{a_j}\sum_{k=1}^{r}\left(L'^{I}_{A_jA_k}R\ln\frac{a_{A_k^Ib}}{a_{A_k^Ii}}+L'^{II}_{A_jB_k}R\ln\frac{a_{B_k^{II}b}}{a_{B_k^{II}i}}+L'^{I}_{A_jC_k}R\ln\frac{a_{C_k^Ii}}{a_{C_k^Ib}}+L'^{II}_{A_jD_k}R\ln\frac{a_{D_k^{II}i}}{a_{D_k^{II}b}}\right)$$

$$(6.86)$$

$$J_j=\frac{1}{b_j}J_{B_j^{II}}=\frac{1}{b_j}\sum_{k=1}^{r}\left(L'^{I}_{B_jA_k}R\ln\frac{a_{A_k^Ib}}{a_{A_k^Ii}}+L'^{II}_{B_jB_k}R\ln\frac{a_{B_k^{II}b}}{a_{B_k^{II}i}}+L'^{I}_{B_jC_k}R\ln\frac{a_{C_k^Ii}}{a_{C_k^Ib}}+L'^{II}_{B_jD_k}R\ln\frac{a_{D_k^{II}i}}{a_{D_k^{II}b}}\right)$$

$$(6.87)$$

$$J_j=j_j=-\sum_{k=1}^{r}l_{jk}\left(\frac{A_{m,k}}{T}\right)-\sum_{k=1}^{r}\sum_{l=1}^{r}l_{jkl}\left(\frac{A_{m,k}}{T}\right)\left(\frac{A_{m,l}}{T}\right)-\sum_{k=1}^{r}\sum_{l=1}^{r}\sum_{h=1}^{r}l_{jklh}\left(\frac{A_{m,k}}{T}\right)\left(\frac{A_{m,l}}{T}\right)\left(\frac{A_{m,h}}{T}\right)-\cdots$$

$$(6.88)$$

这里没有考虑相间传质的耦合。

式（6.86）+式（6.87）+式（6.88）后除以 3，得

$$J_j=\frac{1}{3}\left(\frac{1}{a_j}J_{A_j^I}+\frac{1}{b_j}J_{B_j^{II}}+j_j\right) \quad (6.89)$$

将式（6.89）代入式（6.85）后，分离变量积分得

$$N_{A_j^It}=N_{A_j^I0}-a_j\Omega\int_0^t J_j dt$$

$$N_{B_j^{II}t}=N_{B_j^{II}0}-b_j\Omega\int_0^t J_j dt$$

$$N_{C_j^It}=N_{C_j^I0}+c_j\Omega\int_0^t J_j dt$$

$$N_{D_j^{II}t}=N_{D_j^{II}0}+d_j\Omega\int_0^t J_j dt$$

6.3　分散相与连续相间的传质和化学反应

6.3.1　过程的控制步骤

分散相液滴与连续相间的反应有如下步骤：

（1）液滴中的组元向液滴与连续相间的界面扩散，也可能穿过界面向连续相中扩散。

（2）连续相中的组元向连续相与液滴间的界面扩散，也可能穿过界面向液滴中扩散。

（3）在界面组元 A 和 B 进行化学反应，也可能在连续相中或液滴中发生化学反应。

（4）产物从反应区扩散出去。

因此，过程由化学反应控制、扩散控制及化学反应和扩散共同控制。

6.3.2　只发生一个化学反应

1. 化学反应为过程的控制步骤

1）化学反应发生在液滴与连续相的界面

液滴中的组元 B 扩散到液滴与连续相的界面，连续相中的组元 A 扩散到连续相与液滴的界面，两者在界面发生的化学反应为过程的控制步骤。

$$a\ (A^{I})+b\ (B^{II}) \Longrightarrow c\ (C^{I})+d\ (D^{II}) \tag{6.s}$$

化学反应亲和力为

$$A_{m}=\Delta G_{m}=\Delta G_{m}^{\ominus}+RT\ln\frac{(a_{C_{A}^{I}})^{c}(a_{D_{A}^{II}})^{d}}{(a_{A_{A}^{I}})^{a}(a_{B_{A}^{II}})^{b}} \tag{6.90}$$

式中，下角标 i 表示界面。

化学反应速率为

$$j=-l_{1}\left(\frac{A_{m}}{T}\right)-l_{2}\left(\frac{A_{m}}{T}\right)^{2}-l_{3}\left(\frac{A_{m}}{T}\right)^{3}-\cdots \tag{6.91}$$

并有

$$-\frac{1}{a}\frac{dN_{A}}{dt}=-\frac{1}{b}\frac{dN_{B}}{dt}=\frac{1}{c}\frac{dN_{C}}{dt}=\frac{1}{d}\frac{dN_{D}}{dt}=\Omega j \tag{6.92}$$

式中，Ω 为液滴与连续相之间的界面面积，可以看作等于液滴表面积。

将式（6.92）分离变量积分，得

$$N_{At}=N_{A0}-a\Omega\int_{0}^{t}j\mathrm{d}t$$

$$N_{Bt}=N_{B0}-b\Omega\int_{0}^{t}j\mathrm{d}t$$

$$N_{Ct}=N_{C0}+c\Omega\int_{0}^{t}j\mathrm{d}t$$

$$N_{Dt}=N_{D0}+d\Omega\int_{0}^{t}j\mathrm{d}t$$

2）化学反应发生在液滴中

组元 A 扩散速率快，进入液滴 II 中，在液滴 II 中与组元 B 发生化学反应。化学反应速率慢，所以化学反应为过程的控制步骤。

$$a\,(A^{II})+b\,(B^{II})=\!\!=\!\!=c(C^{II})+d(D^{II}) \tag{6.t}$$

化学反应亲和力为

$$A_m=\Delta G_m=\Delta G_m^{\ominus}+RT\ln\frac{(a_{C^{II}})^c\,(a_{D^{II}})^d}{(a_{A^{II}})^a\,(a_{B^{II}})^b} \tag{6.93}$$

化学反应速率为

$$j=-l_1\left(\frac{A_m}{T}\right)-l_2\left(\frac{A_m}{T}\right)^2-l_3\left(\frac{A_m}{T}\right)^3-\cdots \tag{6.94}$$

并有

$$-\frac{1}{a}\frac{dc_A}{dt}=-\frac{1}{b}\frac{dc_B}{dt}=\frac{1}{c}\frac{dc_C}{dt}=\frac{1}{d}\frac{dc_D}{dt}=j \tag{6.95}$$

$$-\frac{1}{a}\frac{dN_A}{dt}=-\frac{1}{b}\frac{dN_B}{dt}=\frac{1}{c}\frac{dN_C}{dt}=\frac{1}{d}\frac{dN_D}{dt}=V_{II}j \tag{6.96}$$

将式（6.95）、式（6.96）分离变量积分，得

$$c_{At}=c_{A0}-a\int_0^t jdt$$

$$c_{Bt}=c_{B0}-b\int_0^t jdt$$

$$c_{Ct}=c_{C0}+c\int_0^t jdt$$

$$c_{Dt}=c_{D0}+d\int_0^t jdt$$

$$N_{At}=N_{A0}-aV_{II}\int_0^t jdt$$

$$N_{Bt}=N_{B0}-bV_{II}\int_0^t jdt$$

$$N_{Ct}=N_{C0}+cV_{II}\int_0^t jdt$$

$$N_{Dt}=N_{D0}+dV_{II}\int_0^t jdt$$

3）化学反应发生在连续相 I 中

组元 B 扩散速率快，从液滴进入连续相，化学反应发生在连续相 I 中，为过程的控制步骤，有

$$a(\mathrm{A^I})+b(\mathrm{B^I}) =\!=\!= c(\mathrm{C^I})+d(\mathrm{D^I}) \tag{6.u}$$

化学反应亲和力为

$$A_\mathrm{m}=\Delta G_\mathrm{m}=\Delta G_\mathrm{m}^{\ominus}+RT\ln\frac{(a_{\mathrm{C^I}})^c(a_{\mathrm{D^I}})^d}{(a_{\mathrm{A^I}})^a(a_{\mathrm{B^I}})^b} \tag{6.97}$$

化学反应速率为

$$j=-l_1\left(\frac{A_\mathrm{m}}{T}\right)-l_2\left(\frac{A_\mathrm{m}}{T}\right)^2-l_3\left(\frac{A_\mathrm{m}}{T}\right)^3-\cdots \tag{6.98}$$

并有

$$-\frac{1}{a}\frac{\mathrm{d}c_\mathrm{A}}{\mathrm{d}t}=-\frac{1}{b}\frac{\mathrm{d}c_\mathrm{B}}{\mathrm{d}t}=\frac{1}{c}\frac{\mathrm{d}c_\mathrm{C}}{\mathrm{d}t}=\frac{1}{d}\frac{\mathrm{d}c_\mathrm{D}}{\mathrm{d}t}=j \tag{6.99}$$

将式（6.99）分离变量积分，得

$$c_{\mathrm{A}t}=c_{\mathrm{A}0}-\int_0^t j\mathrm{d}t$$

$$c_{\mathrm{B}t}=c_{\mathrm{B}0}-\int_0^t j\mathrm{d}t$$

$$c_{\mathrm{C}t}=c_{\mathrm{C}0}+\int_0^t j\mathrm{d}t$$

$$c_{\mathrm{D}t}=c_{\mathrm{D}0}+\int_0^t j\mathrm{d}t$$

2. 扩散为过程的控制步骤

1）组元 B 在液滴Ⅱ中的扩散为过程的控制步骤

组元 A 扩散速率快，进入液滴Ⅱ中，组元 B 扩散速率慢，化学反应发生在液滴Ⅱ中，有

$$a(\mathrm{A^{II}})+b(\mathrm{B^{II}}) =\!=\!= c(\mathrm{C^{II}})+d(\mathrm{D^{II}}) \tag{6.v}$$

过程速率为

$$-\frac{1}{a}\frac{\mathrm{d}c_{\mathrm{A^{II}}}}{\mathrm{d}t}=-\frac{1}{b}\frac{\mathrm{d}c_{\mathrm{B^{II}}}}{\mathrm{d}t}=\frac{1}{c}\frac{\mathrm{d}c_{\mathrm{C^{II}}}}{\mathrm{d}t}=\frac{1}{d}\frac{\mathrm{d}c_{\mathrm{D^{II}}}}{\mathrm{d}t}=\frac{1}{b}J_{\mathrm{B^{II}}} \tag{6.100}$$

其中

$$J_{\mathrm{B^{II}}}=\left|\boldsymbol{J}_{\mathrm{B^{II}}}\right|=\left|-L_{\mathrm{BA}}^{\mathrm{II}}\frac{\nabla\mu_{\mathrm{A^{II}}}}{T}-L_{\mathrm{BB}}^{\mathrm{II}}\frac{\nabla\mu_{\mathrm{B^{II}}}}{T}-L_{\mathrm{BC}}^{\mathrm{II}}\frac{\nabla\mu_{\mathrm{C^{II}}}}{T}-L_{\mathrm{BD}}^{\mathrm{II}}\frac{\nabla\mu_{\mathrm{D^{II}}}}{T}\right|$$

$$=L_{\mathrm{BA}}^{\mathrm{II}}\frac{\Delta\mu_{\mathrm{A^{II}}}}{T\delta_{\mathrm{II}}}+L_{\mathrm{BB}}^{\mathrm{II}}\frac{\Delta\mu_{\mathrm{B^{II}}}}{T\delta_{\mathrm{II}}}+L_{\mathrm{BC}}^{\mathrm{II}}\frac{\Delta\mu_{\mathrm{C^{II}}}}{T\delta_{\mathrm{II}}}+L_{\mathrm{BD}}^{\mathrm{II}}\frac{\Delta\mu_{\mathrm{D^{II}}}}{T\delta_{\mathrm{II}}}$$

$$=L_{\mathrm{BA}}^{\prime\mathrm{II}}R\ln\frac{a_{\mathrm{A^{II}b}}}{a_{\mathrm{A^{II}i'}}}+L_{\mathrm{BB}}^{\prime\mathrm{II}}R\ln\frac{a_{\mathrm{B^{II}b}}}{a_{\mathrm{B^{II}i'}}}+L_{\mathrm{BC}}^{\prime\mathrm{II}}R\ln\frac{a_{\mathrm{C^{II}i'}}}{a_{\mathrm{C^{II}b}}}+L_{\mathrm{BD}}^{\prime\mathrm{II}}R\ln\frac{a_{\mathrm{D^{II}i'}}}{a_{\mathrm{D^{II}b}}} \tag{6.101}$$

式中，下角标 i'表示反应区。

将式（6.101）代入式（6.100），分离变量积分得

$$c_{A^{II}t} = c_{A^{II}0} - \frac{a}{b}\int_0^t J_{B^{II}} dt$$

$$c_{B^{II}t} = c_{B^{II}0} - \int_0^t J_{B^{II}} dt$$

$$c_{C^{II}t} = c_{C^{II}0} + \frac{c}{b}\int_0^t J_{B^{II}} dt$$

$$c_{D^{II}t} = c_{D^{II}0} + \frac{d}{b}\int_0^t J_{B^{II}} dt$$

2）组元 A 在连续相 I 中的扩散为过程的控制步骤

组元 B 的扩散速率快，组元 A 扩散速率慢，化学反应发生在连续相 I 中，有

$$a(A^I) + b(B^I) \rlap{=\!=\!=} c(C^I) + d(D^I) \tag{6.w}$$

过程速率为

$$-\frac{1}{a}\frac{dc_{A^I}}{dt} = -\frac{1}{b}\frac{dc_{B^I}}{dt} = \frac{1}{c}\frac{dc_{C^I}}{dt} = \frac{1}{d}\frac{dc_{D^I}}{dt} = \frac{1}{a}J_{A^I} \tag{6.102}$$

组元 A 的扩散速率为

$$J_{A^I} = \left| \boldsymbol{J}_{A^I} \right| = \left| -L_{AA}^I \frac{\nabla \mu_{A^I}}{T} - L_{AB}^I \frac{\nabla \mu_{B^I}}{T} - L_{AC}^I \frac{\nabla \mu_{C^I}}{T} - L_{AD}^I \frac{\nabla \mu_{D^I}}{T} \right|$$

$$= L_{AA}^I \frac{\Delta \mu_{A^I}}{T\delta_I} + L_{AB}^I \frac{\Delta \mu_{B^I}}{T\delta_I} - L_{AC}^I \frac{\Delta \mu_{C^I}}{T\delta_I} - L_{AD}^I \frac{\Delta \mu_{D^I}}{T\delta_I}$$

$$= \frac{L_{AA}'^I}{T}\Delta \mu_{A^I} + \frac{L_{AB}'^I}{T}\Delta \mu_{B^I} + \frac{L_{AC}'^I}{T}\Delta \mu_{C^I} + \frac{L_{AD}'^I}{T}\Delta \mu_{D^I} \tag{6.103}$$

其中

$$\Delta \mu_{A^I} = \mu_{A^I b} - \Delta \mu_{A^I i'} = RT\ln \frac{a_{A^I b}}{a_{A^I i'}}$$

$$\Delta \mu_{B^I} = \mu_{B^I b} - \Delta \mu_{B^I i'} = RT\ln \frac{a_{B^I b}}{a_{B^I i'}}$$

$$\Delta \mu_{C^I} = \mu_{C^I i'} - \mu_{C^I b} = RT\ln \frac{a_{C^I i'}}{a_{C^I b}}$$

$$\Delta \mu_{D^I} = \mu_{Di'} - \Delta \mu_{D^I b} = RT\ln \frac{a_{Di'}}{a_{D^I b}}$$

$$L'^{\mathrm{I}}_{\mathrm{AA}} = \frac{L^{\mathrm{I}}_{\mathrm{AA}}}{\delta^{\mathrm{I}}}, \quad L'^{\mathrm{I}}_{\mathrm{AB}} = \frac{L^{\mathrm{I}}_{\mathrm{AB}}}{\delta^{\mathrm{I}}}$$

$$L'^{\mathrm{I}}_{\mathrm{AC}} = \frac{L^{\mathrm{I}}_{\mathrm{AC}}}{\delta^{\mathrm{I}}}, \quad L'^{\mathrm{I}}_{\mathrm{AD}} = \frac{L^{\mathrm{I}}_{\mathrm{AD}}}{\delta^{\mathrm{I}}}$$

式中，下角标 i' 表示反应区。

将式（6.103）代入式（6.102），分离变量积分得

$$c_{\mathrm{A^{I}}t} = c_{\mathrm{A^{I}}0} - \int_0^t J_{\mathrm{A^{I}}} \mathrm{d}t$$

$$c_{\mathrm{B^{I}}t} = c_{\mathrm{B^{I}}0} - \frac{b}{a}\int_0^t J_{\mathrm{A^{I}}} \mathrm{d}t$$

$$c_{\mathrm{C^{I}}t} = c_{\mathrm{C^{I}}0} + \frac{c}{a}\int_0^t J_{\mathrm{A^{I}}} \mathrm{d}t$$

$$c_{\mathrm{D^{I}}t} = c_{\mathrm{D^{I}}0} + \frac{d}{a}\int_0^t J_{\mathrm{A^{I}}} \mathrm{d}t$$

3）组元 A 在连续相 I 中的扩散和组元 B 在液滴 II 中的扩散共同为过程的控制步骤

组元 A 在连续相 I 中的扩散速率为

$$J_{\mathrm{A^{I}}} = \left| \boldsymbol{J}_{\mathrm{A^{I}}} \right| = \left| -L^{\mathrm{I}}_{\mathrm{AA}} \frac{\nabla \mu_{\mathrm{A^{I}}}}{T} - L^{\mathrm{I}}_{\mathrm{AC}} \frac{\nabla \mu_{\mathrm{C^{I}}}}{T} \right|$$

$$= L'^{\mathrm{I}}_{\mathrm{AA}} \frac{\Delta \mu_{\mathrm{A^{I}}}}{T\delta_{\mathrm{I}}} + L'^{\mathrm{I}}_{\mathrm{AC}} \frac{\Delta \mu_{\mathrm{C^{I}}}}{T\delta_{\mathrm{I}}} \qquad （6.104）$$

其中

$$\Delta \mu_{\mathrm{A^{I}}} = \mu_{\mathrm{A^{I}}\mathrm{b}} - \Delta \mu_{\mathrm{A^{I}}\mathrm{i}} = RT\ln \frac{a_{\mathrm{A^{I}}\mathrm{b}}}{a_{\mathrm{A^{I}}\mathrm{i}}}$$

$$\Delta \mu_{\mathrm{C^{I}}} = \mu_{\mathrm{C^{I}}\mathrm{i}} - \mu_{\mathrm{C^{I}}\mathrm{b}} = RT\ln \frac{a_{\mathrm{C^{I}}\mathrm{i}}}{a_{\mathrm{C^{I}}\mathrm{b}}}$$

$$L'^{\mathrm{I}}_{\mathrm{AA}} = \frac{L^{\mathrm{I}}_{\mathrm{AA}}}{\delta^{\mathrm{I}}}$$

$$L'^{\mathrm{I}}_{\mathrm{AC}} = \frac{L^{\mathrm{I}}_{\mathrm{AC}}}{\delta^{\mathrm{I}}}$$

组元 B 在液滴 II 中的扩散速率为

$$J_{\mathrm{B^{II}}} = \left| \boldsymbol{J}_{\mathrm{B^{II}}} \right| = \left| -L^{\mathrm{II}}_{\mathrm{BB}} \frac{\nabla \mu_{\mathrm{B^{II}}}}{T} - L^{\mathrm{II}}_{\mathrm{BD}} \frac{\nabla \mu_{\mathrm{D^{II}}}}{T} \right|$$

$$= L^{\mathrm{II}}_{\mathrm{BB}} \frac{\Delta \mu_{\mathrm{B^{II}}}}{T\delta^{\mathrm{II}}} + L^{\mathrm{II}}_{\mathrm{BD}} \frac{\Delta \mu_{\mathrm{D^{II}}}}{T\delta^{\mathrm{II}}} \qquad （6.105）$$

其中

$$\Delta\mu_{B^{II}} = \mu_{B^{II}_b} - \Delta\mu_{B^{II}_i} = RT\ln\frac{a_{B^{III}_b}}{a_{B^{II}_i}}$$

$$\Delta\mu_{D^{II}} = \mu_{D^{II}_i} - \mu_{D^{III}_b} = RT\ln\frac{a_{D^{II}_i}}{a_{D^{II}_b}}$$

$$L'^{II}_{BB} = \frac{L^{II}_{BB}}{\delta^{II}}$$

$$L'^{II}_{BD} = \frac{L^{II}_{BD}}{\delta^{II}}$$

化学反应发生在界面，过程速率为

$$-\frac{1}{a}\frac{dN_{A^I}}{dt} = -\frac{1}{b}\frac{dN_{B^{II}}}{dt} = \frac{1}{c}\frac{dN_{C^I}}{dt} = \frac{1}{d}\frac{dN_{D^{II}}}{dt} = \frac{1}{a}\Omega J_{A^I} = \frac{1}{b}\Omega J_{B^{II}} = \Omega J \quad (6.106)$$

由式（6.106）得

$$J = \frac{1}{2}\left(\frac{1}{a}J_{A^I} + \frac{1}{b}J_{B^{II}}\right) \tag{6.107}$$

将式（6.107）代入式（6.106），得

$$-\frac{1}{a}\frac{dN_{A^I}}{dt} = \Omega J = \frac{1}{2}\Omega\left(\frac{1}{a}J_A + \frac{1}{b}J_B\right) \tag{6.108}$$

$$-\frac{1}{b}\frac{dN_{B^{II}}}{dt} = \Omega J = \frac{1}{2}\Omega\left(\frac{1}{a}J_A + \frac{1}{b}J_B\right) \tag{6.109}$$

积分式（6.108）和式（6.109），得

$$N_{A^I t} = N_{A^I 0} - a\Omega\int_0^t J dt$$

$$N_{B^{II} t} = N_{B^{II} 0} - b\Omega\int_0^t J dt$$

同理

$$N_{C^I t} = N_{C^I 0} + c\Omega\int_0^t J dt$$

$$N_{D^{II} t} = N_{D^{II} 0} + d\Omega\int_0^t J dt$$

3. 扩散和化学反应共同为过程的控制步骤

1）组元 B 在液滴 II 中的扩散和界面化学反应共同为过程的控制步骤

组元 A 的扩散速率快，组元 B 在液滴中 II 扩散速率慢，化学反应速率慢。化学反应发生在液滴 II 中

$$a(A^{II})+b(B^{II}) \Longrightarrow c(C^{II})+d(D^{II}) \tag{6.x}$$

化学反应亲和力为

$$A_m=\Delta G_m=\Delta G_m^\ominus+RT\ln\frac{(a_{C^{II}})^c(a_{D^{II}})^d}{(a_{A^{II}})^a(a_{B^{II}})^b} \tag{6.110}$$

并有

$$-\frac{1}{a}\frac{dc_{A^{II}}}{dt}=-\frac{1}{b}\frac{dc_{B^{II}}}{dt}=\frac{1}{c}\frac{dc_{C^{II}}}{dt}=\frac{1}{d}\frac{dc_{D^{II}}}{dt}=\frac{1}{b}J_{B^{II}}=j_{II}=J_{II} \tag{6.111}$$

式中，a 和 c 为组元在反应区的活度和浓度。

$$J_{II}=j_{II}=-l_1\left(\frac{A_m}{T}\right)-l_2\left(\frac{A_m}{T}\right)^2-l_3\left(\frac{A_m}{T}\right)^3-\cdots \tag{6.112}$$

$$J_{II}=\frac{1}{b}J_{B^{II}}=\frac{1}{b}\left(L'_{BA}{}^{II}R\ln\frac{a_{A^{II}b}}{a_{A^{II}i'}}+L'_{BB}{}^{II}R\ln\frac{a_{B^{II}b}}{a_{B^{II}i'}}+L'_{BC}{}^{II}R\ln\frac{a_{C^{II}i'}}{a_{C^{II}b}}+L'_{BD}{}^{II}R\ln\frac{a_{D^{II}i'}}{a_{D^{II}b}}\right) \tag{6.113}$$

式中，下角标 i' 表示反应区。

式（6.112）+式（6.113）后除以 2，得

$$J_{II}=\frac{1}{2}\left(\frac{1}{b}J_{B^{II}}+j_{II}\right) \tag{6.114}$$

将式（6.114）代入式（6.111），得

$$-\frac{dc_{B^{II}}}{dt}=bJ_{II} \tag{6.115}$$

分离变量积分得

$$c_{B^{II}t}=c_{B^{II}0}-b\int_0^t J_{II}dt \tag{6.116}$$

同理

$$c_{A^{II}t}=c_{A^{II}0}-a\int_0^t J_{II}dt$$

$$c_{C^{II}t}=c_{C^{II}0}+c\Omega\int_0^t J_{II}dt$$

$$c_{D^{II}t}=c_{D^{II}0}+d\Omega\int_0^t J_{II}dt$$

如果组元 A 在液滴中扩散速率远远大于组元 B 的扩散速率，则化学反应发生在整个液滴中，可以不考虑组元 B 的扩散。过程只有化学反应控制。

2）组元 A 在连续相 I 中的扩散和化学反应共同为过程的控制步骤

组元 A 在连续相中的扩散速率慢，化学反应速率慢，两者共同为控制步骤。化学反应发生在连续相 I 中，有

$$a(A^I)+b(B^I) \Longrightarrow c(C^I)+d(D^I) \tag{6.y}$$

化学反应亲和力为

$$A_{\mathrm{m}} = \Delta G_{\mathrm{m}} = \Delta G_{\mathrm{m}}^{\ominus} + RT \ln \frac{(a_{\mathrm{C^{I}}})^{c}(a_{\mathrm{D^{I}}})^{d}}{(a_{\mathrm{A^{I}}})^{a}(a_{\mathrm{B^{I}}})^{b}} \tag{6.117}$$

过程速率为

$$-\frac{1}{a}\frac{\mathrm{d}c_{\mathrm{A^{I}}}}{\mathrm{d}t} = -\frac{1}{b}\frac{\mathrm{d}c_{\mathrm{B^{I}}}}{\mathrm{d}t} = \frac{1}{c}\frac{\mathrm{d}c_{\mathrm{C^{I}}}}{\mathrm{d}t} = \frac{1}{d}\frac{\mathrm{d}c_{\mathrm{D^{I}}}}{\mathrm{d}t} = \frac{1}{a}J_{\mathrm{A^{I}}} = j_{\mathrm{I}} = J_{\mathrm{I}} \tag{6.118}$$

其中

$$J_{\mathrm{I}} = \frac{1}{a}J_{\mathrm{A^{I}}} = \frac{1}{a}\left(L_{\mathrm{AA}}'^{\,\mathrm{I}} R\ln\frac{a_{\mathrm{A^{I}b}}}{a_{\mathrm{A^{I}i'}}} + L_{\mathrm{AB}}'^{\,\mathrm{I}} R\ln\frac{a_{\mathrm{B^{I}i}}}{a_{\mathrm{B^{I}i'}}} + L_{\mathrm{AC}}'^{\,\mathrm{I}} R\ln\frac{a_{\mathrm{C^{I}i'}}}{a_{\mathrm{C^{I}b}}} + L_{\mathrm{AD}}'^{\,\mathrm{I}} R\ln\frac{a_{\mathrm{D^{I}i'}}}{a_{\mathrm{D^{I}i}}} \right) \tag{6.119}$$

$$J_{\mathrm{I}} = j_{\mathrm{I}} = -l_{1}\left(\frac{A_{\mathrm{m}}}{T}\right) - l_{2}\left(\frac{A_{\mathrm{m}}}{T}\right)^{2} - l_{3}\left(\frac{A_{\mathrm{m}}}{T}\right)^{3} - \cdots \tag{6.120}$$

式（6.119）+式（6.120）后除以 2，得

$$J_{\mathrm{I}} = \frac{1}{2}\left(\frac{1}{a}J_{\mathrm{A^{I}}} + j_{\mathrm{I}}\right) \tag{6.121}$$

将式（6.121）代入式（6.118）后，分离变量积分得

$$c_{\mathrm{A^{I}}t} = c_{\mathrm{A^{I}}0} - a\int_{0}^{t} J_{\mathrm{I}}\mathrm{d}t$$

同理

$$c_{\mathrm{B^{I}}t} = c_{\mathrm{B^{I}}0} - b\int_{0}^{t} J_{\mathrm{I}}\mathrm{d}t$$

$$c_{\mathrm{C^{I}}t} = c_{\mathrm{C^{I}}0} + c\int_{0}^{t} J_{\mathrm{I}}\mathrm{d}t$$

$$c_{\mathrm{D^{I}}t} = c_{\mathrm{D^{I}}0} + d\int_{0}^{t} J_{\mathrm{I}}\mathrm{d}t$$

3）组元 A 在连续相中的扩散，组元 B 在液滴中的扩散和化学反应三者共同为过程的控制步骤

组元 A 和 B 的扩散速率与化学反应速率相近，化学反应发生在界面。

$$a(\mathrm{A^{I}}) + b(\mathrm{B^{II}}) \rule[0.5ex]{2em}{0.4pt} c(\mathrm{C^{I}}) + d(\mathrm{D^{II}}) \tag{6.z}$$

化学反应亲和力为

$$A_{\mathrm{m}} = \Delta G_{\mathrm{m}} = \Delta G_{\mathrm{m}}^{\ominus} + RT \ln \frac{(a_{\mathrm{C^{I}}})^{c}(a_{\mathrm{D^{II}}})^{d}}{(a_{\mathrm{A^{I}}})^{a}(a_{\mathrm{B^{II}}})^{b}} \tag{6.122}$$

过程达到稳态，有

$$-\frac{1}{a}\frac{\mathrm{d}N_{\mathrm{A^{I}}}}{\mathrm{d}t} = -\frac{1}{b}\frac{\mathrm{d}N_{\mathrm{B^{II}}}}{\mathrm{d}t} = \frac{1}{c}\frac{\mathrm{d}N_{\mathrm{C^{I}}}}{\mathrm{d}t} = \frac{1}{d}\frac{\mathrm{d}N_{\mathrm{D^{II}}}}{\mathrm{d}t} = \frac{1}{a}\Omega J_{\mathrm{A}} = \frac{1}{b}\Omega J_{\mathrm{B}} = \Omega j = \Omega J \tag{6.123}$$

其中

$$J = \frac{1}{a}J_{A^I} = \frac{1}{a}\left(L'_{AA}{}^I R\ln\frac{a_{A^Ib}}{a_{A^Ii}} + L'_{AB}{}^{II} R\ln\frac{a_{B^IIb}}{a_{B^IIi}} + L'_{AC}{}^I R\ln\frac{a_{C^Ii}}{a_{C^Ib}} + L'_{AD}{}^{II} R\ln\frac{a_{D^IIi}}{a_{D^IIb}}\right) \quad (6.124)$$

$$J = \frac{1}{b}J_{B^{II}} = \frac{1}{b}(L'_{BA}{}^I R\ln\frac{a_{A^Ib}}{a_{A^Ii}} + L'_{BB}{}^{II} R\ln\frac{a_{B^IIb}}{a_{B^IIi'}} + L'_{BC}{}^I R\ln\frac{a_{C^Ii}}{a_{C^Ib}} + L'_{BD}{}^{II} R\ln\frac{a_{D^IIi}}{a_{D^IIb}}) \quad (6.125)$$

$$J = j = -l_1\left(\frac{A_m}{T}\right) - l_2\left(\frac{A_m}{T}\right)^2 - l_3\left(\frac{A_m}{T}\right)^3 - \cdots \quad (6.126)$$

以上三式相加后除以 3，得

$$J = \frac{1}{3}\left(\frac{1}{a}J_{A^I} + \frac{1}{b}J_{B^{II}} + j\right) \quad (6.127)$$

将式（6.127）代入式（6.123），分离变量积分得

$$N_{A^I t} = N_{A^I 0} - a\Omega\int_0^t J\mathrm{d}t$$

同理

$$N_{B^{II} t} = N_{B^{II} 0} - b\Omega\int_0^t J\mathrm{d}t$$

$$N_{C^I t} = N_{C^I 0} + c\Omega\int_0^t J\mathrm{d}t$$

$$N_{D^{II} t} = N_{D^{II} 0} + d\Omega\int_0^t J\mathrm{d}t$$

6.3.3 同时发生多个化学反应

1. 化学反应为过程的控制步骤

1）化学反应发生在液滴 II 中

组元 A_j 在连续相 I 和液滴 II 中扩散速率快，化学反应发生在液滴 II 中，为均相反应，有

$$a_j(A_j^{II}) + b_j(B_j^{II}) = c_j(C_j^{II}) + d_j(D_j^{II}) \quad (6.a')$$

化学亲和力为

$$A_{m,j} = \Delta G_{m,j} = \Delta G_{m,j}^\ominus + RT\ln\frac{(a_{C_j^{II}})^{c_j}(a_{D_j^{II}})^{d_j}}{(a_{A_j^{II}})^{a_j}(a_{B_j^{II}})^{b_j}} \quad (6.128)$$

化学反应速率为

$$j_j^{II} = -\sum_{k=1}^r l_{jk}\left(\frac{A_{m,k}}{T}\right) - \sum_{k=1}^r\sum_{l=1}^r l_{jkl}\left(\frac{A_{m,k}}{T}\right)\left(\frac{A_{m,l}}{T}\right) - \sum_{k=1}^r\sum_{l=1}^r\sum_{h=1}^r l_{jklh}\left(\frac{A_{m,k}}{T}\right)\left(\frac{A_{m,l}}{T}\right)\left(\frac{A_{m,h}}{T}\right) - \cdots$$

$$(6.129)$$

并有

$$-\frac{1}{a_j}\frac{dc_{A_j^{II}}}{dt}=-\frac{1}{b_j}\frac{dc_{B_j^{II}}}{dt}=\frac{1}{c_j}\frac{dc_{C_j^{II}}}{dt}=\frac{1}{d_j}\frac{dc_{D_j^{II}}}{dt}=j_{j^{II}} \qquad (6.130)$$

$$(j=1, 2, \cdots, r)$$

将式（6.129）代入式（6.130）后，分离变量积分得

$$c_{A_j^{II}t}=c_{A_j^{II}0}-a_j\int_0^t j_{j^{II}}dt$$

$$c_{B_j^{II}t}=c_{B_j^{II}0}-b_j\int_0^t j_{j^{II}}dt$$

$$c_{C_j^{II}t}=c_{C_j^{II}0}+c_j\int_0^t j_{j^{II}}dt$$

$$c_{D_j^{II}t}=c_{D_j^{II}0}+d_j\int_0^t j_{j^{II}}dt$$

2）化学反应发生在界面

组元 A 在连续相 I 中和组元 B 在液滴相 II 中扩散速率都较快，化学反应速率慢，化学反应发生在界面，有

$$a_j(A_j^I)+b_j(B_j^{II})=\!=\!=c_j(C_j^I)+d_j(D_j^{II}) \qquad (6.b')$$

$$(j=1, 2, \cdots, r)$$

化学亲和力为

$$A_{m,j}=\Delta G_{m,j}=\Delta G_{m,j}^{\ominus}+RT\ln\frac{(a_{C_{j_i}^I})^{c_j}(a_{D_{j_i}^{II}})^{d_j}}{(a_{A_{j_i}^I})^{a_j}(a_{B_{j_i}^{II}})^{b_j}} \qquad (6.131)$$

式中，i 表示界面。

化学反应速率为

$$j_j=-\sum_{k=1}^r l_{jk}\left(\frac{A_{m,k}}{T}\right)-\sum_{k=1}^r\sum_{l=1}^r l_{jkl}\left(\frac{A_{m,k}}{T}\right)\left(\frac{A_{m,l}}{T}\right)-\sum_{k=1}^r\sum_{l=1}^r\sum_{h=1}^r l_{jklh}\left(\frac{A_{m,k}}{T}\right)\left(\frac{A_{m,l}}{T}\right)\left(\frac{A_{m,h}}{T}\right)-\cdots$$

$$(6.132)$$

并有

$$-\frac{1}{a_j}\frac{dN_{A_j^I}}{dt}=-\frac{1}{b_j}\frac{dN_{B_j^{II}}}{dt}=\frac{1}{c_j}\frac{dN_{C_j^I}}{dt}=\frac{1}{d_j}\frac{dN_{D_j^{II}}}{dt}=\Omega j_j \qquad (6.133)$$

将式（6.132）代入式（6.133）后，分离变量后积分得

$$N_{A_j^I t}=N_{A_j^I 0}-a_j\Omega\int_0^t j_j dt$$

$$N_{B_j^{II}t}=N_{B_j^{II}0}-b_j\Omega\int_0^t j_j dt$$

$$N_{C_j^I t}=N_{C_j^I 0}+c_j\Omega\int_0^t j_j dt$$

$$N_{\mathrm{D}_j^{\mathrm{II}}t}=N_{\mathrm{D}_j^{\mathrm{II}}0}+d_j\varOmega\int_0^t j_j\mathrm{d}t$$

3）化学反应发生在连续相 I 和液滴 II 中

组元 A 和组元 B 扩散速率都快，分别穿过界面进入另一相中，化学反应发生在连续相 I 和液滴 II 中，有

$$a_j(\mathrm{A}_j^{\mathrm{I}})+b_j(\mathrm{B}_j^{\mathrm{I}})=\!\!=\!\!=c_j(\mathrm{C}_j^{\mathrm{I}})+d_j(\mathrm{D}_j^{\mathrm{I}}) \tag{6.c$'$}$$

$$a_j(\mathrm{A}_j^{\mathrm{II}})+b_j(\mathrm{B}_j^{\mathrm{II}})=\!\!=\!\!=c_j(\mathrm{C}_j^{\mathrm{II}})+d_j(\mathrm{D}_j^{\mathrm{II}}) \tag{6.d$'$}$$

化学亲和力为

$$A_{\mathrm{m},j}(\mathrm{I}) = \Delta G_{\mathrm{m},j}(\mathrm{I}) = \Delta G_{\mathrm{m},j}^{\ominus}(\mathrm{I}) + RT\ln\frac{(a_{\mathrm{C}_j^{\mathrm{I}}})^{c_j}(a_{\mathrm{D}_j^{\mathrm{I}}})^{d_j}}{(a_{\mathrm{A}_j^{\mathrm{I}}})^{a_j}(a_{\mathrm{B}_j^{\mathrm{I}}})^{b_j}} \tag{6.134}$$

$$A_{\mathrm{m},j}(\mathrm{II}) = \Delta G_{\mathrm{m},j}(\mathrm{II}) = \Delta G_{\mathrm{m},j}^{\ominus}(\mathrm{II}) + RT\ln\frac{(a_{\mathrm{C}_j^{\mathrm{II}}})^{c_j}(a_{\mathrm{D}_j^{\mathrm{II}}})^{d_j}}{(a_{\mathrm{A}_j^{\mathrm{II}}})^{a_j}(a_{\mathrm{B}_j^{\mathrm{II}}})^{b_j}} \tag{6.135}$$

不考虑耦合作用，化学反应速率为

$$j_{j^{\mathrm{I}}} = -l_1^{\mathrm{I}}\left(\frac{A_{\mathrm{m},j}(\mathrm{I})}{T}\right) - l_2^{\mathrm{I}}\left(\frac{A_{\mathrm{m},j}(\mathrm{I})}{T}\right)^2 - l_3^{\mathrm{I}}\left(\frac{A_{\mathrm{m},j}(\mathrm{I})}{T}\right)^3 - \cdots \tag{6.136}$$

$$j_{j^{\mathrm{II}}} = -l_1^{\mathrm{II}}\left(\frac{A_{\mathrm{m},j}(\mathrm{II})}{T}\right) - l_2^{\mathrm{II}}\left(\frac{A_{\mathrm{m},j}(\mathrm{II})}{T}\right)^2 - l_3^{\mathrm{II}}\left(\frac{A_{\mathrm{m},j}(\mathrm{II})}{T}\right)^3 - \cdots \tag{6.137}$$

考虑同一相中化学反应的耦合作用，有

$$j_{j^{\mathrm{I}}} = -\sum_{k=1}^{r}l_{jk}^{\mathrm{I}}\left(\frac{A_{\mathrm{m},k}(\mathrm{I})}{T}\right) - \sum_{k=1}^{r}\sum_{l=1}^{r}l_{jkl}^{\mathrm{I}}\left(\frac{A_{\mathrm{m},k}(\mathrm{I})}{T}\right)\left(\frac{A_{\mathrm{m},l}(\mathrm{I})}{T}\right) - \sum_{k=1}^{r}\sum_{l=1}^{r}\sum_{h=1}^{r}l_{jklh}^{\mathrm{I}}\left(\frac{A_{\mathrm{m},k}(\mathrm{I})}{T}\right)\left(\frac{A_{\mathrm{m},l}(\mathrm{I})}{T}\right)\left(\frac{A_{\mathrm{m},h}(\mathrm{I})}{T}\right) - \cdots \tag{6.138}$$

$$\begin{aligned}j_{j^{\mathrm{II}}} = &-\sum_{k=1}^{r}l_{jk}^{\mathrm{II}}\left(\frac{A_{\mathrm{m},k}(\mathrm{II})}{T}\right) - \sum_{k=1}^{r}\sum_{l=1}^{r}l_{jkl}^{\mathrm{II}}\left(\frac{A_{\mathrm{m},k}(\mathrm{II})}{T}\right)\left(\frac{A_{\mathrm{m},l}(\mathrm{II})}{T}\right)\\ &-\sum_{k=1}^{r}\sum_{l=1}^{r}\sum_{h=1}^{r}l_{jklh}^{\mathrm{II}}\left(\frac{A_{\mathrm{m},k}(\mathrm{II})}{T}\right)\left(\frac{A_{\mathrm{m},l}(\mathrm{II})}{T}\right)\left(\frac{A_{\mathrm{m},h}(\mathrm{II})}{T}\right) - \cdots\end{aligned} \tag{6.139}$$

考虑在不同相中发生的化学反应间的耦合作用，有

$$\begin{aligned}j_{j^{\mathrm{I}}} = &-\sum_{\alpha=\mathrm{I}}^{\mathrm{II}}\sum_{k=1}^{r}l_{jk}^{\mathrm{I}\,\alpha}\left(\frac{A_{\mathrm{m},k}(\alpha)}{T}\right) - \sum_{\alpha=\mathrm{I}}^{\mathrm{II}}\sum_{\beta=\mathrm{I}}^{\mathrm{II}}\sum_{k=1}^{r}\sum_{l=1}^{r}l_{jkl}^{\mathrm{I}\,\alpha\beta}\left(\frac{A_{\mathrm{m},k}(\alpha)}{T}\right)\left(\frac{A_{\mathrm{m},l}(\beta)}{T}\right)\\ &-\sum_{\alpha=\mathrm{I}}^{\mathrm{II}}\sum_{\beta=\mathrm{I}}^{\mathrm{II}}\sum_{\gamma=\mathrm{I}}^{\mathrm{II}}\sum_{k=1}^{r}\sum_{l=1}^{r}\sum_{h=1}^{r}l_{jklh}^{\mathrm{I}\,\alpha\beta\gamma}\left(\frac{A_{\mathrm{m},k}(\alpha)}{T}\right)\left(\frac{A_{\mathrm{m},l}(\beta)}{T}\right)\left(\frac{A_{\mathrm{m},h}(\gamma)}{T}\right) - \cdots\end{aligned} \tag{6.140}$$

$$j_{j^{II}}=-\sum_{\alpha=I}^{II}\sum_{k=1}^{r}l_{jk}^{II\,\alpha}\left(\frac{A_{m,k}(\alpha)}{T}\right)-\sum_{\alpha=I}^{II}\sum_{\beta=I}^{II}\sum_{k=1}^{r}\sum_{l=1}^{r}l_{jkl}^{II\,\alpha\beta}\left(\frac{A_{m,k}(\alpha)}{T}\right)\left(\frac{A_{m,l}(\beta)}{T}\right)$$
$$-\sum_{\alpha=I}^{II}\sum_{\beta=I}^{II}\sum_{\gamma=I}^{II}\sum_{k=1}^{r}\sum_{l=1}^{r}\sum_{h=1}^{r}l_{jklh}^{II\,\alpha\beta\gamma}\left(\frac{A_{m,k}(\alpha)}{T}\right)\left(\frac{A_{m,l}(\beta)}{T}\right)\left(\frac{A_{m,h}(\gamma)}{T}\right)-\cdots \tag{6.141}$$

并有

$$-\frac{1}{a_j}\frac{dc_{A_j^{I}}}{dt}=-\frac{1}{b_j}\frac{dc_{B_j^{I}}}{dt}=\frac{1}{c_j}\frac{dc_{C_j^{I}}}{dt}=\frac{1}{d_j}\frac{dc_{D_j^{I}}}{dt}=\Omega j_{j^{I}} \tag{6.142}$$

$$-\frac{1}{a_j}\frac{dc_{A_j^{II}}}{dt}=-\frac{1}{b_j}\frac{dc_{B_j^{II}}}{dt}=\frac{1}{c_j}\frac{dc_{C_j^{II}}}{dt}=\frac{1}{d_j}\frac{dc_{D_j^{II}}}{dt}=\Omega j_{j^{II}} \tag{6.143}$$

积分式（6.142）和式（6.143），得

$$c_{A_j^{I}t}=c_{A_j^{I}0}-a_j\int_0^t j_{j^{I}}dt$$
$$c_{B_j^{I}t}=c_{B_j^{I}0}-b_j\int_0^t j_{j^{I}}dt$$
$$c_{C_j^{I}t}=c_{C_j^{I}0}+c_j\int_0^t j_{j^{I}}dt$$
$$c_{D_j^{I}t}=c_{D_j^{I}0}+d_j\int_0^t j_{j^{I}}dt$$

式中，$j_{j^{I}}$ 为式（6.136）、式（6.138）、式（6.140）。

$$c_{A_j^{II}t}=c_{A_j^{II}0}-a_j\int_0^t j_{j^{II}}dt$$
$$c_{B_j^{II}t}=c_{B_j^{II}0}-b_j\int_0^t j_{j^{II}}dt$$
$$c_{C_j^{II}t}=c_{C_j^{II}0}+c_j\int_0^t j_{j^{II}}dt$$
$$c_{D_j^{II}t}=c_{D_j^{II}0}+d_j\int_0^t j_{j^{II}}dt$$

式中，$j_{j^{II}}$ 为式（6.137）、式（6.139）、式（6.141）。

2. 扩散为过程的控制步骤

1）组元 A_j 在连续相 I 中的扩散为过程的控制步骤

化学反应发生在连续相 I 中，有

$$a_j(A_j^{I})+b_j(B_j^{I})\Longrightarrow c_j(C_j^{I})+d_j(D_j^{I}) \tag{6.e'}$$

组元 A_j 在连续相 I 中的扩散速率为

$$J_{A_j^I} = \left| \boldsymbol{J}_{A_j^I} \right| = \left| \sum_{k=1}^{r} \left(-L_{A_k A_k}^I \frac{\nabla \mu_{A_k^I}}{T} - L_{A_k B_k}^I \frac{\nabla \mu_{B_k^I}}{T} - L_{A_k C_k}^I \frac{\nabla \mu_{C_k^I}}{T} - L_{A_k D_k}^I \frac{\nabla \mu_{D_k^I}}{T} \right) \right|$$

$$= \sum_{k=1}^{r} \left(L_{A_k A_k}^I \frac{\Delta \mu_{A_k^I}}{T \delta_I} + L_{A_k B_k}^I \frac{\Delta \mu_{B_k^I}}{T \delta_I} + L_{A_k C_k}^I \frac{\Delta \mu_{C_k^I}}{T \delta_I} + L_{A_k D_k}^I \frac{\Delta \mu_{D_k^{II}}}{T \delta_I} \right)$$

$$= \sum_{k=1}^{r} \left(\frac{L'_{A_k A_k}^I}{T} \Delta \mu_{A_k^I} + \frac{L'_{A_k B_k}^I}{T} \Delta \mu_{B_k^I} + \frac{L'_{A_k C_k}^I}{T} \Delta \mu_{C_k^I} + \frac{L'_{A_k D_k}^I}{T} \Delta \mu_{D_k^I} \right) \qquad (6.144)$$

其中

$$\Delta \mu_{A_k^I} = \mu_{A_k^I b} - \mu_{A_k^I i'} = RT \ln \frac{a_{A_k^I b}}{a_{A_k^I i'}}$$

$$\Delta \mu_{B_k^I} = \mu_{B_k^I i} - \mu_{B_k^I i'} = RT \ln \frac{a_{B_k^I i}}{a_{B_k^I i'}}$$

$$\Delta \mu_{C_k^I} = \mu_{C_k^I i'} - \mu_{C_k^I b} = RT \ln \frac{a_{C_k^I i'}}{a_{C_k^I b}}$$

$$\Delta \mu_{D_k^I} = \mu_{D_k^I i'} - \mu_{D_k^I i} = RT \ln \frac{a_{D_k^I i'}}{a_{D_k^I i}}$$

$$L'_{A_k A_k}^I = \frac{L_{A_k A_k}^I}{\delta_I}, \qquad L'_{A_k B_k}^I = \frac{L_{A_k B_k}^I}{\delta_I}$$

$$L'_{A_k C_k}^I = \frac{L_{A_k C_k}^I}{\delta_I}, \qquad L'_{A_k D_k}^I = \frac{L_{A_k D_k}^I}{\delta_I}$$

式中，b 表示液相 I 的本体；i′表示反应区；i 表示液相 I 和 II 的界面；δ_I 为组元在液相 I 中的扩散距离。

过程速率为

$$-\frac{1}{a_j} \frac{dc_{A_j^I}}{dt} = -\frac{1}{b_j} \frac{dc_{B_j^I}}{dt} = \frac{1}{c_j} \frac{dc_{C_j^I}}{dt} = \frac{1}{d_j} \frac{dc_{D_j^I}}{dt} = \frac{1}{a_j} J_{A_j^I} \qquad (6.145)$$

积分式（6.145），得

$$c_{A_{jt}^I} = c_{A_j^I 0} - \int_0^t J_{A_j^I} dt$$

$$c_{B_{jt}^I} = c_{B_j^I 0} - \frac{b_j}{a_j} \int_0^t J_{A_j^I} dt$$

$$c_{C_{jt}^I} = c_{C_j^I 0} + \frac{c_j}{a_j} \int_0^t J_{A_j^I} dt$$

$$c_{\text{D}_j^{\text{I}},t}=c_{\text{D}_j^{\text{I}},0}+\frac{d_j}{a_j}\int_0^t J_{\text{A}_j^{\text{I}}}\mathrm{d}t$$

2）组元 B_j 在液滴Ⅱ中的扩散为控制步骤

化学反应发生在液滴Ⅱ中，有

$$a_j(\text{A}_j^{\text{II}})+b(\text{B}_j^{\text{II}})\Longrightarrow c(\text{C}_j^{\text{II}})+d(\text{D}_j^{\text{II}}) \tag{6.f'}$$

组元 B_j 在液滴Ⅱ中的扩散速率为

$$
\begin{aligned}
J_{\text{B}_j^{\text{II}}}=\left|\boldsymbol{J}_{\text{B}_j^{\text{II}}}\right|&=\left|\sum_{k=1}^{r}\left(-L_{\text{B}_k\text{A}_k}^{\text{II}}\frac{\nabla\mu_{\text{A}_k^{\text{II}}}}{T}-L_{\text{B}_k\text{B}_k}^{\text{II}}\frac{\nabla\mu_{\text{B}_k^{\text{II}}}}{T}-L_{\text{B}_k\text{C}_k}^{\text{II}}\frac{\nabla\mu_{\text{C}_k^{\text{II}}}}{T}-L_{\text{B}_k\text{D}_k}^{\text{II}}\frac{\nabla\mu_{\text{D}_k^{\text{II}}}}{T}\right)\right|\\
&=\sum_{k=1}^{r}\left(L_{\text{B}_k\text{A}_k}^{\text{II}}\frac{\Delta\mu_{\text{A}_k^{\text{II}}}}{T\delta_{\text{II}}}+L_{\text{B}_k\text{B}_k}^{\text{II}}\frac{\Delta\mu_{\text{B}_k^{\text{II}}}}{T\delta_{\text{II}}}+L_{\text{B}_k\text{C}_k}^{\text{II}}\frac{\Delta\mu_{\text{C}_k^{\text{II}}}}{T\delta_{\text{II}}}+L_{\text{B}_k\text{D}_k}^{\text{II}}\frac{\Delta\mu_{\text{D}_k^{\text{II}}}}{T\delta_{\text{II}}}\right)\\
&=\sum_{k=1}^{r}\left(\frac{L_{\text{B}_k\text{A}_k}'^{\text{II}}}{T}\Delta\mu_{\text{A}_k^{\text{II}}}+\frac{L_{\text{B}_k\text{B}_k}'^{\text{II}}}{T}\Delta\mu_{\text{B}_k^{\text{II}}}+\frac{L_{\text{B}_k\text{C}_k}'^{\text{II}}}{T}\Delta\mu_{\text{C}_k^{\text{II}}}+\frac{L_{\text{B}_k\text{D}_k}'^{\text{II}}}{T}\Delta\mu_{\text{D}_k^{\text{II}}}\right)
\end{aligned} \tag{6.146}
$$

其中

$$\Delta\mu_{\text{A}_k^{\text{II}}}=\mu_{\text{A}_k^{\text{II}}\text{i}}-\mu_{\text{A}_k^{\text{II}}\text{i}'}=RT\ln\frac{a_{\text{A}_k^{\text{II}}\text{i}}}{a_{\text{A}_k^{\text{II}}\text{i}'}}$$

$$\Delta\mu_{\text{B}_k^{\text{II}}}=\mu_{\text{B}_k^{\text{II}}\text{b}}-\mu_{\text{B}_k^{\text{II}}\text{i}'}=RT\ln\frac{a_{\text{B}_k^{\text{II}}\text{b}}}{a_{\text{B}_k^{\text{II}}\text{i}'}}$$

$$\Delta\mu_{\text{C}_k^{\text{II}}}=\mu_{\text{C}_k^{\text{II}}\text{i}'}-\mu_{\text{C}_k^{\text{II}}\text{i}}=RT\ln\frac{a_{\text{C}_k^{\text{II}}\text{i}'}}{a_{\text{C}_k^{\text{II}}\text{i}}}$$

$$\Delta\mu_{\text{D}_k^{\text{II}}}=\mu_{\text{D}_k^{\text{II}}\text{i}'}-\mu_{\text{D}_k^{\text{II}}\text{b}}=RT\ln\frac{a_{\text{D}_k^{\text{II}}\text{i}'}}{a_{\text{D}_k^{\text{II}}\text{b}}}$$

$$L_{\text{B}_k\text{A}_k}'^{\text{II}}=\frac{L_{\text{B}_k\text{A}_k}^{\text{II}}}{\delta_{\text{II}}},\quad L_{\text{B}_k\text{B}_k}'^{\text{II}}=\frac{L_{\text{B}_k\text{B}_k}^{\text{II}}}{\delta_{\text{II}}}$$

$$L_{\text{B}_k\text{C}_k}'^{\text{II}}=\frac{L_{\text{B}_k\text{C}_k}^{\text{II}}}{\delta_{\text{II}}},\quad L_{\text{B}_k\text{D}_k}'^{\text{II}}=\frac{L_{\text{B}_k\text{D}_k}^{\text{II}}}{\delta_{\text{II}}}$$

式中，δ_{II} 为扩散距离；i' 表示化学反应区；i 表示连续相和液滴的界面。

过程速率为

$$-\frac{1}{a_j}\frac{\mathrm{d}c_{\text{A}_j^{\text{II}}}}{\mathrm{d}t}=-\frac{1}{b_j}\frac{\mathrm{d}c_{\text{B}_j^{\text{II}}}}{\mathrm{d}t}=\frac{1}{c_j}\frac{\mathrm{d}c_{\text{C}_j^{\text{II}}}}{\mathrm{d}t}=\frac{1}{d_j}\frac{\mathrm{d}c_{\text{D}_j^{\text{II}}}}{\mathrm{d}t}=\frac{1}{b_j}J_{\text{B}_j^{\text{II}}} \tag{6.147}$$

积分式（6.147），得

$$c_{A_j^{II} t} = c_{A_j^{II} 0} - \frac{a_j}{b_j} \int_0^t J_{B_j^{II}} \mathrm{d}t$$

$$c_{B_j^{II} t} = c_{B_j^{II} 0} - \int_0^t J_{B_j^{II}} \mathrm{d}t$$

$$c_{C_j^{II} t} = c_{C_j^{II} 0} + \frac{c_j}{b_j} \int_0^t J_{B_j^{II}} \mathrm{d}t$$

$$c_{D_j^{II} t} = c_{D_j^{II} 0} + \frac{d_j}{b_j} \int_0^t J_{B_j^{II}} \mathrm{d}t$$

3）组元 A_j 在连续相 I 中的扩散和组元 B_j 在液滴 II 中的扩散共同为过程的控制步骤

化学反应在界面进行，有

$$a_j(A_j^{I}) + b_j(B_j^{II}) =\!=\!= c_j(C_j^{I}) + d_j(D_j^{II}) \tag{6.g'}$$

扩散速率为

$$
\begin{aligned}
J_{A_j^{I}} = \left| \boldsymbol{J}_{A_j^{I}} \right| &= \left| \sum_{k=1}^{r} \left(-L_{A_k A_k}^{I} \frac{\nabla \mu_{A_k^{I}}}{T} - L_{A_k B_k}^{II} \frac{\nabla \mu_{B_k^{II}}}{T} - L_{A_k C_k}^{I} \frac{\nabla \mu_{C_k^{I}}}{T} - L_{A_k D_k}^{II} \frac{\nabla \mu_{D_k^{II}}}{T} \right) \right| \\
&= \sum_{k=1}^{r} \left(L_{A_k A_k}^{I} \frac{\Delta \mu_{A_k^{I}}}{T \delta_{I}} + L_{A_k B_k}^{I} \frac{\Delta \mu_{B_k^{II}}}{T \delta_{II}} + L_{A_k C_k}^{I} \frac{\Delta \mu_{C_k^{I}}}{T \delta_{I}} + L_{A_k D_k}^{II} \frac{\Delta \mu_{D_k^{II}}}{T \delta_{II}} \right) \\
&= \sum_{k=1}^{r} \left(\frac{L_{A_k A_k}'^{I}}{T} \Delta \mu_{A_k^{I}} + \frac{L_{A_k B_k}'^{II}}{T} \Delta \mu_{B_k^{II}} + \frac{L_{A_k C_k}'^{I}}{T} \Delta \mu_{C_k^{I}} + \frac{L_{A_k D_k}'^{II}}{T} \Delta \mu_{D_k^{II}} \right)
\end{aligned}
\tag{6.148}
$$

$$
\begin{aligned}
J_{B_j^{II}} = \left| \boldsymbol{J}_{B_j^{II}} \right| &= \left| \sum_{k=1}^{r} \left(-L_{B_k A_k}^{I} \frac{\nabla \mu_{A_k^{I}}}{T} - L_{B_k B_k}^{II} \frac{\nabla \mu_{B_k^{II}}}{T} - L_{B_k C_k}^{I} \frac{\nabla \mu_{C_k^{I}}}{T} - L_{B_k D_k}^{II} \frac{\nabla \mu_{D_k^{II}}}{T} \right) \right| \\
&= \sum_{k=1}^{r} \left(L_{B_k A_k}^{I} \frac{\Delta \mu_{A_k^{I}}}{T \delta_{I}} + L_{B_k B_k}^{II} \frac{\Delta \mu_{B_k^{II}}}{T \delta_{II}} + L_{B_k C_k}^{I} \frac{\Delta \mu_{C_k^{I}}}{T \delta_{I}} + L_{B_k D_k}^{II} \frac{\Delta \mu_{D_k^{II}}}{T \delta_{II}} \right) \\
&= \sum_{k=1}^{r} \left(\frac{L_{B_k A_k}'^{I}}{T} \Delta \mu_{A_k^{I}} + \frac{L_{B_k B_k}'^{II}}{T} \Delta \mu_{B_k^{II}} + \frac{L_{B_k C_k}'^{I}}{T} \Delta \mu_{C_k^{I}} + \frac{L_{B_k D_k}'^{II}}{T} \Delta \mu_{D_k^{II}} \right)
\end{aligned}
\tag{6.149}
$$

其中

$$\Delta\mu_{A_k^I} = \mu_{A_k^I b} - \mu_{A_k^I i} = RT\ln\frac{a_{A_k^I b}}{a_{A_k^I i}}$$

$$\Delta\mu_{B_k^{II}} = \mu_{B_k^{II} b} - \mu_{B_k^{II} i} = RT\ln\frac{a_{B_k^{II} b}}{a_{B_k^{II} i}}$$

$$\Delta\mu_{C_k^I} = \mu_{C_k^I i} - \mu_{C_k^I b} = RT\ln\frac{a_{C_k^I i}}{a_{C_k^I b}}$$

$$\Delta\mu_{D_k^{II}} = \mu_{D_k^{II} i} - \mu_{D_k^{II} b} = RT\ln\frac{a_{D_k^{II} i}}{a_{D_k^{II} b}}$$

$$L'^{I}_{A_kA_k} = \frac{L^{I}_{A_kA_k}}{\delta_I}, \quad L'^{II}_{A_kB_k} = \frac{L^{II}_{A_kB_k}}{\delta_{II}}$$

$$L'^{I}_{A_kC_k} = \frac{L^{I}_{A_kC_k}}{\delta_I}, \quad L'^{II}_{A_kD_k} = \frac{L^{II}_{A_kD_k}}{\delta_{II}}$$

$$L'^{I}_{B_kA_k} = \frac{L^{I}_{B_kA_k}}{\delta_I}, \quad L'^{II}_{B_kB_k} = \frac{L^{II}_{B_kB_k}}{\delta_{II}}$$

$$L'^{I}_{B_kC_k} = \frac{L^{I}_{B_kC_k}}{\delta_I}, \quad L'^{II}_{B_kD_k} = \frac{L^{II}_{B_kD_k}}{\delta_{II}}$$

过程速率为

$$-\frac{1}{a_j}\frac{dN_{A_j^I}}{dt} = -\frac{1}{b_j}\frac{dN_{B_j^{II}}}{dt} = \frac{1}{c_j}\frac{dN_{C_j^I}}{dt} = \frac{1}{d_j}\frac{dN_{D_j^{II}}}{dt} = \frac{1}{a_j}\Omega J_{A_j^I} = \frac{1}{b_j}\Omega J_{B_j^{II}} = \Omega J \quad (6.150)$$

其中

$$J = \frac{1}{a_j}J_{A_j^I} \quad (6.151)$$

$$J = \frac{1}{b_j}J_{B_j^{II}} \quad (6.152)$$

式（6.151）+式（6.152）后除以 2，得

$$J = \frac{1}{2}\left(\frac{1}{a_j}J_{A_j^I} + \frac{1}{b_j}J_{B_j^{II}}\right) \quad (6.153)$$

积分式（6.150），得

$$N_{A_j^I t} = N_{A_j^I 0} - a_j\Omega\int_0^t J dt$$

$$N_{B_j^{II} t} = N_{B_j^{II} 0} - b_j\Omega\int_0^t J dt$$

$$N_{C_j^It} = N_{C_j^I 0} + c_j \Omega \int_0^t J dt$$

$$N_{D_j^{II}t} = N_{D_j^{II} 0} + d_j \Omega \int_0^t J dt$$

式中，J 为式（6.153）。

3. 扩散和化学反应共同为过程的控制步骤

1）连续相 I 中组元 A_j 的扩散和化学反应共同为过程的控制步骤

组元 A_j 在连续相中的扩散速率慢，化学反应速度慢，两者共同为过程的控制步骤，化学反应发生在界面，有

$$a_j(A_j^I) + b_j(B_j^{II}) \Longrightarrow c_j(C_j^I) + d_j(D_j^{II}) \tag{6.h'}$$

化学亲和力为

$$A_{m,j} = \Delta G_{m,j} = \Delta G_{m,j}^\ominus + RT \ln \frac{(a_{C_{j_i}^I})^{c_j}(a_{D_{j_i}^{II}})^{d_j}}{(a_{A_{j_i}^I})^{a_j}(a_{B_{j_i}^{II}})^{b_j}} \tag{6.154}$$

式中，i 表示界面。

过程速率为

$$-\frac{1}{a_j}\frac{dN_{A_j^I}}{dt} = -\frac{1}{b_j}\frac{dN_{B_j^{II}}}{dt} = \frac{1}{c_j}\frac{dN_{C_j^I}}{dt} = \frac{1}{d_j}\frac{dN_{D_j^{II}}}{dt} = \frac{1}{a_j}\Omega J_{A_j^I} = \Omega j_j = \Omega J_j \tag{6.155}$$

$$(j=1, 2, \cdots, r)$$

其中

$$J_j = \frac{1}{a_j} J_{A_j^I} = \frac{1}{a_j}\sum_{k=1}^r \left(L_{A_jA_k}^{\it i} R\ln\frac{a_{A_k^I b}}{a_{A_k^I i}} + L_{A_jB_k}'^{II} R\ln\frac{a_{B_k^{II} b}}{a_{B_k^{II} i}} + L_{A_jC_k}^{\it i} R\ln\frac{a_{C_k^I i}}{a_{C_k^I b}} + L_{A_jD_k}'^{II} R\ln\frac{a_{D_k^{II} i}}{a_{D_k^{II} b}} \right)$$

$$\tag{6.156}$$

$$J_j = j_j = -\sum_{k=1}^r l_{jk}\left(\frac{A_{m,k}}{T}\right) - \sum_{k=1}^r\sum_{l=1}^r l_{jkl}\left(\frac{A_{m,k}}{T}\right)\left(\frac{A_{m,l}}{T}\right) - \sum_{k=1}^r\sum_{l=1}^r\sum_{h=1}^r l_{jklh}\left(\frac{A_{m,k}}{T}\right)\left(\frac{A_{m,l}}{T}\right)\left(\frac{A_{m,h}}{T}\right) - \cdots$$

$$\tag{6.157}$$

式（6.156）+式（6.157）后除以 2，得

$$J_j = \frac{1}{2}\left(\frac{1}{a_j}J_{A_j^I} + j_j\right) \tag{6.158}$$

将式（6.158）代入式（6.155）后，分离变量积分得

$$N_{A_j^I t} = N_{A_j^I 0} - a_j \Omega \int_0^t J_j dt$$

$$N_{B_j^{II}t} = N_{B_j^{II}0} - b_j \Omega \int_0^t J_j dt$$

$$N_{C_j^I t} = N_{C_j^I 0} + c_j \Omega \int_0^t J_j \mathrm{d}t$$

$$N_{D_j^{II} t} = N_{D_j^{II} 0} + d_j \Omega \int_0^t J_j \mathrm{d}t$$

2）组元 B_j 在液滴 II 中的扩散和化学反应共同为过程的控制步骤

组元 A_j 扩散速率快，进入液滴 II 中，化学反应发生在液滴 II 中，有

$$a_j(A_j^{II}) + b_j(B_j^{II}) \Longrightarrow c_j(C_j^{II}) + d_j(D_j^{II}) \tag{6.i'}$$

化学亲和力为

$$A_{m,j} = \Delta G_{m,j} = \Delta G_{m,j}^{\ominus} + RT \ln \frac{(a_{C_j^{II}})^{c_j}(a_{D_j^{II}})^{d_j}}{(a_{A_j^{II}})^{a_j}(a_{B_j^{II}})^{b_j}} \tag{6.159}$$

过程速率为

$$-\frac{1}{a_j}\frac{\mathrm{d}N_{A_j^{II}}}{\mathrm{d}t} = -\frac{1}{b_j}\frac{\mathrm{d}N_{B_j^{II}}}{\mathrm{d}t} = \frac{1}{c_j}\frac{\mathrm{d}N_{C_j^{II}}}{\mathrm{d}t} = \frac{1}{d_j}\frac{\mathrm{d}N_{D_j^{II}}}{\mathrm{d}t} = \frac{1}{b_j}J_{B_j^{II}} = j_j = J_j \tag{6.160}$$

$$(j = 1, 2, \cdots, r)$$

其中

$$J_j = \frac{1}{b_j}J_{B_j^{II}} = \frac{1}{b_j}\sum_{k=1}^r \left(L'^{II}_{B_j A_j} R\ln\frac{a_{A_k^{II} i}}{a_{A_k i'}} + L'^{II}_{B_j B_j} R\ln\frac{a_{B_k^{II} b}}{a_{B_k^{II} i'}} + L'^{II}_{B_j C_j} R\ln\frac{a_{C_k^{II} i'}}{a_{C_k^{II} i}} + L'^{II}_{B_j D_j} R\ln\frac{a_{D_k^{II} i'}}{a_{D_k^{II} b}} \right) \tag{6.161}$$

$$J_j = j_j = -\sum_{k=1}^r l_{jk}\left(\frac{A_{m,k}}{T}\right) - \sum_{k=1}^r \sum_{l=1}^r l_{jkl}\left(\frac{A_{m,k}}{T}\right)\left(\frac{A_{m,l}}{T}\right) - \sum_{k=1}^r \sum_{l=1}^r \sum_{h=1}^r l_{jklh}\left(\frac{A_{m,k}}{T}\right)\left(\frac{A_{m,l}}{T}\right)\left(\frac{A_{m,h}}{T}\right) - \cdots \tag{6.162}$$

式（6.161）+式（6.162）后除以 2，得

$$J_j = \frac{1}{2}\left(\frac{1}{b_j}J_{B_j^{II}} + j_j\right) \tag{6.163}$$

将式（6.163）代入式（6.160）后，分离变量积分得

$$c_{A_j^{II} t} = c_{A_j^{II} 0} - a_j \int_0^t J_j \mathrm{d}t$$

$$c_{B_j^{II} t} = c_{B_j^{II} 0} - b_j \int_0^t J_j \mathrm{d}t$$

$$c_{C_j^{II} t} = c_{C_j^{II} 0} + c_j \int_0^t J_j \mathrm{d}t$$

$$c_{D_j^{II} t} = c_{D_j^{II} 0} + d_j \int_0^t J_j \mathrm{d}t$$

3）组元 A_j 在连续相 I 中的扩散，组元 B_j 在液滴 II 中的扩散和化学反应共同为过程的控制步骤

化学反应发生在界面，有

$$a_j(\mathrm{A}_j^{\mathrm{I}})+b_j(\mathrm{B}_j^{\mathrm{II}})=\!\!=\!\!=c_j(\mathrm{C}_j^{\mathrm{I}})+d_j(\mathrm{D}_j^{\mathrm{II}}) \tag{6.j$'$}$$

化学亲和力为

$$A_{\mathrm{m},j}=\Delta G_{\mathrm{m},j}=\Delta G_{\mathrm{m},j}^{\ominus}+RT\ln\frac{(a_{\mathrm{C}_j^{\mathrm{I}}})^{c_j}(a_{\mathrm{D}_j^{\mathrm{II}}})^{d_j}}{(a_{\mathrm{A}_j^{\mathrm{I}}})^{a_j}(a_{\mathrm{B}_j^{\mathrm{II}}})^{b_j}}$$

过程速率为

$$-\frac{1}{a_j}\frac{\mathrm{d}N_{\mathrm{A}_j^{\mathrm{I}}}}{\mathrm{d}t}=-\frac{1}{b_j}\frac{\mathrm{d}N_{\mathrm{B}_j^{\mathrm{II}}}}{\mathrm{d}t}=\frac{1}{c_j}\frac{\mathrm{d}N_{\mathrm{C}_j^{\mathrm{I}}}}{\mathrm{d}t}=\frac{1}{d_j}\frac{\mathrm{d}N_{\mathrm{D}_j^{\mathrm{II}}}}{\mathrm{d}t}=\frac{1}{a_j}\Omega J_{\mathrm{A}_j^{\mathrm{I}}}=\frac{1}{b_j}\Omega J_{\mathrm{B}_j^{\mathrm{II}}}=\Omega j_j=\Omega J_j \tag{6.164}$$

$$(j=1,2,\cdots,r)$$

其中

$$J_j=\frac{1}{a_j}J_{\mathrm{A}_j^{\mathrm{I}}}=\frac{1}{a_j}\sum_{k=1}^{r}\left(L'_{\mathrm{A}_j\mathrm{A}_k}{}^{\mathrm{I}}R\ln\frac{a_{\mathrm{A}_k^{\mathrm{I}}\mathrm{b}}}{a_{\mathrm{A}_k^{\mathrm{I}}\mathrm{i}}}+L'_{\mathrm{A}_j\mathrm{B}_k}{}^{\mathrm{II}}R\ln\frac{a_{\mathrm{B}_k^{\mathrm{II}}\mathrm{b}}}{a_{\mathrm{B}_k^{\mathrm{II}}\mathrm{i}}}+L'_{\mathrm{A}_j\mathrm{C}_k}{}^{\mathrm{I}}R\ln\frac{a_{\mathrm{C}_k^{\mathrm{I}}\mathrm{i}}}{a_{\mathrm{C}_k^{\mathrm{I}}\mathrm{b}}}+L'_{\mathrm{A}_j\mathrm{D}_k}{}^{\mathrm{II}}R\ln\frac{a_{\mathrm{D}_k^{\mathrm{II}}\mathrm{i}}}{a_{\mathrm{D}_k^{\mathrm{II}}\mathrm{b}}}\right)$$

$$\tag{6.165}$$

$$J_j=\frac{1}{b_{j_j}}J_{\mathrm{B}_j^{\mathrm{II}}}=\frac{1}{b_j}\sum_{k=1}^{r}\left(L'_{\mathrm{B}_j\mathrm{A}_k}{}^{\mathrm{I}}R\ln\frac{a_{\mathrm{A}_k^{\mathrm{I}}\mathrm{b}}}{a_{\mathrm{A}_k^{\mathrm{I}}\mathrm{i}}}+L'_{\mathrm{B}_j\mathrm{B}_k}{}^{\mathrm{II}}R\ln\frac{a_{\mathrm{B}_k^{\mathrm{II}}\mathrm{b}}}{a_{\mathrm{B}_k^{\mathrm{II}}\mathrm{i}}}+L'_{\mathrm{B}_j\mathrm{C}_k}{}^{\mathrm{I}}R\ln\frac{a_{\mathrm{C}_k^{\mathrm{I}}\mathrm{i}}}{a_{\mathrm{C}_k^{\mathrm{I}}\mathrm{b}}}+L'_{\mathrm{B}_j\mathrm{D}_k}{}^{\mathrm{II}}R\ln\frac{a_{\mathrm{D}_k^{\mathrm{II}}\mathrm{i}}}{a_{\mathrm{D}_k^{\mathrm{II}}\mathrm{b}}}\right)$$

$$\tag{6.166}$$

$$J_j=j_j=-\sum_{k=1}^{r}l_{jk}\left(\frac{A_{\mathrm{m},k}}{T}\right)-\sum_{k=1}^{r}\sum_{l=1}^{r}l_{jkl}\left(\frac{A_{\mathrm{m},k}}{T}\right)\left(\frac{A_{\mathrm{m},l}}{T}\right)-\sum_{k=1}^{r}\sum_{l=1}^{r}\sum_{h=1}^{r}l_{jklh}\left(\frac{A_{\mathrm{m},k}}{T}\right)\left(\frac{A_{\mathrm{m},l}}{T}\right)\left(\frac{A_{\mathrm{m},h}}{T}\right)-\cdots$$

$$\tag{6.167}$$

式（6.165）和式（6.166）考虑了不同相间传质的耦合。

式（6.165）+式（6.166）+式（6.167）后除以 3，得

$$J_j=\frac{1}{3}\left(\frac{1}{a_j}J_{\mathrm{A}_j^{\mathrm{I}}}+\frac{1}{b_j}J_{\mathrm{B}_j^{\mathrm{II}}}+j_j\right) \tag{6.168}$$

将式（6.168）代入式（6.164）后，分离变量积分得

$$N_{\mathrm{A}_j^{\mathrm{I}}t}=N_{\mathrm{A}_j^{\mathrm{I}}0}-a_j\Omega\int_0^t J_j\mathrm{d}t$$

$$N_{\mathrm{B}_j^{\mathrm{II}}t}=N_{\mathrm{B}_j^{\mathrm{II}}0}-b_j\Omega\int_0^t J_j\mathrm{d}t$$

$$N_{\mathrm{C}_j^{\mathrm{I}}t}=N_{\mathrm{C}_j^{\mathrm{I}}0}+c_j\Omega\int_0^t J_j\mathrm{d}t$$

$$N_{\mathrm{D}_j^{\mathrm{II}}t}=N_{\mathrm{D}_j^{\mathrm{II}}0}+d_j\Omega\int_0^t J_j\mathrm{d}t$$

第 7 章　液-固相反应

在冶金、化工和材料制备及使用过程中，经常涉及液-固相反应。

液-固相反应和气-固相反应有许多相似之处。前面阐述的气-固相反应的内容有许多也适用于液-固相反应。当然，液-固相反应也有自身的特点。

7.1　溶　　解

固体进入液体中，形成均一液相的过程称为固体在液体中的溶解。溶解固体物质的液体称为溶剂；溶入液体中的固体物质称为溶质；溶质与溶剂构成的均一液相称为溶液。在溶解过程中，溶质与溶剂不发生化学反应。通常将溶解看作物理过程，实际是溶质与溶剂发生物理化学作用，溶解是物理化学过程。

在溶解过程中，随着固体物质进入溶液，溶解由固体表面向中心发展。溶解过程有两种情况：一是溶解过程中固体溶质完全溶解或者固体中有不溶解的物质形成剩余物料层，但剩余的物料层疏松，对溶解过程的阻碍作用可以忽略不计；二是不溶解的剩余物料层致密，则需要考虑被溶解物质穿过不溶解的物料层的阻力。因此溶解过程包括以下步骤：

第一种情况，没有剩余的物料层或剩余的物料层疏松。

（1）溶剂在固体表面形成液膜；

（2）固体中可溶解的物质与溶剂相互作用，进入液相成为溶质；

（3）溶质在液膜中向溶液本体扩散。

第二种情况，有致密的剩余物料层。

（1）溶剂在固体表面形成液膜；

（2）固体中可溶解的物质在剩余物料层中扩散至固-液界面，即内扩散；

（3）固体中可溶解的物质与溶剂相互作用，进入液膜，形成溶质；

（4）溶质在液膜中向溶液本体扩散。

7.2　一种物质溶解——不形成致密剩余层

固体在液体中溶解，不形成致密的剩余层，溶解过程固体颗粒尺寸变化。例如，氯化钠溶解于水中，金属铝溶解在钢液中。一种物质的溶解过程可以表示为

$$B(s) =\!\!=\!\!= (B) \tag{7.a}$$

7.2.1　被溶解物质在液膜中的扩散为控制步骤

被溶解物质 B 在液膜中的扩散速率为

$$J_{Bl'} = \left| \boldsymbol{J}_{Bl'} \right| = \left| -L_{BB} \frac{\nabla \mu_{Bl'}}{T} \right| = L_{BB} \frac{\Delta \mu_{Bl'}}{\delta_{l'} T} = \frac{L'_{BB}}{T} \Delta \mu_{Bl'} \tag{7.1}$$

由式（7.a）有

$$-\frac{dN_{B(s)}}{dt} = \frac{dN_{(B)}}{dt} = V \frac{dc_B}{dt} = \Omega_{l'l} J_{Bl'} \tag{7.2}$$

对于半径为 r 的球形颗粒，有

$$-\frac{dN_{B(s)}}{dt} = 4\pi r^2 \frac{L'_{BB}}{T} \Delta \mu_{Bl'} \tag{7.3}$$

其中

$$\Delta \mu_{Bl'} = \mu_{Bl's} - \mu_{Bl'l} = RT \ln \frac{a_{Bl's}}{a_{Bl'l}}$$

式中，$\mu_{Bl's}$ 和 $\mu_{Bl'l}$、$a_{Bl's}$ 和 $a_{Bl'l}$ 分别是液膜中靠近固体一侧和靠近液相本体一侧组元 B 的化学势和活度。

将

$$N_{B(s)} = \frac{4}{3} \pi r^3 \rho_B / M_B \tag{7.4}$$

代入式（7.3）得

$$-\frac{dr}{dt} = \frac{M_B L'_{BB}}{\rho_B T} \Delta \mu_{Bl'} \tag{7.5}$$

分离变量积分得

$$1 - \frac{r}{r_0} = \frac{M_B}{\rho_B r_0} \int_0^t \frac{L'_{BB}}{T} \Delta \mu_{Bl'} dt \tag{7.6}$$

$$1 - (1-\alpha)^{\frac{1}{3}} = \frac{M_B}{\rho_B r_0} \int_0^t \frac{L'_{BB}}{T} \Delta \mu_{Bl'} dt \tag{7.7}$$

7.2.2　被溶解物质与溶剂的相互作用为控制步骤

由式（7.a）有

$$-\frac{dN_{B(s)}}{dt} = \frac{dN_{(B)}}{dt} = \Omega_{sl'} j \tag{7.8}$$

其中

$$j = -l_1\left(\frac{A_{\mathrm{m}}}{T}\right) - l_2\left(\frac{A_{\mathrm{m}}}{T}\right)^2 - l_3\left(\frac{A_{\mathrm{m}}}{T}\right)^3 - \cdots \tag{7.9}$$

$$A_{\mathrm{m}} = \Delta G_{\mathrm{m}} = \Delta G_{\mathrm{m}}^{\ominus} + RT\ln\frac{a_{\mathrm{Bl's}}}{a_{\mathrm{Bsl'}}}$$

式中，$a_{\mathrm{Bl's}}$ 和 $a_{\mathrm{Bsl'}}$ 分别是液膜中靠近未溶解核一侧和未溶解核靠近液膜一侧组元 B 的活度。而 $a_{\mathrm{Bl's}}$ 和溶液本体中组元 B 的活度 a_{Bb} 相等。

对于半径为 r 的球形颗粒，由式（7.8）有

$$-\frac{\mathrm{d}N_{\mathrm{B(s)}}}{\mathrm{d}t} = 4\pi r^2 j \tag{7.10}$$

又有

$$\frac{\mathrm{d}N_{\mathrm{B(s)}}}{\mathrm{d}t} = \frac{4\pi r^2 \rho_{\mathrm{B}}}{M_{\mathrm{B}}}\frac{\mathrm{d}r}{\mathrm{d}t} \tag{7.11}$$

式（7.10）与式（7.11）比较，得

$$-\frac{\mathrm{d}r}{\mathrm{d}t} = \frac{M_{\mathrm{B}}}{\rho_{\mathrm{B}}} j \tag{7.12}$$

将式（7.12）分离变量积分，得

$$r_0 - r = \frac{M_{\mathrm{B}}}{\rho_{\mathrm{B}}}\int_0^t j\mathrm{d}t$$

即

$$1 - \frac{r}{r_0} = \frac{M_{\mathrm{B}}}{r_0\rho_{\mathrm{B}}}\int_0^t j\mathrm{d}t \tag{7.13}$$

$$1 - (1-\alpha)^{\frac{1}{3}} = \frac{M_{\mathrm{B}}}{r_0\rho_{\mathrm{B}}}\int_0^t j\mathrm{d}t \tag{7.14}$$

7.2.3 被溶解物质与溶剂的相互作用及其在液膜中的扩散共同为控制步骤

过程速率为

$$-\frac{\mathrm{d}N_{\mathrm{B(s)}}}{\mathrm{d}t} = \frac{\mathrm{d}N_{\mathrm{(B)}}}{\mathrm{d}t} = V\frac{\mathrm{d}c_{\mathrm{(B)}}}{\mathrm{d}t} = \Omega_{\mathrm{sl'}} j = \Omega_{\mathrm{l'l}} J_{\mathrm{Bl'}} = \Omega J_{j\mathrm{l'}} \tag{7.15}$$

其中

$$\Omega_{\mathrm{sl'}} = \Omega_{\mathrm{l'l}} = \Omega$$

$$J_{s'j} = j = -l_1\left(\frac{A_{\mathrm{m}}}{T}\right) - l_2\left(\frac{A_{\mathrm{m}}}{T}\right)^2 - l_3\left(\frac{A_{\mathrm{m}}}{T}\right)^3 - \cdots \tag{7.16}$$

$$J_{jl'} = J_{Bl'} = \frac{L'_{BB}}{T} \Delta\mu_{Bl'} \tag{7.17}$$

其中

$$\Delta\mu_{Bl'} = \mu_{Bl's} - \mu_{Bl'l} = RT \ln\frac{a_{Bl's}}{a_{Bl'l}}$$

式（7.16）+式（7.17）后除以 2，得

$$J_{s'j} = \frac{1}{2}(j + J_{Bl'}) \tag{7.18}$$

对于半径为 r 的球形颗粒，由式（7.15）有

$$-\frac{dN_{B(s)}}{dt} = 4\pi r^2 \frac{L'_{BB}}{T} \Delta\mu_{Bl'} \tag{7.19}$$

将

$$N_{B(s)} = \frac{4}{3}\pi r^3 \frac{\rho_B}{M_B} \tag{7.20}$$

代入式（7.19）得

$$-\frac{dr}{dt} = \frac{M_B}{\rho_B} \frac{L'_{BB}}{T} \Delta\mu_{Bl'} \tag{7.21}$$

分离变量积分，得

$$1 - \frac{r}{r_0} = \frac{M_B}{\rho_B r_0} \int_0^t \frac{L'_{BB}}{T} \Delta\mu_{Bl'} dt \tag{7.22}$$

$$1 - (1-\alpha)^{\frac{1}{3}} = \frac{M_B}{\rho_B r_0} \int_0^t \frac{L'_{BB}}{T} \Delta\mu_{Bl'} dt \tag{7.23}$$

由式（7.15）得

$$-\frac{dN_{B(s)}}{dt} = 4\pi r^2 j \tag{7.24}$$

将

$$N_{B(s)} = \frac{4}{3}\pi r^3 \frac{\rho_B}{M_B}$$

代入式（7.24），得

$$-\frac{dr}{dt} = \frac{M_B}{\rho_B} j \tag{7.25}$$

将式（7.25）分离变量积分，得

$$1 - \frac{r}{r_0} = \frac{M_B}{r_0 \rho_B} \int_0^t j dt \tag{7.26}$$

$$1 - (1-\alpha)^{\frac{2}{3}} = \frac{M_B}{r_0 \rho_B} \int_0^t j dt \tag{7.27}$$

式（7.22）+式（7.26），得

$$2 - 2\left(\frac{r}{r_0}\right) = \frac{M_B}{\rho_B r_0}\int_0^t \frac{L'_{BB}}{T}\Delta\mu_{Bl'}dt + \frac{M_B}{\rho_B r_0}\int_0^t j dt \tag{7.28}$$

式（7.23）+式（7.27），得

$$2 - 2(1-\alpha)^{\frac{1}{3}} = \frac{M_B}{\rho_B r_0}\int_0^t \frac{L'_{BB}}{T}\Delta\mu_{Bl'}dt + \frac{M_B}{\rho_B r_0}\int_0^t j dt \tag{7.29}$$

7.3　一种物质溶解——溶解前后固体颗粒尺寸不变

7.3.1　被溶解物质与溶剂的相互作用为控制步骤

溶解过程可以表示为

$$B(s) \Longequal (B) \tag{7.a}$$

式中，B(s)为被溶解的物质。溶解速率为

$$-\frac{dN_{B(s)}}{dt} = \frac{dN_{(B)}}{dt} = \Omega_{s'l'}j \tag{7.30}$$

其中

$$j_B = -l_1\left(\frac{A_m}{T}\right) - l_2\left(\frac{A_m}{T}\right)^2 - l_3\left(\frac{A_m}{T}\right)^3 - \cdots$$

$$A_m = \Delta G_m = \Delta G_m^\ominus + RT\ln\frac{a_{Bl's'}}{a_{Bsl'}}$$

如果 B 为纯物质，则

$$a_{B(s)} = 1 \tag{7.31}$$

对于半径为 r 的球形颗粒，有

$$-\frac{dN_{B(s)}}{dt} = 4\pi r_0^2 j \tag{7.32}$$

式中，r_0 为颗粒的初始半径。

将式（7.20）代入式（7.32），得

$$-\frac{dr}{dt} = \frac{r_0^2 M_B}{r^2 \rho_B}j \tag{7.33}$$

将式（7.33）分离变量积分，得

$$r_0^3 - r^3 = \frac{3r_0^2 M_{\mathrm{B}}}{\rho_{\mathrm{B}}} \int_0^t j\mathrm{d}t \tag{7.34}$$

各项除以 r_0^3，得

$$1 - \left(\frac{r}{r_0}\right)^3 = \frac{3M_{\mathrm{B}}}{r_0\rho_{\mathrm{B}}} \int_0^t j\mathrm{d}t \tag{7.35}$$

$$\alpha = \frac{3M_{\mathrm{B}}}{r_0\rho_{\mathrm{B}}} \int_0^t j\mathrm{d}t \tag{7.36}$$

7.3.2　被溶解物质在液膜中的扩散为控制步骤

如果被溶解物质在液膜中的扩散速率很慢，则溶解过程由被溶解物质在液膜中的扩散控制，即由外扩散控制。

组元 B 的溶解速率为

$$J_{\mathrm{Bl'}} = |\boldsymbol{J}_{\mathrm{Bl'}}| = \left|-L_{\mathrm{BB}}\frac{\nabla\mu_{\mathrm{Bl'}}}{T}\right| = L_{\mathrm{BB}}\frac{\Delta\mu_{\mathrm{Bl'}}}{T\delta_{l'}} = L'_{\mathrm{BB}}\frac{\Delta\mu_{\mathrm{Bl'}}}{T} \tag{7.37}$$

式中，$\delta_{l'}$ 为液膜厚度。

$$L'_{\mathrm{BB}} = \frac{L_{\mathrm{BB}}}{\delta_{l'}}$$

$$\Delta\mu_{\mathrm{Bl'}} = \mu_{\mathrm{Bl's'}} - \mu_{\mathrm{Bl'l}} = RT\ln\frac{a_{\mathrm{Bl's'}}}{a_{\mathrm{Bl'l}}}$$

式中，$\mu_{\mathrm{Bl's'}}$ 和 $\mu_{\mathrm{Bl'l}}$、$a_{\mathrm{Bl's}}$ 和 $a_{\mathrm{Bl'l}}$ 分别是液膜中靠近固相剩余层和液相本体组元 B 的化学势和活度。过程达到稳态，有

$$-\frac{\mathrm{d}N_{\mathrm{B(s)}}}{\mathrm{d}t} = \frac{\mathrm{d}N_{\mathrm{(B)}}}{\mathrm{d}t} = V\frac{\mathrm{d}c_{\mathrm{B}}}{\mathrm{d}t} = \Omega_{l'l}J_{\mathrm{Bl'}} \tag{7.38}$$

对于半径为 r 的球形颗粒，有

$$-\frac{\mathrm{d}N_{\mathrm{B(s)}}}{\mathrm{d}t} = 4\pi r_0^2 J_{\mathrm{Bl'}} = 4\pi r_0^2 L'_{\mathrm{BB}}\frac{\Delta\mu_{\mathrm{Bl'}}}{T} \tag{7.39}$$

将

$$\frac{\mathrm{d}N_{\mathrm{B(s)}}}{\mathrm{d}t} = \frac{4\pi r_0^2 \rho_{\mathrm{B}}}{M_{\mathrm{B}}}\frac{\mathrm{d}r}{\mathrm{d}t} \tag{7.40}$$

与式（7.39）比较，得

$$-\frac{\mathrm{d}r}{\mathrm{d}t} = \frac{r_0^2 M_{\mathrm{B}}}{r^2\rho_{\mathrm{B}}} J_{\mathrm{Bl'}} \tag{7.41}$$

分离变量积分式（7.41），得

$$1 - \left(\frac{r}{r_0}\right)^3 = \frac{3M_B}{r_0\rho_B}\int_0^t J_{Bl'}\mathrm{d}t \tag{7.42}$$

$$\alpha = \frac{3M_B}{r_0\rho_B}\int_0^t J_{Bl'}\mathrm{d}t \tag{7.43}$$

7.3.3 被溶解物质在剩余层中的扩散为控制步骤

被溶解组元 B 在剩余层中的扩散速率为

$$J_B = |\boldsymbol{J}_B| = \left|-L_{BB}\frac{\nabla\mu_{Bs'}}{T}\right| = -\frac{L_{BB}}{T}\frac{\mathrm{d}\mu_{Bs'}}{\mathrm{d}r} \tag{7.44}$$

由式（7.a）得

$$-\frac{\mathrm{d}N_{B(s)}}{\mathrm{d}t} = \frac{\mathrm{d}N_{(B)}}{\mathrm{d}t} = V\frac{\mathrm{d}c_B}{\mathrm{d}t} = \Omega_{s'l'}J_B \tag{7.45}$$

对于半径为 r 的球形颗粒，由式（7.44）和式（7.45）得

$$\frac{\mathrm{d}N_{B(s)}}{\mathrm{d}t} = 4\pi r_0^2\frac{L_{BB}}{T}\frac{\mathrm{d}\mu_{Bs'}}{\mathrm{d}r} \tag{7.46}$$

过程达到稳态，$\dfrac{\mathrm{d}\mu_{Bs'}}{\mathrm{d}r}$ 为常数，对 r 分离变量积分式（7.46），得

$$-\frac{\mathrm{d}N_{B(s)}}{\mathrm{d}t} = \frac{4\pi r_0 r}{r_0 - r}\frac{L_{BB}}{T}\Delta\mu_{Bs'} \tag{7.47}$$

其中

$$\Delta\mu_{Bs'} = \mu_{Bs's} - \mu_{Bs'l} = RT\ln\frac{a_{Bs's}}{a_{Bs'l}}$$

式中，$\mu_{Bs's}$ 和 $\mu_{Bs'l}$、$a_{Bs's}$ 和 $a_{Bs'l}$ 分别为剩余层中靠近未反应核一侧和靠近液膜一侧组元 B 的化学势和活度。液膜中组元 B 的化学势和活度与溶液本体相同。

将

$$N_{B(s)} = \frac{4}{3}\pi r^3\frac{\rho_B}{M_B}$$

代入式（7.47），得

$$-\frac{\mathrm{d}r}{\mathrm{d}t} = \frac{r_0^2 M_B}{r^2(r_0 - r)\rho_B}\frac{L_{BB}}{T}\Delta\mu_{Bs'} \tag{7.48}$$

分离变量积分得

$$4\left(\frac{r}{r_0}\right)^3 - 3\left(\frac{r}{r_0}\right)^4 - 1 = \frac{12M_B}{\rho_B r_0^2}\int_0^t\frac{L_{BB}}{T}\Delta\mu_{Bs'}\mathrm{d}t \tag{7.49}$$

引入转化率，得

$$3 - 4\alpha - 3(1-\alpha)^{\frac{4}{3}} = \frac{12M_B}{\rho_B r_0^2} \int_0^t \frac{L_{BB}}{T} \Delta\mu_{Bs'} dt \tag{7.50}$$

7.3.4　被溶解物质与溶剂的相互作用及其在液膜中的扩散共同为控制步骤

过程速率为

$$-\frac{dN_{B(s)}}{dt} = \frac{dN_{(B)}}{dt} = \Omega_{l'l} J_{Bl'} = \Omega_{s'l'} j = \Omega J_{l'j} \tag{7.51}$$

其中

$$\Omega_{l'l} = \Omega_{s'l'} = \Omega$$

$$J_{l'j} = J_{Bl'} = L'_{BB} \frac{\Delta\mu_{Bl'}}{T} \tag{7.52}$$

$$\Delta\mu_{Bl'} = \mu_{Bl's'} - \mu_{Bl'l} = RT \ln \frac{a_{Bl's'}}{a_{Bl'l}}$$

$$J_{l'j} = j = -l_1 \left(\frac{A_m}{T}\right) - l_2 \left(\frac{A_m}{T}\right)^2 - l_3 \left(\frac{A_m}{T}\right)^3 - \cdots \tag{7.53}$$

$$A_m = \Delta G_m = \Delta G_m^\ominus + RT \ln \frac{a_{Bl's'}}{a_{Bs'l'}}$$

式中，$a_{Bl's'}$ 和 $a_{Bl'l}$ 分别为液膜中靠近固相剩余层一侧和靠近液体本体一侧组元 B 的活度；$a_{Bs'l'}$ 为固相剩余层中靠近液膜一侧组元 B 的活度。

式（7.52）+式（7.53）后除以 2，得

$$J_{l'j} = \frac{1}{2}(J_{Bl'} + j) \tag{7.54}$$

对于半径为 r 的球形颗粒，由式（7.51）有

$$-\frac{dN_{B(s)}}{dt} = 4\pi r_0^2 J_j \tag{7.55}$$

$$-\frac{dN_{B(s)}}{dt} = 4\pi r_0^2 L'_{BB} \frac{\Delta\mu_{Bl'}}{T} \tag{7.56}$$

将

$$N_{B(s)} = \frac{4}{3}\pi r^3 \frac{\rho_B}{M_B}$$

代入式（7.55）和式（7.56），得

$$-\frac{dr}{dt} = \frac{r_0^2 M_B}{r^2 \rho_B} j_j \tag{7.57}$$

$$-\frac{dr}{dt} = \frac{r_0^2 M_B}{r^2 \rho_B} L'_{BB} \frac{\Delta\mu_{Bl'}}{T} \tag{7.58}$$

将式（7.57）和式（7.58）分离变量积分，得

$$1-\left(\frac{r}{r_0}\right)^3=\frac{3M_B}{\rho_B r_0}\int_0^t j_j\mathrm{d}t \tag{7.59}$$

$$\alpha=\frac{3M_B}{\rho_B r_0}\int_0^t j_j\mathrm{d}t \tag{7.60}$$

$$1-\left(\frac{r}{r_0}\right)^3=\frac{3M_B}{\rho_B r_0}\int_0^t L'_{BB}\frac{\Delta\mu_{Bl'}}{T}\mathrm{d}t \tag{7.61}$$

$$\alpha=\frac{3M_B}{\rho_B r_0}\int_0^t L'_{BB}\frac{\Delta\mu_{Bl'}}{T}\mathrm{d}t \tag{7.62}$$

将式（7.59）+式（7.61）得

$$2-2\left(\frac{r}{r_0}\right)^3=\frac{3M_B}{\rho_B r_0}\int_0^t L'_{BB}\frac{\Delta\mu_{Bl'}}{T}\mathrm{d}t+\frac{3M_B}{\rho_B r_0}\int_0^t j_j\mathrm{d}t \tag{7.63}$$

将式（7.60）+式（7.62）得

$$2\alpha=\frac{3M_B}{\rho_B r_0}\int_0^t L'_{BB}\frac{\Delta\mu_{Bl'}}{T}\mathrm{d}t+\frac{3M_B}{\rho_B r_0}\int_0^t j_j\mathrm{d}t \tag{7.64}$$

7.3.5　被溶解物质在剩余层中的扩散及其与溶剂的相互作用共同为控制步骤

过程速率为

$$-\frac{\mathrm{d}N_{B(s)}}{\mathrm{d}t}=\frac{\mathrm{d}N_{(B)}}{\mathrm{d}t}=\Omega_{sl'}J_{Bs'}=\Omega_{s'l'}j=\Omega J_{s'j} \tag{7.65}$$

其中

$$\Omega_{s'l'}=\Omega$$

$$J_{Bs'}=-\frac{L_{BB}}{T}\frac{\mathrm{d}\mu_{Bs'}}{\mathrm{d}r}$$

$$J_{s'j}=j=-l_1\left(\frac{A_m}{T}\right)-l_2\left(\frac{A_m}{T}\right)^2-l_3\left(\frac{A_m}{T}\right)^3-\cdots$$

其中

$$A_m=\Delta G_m=\Delta G_m^\ominus+RT\ln\frac{a_{Bl's'}}{a_{Bsl'}}$$

$$J_{s'j}=J_{Bs'}=-\frac{L_{BB}}{T}\frac{\mathrm{d}\mu_{Bs'}}{\mathrm{d}r} \tag{7.66}$$

$$J_{s'j}=j \tag{7.67}$$

式（7.66）+式（7.67）后除以2，得

$$J_{s'j} = \frac{1}{2}(J_{Bs'} + j) \tag{7.68}$$

对于半径为 r 的球形颗粒，由式（7.65）有

$$-\frac{\mathrm{d}N_{B(s)}}{\mathrm{d}t} = 4\pi r_0^2 J_{Bs'} = 4\pi r_0^2 \frac{L_{BB}}{T} \frac{\mathrm{d}\mu_{Bs'}}{\mathrm{d}r} \tag{7.69}$$

过程达到稳态，$\dfrac{\mathrm{d}N_{B(s)}}{\mathrm{d}t} = $ 常数，对 r 分离变量积分，得

$$-\frac{\mathrm{d}N_{B(s)}}{\mathrm{d}t} = \frac{4\pi r_0^2}{r_0 - r} \frac{L_{BB}}{T} \Delta\mu_{Bs'} \tag{7.70}$$

其中

$$\Delta\mu_{Bs'} = RT \ln \frac{a_{Bs's}}{a_{Bs'l'}}$$

式中，$a_{Bs's}$ 和 $a_{Bs'l'}$ 分别为剩余层中靠近未反应核一侧和靠近液膜一侧组元 B 的活度。靠近液膜一侧组元 B 的活度 $a_{Bs'l'}$ 等于液相本体中组元 B 的活度。

将

$$N_{B(s)} = \frac{4}{3}\pi r^3 \frac{\rho_B}{M_B}$$

代入式（7.70），得

$$-\frac{\mathrm{d}r}{\mathrm{d}t} = \frac{r_0^2 M_B}{r^2(r_0 - r)\rho_B} \frac{L_{BB}}{T} \Delta\mu_{Bs'} \tag{7.71}$$

将式（7.71）分离变量积分，得

$$4\left(\frac{r}{r_0}\right)^3 - 3\left(\frac{r}{r_0}\right)^4 - 1 = \frac{12M_B}{\rho_B r_0^2} \int_0^t \frac{L_{BB}}{T} \Delta\mu_{Bs'} \mathrm{d}t \tag{7.72}$$

引入转化率，得

$$3 - 4\alpha - 3(1-\alpha)^{\frac{4}{3}} = \frac{12M_B}{\rho_B r_0^2} \int_0^t \frac{L_{BB}}{T} \Delta\mu_{Bs'} \mathrm{d}t \tag{7.73}$$

由式（7.65），得

$$-\frac{\mathrm{d}N_{B(s)}}{\mathrm{d}t} = 4\pi r_0^2 j$$

即

$$-\frac{\mathrm{d}r}{\mathrm{d}t} = \frac{M_B r_0^2}{\rho_B r^2} j \tag{7.74}$$

分离变量积分式（7.74），得

$$1 - \left(\frac{r}{r_0}\right)^3 = \frac{3M_{\mathrm{B}}}{\rho_{\mathrm{B}} r_0} \int_0^t j \mathrm{d}t \qquad (7.75)$$

$$\alpha = \frac{3M_{\mathrm{B}}}{\rho_{\mathrm{B}} r_0} \int_0^t j \mathrm{d}t \qquad (7.76)$$

过程达到稳态，j 为常数。

式（7.72）+式（7.75），得

$$\left(\frac{r}{r_0}\right)^3 - \left(\frac{r}{r_0}\right)^4 = \frac{4M_{\mathrm{B}}}{\rho_{\mathrm{B}} r_0^2} \int_0^t \frac{L_{\mathrm{BB}}}{T} \Delta\mu_{\mathrm{Bs'}} \mathrm{d}t + \frac{M_{\mathrm{B}}}{\rho_{\mathrm{B}} r_0} \int_0^t j \mathrm{d}t \qquad (7.77)$$

式（7.73）+式（7.76），得

$$1 - \alpha - (1-\alpha)^{\frac{4}{3}} = \frac{4M_{\mathrm{B}}}{\rho_{\mathrm{B}} r_0^2} \int_0^t \frac{L_{\mathrm{BB}}}{T} \Delta\mu_{\mathrm{Bs'}} \mathrm{d}t + \frac{M_{\mathrm{B}}}{\rho_{\mathrm{B}} r_0} \int_0^t j \mathrm{d}t \qquad (7.78)$$

7.3.6　被溶解物质在剩余层中的扩散和在液膜中的扩散共同为控制步骤

过程速率为

$$-\frac{\mathrm{d}N_{\mathrm{B(s)}}}{\mathrm{d}t} = \frac{\mathrm{d}N_{(\mathrm{B})}}{\mathrm{d}t} = \Omega_{\mathrm{ss'}} J_{\mathrm{Bs'}} = \Omega_{\mathrm{l'l}} j = \Omega J_{\mathrm{s'l'}} \qquad (7.79)$$

其中

$$\Omega_{\mathrm{s'l'}} = \Omega_{\mathrm{l'l}} = \Omega$$

$$J_{\mathrm{s'l'}} = J_{\mathrm{Bs'}} = -\frac{L_{\mathrm{BB}}}{T} \frac{\mathrm{d}\mu_{\mathrm{Bs'}}}{\mathrm{d}r} \qquad (7.80)$$

$$J_{\mathrm{s'l'}} = J_{\mathrm{Bl'}} = \frac{L'_{\mathrm{BB}}}{T} \Delta\mu_{\mathrm{Bl'}} \qquad (7.81)$$

$$\Delta\mu_{\mathrm{Bl'}} = \mu_{\mathrm{Bl's'}} - \mu_{\mathrm{Bl'l}} = RT \ln \frac{a_{\mathrm{Bl's'}}}{a_{\mathrm{Bl'l}}}$$

式（7.80）+式（7.81）后除以 2，得

$$J_{\mathrm{s'l'}} = \frac{1}{2}(J_{\mathrm{Bs'}} + J_{\mathrm{Bl'}}) \qquad (7.82)$$

由式（7.79）得

$$-\frac{\mathrm{d}N_{\mathrm{B(s)}}}{\mathrm{d}t} = 4\pi r_0^2 J_{\mathrm{Bs'}} = -4\pi r_0^2 \frac{L_{\mathrm{BB}}}{T} \frac{\mathrm{d}\mu_{\mathrm{Bs'}}}{\mathrm{d}r} \qquad (7.83)$$

对 r 分离变量积分，得

$$-\frac{\mathrm{d}N_{\mathrm{B(s)}}}{\mathrm{d}t} = \frac{4\pi r_0^2}{r_0 - r} \frac{L_{\mathrm{BB}}}{T} \Delta\mu_{\mathrm{Bs'}} \qquad (7.84)$$

其中

$$\Delta\mu_{\mathrm{Bs'}} = \mu_{\mathrm{Bs's}} - \mu_{\mathrm{Bs'l'}} = RT \ln \frac{a_{\mathrm{Bs's}}}{a_{\mathrm{Bs'l'}}}$$

式中，$\mu_{Bs's}$ 和 $\mu_{Bs'l'}$、$a_{Bs's}$ 和 $a_{Bs'l'}$ 分别为剩余层靠近产物层一侧和靠近液膜一侧组元 B 的化学势和活度。

由式（7.79）得

$$-\frac{\mathrm{d}N_{B(s)}}{\mathrm{d}t} = 4\pi r_0^2 \frac{L'_{BB}}{T} \Delta\mu_{Bl'} \tag{7.85}$$

将

$$N_{B(s)} = \frac{4}{3}\pi r^3 \frac{\rho_B}{M_B}$$

分别代入式（7.84）和式（7.85）后，得

$$-\frac{\mathrm{d}r}{\mathrm{d}t} = \frac{r_0^2 M_B}{r^2(r_0-r)\rho_B} \frac{L_{BB}}{T} \Delta\mu_{Bs'} \tag{7.86}$$

$$-\frac{\mathrm{d}r}{\mathrm{d}t} = \frac{M_B r_0^2}{\rho_B r^2} \frac{L'_{BB}}{T} \Delta\mu_{Bl'} \tag{7.87}$$

分离变量积分式（7.86）和式（7.87），得

$$4\left(\frac{r}{r_0}\right)^3 - 3\left(\frac{r}{r_0}\right)^4 - 1 = \frac{12M_B}{\rho_B r_0^2} \int_0^t \frac{L_{BB}}{T} \Delta\mu_{Bs'} \mathrm{d}t \tag{7.88}$$

$$1 - \left(\frac{r}{r_0}\right)^3 = \frac{3M_B}{\rho_B r_0} \int_0^t \frac{L'_{BB}}{T} \Delta\mu_{Bl'} \mathrm{d}t \tag{7.89}$$

引入转化率，得

$$3 - 4\alpha - 3(1-\alpha)^{\frac{4}{3}} = \frac{12M_B}{\rho_B r_0^2} \int_0^t \frac{L_{BB}}{T} \Delta\mu_{Bs'} \mathrm{d}t \tag{7.90}$$

$$\alpha = \frac{3M_B}{\rho_B r_0} \int_0^t \frac{L'_{BB}}{T} \Delta\mu_{Bl'} \mathrm{d}t \tag{7.91}$$

式（7.88）+式（7.89），得

$$\left(\frac{r}{r_0}\right)^3 - \left(\frac{r}{r_0}\right)^4 = \frac{4M_B}{\rho_B r_0^2} \int_0^t \frac{L_{BB}}{T} \Delta\mu_{Bs'} \mathrm{d}t + \frac{M_B}{\rho_B r_0} \int_0^t \frac{L'_{BB}}{T} \Delta\mu_{Bl'} \mathrm{d}t \tag{7.92}$$

式（7.90）+式（7.91），得

$$1 - \alpha - (1-\alpha)^{\frac{4}{3}} = \frac{4M_B}{\rho_B r_0^2} \int_0^t \frac{L_{BB}}{T} \Delta\mu_{Bs'} \mathrm{d}t + \frac{M_B}{\rho_B r_0} \int_0^t \frac{L'_{BB}}{T} \Delta\mu_{Bl'} \mathrm{d}t \tag{7.93}$$

7.3.7　被溶解物质在剩余层中的扩散、在液膜中的扩散及其与溶剂的相互作用共同为控制步骤

过程速率为

$$-\frac{dN_{B(s)}}{dt} = \frac{dN_{(B)}}{dt} = \Omega_{s'l'}J_{Bs'} = \Omega_{s'l'}j = \Omega_{l'l}J_{Bl'} = \Omega J_{s'j l'} \qquad (7.94)$$

其中

$$\Omega_{s'l'} = \Omega_{l'l} = \Omega$$

$$J_{s'jl'} = J_{Bs'} = -\frac{L_{BB}}{T}\frac{d\mu_{Bs'}}{dr} \qquad (7.95)$$

$$J_{s'jl'} = j = -l_1\left(\frac{A_m}{T}\right) - l_2\left(\frac{A_m}{T}\right)^2 - l_3\left(\frac{A_m}{T}\right)^3 - \cdots \qquad (7.96)$$

$$J_{s'jl'} = J_{Bl'} = \frac{L'_{BB}}{T}\Delta\mu_{Bl'} \qquad (7.97)$$

其中

$$\Delta\mu_{Bl'} = \mu_{Bl's'} - \mu_{Bl'l} = RT\ln\frac{a_{Bl's'}}{a_{Bl'l}}$$

式（7.95）+式（7.96）+式（7.97）后除以 3，得

$$J_{s'jl'} = \frac{1}{3}(J_{Bs'} + j + J_{Bl'}) \qquad (7.98)$$

对于半径为 r 的球形颗粒，由式（7.92）有

$$-\frac{dN_{B(s)}}{dt} = 4\pi r_0^2 J_{Bs'} = 4\pi r_0^2 \frac{L_{BB}}{T}\frac{d\mu_{Bs'}}{dr} \qquad (7.99)$$

$$-\frac{dN_{B(s)}}{dt} = 4\pi r_0^2 j \qquad (7.100)$$

$$-\frac{dN_{B(s)}}{dt} = 4\pi r_0^2 J_{Bl'} = 4\pi r_0^2 \frac{L'_{BB}}{T}\Delta\mu_{Bl'} \qquad (7.101)$$

将式（7.99）对 r 分离变量积分，得

$$-\frac{dN_{B(s)}}{dt} = \frac{4\pi r_0^2}{r_0 - r}\frac{L_{BB}}{T}\Delta\mu_{Bs'} \qquad (7.102)$$

将

$$N_{B(s)} = \frac{4}{3}\pi r^3 \frac{\rho_B}{M_B}$$

分别代入式（7.102）、式（7.100）和式（7.101），得

$$-\frac{dr}{dt} = \frac{M_B r_0}{\rho_B r(r_0 - r)}\frac{L_{BB}}{T}\Delta\mu_{Bs'} \qquad (7.103)$$

$$-\frac{dr}{dt} = \frac{M_B r_0}{\rho_B r^2}j \qquad (7.104)$$

$$-\frac{dr}{dt} = \frac{M_B r_0^2}{\rho_B r^2}\frac{L'_{BB}}{T}\Delta\mu_{Bl'} \qquad (7.105)$$

将式（7.103）、式（7.104）和式（7.105）分离变量积分，得

$$4\left(\frac{r}{r_0}\right)^3 - 3\left(\frac{r}{r_0}\right)^4 - 1 = \frac{12M_B}{\rho_B r_0^2}\int_0^t \frac{L_{BB}}{T}\Delta\mu_{Bs'}dt \tag{7.106}$$

$$1 - \left(\frac{r}{r_0}\right)^3 = \frac{3M_B}{\rho_B r_0}\int_0^t j dt \tag{7.107}$$

$$1 - \left(\frac{r}{r_0}\right)^3 = \frac{3M_B}{\rho_B r_0}\int_0^t \frac{L'_{BB}}{T}\Delta\mu_{Bl'}dt \tag{7.108}$$

引入转化率 α，得

$$3 - 4\alpha - 3(1-\alpha)^{\frac{4}{3}} = \frac{12M_B}{\rho_B r_0^2}\int_0^t \frac{L_{BB}}{T}\Delta\mu_{Bs'}dt \tag{7.109}$$

$$\alpha = \frac{3M_B}{\rho_B r_0}\int_0^t j dt \tag{7.110}$$

$$\alpha = \frac{3M_B}{\rho_B r_0}\int_0^t \frac{L'_{BB}}{T}\Delta\mu_{Bl'}dt \tag{7.111}$$

式（7.106）+式（7.107）+式（7.108），得

$$1 + 2\left(\frac{r}{r_0}\right)^3 - 3\left(\frac{r}{r_0}\right)^4 = \frac{12M_B}{\rho_B r_0^2}\int_0^t \frac{L_{BB}}{T}\Delta\mu_{Bs'}dt + \frac{3M_B}{\rho_B r_0}\int_0^t j dt + \frac{3M_B}{\rho_B r_0}\int_0^t \frac{L'_{BB}}{T}\Delta\mu_{Bl'}dt \tag{7.112}$$

式（7.109）+式（7.110）+式（7.111），得

$$3 - 2\alpha - 3(1-\alpha)^{\frac{4}{3}} = \frac{12M_B}{\rho_B r_0^2}\int_0^t \frac{L_{BB}}{T}\Delta\mu_{Bs'}dt + \frac{3M_B}{\rho_B r_0}\int_0^t j dt + \frac{3M_B}{\rho_B r_0}\int_0^t \frac{L'_{BB}}{T}\Delta\mu_{Bl'}dt \tag{7.113}$$

7.4 多种物质同时溶解——溶解过程固体颗粒尺寸变化

固体中多种物质同时溶解，不形成致密的剩余层，溶解过程中颗粒尺寸变化。可以表示为

$$i(s) \Longrightarrow (i) \tag{7.b}$$
$$(i = 1, 2, \cdots, n)$$

式中，i 为单位纯物质，如果 i 为固溶体，则

$$(i)_s \Longrightarrow (i) \tag{7.c}$$

7.4.1 被溶解物质在液膜中的扩散为控制步骤

溶解过程中，颗粒尺寸变化，液膜厚度不变。被溶解物质在液膜中的扩散速率为

$$J_{il'} = |\boldsymbol{J}_{il'}| = \left| -\sum_{k=1}^{n} \frac{\nabla \mu_{kl'}}{T} \right| = \sum_{k=1}^{n} L_{ik} \frac{\Delta \mu_{kl'}}{T \delta_{l'}} = \sum_{k=1}^{n} \frac{L_{ik}'}{T} \Delta \mu_{kl'} \quad (7.114)$$

其中

$$L_{ik}' = \frac{L_{ik}}{\delta_{l'}}$$

过程速率为

$$-\frac{\mathrm{d}N_{i(s)}}{\mathrm{d}t} = \frac{\mathrm{d}N_{(i)}}{\mathrm{d}t} = \Omega_{l's} J_{il'} \quad (7.115)$$

对于半径为 r 的球形颗粒，有

$$-\frac{\mathrm{d}N_{i(s)}}{\mathrm{d}t} = 4\pi r_i^2 \sum_{k=1}^{n} \frac{L_{ik}'}{T} \Delta \mu_{kl'} \quad (7.116)$$

其中

$$\Delta \mu_{kl'} = \mu_{kl's} - \mu_{kl'l} = RT \ln \frac{a_{kl's}}{a_{kl'l}}$$

式中，$\mu_{kl's}$ 和 $\mu_{kl'l}$、$a_{kl's}$ 和 $a_{kl'l}$ 分别为液膜中靠近固相一侧和靠近液相本体一侧组元 k 的化学势和活度。

将

$$N_{i(s)} = \frac{4}{3}\pi r_i^3 \frac{\rho_i'}{M_i} \quad (7.117)$$

代入式（7.116）后，得

$$-\frac{\mathrm{d}r_i}{\mathrm{d}t} = \frac{M_i}{\rho_i'} \sum_{k=1}^{n} \frac{L_{ik}'}{T} \Delta \mu_{kl'} \quad (7.118)$$

其中，ρ_i' 为组元 i 的表观密度，有

$$\rho_i' = \frac{w_i}{\frac{4}{3}\pi r_i^3} \quad (7.119)$$

式中，w_i 为组元 i 的质量；r_i 为半径为 r 的球形颗粒中含有组元 i 的半径。

将式（7.118）分离变量积分，得

$$1 - \frac{r_i}{r_{i0}} = \frac{M_i}{\rho_i' r_{i0}} \sum_{k=1}^{n} \int_0^t \left(\frac{L_{ik}'}{T} \Delta \mu_{kl'} \right) \mathrm{d}t \quad (7.120)$$

$$1 - (1 - \alpha_i)^{\frac{1}{3}} = \frac{M_i}{\rho_i' r_{i0}} \sum_{k=1}^{n} \int_0^t \left(\frac{L_{ik}'}{T} \Delta \mu_{kl'} \right) \mathrm{d}t \quad (7.121)$$

7.4.2　被溶解物质与溶剂的相互作用为控制步骤

溶解速率为

$$j_i = -\sum_{k=1}^{n} l_{ik}\left(\frac{A_{\mathrm{m},k}}{T}\right) - \sum_{k=1}^{n}\sum_{l=1}^{n} l_{ikl}\left(\frac{A_{\mathrm{m},k}}{T}\right)\left(\frac{A_{\mathrm{m},l}}{T}\right) - \sum_{k=1}^{n}\sum_{l=1}^{n}\sum_{h=1}^{n} l_{iklh}\left(\frac{A_{\mathrm{m},k}}{T}\right)\left(\frac{A_{\mathrm{m},l}}{T}\right)\left(\frac{A_{\mathrm{m},h}}{T}\right)\cdots$$

$$（7.122）$$

其中

$$A_{\mathrm{m},i} = \Delta G_{\mathrm{m},i} = \Delta G_{\mathrm{m},i}^{\ominus} + RT\ln\frac{a_{i l's}}{a_{isl'}}$$

式中，$a_{il's}$ 为靠近未溶解核一侧液膜中组元 i 的活度；$a_{isl'}$ 为靠近液膜一侧未溶解核中组元 i 的活度，纯物质

$$a_{i(\mathrm{s})} = 1$$

由式（7.b），有

$$-\frac{\mathrm{d}N_{i(\mathrm{s})}}{\mathrm{d}t} = \frac{\mathrm{d}N_{(i)}}{\mathrm{d}t} = \Omega_{\mathrm{sl'}} j \qquad （7.123）$$

对于半径为 r 的球形颗粒，得

$$-\frac{\mathrm{d}N_{i(\mathrm{s})}}{\mathrm{d}t} = 4\pi r_i^2 j_i \qquad （7.124）$$

将

$$-\frac{\mathrm{d}N_{i(\mathrm{s})}}{\mathrm{d}t} = -\frac{4\pi r_i^2 \rho_i'}{M_i}\frac{\mathrm{d}r_i}{\mathrm{d}t} \qquad （7.125）$$

和式（7.124）比较，得

$$-\frac{\mathrm{d}r_i}{\mathrm{d}t} = \frac{M_i}{\rho_i'} j_i \qquad （7.126）$$

将式（7.126）分离变量积分，得

$$1 - \frac{r_i}{r_{i0}} = \frac{M_i}{r_{i0}\rho_i}\int_0^t j_i\mathrm{d}t \qquad （7.127）$$

$$1 - (1-\alpha_i)^{\frac{1}{3}} = \frac{M_i}{r_{i0}\rho_{i'}}\int_0^t j_i\mathrm{d}t \qquad （7.128）$$

7.4.3　被溶解物质与溶剂的相互作用及其在液膜中的扩散共同为控制步骤

溶解速率为

$$-\frac{\mathrm{d}N_{i(\mathrm{s})}}{\mathrm{d}t} = \frac{\mathrm{d}N_{(i)}}{\mathrm{d}t} = \Omega_{\mathrm{sl'}} j_i = \Omega_{\mathrm{l'l}} J_{il'} = \Omega J_{ij\mathrm{l'}} \qquad （7.129）$$

其中

$$\Omega_{\mathrm{sl'}} = \Omega_{\mathrm{l'l}} = \Omega$$

$$J_{ijl'} = j_i = -\sum_{k=1}^{n} l_{ik}\left(\frac{A_{\mathrm{m},k}}{T}\right) - \sum_{k=1}^{n}\sum_{l=1}^{n} l_{ikl}\left(\frac{A_{\mathrm{m},k}}{T}\right)\left(\frac{A_{\mathrm{m},l}}{T}\right) - \sum_{k=1}^{n}\sum_{l=1}^{n}\sum_{h=1}^{n} l_{iklh}\left(\frac{A_{\mathrm{m},k}}{T}\right)\left(\frac{A_{\mathrm{m},l}}{T}\right)\left(\frac{A_{\mathrm{m},h}}{T}\right) - \cdots$$
$$(7.130)$$

$$J_{ijl'} = J_{il'} = \sum_{k=1}^{n}\frac{L'_{ik}}{T}\Delta\mu_{il'} \tag{7.131}$$

式（7.130）+式（7.131）后除以 2，得

$$J_{ijl'} = \frac{1}{2}(j_i + J_{il'}) \tag{7.132}$$

对于半径为 r 的球形颗粒，由式（7.129）有

$$-\frac{\mathrm{d}N_{i(\mathrm{s})}}{\mathrm{d}t} = 4\pi r_i^2 j_i \tag{7.133}$$

$$-\frac{\mathrm{d}N_{i(\mathrm{s})}}{\mathrm{d}t} = 4\pi r_i^2 J_{il'} = 4\pi r_i^2 \sum_{k=1}^{n}\frac{L'_{ik}}{T}\Delta\mu_{il'} \tag{7.134}$$

将式

$$N_i = \frac{4}{3}\pi r_i^3 \frac{\rho'_i}{M_i}$$

代入式（7.133）和式（7.134）后，得

$$-\frac{\mathrm{d}r_i}{\mathrm{d}t} = \frac{M_i}{\rho'_i} j_i \tag{7.135}$$

$$-\frac{\mathrm{d}r_i}{\mathrm{d}t} = \frac{M_i}{\rho'_i}\sum_{k=1}^{n}\frac{L'_{ik}}{T}\Delta\mu_{kl'} \tag{7.136}$$

将式（7.135）、式（7.136）分离变量积分，得

$$1 - \frac{r_i}{r_{i0}} = \frac{M_i}{\rho'_i r_{i0}}\int_0^t j_i \mathrm{d}t \tag{7.137}$$

$$1 - \frac{r_i}{r_{i0}} = \frac{r_{i0}M_i}{\rho'_i r_{i0}}\sum_{k=1}^{n}\int_0^t\left(\frac{L'_{ik}}{T}\Delta\mu_{kl'}\right)\mathrm{d}t \tag{7.138}$$

引入转化率，得

$$1 - (1-\alpha_i)^{\frac{1}{3}} = \frac{M_i}{\rho'_i r_{i0}}\int_0^t j_i \mathrm{d}t \tag{7.139}$$

$$1 - (1-\alpha_i)^{\frac{1}{3}} = \frac{M_i}{\rho'_i r_{i0}}\sum_{k=1}^{n}\int_0^t\left(\frac{L'_{ik}}{T}\Delta\mu_{kl'}\right)\mathrm{d}t \tag{7.140}$$

式（7.137）+式（7.138）、式（7.139）+式（7.140），得

$$2 - 2\left(\frac{r_i}{r_{i0}}\right) = \frac{M_i}{\rho'_i r_{i0}}\int_0^t j_i \mathrm{d}t + \frac{M_i}{\rho'_i r_{i0}}\sum_{k=1}^{n}\int_0^t\left(\frac{L'_{ik}}{T}\Delta\mu_{kl'}\right)\mathrm{d}t \tag{7.141}$$

$$2 - 2(1 - \alpha_i)^{\frac{1}{3}} = \frac{M_i}{\rho_i' r_{i0}} \int_0^t j_i \mathrm{d}t + \frac{M_i}{\rho_i' r_{i0}} \sum_{k=1}^n \int_0^t \left(\frac{L_{ik}'}{T} \Delta \mu_{kl'} \right) \mathrm{d}t \qquad (7.142)$$

7.5 多种物质同时溶解——溶解前后固体颗粒尺寸不变

7.5.1 被溶解物质与溶剂的相互作用为控制步骤

溶解过程形成致密剩余层，固体颗粒尺寸不变。溶解过程可以表示为

$$i(\mathrm{s}) \Longrightarrow (i)$$
$$(i = 1, 2, \cdots, n)$$
$$\qquad (7.b)$$

式中，i 为单相纯物质。如果 i 为固溶体，则

$$(i)_{\mathrm{s}} \Longrightarrow (i) \qquad (7.c)$$

过程的速率为

$$-\frac{\mathrm{d}N_{i(\mathrm{s})}}{\mathrm{d}t} = \frac{\mathrm{d}N_{(i)}}{\mathrm{d}t} = \Omega_{\mathrm{s'l'}} j_i \qquad (7.143)$$

如果 i 为固溶体，则用 $N(i)s$ 代替 $Ni(s)$。
其中

$$j_i = -\sum_{k=1}^r l_{ik} \left(\frac{A_{\mathrm{m},k}}{T} \right) - \sum_{k=1}^n \sum_{l=1}^n l_{ikl} \left(\frac{A_{\mathrm{m},k}}{T} \right) \left(\frac{A_{\mathrm{m},l}}{T} \right) - \sum_{k=1}^n \sum_{l=1}^n \sum_{h=1}^n l_{iklh} \left(\frac{A_{\mathrm{m},k}}{T} \right) \left(\frac{A_{\mathrm{m},l}}{T} \right) \left(\frac{A_{\mathrm{m},h}}{T} \right) - \cdots$$
$$\qquad (7.144)$$

$$A_{\mathrm{m},i} = \Delta G_{\mathrm{m},i} = \Delta G_{\mathrm{m},i}^{\ominus} + RT \ln \frac{a_{i\mathrm{l's'}}}{a_{i\mathrm{s'l'}}} \qquad (7.145)$$

式中，$a_{i\mathrm{l's'}}$ 为液膜中靠近剩余层一侧组元 i 的活度，$a_{i\mathrm{s'l'}}$ 为固体剩余层中靠近液膜一侧组元 i 的活度。

对于半径为 r 的球形颗粒，有

$$-\frac{\mathrm{d}N_{i(\mathrm{s})}}{\mathrm{d}t} = \Omega_{\mathrm{s'l'}} j_i = 4\pi r_{i0}^2 j_i \qquad (7.146)$$

将

$$N_{i(\mathrm{s})} = \frac{4}{3} \pi r_i^3 \rho_i' / M_i$$

代入式（7.146），得

$$-\frac{\mathrm{d}r_i}{\mathrm{d}t} = \frac{r_{i0}^2 M_i}{r_i^2 \rho_i'} j_i \qquad (7.147)$$

将式（7.147）分离变量积分，得

$$1 - \left(\frac{r_i}{r_{i0}}\right)^3 = \frac{3M_i}{\rho_i' r_{i0}} \int_0^t j_i \mathrm{d}t \tag{7.148}$$

$$\alpha_i = \frac{3M_i}{\rho_i' r_{i0}} \int_0^t j_i \mathrm{d}t \tag{7.149}$$

7.5.2　被溶解物质在液膜中的扩散为控制步骤

扩散速率为

$$J_{il'} = \left|\boldsymbol{J}_{il'}\right| = \left|\sum_{k=1}^n -L_{ik} \frac{\nabla \mu_{kl'}}{T}\right| = \sum_{k=1}^n L_{ik} \frac{\Delta \mu_{kl'}}{T \delta_{l'}} = \sum_{k=1}^n \frac{L_{ik}'}{T} \Delta \mu_{kl'} \tag{7.150}$$

其中

$$L_{ik}' = \frac{L_{ik}}{\delta_{l'}}$$

在溶解过程中，液膜厚度 $\delta_{l'}$ 不变

$$\Delta \mu_{kl'} = \mu_{kl's'} - \mu_{kl'l} = RT \ln \frac{a_{kl's'}}{a_{kl'l}}$$

式中，$\mu_{kl's'}$ 和 $\mu_{kl'l}$、$a_{kl's'}$ 和 $a_{kl'l}$ 分别为液膜中靠近剩余层一侧和靠近液相本体一侧组元 k 的化学势和活度。

溶解速率为

$$-\frac{\mathrm{d}N_{i(s)}}{\mathrm{d}t} = \frac{\mathrm{d}N_{(i)}}{\mathrm{d}t} = \Omega_{l'l} J_{il'} \tag{7.151}$$

对于半径为 r 的球形颗粒，有

$$\Omega_{l'l} = 4\pi r_{i0}^2 \tag{7.152}$$

$$N_{i(s)} = \frac{4}{3}\pi r_i^3 \rho_i' \Big/ M_i \tag{7.153}$$

将式（7.152）和式（7.153）代入式（7.151），得

$$-\frac{\mathrm{d}r_i}{\mathrm{d}t} = \frac{r_{i0}^2 M_i}{r_i^2 \rho_i'} \sum_{k=1}^n \frac{L_{ik}'}{T} \Delta \mu_{kl'} \tag{7.154}$$

将式（7.154）分离变量积分，得

$$1 - \left(\frac{r_i}{r_{i0}}\right)^3 = \frac{3M_i}{\rho_i' r_{i0}} \sum_{k=1}^n \int_0^t \frac{L_{ik}'}{T} \Delta \mu_{kl'} \mathrm{d}t \tag{7.155}$$

$$\alpha_i = \frac{3M_i}{\rho_i' r_{i0}} \sum_{k=1}^n \int_0^t \frac{L_{ik}'}{T} \Delta \mu_{kl'} \mathrm{d}t \tag{7.156}$$

7.5.3　被溶解物质在剩余层中的扩散为控制步骤

扩散速率为

$$J_{is'} = |\boldsymbol{J}_{is'}| = \left| -\sum_{k=1}^{n} L_{ik} \frac{\nabla \mu_k}{T} \right| = -\sum_{k=1}^{n} \frac{L_{ik}}{T} \frac{\mathrm{d}\mu_k}{\mathrm{d}r} \tag{7.157}$$

组元 i 的溶解速率为

$$-\frac{\mathrm{d}N_{i(s)}}{\mathrm{d}t} = \frac{\mathrm{d}N_{(i)}}{\mathrm{d}t} = V\frac{\mathrm{d}c_j}{\mathrm{d}t} = \Omega_{s's} J_{is'} \tag{7.158}$$

对与半径为 r 的球形颗粒，有

$$-\frac{\mathrm{d}N_{i(s)}}{\mathrm{d}t} = -4\pi r_i^2 \sum_{k=1}^{n} \frac{L_{ik}}{T} \frac{\mathrm{d}\mu_k}{\mathrm{d}r_i} \tag{7.159}$$

过程达到稳态，$\dfrac{\mathrm{d}N_{i(s)}}{\mathrm{d}t}$ 为常数，将式（7.161）对 r_i 分离变量积分，得

$$-\frac{\mathrm{d}N_{i(s)}}{\mathrm{d}t} = \frac{4\pi r_{i0}^2}{r_{i0} - r_i} \sum_{k=1}^{n} \frac{L_{ik}}{T} \Delta\mu_{ks'} \tag{7.160}$$

其中

$$\Delta\mu_{ks'} = \mu_{ks's} - \Delta\mu_{ks'1'} = RT \ln \frac{a_{ks's}}{a_{ks'1'}}$$

将

$$-\frac{\mathrm{d}N_{i(s)}}{\mathrm{d}t} = -\frac{4\pi r_i^2 \rho_i'}{M_i} \frac{\mathrm{d}r_i}{\mathrm{d}t} \tag{7.161}$$

与式（7.160）比较，得

$$-\frac{\mathrm{d}r_i}{\mathrm{d}t} = \frac{r_{i0}^2 M_i}{r_i^2 (r_{i0} - r_i)\rho_i'} \sum_{k=1}^{n} \frac{L_{ik}}{T} \Delta\mu_{ks'} \tag{7.162}$$

将式（7.162）分离变量积分，得

$$4\left(\frac{r_i}{r_{i0}}\right)^3 - 3\left(\frac{r_i}{r_{i0}}\right)^4 - 1 = \frac{12M_i}{\rho_i' r_{i0}^2} \sum_{k=1}^{n} \int_0^t \frac{L_{ik}}{T} \Delta\mu_{ks'} \mathrm{d}t \tag{7.163}$$

$$3 - 3(1-\alpha_i)^{\frac{4}{3}} - 3\alpha_i = \frac{12M_i}{r_{i0}^2 \rho_i'} \sum_{k=1}^{n} \int_0^t \frac{L_{ik}}{T} \Delta\mu_{ks'} \mathrm{d}t \tag{7.164}$$

7.5.4　被溶解物质在液膜中的扩散及其与溶剂的相互作用共同为控制步骤

过程速率为

$$-\frac{\mathrm{d}N_{i(\mathrm{s})}}{\mathrm{d}t} = \frac{\mathrm{d}N_{(i)}}{\mathrm{d}t} = \Omega_{\mathrm{l'l}} J_{i\mathrm{l'}} = \Omega_{\mathrm{s'l'}} j_i = \Omega J_{i\,\mathrm{l's'}} \tag{7.165}$$

其中

$$\Omega_{\mathrm{l'l}} = \Omega_{\mathrm{s'l'}} = \Omega$$

$$J_{i\,\mathrm{l's'}} = J_{i\mathrm{l'}} = \sum_{k=1}^{n} \frac{L'_{ik}}{T} \Delta\mu_{k\mathrm{l'}} \tag{7.166}$$

式中

$$\Delta\mu_{k\mathrm{l'}} = \mu_{k\mathrm{l's'}} - \mu_{k\mathrm{l'l}} = RT\ln\frac{a_{k\mathrm{l's'}}}{a_{k\mathrm{l'l}}}$$

$$J_{i\,\mathrm{l's'}} = j_i = -\sum_{k=1}^{r} l_{ik}\left(\frac{A_{\mathrm{m},k}}{T}\right) - \sum_{k=1}^{n}\sum_{l=1}^{n} l_{ikl}\left(\frac{A_{\mathrm{m},k}}{T}\right)\left(\frac{A_{\mathrm{m},l}}{T}\right) - \sum_{k=1}^{n}\sum_{l=1}^{n}\sum_{h=1}^{n} l_{ikl}\left(\frac{A_{\mathrm{m},k}}{T}\right)\left(\frac{A_{\mathrm{m},l}}{T}\right)\left(\frac{A_{\mathrm{m},h}}{T}\right) - \cdots \tag{7.167}$$

$$A_{\mathrm{m},i} = \Delta G_{\mathrm{m},i} = \Delta G_{\mathrm{m},i}^{\ominus} + RT\ln\frac{a_{i\mathrm{l's'}}}{a_{i\mathrm{s'l'}}}$$

式中，$a_{i\mathrm{l's'}}$ 为液膜中靠近剩余层组元 i 的活度；$a_{i\mathrm{s'l'}}$ 为剩余层中靠近液膜组元 i 的活度。

式（7.166）+式（7.167）后除以 2，得

$$J_{i\,\mathrm{l's'}} = \frac{1}{2}(J_{i\mathrm{l'}} + j_i) \tag{7.168}$$

对于半径为 r 的球形颗粒，由式（7.165）得

$$-\frac{\mathrm{d}N_{i(\mathrm{s})}}{\mathrm{d}t} = 4\pi r_{i0}^2 J_{i\mathrm{l'}} = 4\pi r_{i0}^2 \sum_{k=1}^{n} \frac{L'_{ik}}{T} \Delta\mu_{k\mathrm{l'}} \tag{7.169}$$

$$-\frac{\mathrm{d}N_{i(\mathrm{s})}}{\mathrm{d}t} = 4\pi r_{i0}^2 j_i \tag{7.170}$$

将

$$N_{i(\mathrm{s})} = \frac{4}{3}\pi r_i^3 \rho_i' / M_i$$

代入式（7.169）和式（7.170），得

$$-\frac{\mathrm{d}r_i}{\mathrm{d}t} = \frac{r_{i0}^2 M_i}{r_i^2 \rho_i'} \sum_{k=1}^{n} \frac{L'_{ik}}{T} \Delta\mu_{k\mathrm{l'}} \tag{7.171}$$

$$-\frac{\mathrm{d}r_i}{\mathrm{d}t} = \frac{r_{i0}^2 M_i}{r_i^2 \rho_i'} j_i \tag{7.172}$$

将式（7.171）和式（7.172）分离变量积分，得

$$1 - \left(\frac{r_i}{r_{i0}}\right)^3 = \frac{3M_i}{\rho_i' r_{i0}} \int_0^t \sum_{k=1}^{n} \frac{L'_{ik}}{T} \Delta\mu_{k\mathrm{l'}} \mathrm{d}t \tag{7.173}$$

$$1-\left(\frac{r_i}{r_{i0}}\right)^3=\frac{3M_i}{\rho_i'r_{i0}}\int_0^t j_i\mathrm{d}t \tag{7.174}$$

引入转化率 α_i，得

$$\alpha_i=\frac{3M_i}{\rho_i'r_{i0}}\int_0^t\sum_{k=1}^n\frac{L_{ik}'}{T}\Delta\mu_{kl'}\mathrm{d}t \tag{7.175}$$

$$\alpha_i=\frac{3M_i}{\rho_i'r_{i0}}\int_0^t j_i\mathrm{d}t \tag{7.176}$$

式（7.173）+式（7.174），得

$$2-2\left(\frac{r_i}{r_{i0}}\right)^3=\frac{3M_i}{\rho_i'r_{i0}}\sum_{k=1}^n\int_0^t\frac{L_{ik}'}{T}\Delta\mu_{kl'}\mathrm{d}t+\frac{3M_i}{\rho_i'r_{i0}}\int_0^t j_i\mathrm{d}t \tag{7.177}$$

式（7.175）+式（7.176），得

$$2\alpha_i=\frac{3M_i}{\rho_i'r_{i0}}\sum_{k=1}^n\int_0^t\frac{L_{ik}'}{T}\Delta\mu_{kl'}\mathrm{d}t+\frac{3M_i}{\rho_i'r_{i0}}\int_0^t j_i\mathrm{d}t \tag{7.178}$$

7.5.5 被溶解物质在剩余层中的扩散及其与溶剂的相互作用共同为控制步骤

过程速率为

$$-\frac{\mathrm{d}N_{i(s)}}{\mathrm{d}t}=\frac{\mathrm{d}N_{(i)}}{\mathrm{d}t}=\Omega_{s'l'}J_{is'}=\Omega_{s'l'}j_i=\Omega J_{is'j} \tag{7.179}$$

式中

$$\Omega_{s'l'}=\Omega$$

$$J_{is'j}=J_{is'}=-\sum_{k=1}^n\frac{L_{ik}}{T}\frac{\mathrm{d}\mu_{ks'}}{\mathrm{d}r} \tag{7.180}$$

$$J_{is'j}=j_i=-\sum_{k=1}^r l_{ik}\left(\frac{A_{\mathrm{m},k}}{T}\right)-\sum_{k=1}^n\sum_{l=1}^n l_{ikl}\left(\frac{A_{\mathrm{m},k}}{T}\right)\left(\frac{A_{\mathrm{m},l}}{T}\right)-\sum_{k=1}^n\sum_{l=1}^n\sum_{h=1}^n l_{iklh}\left(\frac{A_{\mathrm{m},k}}{T}\right)\left(\frac{A_{\mathrm{m},l}}{T}\right)\left(\frac{A_{\mathrm{m},h}}{T}\right)-\cdots \tag{7.181}$$

其中

$$A_{\mathrm{m},k}=\Delta G_{\mathrm{m},k}=\Delta G_{\mathrm{m},k}^{\ominus}+RT\ln\frac{a_{kl's'}}{a_{ks'l'}}$$

式（7.180）+式（7.181）后除以2，得

$$J_{is'j}=\frac{1}{2}(J_{is'}+j_i) \tag{7.182}$$

对于半径为 r 的球形颗粒，由式（7.179）有

$$\frac{\mathrm{d}N_{i(s)}}{\mathrm{d}t} = 4\pi r_{i0}^2 \sum_{k=1}^{n} \frac{L_{ik}}{T} \frac{\mathrm{d}\mu_{ks'}}{\mathrm{d}r_i} \tag{7.183}$$

过程达到稳态，$\dfrac{\mathrm{d}N_{i(s)}}{\mathrm{d}t}$ 为常数，将式（7.183）对 r_i 分离变量积分，得

$$-\frac{\mathrm{d}N_{i(s)}}{\mathrm{d}t} = \frac{4\pi r_{i0}^2}{r_{i0} - r_i} \sum_{k=1}^{n} \frac{L_{ik}}{T} \Delta\mu_{ks'} \tag{7.184}$$

式中

$$\Delta\mu_{ks'} = \mu_{ks's} - \mu_{ks'l'} = RT \ln \frac{a_{ks's}}{a_{ks'l'}}$$

将

$$-\frac{\mathrm{d}N_{i(s)}}{\mathrm{d}t} = \frac{4\pi r_i^2 \rho_i'}{M_i} \frac{\mathrm{d}r_i}{\mathrm{d}t} \tag{7.185}$$

与式（7.184）比较，得

$$-\frac{\mathrm{d}r_i}{\mathrm{d}t} = \frac{r_{i0}^2 M_i}{r_i^2 (r_{i0} - r_i)\rho_i'} \sum_{k=1}^{n} \frac{L_{ik}}{T} \Delta\mu_{ks'} \tag{7.186}$$

将式（7.186）分离变量积分，得

$$4\left(\frac{r_i}{r_{i0}}\right)^3 - 3\left(\frac{r_i}{r_{i0}}\right)^4 - 1 = \frac{12M_i}{\rho_i' r_{i0}^2} \sum_{k=1}^{n} \int_0^t \frac{L_{ik}}{T} \Delta\mu_{ks'} \mathrm{d}t \tag{7.187}$$

$$3 - 4\alpha_i - 3(1 - \alpha_i)^{\frac{4}{3}} = \frac{12M_i}{\rho_i' r_{i0}^2} \sum_{k=1}^{n} \int_0^t \frac{L_{ik}}{T} \Delta\mu_{ks'} \mathrm{d}t \tag{7.188}$$

由式（7.179）有

$$-\frac{\mathrm{d}N_{i(s)}}{\mathrm{d}t} = 4\pi r_{i0}^2 j_i \tag{7.189}$$

将式（7.185）与式（7.189）比较，得

$$-\frac{\mathrm{d}r_i}{\mathrm{d}t} = \frac{r_{i0}^2 M_i}{r_i^2 \rho_i'} j_i \tag{7.190}$$

将式（7.190）分离变量积分，得

$$1 - \left(\frac{r_i}{r_{i0}}\right)^3 = \frac{3r_{i0}^2 M_i}{\rho_i'} \int_0^t j_i \mathrm{d}t \tag{7.191}$$

$$\alpha_i = \frac{3r_{i0}^2 M_i}{\rho_i'} \int_0^t j_i \mathrm{d}t \tag{7.192}$$

式（7.187）+式（7.191），得

$$\left(\frac{r_i}{r_{i0}}\right)^3 - \left(\frac{r_i}{r_{i0}}\right)^4 = \frac{4M_i}{\rho_i' r_{i0}^2} \sum_{k=1}^n \int_0^t \frac{L_{ik}}{T} \Delta\mu_{ks'} \mathrm{d}t + \frac{M_i}{\rho_i' r_{i0}} \int_0^t j_i \mathrm{d}t \tag{7.193}$$

式（7.188）+式（7.192），得

$$1 - \alpha_i - (1-\alpha_i)^{\frac{4}{3}} = \frac{4M_i}{\rho_i' r_{i0}^2} \sum_{k=1}^n \int_0^t \frac{L_{ik}}{T} \Delta\mu_{ks'} \mathrm{d}t + \frac{M_i}{\rho_i' r_{i0}} \int_0^t j_i \mathrm{d}t \tag{7.194}$$

7.5.6 被溶解物质在剩余层中的扩散和在液膜中的扩散共同为控制步骤

过程速率为

$$-\frac{\mathrm{d}N_{i(s)}}{\mathrm{d}t} = \frac{\mathrm{d}N_{(i)}}{\mathrm{d}t} = \Omega_{s'l'} J_{is'} = \Omega_{l'l} J_{il'} = \Omega J_{is'l'} \tag{7.195}$$

其中

$$\Omega_{s'l'} = \Omega_{l'l} = \Omega$$

$$J_{is'l'} = J_{is'} = -\sum_{k=1}^n \frac{L_{ik}}{T} \frac{\mathrm{d}\mu_{ks'}}{\mathrm{d}r} \tag{7.196}$$

$$J_{is'l'} = J_{il'} = \sum_{k=1}^n \frac{L_{ik}'}{T} \Delta\mu_{kl'} = \sum_{k=1}^n L_{ik}' R \ln \frac{a_{kl's'}}{a_{kl'l}} \tag{7.197}$$

式（7.196）+式（7.197）后除以 2，得

$$J_{is'l'} = \frac{1}{2}(J_{is'} + J_{il'}) \tag{7.198}$$

对半径为 r 的球形颗粒，由式（7.195）得

$$\frac{\mathrm{d}N_{i(s)}}{\mathrm{d}t} = 4\pi r_{i0}^2 \sum_{k=1}^n \frac{L_{ik}}{T} \frac{\mathrm{d}\mu_{ks'}}{\mathrm{d}r_i} \tag{7.199}$$

对 r_i 分离变量积分，得

$$-\frac{\mathrm{d}N_{i(s)}}{\mathrm{d}t} = \frac{4\pi r_{i0}^2}{r_{i0} - r_i} \sum_{k=1}^n \frac{L_{ik}}{T} \Delta\mu_{ks'} \tag{7.200}$$

其中

$$\Delta\mu_{ks'} = \mu_{ks's} - \mu_{ks'l'} = RT \ln \frac{a_{ks's}}{a_{ks'l'}}$$

将式

$$-\frac{\mathrm{d}N_{i(s)}}{\mathrm{d}t} = -\frac{4\pi r_i^2 \rho_i'}{\mu_i} \frac{\mathrm{d}r_i}{\mathrm{d}t} \tag{7.201}$$

和式（7.200）比较，得

$$-\frac{\mathrm{d}r_i}{\mathrm{d}t} = \frac{r_{i0}^2 M_i}{r_i^2 (r_{i0} - r_i)\rho_i'} \sum_{k=1}^{n} \frac{L_{ik}}{T} \Delta\mu_{ks'} \tag{7.202}$$

将式（7.202）分离变量积分，得

$$4\left(\frac{r_i}{r_{i0}}\right)^3 - 3\left(\frac{r_i}{r_{i0}}\right)^4 - 1 = \frac{12M_i}{r_{i0}^2 \rho_i'} \sum_{k=1}^{n} \int_0^t \frac{L_{ik}}{T} \Delta\mu_{ks'} \mathrm{d}t \tag{7.203}$$

$$3 - 4\alpha_i - 3(1-\alpha_i)^{\frac{4}{3}} = \frac{12\mu_i}{r_{i0}^2 \rho_i'} \sum_{k=1}^{n} \int_0^t \frac{L_{ik}}{T} \Delta\mu_{ks'} \mathrm{d}t \tag{7.204}$$

由式（7.195）得

$$-\frac{\mathrm{d}N_{i(s)}}{\mathrm{d}t} = 4\pi r_{i0}^2 \sum_{k=1}^{n} \frac{L_{ik}'}{T} \Delta\mu_{kl'} \tag{7.205}$$

将式（7.201）和式（7.205）比较，得

$$-\frac{\mathrm{d}r_i}{\mathrm{d}t} = \frac{r_{i0}^2 M_i}{r_i^2 \rho_i'} \sum_{k=1}^{n} \frac{L_{ik}'}{T} \Delta\mu_{kl'} \tag{7.206}$$

分离变量积分式（7.206），得

$$1 - \left(\frac{r_i}{r_{i0}}\right)^3 = \frac{3M_i}{r_{i0}\rho_i'} \sum_{k=1}^{n} \int_0^t \frac{L_{ik}'}{T} \Delta\mu_{kl'} \mathrm{d}t \tag{7.207}$$

$$\alpha_i = \frac{3M_i}{r_{i0}\rho_i'} \sum_{k=1}^{n} \int_0^t \frac{L_{ik}'}{T} \Delta\mu_{kl'} \mathrm{d}t \tag{7.208}$$

式（7.203）+式（7.207），得

$$\left(\frac{r_i}{r_{i0}}\right)^3 - \left(\frac{r_i}{r_{i0}}\right)^4 = \frac{4M_i}{r_i^2 \rho_i'} \sum_{k=1}^{n} \int_0^t \frac{L_{ik}}{T} \Delta\mu_{ks'} \mathrm{d}t + \frac{3M_i}{r_{i0}\rho_i'} \sum_{k=1}^{n} \int_0^t \frac{L_{ik}'}{T} \Delta\mu_{kl'} \mathrm{d}t \tag{7.209}$$

式（7.204）+式（7.208），得

$$1 - \alpha_i - (1-\alpha_i)^{\frac{4}{3}} = \frac{4M_i}{r_i^2 \rho_i'} \sum_{k=1}^{n} \int_0^t \frac{L_{ik}}{T} \Delta\mu_{ks'} \mathrm{d}t + \frac{3M_i}{r_{i0}\rho_i'} \sum_{k=1}^{n} \int_0^t \frac{L_{ik}'}{T} \Delta\mu_{kl'} \mathrm{d}t \tag{7.210}$$

7.5.7　被溶解物质在剩余层中的扩散、在液膜中的扩散及其与溶剂的相互作用共同为控制步骤

过程速率为

$$-\frac{\mathrm{d}N_{i(s)}}{\mathrm{d}t} = \frac{\mathrm{d}N_{(i)}}{\mathrm{d}t} = \Omega_{s'l'} J_{is'} = \Omega_{s'l'} j_i = \Omega_{l'l} J_{il'} = \Omega J_{is'jl'} \tag{7.211}$$

其中

$$\Omega_{s'l'} = \Omega_{l'l} = \Omega$$

$$J_{is'jl'} = J_{is'} = -\sum_{k=1}^{n} \frac{L_{ik}}{T} \frac{\mathrm{d}\mu_{ks'}}{\mathrm{d}r_i} \tag{7.212}$$

$$J_{is'jl'} = j_i = -\sum_{k=1}^{n} l_{ik}\left(\frac{A_{m,k}}{T}\right) - \sum_{k=1}^{n}\sum_{l=1}^{n} l_{ikl}\left(\frac{A_{m,k}}{T}\right)\left(\frac{A_{m,l}}{T}\right) - \sum_{k=1}^{n}\sum_{l=1}^{n}\sum_{h=1}^{n} l_{iklh}\left(\frac{A_{m,k}}{T}\right)\left(\frac{A_{m,l}}{T}\right)\left(\frac{A_{m,h}}{T}\right) - \cdots \tag{7.213}$$

$$J_{is'jl'} = J_{il'} = \sum_{k=1}^{n} \frac{L'_{ik}}{T} \Delta\mu_{kl'} \tag{7.214}$$

其中

$$\Delta\mu_{kl'} = \mu_{kl's'} - \mu_{kl'1} = RT\ln\frac{a_{kl's'}}{a_{kl'1}}$$

式（7.212）+式（7.213）+式（7.214）后除以 3，得

$$J_i = \frac{1}{3}(J_{is'} + j_i + J_{il'}) \tag{7.215}$$

对于半径为 r 的球形颗粒，由式（7.211）有

$$-\frac{\mathrm{d}N_{i(s)}}{\mathrm{d}t} = 4\pi r_{i0}^2 \sum_{k=1}^{n} \frac{L_{ik}}{T} \frac{\mathrm{d}\mu_{ks'}}{\mathrm{d}r_i} \tag{7.216}$$

$$-\frac{\mathrm{d}N_{i(s)}}{\mathrm{d}t} = 4\pi r_{i0}^2 j_i \tag{7.217}$$

$$-\frac{\mathrm{d}N_{i(s)}}{\mathrm{d}t} = 4\pi r_{i0}^2 \sum_{k=1}^{n} \frac{L'_{ik}}{T} \Delta\mu_{kl'} \tag{7.218}$$

过程达到稳态，$\frac{\mathrm{d}N_{i(s)}}{\mathrm{d}t}$=常数，对 r_i 分离变量积分，得

$$-\frac{\mathrm{d}N_{i(s)}}{\mathrm{d}t} = \frac{4\pi r_{i0}^2}{r_{i0}-r_i} \sum_{k=1}^{n} \frac{L_{ik}}{T} \Delta\mu_{ks'} \tag{7.219}$$

将式（7.201）与式（7.216）、式（7.217）、式（7.218）比较，得

$$-\frac{\mathrm{d}r_i}{\mathrm{d}t} = \frac{r_{i0}^2 M_i}{r_i^2(r_{i0}-r_i)\rho'} \sum_{k=1}^{n} \frac{L_{ik}}{T} \Delta\mu_{ks'} \tag{7.220}$$

$$-\frac{\mathrm{d}r_i}{\mathrm{d}t} = \frac{r_{i0}^2 M_i}{r_i^2 \rho'_i} j_i \tag{7.221}$$

$$-\frac{\mathrm{d}r_i}{\mathrm{d}t} = \frac{r_{i0}^2 M_i}{r_i^2 \rho'_i} \sum_{k=1}^{n} \frac{L'_{ik}}{T} \Delta\mu_{kl'} \tag{7.222}$$

分离变量积分式（7.220）、式（7.221）和式（7.222），得

$$4\left(\frac{r_i}{r_{i0}}\right)^3 - 3\left(\frac{r_i}{r_{i0}}\right)^4 - 1 = \frac{12M_i}{\rho'_i r_{i0}^2} \sum_{k=1}^{n} \int_0^t \frac{L_{ik}}{T} \Delta\mu_{ks'}\mathrm{d}t \tag{7.223}$$

$$1 - \left(\frac{r_i}{r_{i0}}\right)^3 = \frac{3M_i}{\rho_i' r_{i0}} \int_0^t j_i \mathrm{d}t \tag{7.224}$$

$$1 - \left(\frac{r_i}{r_{i0}}\right)^3 = \frac{3M_i}{\rho_i' r_{i0}} \sum_{k=1}^n \int_0^t \frac{L_{ik}'}{T} \Delta\mu_{kl'} \mathrm{d}t \tag{7.225}$$

式（7.223）+式（7.224）+式（7.225）得

$$1 + 2\left(\frac{r_i}{r_{i0}}\right)^3 - 3\left(\frac{r_i}{r_{i0}}\right)^4 = \frac{12M_i}{\rho_i' r_{i0}^2} \sum_{k=1}^n \int_0^t \frac{L_{ik}}{T}\Delta\mu_{ks'}\mathrm{d}t + \frac{3M_i}{\rho_i' r_{i0}}\int_0^t j_i \mathrm{d}t + \frac{3M_i}{\rho_i' r_{i0}}\sum_{k=1}^n \int_0^t \frac{L_{ik}'}{T}\Delta\mu_{kl'}\mathrm{d}t \tag{7.226}$$

引入转化率 α_i，有

$$3 - 4\alpha_i - 3(1-\alpha_i)^{\frac{4}{3}} = \frac{12M_i}{\rho_i' r_{i0}^2} \sum_{k=1}^n \int_0^t \frac{L_{ik}}{T}\Delta\mu_{ks'}\mathrm{d}t \tag{7.227}$$

$$\alpha_i = \frac{3M_i}{\rho_i' r_{i0}} \int_0^t j_i \mathrm{d}t \tag{7.228}$$

$$\alpha_i = \frac{3M_i}{\rho_i' r_{i0}} \sum_{k=1}^n \int_0^t \frac{L_{ik}'}{T}\Delta\mu_{kl'}\mathrm{d}t \tag{7.229}$$

式（7.227）+式（7.228）+式（7.229）得

$$3 - 2\alpha_i - 3(1-\alpha_i)^{\frac{4}{3}} = \frac{12M_i}{\rho_i' r_{i0}^2} \sum_{k=1}^n \int_0^t \frac{L_{ik}}{T}\Delta\mu_{ks'}\mathrm{d}t + \frac{3M_i}{\rho_i' r_{i0}}\int_0^t j_i \mathrm{d}t + \frac{3M_i}{\rho_i' r_{i0}}\sum_{k=1}^n \int_0^t \frac{L_{ik}'}{T}\Delta\mu_{kl'}\mathrm{d}t \tag{7.230}$$

7.6　浸　　出

利用液体浸出剂，把物质从固体物料中转入浸出剂，形成溶液的过程称为浸出或浸取。

例如，用硫酸浸出红土镍矿、氧化锌矿、氧化铜矿；用氢氧化钠浸出粉煤灰等。

浸出反应可以表示为

$$a\mathrm{A(l)} + b\mathrm{B(s)} == c\mathrm{(C)} \tag{7.d}$$

或

$$a\mathrm{A(l)} + b\mathrm{B(s)} == c\mathrm{(C)} + d\mathrm{D(s)} \tag{7.e}$$

浸出是浸出剂与固体物料复杂的多相反应过程。

浸出过程包括以下步骤：

（1）液体中的反应物经过固体表面的液膜向固体表面扩散。

（2）液体中的反应物经过固体产物层向固体产物层尚未被浸出的内核界面扩散。

（3）液体中的反应物和固体中的被浸出物在固-液界面反应，产物组元进入液相。

（4）溶解的产物组元经过固体产物层和（或）不能浸出的固体物料层向液体扩散。

（5）溶解的产物经过固体表面的液膜向溶液本体扩散。

如果没有固体产物层和剩余固体物料层或固体产物层和剩余的固体物料层疏松则没有步骤（4）。

7.7　一种物质被浸出——不形成致密固体产物层

7.7.1　液体反应物在液膜中的扩散为控制步骤

在浸出过程中，液膜厚度不变，扩散速率为

$$
\begin{aligned}
J_{Al'} = \left| \boldsymbol{J}_{Al'} \right| &= \left| -L_{AA}\frac{\nabla \mu_{Al'}}{T} - L_{AC}\frac{\nabla \mu_{Cl'}}{T} \right| \\
&= L_{AA}\frac{\Delta \mu_{Al'}}{T\delta_{l'}} + L_{AC}\frac{\Delta \mu_{Cl'}}{T\delta_{l'}} \\
&= \frac{L'_{AA}}{T}\Delta \mu_{Al'} + \frac{L'_{AC}}{T}\Delta \mu_{Cl'}
\end{aligned} \tag{7.231}
$$

由式（7.d）有

$$
-\frac{1}{a}\frac{dN_A}{dt} = -\frac{1}{b}\frac{dN_B}{dt} = \frac{1}{c}\frac{dN_C}{dt} = \frac{1}{a}\Omega_{l'l}J_{Al'} \tag{7.232}
$$

对于半径为 r 的球形颗粒，有

$$
-\frac{dN_A}{dt} = 4\pi r^2 \left(\frac{L'_{AA}}{T}\Delta \mu_{Al'} + \frac{L'_{AC}}{T}\Delta \mu_{Cl'} \right) \tag{7.233}
$$

其中

$$
\Delta \mu_{Al'} = \mu_{Al'l} - \mu_{Al's} = RT\ln\frac{a_{Al'l}}{a_{Al's}}
$$

$$
\Delta \mu_{Cl'} = \mu_{Cl's} - \mu_{Cl'l} = RT\ln\frac{a_{Cl's}}{a_{Cl'l}}
$$

式中，$\mu_{Al'l}$ 和 $\mu_{Al's}$、$a_{Al'l}$ 和 $a_{Al's}$ 分别为液膜中靠近液相本体一侧和靠近固相一侧组元 A 的化学势和活度；$\mu_{Cl's}$ 和 $\mu_{Cl'l}$、$a_{Cl's}$ 和 $a_{Cl'l}$ 分别为液膜中靠近固相一侧和靠近液相本体一侧组元 C 的化学势和活度。

将

$$N_{\mathrm{B}} = \frac{4}{3}\pi r^3 \frac{\rho_{\mathrm{B}}}{M_{\mathrm{B}}} \tag{7.234}$$

代入式（7.232），有

$$-\frac{\mathrm{d}N_{\mathrm{A}}}{\mathrm{d}t} = -\frac{a}{b}\frac{\mathrm{d}N_{\mathrm{B}}}{\mathrm{d}t} = -\frac{a4\pi r^2 \rho_{\mathrm{B}}}{bM_{\mathrm{B}}}\frac{\mathrm{d}r}{\mathrm{d}t} \tag{7.235}$$

比较式（7.233）和式（7.235），得

$$-\frac{\mathrm{d}r}{\mathrm{d}t} = \frac{bM_{\mathrm{B}}}{a\rho_{\mathrm{B}}}\left(\frac{L'_{\mathrm{AA}}}{T}\Delta\mu_{\mathrm{Al'}} + \frac{L'_{\mathrm{AC}}}{T}\Delta\mu_{\mathrm{Cl'}}\right) \tag{7.236}$$

将式（7.236）分离变量积分，得

$$1 - \frac{r}{r_0} = \frac{bM_{\mathrm{B}}}{a\rho_{\mathrm{B}}r_0}\int_0^t\left(\frac{L'_{\mathrm{AA}}}{T}\Delta\mu_{\mathrm{Al'}} + \frac{L'_{\mathrm{AC}}}{T}\Delta\mu_{\mathrm{Cl'}}\right)\mathrm{d}t \tag{7.237}$$

引入转化率 α，得

$$1 - (1-\alpha_{\mathrm{B}})^{\frac{1}{3}} = \frac{bM_{\mathrm{B}}}{a\rho_{\mathrm{B}}}\int_0^t\left(\frac{L'_{\mathrm{AA}}}{T}\Delta\mu_{\mathrm{Al'}} + \frac{L'_{\mathrm{AC}}}{T}\Delta\mu_{\mathrm{Cl'}}\right)\mathrm{d}t \tag{7.238}$$

7.7.2　界面化学反应为控制步骤

化学反应速率为

$$-\frac{1}{a}\frac{\mathrm{d}N_{\mathrm{A}}}{\mathrm{d}t} = -\frac{1}{b}\frac{\mathrm{d}N_{\mathrm{B}}}{\mathrm{d}t} = \frac{1}{c}\frac{\mathrm{d}N_{\mathrm{C}}}{\mathrm{d}t} = \Omega_{\mathrm{l's}}j \tag{7.239}$$

其中

$$j = -l_1\left(\frac{A_{\mathrm{m}}}{T}\right) - l_2\left(\frac{A_{\mathrm{m}}}{T}\right)^2 - l_3\left(\frac{A_{\mathrm{m}}}{T}\right)^3 - \cdots$$

$$A_{\mathrm{m}} = \Delta G_{\mathrm{m}} = \Delta G_{\mathrm{m}}^{\ominus} + RT\ln\frac{a_{\mathrm{C}}^c}{a_{\mathrm{A}}^a a_{\mathrm{B}}^b}$$

组元 A、B 均为纯物质，则

$$a_{\mathrm{A}} = 1, \quad a_{\mathrm{B}} = 1$$

对于半径为 r 的球形颗粒，由式（7.239）得

$$-\frac{1}{b}\frac{\mathrm{d}N_{\mathrm{B}}}{\mathrm{d}t} = 4\pi r^2 j \tag{7.240}$$

式（7.240）与

$$-\frac{1}{b}\frac{\mathrm{d}N_{\mathrm{B}}}{\mathrm{d}t} = -\frac{1}{b}\frac{4\pi r^2 \rho_{\mathrm{B}}}{M_{\mathrm{B}}}\frac{\mathrm{d}r}{\mathrm{d}t}$$

比较，得

$$-\frac{\mathrm{d}r}{\mathrm{d}t} = \frac{bM_{\mathrm{B}}}{\rho_{\mathrm{B}}}j \qquad (7.241)$$

将式（7.241）分离变量积分，得

$$1 - \frac{r}{r_0} = \frac{bM_{\mathrm{B}}}{\rho_{\mathrm{B}}r_0}\int_0^t j\mathrm{d}t \qquad (7.242)$$

$$1 - (1-\alpha_{\mathrm{B}})^{\frac{1}{3}} = \frac{bM_{\mathrm{B}}}{\rho_{\mathrm{B}}r_0}\int_0^t j_i\mathrm{d}t \qquad (7.243)$$

7.7.3　液体反应物在液膜中的扩散和化学反应共同为控制步骤

过程达到稳态，有

$$-\frac{1}{a}\frac{\mathrm{d}N_{\mathrm{A}}}{\mathrm{d}t} = -\frac{1}{b}\frac{\mathrm{d}N_{\mathrm{B}}}{\mathrm{d}t} = \frac{1}{c}\frac{\mathrm{d}N_{\mathrm{C}}}{\mathrm{d}t} = \frac{1}{a}\Omega_{\mathrm{l'l}}J_{\mathrm{Al'}} = \Omega_{\mathrm{l's}}j = \Omega J_{\mathrm{l'}j} \qquad (7.244)$$

其中

$$\Omega_{\mathrm{l'l}} = \Omega_{\mathrm{l's}} = \Omega$$

$$J_{\mathrm{l'}j} = \frac{1}{a}J_{\mathrm{Al'}} = \frac{1}{a}\left(\frac{L'_{\mathrm{AA}}}{T}\Delta\mu_{\mathrm{Al'}} + \frac{L'_{\mathrm{AC}}}{T}\Delta\mu_{\mathrm{Cl'}}\right) \qquad (7.245)$$

$$J_{\mathrm{l'}j} = j = -l_1\left(\frac{A_{\mathrm{m}}}{T}\right) - l_2\left(\frac{A_{\mathrm{m}}}{T}\right)^2 - l_3\left(\frac{A_{\mathrm{m}}}{T}\right)^3 - \cdots \qquad (7.246)$$

式（7.245）+式（7.246）后除以 2，得

$$J_{\mathrm{l'}j} = \frac{1}{2}\left(\frac{1}{a}J_{\mathrm{Al'}} + j\right) \qquad (7.247)$$

对于半径为 r 的球形颗粒，由式（7.244）得

$$-\frac{\mathrm{d}N_{\mathrm{A}}}{\mathrm{d}t} = 4\pi r^2 J_{\mathrm{Al'}} = 4\pi r^2\left(\frac{L'_{\mathrm{AA}}}{T}\Delta\mu_{\mathrm{Al'}} + \frac{L'_{\mathrm{AC}}}{T}\Delta\mu_{\mathrm{Cl'}}\right) \qquad (7.248)$$

其中

$$\Delta\mu_{\mathrm{Al'}} = \mu_{\mathrm{Al'l}} - \mu_{\mathrm{Al's}} = RT\ln\frac{a_{\mathrm{Al'l}}}{a_{\mathrm{Al's}}}$$

$$\Delta\mu_{\mathrm{Cl'}} = \mu_{\mathrm{Cl's}} - \mu_{\mathrm{Cl'l}} = RT\ln\frac{a_{\mathrm{Cl's}}}{a_{\mathrm{Cl'l}}}$$

由式（7.244）得

$$-\frac{\mathrm{d}N_{\mathrm{A}}}{\mathrm{d}t} = -\frac{a}{b}\frac{\mathrm{d}N_{\mathrm{B}}}{\mathrm{d}t} = -\frac{a4\pi r^2\rho_{\mathrm{B}}}{bM_{\mathrm{B}}}\frac{\mathrm{d}r}{\mathrm{d}t} \qquad (7.249)$$

比较式（7.248）和式（7.249），得

$$-\frac{\mathrm{d}r}{\mathrm{d}t} = \frac{bM_B}{a\rho_B}\left(\frac{L'_{AA}}{T}\Delta\mu_{Al'} + \frac{L'_{AC}}{T}\Delta\mu_{Cl'}\right) \qquad (7.250)$$

将式（7.250）分离变量积分，得

$$1 - \frac{r}{r_0} = \frac{bM_B}{a\rho_B r_0}\int_0^t\left(\frac{L'_{AA}}{T}\Delta\mu_{Al'} + \frac{L'_{AC}}{T}\Delta\mu_{Cl'}\right)\mathrm{d}t \qquad (7.251)$$

$$1 - (1-\alpha_B)^{\frac{1}{3}} = \frac{bM_B}{a\rho_B r_0}\int_0^t\left(\frac{L'_{AA}}{T}\Delta\mu_{Al'} + \frac{L'_{AC}}{T}\Delta\mu_{Cl'}\right)\mathrm{d}t \qquad (7.252)$$

由式（7.244）得

$$-\frac{\mathrm{d}N_A}{\mathrm{d}t} = 4\pi r^2 j \qquad (7.253)$$

将式（7.253）和式（7.249）比较，得

$$-\frac{\mathrm{d}r}{\mathrm{d}t} = \frac{bM_B}{a\rho_B}j \qquad (7.254)$$

将式（7.254）分离变量积分，得

$$1 - \frac{r}{r_0} = \frac{bM_B}{a\rho_B r_0}\int_0^t j\,\mathrm{d}t \qquad (7.255)$$

$$1 - (1-\alpha_B)^{\frac{1}{3}} = \frac{bM_B}{ar_0\rho_B}\int_0^t j\,\mathrm{d}t \qquad (7.256)$$

式（7.251）+式（7.255）得

$$2 - 2\left(\frac{r}{r_0}\right) = \frac{bM_B}{a\rho_B r_0}\int_0^t\left(\frac{L'_{AA}}{T}\Delta\mu_{Al'} + \frac{L'_{AC}}{T}\Delta\mu_{Cl'}\right)\mathrm{d}t + \frac{bM_B}{a\rho_B r_0}\int_0^t j\,\mathrm{d}t \qquad (7.257)$$

式（7.253）+式（7.257）得

$$2 - 2(1-\alpha_B)^{\frac{1}{3}} = \frac{bM_B}{a\rho_B r_0}\int_0^t\left(\frac{L'_{AA}}{T}\Delta\mu_{Al'} + \frac{L'_{AC}}{T}\Delta\mu_{Cl'}\right)\mathrm{d}t + \frac{bM_B}{a\rho_B r_0}\int_0^t j\,\mathrm{d}t \qquad (7.258)$$

7.8　一种物质被浸出——浸出前后固体颗粒尺寸不变

有些浸出反应，生成的固体产物包覆在尚未被浸出的内核外面，形成了致密的产物层。随着浸出的进行，未被浸出的核心随之减小，但是整个颗粒尺寸不变。浸出反应发生在固体产物与未反应的内核之间的界面。界面化学反应可以表示为

$$a\mathrm{A(l)} + b\mathrm{B(s)} \xrightarrow{\quad} c\mathrm{(C)} + d\mathrm{D(s)} \qquad (7.f)$$

7.8.1　液体反应物在液膜中的扩散为控制步骤

过程速率为

$$-\frac{1}{a}\frac{\mathrm{d}N_A}{\mathrm{d}t} = -\frac{1}{b}\frac{\mathrm{d}N_B}{\mathrm{d}t} = \frac{1}{c}\frac{\mathrm{d}N_C}{\mathrm{d}t} = \frac{1}{d}\frac{\mathrm{d}N_D}{\mathrm{d}t} = \frac{1}{a}\Omega_{l'l}J_{Al'} \tag{7.259}$$

颗粒表面组元 A 的化学势等于产物层与未反应核界面组元 A 的化学势。在浸出过程中，液膜厚度 $\delta_{l'}$ 不变。

组元 A 的扩散速率为

$$
\begin{aligned}
J_{Al'} = \left| \boldsymbol{J}_{Al'} \right| &= \left| -L_{AA}\frac{\nabla \mu_{Al'}}{T} - L_{AC}\frac{\nabla \mu_{Cl'}}{T} \right| \\
&= L_{AA}\frac{\Delta \mu_{Al'}}{T\delta_{l'}} + L_{AC}\frac{\Delta \mu_{Cl'}}{T\delta_{l'}} \\
&= \frac{L'_{AA}}{T}\Delta \mu_{Al'} + \frac{L'_{AC}}{T}\Delta \mu_{Cl'}
\end{aligned}
\tag{7.260}
$$

其中

$$L'_{AA} = \frac{L_{AA}}{\delta_{l'}}, L'_{AC} = \frac{L_{AC}}{\delta_{l'}}$$

$$\Delta \mu_{Al'} = \mu_{Al'l} - \mu_{Al's'} = RT\ln\frac{a_{Al'l}}{a_{Al's'}}$$

$$\Delta \mu_{Cl'} = \mu_{Cl'l} - \mu_{Cl's'} = RT\ln\frac{a_{Cl's'}}{a_{Cl'l}}$$

式中，$\mu_{Al'l}$ 和 $\mu_{Al's'}$、$a_{Al'l}$ 和 $a_{Al's'}$ 分别为液膜和液相本体界面、液膜和产物层界面组元 A 的化学势和活度；$\mu_{Cl's'}$ 和 $\mu_{Cl'l}$、$a_{Cl's'}$ 和 $a_{Cl'l}$ 分别为液膜和产物层界面、液膜和液相本体界面组元 C 的化学势和活度。

对于半径为 r 的球形颗粒，由式（7.250）得

$$-\frac{\mathrm{d}N_B}{\mathrm{d}t} = \frac{b}{a}4\pi r_0^2 J_{Al'}$$

利用

$$N_B = \frac{4}{3}\pi r^3 \rho_B \Big/ M_B \tag{7.261}$$

得

$$-\frac{\mathrm{d}r}{\mathrm{d}t} = \frac{bM_B r_0^2}{a\rho_B r^2}J_{Al'} \tag{7.262}$$

分离变量积分式（7.262），得

$$1 - \left(\frac{r}{r_0}\right)^3 = \frac{3bM_B}{a\rho_B r_0}\int_0^t \left(\frac{L'_{AA}}{T}\Delta \mu_{Al'} + \frac{L'_{AC}}{T}\Delta \mu_{Cl'}\right)\mathrm{d}t \tag{7.263}$$

$$\alpha_B = \frac{3bM_B}{a\rho_B r_0}\int_0^t \left(\frac{L'_{AA}}{T}\Delta \mu_{Al'} + \frac{L'_{AC}}{T}\Delta \mu_{Cl'}\right)\mathrm{d}t \tag{7.264}$$

7.8.2　液体反应物在固体产物层中的扩散为控制步骤

在此情况下，反应物在液膜中的扩散和界面化学反应都很快，可以认为在液膜和产物层界面反应物 A 的活度和液相本体相同，大于产物层和未反应核界面反应物 A 的活度。产物层和未反应核界面的反应物 A 的活度可以当作零。有

$$a_{Ab} = a_{Al's'} > a_{As's} = 0$$

式中，l's' 为液膜-产物层界面，s's 为产物层-未反应核界面。

液体反应物 A 在固体产物层的扩散速率为

$$J_{As'} = |\boldsymbol{J}_{As'}| = \left| -L_{AA} \frac{\nabla \mu_{As'}}{T} - L_{AC} \frac{\nabla \mu_{Cs'}}{T} \right|$$

$$= L_{AA} \frac{d\mu_{As'}}{Tdr} + L_{AC} \frac{d\mu_{Cs'}}{Tdr} \qquad (7.265)$$

式中，$\mu_{As'}$、$\mu_{Cs'}$ 分别为固体产物层中组元 A 和 C 的化学势。

过程速率为

$$-\frac{1}{a}\frac{dN_A}{dt} = -\frac{1}{b}\frac{dN_B}{dt} = \frac{1}{c}\frac{dN_C}{dt} = \frac{1}{d}\frac{dN_D}{dt} = \frac{1}{a}\Omega_{s's} J_{As'} \qquad (7.266)$$

对于半径为 r 的球形颗粒，由式（7.266）有

$$-\frac{dN_A}{dt} = 4\pi r^2 \left(L_{AA} \frac{d\mu_{As'}}{Tdr} + L_{AC} \frac{d\mu_{Cs'}}{Tdr} \right) \qquad (7.267)$$

过程达到稳态，$\dfrac{dN_A}{dt}$ 为常数，对 r 分离变量积分式（7.267），得

$$-\frac{dN_A}{dt} = \frac{4\pi r_0 r}{r_0 - r} \left(L_{AA} \frac{\Delta\mu_{As'}}{T} + L_{AC} \frac{\Delta\mu_{Cs'}}{T} \right) \qquad (7.268)$$

其中

$$\Delta\mu_{As} = \mu_{As'l} - \mu_{As's} = RT \ln \frac{a_{As'l}}{a_{As's}}$$

$$\Delta\mu_{Cs'} = \mu_{Cs'l'} - \mu_{Cs's} = RT \ln \frac{a_{Cs'l'}}{a_{Cs's}}$$

由式（7.266）得

$$-\frac{dN_A}{dt} = -\frac{a}{b}\frac{dN_B}{dt} = -\frac{4\pi r a^2 \rho_B}{b M_B}\frac{dr}{dt} \qquad (7.269)$$

比较式（7.268）和式（7.269），得

$$-\frac{dr}{dt} = \frac{b M_B r_0}{a \rho_B r(r_0 - r)} \left(L_{AA} \frac{\Delta\mu_{As'}}{T} + L_{AC} \frac{\Delta\mu_{Cs'}}{T} \right) \qquad (7.270)$$

将式（7.270）分离变量积分得

$$1-3\left(\frac{r}{r_0}\right)^2+2\left(\frac{r}{r_0}\right)^3=\frac{6bM_B}{a\rho_B r_0^2}\int_0^t\left(L_{AA}\frac{\Delta\mu_{As'}}{T}+L_{AC}\frac{\Delta\mu_{Cs'}}{T}\right)dt \tag{7.271}$$

$$3-3(1-\alpha_B)^{\frac{2}{3}}-2\alpha_B=\frac{6bM_B}{a\rho_B r_0^2}\int_0^t\left(L_{AA}\frac{\Delta\mu_{As'}}{T}+L_{AC}\frac{\Delta\mu_{Cs'}}{T}\right)dt \tag{7.272}$$

7.8.3　界面化学反应为控制步骤

因为界面化学反应为过程的控制步骤，所以反应物 A 和产物 C 在液相本体、液膜和产物层界面以及产物层和未反应核界面的活度相等，即

$$a_{Ab}=a_{As'l'}=a_{As's}$$

$$a_{Cb}=a_{Cs'l'}=a_{Cs's}$$

因此，化学反应速率与固体产物层无关，与无固体产物生成、只生成液体的反应相同。

过程速率为

$$-\frac{1}{a}\frac{dN_A}{dt}=-\frac{1}{b}\frac{dN_B}{dt}=\frac{1}{c}\frac{dN_C}{dt}=\frac{1}{d}\frac{dN_D}{dt}=\Omega_{s's}j \tag{7.273}$$

其中

$$j=-l_1\left(\frac{A_m}{T}\right)-l_2\left(\frac{A_m}{T}\right)^2-l_3\left(\frac{A_m}{T}\right)^3-\cdots \tag{7.274}$$

$$A_m=\Delta G_m=\Delta G_m^\ominus+RT\ln\frac{a_{Cl}^c a_{Ds's}^d}{a_{Al}^a a_{Bss'}^b}$$

式中，a_{Al} 和 a_{Cl} 为液相本体中组元 A 和 C 的活度；$a_{Bss'}$ 为产物层与未反应核界面未反应核中组元 B 的活度，对于纯组元 B，$a_{Bss'}=1$；$a_{Ds's}$ 为产物层与未反应核界面产物层中组元 D 的活度，对于纯组元 D，$a_{Ds's}=1$。

对于半径为 r 的球形颗粒，由式（7.273）得

$$-\frac{dN_B}{dt}=4\pi r^2 bj \tag{7.275}$$

将

$$N_B=\frac{4}{3}\pi r^3\rho_B\Big/M_B \tag{7.276}$$

代入式（7.275），得

$$-\frac{dr}{dt}=\frac{bM_B}{\rho_B}j \tag{7.277}$$

分离变量积分式（7.277），得

$$r - r_0 = \frac{bM_B}{\rho_B} \int_0^t j \, dt \qquad (7.278)$$

$$1 - (1 - \alpha_B)^{\frac{1}{3}} = \frac{bM_B}{\rho_B r_0} \int_0^t j \, dt \qquad (7.279)$$

7.8.4　液体反应物在液膜中的扩散和在固体产物层中的扩散共同为控制步骤

过程速率为

$$-\frac{1}{a}\frac{dN_A}{dt} = -\frac{1}{b}\frac{dN_B}{dt} = \frac{1}{c}\frac{dN_C}{dt} = \frac{1}{d}\frac{dN_D}{dt} = \frac{1}{a}\Omega_{l'l}J_{Al'} = \frac{1}{a}\Omega_{s's}J_{As'} = \Omega J_{l's'} \quad (7.280)$$

在此情况下，界面化学反应都很快，可以认为组元 A 在产物层和未反应核界面的浓度为零。液体浸出物 A 在液膜中的扩散速率为

$$J_{Al'} = \left| \boldsymbol{J}_{Al'} \right| = \left| -L_{AA}\frac{\nabla\mu_{Al'}}{T} - L_{AC}\frac{\nabla\mu_{Cl'}}{T} \right|$$

$$= L_{AA}\frac{\Delta\mu_{Al'}}{T\delta_{l'}} + L_{AC}\frac{\Delta\mu_{Cl'}}{T\delta_{l'}}$$

$$= L'_{AA}\frac{\Delta\mu_{Al'}}{T} + L'_{AC}\frac{\Delta\mu_{Cl'}}{T} \qquad (7.281)$$

其中

$$\Delta\mu_{Al'} = \mu_{Al'l} - \mu_{Al's'} = RT\ln\frac{a_{Al'l}}{a_{Al's'}}$$

$$\Delta\mu_{Cl'} = \mu_{Cl's'} - \mu_{Cl'l} = RT\ln\frac{a_{Cl's'}}{a_{Cl'l}}$$

式中，$\mu_{Al'l}$ 和 $\mu_{Al's'}$、$a_{Al'l}$ 和 $a_{Al's'}$ 分别为液膜靠近液相本体一侧和液膜靠近固体产物层一侧组元 A 的化学势和活度；$\mu_{Cl'l}$ 和 $\mu_{Cl's'}$、$a_{Cl'l}$ 和 $a_{Cl's'}$ 分别为液膜靠近固体一侧和液膜靠近液相本体一侧组元 C 的化学势和活度。

液体反应物 A 在固体产物层中的扩散速率为

$$J_{As'} = \left| \boldsymbol{J}_{As'} \right| = \left| -L_{AA}\frac{\nabla\mu_{As'}}{T} - L_{AC}\frac{\nabla\mu_{Cs'}}{T} \right|$$

$$= L_{AA}\frac{d\mu_{As'}}{Tdr} + L_{AC}\frac{d\mu_{Cs'}}{Tdr} \qquad (7.282)$$

式中，$\Omega_{l'}$ 为液膜的表面积；$\Omega_{s's}$ 为固体产物层和未反应核的界面面积。

$$J = \frac{1}{a}J_{Al'} = \frac{1}{a}\left(L'_{AA}\frac{\Delta\mu_{Al'}}{T} + L'_{AC}\frac{\Delta\mu_{Cl'}}{T} \right) \qquad (7.283)$$

$$J=\frac{1}{a}\frac{\Omega_{s's}}{\Omega_{l'}}J_{As'}=\frac{1}{a}\frac{\Omega_{s's}}{\Omega_{l'}}\left(L_{AA}\frac{d\mu_{As'}}{Tdr}+L_{AC}\frac{d\mu_{Cs'}}{Tdr}\right)\tag{7.284}$$

式（7.283）+式（7.284）后除以 2，得

$$J=\frac{1}{2}\left(\frac{1}{a}J_{Al'}+\frac{1}{a}\frac{\Omega_{s's}}{\Omega_{l'}}J_{As'}\right)\tag{7.285}$$

对于半径为 r 的球形颗粒，由式（7.283）得

$$-\frac{dN_A}{dt}=4\pi r_0^2\left(L'_{AA}\frac{\Delta\mu_{Al'}}{T}+L'_{AC}\frac{\Delta\mu_{Cl'}}{T}\right)\tag{7.286}$$

$$-\frac{dN_A}{dt}=4\pi r^2J_{As'}=4\pi r^2\left(L_{AA}\frac{d\mu_{As'}}{Tdr}+L_{AC}\frac{d\mu_{Cs'}}{Tdr}\right)\tag{7.287}$$

由式（7.280）得

$$-\frac{dN_A}{dt}=-\frac{a}{b}\frac{dN_B}{dt}=-\frac{4\pi r^2a\rho_B}{bM_B}\frac{dr}{dt}\tag{7.288}$$

比较式（7.286）与式（7.288），得

$$-\frac{dr}{dt}=\frac{bM_Br_0^2}{a\rho_Br^2}\left(L'_{AA}\frac{\Delta\mu_{Al'}}{T}+L'_{AC}\frac{\Delta\mu_{Cl'}}{T}\right)\tag{7.289}$$

过程达到稳态，$\frac{dN_A}{dt}$ 为常数，将式（7.287）对 r 分离变量积分，得

$$-\frac{dN_A}{dt}=\frac{4\pi r_0 r}{r_0-r}\left(L_{AA}\frac{\Delta\mu_{As'}}{T}+L_{AC}\frac{\Delta\mu_{Cs'}}{T}\right)\tag{7.290}$$

其中

$$\Delta\mu_{As'}=\mu_{As'l'}-\mu_{As's}=RT\ln\frac{a_{As'l'}}{a_{As's}}$$

$$\Delta\mu_{Cs'}=\mu_{Cs's}-\mu_{Cs'l'}=RT\ln\frac{a_{Cs's}}{a_{Cs'l'}}$$

将式（7.288）与式（7.290）比较，得

$$-\frac{dr}{dt}=\frac{bM_Br_0}{a\rho_Br(r_0-r)}\left(L_{AA}\frac{\Delta\mu_{As'}}{T}+L_{AC}\frac{\Delta\mu_{Cs'}}{T}\right)\tag{7.291}$$

将式（7.289）分离变量积分，得

$$1-\left(\frac{r}{r_0}\right)^3=\frac{3bM_B}{a\rho_Br_0}\int_0^t\left(\frac{L'_{AA}}{T}\Delta\mu_{Al'}+\frac{L'_{AC}}{T}\Delta\mu_{Cl'}\right)dt\tag{7.292}$$

$$\alpha_B=\frac{3bM_B}{a\rho_Br_0}\int_0^t\left(\frac{L'_{AA}}{T}\Delta\mu_{Al'}+\frac{L'_{AC}}{T}\Delta\mu_{Cl'}\right)dt\tag{7.293}$$

式（7.291）分离变量积分，得

$$1 - 3\left(\frac{r}{r_0}\right)^2 + 2\left(\frac{r}{r_0}\right)^3 = \frac{6bM_{\mathrm{B}}}{a\rho_{\mathrm{B}}r_0^2}\int_0^t\left(L_{\mathrm{AA}}\frac{\Delta\mu_{\mathrm{As'}}}{T} + L_{\mathrm{AC}}\frac{\Delta\mu_{\mathrm{Cs'}}}{T}\right)\mathrm{d}t \tag{7.294}$$

$$3 - 3(1-\alpha_{\mathrm{B}})^{\frac{2}{3}} - 2\alpha_{\mathrm{B}} = \frac{6bM_{\mathrm{B}}}{a\rho_{\mathrm{B}}r_0^2}\int_0^t\left(L_{\mathrm{AA}}\frac{\Delta\mu_{\mathrm{As'}}}{T} + L_{\mathrm{AC}}\frac{\Delta\mu_{\mathrm{Cs'}}}{T}\right)\mathrm{d}t \tag{7.295}$$

式（7.292）+式（7.294），得

$$2 - 3\left(\frac{r}{r_0}\right)^2 + \left(\frac{r}{r_0}\right)^3 = \frac{6bM_{\mathrm{B}}}{a\rho_{\mathrm{B}}r_0^2}\int_0^t\left(L_{\mathrm{AA}}\frac{\Delta\mu_{\mathrm{As'}}}{T} + L_{\mathrm{AC}}\frac{\Delta\mu_{\mathrm{Cs'}}}{T}\right)\mathrm{d}t$$
$$+ \frac{3bM_{\mathrm{B}}}{a\rho_{\mathrm{B}}r_0}\int_0^t\left(\frac{L'_{\mathrm{AA}}}{T}\Delta\mu_{\mathrm{Al'}} + \frac{L'_{\mathrm{AC}}}{T}\Delta\mu_{\mathrm{Cl'}}\right)\mathrm{d}t \tag{7.296}$$

式（7.293）+式（7.295），得

$$3 - 3(1-\alpha_{\mathrm{B}})^{\frac{2}{3}} - \alpha_{\mathrm{B}} = \frac{6bM_{\mathrm{B}}}{a\rho_{\mathrm{B}}r_0^2}\int_0^t\left(L_{\mathrm{AA}}\frac{\Delta\mu_{\mathrm{As'}}}{T} + L_{\mathrm{AC}}\frac{\Delta\mu_{\mathrm{Cs'}}}{T}\right)\mathrm{d}t$$
$$+ \frac{3bM_{\mathrm{B}}}{a\rho_{\mathrm{B}}r_0}\int_0^t\left(\frac{L'_{\mathrm{AA}}}{T}\Delta\mu_{\mathrm{Al'}} + \frac{L'_{\mathrm{AC}}}{T}\Delta\mu_{\mathrm{Cl'}}\right)\mathrm{d}t \tag{7.297}$$

7.8.5　液体反应物在液膜中的扩散和化学反应共同为控制步骤

在这种情况下，未反应核表面反应物 A 的活度与液膜和固体产物层界面的反应物 A 的活度相同，这与仅生成液体产物情况相同。

过程速率为

$$-\frac{1}{a}\frac{\mathrm{d}N_{\mathrm{A}}}{\mathrm{d}t} = -\frac{1}{b}\frac{\mathrm{d}N_{\mathrm{B}}}{\mathrm{d}t} = \frac{1}{c}\frac{\mathrm{d}N_{\mathrm{C}}}{\mathrm{d}t} = \frac{1}{d}\frac{\mathrm{d}N_{\mathrm{D}}}{\mathrm{d}t} = \frac{1}{a}\Omega_{\mathrm{l'l}}J_{\mathrm{Al'}}$$
$$= \frac{1}{a}\Omega_{\mathrm{s's}}j$$
$$= \Omega J_{\mathrm{l'j}} \tag{7.298}$$

其中

$$J_{\mathrm{l'j}} = \frac{1}{a}J_{\mathrm{Al'}} = \frac{1}{a}\left(\frac{L'_{\mathrm{AA}}}{T}\Delta\mu_{\mathrm{Al'}} + \frac{L'_{\mathrm{AC}}}{T}\Delta\mu_{\mathrm{Cl'}}\right) \tag{7.299}$$

$$J_{\mathrm{l'j}} = \frac{\Omega_{\mathrm{s's}}}{\Omega_{\mathrm{l'l}}}j = \frac{\Omega_{\mathrm{s's}}}{\Omega_{\mathrm{l'l}}}\left[-l_1\left(\frac{A_{\mathrm{m}}}{T}\right) - l_2\left(\frac{A_{\mathrm{m}}}{T}\right)^2 - l_3\left(\frac{A_{\mathrm{m}}}{T}\right)^3 - \cdots\right] \tag{7.300}$$

对于半径为 r 的球形颗粒，由式（7.298）有

$$-\frac{\mathrm{d}N_{\mathrm{A}}}{\mathrm{d}t} = 4\pi r_0^2\left(\frac{L'_{\mathrm{AA}}}{T}\Delta\mu_{\mathrm{Al'}} + \frac{L'_{\mathrm{AC}}}{T}\Delta\mu_{\mathrm{Cl'}}\right) \tag{7.301}$$

$$-\frac{dN_A}{dt}=4\pi r_0^2 aj \tag{7.302}$$

比较式（7.289）与式（7.301）、式（7.302），得

$$-\frac{dr}{dt}=\frac{bM_Br_0^2}{a\rho_Br^2}\left(\frac{L'_{AA}}{T}\Delta\mu_{Al'}+\frac{L'_{AC}}{T}\Delta\mu_{Cl'}\right) \tag{7.303}$$

$$-\frac{dr}{dt}=\frac{bM_B}{\rho_B}j \tag{7.304}$$

分离变量积分式（7.303）、式（7.304），得

$$1-\left(\frac{r}{r_0}\right)^3=\frac{3bM_B}{a\rho_Br_0}\int_0^t\left(\frac{L'_{AA}}{T}\Delta\mu_{Al'}+\frac{L'_{AC}}{T}\Delta\mu_{Cl'}\right)dt \tag{7.305}$$

$$1-\frac{r}{r_0}=\frac{bM_B}{\rho_Br_0}\int_0^t j\,dt \tag{7.306}$$

引入转化率，得

$$\alpha_B=\frac{3bM_B}{a\rho_Br_0}\int_0^t\left(\frac{L'_{AA}}{T}\Delta\mu_{Al'}+\frac{L'_{AC}}{T}\Delta\mu_{Cl'}\right)dt \tag{7.307}$$

$$1-(1-\alpha_B)^{\frac{1}{3}}=\frac{bM_B}{\rho_Br_0}\int_0^t j\,dt \tag{7.308}$$

式（7.305）+式（7.306），得

$$2-\frac{r}{r_0}-\left(\frac{r}{r_0}\right)^3=\frac{3bM_B}{a\rho_Br_0}\int_0^t\left(\frac{L'_{AA}}{T}\Delta\mu_{Al'}+\frac{L'_{AC}}{T}\Delta\mu_{Cl'}\right)dt+\frac{bM_B}{\rho_Br_0}\int_0^t j\,dt \tag{7.309}$$

式（7.307）+式（7.308），得

$$1-(1-\alpha_B)^{\frac{1}{3}}+\alpha_B=\frac{3bM_B}{a\rho_Br_0}\int_0^t\left(\frac{L'_{AA}}{T}\Delta\mu_{Al'}+\frac{L'_{AC}}{T}\Delta\mu_{Cl'}\right)dt+\frac{bM_B}{\rho_Br_0}\int_0^t j\,dt \tag{7.310}$$

7.8.6　液体反应物在固体产物层中的扩散和化学反应共同为控制步骤

过程速率为

$$-\frac{1}{a}\frac{dN_A}{dt}=-\frac{1}{b}\frac{dN_B}{dt}=\frac{1}{c}\frac{dN_C}{dt}=\frac{1}{d}\frac{dN_D}{dt}=\frac{1}{a}\Omega_{s's}J_{As'}=\Omega_{s's}j=\Omega J_{s'j} \tag{7.311}$$

其中

$$\Omega_{ss'}=\Omega$$

$$J_{s'j}=\frac{1}{a}J_{As'}=\frac{1}{a}\left(L_{AA}\frac{d\mu_{As'}}{Tdr}+L_{AC}\frac{d\mu_{Cs'}}{Tdr}\right) \tag{7.312}$$

$$J_{s'j}=j=-l_1\left(\frac{A_m}{T}\right)-l_2\left(\frac{A_m}{T}\right)^2-l_3\left(\frac{A_m}{T}\right)^3-\cdots \tag{7.313}$$

$$A_{\mathrm{m}} = \Delta G_{\mathrm{m}} = \Delta G_{\mathrm{m}}^{\ominus} + RT\ln\frac{a_{\mathrm{Cl}}^{c}a_{\mathrm{Ds's}}^{d}}{a_{\mathrm{Al}}^{a}a_{\mathrm{Bs's}}^{b}}$$

式中，a_{Al} 和 a_{Cl} 为固体产物层和未反应核界面液体组元 A 和 C 的活度；$a_{\mathrm{Ds's}}$ 为产物层和未反应核界面产物层中组元 D 的活度；$a_{\mathrm{Bs's}}$ 为产物层和未反应核界面未反应核中组元 B 的活度。

式（7.312）+式（7.313）后除以 2，得

$$J_{s'j} = \frac{1}{2}\left(\frac{1}{a}J_{\mathrm{As'}} + j\right) \tag{7.314}$$

对于半径为 r 的球形颗粒，由式（7.311）得

$$-\frac{\mathrm{d}N_{\mathrm{A}}}{\mathrm{d}t} = 4\pi r^2 J_{\mathrm{As}} = 4\pi r^2\left(L_{\mathrm{AA}}\frac{\mathrm{d}\mu_{\mathrm{As'}}}{T\mathrm{d}r} - L_{\mathrm{AC}}\frac{\mathrm{d}\mu_{\mathrm{Cs'}}}{T\mathrm{d}r}\right) \tag{7.315}$$

$$-\frac{\mathrm{d}N_{\mathrm{A}}}{\mathrm{d}t} = 4\pi r^2 j = 4\pi r^2\left[-l_1\left(\frac{A_{\mathrm{m}}}{T}\right) - l_2\left(\frac{A_{\mathrm{m}}}{T}\right)^2 - l_3\left(\frac{A_{\mathrm{m}}}{T}\right)^3 - \cdots\right] \tag{7.316}$$

将式（7.315）对 r 分离变量积分，得

$$-\frac{\mathrm{d}N_{\mathrm{A}}}{\mathrm{d}t} = \frac{4\pi r_0 r}{r_0 - r}\left(L_{\mathrm{AA}}\frac{\Delta\mu_{\mathrm{As'}}}{T} + L_{\mathrm{AC}}\frac{\Delta\mu_{\mathrm{Cs'}}}{T}\right) \tag{7.317}$$

其中

$$\Delta\mu_{\mathrm{As'}} = \mu_{\mathrm{As'l'}} - \mu_{\mathrm{As's}} = RT\ln\frac{a_{\mathrm{As'l'}}}{a_{\mathrm{As's}}}$$

$$\Delta\mu_{\mathrm{Cs'}} = \mu_{\mathrm{Cs's}} - \mu_{\mathrm{Cs'l'}} = RT\ln\frac{a_{\mathrm{Cs's}}}{a_{\mathrm{Cs'l'}}}$$

将式（7.316）、式（7.317）与式（7.289）比较，得

$$-\frac{\mathrm{d}r}{\mathrm{d}t} = \frac{bM_{\mathrm{B}}}{\rho_{\mathrm{B}}}\left[-l_1\left(\frac{A_{\mathrm{m}}}{T}\right) - l_2\left(\frac{A_{\mathrm{m}}}{T}\right)^2 - l_3\left(\frac{A_{\mathrm{m}}}{T}\right)^3 - \cdots\right] \tag{7.318}$$

$$-\frac{\mathrm{d}r}{\mathrm{d}t} = \frac{bM_{\mathrm{B}}r_0}{a\rho_{\mathrm{B}}r(r_0 - r)}\left(L_{\mathrm{AA}}\frac{\Delta\mu_{\mathrm{As'}}}{T} + L_{\mathrm{AC}}\frac{\Delta\mu_{\mathrm{Cs'}}}{T}\right) \tag{7.319}$$

将式（7.318）和式（7.319）分离变量积分，得

$$1 - \frac{r}{r_0} = \frac{bM_{\mathrm{B}}}{\rho_{\mathrm{B}}r_0}\int_0^t j\mathrm{d}t \tag{7.320}$$

$$1 - 3\left(\frac{r}{r_0}\right)^2 + 2\left(\frac{r}{r_0}\right)^3 = \frac{6bM_{\mathrm{B}}}{a\rho_{\mathrm{B}}r_0^2}\int_0^t\left(L_{\mathrm{AA}}\frac{\Delta\mu_{\mathrm{As'}}}{T} + L_{\mathrm{AC}}\frac{\Delta\mu_{\mathrm{Cs'}}}{T}\right)\mathrm{d}t \tag{7.321}$$

引入转化率，得

$$1 - (1-\alpha_{\mathrm{B}})^{\frac{1}{3}} = \frac{bM_{\mathrm{B}}}{\rho_{\mathrm{B}}r_0}\int_0^t j\mathrm{d}t \tag{7.322}$$

$$3-3(1-\alpha_{\mathrm{B}})^{\frac{2}{3}}-2\alpha_{\mathrm{B}}=\frac{6bM_{\mathrm{B}}}{a\rho_{\mathrm{B}}r_0^2}\int_0^t\left(L_{\mathrm{AA}}\frac{\Delta\mu_{\mathrm{As'}}}{T}+L_{\mathrm{AC}}\frac{\Delta\mu_{\mathrm{Cs'}}}{T}\right)\mathrm{d}t \tag{7.323}$$

式（7.320）+式（7.321），得

$$2-\frac{r}{r_0}-3\left(\frac{r}{r_0}\right)^2+2\left(\frac{r}{r_0}\right)^3=\frac{6bM_{\mathrm{B}}}{a\rho_{\mathrm{B}}r_0^2}\int_0^t\left(L_{\mathrm{AA}}\frac{\Delta\mu_{\mathrm{As'}}}{T}+L_{\mathrm{AC}}\frac{\Delta\mu_{\mathrm{Cs'}}}{T}\right)\mathrm{d}t+\frac{bM_{\mathrm{B}}}{\rho_{\mathrm{B}}r_0}\int_0^t j\mathrm{d}t \tag{7.324}$$

式（7.322）+式（7.323），得

$$4-(1-\alpha_{\mathrm{B}})^{\frac{1}{3}}-3(1-\alpha_{\mathrm{B}})^{\frac{2}{3}}-2\alpha_{\mathrm{B}}=\frac{6bM_{\mathrm{B}}}{a\rho_{\mathrm{B}}r_0^2}\int_0^t\left(L_{\mathrm{AA}}\frac{\Delta\mu_{\mathrm{As'}}}{T}+L_{\mathrm{AC}}\frac{\Delta\mu_{\mathrm{Cs'}}}{T}\right)\mathrm{d}t+\frac{bM_{\mathrm{B}}}{\rho_{\mathrm{B}}r_0}\int_0^t j\mathrm{d}t \tag{7.325}$$

7.8.7　液体反应物在液膜中的扩散、在产物层中的扩散和化学反应共同为控制步骤

过程速率为

$$-\frac{1}{a}\frac{\mathrm{d}N_{\mathrm{A}}}{\mathrm{d}t}=-\frac{1}{b}\frac{\mathrm{d}N_{\mathrm{B}}}{\mathrm{d}t}=\frac{1}{c}\frac{\mathrm{d}N_{\mathrm{C}}}{\mathrm{d}t}=\frac{1}{d}\frac{\mathrm{d}N_{\mathrm{D}}}{\mathrm{d}t}=\frac{1}{a}\Omega_{\mathrm{l'l}}J_{\mathrm{Al'}}=\frac{1}{a}\Omega_{\mathrm{s's}}J_{\mathrm{As'}}=\Omega_{\mathrm{s's}}j=\Omega J_{\mathrm{l's'j}} \tag{7.326}$$

其中

$$\Omega_{\mathrm{l'l}}=\Omega$$

$$J_{\mathrm{l's'j}}=\frac{1}{a}J_{\mathrm{Al'}}=\frac{1}{a}\left(\frac{L'_{\mathrm{AA}}}{T}\Delta\mu_{\mathrm{Al'}}+\frac{L'_{\mathrm{AC}}}{T}\Delta\mu_{\mathrm{Cl'}}\right) \tag{7.327}$$

$$\Delta\mu_{\mathrm{Al'}}=\mu_{\mathrm{Al'l}}-\mu_{\mathrm{Al's'}}=RT\ln\frac{a_{\mathrm{Al'l}}}{a_{\mathrm{Al's'}}}$$

$$\Delta\mu_{\mathrm{Cl'}}=\mu_{\mathrm{Cl's'}}-\mu_{\mathrm{Cl'l}}=RT\ln\frac{a_{\mathrm{Cl's'}}}{a_{\mathrm{Cl'l}}}$$

$$J_{\mathrm{l's'j}}=\frac{1}{a}\frac{\Omega_{\mathrm{s's}}}{\Omega}J_{\mathrm{As'}}=\frac{1}{a}\frac{\Omega_{\mathrm{s's}}}{\Omega}\left(L_{\mathrm{AA}}\frac{\mathrm{d}\mu_{\mathrm{As'}}}{T\mathrm{d}r}-L_{\mathrm{AC}}\frac{\mathrm{d}\mu_{\mathrm{Cs'}}}{T\mathrm{d}r}\right) \tag{7.328}$$

$$J_{\mathrm{l's'j}}=\frac{1}{a}\frac{\Omega_{\mathrm{s's}}}{\Omega}j=\frac{\Omega_{\mathrm{s's}}}{\Omega}\left[-l_1\left(\frac{A_{\mathrm{m}}}{T}\right)-l_2\left(\frac{A_{\mathrm{m}}}{T}\right)^2-l_3\left(\frac{A_{\mathrm{m}}}{T}\right)^3-\cdots\right] \tag{7.329}$$

$$A_{\mathrm{m}}=\Delta G_{\mathrm{m}}=\Delta G_{\mathrm{m}}^{\ominus}+RT\ln\frac{a_{\mathrm{Cs's}}^c a_{\mathrm{Ds's}}^d}{a_{\mathrm{As's}}^a a_{\mathrm{Bs's}}^b}$$

$$J_{\mathrm{l's'j}}=\frac{1}{3}\left(\frac{1}{a}J_{\mathrm{Al'}}+\frac{1}{a}\frac{\Omega_{\mathrm{s's}}}{\Omega}J_{\mathrm{As'}}+\frac{\Omega_{\mathrm{s's}}}{\Omega}j\right) \tag{7.330}$$

对半径为 r 的球形颗粒，由式（7.326）得

$$-\frac{\mathrm{d}N_{\mathrm{A}}}{\mathrm{d}t}=4\pi r_0^2\left(\frac{L'_{\mathrm{AA}}}{T}\Delta\mu_{\mathrm{Al'}}+\frac{L'_{\mathrm{AC}}}{T}\Delta\mu_{\mathrm{Cl'}}\right) \tag{7.331}$$

$$-\frac{\mathrm{d}N_{\mathrm{A}}}{\mathrm{d}t}=4\pi r^2\left(L_{\mathrm{AA}}\frac{\mathrm{d}\mu_{\mathrm{As'}}}{T\mathrm{d}r}-L_{\mathrm{AC}}\frac{\mathrm{d}\mu_{\mathrm{Cs'}}}{T\mathrm{d}r}\right) \tag{7.332}$$

$$-\frac{\mathrm{d}N_{\mathrm{A}}}{\mathrm{d}t}=4\pi r^2 j \tag{7.333}$$

过程达到稳态，$-\dfrac{\mathrm{d}N_{\mathrm{A}}}{\mathrm{d}t}=$ 常数，将式（7.332）对 r 分离变量积分，得

$$-\frac{\mathrm{d}N_{\mathrm{A}}}{\mathrm{d}t}=\frac{4\pi r_0 r}{r_0-r}\left(L_{\mathrm{AA}}\frac{\Delta\mu_{\mathrm{As'}}}{T}+L_{\mathrm{AC}}\frac{\Delta\mu_{\mathrm{Cs'}}}{T}\right) \tag{7.334}$$

其中

$$\Delta\mu_{\mathrm{As'}}=\mu_{\mathrm{As'l'}}-\mu_{\mathrm{As's}}=RT\ln\frac{a_{\mathrm{As'l'}}}{a_{\mathrm{As's}}}$$

$$\Delta\mu_{\mathrm{Cs'}}=\mu_{\mathrm{Cs's}}-\mu_{\mathrm{Cs'l'}}=RT\ln\frac{a_{\mathrm{Cs's}}}{a_{\mathrm{Cs'l'}}}$$

$$-\frac{\mathrm{d}N_{\mathrm{A}}}{\mathrm{d}t}=-\frac{a}{b}\frac{\mathrm{d}N_{\mathrm{B}}}{\mathrm{d}t}=-\frac{4\pi r^2 a\rho_{\mathrm{B}}}{bM_{\mathrm{B}}}\frac{\mathrm{d}r}{\mathrm{d}t} \tag{7.335}$$

将式（7.331）、式（7.334）和式（7.333）与式（7.335）比较，得

$$-\frac{\mathrm{d}r}{\mathrm{d}t}=\frac{bM_{\mathrm{B}}r_0^2}{a\rho_{\mathrm{B}}r^2}\left(\frac{L'_{\mathrm{AA}}}{T}\Delta\mu_{\mathrm{Al'}}+\frac{L'_{\mathrm{AC}}}{T}\Delta\mu_{\mathrm{Cl'}}\right) \tag{7.336}$$

$$-\frac{\mathrm{d}r}{\mathrm{d}t}=\frac{bM_{\mathrm{B}}r_0}{a\rho_{\mathrm{B}}r(r_0-r)}\left(L_{\mathrm{AA}}\frac{\Delta\mu_{\mathrm{As'}}}{T}+L_{\mathrm{AC}}\frac{\Delta\mu_{\mathrm{Cs'}}}{T}\right) \tag{7.337}$$

$$-\frac{\mathrm{d}r}{\mathrm{d}t}=\frac{bM_{\mathrm{B}}}{\rho_{\mathrm{B}}}\left[-l_1\left(\frac{A_{\mathrm{m}}}{T}\right)-l_2\left(\frac{A_{\mathrm{m}}}{T}\right)^2-l_3\left(\frac{A_{\mathrm{m}}}{T}\right)^3-\cdots\right] \tag{7.338}$$

分离变量积分式（7.331）、式（7.332）、式（7.333），得

$$1-\left(\frac{r}{r_0}\right)^3=\frac{3bM_{\mathrm{B}}}{a\rho_{\mathrm{B}}r_0}\int_0^t\left(\frac{L'_{\mathrm{AA}}}{T}\Delta\mu_{\mathrm{Al'}}+\frac{L'_{\mathrm{AC}}}{T}\Delta\mu_{\mathrm{Cl'}}\right)\mathrm{d}t \tag{7.339}$$

$$1-3\left(\frac{r}{r_0}\right)^2+2\left(\frac{r}{r_0}\right)^3=\frac{6bM_{\mathrm{B}}}{a\rho_{\mathrm{B}}r_0^2}\int_0^t\left(L_{\mathrm{AA}}\frac{\Delta\mu_{\mathrm{As'}}}{T}+L_{\mathrm{AC}}\frac{\Delta\mu_{\mathrm{Cs'}}}{T}\right)\mathrm{d}t \tag{7.340}$$

$$1-\frac{r}{r_0}=\frac{bM_{\mathrm{B}}}{\rho_{\mathrm{B}}r_0}\int_0^t j\mathrm{d}t \tag{7.341}$$

引入转化率，得

$$\alpha_{\mathrm{B}}=\frac{3bM_{\mathrm{B}}}{a\rho_{\mathrm{B}}r_0}\int_0^t\left(\frac{L'_{\mathrm{AA}}}{T}\Delta\mu_{\mathrm{Al'}}+\frac{L'_{\mathrm{AC}}}{T}\Delta\mu_{\mathrm{Cl'}}\right)\mathrm{d}t \tag{7.342}$$

$$3 - 3(1-\alpha_B)^{\frac{2}{3}} - 2\alpha_B = \frac{6bM_B}{a\rho_B r_0^2}\int_0^t\left(L_{AA}\frac{\Delta\mu_{As'}}{T} + L_{AC}\frac{\Delta\mu_{Cs'}}{T}\right)dt \qquad (7.343)$$

$$1 - (1-\alpha_B)^{\frac{1}{3}} = \frac{bM_B}{\rho_B r_0}\int_0^t j\,dt \qquad (7.344)$$

式（7.339）+式（7.340）+式（7.341）得

$$3 - \frac{r}{r_0} - 3\left(\frac{r}{r_0}\right)^2 + \left(\frac{r}{r_0}\right)^3 = \frac{3bM_B}{a\rho_B r_0}\int_0^t\left(\frac{L'_{AA}}{T}\Delta\mu_{Al'} + \frac{L'_{AC}}{T}\Delta\mu_{Cl'}\right)dt$$

$$+ \frac{6bM_B}{a\rho_B r_0^2}\int_0^t\left(L_{AA}\frac{\Delta\mu_{As'}}{T} + L_{AC}\frac{\Delta\mu_{Cs'}}{T}\right)dt \qquad (7.345)$$

$$+ \frac{bM_B}{\rho_B r_0}\int_0^t j\,dt$$

式（7.342）+式（7.343）+式（7.344）得

$$4 - (1-\alpha_B)^{\frac{1}{3}} - 3(1-\alpha_B)^{\frac{2}{3}} - 2\alpha_B = \frac{3bM_B}{a\rho_B r_0}\int_0^t\left(\frac{L'_{AA}}{T}\Delta\mu_{Al'} + \frac{L'_{AC}}{T}\Delta\mu_{Cl'}\right)dt$$

$$+ \frac{6bM_B}{a\rho_B r_0^2}\int_0^t\left(L_{AA}\frac{\Delta\mu_{As'}}{T} + L_{AC}\frac{\Delta\mu_{Cs'}}{T}\right)dt$$

$$+ \frac{bM_B}{\rho_B r_0}\int_0^t j\,dt$$

$$(7.346)$$

7.9　多种物质同时被浸出——不形成致密固体产物层

被浸出的固体可以同时有多种物质与浸出液反应。例如，硫酸浸出红土镍矿，其中的镍、钴、铁、锰、镁、铝等同时被浸出，进入液相。再如，用硫酸浸出粉煤灰，其中的铝、铁、钒、钛、镓等同时被浸出，进入液相。

本节讨论多种物质同时被浸出，不形成致密固体产物层，也不形成致密的剩余层。或者，即使有固体产物层或剩余层，对浸出剂的扩散也没有影响。例如，用硫酸浸出红土镍矿和粉煤灰，都有少量的固体硫酸钙生成和固体二氧化硅剩余，但不形成致密的固体层，对硫酸与未反应核接触没有影响。

化学反应可以表示为

$$a_j(A) + b_j B_j(s) =\!\!=\!\!= c_j(C_j)$$
$$(j=1,2,\cdots,r)$$

$$(7.g)$$

反应步骤与只有一种物质被浸出的情况相同。

7.9.1　浸出剂在液膜中的扩散为控制步骤

过程速率为

$$-\frac{1}{a_j}\frac{dN_{A_j}}{dt}=-\frac{1}{b_j}\frac{dN_{B_j}}{dt}=\frac{1}{c_j}\frac{dN_{C_j}}{dt}=\frac{1}{d_j}\frac{dN_{D_j}}{dt}=\frac{1}{a_j}\Omega_{l'l}J_{A_jl'} \qquad (7.347)$$

$$(j=1,2,\cdots,r)$$

浸出剂 A 在液膜中的扩散速率为

$$\begin{aligned}
J_{A_jl'}=\left|\boldsymbol{J}_{A_jl'}\right|&=\left|-L_{A_jA_j}\frac{\nabla\mu_{A_jl'}}{T}-\sum_{k=1}^{r}L_{A_jC_k}\frac{\nabla\mu_{C_kl'}}{T}\right|\\
&=L_{A_jA_j}\frac{\Delta\mu_{A_jl'}}{T\delta_{l'}}+\sum_{k=1}^{r}L_{A_jC_k}\frac{\Delta\mu_{C_kl'}}{T\delta_{l'}}\\
&=\frac{L'_{A_jA_j}}{T}\Delta\mu_{A_jl'}+\sum_{k=1}^{r}\frac{L'_{A_jC_k}}{T}\Delta\mu_{C_kl'}
\end{aligned} \qquad (7.348)$$

其中

$$L'_{A_jA_j}=\frac{L_{A_jA_j}}{\delta_{l'}}$$

$$L'_{A_jC_k}=\frac{L_{A_jC_k}}{\delta_{l'}}$$

式中，N_{A_j} 为第 j 个反应所消耗的组元 A 的数量，J_{A_j} 为第 j 个反应所扩散的组元 A 的量。N_A 为全部 r 个反应所消耗的组元 A 的量，$J_{Al'}$ 为全部 r 个反应所扩散的组元 A 的量。

由式（7.347）得

$$-\frac{dN_{A_j}}{dt}=\Omega_{l'l}\left(\frac{L'_{A_jA_j}}{T}\Delta\mu_{A_jl'}+\sum_{k=1}^{r}\frac{L'_{A_jC_k}}{T}\Delta\mu_{C_kl'}\right) \qquad (7.349)$$

将式（7.346）代入式（7.349），对于半径为 r 的球形颗粒，得

$$-\frac{dN_{A_j}}{dt}=4\pi r_j^2\left(\frac{L'_{A_jA_j}}{T}\Delta\mu_{A_jl'}+\sum_{k=1}^{r}\frac{L'_{A_jC_k}}{T}\Delta\mu_{C_kl'}\right) \qquad (7.350)$$

其中

$$\Delta\mu_{A_jl'}=\mu_{A_jl'l}-\mu_{A_jl's}=RT\ln\frac{a_{A_jl'l}}{a_{A_jl's}}$$

$$\Delta\mu_{C_kl'}=\mu_{C_kl's}-\mu_{C_kl'l}=RT\ln\frac{a_{C_kl's}}{a_{C_kl'l}}$$

式中，$\mu_{A_jl'l}$ 和 $\mu_{A_jl's}$、$a_{A_jl'l}$ 和 $a_{A_jl's}$ 分别为液膜中靠近液相本体一侧和靠近固相一侧组元 A_j 的化学势和活度；$\mu_{C_kl's}$ 和 $\mu_{C_kl'l}$、$a_{C_kl's}$ 和 $a_{C_kl'l}$ 分别为液膜中靠近固相一侧和靠近液相本体一侧组元 C_k 的化学势和活度。

由式（7.347）得

$$-\frac{dN_{A_j}}{dt} = -\frac{a_j}{b_j}\frac{dN_{B_j}}{dt} = -\frac{4\pi r_j^2 a_j \rho'_{B_j}}{b_j M_{B_j}}\frac{dr_j}{dt} \tag{7.351}$$

其中

$$N_{B_j} = \frac{4}{3}\pi r_j^3 \rho'_{B_j} \Big/ M_{B_j}$$

$$\rho'_{B_j} = \frac{W_{B_j}}{\frac{4}{3}\pi r_j^3} \tag{7.352}$$

式中，W_{B_j} 为一个半径为 r 的球形颗粒中 B_j 的质量，ρ'_{B_j} 为单位体积颗粒中 B_j 的质量，即表观密度，r_j 为半径为 r 的球形颗粒中含有组元 B_j 的半径。

将式（7.350）和式（7.351）比较，得

$$-\frac{dr_j}{dt} = \frac{b_j M_{B_j}}{a_j \rho'_{B_j}}\left(\frac{L'_{A_j A_j}}{T}\Delta\mu_{A_jl'} + \sum_{k=1}^{r}\frac{L'_{A_j C_k}}{T}\Delta\mu_{C_kl'} \right) \tag{7.353}$$

将式（7.353）分离变量积分，得

$$1 - \frac{r_j}{r_{j0}} = \frac{b_j M_{B_j}}{a_j \rho'_{B_j} r_{j0}}\int_0^t \left(\frac{L'_{A_j A_j}}{T}\Delta\mu_{A_jl'} + \sum_{k=1}^{r}\frac{L'_{A_j C_k}}{T}\Delta\mu_{C_kl'} \right)dt \tag{7.354}$$

$$1 - (1-\alpha_{B_j})^{\frac{1}{3}} = \frac{b_j M_{B_j}}{a_j \rho'_{B_j} r_{j0}}\int_0^t \left(\frac{L'_{A_j A_j}}{T}\Delta\mu_{A_jl'} + \sum_{k=1}^{r}\frac{L'_{A_j C_k}}{T}\Delta\mu_{C_kl'} \right)dt \tag{7.355}$$

7.9.2　界面化学反应为控制步骤

在这种情况下，组元 A 和 C 在液膜和未反应核界面的活度等于其在液相本体中的活度。组元 B 在液膜和未反应核界面未反应核一侧的活度等于其在未反应核的活度。

化学反应速率为

$$-\frac{1}{a_j}\frac{dN_{A(j)}}{dt} = -\frac{1}{b_j}\frac{dN_{B_j}}{dt} = \frac{1}{c_j}\frac{dN_{C_j}}{dt} = \frac{1}{d_j}\frac{dN_{D_j}}{dt} = \Omega_{l's}j_j \tag{7.356}$$

其中

$$j_j = -\sum_{k=1}^{r} l_{jk}\left(\frac{A_{m,k}}{T}\right) - \sum_{k=1}^{r}\sum_{l=1}^{r} l_{jkl}\left(\frac{A_{m,k}}{T}\right)\left(\frac{A_{m,l}}{T}\right) - \sum_{k=1}^{r}\sum_{l=1}^{r}\sum_{h=1}^{r} l_{jklh}\left(\frac{A_{m,k}}{T}\right)\left(\frac{A_{m,l}}{T}\right)\left(\frac{A_{m,h}}{T}\right)$$

$$（7.357）$$

$$A_{m,j} = \Delta G_{m,j} = \Delta G_{m,j}^{\ominus} + RT\ln\frac{a_{C_j\,l's}^{c_j}}{a_{A\,l's}^{a_j} a_{B_j\,sl'}^{b_j}}$$

式中，$a_{A\,l's}$ 和 $a_{C_j\,l's}$ 为液膜和未反应核界面未反应核一侧组元 A 和 C_j 的活度，等于溶液本体中组元 A 和 C_j 的活度；$a_{B_j sl'}$ 为液膜和未反应核界面组元 B 的活度，等于未反应核中组元 B_j 的活度。

如果固相中各组元为独立相，则

$$a_{B_j s'l'} = 1$$

由式（7.356），对于半径为 r 的球形颗粒，第 j 个反应有

$$-\frac{dN_{A(j)}}{dt} = 4\pi r_{j0}^2 a_j j_j \qquad（7.358）$$

将式（7.358）与式（7.351）比较，得

$$-\frac{dr_j}{dt} = \frac{b_j M_{B_j}}{\rho'_{B_j}} j_j \qquad（7.359）$$

将式（7.359）分离变量积分，得

$$1 - \frac{r_j}{r_{j0}} = \frac{b_j M_{B_j}}{\rho'_{B_j} r_{j0}} \int_0^t j_j \, dt \qquad（7.360）$$

$$1 - (1-\alpha_{B_j})^{\frac{1}{3}} = \frac{b_j M_{B_j}}{\rho'_{B_j} r_{j0}} \int_0^t j_j \, dt \qquad（7.361）$$

7.9.3　浸出剂在液膜中的扩散和化学反应共同为控制步骤

过程速率为

$$-\frac{1}{a_j}\frac{dN_{A(j)}}{dt} = -\frac{1}{b_j}\frac{dN_{B_j}}{dt} = \frac{1}{c_j}\frac{dN_{C_j}}{dt} = \frac{1}{d_j}\frac{dN_{D_j}}{dt} = \frac{1}{a_j}\Omega_{l'1} J_{A_j l'} = \Omega_{l's} j_j = \Omega J_{l'j} \qquad（7.362）$$

其中

$$\Omega_{l'1} = \Omega_{l's} = \Omega$$

$$J_{l'j} = \frac{1}{a_j} J_{A_j l'} = \frac{1}{a_j}\left(\frac{L'_{A_j A_j}}{T}\Delta\mu_{A_j l'} + \sum_{k=1}^{r}\frac{L'_{A_j C_k}}{T}\Delta\mu_{C_k l'}\right) \qquad（7.363）$$

$$J_{l'j} = j_j = -\sum_{k=1}^{r} l_{jk}\left(\frac{A_{m,k}}{T}\right) - \sum_{k=1}^{r}\sum_{l=1}^{r} l_{jkl}\left(\frac{A_{m,k}}{T}\right)\left(\frac{A_{m,l}}{T}\right) - \sum_{k=1}^{r}\sum_{l=1}^{r}\sum_{h=1}^{r} l_{jklh}\left(\frac{A_{m,k}}{T}\right)\left(\frac{A_{m,l}}{T}\right)\left(\frac{A_{m,h}}{T}\right)\cdots$$

$$（7.364）$$

式（7.363）+式（7.364）后除以 2，得

$$J_{1'j} = \frac{1}{2}\left(\frac{1}{a_j}J_{A_jl'} + j_j\right) \tag{7.365}$$

对于半径为 r 的球形颗粒，有

$$-\frac{dN_{A_j}}{dt} = 4\pi r_j^2 J_{Al'} = 4\pi r_j^2\left(\frac{L'_{A_jA_j}}{T}\Delta\mu_{A_jl'} + \sum_{k=1}^r \frac{L'_{A_jC_k}}{T}\Delta\mu_{C_kl'}\right) \tag{7.366}$$

其中

$$\Delta\mu_{Al'} = \mu_{Al'l} - \mu_{Al's} = RT\ln\frac{a_{Al'l}}{a_{Al's}}$$

$$\Delta\mu_{C_kl'} = \mu_{C_kl's} - \mu_{C_kl'l} = RT\ln\frac{a_{C_kl's}}{a_{C_kl'l}}$$

比较式（7.366）和式（7.351），得

$$-\frac{dr_j}{dt} = \frac{b_jM_{B_j}}{a_j\rho'_{B_j}r_{j0}}\left(\frac{L'_{A_jA_j}}{T}\Delta\mu_{A_jl'} + \sum_{k=1}^r \frac{L'_{A_jC_k}}{T}\Delta\mu_{C_kl'}\right) \tag{7.367}$$

将式（7.367）分离变量积分，得

$$1 - \frac{r_j}{r_{j0}} = \frac{b_jM_{B_j}}{a_j\rho'_{B_j}r_{j0}}\int_0^t\left(\frac{L'_{A_jA_j}}{T}\Delta\mu_{A_jl'} + \sum_{k=1}^r \frac{L'_{A_jC_k}}{T}\Delta\mu_{C_kl'}\right)dt \tag{7.368}$$

$$1 - (1-\alpha_{B_j})^{\frac{1}{3}} = \frac{b_jM_{B_j}}{a_j\rho'_{B_j}r_{j0}}\int_0^t\left(\frac{L'_{A_jA_j}}{T}\Delta\mu_{A_jl'} + \sum_{k=1}^r \frac{L'_{A_jC_k}}{T}\Delta\mu_{C_kl'}\right)dt \tag{7.369}$$

由式（7.362）得

$$-\frac{dN_{A_j}}{dt} = 4\pi r_{j0}^2 a_j j_j \tag{7.370}$$

将式（7.362）与式（7.351）比较，得

$$-\frac{dr_j}{dt} = \frac{b_jM_{B_j}}{\rho'_{B_j}}j_j \tag{7.371}$$

将式（7.371）分离变量积分，得

$$1 - \frac{r}{r_0} = \frac{b_jM_{B_j}}{\rho'_{B_j}r_0}\int_0^t j_j\,dt \tag{7.372}$$

$$1 - (1-\alpha_{B_j})^{\frac{1}{3}} = \frac{b_jM_{B_j}}{\rho'_{B_j}r_0}\int_0^t j_j\,dt \tag{7.373}$$

式（7.368）+式（7.372）得

$$2-2\left(\frac{r_j}{r_{j0}}\right)=\frac{b_jM_{B_j}}{a_j\rho'_{B_j}r_{j0}}\int_0^t\left(\frac{L'_{A_jA_j}}{T}\Delta\mu_{A_jl'}+\sum_{k=1}^r\frac{L'_{A_jC_k}}{T}\Delta\mu_{C_kl'}\right)\mathrm{d}t+\frac{b_jM_{B_j}}{\rho'_{B_j}r_{j0}}\int_0^t j_j\,\mathrm{d}t$$

（7.374）

式（7.367）+式（7.371）得

$$2-2(1-\alpha_{B_j})^{\frac{1}{3}}=\frac{b_jM_{B_j}}{a_j\rho'_{B_j}r_{j0}}\int_0^t\left(\frac{L'_{A_jA_j}}{T}\Delta\mu_{A_jl'}+\sum_{k=1}^r\frac{L'_{A_jC_k}}{T}\Delta\mu_{C_kl'}\right)\mathrm{d}t+\frac{b_jM_{B_j}}{\rho'_{B_j}r_{j0}}\int_0^t j_j\,\mathrm{d}t$$

（7.375）

7.10　多种物质同时被浸出——浸出前后固体颗粒尺寸不变

7.10.1　浸出剂与被浸出物质的界面化学反应为控制步骤

此种情况在产物层和未反应核界面浸出剂 A 的活度和液相本体相同。多种物质同时被浸出，界面化学反应为

$$a_j(A)+b_jB_j(s)\Longrightarrow c_j(C_j)+d_jD_j(s)$$
$$(j=1,2,\cdots,r)$$

（7.h）

式中 A 是浸出剂。化学亲和力为

$$A_{m,j}=\Delta G_{m,j}=\Delta G_{m,j}^\ominus+RT\ln\frac{a_{C_js's}^{c_j}a_{D_js's}^{d_j}}{a_{As's}^{a_j}a_{B_js's}^{b_j}}$$

$$\Delta G_{m,j}^\ominus=c_j\mu_{C_j}^\ominus+d_j\mu_{D_j}^\ominus-a_j\mu_A^\ominus-b_j\mu_{B_j}^\ominus$$

式中，$a_{As's}$、$a_{C_js's}$、$a_{D_js's}$ 为产物层和未反应核界面靠近产物层一侧浸出剂 A、组元 C_j 和组元 D_j 的活度；$a_{B_js's}$ 为未反应核和产物层界面靠近未反应核一侧组元 B_j 的活度。

数值与标准状态选择有关。对于纯独立相固体

$$a_{B_js's}=1,\quad a_{D_js's}=1$$

浸出速率为

$$-\frac{1}{a_j}\frac{\mathrm{d}N_{A(j)}}{\mathrm{d}t}=-\frac{1}{b_j}\frac{\mathrm{d}N_{B_j}}{\mathrm{d}t}=\frac{1}{c_j}\frac{\mathrm{d}N_{C_j}}{\mathrm{d}t}=\frac{1}{d_j}\frac{\mathrm{d}N_{D_j}}{\mathrm{d}t}=\Omega_{s's}j_j$$

（7.376）

其中

$$j_j=-\sum_{k=1}^r l_{jk}\left(\frac{A_{m,k}}{T}\right)-\sum_{k=1}^r\sum_{l=1}^r l_{jkl}\left(\frac{A_{m,k}}{T}\right)\left(\frac{A_{m,l}}{T}\right)-\sum_{k=1}^r\sum_{l=1}^r\sum_{h=1}^r l_{jklh}\left(\frac{A_{m,k}}{T}\right)\left(\frac{A_{m,l}}{T}\right)\left(\frac{A_{m,h}}{T}\right)\cdots$$

如果固体是半径为 r 的球形颗粒，由式（7.376）得

$$-\frac{dN_{B_j}}{dt} = 4\pi r_j^2 b_j j_j \qquad (7.377)$$

将

$$-\frac{dN_{B_j}}{dt} = -\frac{4\pi r_j^2 \rho'_{B_j}}{M_{B_j}} \frac{dr_j}{dt} \qquad (7.378)$$

代入式（7.377），得

$$-\frac{dr_j}{dt} = \frac{b_j M_{B_j}}{\rho'_{B_j}} j_j \qquad (7.379)$$

将式（7.379）分离变量积分，得

$$1 - \frac{r_j}{r_{j0}} = \frac{b_j M_{B_j}}{\rho'_{B_j} r_{j0}} \int_0^t j_j \, dt \qquad (7.380)$$

$$1 - (1 - \alpha_{B_j})^{\frac{1}{3}} = \frac{b_j M_{B_j}}{\rho'_{B_j} r_{j0}} \int_0^t j_j \, dt \qquad (7.381)$$

7.10.2　浸出剂在液膜中的扩散为控制步骤

浸出速率为

$$-\frac{1}{a_j} \frac{dN_{A(j)}}{dt} = -\frac{1}{b_j} \frac{dN_{B_j}}{dt} = \frac{1}{c_j} \frac{dN_{C_j}}{dt} = \frac{1}{d_j} \frac{dN_{D_j}}{dt} = \frac{1}{a_j} \Omega_{l'1} J_{Al'} \qquad (7.382)$$

通过单位液膜界面的浸出剂的扩散速率为

$$\begin{aligned}
J_{Al'} = \left| \boldsymbol{J}_{Al'} \right| &= \left| -L_{AA} \frac{\nabla \mu_{Al'}}{T} - \sum_{k=1}^r L_{AC_k} \frac{\nabla \mu_{C_k l'}}{T} \right| \\
&= L_{AA} \frac{\Delta \mu_{Al'}}{T \delta_{l'}} + \sum_{k=1}^r L_{AC_k} \frac{\Delta \mu_{C_k l'}}{T \delta_{l'}} \\
&= L'_{AA} \frac{\Delta \mu_{Al'}}{T} + \sum_{k=1}^r L'_{AC_k} \frac{\Delta \mu_{C_k l'}}{T}
\end{aligned} \qquad (7.383)$$

其中

$$\Delta \mu_{Al'} = \mu_{Al'1} - \mu_{Al's'} = RT \ln \frac{a_{Al'1}}{a_{Al's'}}$$

$$\Delta \mu_{C_k l'} = \mu_{C_k l's'} - \mu_{C_k l'1} = RT \ln \frac{a_{C_k l's'}}{a_{C_k l'1}}$$

式中，$\mu_{A_{l'1}}$ 和 $\mu_{A_{l's}}$、$a_{A_{l'1}}$ 和 $a_{A_{l's}}$ 分别为液膜中靠近液相本体一侧和靠近固体产物（剩余）层一侧组元 A 的化学势和活度；$\mu_{C_k l's}$ 和 $\mu_{C_k l'1}$、$a_{C_k l's}$ 和 $a_{C_k l'1}$ 分别为液膜中靠近固体产物（剩余）层一侧和靠近液相本体一侧组元 C_k 的化学势和活度。

对于半径为 r_j 的球形颗粒，组元 B_j 的浸出速率为

$$-\frac{dN_{B_j}}{dt} = 4\pi r_{j0}^2 \frac{b_j}{a_j}\left(L'_{A_j A_j}\frac{\Delta \mu_{A_j l'}}{T} + \sum_{k=1}^{r} L'_{A_j C_k}\frac{\Delta \mu_{C_k l'}}{T}\right) \tag{7.384}$$

$$\frac{dN_{B_j}}{dt} = 4\pi r_j^2 \frac{\rho'_{B_j}}{M_{B_j}}\frac{dr_j}{dt} \tag{7.385}$$

将式（7.384）与式（7.385）比较，得

$$-\frac{dr_j}{dt} = \frac{r_{j0}^2 b_j M_{B_j}}{r_j^2 a_j \rho'_{B_j}}\left(L'_{A_j A_j}\frac{\Delta \mu_{A_j l'}}{T} + \sum_{k=1}^{r} L'_{A_j C_k}\frac{\Delta \mu_{C_k l'}}{T}\right) \tag{7.386}$$

将式（7.386）分离变量积分，得

$$1 - \left(\frac{r_j}{r_{j0}}\right)^3 = \frac{3b_j M_{B_j}}{a_j \rho'_{B_j} r_{j0}}\int_0^t \left(L'_{A_j A_j}\frac{\Delta \mu_{A_j l'}}{T} + \sum_{k=1}^{r} L'_{A_j C_k}\frac{\Delta \mu_{C_k l'}}{T}\right) dt \tag{7.387}$$

引入转化率，得

$$\alpha_{B_j} = \frac{3b_j M_{B_j}}{a_j \rho'_{B_j} r_{j0}}\int_0^t \left(L'_{A_j A_j}\frac{\Delta \mu_{A_j l'}}{T} + \sum_{k=1}^{r} L'_{A_j C_k}\frac{\Delta \mu_{C_k l'}}{T}\right) dt \tag{7.388}$$

7.10.3　浸出剂在固体产物层中的扩散为控制步骤

浸出速率

$$-\frac{1}{a_j}\frac{dN_{A_j}}{dt} = -\frac{1}{b_j}\frac{dN_{B_j}}{dt} = \frac{1}{c_j}\frac{dN_{C_j}}{dt} = \frac{1}{d_j}\frac{dN_{D_j}}{dt} = \frac{1}{a_j}\Omega_{s's}J_{A_j s'} \tag{7.389}$$

在单位界面的扩散速率为

$$J_{A_j s'} = \left| \boldsymbol{J}_{A_j s'}\right| = \left| -L_{A_j A_j}\frac{\nabla \mu_{A_j s'}}{T} - \sum_{k=1}^{r} L_{A_j C_k}\frac{\nabla \mu_{C_k s'}}{T}\right| \tag{7.390}$$

$$= \frac{L_{A_j A_j}}{T}\frac{d\mu_{A_j s'}}{dr_j} - \sum_{k=1}^{r}\frac{L_{A_j C_k}}{T}\frac{d\mu_{C_k s'}}{dr_j}$$

对于半径为 r 的球形颗粒，由式（7.389）得

$$-\frac{dN_{A_j}}{dt} = 4\pi r_j^2 J_{A(j)s'} \tag{7.391}$$

将式（7.391）对 j 求和，得

$$-\frac{dN_{A_j}}{dt} = 4\pi r_j^2 J_{A_j s'} = 4\pi r_j^2 \left(\frac{L_{A_j A_j}}{T}\frac{d\mu_{A_j s'}}{dr_j} - \sum_{k=1}^{r}\frac{L_{A_j C_k}}{T}\frac{d\mu_{C_k s'}}{dr_j}\right) \tag{7.392}$$

对 r 分离变量积分，得

$$-\frac{dN_{A_j}}{dt} = \frac{4\pi r_{j0}r_j}{r_{j0}-r_j}\left(\frac{L_{A_jA_j}}{T}\Delta\mu_{A_js'} + \sum_{k=1}^{r}\frac{L_{A_jC_k}}{T}\Delta\mu_{C_ks'}\right) \quad (7.393)$$

其中

$$\Delta\mu_{A_js'} = \mu_{A_js'l'} - \mu_{A_js's} = RT\ln\frac{a_{A_js'l'}}{a_{A_js's}}$$

$$\Delta\mu_{C_ks'} = \mu_{C_ks's} - \mu_{C_ks'l'} = RT\ln\frac{a_{C_ks's}}{a_{C_ks'l'}}$$

式中，$\mu_{A_js'l'}$ 和 $\mu_{A_js's}$、$a_{A_js'l'}$ 和 $a_{A_js's}$ 分别为固体产物层中靠近液膜一侧和靠近未反应核一侧组元 A_j 的化学势和活度；$\mu_{C_ks's}$ 和 $\mu_{C_ks'l'}$、$a_{C_ks's}$ 和 $a_{C_ks'l'}$ 分别为固体产物层中靠近未反应核一侧和靠近液膜一侧组元 C_k 的化学势和活度。

将

$$-\frac{dN_{A_j}}{dt} = -\frac{a_j}{b_j}\frac{dN_{B_j}}{dt} = -\frac{4\pi r_j^2 a_j \rho'_{B_j}}{b_j M_{B_j}}\frac{dr_j}{dt} \quad (7.394)$$

将式（7.394）与式（7.393）比较，得

$$-\frac{dr_j}{dt} = \frac{r_{j0}b_j M_{B_j}}{r_j(r_{j0}-r_j)a_j \rho'_{B_j}}\left(\frac{L_{A_jA_j}}{T}\Delta\mu_{A_js'} + \sum_{k=1}^{r}\frac{L_{A_jC_k}}{T}\Delta\mu_{C_ks'}\right) \quad (7.395)$$

分离变量积分式（7.395），得

$$1 - 3\left(\frac{r_j}{r_{j0}}\right)^2 + 2\left(\frac{r_j}{r_{j0}}\right)^3 = \frac{6b_j M_{B_j}}{a_j \rho'_{B_j} r_{j0}^2}\int_0^t\left(\frac{L_{A_jA_j}}{T}\Delta\mu_{A_js'} + \sum_{k=1}^{r}\frac{L_{A_jC_k}}{T}\Delta\mu_{C_ks'}\right)dt \quad (7.396)$$

引入转化率，得

$$3 - 3(1-\alpha_{B_j})^{\frac{2}{3}} - 2\alpha_{B_j} = \frac{6b_j M_{B_j}}{a_j \rho'_{B_j} r_{j0}^2}\int_0^t\left(\frac{L_{A_jA_j}}{T}\Delta\mu_{A_js'} + \sum_{k=1}^{r}\frac{L_{A_jC_k}}{T}\Delta\mu_{C_ks'}\right)dt \quad (7.397)$$

7.10.4　浸出剂在液膜中的扩散和在固体产物层中的扩散共同为控制步骤

过程速率为

$$-\frac{1}{a_j}\frac{dN_{A_j}}{dt} = -\frac{1}{b_j}\frac{dN_{B_j}}{dt} = \frac{1}{c_j}\frac{dN_{C_j}}{dt} = \frac{1}{d_j}\frac{dN_{D_j}}{dt} = \frac{1}{a_j}\Omega_{l'l}J_{A_jl'}$$

$$= \frac{1}{a_j}\Omega_{s's}J_{A_js'} = \frac{1}{a_j}\Omega J_{l's'} \quad (7.398)$$

其中

$$\Omega_{1'1} = \Omega$$

$$J_{1's'} = J_{A_j1'} = \frac{L'_{A_jA_j}}{T}\Delta\mu_{A_j1'} + \sum_{k=1}^{r}\frac{L'_{A_jC_k}}{T}\Delta\mu_{C_k1'} \tag{7.399}$$

$$\Delta\mu_{A_j1'} = \mu_{A_j1} - \mu_{A_j1's'} = RT\ln\frac{a_{A_j1'1}}{a_{A_j1's'}}$$

$$\Delta\mu_{C_k1'} = \mu_{C_k1's'} - \mu_{C_k1'1} = RT\ln\frac{a_{C_k1's'}}{a_{C_k1'1}}$$

$$J_{1's'} = \frac{\Omega_{s's}}{\Omega}J_{A_js'} = \frac{\Omega_{s's}}{\Omega}\left(\frac{L_{A_jA_j}}{T}\frac{d\mu_{A_js'}}{dr_j} - \sum_{k=1}^{r}\frac{L_{A_jC_k}}{T}\frac{d\mu_{C_ks'}}{dr_j}\right) \tag{7.400}$$

式（7.399）+式（7.400）后除以 2，得

$$J = \frac{1}{2}\left(J_{A1'} + \frac{\Omega_{s's}}{\Omega}J_{A_js'}\right) \tag{7.401}$$

对于半径为 r 的球形颗粒，由式（7.398）得

$$\frac{dN_{A_j}}{dt} = 4\pi r_{j0}^2\left(\frac{L'_{A_jA_j}}{T}\Delta\mu_{A_j1'} + \sum_{k=1}^{r}\frac{L'_{A_jC_k}}{T}\Delta\mu_{C_k1'}\right) \tag{7.402}$$

将式（7.402）与式（7.394）比较，得

$$-\frac{dr_j}{dt} = \frac{r_{j0}^2 b_j M_{B_j}}{r_j^2 a_j \rho'_{B_j}}\left(\frac{L'_{A_jA_j}}{T}\Delta\mu_{A_j1'} + \sum_{k=1}^{r}\frac{L'_{A_jC_k}}{T}\Delta\mu_{C_k1'}\right) \tag{7.403}$$

分离变量积分式（7.403），得

$$1 - \left(\frac{r_j}{r_{j0}}\right)^3 = \frac{3b_j M_{B_j}}{a_j \rho'_{B_j} r_{j0}}\int_0^t\left(\frac{L'_{A_jA_j}}{T}\Delta\mu_{A_j1'} + \sum_{k=1}^{r}\frac{L'_{A_jC_k}}{T}\Delta\mu_{C_k1'}\right)dt \tag{7.404}$$

引入转化率，得

$$\alpha_{B_j} = \frac{3b_j M_{B_j}}{a_j \rho'_{B_j} r_{j0}}\int_0^t\left(\frac{L'_{A_jA_j}}{T}\Delta\mu_{A_j1'} + \sum_{k=1}^{r}\frac{L'_{A_jC_k}}{T}\Delta\mu_{C_k1'}\right)dt \tag{7.405}$$

由式（7.398）得

$$-\frac{dN_{A_j}}{dt} = 4\pi r_j^2\left(\frac{L_{A_jA_j}}{T}\frac{d\mu_{A_js'}}{dr_j} - \sum_{k=1}^{r}\frac{L_{A_jC_k}}{T}\frac{d\mu_{C_ks'}}{dr_j}\right) \tag{7.406}$$

过程达到稳态，$-\dfrac{dN_{A_j}}{dt}$ =常数，对 r_j 分离变量积分，得

$$-\frac{dN_{A_j}}{dt} = \frac{4\pi r_{j0} r_j}{r_{j0} - r_j}\left(\frac{L_{A_jA_j}}{T}\Delta\mu_{A_js'} + \sum_{k=1}^{r}\frac{L_{A_jC_k}}{T}\Delta\mu_{C_ks'}\right) \tag{7.407}$$

其中

$$\Delta\mu_{A_js'} = \mu_{A_js'1'} - \mu_{A_js's} = RT\ln\frac{a_{A_js'1'}}{a_{A_js's}}$$

$$\Delta\mu_{C_ks'} = \mu_{C_ks's} - \mu_{C_ks'1'} = RT\ln\frac{a_{C_ks's}}{a_{C_ks'1'}}$$

式中，$\mu_{A_js'1'}$ 和 $\mu_{A_js's}$、$a_{A_js'1'}$ 和 $a_{A_js's}$ 分别为固体产物层中靠近液膜一侧和靠近未反应核一侧组元 A 的化学势和活度；$\mu_{C_ks's}$ 和 $\mu_{C_ks'1'}$、$a_{C_ks's}$ 和 $a_{C_ks'1'}$ 分别为固体产物层中靠近未反应核一侧和靠近液膜一侧组元 C_k 的化学势和活度。

将

$$-\frac{dN_{A_j}}{dt} = -\frac{a_j}{b_j}\frac{dN_{B_j}}{dt} = -\frac{4\pi r_j^2 a_j \rho'_{B_j}}{b_j M_{B_j}}\frac{dr_j}{dt} \tag{7.408}$$

将式（7.407）与式（7.408）比较，得

$$-\frac{dr_j}{dt} = \frac{r_{j0}b_j M_{B_j}}{r_j(r_{j0}-r_j)a_j\rho'_{B_j}}\left(\frac{L_{A_jA_j}}{T}\Delta\mu_{A_js'} + \sum_{k=1}^{r}\frac{L_{A_jC_k}}{T}\Delta\mu_{C_ks'}\right) \tag{7.409}$$

将式（7.409）分离变量积分，得

$$1-3\left(\frac{r_j}{r_{j0}}\right)^2 + 2\left(\frac{r_j}{r_{j0}}\right)^3 = \frac{6b_j M_{B_j}}{a_j\rho'_{B_j}r_0}\int_0^t\left(\frac{L_{A_jA_j}}{T}\Delta\mu_{A_js'} + \sum_{k=1}^{r}\frac{L_{A_jC_k}}{T}\Delta\mu_{C_ks'}\right)dt \tag{7.410}$$

引入转化率，得

$$3-3(1-\alpha_{B_j})^{\frac{2}{3}} - 2\alpha_{B_j} = \frac{6b_j M_{B_j}}{a_j\rho'_{B_j}r_0}\int_0^t\left(\frac{L_{A_jA_j}}{T}\Delta\mu_{A_js'} + \sum_{k=1}^{r}\frac{L_{A_jC_k}}{T}\Delta\mu_{C_ks'}\right)dt \tag{7.411}$$

式（7.404）+式（7.410），得

$$2-3\left(\frac{r_j}{r_{j0}}\right)^2 + \left(\frac{r_j}{r_{j0}}\right)^3 = \frac{3b_j M_{B_j}}{a_j\rho'_{B_j}r_{j0}}\int_0^t\left(\frac{L'_{A_jA_j}}{T}\Delta\mu_{A_j1'} + \sum_{k=1}^{r}\frac{L'_{A_jC_k}}{T}\Delta\mu_{C_k1'}\right)dt$$
$$+ \frac{6b_j M_{B_j}}{a_j\rho'_{B_j}r_0}\int_0^t\left(\frac{L_{A_jA_j}}{T}\Delta\mu_{A_js'} + \sum_{k=1}^{r}\frac{L_{A_jC_k}}{T}\Delta\mu_{C_ks'}\right)dt \tag{7.412}$$

式（7.405）+式（7.411），得

$$3-3(1-\alpha_{B_j})^{\frac{2}{3}} - \alpha_{B_j} = \frac{3b_j M_{B_j}}{a_j\rho'_{B_j}r_{j0}}\int_0^t\left(\frac{L'_{A_jA_j}}{T}\Delta\mu_{A_j1'} + \sum_{k=1}^{r}\frac{L'_{A_jC_k}}{T}\Delta\mu_{C_k1'}\right)dt$$
$$+ \frac{6b_j M_{B_j}}{a_j\rho'_{B_j}r_0}\int_0^t\left(\frac{L_{A_jA_j}}{T}\Delta\mu_{A_js'} + \sum_{k=1}^{r}\frac{L_{A_jC_k}}{T}\Delta\mu_{C_ks'}\right)dt \tag{7.413}$$

7.10.5　浸出剂在液膜中的扩散和界面化学反应共同为控制步骤

在这种情况下，在液膜和固体产物层界面浸出剂 A 的活度与固体产物层和未反应核界面浸出剂 A 的活度相同。

过程速率为

$$-\frac{1}{a_j}\frac{\mathrm{d}N_{\mathrm{A}_j}}{\mathrm{d}t}=-\frac{1}{b_j}\frac{\mathrm{d}N_{\mathrm{B}_j}}{\mathrm{d}t}=\frac{1}{c_j}\frac{\mathrm{d}N_{\mathrm{C}_j}}{\mathrm{d}t}=\frac{1}{d_j}\frac{\mathrm{d}N_{\mathrm{D}_j}}{\mathrm{d}t}=\frac{1}{a_j}\Omega_{\mathrm{l'l}}J_{\mathrm{A}_j\mathrm{l'}}=\Omega_{\mathrm{s's}}j_j=\frac{1}{a_j}\Omega J_{\mathrm{l'}j}$$

$$(7.414)$$

其中

$$\Omega_{\mathrm{l'l}}=\Omega$$

$$J_{\mathrm{l'}j}=J_{\mathrm{A}j\mathrm{l'}}=\frac{L'_{\mathrm{A}_j\mathrm{A}_j}}{T}\Delta\mu_{\mathrm{A}_j\mathrm{l'}}+\sum_{k=1}^{r}\frac{L'_{\mathrm{A}_j\mathrm{C}_k}}{T}\Delta\mu_{\mathrm{C}_k\mathrm{l'}}\qquad(7.415)$$

$$J_{\mathrm{l'}j}=\frac{\Omega_{\mathrm{s's}}}{\Omega}a_jj_j=\frac{\Omega_{\mathrm{s's}}}{\Omega}a_j\left(\begin{array}{l}-\sum\limits_{k=1}^{r}l_{jk}\left(\dfrac{A_{\mathrm{m},k}}{T}\right)-\sum\limits_{k=1}^{r}\sum\limits_{l=1}^{r}l_{jkl}\left(\dfrac{A_{\mathrm{m},k}}{T}\right)\left(\dfrac{A_{\mathrm{m},l}}{T}\right)\\-\sum\limits_{k=1}^{r}\sum\limits_{l=1}^{r}\sum\limits_{h=1}^{r}l_{jklh}\left(\dfrac{A_{\mathrm{m},k}}{T}\right)\left(\dfrac{A_{\mathrm{m},l}}{T}\right)\left(\dfrac{A_{\mathrm{m},h}}{T}\right)\cdots\end{array}\right)\quad(7.416)$$

式中

$$A_{\mathrm{m},j}=\Delta G_{\mathrm{m},j}=\Delta G_{\mathrm{m},j}^{\ominus}+RT\ln\frac{a_{\mathrm{C}_j\mathrm{s's}}^{c_j}a_{\mathrm{D}_j\mathrm{s's}}^{d_j}}{a_{\mathrm{A}(j)\mathrm{s's}}^{a_j}a_{\mathrm{B}_j\mathrm{s's}}^{b_j}}$$

$$\Delta G_{\mathrm{m},j}^{\ominus}=c_j\mu_{\mathrm{C}_j}^{\ominus}+d_j\mu_{\mathrm{D}_j}^{\ominus}-a_j\mu_{\mathrm{A}(j)}^{\ominus}-b_j\mu_{\mathrm{B}_j}^{\ominus}$$

式（7.415）+式（7.416）后除以 2，得

$$J=\frac{1}{2}\left(J_{\mathrm{Al'}}+\frac{\Omega_{\mathrm{s's}}}{\Omega}a_jj_j\right)\qquad(7.417)$$

对于半径为 r 的球形颗粒，由式（7.414）得

$$-\frac{\mathrm{d}N_{\mathrm{A}_j}}{\mathrm{d}t}=4\pi r_{j0}^2\left(\frac{L'_{\mathrm{A}_j\mathrm{A}_j}}{T}\Delta\mu_{\mathrm{A}_j\mathrm{l'}}+\sum_{k=1}^{r}\frac{L'_{\mathrm{A}_j\mathrm{C}_k}}{T}\Delta\mu_{\mathrm{C}_k\mathrm{l'}}\right)\qquad(7.418)$$

将式（7.418）与式（7.394）比较，得

$$-\frac{\mathrm{d}r_j}{\mathrm{d}t}=\frac{r_{j0}^2b_jM_{\mathrm{B}_j}}{r_j^2a_j\rho'_{\mathrm{B}_j}}\left(\frac{L'_{\mathrm{A}_j\mathrm{A}_j}}{T}\Delta\mu_{\mathrm{A}_j\mathrm{l'}}+\sum_{k=1}^{r}\frac{L'_{\mathrm{A}_j\mathrm{C}_k}}{T}\Delta\mu_{\mathrm{C}_k\mathrm{l'}}\right)\qquad(7.419)$$

分离变量积分式（7.419），得

$$1-\left(\frac{r_j}{r_{j0}}\right)^3=\frac{3b_jM_{\mathrm{B}_j}}{a_j\rho'_{\mathrm{B}_j}r_{j0}}\int_0^t\left(\frac{L'_{\mathrm{A}_j\mathrm{A}_j}}{T}\Delta\mu_{\mathrm{A}_j\mathrm{l'}}+\sum_{k=1}^{r}\frac{L'_{\mathrm{A}_j\mathrm{C}_k}}{T}\Delta\mu_{\mathrm{C}_k\mathrm{l'}}\right)\mathrm{d}t\qquad(7.420)$$

$$\alpha_{B_j} = \frac{3b_j M_{B_j}}{a_j \rho'_{B_j} r_{j0}} \int_0^t \left(\frac{L'_{A_j A_j}}{T} \Delta\mu_{A_j l'} + \sum_{k=1}^r \frac{L'_{A_j C_k}}{T} \Delta\mu_{C_k l'} \right) dt \tag{7.421}$$

由式（7.414）得

$$-\frac{dN_{B_j}}{dt} = 4\pi r_j^2 b_j j_j \tag{7.422}$$

将式（7.422）与式（7.394）比较，得

$$-\frac{dr_j}{dt} = \frac{b_j M_{B_j} r_j}{\rho'_{B_j}} j_j \tag{7.423}$$

将式（7.423）分离变量积分，得

$$1 - \frac{r_j}{r_{j0}} = \frac{b_j M_{B_j}}{\rho'_{B_j} r_{j0}} \int_0^t j_j \, dt \tag{7.424}$$

和

$$1 - (1-\alpha_{B_j})^{\frac{1}{3}} = \frac{b_j M_{B_j}}{\rho'_{B_j} r_{j0}} \int_0^t j_j \, dt \tag{7.425}$$

式（7.420）+式（7.424）得

$$2 - \frac{r_j}{r_{j0}} - \left(\frac{r_j}{r_{j0}}\right)^3 = \frac{3b_j M_{B_j}}{a_j \rho'_{B_j} r_{j0}} \int_0^t \left(\frac{L'_{A_j A_j}}{T} \Delta\mu_{A_j l'} + \sum_{k=1}^r \frac{L'_{A_j C_k}}{T} \Delta\mu_{C_k l'} \right) dt + \frac{b_j M_{B_j}}{\rho'_{B_j} r_{j0}} \int_0^t j_j \, dt \tag{7.426}$$

式（7.421）+式（7.425）得

$$1 + \alpha_{B_j} - (1-\alpha_{B_j})^{\frac{1}{3}} = \frac{3b_j M_{B_j}}{a_j \rho'_{B_j} r_{j0}} \int_0^t \left(\frac{L'_{A_j A_j}}{T} \Delta\mu_{A_j l'} + \sum_{k=1}^r \frac{L'_{A_j C_k}}{T} \Delta\mu_{C_k l'} \right) dt + \frac{b_j M_{B_j}}{\rho'_{B_j} r_{j0}} \int_0^t j_j \, dt \tag{7.427}$$

7.10.6　浸出剂在固体产物层中的扩散和界面化学反应共同为控制步骤

在此情况下，在液膜和固体产物层界面浸出剂 A 的活度与液相本体相同。
过程速率为

$$-\frac{1}{a_j}\frac{dN_{A_j}}{dt} = -\frac{1}{b_j}\frac{dN_{B_j}}{dt} = \frac{1}{c_j}\frac{dN_{C_j}}{dt} = \frac{1}{d_j}\frac{dN_{D_j}}{dt} = \frac{1}{a_j}\Omega_{s's}J_{A_j s'} = \Omega_{s's}j_j = \frac{1}{a_j}\Omega J_{s'j} \tag{7.428}$$

其中

$$\Omega_{s's} = \Omega$$

$$J_{s'j} = J_{A_js'} = \frac{L_{A_jA_j}}{T}\frac{\mathrm{d}\mu_{A_js'}}{\mathrm{d}r_j} - \sum_{k=1}^{r}\frac{L_{A_jC_k}}{T}\frac{\mathrm{d}\mu_{C_ks'}}{\mathrm{d}r_j} \tag{7.429}$$

$$J_{s'j} = a_j j_j = a_j\left(\begin{array}{l} -\sum_{k=1}^{r}l_{jk}\left(\dfrac{A_{m,k}}{T}\right) - \sum_{k=1}^{r}\sum_{l=1}^{r}l_{jkl}\left(\dfrac{A_{m,k}}{T}\right)\left(\dfrac{A_{m,l}}{T}\right) \\ -\sum_{k=1}^{r}\sum_{l=1}^{r}\sum_{h=1}^{r}l_{jklh}\left(\dfrac{A_{m,k}}{T}\right)\left(\dfrac{A_{m,l}}{T}\right)\left(\dfrac{A_{m,h}}{T}\right)\cdots \end{array} \right) \tag{7.430}$$

式（7.429）+式（7.430）后除以 2，得

$$J_{s'j} = \sum_{j=1}^{r}J_j = \frac{1}{2}(J_{A_js'} + a_j j_j) \tag{7.431}$$

对于半径为 r 的球形颗粒，由式（7.428）有

$$-\frac{\mathrm{d}N_{A_j}}{\mathrm{d}t} = 4\pi r_j^2\left(\frac{L_{A_jA_j}}{T}\frac{\mathrm{d}\mu_{A_js'}}{\mathrm{d}r_j} - \sum_{k=1}^{r}\frac{L_{A_jC_k}}{T}\frac{\mathrm{d}\mu_{C_ks'}}{\mathrm{d}r_j}\right) \tag{7.432}$$

过程达到稳态，$\dfrac{\mathrm{d}N_{A_j}}{\mathrm{d}t} = $ 常数，对 r 分离变量积分，得

$$-\frac{\mathrm{d}N_{A_j}}{\mathrm{d}t} = \frac{4\pi r_{j0}r_j}{r_{j0} - r_j}\left(\frac{L_{A_jA_j}}{T}\Delta\mu_{A_js'} + \sum_{k=1}^{r}\frac{L_{A_jC_k}}{T}\Delta\mu_{C_ks'}\right) \tag{7.433}$$

将式（7.433）与式（7.394）比较，得

$$-\frac{\mathrm{d}r_j}{\mathrm{d}t} = \frac{r_{j0}b_jM_{B_j}}{r_j(r_{j0}-r_j)a_j\rho'_{B_j}}\left(\frac{L_{A_jA_j}}{T}\Delta\mu_{A_js'} + \sum_{k=1}^{r}\frac{L_{A_jC_k}}{T}\Delta\mu_{C_ks'}\right) \tag{7.434}$$

将式（7.434）分离变量积分，得

$$1 - 3\left(\frac{r_j}{r_{j0}}\right)^2 + 2\left(\frac{r_j}{r_{j0}}\right)^3 = \frac{6b_jM_{B_j}}{a_j\rho'_{B_j}r_{j0}^2}\int_0^t\left(\frac{L_{A_jA_j}}{T}\Delta\mu_{A_js'} + \sum_{k=1}^{r}\frac{L_{A_jC_k}}{T}\Delta\mu_{C_ks'}\right)\mathrm{d}t \tag{7.435}$$

$$3 - 3(1-\alpha_{B_j})^{\frac{2}{3}} - 2\alpha_{B_j} = \frac{6b_jM_{B_j}}{a_j\rho'_{B_j}r_{j0}^2}\int_0^t\left(\frac{L_{A_jA_j}}{T}\Delta\mu_{A_js'} + \sum_{k=1}^{r}\frac{L_{A_jC_k}}{T}\Delta\mu_{C_ks'}\right)\mathrm{d}t \tag{7.436}$$

由式（7.428）得

$$-\frac{\mathrm{d}N_{A_j}}{\mathrm{d}t} = 4\pi r_j^2 a_j j_j \tag{7.437}$$

将式（7.437）与式（7.394）比较，得

$$-\frac{\mathrm{d}r_j}{\mathrm{d}t} = \frac{b_jM_{B_j}r_j}{\rho'_{B_j}}j_j \tag{7.438}$$

将式（7.438）分离变量积分，得

$$1 - \frac{r_j}{r_{j0}} = \frac{b_j M_{B_j}}{\rho'_{B_j} r_{j0}} \int_0^t j_j \, dt \tag{7.439}$$

$$1 - (1 - \alpha_{B_j})^{\frac{1}{3}} = \frac{b_j M_{B_j}}{\rho'_{B_j} r_{j0}} \int_0^t j_j \, dt \tag{7.440}$$

式（7.435）+式（7.439）得

$$2 - \frac{r_j}{r_{j0}} - 3\left(\frac{r_j}{r_{j0}}\right)^2 + 2\left(\frac{r_j}{r_{j0}}\right)^3 = \frac{6 b_j M_{B_j}}{a_j \rho'_{B_j} r_{j0}^2} \int_0^t \left(\frac{L_{A_j A_j}}{T} \Delta \mu_{A_{js'}} + \sum_{k=1}^r \frac{L_{A_j C_k}}{T} \Delta \mu_{C_{ks'}} \right) dt$$
$$+ \frac{b_j M_{B_j}}{\rho'_{B_j} r_{j0}} \int_0^t j_j \, dt \tag{7.441}$$

式（7.436）+式（7.440）得

$$4 - (1 - \alpha_{B_j})^{\frac{1}{3}} - 3(1 - \alpha_{B_j})^{\frac{2}{3}} - 2\alpha_{B_j} = \frac{6 b_j M_{B_j}}{a_j \rho'_{B_j} r_{j0}^2} \int_0^t \left(\frac{L_{A_j A_j}}{T} \Delta \mu_{A_{js'}} + \sum_{k=1}^r \frac{L_{A_j C_k}}{T} \Delta \mu_{C_{ks'}} \right) dt$$
$$+ \frac{b_j M_{B_j}}{\rho'_{B_j} r_{j0}} \int_0^t j_j \, dt \tag{7.442}$$

7.10.7 浸出剂在液膜中的扩散和在固体产物层中的扩散以及界面化学反应共同为控制步骤

过程速率为

$$-\frac{1}{a_j} \frac{dN_{A_j}}{dt} = -\frac{1}{b_j} \frac{dN_{B_j}}{dt} = \frac{1}{c_j} \frac{dN_{C_j}}{dt} = \frac{1}{d_j} \frac{dN_{D_j}}{dt} = \frac{1}{a_j} \Omega_{l'l} J_{Al'}$$
$$= \frac{1}{a_j} \Omega_{s's} J_{As'} = \Omega_{s's} j_j = \frac{1}{a_j} \Omega J_{l's'j} \tag{7.443}$$

其中

$$\Omega_{l'l} = \Omega$$

$$J_{l's'j} = J_{A_j l'} = \frac{1}{a_j} \left(\frac{L'_{A_j A_j}}{T} \Delta \mu_{A_j l'} + \sum_{k=1}^r \frac{L'_{A_j C_k}}{T} \Delta \mu_{C_k l'} \right) \tag{7.444}$$

$$J_{l's'j} = \frac{\Omega_{s's}}{\Omega} J_{A_j s'} = \frac{\Omega_{s's}}{\Omega} \left(\frac{L_{A_j A_j}}{T} \frac{d\mu_{A_j s'}}{dr_j} - \sum_{k=1}^r \frac{L_{A_j C_k}}{T} \frac{d\mu_{C_k s'}}{dr_j} \right) \tag{7.445}$$

$$J_{l's'j} = \frac{\Omega_{s's}}{\Omega} a_j j_j = \frac{\Omega_{s's}}{\Omega} a_j \left(\begin{array}{l} -\sum_{k=1}^r l_{jk} \left(\dfrac{A_{m,k}}{T} \right) - \sum_{k=1}^r \sum_{l=1}^r l_{jkl} \left(\dfrac{A_{m,k}}{T} \right) \left(\dfrac{A_{m,l}}{T} \right) \\ -\sum_{k=1}^r \sum_{l=1}^r \sum_{h=1}^r l_{jklh} \left(\dfrac{A_{m,k}}{T} \right) \left(\dfrac{A_{m,l}}{T} \right) \left(\dfrac{A_{m,h}}{T} \right) \cdots \end{array} \right) \tag{7.446}$$

式（7.444）+式（7.445）+式（7.446）后除以 3，得

$$J_{1's'j} = \frac{1}{3}\left(J_{A_j l'} + \frac{\Omega_{s's}}{\Omega} J_{A_j s'} + \frac{\Omega_{s's}}{\Omega} a_j j_j \right) \tag{7.447}$$

对于半径为 r_j 的球形颗粒，由式（7.443）有

$$-\frac{\mathrm{d}N_{A_j}}{\mathrm{d}t} = 4\pi r_{j0}^2 \left(\frac{L'_{A_j A_j}}{T} \Delta\mu_{A_j l'} + \sum_{k=1}^{r} \frac{L'_{A_j C_k}}{T} \Delta\mu_{C_k l'} \right) \tag{7.448}$$

式（7.448）与式（7.394）比较，得

$$-\frac{\mathrm{d}r_j}{\mathrm{d}t} = \frac{r_{j0}^2 b_j M_{B_j}}{r_j^2 a_j \rho'_{B_j}} \left(\frac{L'_{A_j A_j}}{T} \Delta\mu_{A_j l'} + \sum_{k=1}^{r} \frac{L'_{A_j C_k}}{T} \Delta\mu_{C_k l'} \right) \tag{7.449}$$

分离变量积分，得

$$1 - \left(\frac{r_j}{r_{j0}} \right)^3 = \frac{3b_j M_{B_j}}{a_j \rho'_{B_j} r_{j0}} \int_0^t \left(\frac{L'_{A_j A_j}}{T} \Delta\mu_{A_j l'} + \sum_{k=1}^{r} \frac{L'_{A_j C_k}}{T} \Delta\mu_{C_k l'} \right) \mathrm{d}t \tag{7.450}$$

$$\alpha_{B_j} = \frac{3b_j M_{B_j}}{a_j \rho'_{B_j} r_{j0}} \int_0^t \left(\frac{L'_{A_j A_j}}{T} \Delta\mu_{A_j l'} + \sum_{k=1}^{r} \frac{L'_{A_j C_k}}{T} \Delta\mu_{C_k l'} \right) \mathrm{d}t \tag{7.451}$$

由式（7.443）得

$$-\frac{\mathrm{d}N_{A_j}}{\mathrm{d}t} = 4\pi r_j^2 \left(\frac{L_{A_j A_j}}{T} \frac{\mathrm{d}\mu_{A_j s'}}{\mathrm{d}r_j} - \sum_{k=1}^{r} \frac{L_{A_j C_k}}{T} \frac{\mathrm{d}\mu_{C_k s'}}{\mathrm{d}r_j} \right) \tag{7.452}$$

过程达到稳态，$-\dfrac{\mathrm{d}N_{A_j}}{\mathrm{d}t} = $ 常数，对 r_j 分离变量积分，得

$$-\frac{\mathrm{d}N_{A_j}}{\mathrm{d}t} = \frac{4\pi r_{j0} r_j}{r_{j0} - r_j} \left(\frac{L_{A_j A_j}}{T} \Delta\mu_{A_j s'} + \sum_{k=1}^{r} \frac{L_{A_j C_k}}{T} \Delta\mu_{C_k s'} \right) \tag{7.453}$$

$$-\frac{\mathrm{d}r_j}{\mathrm{d}t} = \frac{r_{j0} b_j M_{B_j}}{r_j (r_{j0} - r_j) a_j \rho'_{B_j}} \left(\frac{L_{A_j A_j}}{T} \Delta\mu_{A_j s'} + \sum_{k=1}^{r} \frac{L_{A_j C_k}}{T} \Delta\mu_{C_k s'} \right) \tag{7.454}$$

将式（7.454）分离变量积分，得

$$1 - 3\left(\frac{r_j}{r_{j0}} \right)^2 + 2\left(\frac{r_j}{r_{j0}} \right)^3 = \frac{6b_j M_{B_j}}{a_j \rho'_{B_j} r_{j0}^2} \int_0^t \left(\frac{L_{A_j A_j}}{T} \Delta\mu_{A_j s'} + \sum_{k=1}^{r} \frac{L_{A_j C_k}}{T} \Delta\mu_{C_k s'} \right) \mathrm{d}t \tag{7.455}$$

$$3 - 3(1 - \alpha_{B_j})^{\frac{2}{3}} - 2\alpha_{B_j} = \frac{6b_j M_{B_j}}{a_j \rho'_{B_j} r_{j0}^2} \int_0^t \left(\frac{L_{A_j A_j}}{T} \Delta\mu_{A_j s'} + \sum_{k=1}^{r} \frac{L_{A_j C_k}}{T} \Delta\mu_{C_k s'} \right) \mathrm{d}t \tag{7.456}$$

由式（7.443）得

$$-\frac{\mathrm{d}N_{A_j}}{\mathrm{d}t} = 4\pi r_j^2 a_j j_j \tag{7.457}$$

与式（7.394）比较，有

$$-\frac{\mathrm{d}r_j}{\mathrm{d}t} = \frac{b_j M_{B_j}}{\rho'_{B_j}} j_j \tag{7.458}$$

将式（7.458）分离变量积分，得

$$1 - \frac{r_j}{r_{j0}} = \frac{b_j M_{B_j}}{\rho'_{B_j} r_{j0}} \int_0^t j_j \, \mathrm{d}t \tag{7.459}$$

$$1 - (1 - \alpha_{B_j})^{\frac{1}{3}} = \frac{b_j M_{B_j}}{\rho'_{B_j} r_{j0}} \int_0^t j_j \, \mathrm{d}t \tag{7.460}$$

式（7.450）+式（7.455）+式（7.459）得

$$3 - \frac{r_j}{r_{j0}} - 3\left(\frac{r_j}{r_{j0}}\right)^2 + \left(\frac{r_j}{r_{j0}}\right)^3 = \frac{3b_j M_{B_j}}{a_j \rho'_{B_j} r_{j0}} \int_0^t \left(\frac{L'_{A_j A_j}}{T} \Delta\mu_{A_j 1'} + \sum_{k=1}^r \frac{L'_{A_j C_k}}{T} \Delta\mu_{C_k 1'}\right) \mathrm{d}t$$

$$+ \frac{6b_j M_{B_j}}{a_j \rho'_{B_j} r_{j0}^2} \int_0^t \left(\frac{L_{A_j A_j}}{T} \Delta\mu_{A_j s'} + \sum_{k=1}^r \frac{L_{A_j C_k}}{T} \Delta\mu_{C_k s'}\right) \mathrm{d}t \tag{7.461}$$

$$+ \frac{b_j M_{B_j}}{\rho'_{B_j} r_{j0}} \int_0^t j_j \, \mathrm{d}t$$

式（7.451）+式（7.456）+式（7.460）得

$$4 - (1 - \alpha_{B_j})^{\frac{1}{3}} - 3(1 - \alpha_{B_j})^{\frac{2}{3}} - 2\alpha_{B_j} = \frac{3b_j M_{B_j}}{a_j \rho'_{B_j} r_{j0}} \int_0^t \left(\frac{L'_{A_j A_j}}{T} \Delta\mu_{A_j 1'} + \sum_{k=1}^r \frac{L'_{A_j C_k}}{T} \Delta\mu_{C_k 1'}\right) \mathrm{d}t$$

$$+ \frac{6b_j M_{B_j}}{a_j \rho'_{B_j} r_{j0}^2} \int_0^t \left(\frac{L_{A_j A_j}}{T} \Delta\mu_{A_j s'} + \sum_{k=1}^r \frac{L_{A_j C_k}}{T} \Delta\mu_{C_k s'}\right) \mathrm{d}t \tag{7.462}$$

$$+ \frac{b_j M_{B_j}}{\rho'_{B_j} r_{j0}} \int_0^t j_j \, \mathrm{d}t$$

7.11　析　　晶

从溶液中析出晶体的过程称为析晶，也称结晶。在恒温恒压条件下，过饱和溶液中的溶质形成晶体从溶液中析出是非平衡状态的自发过程。溶液中的溶质达到过饱和有两种途径：一是溶液蒸发，使溶质浓度增大，达到过饱和；二是降低温度，大部分物质随温度的降低，溶解度减小，从而达到过饱和。

7.11.1　基本概念

结晶与溶液、熔体的过饱和度、过冷度有关。溶液、熔体的过饱和度、过冷度与其组成和温度有关。

1. 绝对过饱和度

在一定温度下,过饱和溶液的浓度与该溶液的饱和度之差称为绝对过饱和度,记作 α ,有

$$\alpha = c_{过饱} - c_{饱} \tag{7.463}$$

式中, $c_{过饱}$ 为过饱和溶液的浓度; $c_{饱}$ 为溶液的饱和度。

2. 相对过饱和度

绝对过饱和度与饱和度之比称为相对过饱和度,记作 β ,有

$$\beta = \frac{\alpha}{c_{饱}} = \frac{c_{过饱} - c_{饱}}{c_{饱}} \tag{7.464}$$

3. 过饱和度

过饱和溶液的浓度与其饱和度之比称为过饱和度,记作 γ ,有

$$\gamma = \frac{c_{过饱}}{c_{饱}} = \beta + 1 \tag{7.465}$$

溶液的过饱和度与溶液的组成、温度有关。

4. 绝对饱和过冷度

饱和溶液的温度与过饱和溶液的温度之差,称为绝对饱和过冷度,记作 θ ,有

$$\theta = T_{饱} - T_{过饱} \tag{7.466}$$

式中, $T_{过饱}$ 为过饱和溶液的温度; $T_{饱}$ 为饱和溶液的温度。

5. 相对饱和过冷度

绝对饱和过冷度与饱和溶液的温度之比称为相对饱和过冷度,记作 η ,有

$$\eta = \frac{\theta}{T_{饱}} = \frac{T_{饱} - T_{过饱}}{T_{饱}} \tag{7.467}$$

6. 饱和过冷度

饱和溶液的温度与过饱和溶液的温度之比称为饱和过冷度(或过冷系数),记作 ε ,有

$$\varepsilon = \frac{T_{饱}}{T_{过饱}} \tag{7.468}$$

7.11.2　从溶液中析出晶体的热力学

1. 从溶液中析出单一晶体的热力学

在恒温恒压条件下，过饱和溶液中析出晶体的过程可以表示为

$$(B)_{过饱} =\!=\!= B_{(晶体)} \tag{7.i}$$

最后当 B 的浓度达到饱和，则晶体与溶液达成平衡，可以表示为

$$(B)_{饱} \rightleftharpoons B_{(晶体)} \tag{7.j}$$

摩尔吉布斯自由能变为

$$\Delta G_{m,B} = \mu_{B(晶体)} - \mu_{(B)过饱} \tag{7.469}$$

其中

$$\mu_{B(晶体)} = \mu_B + RT \ln a_{B(晶体)}$$
$$= \mu_B^{\ominus} + RT \ln a_{(B)饱}$$
$$\approx \mu_B^{\ominus} + RT \ln c_{(B)饱} \tag{7.470}$$
$$\mu_{(B)过饱} = \mu_B^{\ominus} + RT \ln a_{(B)过饱}$$
$$\approx \mu_B^{\ominus} + RT \ln c_{(B)过饱} \tag{7.471}$$

将式（7.474）和式（7.475）代入式（7.473），得

$$\Delta G_{m,B} = RT\ln \frac{a_{B(晶体)}}{a_{B(过饱)}}$$
$$= RT\ln \frac{a_{B(饱)}}{a_{B(过饱)}}$$
$$\approx RT\ln \frac{c_{B(饱)}}{c_{B(过饱)}}$$
$$= RT\ln \frac{1}{\gamma} \tag{7.472}$$

2. 从溶液中同时析出多种晶体的热力学

在恒温恒压条件下，过饱和溶液中同时析出多种晶体的过程可以表示为

$$(j)过饱 =\!=\!= (j)晶体 \tag{7.k}$$
$$(j=1, 2, \cdots, n)$$

摩尔吉布斯自由能变为

$$\Delta G_{m,j} = \mu_{j(晶体)} - \mu_{(j)过饱} \tag{7.473}$$

$$\mu_{j(晶体)} = \mu_j^{\ominus} + RT \ln a_{j(晶体)}$$
$$= \mu_j^{\ominus} + RT \ln a_{(j)饱}$$
$$\approx \mu_B^{\ominus} + RT \ln c_{(j)饱} \tag{7.474}$$

$$\mu_{(j)过饱} = \tilde{\mu}_j^{\ominus} + RT \ln a_{(j)过饱}$$
$$\approx \tilde{\mu}_j^{\ominus} + RT \ln c_{(j)过饱} \tag{7.475}$$

将式（7.478）和式（7.479）代入式（7.477），得

$$\Delta G_{m,j} = RT \ln \frac{a_{j(晶体)}}{a_{(j)过饱}}$$
$$= RT \ln \frac{a_{(j)饱}}{a_{(j)过饱}}$$
$$\approx RT \ln \frac{c_{(j)饱}}{c_{(j)过饱}}$$
$$= RT \ln \frac{1}{\gamma_j} < 0 \tag{7.476}$$
$$(j = 1, 2, \cdots, n)$$

体系总吉布斯自由能变为

$$\Delta G_m = \sum_{j=1}^{n} \Delta G_{m,j} \lambda_j = RT \sum_{j=1}^{n} \lambda_j \ln \frac{1}{\gamma_j} \tag{7.477}$$

式中，λ_j 为第 j 个组元的反应进度，即析晶进度。

$\Delta G_m < 0$　结晶可以自发进行；

$\Delta G_m = 0$　结晶达到平衡；

$\Delta G_m > 0$　结晶不能自发进行。

若其中一个或几个物质结晶的吉布斯自由能变值负得多，则可以驱动吉布斯自由能变为正的物质结晶，这就是一些未达到饱和的物质也可以杂质的形式进入晶体的原因。

7.11.3　从溶液中析出晶体的速率

1. 从溶液中析出单一晶体的速率

在恒温、恒压条件下，从溶液中析出单一晶体的速率为

$$\frac{\mathrm{d}N_{B(晶体)}}{\mathrm{d}t} = -\frac{\mathrm{d}N_{(B)过饱}}{\mathrm{d}t} = Vj_B$$

$$= -V\left[l_1\left(\frac{A_{m,B}}{T}\right) + l_2\left(\frac{A_{m,B}}{T}\right)^2 + l_3\left(\frac{A_{m,B}}{T}\right)^3 + \cdots \right] \tag{7.478}$$

其中，V 为溶液体积。

$$A_{m,B} = \Delta G_{m,B} \tag{7.479}$$

2. 从溶液中同时析出多种晶体的速率

在恒温恒压条件下，不考虑耦合作用从溶液中同时析出多种晶体的速率为

$$\frac{\mathrm{d}N_{j(晶体)}}{\mathrm{d}t} = -\frac{\mathrm{d}N_{(j)过饱}}{\mathrm{d}t} = Vj_j$$

$$= -V\left[l_1\left(\frac{A_{m,j}}{T}\right) + l_2\left(\frac{A_{m,j}}{T}\right)^2 + l_3\left(\frac{A_{m,j}}{T}\right)^3 + \cdots \right] \tag{7.480}$$

$$(j = 1, 2, \cdots, n)$$

考虑耦合作用，有

$$\frac{\mathrm{d}N_{j(晶体)}}{\mathrm{d}t} = -\frac{\mathrm{d}N_{(j)过饱}}{\mathrm{d}t} = Vj_j$$

$$= -V\left[\begin{array}{l} \sum_{k=1}^{n} l_{jk}\left(\frac{A_{m,k}}{T}\right) + \sum_{k=1}^{n}\sum_{l=1}^{n} l_{jkl}\left(\frac{A_{m,k}}{T}\right)\left(\frac{A_{m,l}}{T}\right) \\ + \sum_{k=1}^{n}\sum_{l=1}^{n}\sum_{h=1}^{n} l_{jklh}\left(\frac{A_{m,k}}{T}\right)\left(\frac{A_{m,l}}{T}\right)\left(\frac{A_{m,h}}{T}\right) + \cdots \end{array} \right] \tag{7.481}$$

其中

$$A_{m,k} = \Delta G_{m,k} \tag{7.482}$$

7.12　熔　　化

7.12.1　纯物质的熔化

1. 纯物质熔化过程的热力学

物质由固态变成液态的过程称为熔化。在恒温恒压条件下，纯物质由固态变成液态的温度称为熔点。在熔点温度，纯固态物质由固态变成液态的过程是在平衡状态下进行的，可以表示为

$$A(s) \Longrightarrow A(l)$$

该过程的摩尔吉布斯自由能变为

$$\Delta G_{m,A}(T_m) = G_{m,A(l)}(T_m) - G_{m,A(s)}(T_m)$$

$$= [H_{m,A(l)}(T_m) - T_m H_{m,A(l)}(T_m)] - [H_{m,A(s)}(T_m) - T_m S_{m,A(s)}(T_m)]$$

$$= \Delta_{fus} H_{m,A}(T_m) - T_m \Delta_{fus} S_{m,B}(T_m) \tag{7.483}$$

$$= \Delta_{fus} H_{m,A}(T_m) - T_m \frac{\Delta_{fus} H_{m,A}(T_m)}{T_m}$$

$$= 0$$

式中，$\Delta_{fus} H_{m,A}(T_m)$ 为在温度 T_m 的熔化焓，为正值；$\Delta_{fus} S_{m,B}(T_m)$ 为在温度 T_m 的熔化熵。在纯物质的熔点 T_m，纯物质熔化过程的摩尔吉布斯自由能变为零。

根据相平衡理论，在恒温恒压条件下，在熔点温度固液两相平衡共存。而要提高熔化速率，必须将温度提高到熔点以上。这样，熔化就在非平衡条件下进行。可以表示为

$$A(s) = A(l)$$

在温度 T，熔化过程的摩尔吉布斯自由能变为

$$\Delta G_{m,A}(T) = G_{m,A(l)}(T) - G_{m,A(s)}(T)$$

$$= [H_{m,A(l)}(T) - T_m H_{m,A(l)}(T)] - [H_{m,A(s)}(T) - T_m S_{m,A(s)}(T)]$$

$$= \Delta H_{m,A}(T) - T\Delta S_{m,A}(T)$$

$$= \frac{\Delta H_{m,A}(T_m)\Delta T}{T_m} < 0 \tag{7.484}$$

其中

$$T > T_m$$

$$\Delta T = T_m - T < 0$$

$$\Delta H_{m,A}(T) = \Delta H_{m,A}(T_m) + \int_{T_m}^{T} \Delta C_{p,A} dT \tag{7.485}$$

$$\Delta S_{m,A}(T) = \Delta S_{m,A}(T_m) + \int_{T_m}^{T} \frac{C_p}{T} dT \tag{7.486}$$

若 T 和 T_m 接近，取

$$\Delta H_{m,A}(T) \approx \Delta H_{m,A}(T_m) > 0 \tag{7.487}$$

$$\Delta S_{m,A}(T) \approx \Delta S_{m,A}(T_m) = \frac{\Delta H_{m,A}(T_m)}{T_m} \tag{7.488}$$

将 $\Delta H_{m,A}(T_m) = L_{m,A}$、$\Delta S_{m,A}(T_m) = \dfrac{L_{m,A}}{T_m}$ 代入式（7.484），得

$$\Delta G_{m,A}(T) = L_{m,A} - \frac{L_{m,A}}{T_m} = \frac{L_{m,A}\Delta T}{T_m}$$

式中，$L_{m,A}$ 为组元 A 的结晶潜热。

2. 纯物质液固两相的吉布斯自由能与温度和压力的关系

1）纯物质液固两相的吉布斯自由能与温度的关系

$$dG = VdP - SdT \tag{7.489}$$

在恒压条件下，有

$$dG = -SdT \tag{7.490}$$

$$\frac{dG}{dT} = -S \tag{7.491}$$

S 恒为正值，吉布斯自由能对温度的导数为负数，即吉布斯自由能随温度的升高而减小。液态原子、分子等的排列秩序比固态差，因此，物质液态的熵比固态大，即物质液态的吉布斯自由能与温度关系的曲线斜率比同物质固态的吉布斯自由能与温度关系的曲线斜率绝对值大。两条曲线斜率不同，必然相交于某一点，该点对应的固液两相吉布斯自由能相等，液固两相平衡共存（图 7.1）。在 1atm，该点所对应的温度 T_m 为该固体的熔点。

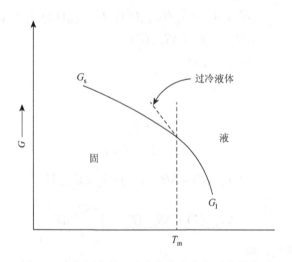

图 7.1　在恒压条件下吉布斯自由能与温度的关系

2）纯物质液固两相的吉布斯自由能与压力的关系

在恒温条件下，有

$$dG = VdP \tag{7.492}$$

$$\frac{dG}{dP} = V \tag{7.493}$$

体积恒为正值，吉布斯自由能对压力的导数为正数，即在恒温条件下，吉布斯自由能随压力增加而增大。大多数情况下，同一物质的液态体积比固态体积大一些，即物质液态的吉布斯自由能与压力关系的曲线斜率比同物质固态的吉布斯自由能与压力关系的曲线斜率大。两条曲线斜率不同，会相交于一点 $P_{临}$（图 7.2）。$P_{临}$ 是在恒定温度条件下的固液转化压力，称为临界压力。同一物质，在压力大于临界压力时，液态的吉布斯自由能大于固态的吉布斯自由能，固态比液态稳定，随着压力的增加，熔化温度升高。而在压力低于临界压力，同一物质的固态吉布斯自由能比液态吉布斯自由能大，随着压力减小，熔点降低。

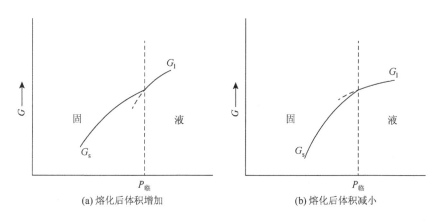

图 7.2 在恒温条件下吉布斯自由能与压力的关系

对于液态体积比固态体积小的物质，其液态的吉布斯自由能与压力关系的曲线斜率比固态的吉布斯自由能与压力关系的曲线斜率小。两条曲线也会相交于一点 $P_{临}$。同一物质在压力大于临界压力，液态的吉布斯自由能小于固态的吉布斯自由能，液态比固态稳定，随着压力增加，熔化温度降低；而压力小于临界压力，固态的吉布斯自由能小于液态的吉布斯自由能，固态稳定，随着压力增加，熔化温度升高。在 1atm，液固两相平衡的温度即为该物质的熔点，压力大于 1atm，随着压力的增加，物质液态的吉布斯自由能小于其固态的吉布斯自由能，即压力增加，物质的熔点降低。例如，水结冰体积增大。在一个标准大气压，冰的熔化温度是 0℃，而在 10atm，冰的熔化温度为 –0.01℃。

3. 纯物质熔化的速率

在恒温恒压条件下，纯物质在高于其熔点温度的速率为

$$\frac{\mathrm{d}n_{A(l)}}{\mathrm{d}t} = -\frac{\mathrm{d}n_{A(s)}}{\mathrm{d}t} = j_A$$

$$= -l_1 \left(\frac{A_{m,A}}{T}\right) - l_2 \left(\frac{A_{m,A}}{T}\right)^2 - l_3 \left(\frac{A_{m,A}}{T}\right)^3 - \cdots$$

$$= -l_1 \left(\frac{L_{m,A}\Delta T}{TT_m}\right) - l_2 \left(\frac{L_{m,A}\Delta T}{TT_m}\right)^2 - l_3 \left(\frac{L_{m,A}\Delta T}{TT_m}\right)^3 - \cdots$$

$$= -l_1' \left(\frac{\Delta T}{T}\right) - l_2' \left(\frac{\Delta T}{T}\right)^2 - l_3' \left(\frac{\Delta T}{T}\right)^3 - \cdots \tag{7.494}$$

其中

$$A_{m,A} = \Delta G_{m,A} = \frac{L_{m,A}\Delta T}{T_m} \tag{7.495}$$

7.12.2　具有最低共熔点的二元系熔化

1. 熔化过程热力学

图 7.3 是具有最低共熔点组成的二元系相图。在恒压条件下，组成点为 P 的物质升温熔化。温度升到 T_E，物质组成点为 P_E。在组成为 P_E 的物质中，有共熔点组成的 E 和过量的组元 B。

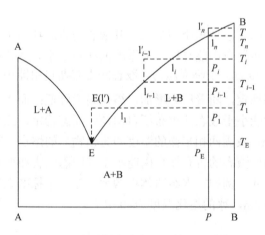

图 7.3　具有最低共熔点组成的二元系相图

1) 在温度 T_E

组成为 E 的均匀固相的熔化过程在平衡状态下可以表示为

$$E(s) \Longrightarrow E(l)$$

即

$$x_A A(s) + x_B B(s) \Longrightarrow x_A (A)_{E(l)} + x_B (B)_{E(l)}$$

或

$$A(s) \Longrightarrow (A)_{E(l)}$$

$$B(s) \Longrightarrow (B)_{E(l)}$$

式中，x_A、x_B 分别为组成为 E 的组元 A、B 的摩尔分数。

熔化过程的摩尔吉布斯自由能变为

$$
\begin{aligned}
\Delta G_{m,E}(T_E) &= G_{m,E(l)}(T_E) - G_{m,E(s)}(T_E) \\
&= [H_{m,E(l)}(T_E) - T_E H_{m,E(l)}(T_E)] - [H_{m,E(s)}(T_E) - T_m S_{m,E(s)}(T_E)] \\
&= \Delta_{fus} H_{m,E}(T_E) - T_m \Delta_{fus} S_{m,E}(T_E) \\
&= \Delta_{fus} H_{m,E}(T_E) - T_E \frac{\Delta_{fus} H_{m,E}(T_E)}{T_E} \\
&= 0
\end{aligned}
\tag{7.496}
$$

式中，$\Delta_{fus} H_{m,E}(T_E)$ 和 $\Delta_{fus} S_{m,E}(T_E)$ 分别为组成为 E 的物质的熔化焓和熔化熵。

$$M_E = x_A M_A + x_B M_B$$

M_E、M_A、M_B 分别为 E、A、B 的摩尔质量。

或如下计算：

$$
\begin{aligned}
\Delta G_{m,A}(T_E) &= \bar{G}_{m,(A)_{E(l)}}(T_E) - G_{m,A(s)}(T_E) \\
&= \Delta_{sol} H_{m,A}(T_E) - T_E \Delta_{sol} S_{m,A}(T_E) \\
&= \Delta_{sol} H_{m,A}(T_E) - T_E \frac{\Delta_{sol} H_{m,A}(T_E)}{T_E} \\
&= 0
\end{aligned}
\tag{7.497}
$$

$$
\begin{aligned}
\Delta G_{m,B}(T_E) &= \bar{G}_{m,(B)_{E(l)}}(T_E) - G_{m,B(s)}(T_E) \\
&= \Delta_{sol} H_{m,B}(T_E) - T_E \Delta_{sol} S_{m,B}(T_E) \\
&= \Delta_{sol} H_{m,B}(T_E) - T_E \frac{\Delta_{sol} H_{m,B}(T_E)}{T_E} \\
&= 0
\end{aligned}
\tag{7.498}
$$

$$
\begin{aligned}
\Delta G_{m,E}(T_E) &= x_A \Delta G_{m,A}(T_E) - x_B \Delta G_{m,B}(T_E) \\
&= \frac{[x_A \Delta_{sol} H_{m,A}(T_E) + x_B \Delta_{sol} H_{m,B}(T_E)]\Delta T}{T_E} \\
&= 0
\end{aligned}
\tag{7.499}
$$

其中

$$\Delta T = T_{\text{E}} - T_{\text{E}} = 0$$

该过程的摩尔吉布斯自由能变也可以如下计算。

固相和液相中的组元 A、B 都以其纯固态为标准状态，浓度以摩尔分数表示，该过程的摩尔吉布斯自由能变为

$$\begin{aligned}\Delta G_{\text{m,A}} &= \mu_{(\text{A})_{\text{E(l)}}} - \mu_{\text{A(s)}} \\ &= RT \ln a^{\text{R}}_{(\text{A})_{\text{E(l)}}} \\ &= RT \ln a^{\text{R}}_{\text{A(s)}} \\ &= 0\end{aligned}\tag{7.500}$$

其中

$$\begin{aligned}\mu_{(\text{A})_{\text{E(l)}}} &= \mu^*_{\text{A(s)}} + RT \ln a^{\text{R}}_{(\text{A})_{\text{E(l)}}} \\ &= \mu^*_{\text{A(s)}} + RT \ln a^{\text{R}}_{(\text{A})_{\text{地}}}\end{aligned}$$

$$\mu_{\text{A(s)}} = \mu^*_{\text{A(s)}}$$

$$\begin{aligned}\Delta G_{\text{m,B}} &= \mu_{(\text{B})_{\text{E(l)}}} - \mu_{\text{B(s)}} \\ &= RT \ln a^{\text{R}}_{(\text{B})_{\text{E(l)}}} \\ &= RT \ln a^{\text{R}}_{\text{B(s)}} \\ &= 0\end{aligned}\tag{7.501}$$

其中

$$\begin{aligned}\mu_{(\text{B})_{\text{E(l)}}} &= \mu^*_{\text{B(s)}} + RT \ln a^{\text{R}}_{(\text{B})_{\text{E(l)}}} \\ &= \mu^*_{\text{B(s)}} + RT \ln a^{\text{R}}_{(\text{B})_{\text{地}}}\end{aligned}$$

$$\mu_{\text{B(s)}} = \mu^*_{\text{B(s)}}$$

$$\begin{aligned}\Delta G_{\text{m,E}} &= x_{\text{A}}\Delta G_{\text{m,A}} + x_{\text{B}}\Delta G_{\text{m,B}} \\ &= RT(x_{\text{A}} \ln a^{\text{R}}_{(\text{A})_{\text{E(l)}}} + x_{\text{B}} \ln a^{\text{R}}_{(\text{B})_{\text{E(l)}}}) \\ &= 0\end{aligned}\tag{7.502}$$

在温度 T_{E}，组成为 E(s) 的固相和 E(l) 平衡，熔化在平衡状态下进行，吉布斯自由能变为零。

2）升高温度到 T_1

液相组成未变，由于温度升高，E(l) 成为 E(l′)。固相 E(s) 熔化为液相 E(l′)，在非平衡条件下进行。有

$$\text{E(s)} = \text{E(l′)}$$

即

$$x_{\text{A}}\text{A(s)} + x_{\text{B}}\text{B(s)} = x_{\text{A}}(\text{A})_{\text{E(l′)}} + x_{\text{B}}(\text{B})_{\text{E(l′)}}$$

或

$$\text{A(s)} = \text{A}_{\text{E(l′)}}$$

$$B(s) \Longrightarrow B_{E(l')}$$

该过程的摩尔吉布斯自由能变为

$$\Delta G_{m,E}(T_1) = G_{m,E(l')}(T_1) - G_{m,E(s)}(T_1)$$

$$= \Delta_{fus}H_{m,E}(T_1) - T_1\Delta_{fus}S_{m,E}(T_1)$$

$$\approx \Delta_{fus}H_{m,E}(T_1) - T_1\frac{\Delta_{fus}H_{m,E}(T_E)}{T_E}$$

$$= \frac{\Delta_{fus}H_{m,E}(T_E)\Delta T}{T_E} \tag{7.503}$$

式中，$\Delta_{fus}H_{m,E}(T_E)$ 为 E 在温度 T_E 的熔化焓；$\Delta_{fus}S_{m,E}(T_1)$ 为 E 在温度 T_E 的熔化熵。

或如下计算：

$$\Delta G_{m,A}(T_1) = \overline{G}_{m,(A)_{E(l)}}(T_1) - G_{m,A(s)}(T_1)$$

$$= \Delta_{sol}H_{m,A}(T_1) - T_1\Delta_{sol}S_{m,A}(T_1)$$

$$\approx \Delta_{sol}H_{m,A}(T_E) - T_1\frac{\Delta_{fus}H_{m,A}(T_E)}{T_E}$$

$$= \frac{\Delta_{sol}H_{m,A}(T_E)\Delta T}{T_E} \tag{7.504}$$

$$\Delta G_{m,B}(T_1) = \overline{G}_{m,(B)_{E(l)}}(T_1) - G_{m,B(s)}(T_1)$$

$$= \Delta_{sol}H_{m,B}(T_1) - T_1\Delta_{sol}S_{m,B}(T_1)$$

$$\approx \Delta_{sol}H_{m,B}(T_E) - T_1\Delta_{sol}\Delta S_{m,B}(T_E)$$

$$= \frac{\Delta_{sol}H_{m,E}(T_E)\Delta T}{T_E} \tag{7.505}$$

式中，$\Delta_{sol}H_{m,A}(T_E)$、$\Delta_{sol}H_{m,B}(T_E)$ 分别为组元 A、B 在温度 T_E 的溶解焓；$\Delta_{sol}S_{m,A}(T_E)$、$\Delta_{sol}S_{m,B}(T_E)$ 分别为组元 A、B 在温度 T_E 的溶解熵，是组元 A、B 饱和（平衡）状态的溶解焓和溶解熵。

总摩尔吉布斯自由能变为

$$\Delta G_{m,E}(T_1) = x_A G_{m,A}(T_1) - x_B G_{m,B}(T_1)$$

$$= \frac{x_A\Delta_{sol}H_{m,A}(T_E) + x_B\Delta_{sol}H_{m,B}(T_E)}{T_E} \tag{7.506}$$

其中

$$\Delta T = T_E - T_1 < 0$$

或如下计算：固相和液相中的组元 A、B 都以其纯固态为标准状态，浓度以摩尔分数表示，该过程的摩尔吉布斯自由能变为

$$\Delta G_{m,A} = \mu_{(A)_{E(l')}} - \mu_{A(s)}$$
$$= RT \ln a_{(A)_{E(l')}}^R \tag{7.507}$$

其中

$$\mu_{(A)_{E(l')}} = \mu_{A(s)}^* + RT \ln a_{(A)_{E(l')}}^R$$

$$\mu_{A(s)} = \mu_{A(s)}^*$$

$$\Delta G_{m,B} = \mu_{(B)_{E(l')}} - \mu_{B(s)}$$
$$= RT \ln a_{(B)_{E(l')}}^R \tag{7.508}$$

其中

$$\mu_{(B)_{E(l')}} = \mu_{B(s)}^* + RT \ln a_{(B)_{E(l')}}^R$$

$$\mu_{B(s)} = \mu_{B(s)}^*$$

总摩尔吉布斯自由能变为

$$\Delta G_{m,E} = x_A \Delta G_{m,A} + x_B \Delta G_{m,B}$$
$$= RT(x_A \ln a_{(A)_{E(l')}}^R + x_B \ln a_{(B)_{E(l')}}^R) \tag{7.509}$$

直到组成为 E(s) 的固相完全消失，固相组元 A 消失，剩余的固相组元 B 继续向溶液 E(l') 中溶解，有

$$B(s) == (B)_{E(l')}$$

该过程的摩尔吉布斯自由能变为

$$\Delta G_{m,B}(T_1) = \overline{G}_{m,(B)_{E(l')}}(T_1) - G_{m,B(s)}(T_1)$$
$$= (\overline{H}_{m,(B)_{E(l')}}(T_1) - T_1 \overline{S}_{m,(B)_{E(l')}}(T_1)) - (H_{m,B(s)}(T_1) - T_1 S_{m,B(s)}(T_1))$$
$$= \Delta_{sol}H_{m,B}(T_1) - T_1 \Delta_{sol}S_{m,B}(T_1)$$
$$\approx \Delta_{sol}H_{m,B}(T_E) - T_1 \frac{\Delta_{sol}H_{m,B}(T_E)}{T_E}$$
$$= \frac{\Delta_{sol}H_{m,B}(T_E)\Delta T}{T_E} \tag{7.510}$$

其中

$$\Delta_{sol}H_{m,B}(T_1) \approx \Delta_{sol}H_{m,B}(T_E) > 0$$

$$\Delta_{sol}S_{m,B}(T_1) \approx \Delta_{sol}S_{m,B}(T_E) = \frac{\Delta_{sol}H_{m,B}(T_E)}{T_E} > 0$$

$$\Delta T = T_E - T_1 < 0$$

$\Delta_{sol}H_{m,B}(T_1)$ 和 $\Delta_{sol}S_{m,B}(T_1)$ 分别为固体组元 B 在温度 T_1 的溶解焓和溶解熵。

固相和液相中的组元 B 以纯固态为标准状态，浓度以摩尔分数表示，该过程的摩尔吉布斯自由能变化为

$$\Delta G_{m,B} = \mu_{(B)_{E(T)}} - \mu_{B(s)}$$
$$= RT \ln a_{(B)_{E(T)}}^{R} \qquad (7.511)$$

其中

$$\mu_{(B)_{E(T)}} = \mu_{B(s)}^{*} + RT \ln a_{(B)_{E(T)}}^{R}$$

$$\mu_{B(s)} = \mu_{B(s)}^{*}$$

直到固相组元 B 溶解达到饱和，固液两相达成平衡。平衡液相组成为液相线 ET_B 上的 l_1 点。有

$$B(s) \Longleftrightarrow (B)_{l_1} \Longleftrightarrow (B)_{饱}$$

3）从 T_1 升温到 T_n

从温度 T_1 到温度 T_n，随着温度的升高，固相组元 B 不断向溶液中溶解。

在温度 T_{i-1}，固液两相达成平衡，组元 B 溶解达到饱和。平衡液相组成为 l_{i-1}。有

$$B(s) \Longleftrightarrow (B)_{l_{i-1}} \Longleftrightarrow (B)_{饱}$$

$$(i=1, 2, \cdots, n)$$

继续升高温度到 T_i。温度刚升到 T_i，固相组元 B 还未来得及溶解进入液相时，溶液组成仍与 l_{i-1} 相同，但是已经由组元 B 饱和的溶液 l_{i-1} 变成其不饱和的溶液 l'_{i-1}。因此，固相组元 B 向溶液 l'_{i-1} 中溶解。液相组成由 l'_{i-1} 向该温度的平衡液相组成 l_i 转变，物质组成由 P_{i-1} 向 P_i 转变。该过程可以表示为

$$B(s) \Longleftrightarrow (B)_{l'_{i-1}}$$

$$(i=1, 2, \cdots, n)$$

该过程的摩尔吉布斯自由能变为

$$\begin{aligned}
\Delta G_{m,B}(T_i) &= \overline{G}_{m,(B)_{l_{i-1}}}(T_i) - G_{m,B(s)}(T_i) \\
&= (\overline{H}_{m,(B)_{l_{i-1}}}(T_i) - T_i\overline{S}_{m,(B)_{l_{i-1}}}(T_i)) - (H_{m,B(s)}(T_i) - T_i S_{m,B(s)}(T_i)) \\
&= \Delta_{sol}H_{m,B}(T_i) - T_i\Delta_{sol}S_{m,B}(T_i) \\
&\approx \Delta_{sol}H_{m,B}(T_{i-1}) - T_i\Delta_{sol}S_{m,B}(T_{i-1}) \\
&= \frac{\Delta_{sol}H_{m,B}(T_{i-1})\Delta T}{T_E}
\end{aligned} \qquad (7.512)$$

其中

$$\Delta T = T_{i-1} - T_i < 0$$

$$\Delta_{sol}H_{m,B} \approx \Delta_{sol}H_{m,B}(T_{i-1})$$

$$\Delta_{sol}S_{m,B} \approx \Delta_{sol}S_{m,B}(T_{i-1}) = \frac{\Delta_{sol}H_{m,B}(T_{i-1})}{T_{i-1}}$$

或如下计算：固相和液相中的组元 B 都以其纯固态为标准状态，浓度以摩尔

分数表示。有

$$\Delta G_{m,B} = \mu_{(B)_{r_{i-1}}} - \mu_{B(s)}$$
$$= RT \ln a_{(B)_{r_{i-1}}}^R \tag{7.513}$$

其中

$$\mu_{(B)_{r_{i-1}}} = \mu_{B(s)}^* + RT \ln a_{(B)_{r_{i-1}}}^R$$

$$\mu_{B(s)} = \mu_{B(s)}^*$$

直到固相组元 B 溶解达到饱和，固液两相形成新的平衡。平衡液相组成为液相线 ET_B 上的 1_i 点。有

$$B(s) \Longleftrightarrow (B)_{1_i} \Longleftrightarrow (B)_{饱}$$

在温度 T_n，固液两相达成平衡，组元 B 的溶解达到饱和。平衡液相组成为液相线 ET_B 上的 1_n 点，有

$$B(s) \Longleftrightarrow (B)_{1_n} \Longleftrightarrow (B)_{饱}$$

4）温度升到高于 T_n 的温度 T

在温度刚升到 T，固相组元 B 还未来得及溶解进入溶液时，溶液组成仍与 1_n 相同，但是已经由组元 B 饱和的溶液 1_n 变成其不饱和的溶液 $1_n'$，固相组元 B 向其中溶解。有

$$B(s) \Longleftrightarrow (B)_{1_n'}$$

该过程的摩尔吉布斯自由能变为

$$\Delta G_{m,B}(T) = \overline{G}_{m,(B)_{r_n}}(T) - G_{m,B(s)}(T)$$
$$\approx \Delta_{sol} H_{m,B}(T_n) - T_1 \Delta_{sol} S_{m,B}(T_n)$$
$$= \frac{\Delta_{sol} H_{m,B}(T_n) \Delta T}{T_n} \tag{7.514}$$

其中

$$\Delta_{sol} H_{m,B} \approx \Delta_{sol} H_{m,B}(T_n)$$

$$\Delta_{sol} S_{m,B} \approx \Delta_{sol} S_{m,B}(T_n) = \frac{\Delta_{sol} H_{m,B}(T_n)}{T_n}$$

$$\Delta T = T_n - T < 0 \tag{7.515}$$

固相和液相中的组元 B 都以其纯固态为标准状态，浓度以摩尔分数表示，有

$$\Delta G_{m,B} = \mu_{(B)_{r_n}} - \mu_{B(s)}$$
$$= RT \ln a_{(B)_{r_n}}^R \tag{7.516}$$

其中

$$\mu_{(B)_{r_n}} = \mu_{B(s)}^* + RT \ln a_{(B)_{r_n}}^R$$

$$\mu_{B(s)} = \mu_{B(s)}^*$$

2. 熔化过程的速率

1）在温度 T_1

压力恒定，温度为 T_1，具有最低共熔点的二元系组元 E(s) 的熔化速率为

$$\frac{\mathrm{d}n_{E(l')}}{\mathrm{d}t} = -\frac{\mathrm{d}n_{E(s)}}{\mathrm{d}t} = j_E$$

$$= -l_1\left(\frac{A_{m,E}}{T}\right) - l_2\left(\frac{A_{m,E}}{T}\right)^2 - l_3\left(\frac{A_{m,E}}{T}\right)^3 - \cdots$$

$$= -l_1\left(\frac{L_{m,E}\Delta T}{TT_E}\right) - l_2\left(\frac{L_{m,E}\Delta T}{TT_E}\right)^2 - l_3\left(\frac{L_{m,E}\Delta T}{TT_E}\right)^3 - \cdots$$

$$= -l_1'\left(\frac{\Delta T}{T}\right) - l_2'\left(\frac{\Delta T}{T}\right)^2 - l_3'\left(\frac{\Delta T}{T}\right)^3 - \cdots \qquad (7.517)$$

不考虑耦合作用、组元 A、组元 B 的溶解速率为

$$\frac{\mathrm{d}n_{(A)_{E(l')}}}{\mathrm{d}t} = -\frac{\mathrm{d}n_{A(s)}}{\mathrm{d}t} = j_A$$

$$= -l_1\left(\frac{A_{m,A}}{T}\right) - l_2\left(\frac{A_{m,A}}{T}\right)^2 - l_3\left(\frac{A_{m,A}}{T}\right)^3 - \cdots \qquad (7.518)$$

$$\frac{\mathrm{d}n_{(B)_{E(l')}}}{\mathrm{d}t} = -\frac{\mathrm{d}n_{B(s)}}{\mathrm{d}t} = j_B$$

$$= -l_1\left(\frac{A_{m,B}}{T}\right) - l_2\left(\frac{A_{m,B}}{T}\right)^2 - l_3\left(\frac{A_{m,B}}{T}\right)^3 - \cdots \qquad (7.519)$$

式中，$A_{m,A} = \Delta G_{m,A}$，$A_{m,B} = \Delta G_{m,B}$。

考虑耦合作用，有

$$\frac{\mathrm{d}n_{(A)_{E(l')}}}{\mathrm{d}t} = -\frac{\mathrm{d}n_{A(s)}}{\mathrm{d}t} = j_A$$

$$= -l_{11}\left(\frac{A_{m,A}}{T}\right) - l_{12}\left(\frac{A_{m,B}}{T}\right)^2 - l_{111}\left(\frac{A_{m,A}}{T}\right)^2$$

$$- l_{112}\left(\frac{A_{m,A}}{T}\right)\left(\frac{A_{m,B}}{T}\right) - l_{122}\left(\frac{A_{m,B}}{T}\right)^2 \qquad (7.520)$$

$$- l_{1111}\left(\frac{A_{m,A}}{T}\right)^3 - l_{1112}\left(\frac{A_{m,A}}{T}\right)^2\left(\frac{A_{m,B}}{T}\right)$$

$$+ l_{2122}\left(\frac{A_{m,A}}{T}\right)\left(\frac{A_{m,B}}{T}\right)^2 + l_{1222}\left(\frac{A_{m,B}}{T}\right)^3 - \cdots$$

2）从温度 T_2 到温度 T

在恒温恒压条件下，从温度 T_2 到温度 T 间的任一温度 T_i，组元 B 的溶解速率为

$$\frac{\mathrm{d}n_{(B)_{T_{i-1}}}}{\mathrm{d}t} = -\frac{\mathrm{d}n_{B(s)}}{\mathrm{d}t} = j_B$$

$$= -l_1\left(\frac{A_{m,B}}{T}\right) - l_2\left(\frac{A_{m,B}}{T}\right)^2 - l_3\left(\frac{A_{m,B}}{T}\right)^3 - \cdots \quad (7.521)$$

其中

$$A_{m,B} = \Delta G_{m,B} \quad (7.522)$$

7.12.3　具有最低共熔点的三元系熔化

1. 具熔化过程的热力学

图 7.4 是具有最低共熔点的三元系相图。在恒压条件下，物质组成点为 M 的固相升温熔化。

1）温度升到 T_E

物质组成点达到最低共熔点 E 所在的平行于底面的等温平面。组成为 E 的均匀固相熔化为液相 E(l)，可以表示为

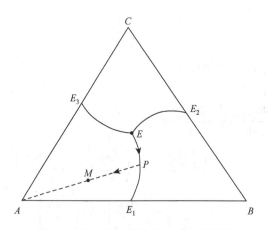

图 7.4　具有最低共熔点的三元系相图

$$\text{E(s)} == \text{E(l)}$$

即

$$x_A A(s) + x_B B(s) + x_C C(s) == \text{E(l)} == x_A (A)_{E(l)} + x_B (B)_{E(l)} + x_C (C)_{E(l)}$$

或

$$A(s) \Longrightarrow (A)_{E(l)}$$
$$B(s) \Longrightarrow (B)_{E(l)}$$
$$C(s) \Longrightarrow (C)_{E(l)}$$

式中，x_A、x_B、x_C 分别为组成 E 的组元 A、B、C 的摩尔分数。

$$M_E = x_A M_A + x_B M_B + x_C M_C$$

式中，M_E、M_A、M_B、M_C 分别为组元 E、A、B、C 的摩尔质量。熔化过程的摩尔吉布斯自由能变为

$$
\begin{aligned}
\Delta G_{m,E}(T_E) &= \overline{G}_{m,E(l)}(T_E) - G_{m,E(s)}(T_E) \\
&= (\overline{H}_{m,E(l)}(T_E) - T_E \overline{S}_{m,E(l)}(T_E)) - (H_{m,E(s)}(T_E) - T_1 S_{m,E(s)}(T_E)) \\
&= \Delta_{fus} H_{m,E}(T_E) - T_E \Delta_{fus} S_{m,E}(T_E) \\
&= \Delta_{fus} H_{m,E}(T_E) - T_E \frac{\Delta_{fus} H_{m,E}(T_E)}{T_E} \\
&= 0
\end{aligned}
\tag{7.523}
$$

或

$$
\begin{aligned}
\Delta G_{m,A}(T_E) &= \overline{G}_{m,(A)_{E(l)}}(T_E) - G_{m,A(s)}(T_E) \\
&= (\overline{H}_{m,(A)_{E(l)}}(T_E) - T_E \overline{S}_{m,(A)_{E(l)}}(T_E)) - (H_{m,A(s)}(T_E) - T_1 S_{m,A(s)}(T_E)) \\
&= \Delta_{fus} H_{m,A}(T_E) - T_E \Delta_{fus} S_{m,A}(T_E) \\
&= \Delta_{fus} H_{m,A}(T_E) - T_E \frac{\Delta_{fus} H_{m,A}(T_E)}{T_E} \\
&= 0
\end{aligned}
\tag{7.524}
$$

同理

$$
\begin{aligned}
\Delta G_{m,B}(T_E) &= \overline{G}_{m,(B)_{E(l)}}(T_E) - G_{m,B(s)}(T_E) \\
&= \Delta_{fus} H_{m,B}(T_E) - T_E \frac{\Delta_{fus} H_{m,B}(T_E)}{T_E} \\
&= 0
\end{aligned}
\tag{7.525}
$$

$$
\begin{aligned}
\Delta G_{m,C}(T_E) &= \overline{G}_{m,(C)_{E(l)}}(T_E) - G_{m,C(s)}(T_E) \\
&= \Delta_{fus} H_{m,C}(T_E) - T_E \frac{\Delta_{fus} H_{m,C}(T_E)}{T_E} \\
&= 0
\end{aligned}
\tag{7.526}
$$

$$\Delta G_{m,E} = x_A \Delta G_{m,A} + x_B \Delta G_{m,B} + x_C \Delta G_{m,C}$$

式中，$\Delta_{sol} H_{m,A}$、$\Delta_{sol} S_{m,A}$、$\Delta_{sol} H_{m,B}$、$\Delta_{sol} S_{m,B}$、$\Delta_{sol} H_{m,C}$、$\Delta_{sol} S_{m,C}$ 分别为组元 A、B、C 的溶解焓、溶解熵，通常为正值。

该过程的摩尔吉布斯自由能变也可以如下计算。

固相和液相中的组元 A、B、C 都以纯固态物质为标准状态，浓度以摩尔分数表示，摩尔吉布斯自由能变为

$$\Delta G_{m,E} = \mu_{E(l)} - \mu_{E(s)}$$

$$= (x_A \mu_{(A)_{E(l)}} + x_B \mu_{(B)_{E(l)}} + x_C \mu_{(C)_{E(l)}}) - (x_A \mu_{A(s)} + x_B \mu_{B(s)} + x_C \mu_{C(s)})$$

$$= x_A RT \ln a^R_{(A)_{E(l)}} + x_B RT \ln a^R_{(B)_{E(l)}} + x_C RT \ln a^R_{(C)_{E(l)}} \tag{7.527}$$

在温度 T_E，最低共熔组成的液相 E(l) 中，组元 A、B 和 C 都是饱和的。所以

$$\ln a^R_{(A)_{E(l)}} = \ln a^R_{(B)_{E(l)}} = \ln a^R_{(C)_{E(l)}} = 1 \tag{7.528}$$

$$\Delta G_{m,E} = 0 \tag{7.529}$$

2）升高温度到 T_1

在温度刚升到 T_1，固相组元 A、B、C 还未来得及溶解进入溶液时，液相组成仍与 E(l) 相同，只是由组元 A、B、C 饱和的溶液 E(l) 变为不饱和的溶液 E(l′)，固体组元 A、B、C 向其中溶解。有

$$E(s) \Longrightarrow E(l')$$

即

$$x_A A(s) + x_B B(s) + x_C C(s) = E(l') = x_A (A)_{E(l')} + x_B (B)_{E(l')} + x_C (C)_{E(l')}$$

或

$$A(s) \Longrightarrow (A)_{E(l')}$$

$$B(s) \Longrightarrow (B)_{E(l')}$$

$$C(s) \Longrightarrow (C)_{E(l')}$$

该过程的摩尔吉布斯自由能变为

$$\Delta G_{m,B}(T_1) = G_{m,E(l')}(T_1) - G_{m,B(s)}(T_1)$$

$$= \Delta_{fus} H_{m,E}(T_1) - T_1 \Delta_{fus} S_{m,E}(T_1)$$

$$\approx \Delta_{fus} H_{m,E}(T_E) - T_1 \frac{\Delta_{fus} H_{m,B}(T_E)}{T_E}$$

$$= \frac{\Delta_{fus} H_{m,B}(T_E) \Delta T}{T_E} \tag{7.530}$$

其中

$$\Delta_{fus} H_{m,E}(T_1) \approx \Delta_{fus} H_{m,E}(T_E)$$

$$\Delta_{fus} S_{m,E}(T_1) \approx \Delta_{fus} S_{m,E}(T_E) = \frac{\Delta_{fus} H_{m,E}(T_E)}{T_E}$$

$$\Delta T = T_E - T_1 < 0$$

或

$$\Delta G_{m,A}(T_1) = \overline{G}_{m,(A)_{E(l')}}(T_1) - G_{m,A(s)}(T_1)$$

$$= (\overline{H}_{m,(A)_{E(l')}}(T_1) - T_1\overline{S}_{m,(A)_{E(l')}}(T_1)) - (H_{m,A(s)}(T_1) - T_1 S_{m,A(s)}(T_1))$$

$$= \Delta_{sol}H_{m,A}(T_1) - T_1\Delta_{sol}S_{m,A}(T_1)$$

$$\approx \Delta_{sol}H_{m,A}(T_E) - T_1\Delta_{sol}S_{m,A}(T_E)$$

$$= \frac{\Delta_{sol}H_{m,A}(T_E)\Delta T}{T_E} \tag{7.531}$$

同理可得

$$\Delta G_{m,B}(T_1) = \overline{G}_{m,(B)_{E(l')}}(T_1) - G_{m,B(s)}(T_1)$$

$$= \frac{\Delta_{sol}H_{m,B}(T_E)\Delta T}{T_E} \tag{7.532}$$

$$\Delta G_{m,C}(T_1) = \overline{G}_{m,(C)_{E(l')}}(T_1) - G_{m,C(s)}(T_1)$$

$$= \frac{\Delta_{sol}H_{m,C}(T_E)\Delta T}{T_E} \tag{7.533}$$

其中

$$\Delta T = T_E - T_1 < 0$$

$$\Delta G_{m,E}(T_1) = x_A\Delta G_{m,A}(T_1) + x_B\Delta G_{m,B}(T_1) + x_C\Delta G_{m,B}(T_1)$$

$$= \frac{x_A\Delta_{sol}H_{m,A}(T_E)\Delta T}{T_E} + \frac{x_B\Delta_{sol}H_{m,B}(T_E)\Delta T}{T_E} + \frac{x_C\Delta_{sol}H_{m,C}(T_E)\Delta T}{T_E} < 0 \tag{7.534}$$

也可以如下计算：固相和液相中的组元 E、A、B、C 都以纯物质为标准状态，浓度以摩尔分数表示，摩尔吉布斯自由能变为

$$\Delta G_{m,E} = \mu_{E(l)} - \mu_{E(s)}$$

$$= (x_A\mu_{(A)_{E(l')}} + x_B\mu_{(B)_{E(l')}} + x_C\mu_{(C)_{E(l')}}) - (x_A\mu_{A(s)} + x_B\mu_{B(s)} + x_C\mu_{C(s)}) \tag{7.535}$$

$$= x_A\Delta G_{m,A} + x_B\Delta G_{m,B} + x_C\Delta G_{m,B}$$

$$= x_A RT\ln a^R_{(A)_{E(l')}} + x_B RT\ln a^R_{(B)_{E(l')}} + x_C RT\ln a^R_{(C)_{E(l')}} < 0$$

其中

$$\mu_{(A)_{E(l')}} = \mu^*_{A(s)} + RT\ln a^R_{(A)_{E(l')}}$$

$$\mu_{A(s)} = \mu^*_{A(s)}$$

$$\mu_{(B)_{E(l')}} = \mu^*_{B(s)} + RT\ln a^R_{(B)_{E(l')}}$$

$$\mu_{B(s)} = \mu^*_{B(s)}$$

$$\mu_{(C)_{E(l')}} = \mu^*_{C(s)} + RT\ln a^R_{(C)_{E(l')}}$$

$$\mu_{C(s)} = \mu^*_{C(s)}$$

$$\Delta G_{\mathrm{m,A}} = \mu_{(\mathrm{A})_{\mathrm{E}(\mathrm{l}')}} - \mu_{\mathrm{A}(\mathrm{s})} = RT\ln a^{\mathrm{R}}_{(\mathrm{A})_{\mathrm{E}(\mathrm{l}')}} < 0 \tag{7.536}$$

$$\Delta G_{\mathrm{m,B}} = \mu_{(\mathrm{B})_{\mathrm{E}(\mathrm{l}')}} - \mu_{\mathrm{B}(\mathrm{s})} = RT\ln a^{\mathrm{R}}_{(\mathrm{B})_{\mathrm{E}(\mathrm{l}')}} < 0 \tag{7.537}$$

$$\Delta G_{\mathrm{m,C}} = \mu_{(\mathrm{C})_{\mathrm{E}(\mathrm{l}')}} - \mu_{\mathrm{C}(\mathrm{s})} = RT\ln a^{\mathrm{R}}_{(\mathrm{C})_{\mathrm{E}(\mathrm{l}')}} < 0 \tag{7.538}$$

直到固相组元 C 消失，剩余的固相组元 A 和 B 继续向溶液 E(l′)中溶解，有

$$\mathrm{A}(\mathrm{s}) =\!\!=\!\!= (\mathrm{A})_{\mathrm{E}(\mathrm{l}')}$$

$$\mathrm{B}(\mathrm{s}) =\!\!=\!\!= (\mathrm{B})_{\mathrm{E}(\mathrm{l}')}$$

该过程的摩尔吉布斯自由能变为

$$\begin{aligned}
\Delta G_{\mathrm{m,A}}(T_1) &= \overline{G}_{\mathrm{m,(A)}_{\mathrm{E}(\mathrm{l}')}}(T_1) - G_{\mathrm{m,A}(\mathrm{s})}(T_1) \\
&= (\overline{H}_{\mathrm{m,(A)}_{\mathrm{E}(\mathrm{l}')}}(T_1) - T_1\overline{S}_{\mathrm{m,(A)}_{\mathrm{E}(\mathrm{l}')}}(T_1)) - (H_{\mathrm{m,A}(\mathrm{s})}(T_1) - T_1 S_{\mathrm{m,A}(\mathrm{s})}(T_1)) \\
&= \Delta_{\mathrm{sol}}H_{\mathrm{m,A}}(T_1) - T_1\Delta_{\mathrm{sol}}S_{\mathrm{m,A}}(T_1) \\
&\approx \Delta_{\mathrm{sol}}H_{\mathrm{m,A}}(T_{\mathrm{E}}) - T_{\mathrm{E}}\Delta_{\mathrm{sol}}S_{\mathrm{m,A}}(T_{\mathrm{E}}) \\
&= \frac{\Delta_{\mathrm{sol}}H_{\mathrm{m,A}}(T_{\mathrm{E}})\Delta T}{T_{\mathrm{E}}}
\end{aligned} \tag{7.539}$$

$$\begin{aligned}
\Delta G_{\mathrm{m,B}}(T_1) &= \overline{G}_{\mathrm{m,(B)}_{\mathrm{E}(\mathrm{l}')}}(T_1) - G_{\mathrm{m,B}(\mathrm{s})}(T_1) \\
&= (\overline{H}_{\mathrm{m,(B)}_{\mathrm{E}(\mathrm{l}')}}(T_1) - T_1\overline{S}_{\mathrm{m,(B)}_{\mathrm{E}(\mathrm{l}')}}(T_1)) - (H_{\mathrm{m,B}(\mathrm{s})}(T_1) - T_1 S_{\mathrm{m,B}(\mathrm{s})}(T_1)) \\
&= \Delta_{\mathrm{sol}}H_{\mathrm{m,B}}(T_1) - T_1\Delta_{\mathrm{sol}}S_{\mathrm{m,B}}(T_1) \\
&\approx \Delta_{\mathrm{sol}}H_{\mathrm{m,B}}(T_{\mathrm{E}}) - T_1\Delta_{\mathrm{sol}}S_{\mathrm{m,B}}(T_{\mathrm{E}}) \\
&= \frac{\Delta_{\mathrm{sol}}H_{\mathrm{m,B}}(T_{\mathrm{E}})\Delta T}{T_{\mathrm{E}}}
\end{aligned} \tag{7.540}$$

其中

$$\Delta T = T_{\mathrm{E}} - T_1 < 0$$

也可以如下计算：固相和液相中的组元 A 和 B 都以纯固态为标准状态，浓度以摩尔分数表示，该过程的摩尔吉布斯自由能变为

$$\Delta G_{\mathrm{m,A}} = \mu_{(\mathrm{A})_{\mathrm{E}(\mathrm{l}')}} - \mu_{\mathrm{A}(\mathrm{s})} = RT\ln a^{\mathrm{R}}_{(\mathrm{A})_{\mathrm{E}(\mathrm{l}')}} \tag{7.541}$$

$$\Delta G_{\mathrm{m,B}} = \mu_{(\mathrm{B})_{\mathrm{E}(\mathrm{l}')}} - \mu_{\mathrm{B}(\mathrm{s})} = RT\ln a^{\mathrm{R}}_{(\mathrm{B})_{\mathrm{E}(\mathrm{l}')}} \tag{7.542}$$

$$\Delta G_{\mathrm{m,t}} = x_{\mathrm{A}}\Delta G_{\mathrm{m,A}} + x_{\mathrm{B}}\Delta G_{\mathrm{m,B}} = x_{\mathrm{A}}RT\ln a^{\mathrm{R}}_{(\mathrm{A})_{\mathrm{E}(\mathrm{l}')}} + x_{\mathrm{B}}RT\ln a^{\mathrm{R}}_{(\mathrm{B})_{\mathrm{E}(\mathrm{l}')}} \tag{7.543}$$

直到固相组元 A 和 B 溶解达到饱和，固相组元 A 和 B 与液相达成平衡，平衡液相为共熔线 EE_1 上的 l_1 点。有

$$\mathrm{A}(\mathrm{s}) \rightleftharpoons (\mathrm{A})_{\mathrm{l}_1} =\!\!=\!\!= (\mathrm{A})_{\text{饱}}$$

$$\mathrm{B}(\mathrm{s}) \rightleftharpoons (\mathrm{B})_{\mathrm{l}_1} =\!\!=\!\!= (\mathrm{B})_{\text{饱}}$$

3）温度从 T_1 升到 T_p

继续升高温度，温度从 T_1 到 T_p，重复上述过程，可以统一描述如下。溶解过程沿着共熔线 EE_1，从 E 点移动到 P 点。

在温度 T_{i-1}，液固两相达成平衡，平衡液相组成为共熔线 EE_1 上的 1_{i-1} 点。有

$$A(s) \rightleftharpoons (A)_{1_{i-1}} == (A)_{饱}$$
$$B(s) \rightleftharpoons (B)_{1_{i-1}} == (B)_{饱}$$

$$(i=1, 2, \cdots, n)$$

继续升高温度到 T_i。在温度刚升到 T_i，固相组元 A、B 还未来得及溶入液相时，溶液组成未变，但已由组元 A 和 B 的饱和溶液 1_{i-1} 成为不饱和溶液 $1'_{i-1}$。在温度 T_i，与固相组元 A、B 平衡的液相为共熔线 EE_1 上的 1_i 点，是组元 A 和 B 的饱和溶液。因此，固相组元 A 和 B 会向液相 $1'_{i-1}$ 中溶解，可以表示为

$$A(s) == (A)_{1'_{i-1}}$$
$$B(s) == (B)_{1'_{i-1}}$$

该过程的摩尔吉布斯自由能变为

$$\Delta G_{m,A}(T_i) = \overline{G}_{m,(A)_{T_{i-1}}}(T_i) - G_{m,A(s)}(T_i)$$
$$= (\overline{H}_{m,(A)_{T_{i-1}}}(T_i) - T_i \overline{S}_{m,(A)_{T_{i-1}}}(T_i)) - (H_{m,A(s)}(T_i) - T_i S_{m,A(s)}(T_i))$$
$$= \Delta_{sol}H_{m,A}(T_i) - T_i \Delta_{sol}S_{m,A}(T_i)$$
$$\approx \Delta_{sol}H_{m,A}(T_{i-1}) - T_i \frac{\Delta_{sol}H_{m,A}(T_{i-1})}{T_{i-1}}$$
$$= \frac{\Delta_{sol}H_{m,A}(T_{i-1})\Delta T}{T_{i-1}} < 0 \tag{7.544}$$

同理

$$\Delta G_{m,B}(T_i) = \overline{G}_{m,(B)_{T_{i-1}}}(T_i) - G_{m,B(s)}(T_i)$$
$$\approx \Delta_{sol}H_{m,B}(T_{i-1}) - T_i \Delta_{sol}S_{m,B}(T_{i-1})$$
$$= \frac{\Delta_{sol}H_{m,B}(T_{i-1})\Delta T}{T_{i-1}} < 0 \tag{7.545}$$

总摩尔吉布斯自由能变为

$$\Delta G_{m,t}(T_i) = x_A \Delta G_{m,A}(T_i) + x_B \Delta G_{m,B}(T_i)$$
$$= \frac{[x_A \Delta_{sol}H_{m,A}(T_{i-1}) + x_B \Delta_{sol}H_{m,B}(T_{i-1})]\Delta T}{T_{i-1}}$$

其中

$$\Delta_{sol}H_{m,A}(T_i) \approx \Delta_{sol}H_{m,A}(T_{i-1})$$

$$\Delta_{sol}S_{m,A}(T_i) \approx \Delta_{sol}S_{m,A}(T_{i-1}) = \frac{\Delta_{sol}H_{m,A}(T_{i-1})}{T_{i-1}}$$

$$\Delta_{sol}H_{m,B}(T_i) \approx \Delta_{sol}H_{m,B}(T_{i-1})$$

$$\Delta_{sol}S_{m,B}(T_i) \approx \Delta_{sol}S_{m,B}(T_{i-1}) = \frac{\Delta_{sol}H_{m,B}(T_{i-1})}{T_{i-1}}$$

$$\Delta T = T_{i-1} - T_i < 0$$

或如下计算：固液两相的组元 A、B 都以纯固态组元 A、B 为标准状态，浓度以摩尔分数表示，该过程的摩尔吉布斯自由能变化为

$$\Delta G_{m,A} = \mu_{(A)_{l_{i-1}}} - \mu_{A(s)} = RT \ln a^R_{(A)_{l_{i-1}}} \tag{7.546}$$

其中

$$\mu_{(A)_{l_{i-1}}} = \mu^*_{A(s)} + RT \ln a^R_{(A)_{l_{i-1}}}$$

$$\mu_{A(s)} = \mu^*_{A(s)}$$

同理

$$\Delta G_{m,B} = \mu_{(B)_{l_{i-1}}} - \mu_{B(s)} = RT \ln a^R_{(B)_{l_{i-1}}} \tag{7.547}$$

其中

$$\mu_{(B)_{l_{i-1}}} = \mu^*_{B(s)} + RT \ln a^R_{(A)_{l_{i-1}}}$$

$$\mu_{B(s)} = \mu^*_{B(s)}$$

$$\Delta G_{m,t} = x_A \Delta G_{m,A} + x_B \Delta G_{m,B}$$
$$= x_A RT \ln a^R_{(A)_{l_{i-1}}} + x_B RT \ln a^R_{(B)_{l_{i-1}}} \tag{7.548}$$

直到达成平衡，平衡液相组成为共熔线 EE_1 上的 l_i 点。

$$A(s) \rightleftharpoons (A)_{l_i} \rightleftharpoons (A)_{饱}$$

$$B(s) \rightleftharpoons (B)_{l_i} \rightleftharpoons (B)_{饱}$$

继续升高温度，在温度 T_p，溶解达成平衡，有

$$A(s) \rightleftharpoons (A)_{l_p} \rightleftharpoons (A)_{饱}$$

$$B(s) \rightleftharpoons (B)_{l_p} \rightleftharpoons (B)_{饱}$$

4）升高温度到 T_{M_1}

温度刚升到 T_{M_1}，固相组元 A、B 还未来得及溶解进入液相时，溶液组成仍与 l_p 相同，但已由组元 A、B 的饱和溶液 l_p 变为不饱和溶液 l'_p。固相组元 A、B 向其中溶解，有

$$A(s) = (A)_{l'_p}$$

$$B(s) = (B)_{l'_p}$$

该过程的摩尔吉布斯自由能变为

$$\Delta G_{m,A}(T_{M1}) = \overline{G}_{m,(A)_{l'_p}}(T_{M1}) - G_{m,A(s)}(T_{M1})$$
$$= \Delta_{sol}H_{m,A}(T_{M1}) - T_{M1}\Delta_{sol}S_{m,A}(T_{M1})$$
$$\approx \frac{\Delta_{sol}H_{m,A}(T_p)\Delta T}{T_p} \tag{7.549}$$

$$\Delta G_{m,B}(T_{M_1}) = \overline{G}_{m,(B)_{l'_p}}(T_{M1}) - G_{m,B(s)}(T_{M1})$$
$$= \Delta_{sol}H_{m,B}(T_{M1}) - T_{M1}\Delta_{sol}S_{m,B}(T_{M1})$$
$$\approx \frac{\Delta_{sol}H_{m,B}(T_p)\Delta T}{T_p} \tag{7.550}$$

其中

$$\Delta T = T_p - T_{M_1} < 0$$

或如下计算：固相和液相中的组元 A、B 都以其纯固态为标准状态，浓度以摩尔分数表示，有

$$\Delta G_{m,A} = \mu_{(A)_{l'_p}} - \mu_{A(s)} = RT \ln a^R_{(A)_{l'_p}} \tag{7.551}$$

其中

$$\mu_{(A)_{l'_p}} = \mu^*_{A(s)} + RT \ln a^R_{(A)_{l'_p}}$$
$$\mu_{A(s)} = \mu^*_{A(s)}$$
$$\Delta G_{m,B} = \mu_{(B)_{l'_p}} - \mu_{B(s)} = RT \ln a^R_{(B)_{l'_p}} \tag{7.552}$$

其中

$$\mu_{(B)_{l'_p}} = \mu^*_{B(s)} + RT \ln a^R_{(B)_{l'_p}}$$
$$\mu_{B(s)} = \mu^*_{B(s)}$$

直到固相组元 B 消失，固相组元 A 溶解达到饱和，溶液组成为 PA 线上的 1_{M_1} 点，是固态组元 A 的平衡液相组成点。

$$A(s) \Longrightarrow (A)_{l_{M_1}} \Longrightarrow (A)_{饱}$$

5）温度从 T_{M_1} 升高到 T_M

温度从 T_{M_1} 升高到 T_M，固态组元 A 的平衡液相组成从 P 点沿 PA 连线向 M 点移动。固相组元 A 的溶解过程可以统一描写如下。

在温度 T_{k-1}，固相组元 A 溶解达到饱和，平衡液相组成为 l_{k-1}，有

$$A(s) \Longrightarrow (A)_{l_{k-1}} \Longrightarrow (A)_{饱}$$

温度升高到 T_k。在温度刚升到 T_k，固相组元 A 还未来得及溶解时。溶液组成仍然和 l_{k-1} 相同。只是由组元 A 饱和的溶液 l_{k-1} 变成不饱和的 l'_{k-1}。固相组元 A 向

其中溶解，有

$$A(s) = (A)_{l'_{k-1}}$$

该过程的摩尔吉布斯自由能变为

$$\Delta G_{m,A}(T_k) = \overline{G}_{m,(A)_{k'-1}}(T_k) - G_{m,A(s)}(T_k)$$

$$\approx \frac{\Delta_{sol}H_{m,A}(T_{k-1})\Delta T}{T_{k-1}} \tag{7.553}$$

其中

$$\Delta T = T_{k-1} - T_k < 0$$

或如下计算：固相和液相中的组元 A 都以纯固态为标准状态，浓度以摩尔分数表示，有

$$\Delta G_{m,A} = \mu_{(A)_{l_{k-1}}} - \mu_{A(s)} = RT \ln a^R_{(A)_{l_{k-1}}} \tag{7.554}$$

其中

$$\mu_{(A)_{l_{k-1}}} = \mu^*_{A(s)} + RT \ln a^R_{(A)_{l_{k-1}}} \tag{7.555}$$

$$\mu_{A(s)} = \mu^*_{A(s)} \tag{7.556}$$

直到固相组元 A 溶解达到饱和，溶液组成为 PA 连线上的 1_k 点，是固相组元 A 的平衡液相组成点。有

$$A(s) \rightleftharpoons (A)_{l_k} = (A)_{饱}$$

在温度 T_M，固相组元 A 溶解达到饱和，平衡液相组成为 1_M 点。有

$$A(s) \rightleftharpoons (A)_{l_M} = (A)_{饱}$$

升高温度到 T_{M+1}，饱和溶液 1_M 变为不饱和溶液 $1'_M$，固相组元 A 向其中溶解，有

$$A(s) = (A)_{l'_M}$$

该过程的摩尔吉布斯自由能变化为

$$\Delta G_{m,A}(T_{M+1}) = \overline{G}_{m,(A)_{l_M}}(T_{M+1}) - G_{m,A(s)}(T_{M+1})$$

$$= \frac{\Delta_{sol}H_{m,A}(T_M)\Delta T}{T_M} \tag{7.557}$$

其中

$$\Delta T = T_M - T_{M+1} < 0$$

或如下计算：固相和液相中的组元 A 都以纯固态为标准状态，浓度以摩尔分数表示，有

$$\Delta G_{m,A} = \mu_{(A)_{l_M}} - \mu_{A(s)} = RT \ln a^R_{(A)_{l_M}} \tag{7.558}$$

其中

$$\mu_{(A)_{I_M}} = \mu^*_{A(s)} + RT \ln a^R_{(A)_{I_M}}$$

$$\mu_{A(s)} = \mu^*_{A(s)}$$

2. 熔化过程的速率

1）在温度 T_1

压力恒定，温度为 T_1，具有最低共熔点的三元系固相 E 的熔化速率为

$$\frac{dn_{E(l')}}{dt} = -\frac{dn_{E(s)}}{dt} = j_E$$

$$= -l_1\left(\frac{A_{m,E}}{T}\right) - l_2\left(\frac{A_{m,E}}{T}\right)^2 - l_3\left(\frac{A_{m,E}}{T}\right)^3 - \cdots$$

不考虑耦合作用，固相组元 A、组元 B 和组元 C 的溶解速率分别为

$$\frac{dn_{(A)_{E(l')}}}{dt} = -\frac{dn_{A(s)}}{dt} = j_A$$

$$= -l_1\left(\frac{A_{m,A}}{T}\right) - l_2\left(\frac{A_{m,A}}{T}\right)^2 - l_3\left(\frac{A_{m,A}}{T}\right)^3 - \cdots \qquad (7.559)$$

$$\frac{dn_{(B)_{E(l')}}}{dt} = -\frac{dn_{B(s)}}{dt} = j_B$$

$$= -l_1\left(\frac{A_{m,B}}{T}\right) - l_2\left(\frac{A_{m,B}}{T}\right)^2 - l_3\left(\frac{A_{m,B}}{T}\right)^3 - \cdots \qquad (7.560)$$

$$\frac{dn_{(C)_{E(l')}}}{dt} = -\frac{dn_{C(s)}}{dt} = j_B$$

$$= -l_1\left(\frac{A_{m,C}}{T}\right) - l_2\left(\frac{A_{m,C}}{T}\right)^2 - l_3\left(\frac{A_{m,C}}{T}\right)^3 - \cdots \qquad (7.561)$$

考虑耦合作用，组元 A、组元 B 和组元 C 的溶解速率分别为

$$\frac{dn_{(A)_{E(l')}}}{dt} = -\frac{dn_{A(s)}}{dt} = j_A$$

$$= -l_{11}\left(\frac{A_{m,A}}{T}\right) - l_{12}\left(\frac{A_{m,B}}{T}\right) - l_{13}\left(\frac{A_{m,C}}{T}\right) - l_{111}\left(\frac{A_{m,A}}{T}\right)^2$$

$$- l_{112}\left(\frac{A_{m,A}}{T}\right)\left(\frac{A_{m,B}}{T}\right) - l_{113}\left(\frac{A_{m,A}}{T}\right)\left(\frac{A_{m,C}}{T}\right)$$

$$- l_{122}\left(\frac{A_{m,B}}{T}\right)^2 - l_{123}\left(\frac{A_{m,B}}{T}\right)\left(\frac{A_{m,C}}{T}\right)$$

$$-l_{133}\left(\frac{A_{m,C}}{T}\right)^2 - l_{1111}\left(\frac{A_{m,A}}{T}\right)^3 - l_{1112}\left(\frac{A_{m,A}}{T}\right)^2\left(\frac{A_{m,B}}{T}\right)$$

$$-l_{1113}\left(\frac{A_{m,A}}{T}\right)^2\left(\frac{A_{m,C}}{T}\right) - l_{1122}\left(\frac{A_{m,A}}{T}\right)\left(\frac{A_{m,B}}{T}\right)^2$$

$$-l_{1123}\left(\frac{A_{m,A}}{T}\right)\left(\frac{A_{m,B}}{T}\right)\left(\frac{A_{m,C}}{T}\right) - l_{1133}\left(\frac{A_{m,A}}{T}\right)\left(\frac{A_{m,C}}{T}\right)^2 \tag{7.562}$$

$$-l_{1222}\left(\frac{A_{m,B}}{T}\right)^2 - l_{1223}\left(\frac{A_{m,B}}{T}\right)^2\left(\frac{A_{m,C}}{T}\right)$$

$$-l_{1233}\left(\frac{A_{m,B}}{T}\right)\left(\frac{A_{m,C}}{T}\right)^2 - l_{1222}\left(\frac{A_{m,C}}{T}\right)^3$$

$$\frac{dn_{(B)_{E(T)}}}{dt} = -\frac{dn_{B(s)}}{dt} = j_B$$

$$= -l_{21}\left(\frac{A_{m,A}}{T}\right) - l_{22}\left(\frac{A_{m,B}}{T}\right) - l_{23}\left(\frac{A_{m,C}}{T}\right) - l_{211}\left(\frac{A_{m,A}}{T}\right)^2$$

$$-l_{212}\left(\frac{A_{m,A}}{T}\right)\left(\frac{A_{m,B}}{T}\right) - l_{213}\left(\frac{A_{m,A}}{T}\right)\left(\frac{A_{m,C}}{T}\right)$$

$$-l_{222}\left(\frac{A_{m,B}}{T}\right)^3 - l_{223}\left(\frac{A_{m,B}}{T}\right)\left(\frac{A_{m,C}}{T}\right)$$

$$-l_{233}\left(\frac{A_{m,C}}{T}\right)^2 - l_{2111}\left(\frac{A_{m,A}}{T}\right)^3 - l_{2112}\left(\frac{A_{m,A}}{T}\right)^2\left(\frac{A_{m,B}}{T}\right) \tag{7.563}$$

$$-l_{2113}\left(\frac{A_{m,A}}{T}\right)^2\left(\frac{A_{m,C}}{T}\right) - l_{2122}\left(\frac{A_{m,A}}{T}\right)\left(\frac{A_{m,B}}{T}\right)^2$$

$$-l_{2123}\left(\frac{A_{m,A}}{T}\right)\left(\frac{A_{m,B}}{T}\right)\left(\frac{A_{m,C}}{T}\right) - l_{2133}\left(\frac{A_{m,A}}{T}\right)\left(\frac{A_{m,C}}{T}\right)^2$$

$$-l_{2222}\left(\frac{A_{m,B}}{T}\right)^3 - l_{2223}\left(\frac{A_{m,B}}{T}\right)^2\left(\frac{A_{m,C}}{T}\right)$$

$$-l_{2233}\left(\frac{A_{m,B}}{T}\right)\left(\frac{A_{m,C}}{T}\right)^2 - l_{2333}\left(\frac{A_{m,C}}{T}\right)^3$$

$$\frac{\mathrm{d}n_{(\mathrm{C})_{\mathrm{E}(l')}}}{\mathrm{d}t} = -\frac{\mathrm{d}n_{\mathrm{C(s)}}}{\mathrm{d}t} = j_{\mathrm{C}}$$

$$= -l_{31}\left(\frac{A_{\mathrm{m,A}}}{T}\right) - l_{32}\left(\frac{A_{\mathrm{m,B}}}{T}\right) - l_{33}\left(\frac{A_{\mathrm{m,C}}}{T}\right) - l_{311}\left(\frac{A_{\mathrm{m,A}}}{T}\right)^2$$

$$- l_{312}\left(\frac{A_{\mathrm{m,A}}}{T}\right)\left(\frac{A_{\mathrm{m,B}}}{T}\right) - l_{313}\left(\frac{A_{\mathrm{m,A}}}{T}\right)\left(\frac{A_{\mathrm{m,C}}}{T}\right)$$

$$- l_{322}\left(\frac{A_{\mathrm{m,B}}}{T}\right)^2 - l_{323}\left(\frac{A_{\mathrm{m,B}}}{T}\right)\left(\frac{A_{\mathrm{m,C}}}{T}\right)$$

$$- l_{333}\left(\frac{A_{\mathrm{m,C}}}{T}\right)^2 - l_{3111}\left(\frac{A_{\mathrm{m,A}}}{T}\right)^3 - l_{3112}\left(\frac{A_{\mathrm{m,A}}}{T}\right)^2\left(\frac{A_{\mathrm{m,B}}}{T}\right) \quad (7.564)$$

$$- l_{3113}\left(\frac{A_{\mathrm{m,A}}}{T}\right)^2\left(\frac{A_{\mathrm{m,C}}}{T}\right) - l_{3122}\left(\frac{A_{\mathrm{m,A}}}{T}\right)\left(\frac{A_{\mathrm{m,B}}}{T}\right)^2$$

$$- l_{3123}\left(\frac{A_{\mathrm{m,A}}}{T}\right)\left(\frac{A_{\mathrm{m,B}}}{T}\right)\left(\frac{A_{\mathrm{m,C}}}{T}\right) - l_{3133}\left(\frac{A_{\mathrm{m,A}}}{T}\right)\left(\frac{A_{\mathrm{m,C}}}{T}\right)^2$$

$$- l_{3222}\left(\frac{A_{\mathrm{m,B}}}{T}\right)^3 - l_{3223}\left(\frac{A_{\mathrm{m,B}}}{T}\right)^2\left(\frac{A_{\mathrm{m,C}}}{T}\right)$$

$$- l_{3233}\left(\frac{A_{\mathrm{m,B}}}{T}\right)\left(\frac{A_{\mathrm{m,C}}}{T}\right)^2 - l_{3333}\left(\frac{A_{\mathrm{m,C}}}{T}\right)^3$$

式中

$$A_{\mathrm{m,A}} = \Delta G_{\mathrm{m,A}} \quad (7.565)$$

$$A_{\mathrm{m,B}} = \Delta G_{\mathrm{m,B}} \quad (7.566)$$

$$A_{\mathrm{m,C}} = \Delta G_{\mathrm{m,C}} \quad (7.567)$$

2）从温度 T_2 到温度 T_p

压力恒定，温度为从 T_2 到温度 T_p 间的任一温度 T_i，不考虑耦合作用，固相组元 A 和 B 的溶解速率为

$$\frac{\mathrm{d}n_{(\mathrm{A})_{l_{i-1}}}}{\mathrm{d}t} = -\frac{\mathrm{d}n_{\mathrm{A(s)}}}{\mathrm{d}t} = j_{\mathrm{A}}$$

$$= -l_1\left(\frac{A_{\mathrm{m,A}}}{T}\right) - l_2\left(\frac{A_{\mathrm{m,A}}}{T}\right)^2 - l_3\left(\frac{A_{\mathrm{m,A}}}{T}\right)^3 - \cdots$$

$$\frac{\mathrm{d}n_{(\mathrm{B})_{l_{i-1}}}}{\mathrm{d}t} = -\frac{\mathrm{d}n_{\mathrm{B(s)}}}{\mathrm{d}t} = j_{\mathrm{B}}$$

$$= -l_1\left(\frac{A_{\mathrm{m,B}}}{T}\right) - l_2\left(\frac{A_{\mathrm{m,B}}}{T}\right)^2 - l_3\left(\frac{A_{\mathrm{m,B}}}{T}\right)^3 - \cdots \quad (7.568)$$

考虑耦合作用，有

$$
\frac{\mathrm{d}n_{(\mathrm{A})_{l_{j-1}}}}{\mathrm{d}t} = -\frac{\mathrm{d}n_{\mathrm{A(s)}}}{\mathrm{d}t} = j_{\mathrm{A}}
$$

$$
= -l_{11}\left(\frac{A_{\mathrm{m,A}}}{T}\right) - l_{12}\left(\frac{A_{\mathrm{m,B}}}{T}\right) - l_{111}\left(\frac{A_{\mathrm{m,A}}}{T}\right)^{2}
$$

$$
- l_{112}\left(\frac{A_{\mathrm{m,A}}}{T}\right)\left(\frac{A_{\mathrm{m,B}}}{T}\right) - l_{122}\left(\frac{A_{\mathrm{m,B}}}{T}\right)^{2} \qquad (7.569)
$$

$$
- l_{1111}\left(\frac{A_{\mathrm{m,A}}}{T}\right)^{3} - l_{1112}\left(\frac{A_{\mathrm{m,A}}}{T}\right)^{2}\left(\frac{A_{\mathrm{m,B}}}{T}\right)
$$

$$
- l_{1122}\left(\frac{A_{\mathrm{m,A}}}{T}\right)\left(\frac{A_{\mathrm{m,B}}}{T}\right)^{2} - l_{1222}\left(\frac{A_{\mathrm{m,B}}}{T}\right)^{3} - \cdots
$$

$$
\frac{\mathrm{d}n_{(\mathrm{B})_{l_{j-1}}}}{\mathrm{d}t} = -\frac{\mathrm{d}n_{\mathrm{B(s)}}}{\mathrm{d}t} = j_{\mathrm{B}}
$$

$$
= -l_{21}\left(\frac{A_{\mathrm{m,A}}}{T}\right) - l_{22}\left(\frac{A_{\mathrm{m,B}}}{T}\right) - l_{211}\left(\frac{A_{\mathrm{m,A}}}{T}\right)^{2}
$$

$$
- l_{212}\left(\frac{A_{\mathrm{m,A}}}{T}\right)\left(\frac{A_{\mathrm{m,B}}}{T}\right) - l_{222}\left(\frac{A_{\mathrm{m,B}}}{T}\right)^{2} \qquad (7.570)
$$

$$
- l_{2111}\left(\frac{A_{\mathrm{m,A}}}{T}\right)^{3} - l_{2112}\left(\frac{A_{\mathrm{m,A}}}{T}\right)^{2}\left(\frac{A_{\mathrm{m,B}}}{T}\right)
$$

$$
- l_{2122}\left(\frac{A_{\mathrm{m,A}}}{T}\right)\left(\frac{A_{\mathrm{m,B}}}{T}\right)^{2} - l_{2222}\left(\frac{A_{\mathrm{m,B}}}{T}\right)^{3} - \cdots
$$

其中

$$
A_{\mathrm{m,A}} = \Delta G_{\mathrm{m,A}} \qquad (7.571)
$$

$$
A_{\mathrm{m,B}} = \Delta G_{\mathrm{m,B}} \qquad (7.572)
$$

3）在温度 $T_{\mathrm{M_1}}$ 不考虑耦合作用，有

$$
\frac{\mathrm{d}n_{(\mathrm{A})_{l'_p}}}{\mathrm{d}t} = -\frac{\mathrm{d}n_{\mathrm{A(s)}}}{\mathrm{d}t} = j_{\mathrm{A}}
$$

$$
= -l_{1}\left(\frac{A_{\mathrm{m,A}}}{T}\right) - l_{2}\left(\frac{A_{\mathrm{m,A}}}{T}\right)^{2} - l_{3}\left(\frac{A_{\mathrm{m,A}}}{T}\right)^{3} - \cdots
$$

$$\frac{\mathrm{d}n_{(B)_{r_p}}}{\mathrm{d}t} = -\frac{\mathrm{d}n_{B(s)}}{\mathrm{d}t} = j_B$$

$$= -l_1\left(\frac{A_{m,B}}{T}\right) - l_2\left(\frac{A_{m,B}}{T}\right)^2 - l_3\left(\frac{A_{m,B}}{T}\right)^3 - \cdots$$

考虑耦合作用，有

$$\frac{\mathrm{d}n_{(A)_{r_p}}}{\mathrm{d}t} = -\frac{\mathrm{d}n_{A(s)}}{\mathrm{d}t} = j_A$$

$$= -l_{11}\left(\frac{A_{m,A}}{T}\right) - l_{12}\left(\frac{A_{m,B}}{T}\right) - l_{111}\left(\frac{A_{m,A}}{T}\right)^2 - l_{112}\left(\frac{A_{m,A}}{T}\right)\left(\frac{A_{m,B}}{T}\right) - l_{122}\left(\frac{A_{m,B}}{T}\right)^2$$

$$- l_{1111}\left(\frac{A_{m,A}}{T}\right)^3 - l_{1112}\left(\frac{A_{m,A}}{T}\right)^2\left(\frac{A_{m,B}}{T}\right) - l_{1122}\left(\frac{A_{m,A}}{T}\right)\left(\frac{A_{m,B}}{T}\right)^2 - l_{1222}\left(\frac{A_{m,B}}{T}\right)^3 - \cdots$$

$$\frac{\mathrm{d}n_{(B)_{r_p}}}{\mathrm{d}t} = -\frac{\mathrm{d}n_{B(s)}}{\mathrm{d}t} = j_B$$

$$= -l_{21}\left(\frac{A_{m,A}}{T}\right) - l_{22}\left(\frac{A_{m,B}}{T}\right) - l_{211}\left(\frac{A_{m,A}}{T}\right)^2 - l_{212}\left(\frac{A_{m,A}}{T}\right)\left(\frac{A_{m,B}}{T}\right) - l_{222}\left(\frac{A_{m,B}}{T}\right)^2$$

$$- l_{2111}\left(\frac{A_{m,A}}{T}\right)^3 - l_{2112}\left(\frac{A_{m,A}}{T}\right)^2\left(\frac{A_{m,B}}{T}\right) - l_{2122}\left(\frac{A_{m,A}}{T}\right)\left(\frac{A_{m,B}}{T}\right)^2 - l_{2222}\left(\frac{A_{m,B}}{T}\right)^3 - \cdots$$

4）从温度 T_{M_1} 到温度 T

温度为从 T_{M_1} 到温度 T，在温度 T_k 固相组元 A 的溶解速率为

$$\frac{\mathrm{d}n_{(A)_{r_{l-1}}}}{\mathrm{d}t} = -\frac{\mathrm{d}n_{A(s)}}{\mathrm{d}t} = j_A$$

$$= -l_1\left(\frac{A_{m,A}}{T}\right) - l_2\left(\frac{A_{m,A}}{T}\right)^2 - l_3\left(\frac{A_{m,A}}{T}\right)^3 - \cdots$$

7.13 凝 固

7.13.1 纯液体凝固

由液体变成固体的过程称为凝固。在 1atm，纯物质有确定的凝固温度，称为凝固点，也是其熔点。在此温度，物质的液-固两相平衡共存，体系处于热力学平衡状态。

物质凝固的温度低于理论凝固温度的现象称为过冷。理论凝固温度与实际凝固温度的差称为过冷度。以 ΔT 表示。不同物质的过冷度 ΔT 不同。

　　液体在凝固过程中，如果有足够的时间使其内部原子呈规则排列，则形成晶体。如果冷却速度足够快，内部原子来不及规则排列，则形成非晶体。形成非晶体的转变温度称为玻璃化温度。玻璃化温度以 T_g 表示。物质的玻璃化温度 T_g 与其熔点 T_m 的差值（$T_g - T_m$）越小，凝固时越容易形成非晶态结构。例如，玻璃和有机聚合物的 $T_g - T_m$ 差值小，容易形成非晶态固体；而金属的 $T_g - T_m$ 差值大，难以形成非晶态固体。只有在快速冷却条件下，才能形成非晶态金属。下面讨论由液体凝聚成晶体的凝固过程。

1. 纯液体结晶热力学

　　在熔点温度和 1atm 下，纯液体由液相转变为固相的结晶过程在平衡状态下进行，可以表示为

$$B(l) \Longrightarrow B(s)$$

摩尔吉布斯自由能变为

$$
\begin{aligned}
\Delta G_m(T_m) &= G_{m,B(s)}(T_m) - G_{m,B(l)}(T_m) \\
&= [H_{m,B(s)}(T_m) - T_m H_{m,B(s)}(T_m)] - [H_{m,B(l)}(T_m) - T_m S_{m,B(l)}(T_m)] \\
&= \Delta H_{m,B}(T_m) - T_m \Delta S_{m,B}(T_m) \\
&= \Delta H_{m,B}(T_m) - T_m \frac{\Delta H_{m,B}(T_m)}{T_m} \\
&= 0
\end{aligned}
\tag{7.573}
$$

降低温度到 T，凝固在非平衡条件下进行，可以表示为

$$B(l) \Longrightarrow B(s)$$

摩尔吉布斯自由能变为

$$
\begin{aligned}
\Delta G_{m,B}(T) &= G_{m,B(s)}(T) - G_{m,B(l)}(T) \\
&= (H_{m,B(s)}(T) - T S_{m,B(s)}(T)) - (H_{m,B(l)}(T) - T H_{m,B(l)}(T)) \\
&= \Delta H_{m,B}(T) - T \Delta S_{m,B}(T) \\
&\approx \Delta H_{m,B}(T_m) - T \Delta S_{m,B}(T_m) \\
&= \Delta H_{m,B}(T_m) - T \frac{\Delta H_{m,B}(T_m)}{T_m} \\
&= \frac{\Delta H_{m,B}(T_m)\Delta T}{T_m} < 0
\end{aligned}
\tag{7.574}
$$

其中

$$\Delta T = T_m - T > 0$$
$$\Delta H_{m,B} < 0$$

将 $\Delta H_{m,B}(T_m) = -L_{m,B}$、$\Delta S_{m,B}(T_m) = -\dfrac{L_{m,B}}{T_m}$ 代入式（7.573），得

$$\Delta G_{m,B}(T) = -L_{m,B} + T\frac{L_{m,B}}{T_m} = -\frac{L_{m,B}}{T}\Delta T$$

式中，$L_{m,B}$ 为组元 B 的结晶潜热，为正值；$-L_{m,B}$ 为组元 B 的熔化热。凝固过程自发进行。

2. 纯液体凝固过程的速率

在恒温恒压条件下，纯液体凝固的速率为

$$\frac{\mathrm{d}n_{B(s)}}{\mathrm{d}t} = -\frac{\mathrm{d}n_{B(l)}}{\mathrm{d}t} = j_B$$

$$= -l_1\left(\frac{A_{m,B}}{T}\right) - l_2\left(\frac{A_{m,B}}{T}\right)^2 - l_3\left(\frac{A_{m,B}}{T}\right)^3 - \cdots$$

$$= -l_1\left(\frac{L_{m,B}\Delta T}{TT_m}\right) - l_2\left(\frac{L_{m,B}\Delta T}{TT_m}\right)^2 - l_3\left(\frac{L_{m,B}\Delta T}{TT_m}\right)^3 - \cdots$$

$$= -l_1'\left(\frac{\Delta T}{T}\right) - l_2'\left(\frac{\Delta T}{T}\right)^2 - l_3'\left(\frac{\Delta T}{T}\right)^3 - \cdots \qquad (7.575)$$

其中

$$l_n' = l_n\left(-\frac{L_{m,B}}{T_m}\right)^n$$

$$(n = 1, 2, \cdots)$$

7.13.2　具有最低共熔点的二元系凝固

1. 析晶过程的热力学

图 7.5 是具有最低共熔点的二元系相图。在恒压条件下，物质组成为 P 的液体降温凝固。

1）温度降到 T_1

温度为 T_1，物质组成点到达液相线上的 P_1 点，也是平衡液相组成的 l_1 点，两者重合。有

$$l_1 \rightleftharpoons B(s)$$

即

$$(B)_{l_1} \rightleftharpoons (B)_{饱} \rightleftharpoons B(s)$$

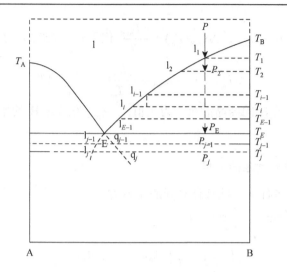

图 7.5 具有最低共熔点的二元系相图

l_1 是组元 B 的饱和溶液。液固两相平衡，相变在平衡状态下进行。

固相和液相中的组元 B 都以纯固态为标准状态，摩尔吉布斯自由能变化为

$$\Delta G_{m,B}(T_1) = \mu_{B(s)} - \mu_{(B)l_1}$$
$$= \mu^*_{B(s)} - \mu^*_{B(s)} - RT\ln a^R_{(B)l_1}$$
$$= -RT\ln a^R_{(B)饱}$$
$$= 0$$

或如下计算

$$\Delta G_{m,B}(T_1) = G_{m,B(s)}(T_1) - \overline{G}_{m,(B)l_1}(T_1)$$
$$= (H_{m,B(s)}(T_1) - T_1 S_{m,B(s)}(T_1)) - (\overline{H}_{m,(B)l_1}(T_1) - T_1 S_{m,(B)l_1}(T_1))$$
$$= \Delta_{ref}H_{m,B}(T_1) - T_1\Delta_{ref}S_{m,B}(T_1)$$
$$= \Delta_{ref}H_{m,B}(T_1) - T_1\frac{\Delta_{ref}H_{m,A}(T_1)}{T_1}$$
$$= 0$$

2）降温到 T_2

继续降温到 T_2，平衡液相组成为 l_2 点。在温度刚降 T_2 时，尚未来得及析出固相组元 B 时，液相组成未变，但已由组元 B 的饱和溶液 l_1 成为组元 B 的过饱和溶液 l_1'，析出固相组元 B，有

$$(B)_{l_1} \Longequal (B)_{饱和} \Longequal B(s)$$

以纯固态组元 B 为标准状态，析晶过程的摩尔吉布斯自由能变化为

$$\Delta G_{m,B(T_2)} = \mu_{B(s)} - \mu_{(B)_{l_1'}}$$

$$= \mu_{B(s)} - \mu_{(B)_{过饱}}$$

$$= -RT \ln a^R_{(B)_{l_1'}}$$

$$= -RT \ln a^R_{(B)_{过饱}} \tag{7.576}$$

其中

$$\mu_{B(s)} = \mu^*_{B(s)}$$

$$\mu_{(B)_{l_1'}} = \mu_{(B)_{过饱}} = \mu^*_{B(s)} + RT \ln a^R_{(B)_{l_1'}}$$

$$= \mu^*_{B(s)} + RT \ln a^R_{(B)_{过饱}}$$

$a^R_{(B)_{l_1'}}$ 和 $a^R_{(B)_{过饱}}$ 分别是在温度 T_2，液相 $1_1'$ 即组元 B 过饱和的溶液中组元 B 的活度。

或者如下计算

$$\Delta G_{m,B}(T_2) = (H_{m,B(s)}(T_2) - T_2 S_{m,B(s)}(T_2)) - (\overline{H}_{m,(B)_{l_1}}(T_2) - T_2 \overline{S}_{m,B(s)_{l_1}}(T_2))$$

$$= \Delta_{ref} H_{m,B}(T_2) - T_2 \Delta_{ref} S_{m,B}(T_2)$$

$$= \frac{\theta_{B,T_2} \Delta_{ref} H_{m,B}(T_1)}{T_1}$$

$$= \eta_{B,T_2} \Delta_{ref} H_{m,B}(T_1) \tag{7.577}$$

其中

$$\Delta_{ref} H_{m,B}(T_2) \approx \Delta_{ref} H_{m,B}(T_1)$$

$$\Delta_{ref} S_{m,B}(T_2) \approx \Delta_{ref} S_{m,B}(T_1) = \frac{\Delta_{ref} H_{m,B}(T_1)}{T_1}$$

$$T_1 > T_2$$

$\Delta_{ref} H_{m,B}$、$\Delta_{ref} S_{m,B}$ 为析晶焓、析晶熵，是溶解焓、溶解熵的负值。

$$\theta_{B,T_2} = T_1 - T_2 > 0$$

θ_{B,T_2} 是组元 B 在温度 T_2 的绝对饱和过冷度。

$$\eta_{B,T_2} = \frac{T_1 - T_2}{T_1} > 0$$

η_{B,T_2} 是组元 B 在温度 T_2 的相对饱和过冷度。

直到固相组元 B 与液相达到平衡，液相成为饱和溶液，平衡液相组成为组元 B 的饱和溶解度线 ET_B 上的 l_2 点。有

$$(B)_{l_2} \equiv (B)_{饱和} \rightleftharpoons B(s)$$

3）温度从 T_1 到 T_E

继续降温，从 T_1 到 T_E，析晶过程同上。可以统一表述如下：在温度 T_{i-1}，析出的固相组元 B 与液相平衡，有

$$(B)_{l_{i-1}} \Longrightarrow (B)_{过饱和} \Longrightarrow B(s)$$

继续降温到 T_i。在温度刚降至 T_i，还未来得及析出固相组元 B 时，在温度 T_{i-1} 的饱和溶液 l_{i-1} 成为过饱和溶液 l'_{i-1}，析出固相组元 B，即

$$(B)_{l_{i-1}} \Longrightarrow (B)_{过饱和} \Longrightarrow B(s)$$

以纯固态组元 B 为标准状态，在温度 T_i，析晶过程的摩尔吉布斯自由能变为

$$\begin{aligned}
\Delta G_{m,B} &= \mu_{B(s)} - \mu_{(B)_{过饱}} \\
&= \mu_{B(s)} - \mu_{(B)_{l'_{i-1}}} \\
&= -RT \ln a^R_{(B)_{过饱}} \\
&= -RT \ln a^R_{(B)_{l'_{i-1}}}
\end{aligned} \tag{7.578}$$

$$(i=1, 2, \cdots, n)$$

其中

$$\mu_{B(s)} = \mu^*_{B(s)}$$

$$\mu_{(B)_{过饱}} = \mu^*_{B(s)} + RT \ln a^R_{(B)_{过饱}} = \mu^*_{B(s)} + RT \ln a^R_{(B)_{l'_{i-1}}}$$

式中，$a^R_{(B)_{l'_{i-1}}}$ 和 $a^R_{(B)_{过饱}}$ 分别为在温度 T_i，液相 l'_{i-1} 及过饱和溶液中组元 B 的活度。

也可以如下计算

$$\begin{aligned}
\Delta G_{m,B}(T_i) &= G_{m,B(s)}(T_i) - G_{m,B_{l'_{i-1}}}(T_i) \\
&\approx \frac{\theta_{B,T_i} \Delta H_{m,B}(T_{i-1})}{T_{i-1}} \\
&\approx \eta_{B,T_i} \Delta_{ref} H_{m,B}(T_{i-1})
\end{aligned} \tag{7.579}$$

其中

$$T_{i-1} > T_i$$

$$\theta_{B,T_i} = T_{i-1} - T_i > 0$$

θ_{B,T_i} 为组元 B 在温度 T_i 的绝对饱和过冷度。

$$\eta_{B,T_i} = \frac{T_{i-1} - T_i}{T_{i-1}} > 0$$

η_{B,T_i} 为组元 B 在温度 T_i 的相对饱和过冷度。

直到过饱和液相析出固相组元 B 达到饱和，固液两相平衡，平衡液相组成为 l_i，有

$$(B)_{l_i} \Longrightarrow (B)_{饱和} \Longrightarrow B(s)$$

在温度 T_{E-1}，固相组元 B 与液相平衡，有

$$(B)_{l_{E-1}} \Longrightarrow (B)_{饱和} \Longrightarrow B(s)$$

继续降温到 T_E。在温度刚降到 T_E，固相组元 B 还未来得及析出时,在温度 T_{E-1} 组元 B 的饱和溶液 1_{E-1} 成为组元 B 的过饱和溶液 $1'_{E-1}$，析出固相组元 B,即

$$(B)_{1'_{E-1}} \Longrightarrow (B)_{过饱} \Longrightarrow B(s)$$

以纯固态组元 B 为标准状态,析晶过程的摩尔吉布斯自由能变化为

$$
\begin{aligned}
\Delta G_{m,B} &= \mu_{B(s)} - \mu_{(B)过饱} \\
&= \mu_{B(s)} - \mu_{(B)_{1_{E-1}}} \\
&= -RT \ln a^R_{(B)过饱} \\
&= -RT \ln a^R_{(B)_{1_{E-1}}}
\end{aligned}
\tag{7.580}
$$

其中

$$
\begin{aligned}
\mu_{B(s)} &= \mu^*_{B(s)} \\
&= \mu^*_{B(s)} + RT \ln a^R_{(B)过饱} \\
&= \mu^*_{B(s)} + RT \ln a^R_{(B)_{1'_{E-1}}}
\end{aligned}
$$

式中, $a^R_{(B)_{1_{E-1}}}$ 和 $a^R_{(B)过饱}$ 为在温度 T_E 时的液相 $1'_{E-1}$ 及过饱和溶液中组元 B 的活度。

也可以如下计算

$$
\begin{aligned}
\Delta G_{m,B}(T_E) &\approx \frac{\theta_{B,T_E} \Delta_{ref} H_{m,B}(T_{E-1})}{T_{E-1}} \\
&\approx \eta_{B,T_E} \Delta H_{m,B}(T_{E-1})
\end{aligned}
\tag{7.581}
$$

其中

$$
\begin{aligned}
T_{E-1} &> T_E \\
\theta_{B,T_E} &= T_{E-1} - T_E > 0 \\
\eta_{B,T_E} &= \frac{T_{E-1} - T_E}{T_{E-1}} > 0
\end{aligned}
$$

直到溶液成为组元 B 和 A 的饱和溶液。有

$$(B)_{1_E} \Longrightarrow (B)_{饱} \rightleftharpoons B(s)$$

$$(A)_{1_E} \Longrightarrow (A)_{饱} \rightleftharpoons A(s)$$

在温度 T_E，液相 1_E 和固相组元 A、B 三相平衡,有

$$1_E \rightleftharpoons A(s) + B(s)$$

即

$$(A)_{1_E} \Longrightarrow (A)_{饱} \rightleftharpoons A(s)$$

$$(B)_{1_E} \Longrightarrow (B)_{饱} \rightleftharpoons B(s)$$

析晶是在恒温恒压平衡状态进行的,液相和固相中的组元 A 和 B 都以纯固态

为标准状态，该过程的摩尔吉布斯自由能变为

$$\Delta G_{m,A} = \mu_{A(s)} - \mu_{(A)饱} = \mu_{A(s)} - \mu_{(A)_{l_E}} = \mu^*_{A(s)} - \mu^*_{A(s)} = 0$$

$$\Delta G_{m,B} = \mu_{B(s)} - \mu_{(B)饱} = \mu_{B(s)} - \mu_{(B)_{l_E}} = \mu^*_{B(s)} - \mu^*_{B(s)} = 0$$

总摩尔吉布斯自由能变为

$$\Delta G_{m,t} = x_A \Delta G_{m,A} + x_B \Delta G_{m,B} = 0$$

4）降温至 T_E 以下

继续降温至 T_E 以下，在低于 T_E 的温度 T_{j-1}，组元 A 和 B 的平衡液相组成分别为组元 A 和 B 的饱和溶液 q_{j-1} 和 1_{j-1}。有

$$(A)_{q_{j-1}} \Longequal (A)_饱 \rightleftharpoons A(s)$$

$$(B)_{1_{j-1}} \Longequal (B)_饱 \rightleftharpoons B(s)$$

温度刚降到 T_j，还未来得及析出固体组元 A 和 B 时，在温度 T_{j-1} 的组元 A 和 B 的饱和溶液 q_{j-1} 和 1_{j-1} 成为组元 A 和 B 的过饱和溶液 q'_{j-1} 和 $1'_{j-1}$，析出固相组元 A 和 B，可以表示为

$$(A)_{q'_{j-1}} \Longequal (A)_{过饱} \Longequal A(s)$$

$$(B)_{1'_{j-1}} \Longequal (B)_{过饱} \Longequal B(s)$$

在温度 T_j，组元 A 和 B 的平衡液相组成为 q_j 和 1_j，是组元 A 和 B 的饱和溶液，有

$$(A)_{q_j} \Longequal (A)_饱 \rightleftharpoons A(s)$$

$$(B)_{1_j} \Longequal (B)_饱 \rightleftharpoons B(s)$$

以纯固态组元 A 和 B 为标准状态，在温度 T_j，析晶过程的摩尔吉布斯自由能变为

$$\begin{aligned} \Delta G_{m,A} &= \mu_{A(s)} - \mu_{(A)过饱} \\ &= \mu_{A(s)} - \mu_{(A)_{q'_{j-1}}} \\ &= -RT \ln a^R_{(A)过饱} \\ &= -RT \ln a^R_{(A)_{q'_{j-1}}} \end{aligned} \tag{7.582}$$

$$\begin{aligned} \Delta G_{m,B} &= \mu_{B(s)} - \mu_{(B)过饱} \\ &= \mu_{B(s)} - \mu_{(B)_{1'_{j-1}}} \\ &= -RT \ln a^R_{(B)过饱} \\ &= -RT \ln a^R_{(B)_{1'_{j-1}}} \end{aligned} \tag{7.583}$$

总摩尔吉布斯自由能变为

$$\Delta G_{m,t} = x_A \Delta G_{m,A} + x_B \Delta G_{m,B}$$
$$= -x_A RT \ln a^R_{(A)_{q'_{j-1}}} - x_B RT \ln a^R_{(B)_{r'_{j-1}}}$$

也可以如下计算：

$$\Delta G_{m,A}(T_j) \approx \frac{\theta_{A,T_j} \Delta_{ref} H_{m,A}(T_{j-1})}{T_{j-1}}$$
$$\approx \eta_{A,T_j} \Delta_{ref} H_{m,A}(T_{j-1}) \tag{7.584}$$

$$\Delta G_{m,B}(T_j) \approx \frac{\theta_{B,T_j} \Delta_{ref} H_{m,B}(T_{j-1})}{T_{j-1}}$$
$$\approx \eta_{B,T_j} \Delta_{ref} H_{m,B}(T_{j-1}) \tag{7.585}$$

其中

$$T_{j-1} > T_j$$
$$\theta_{J,T_j} = T_{j-1} - T_j$$
$$\eta_{J,T_j} = \frac{T_{j-1} - T_j}{T_{j-1}}$$

$$(j=A、B)$$

总摩尔吉布斯自由能变为

$$\Delta G_{m,t}(T_j) = x_A \Delta G_{m,A}(T_j) + x_B \Delta G_{m,B}(T_j)$$
$$= \frac{x_A \theta_{A,T_j} \Delta_{ref} H_{m,A}(T_{j-1}) + x_B \theta_{B,T_j} \Delta_{ref} H_{m,B}(T_{j-1})}{T_{j-1}}$$

直到液相组元 A、B 消失，液相完全转变为固相。物相组成点为 P_j。

2. 析晶过程的速率

1）在温度 T_2

在压力恒定，温度为 T_2 的条件下，二元系 A-B 单位体积内析出组元 A 晶体的速率为

$$\frac{dn_{B(s)}}{dt} = -\frac{dn_{(B)l'_1}}{dt} = j_B$$
$$= -l_1 \left(\frac{A_{m,B}}{T}\right) - l_2 \left(\frac{A_{m,B}}{T}\right)^2 - l_3 \left(\frac{A_{m,B}}{T}\right)^3 - \cdots$$

其中

$$A_{m,B} = \Delta G_{m,B} \tag{7.586}$$

2）从温度 T_2 到温度 T_E

压力恒定，温度为 T_i 的条件下，二元系 A-B 析出组元 B 晶体的速率为

$$
\frac{dn_{B(s)}}{dt} = -\frac{dn_{(B)_{i-1}}}{dt} = j_B
$$

$$
= -l_1\left(\frac{A_{m,B}}{T}\right) - l_2\left(\frac{A_{m,B}}{T}\right)^2 - l_3\left(\frac{A_{m,B}}{T}\right)^3 - \cdots \tag{7.587}
$$

其中

$$
A_{m,B} = \Delta G_{m,B} \tag{7.588}
$$

3）在温度 T_E 以下

在温度 T_E 以下，同时析出组元 A 和 B 的晶体。不考虑耦合作用，在温度 T_j，析晶速率为

$$
\frac{dn_{A(s)}}{dt} = -\frac{dn_{(A)_{j-1}}}{dt} = j_A
$$

$$
= -l_1\left(\frac{A_{m,A}}{T}\right) - l_2\left(\frac{A_{m,A}}{T}\right)^2 - l_3\left(\frac{A_{m,A}}{T}\right)^3 - \cdots
$$

$$
\frac{dn_{B(s)}}{dt} = -\frac{dn_{(B)_{j-1}}}{dt} = j_B
$$

$$
= -l_1\left(\frac{A_{m,B}}{T}\right) - l_2\left(\frac{A_{m,B}}{T}\right)^2 - l_3\left(\frac{A_{m,B}}{T}\right)^3 - \cdots \tag{7.589}
$$

考虑耦合作用，有

$$
\frac{dn_{A(s)}}{dt} = -\frac{dn_{(A)_{j-1}}}{dt} = j_A
$$

$$
= -l_{11}\left(\frac{A_{m,A}}{T}\right) - l_{12}\left(\frac{A_{m,B}}{T}\right) - l_{111}\left(\frac{A_{m,A}}{T}\right)^2
$$

$$
- l_{112}\left(\frac{A_{m,A}}{T}\right)\left(\frac{A_{m,B}}{T}\right) - l_{122}\left(\frac{A_{m,B}}{T}\right)^2
$$

$$
- l_{1111}\left(\frac{A_{m,A}}{T}\right)^3 - l_{1112}\left(\frac{A_{m,A}}{T}\right)^2\left(\frac{A_{m,B}}{T}\right)
$$

$$
- l_{1122}\left(\frac{A_{m,A}}{T}\right)\left(\frac{A_{m,B}}{T}\right)^2 - l_{1222}\left(\frac{A_{m,B}}{T}\right)^3 - \cdots \tag{7.590}
$$

$$\frac{\mathrm{d}n_{\mathrm{B(s)}}}{\mathrm{d}t} = -\frac{\mathrm{d}n_{(B)_{r_{j-1}}}}{\mathrm{d}t} = j_{\mathrm{B}}$$

$$= -l_{21}\left(\frac{A_{\mathrm{m,A}}}{T}\right) - l_{22}\left(\frac{A_{\mathrm{m,B}}}{T}\right) - l_{211}\left(\frac{A_{\mathrm{m,A}}}{T}\right)^2$$

$$- l_{212}\left(\frac{A_{\mathrm{m,A}}}{T}\right)\left(\frac{A_{\mathrm{m,B}}}{T}\right) - l_{222}\left(\frac{A_{\mathrm{m,B}}}{T}\right)^2 \qquad (7.591)$$

$$- l_{2111}\left(\frac{A_{\mathrm{m,A}}}{T}\right)^3 - l_{2112}\left(\frac{A_{\mathrm{m,A}}}{T}\right)^2\left(\frac{A_{\mathrm{m,B}}}{T}\right)$$

$$- l_{2122}\left(\frac{A_{\mathrm{m,A}}}{T}\right)\left(\frac{A_{\mathrm{m,B}}}{T}\right)^2 - l_{2222}\left(\frac{A_{\mathrm{m,B}}}{T}\right)^3 - \cdots$$

其中

$$A_{\mathrm{m,A}} = \Delta G_{\mathrm{m,A}} \qquad (7.592)$$

$$A_{\mathrm{m,B}} = \Delta G_{\mathrm{m,B}} \qquad (7.593)$$

7.13.3　具有最低共熔点的三元系凝固

1. 凝固过程的热力学

物质组成为 M 点的液体降温冷却。图 7.6 为具有最低共熔点的三元系相图。

1）温度降至 T_1

温度降到 T_1，物质组成为液相面 A 上的 M_1 点，平衡液相组成为 1_1 点（两点重合），1_1 是组元 A 的饱和溶液，有

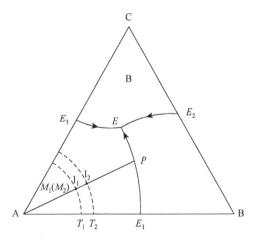

图 7.6　具有最低共熔点的三元系相图

$$(A)_{l_1} \rightleftharpoons (A)_{饱} \rightleftharpoons A(s)$$

液固两相平衡共存，相变在平衡状态下进行。固相和液相中的组元 A 都以纯固态为标准状态，浓度以摩尔分数表示，摩尔吉布斯自由能变为

$$\Delta G_{m,A} = \mu_{A(s)} - \mu_{(A)_{l_1}}$$

$$= \mu^{*}_{A(s)} - \mu^{*}_{A(s)} - RT \ln a^{R}_{(A)_{l_1}}$$

$$= -RT \ln a^{R}_{(A)_{饱}}$$

$$= 0$$

或如下计算

$$\Delta G_{m,A}(T_1) = G_{m,A(s)}(T_1) - \bar{G}_{m,(A)_{l_1}}(T_1)$$

$$= (H_{m,A(s)}(T_1) - T_1 S_{m,A(s)}(T_1)) - (\bar{H}_{m,(A)_{l_1}}(T_1) - T_1 \bar{S}_{m,(A)_{l_1}}(T_1))$$

$$= \Delta_{ref} H_{m,A}(T_1) - T_1 \Delta_{ref} S_{m,A}(T_1)$$

$$= \Delta_{ref} H_{m,A}(T_1) - T_1 \frac{\Delta_{ref} S_{m,A}(T_1)}{T_1}$$

$$= 0$$

2）降温至 T_2

继续降温到 T_2，物质组成为 M_2 点。温度刚降到 T_2，固体组元 A 还未来得及析出时，固相组成仍为 l_1，但已由组元 A 的饱和溶液 l_1 变成组元 A 的过饱和溶液 l_1'，会析出固相组元 A，即

$$(A)_{l_1'} \rightleftharpoons (A)_{过饱} \rightleftharpoons A(s)$$

以纯固态组元 A 为标准状态，浓度以摩尔分数表示，析晶过程的摩尔吉布斯自由能变为

$$\Delta G_{m,A} = \mu_{A(s)} - \mu_{(A)_{过饱}}$$

$$= \mu_{A(s)} - \mu_{(A)_{l_1'}}$$

$$= RT \ln a^{R}_{(A)_{l_1'}}$$

$$= -RT \ln a^{R}_{(A)_{过饱}} \tag{7.594}$$

其中

$$\mu_{A(s)} = \mu^{*}_{A(s)}$$

$$\mu_{(A)_{过饱}} = \mu_{(A)_{l_1'}}$$

$$= \mu^{*}_{A(s)} + RT \ln a^{R}_{(A)_{过饱}}$$

$$= \mu^{*}_{A(s)} + RT \ln a^{R}_{(A)_{l_1'}}$$

式中，$a^{R}_{(A)_{l_1'}}$ 和 $a^{R}_{(A)_{过饱}}$ 为温度为 T_2 时，在组成为 l_1' 及过饱和溶液中组元 A 的活度。

或如下计算：

$$\Delta G_{m,A}(T_2) = \Delta_{ref}H_{m,A}(T_2) - T_2\Delta_{ref}S_{m,A}(T_2) \qquad (7.595)$$

其中

$$\Delta_{ref}H_{m,A}(T_2) \approx \Delta_{ref}H_{m,A}(T_1) \qquad (7.596)$$

$$\Delta_{ref}S_{m,A}(T_2) \approx \frac{\Delta_{ref}H_{m,A}(T_1)}{T_1} \qquad (7.597)$$

式中，$\Delta_{ref}H_{m,A}(T_2)$ 和 $\Delta_{ref}S_{m,A}(T_2)$ 分别为在温度 T_2 固相 A 和过饱和溶液中(A)过饱的热焓差值和熵的差值；$\Delta_{ref}H_{m,A}(T_1)$ 为在温度 T_1 平衡状态固相组元 A 与饱和溶液中组元(A)饱热焓的差值，即 A 的析晶潜热。

将式（7.596）和式（7.597）代入式（7.595），得

$$\begin{aligned}\Delta G_{m,A}(T_2) &\approx \Delta_{ref}H_{m,A}(T_1) - T_2\frac{\Delta_{ref}H_{m,A}(T_1)}{T_1}\\ &\approx \frac{\theta_{A,T_2}\Delta_{ref}H_{m,A}(T_1)}{T_1}\\ &\approx \eta_{A,T_2}\Delta_{ref}H_{m,A}(T_1)\end{aligned} \qquad (7.598)$$

其中

$$\theta_{A,T_2} = T_1 - T_2 > 0$$

θ_{A,T_2} 为组元 A 在温度 T_2 的绝对饱和过冷度。

$$\eta_{A,T_2} = \frac{\theta_1}{T_1} = \frac{T_1 - T_2}{T_1}$$

η_{A,T_2} 为组元 A 在温度 T_2 的相对饱和过冷度。

直到过饱和溶液 l_1' 成为饱和溶液 l_2，固液两相达成新的平衡，有

$$(A)_{l_2} \rlap{=}= (A)_{饱和} \rightleftharpoons A(s)$$

3）从温度 T_1 到 T_p

继续降温，从温度 T_1 到 T_p，平衡液相组成沿着 AM_1 连线的延长线向共熔线 EE_1 移动，并交于共熔线上的 P 点。析晶过程同上，可以统一表述如下：

在温度 T_{i-1}，固相组元 A 与液相平衡，有

$$(A)_{l_{i-1}} \rlap{=}= (A)_{饱} \rightleftharpoons A(s)$$

继续降温，温度刚降至 T_i，还未来得及析出固相组元 A 时，在温度 T_{i-1} 的饱和溶液 l_{i-1} 成为过饱和溶液 l_{i-1}'。析出固相组元 A 的过程可以表示为

$$(A)_{l_{i-1}'} \rlap{=}= (A)_{过饱} == A(s)$$

以纯固态组元 A 为标准状态，析晶过程的摩尔吉布斯自由能变为

$$\Delta G_{m,A} = \mu_{A(s)} - \mu_{(A)_{过饱}}$$

$$= \mu_{A(s)} - \mu_{(A)_{l_{i-1}'}}$$

$$= -RT \ln a_{(A)_{l_{i-1}'}}^R$$

$$= -RT \ln a_{(A)_{过饱}}^R \qquad (7.599)$$

其中

$$\mu_{A(s)} = \mu_{A(s)}^*$$

$$\mu_{(A)_{过饱}} = \mu_{(A)_{l_{i-1}'}}$$

$$= \mu_{A(s)}^* + RT \ln a_{(A)_{过饱}}^R$$

$$= \mu_{A(s)}^* + RT \ln a_{(A)_{l_{i-1}'}}^R$$

式中，$a_{(A)_{l_{i-1}'}}^R$、$a_{(A)_{过饱}}^R$ 为在温度 T_i，溶液 l_{i-1}' 及过饱和溶液中组元 A 的活度。

或者如下计算

$$\Delta G_{m,A}(T_i) \approx \frac{\theta_{A,T_i} \Delta_{ref} H_{m,A}(T_{i-1})}{T_{i-1}}$$

$$\approx \eta_{A,T_i} \Delta_{ref} H_{m,A}(T_{i-1}) \qquad (7.600)$$

其中

$$\theta_{A,T_i} = T_{i-1} - T_i$$

θ_{A,T_i} 为在温度 T_i 组元 A 的绝对饱和过冷度。

$$\eta_{A,T_i} = \frac{T_{i-1} - T_i}{T_{i-1}}$$

η_{A,T_i} 为在温度 T_i 组元 A 的相对饱和过冷度。

直到液相成为组元 A 的饱和溶液 l_i，液固两相平衡，有

$$(A)_{l_i} = (A)_{饱} = A(s)$$

继续降温。在温度 T_{p-1}，固相组元 A 和液相 l_{p-1} 达成平衡，有

$$(A)_{l_{p-1}} = (A)_{饱} = A(s)$$

温度降到 T_p，平衡液相组成为共熔线上的 P 点，以 l_p 表示。温度刚降到 T_p，固相组元 A 还未来得及析出时，在温度 T_{p-1} 时的平衡液相组成为 l_{p-1} 的组元 A 的饱和溶液成为组元 A 的过饱和溶液 l_{p-1}'，固相组元 A 析出，有

$$(A)_{l_{p-1}'} = (A)_{过饱} = A(s)$$

以纯态组元 A 为标准状态，浓度以摩尔分数表示，析晶过程的摩尔吉布斯自由能变为

$$\Delta G_{m,A} = \mu_{A(s)} - \mu_{(A)过饱}$$

$$= \mu_{A(s)} - \mu_{(A)_{l'_{p-1}}}$$

$$= -RT \ln a_{(A)_{l'_{p-1}}}^{R}$$

$$= -RT \ln a_{(A)过饱}^{R} \tag{7.601}$$

其中

$$\mu_{A(s)} = \mu_{A(s)}^{*}$$

$$\mu_{(A)过饱} = \mu_{A(s)}^{*} + RT \ln a_{(A)过饱}^{R} = \mu_{A(s)}^{*} + RT \ln a_{(A)_{l'_{p-1}}}^{R}$$

或如下计算：

$$\Delta G_{m,A}(T_p) \approx \frac{\theta_{A,T_p} \Delta_{ref} H_{m,A}(T_{p-1})}{T_{p-1}}$$

$$\approx \eta_{A,T_p} \Delta_{ref} H_{m,A}(T_{p-1}) \tag{7.602}$$

其中

$$\theta_{A,T_p} = T_{p-1} - T_p$$

θ_{A,T_p} 为组元 A 在温度 T_p 的绝对饱和过冷度，

$$\eta_{A,T_p} = \frac{T_{p-1} - T_p}{T_{p-1}}$$

η_{A,T_p} 为组元 A 在温度 T_p 的相对饱和过冷度。

直到液相成为组元 A 和 B 的饱和溶液 1_p，液固相达成新的平衡，有

$$(A)_{1_p} \Longrightarrow (A)_{饱} \rightleftharpoons A(s)$$

$$(B)_{1_p} \Longrightarrow (B)_{饱} \rightleftharpoons B(s)$$

4）从温度 T_p 到 T_E

继续降温，从温度 T_p 到 T_E，平衡液相组成沿共熔线 EE_1 移动。同时析出固相组元 A 和 B。析晶过程可以统一表示为：在温度 T_{j-1}，析晶过程达成平衡，即固相组元 A 和 B 与液相 1_{j-1} 平衡，有

$$(A)_{1_{j-1}} \Longrightarrow (A)_{饱} \rightleftharpoons A(s)$$

$$(B)_{1_{j-1}} \Longrightarrow (B)_{饱} \rightleftharpoons B(s)$$

温度降至 T_j，在温度刚降至 T_j，液相 1_{j-1} 还未来得及析出固相组元 A 和 B 时，液相 1_{j-1} 组成未变，但已由温度 T_j 时组元 A、B 的饱和溶液 1_{j-1} 变成组元 A 和 B 的过饱和溶液 $1'_{j-1}$。析出固相组元 A 和 B，可以表示为

$$(A)_{1'_{j-1}} \Longrightarrow (A)_{过饱} \Longrightarrow A(s)$$

$$(B)_{I'_{j-1}} \Longrightarrow (B)_{过饱} \Longrightarrow B(s)$$

以纯固态组元 A 和 B 为标准状态，析晶过程的摩尔吉布斯自由能变为

$$
\begin{aligned}
\Delta G_{m,A} &= \mu_{A(s)} - \mu_{(A)_{过饱}} \\
&= \mu_{A(s)} - \mu_{(A)_{I'_{j-1}}} \\
&= -RT \ln a^R_{(A)_{I'_{j-1}}} \\
&= -RT \ln a^R_{(A)_{过饱}}
\end{aligned}
\tag{7.603}
$$

其中

$$
\begin{aligned}
\mu_{A(s)} &= \mu^*_{A(s)} \\
\mu_{(A)_{过饱}} &= \mu^*_{A(s)} + RT \ln a^R_{(A)_{过饱}} \\
&= \mu^*_{A(s)} + RT \ln a^R_{(A)_{I'_{j-1}}} \\
\Delta G_{m,B} &= \mu_{B(s)} - \mu_{(B)_{过饱}} \\
&= \mu_{B(s)} - \mu_{(B)_{I'_{j-1}}} \\
&= -RT \ln a^R_{(B)_{I'_{j-1}}} \\
&= -RT \ln a^R_{(B)_{过饱}}
\end{aligned}
\tag{7.604}
$$

其中

$$
\begin{aligned}
\mu_{B(s)} &= \mu^*_{B(s)} \\
\mu_{(B)_{过饱}} &= \mu^*_{B(s)} + RT \ln a^R_{(B)_{过饱}} \\
&= \mu^*_{B(s)} + RT \ln a^R_{(B)_{I'_{j-1}}}
\end{aligned}
$$

总摩尔吉布斯自由能变为

$$
\begin{aligned}
\Delta G_{m,t} &= x_A \Delta G_{m,A} + x_B \Delta G_{m,B} \\
&= -RT[x_A \ln a^R_{(A)_{I'_{j-1}}} + x_B \ln a^R_{(B)_{I'_{j-1}}}]
\end{aligned}
$$

或如下计算：

$$
\begin{aligned}
\Delta G_{m,A}(T_j) &\approx \frac{\theta_{A,T_j} \Delta_{ref} H_{m,A}(T_{j-1})}{T_{j-1}} \\
&\approx \eta_{A,T_j} \Delta_{ref} H_{m,A}(T_{j-1})
\end{aligned}
\tag{7.605}
$$

$$
\begin{aligned}
\Delta G_{m,B}(T_j) &\approx \frac{\theta_{B,T_j} \Delta_{ref} H_{m,B}(T_{j-1})}{T_{j-1}} \\
&\approx \eta_{B,T_j} \Delta_{ref} H_{m,B}(T_{j-1})
\end{aligned}
\tag{7.606}
$$

其中

$$\theta_{\mathrm{A},T_j} = T_{j-1} - T_j$$

$$\eta_{\mathrm{A},T_j} = \frac{T_{j-1} - T_j}{T_{j-1}}$$

$$\theta_{\mathrm{B},T_j} = T_{j-1} - T_j$$

$$\eta_{\mathrm{B},T_j} = \frac{T_{j-1} - T_j}{T_{j-1}}$$

总摩尔吉布斯自由能变为

$$\Delta G_{\mathrm{m,t}}(T_j) = x_{\mathrm{A}}\Delta G_{\mathrm{m,A}}(T_j) + x_{\mathrm{B}}\Delta G_{\mathrm{m,B}}(T_j)$$

$$= \frac{1}{T_{j-1}}[x_{\mathrm{A}}\theta_{\mathrm{A},T_j}\Delta_{\mathrm{ref}}H_{\mathrm{m,A}}(T_{j-1}) + x_{\mathrm{B}}\theta_{\mathrm{B},T_j}\Delta_{\mathrm{ref}}H_{\mathrm{m,B}}(T_{j-1})]$$

$$= x_{\mathrm{A}}\eta_{\mathrm{A},T_j}\Delta_{\mathrm{ref}}H_{\mathrm{m,A}}(T_{j-1}) + x_{\mathrm{B}}\eta_{\mathrm{B},T_j}\Delta_{\mathrm{ref}}H_{\mathrm{m,B}}(T_{j-1})$$

符号意义同前。

在温度 $T_{\mathrm{E}-1}$，析晶过程达成平衡，固相组元 A 和 B 与液相 $\mathrm{l}_{\mathrm{E}-1}$ 平衡，有

$$(\mathrm{A})_{\mathrm{l}_{\mathrm{E}-1}} =\!=\!= (\mathrm{A})_{饱} \Longleftrightarrow \mathrm{A(s)}$$

$$(\mathrm{B})_{\mathrm{l}_{\mathrm{E}-1}} =\!=\!= (\mathrm{B})_{饱} \Longleftrightarrow \mathrm{B(s)}$$

温度降到 T_{E}。当温度刚降到 T_{E}，在温度 $T_{\mathrm{E}-1}$ 的平衡液相 $\mathrm{l}_{\mathrm{E}-1}$ 还未来得及析出固相组元 A 和 B 时，虽然其组成未变，但已由组元 A、B 的饱和溶液 $\mathrm{l}_{\mathrm{E}-1}$ 变成组元 A、B 的过饱和溶液 $\mathrm{l}'_{\mathrm{E}-1}$，析出组元 A 和 B 的晶体。析晶过程为

$$(\mathrm{A})_{\mathrm{l}_{\mathrm{E}-1}} =\!=\!= (\mathrm{A})_{过饱} =\!=\!= \mathrm{A(s)}$$

$$(\mathrm{B})_{\mathrm{l}_{\mathrm{E}-1}} =\!=\!= (\mathrm{B})_{过饱} =\!=\!= \mathrm{B(s)}$$

以纯固态组元 A、B 为标准状态，浓度以摩尔分数表示，析晶过程的摩尔吉布斯自由能变为

$$\Delta G_{\mathrm{m,A}} = \mu_{\mathrm{A(s)}} - \mu_{(\mathrm{A})_{过饱}}$$

$$= \mu_{\mathrm{A(s)}} - \mu_{(\mathrm{A})_{\mathrm{l}_{\mathrm{E}-1}}}$$

$$= -RT\ln a^{\mathrm{R}}_{(\mathrm{A})_{过饱}}$$

$$= -RT\ln a^{\mathrm{R}}_{(\mathrm{A})_{\mathrm{l}_{\mathrm{E}-1}}} \tag{7.607}$$

其中

$$\mu_{\mathrm{A(s)}} = \mu^*_{\mathrm{A(s)}}$$

$$\mu_{(\mathrm{A})_{过饱}} = \mu^*_{\mathrm{A(s)}} + RT\ln a^{\mathrm{R}}_{(\mathrm{A})_{过饱}}$$

$$= \mu^*_{\mathrm{A(s)}} + RT\ln a^{\mathrm{R}}_{(\mathrm{A})_{\mathrm{l}_{\mathrm{E}-1}}}$$

$$\Delta G_{m,B} = \mu_{B(s)} - \mu_{(B)_{过饱}}$$
$$= -RT \ln a^R_{(B)_{过饱}}$$
$$= -RT \ln a^R_{(B)_{|E-1}} \qquad (7.608)$$

其中

$$\mu_{B(s)} = \mu^*_{B(s)}$$
$$\mu_{(B)_{过饱}} = \mu^*_{B(s)} + RT \ln a^R_{(B)_{过饱}}$$
$$= \mu^*_{B(s)} + RT \ln a^R_{(B)_{|E-1}}$$

总摩尔吉布斯自由能变为

$$\Delta G_{m,t} = x_A \Delta G_{m,A} + x_B \Delta G_{m,B}$$
$$= -RT[x_A \ln a^R_{(A)_{|E-1}} + x_B \ln a^R_{(A)_{|E-1}}]$$

或如下计算：

$$\Delta G_{m,A}(T_E) \approx \frac{\theta_{A,T_E} \Delta_{ref} H_{m,A}(T_{E-1})}{T_{E-1}}$$
$$\approx \eta_{A,T_E} \Delta_{ref} H_{m,A}(T_{E-1}) \qquad (7.609)$$
$$\Delta G_{m,B}(T_E) \approx \frac{\theta_{B,T_E} \Delta_{ref} H_{m,B}(T_{E-1})}{T_{E-1}}$$
$$\approx \eta_{B,T_E} \Delta_{ref} H_{m,B}(T_{E-1}) \qquad (7.610)$$

其中

$$T_{E-1} > T_E$$
$$\theta_{J,T_E} = T_{E-1} - T_E$$
$$\eta_{J,T_E} = \frac{T_{E-1} - T_E}{T_{E-1}}$$

总摩尔吉布斯自由能变为

$$\Delta G_{m,t}(T_E) = x_A \Delta G_{m,A}(T_E) + x_B \Delta G_{m,B}(T_E)$$
$$= \frac{1}{T_{E-1}}[x_A \theta_{A,T_E} \Delta_{ref} H_{m,A}(T_{E-1}) + x_B \theta_{B,T_E} \Delta_{ref} H_{m,B}(T_{E-1})]$$
$$= x_A \eta_{A,T_E} \Delta_{ref} H_{m,A}(T_{E-1}) + x_B \eta_{B,T_E} \Delta_{ref} H_{m,B}(T_{E-1})$$

直到液相成为组元 A、B 和 C 的饱和溶液 E(l)，液固相达成新的平衡，有

$$(A)_{E(l)} \Longequal (A)_{饱} \rightleftharpoons A(s)$$

$$(B)_{E(l)} \Longequal (B)_{饱} \rightleftharpoons B(s)$$

$$(C)_{E(l)} =\!\!\!=\!\!\!= (C)_{饱} \rightleftharpoons C(s)$$

在温度 T_E，液相 E(l) 是组元 A、B 和 C 的饱和溶液。液相 E(l) 和固相 A、B、C 四相平衡共存，析晶在平衡状态下进行，摩尔吉布斯自由能变为零。

$$\Delta G_{m,A} = 0$$

$$\Delta G_{m,B} = 0$$

$$\Delta G_{m,C} = 0$$

总摩尔吉布斯自由能变为

$$\Delta G_{m,t} = x_A \Delta G_{m,A} + x_B \Delta G_{m,B} + x_C \Delta G_{m,C} = 0$$

在温度 T_E，恒压条件下，四相平衡共存，即

$$E(l) \rightleftharpoons A(s) + B(s) + C(s)$$

5）温度降至 T_E

温度降到 T_E 以下，在温度刚降到 T_E 以下，还未来得及析出固相组元 A、B 和 C，液相 E(l) 就成为组元 A、B 和 C 的过饱和溶液，析出固相组元 A、B 和 C，直到液相消失。具体描述如下：

在 T_E 以下的温度 T_{k-1}，组元 A、B、C 的平衡液相组成为 1_{k-1}；在温度 T_k，组元 A、B、C 的平衡液相组成为 1_k。在温度刚降到 T_k 还未来得及析出固相组元 A、B 和 C 时，在温度 T_{k-1} 时的平衡液相 1_{k-1} 成为组元 A、B、C 的过饱和溶液 l'_{k-1}。析出固相组元 A、B、C，表示为

$$(A)_{l'_{k-1}} =\!\!\!=\!\!\!= (A)_{过饱} =\!\!\!=\!\!\!= A(s)$$

$$(B)_{l'_{k-1}} =\!\!\!=\!\!\!= (B)_{过饱} =\!\!\!=\!\!\!= B(s)$$

$$(C)_{l'_{k-1}} =\!\!\!=\!\!\!= (C)_{过饱} =\!\!\!=\!\!\!= C(s)$$

以纯固态组元 A、B 和 C 为标准状态，析晶过程的摩尔吉布斯自由能变为

$$\begin{aligned}
\Delta G_{m,A} &= \mu_{A(s)} - \mu_{(A)_{过饱}} \\
&= \mu_{A(s)} - \mu_{(A)_{l_{k-1}}} \\
&= -RT \ln a^R_{(A)_{过饱}} \\
&= -RT \ln a^R_{(A)_{l_{k-1}}}
\end{aligned} \tag{7.611}$$

其中

$$\mu_{A(s)} = \mu^*_{A(s)}$$

$$\begin{aligned}
\mu_{(A)_{过饱}} &= \mu^*_{A(s)} + RT \ln a^R_{(A)_{过饱}} \\
&= \mu^*_{A(s)} + RT \ln a^R_{(A)_{l_{k-1}}}
\end{aligned}$$

$$\Delta G_{m,B} = \mu_{B(s)} - \mu_{(B)_{过饱}}$$
$$= \mu_{B(s)} - \mu_{(B)_{i_{k-1}}}$$
$$= -RT \ln a^R_{(B)_{过饱}}$$
$$= -RT \ln a^R_{(B)_{i_{k-1}}} \qquad (7.612)$$

其中

$$\mu_{B(s)} = \mu^*_{B(s)}$$
$$\mu_{(B)_{过饱}} = \mu^*_{B(s)} + RT \ln a^R_{(B)_{过饱}}$$
$$= \mu^*_{B(s)} + RT \ln a^R_{(B)_{i_{k-1}}}$$
$$\Delta G_{m,C} = \mu_{C(s)} - \mu_{(C)_{过饱}}$$
$$= \mu_{C(s)} - \mu_{(C)_{i_{k-1}}}$$
$$= -RT \ln a^R_{(C)_{过饱}}$$
$$= -RT \ln a^R_{(C)_{i_{k-1}}} \qquad (7.613)$$

其中

$$\mu_{C(s)} = \mu^*_{C(s)}$$
$$\mu_{(C)_{过饱}} = \mu^*_{C(s)} + RT \ln a^R_{(C)_{过饱}}$$
$$= \mu^*_{C(s)} + RT \ln a^R_{(C)_{i_{k-1}}}$$

总摩尔吉布斯自由能变为

$$\Delta G_{m,t} = x_A \Delta G_{m,A} + x_B \Delta G_{m,B} + x_C \Delta G_{m,C}$$
$$= -RT[x_A \ln a^R_{(A)_{i_{k-1}}} + x_B \ln a^R_{(B)_{i_{k-1}}} + x_C \ln a^R_{(C)_{i_{k-1}}}]$$

或如下计算：

$$\Delta G_{m,A}(T_k) \approx \frac{\theta_{A,T_k} \Delta_{ref} H_{m,A}(T_{k-1})}{T_{k-1}}$$
$$\approx \eta_{A,T_k} \Delta_{ref} H_{m,A}(T_{k-1}) \qquad (7.614)$$

$$\Delta G_{m,B}(T_k) \approx \frac{\theta_{B,T_k} \Delta_{ref} H_{m,B}(T_{k-1})}{T_{k-1}}$$
$$\approx \eta_{B,T_k} \Delta_{ref} H_{m,B}(T_{k-1}) \qquad (7.615)$$

$$\Delta G_{m,C}(T_k) \approx \frac{\theta_{C,T_k} \Delta_{ref} H_{m,C}(T_{k-1})}{T_{k-1}}$$
$$\approx \eta_{C,T_k} \Delta_{ref} H_{m,C}(T_{k-1}) \qquad (7.616)$$

其中

$$T_{k-1} > T_k$$
$$\theta_{J,T_k} = T_{k-1} - T_k > 0$$
$$\eta_{J,T_k} = \frac{T_{k-1} - T_k}{T_{k-1}} > 0$$

总摩尔吉布斯自由能变为

$$
\begin{aligned}
\Delta G_{m,t}(T_k) &= x_A \Delta G_{m,A}(T_k) + x_B \Delta G_{m,B}(T_k) + x_C \Delta G_{m,C}(T_k) \\
&= \frac{1}{T_{k-1}} [x_A \theta_{A,T_k} \Delta_{ref} H_{m,A}(T_{k-1}) + x_B \theta_{B,T_k} \Delta_{ref} H_{m,B}(T_{k-1}) + x_C \theta_{C,T_k} \Delta_{ref} H_{m,C}(T_{k-1})] \\
&= x_A \eta_{A,T_k} \Delta_{ref} H_{m,A}(T_{k-1}) + x_B \eta_{B,T_k} \Delta_{ref} H_{m,B}(T_{k-1}) + x_C \eta_{C,T_k} \Delta_{ref} H_{m,C}(T_{k-1})
\end{aligned}
$$

直到组元 A、B、C 完全析出，液相消失。

2. 凝固过程的速率

1）在温度 T_2

在压力恒定，温度为 T_2，从液相 $1'_1$ 中析出固相组元 A 晶体的速率为

$$
\begin{aligned}
\frac{dn_{A(s)}}{dt} &= -\frac{dn_{(A)1'_1}}{dt} = j_A \\
&= -l_1 \left(\frac{A_{m,A}}{T} \right) - l_2 \left(\frac{A_{m,A}}{T} \right)^2 - l_3 \left(\frac{A_{m,A}}{T} \right)^3 - \cdots
\end{aligned}
$$

其中

$$A_{m,A} = \Delta G_{m,A} \qquad\qquad (7.617)$$

2）从温度 T_2 到温度 T_p

压力恒定，在温度温度 T_i，单位体积液相中析晶速率为

$$
\begin{aligned}
\frac{dn_{A(s)}}{dt} &= -\frac{dn_{(A)1'_{i-1}}}{dt} = j_A \\
&= -l_1 \left(\frac{A_{m,A}}{T} \right) - l_2 \left(\frac{A_{m,A}}{T} \right)^2 - l_3 \left(\frac{A_{m,A}}{T} \right)^3 - \cdots \qquad (7.618)
\end{aligned}
$$

其中

$$A_{m,A} = \Delta G_{m,A} \qquad\qquad (7.619)$$

3）从温度 T_{p+1} 到 T_E

压力恒定，在温度温度 T_i，不考虑耦合作用，析出组元 A 和 B 晶体的速率分别为

$$\frac{\mathrm{d}n_{A(s)}}{\mathrm{d}t} = -\frac{\mathrm{d}n_{(A)_{r_{j-1}}}}{\mathrm{d}t} = j_A$$

$$= -l_1\left(\frac{A_{m,A}}{T}\right) - l_2\left(\frac{A_{m,A}}{T}\right)^2 - l_3\left(\frac{A_{m,A}}{T}\right)^3 - \cdots$$

$$\frac{\mathrm{d}n_{B(s)}}{\mathrm{d}t} = -\frac{\mathrm{d}n_{(B)_{r_{j-1}}}}{\mathrm{d}t} = j_B$$

$$= -l_1\left(\frac{A_{m,B}}{T}\right) - l_2\left(\frac{A_{m,B}}{T}\right)^2 - l_3\left(\frac{A_{m,B}}{T}\right)^3 - \cdots \tag{7.620}$$

考虑耦合作用，有

$$\frac{\mathrm{d}n_{A(s)}}{\mathrm{d}t} = -\frac{\mathrm{d}n_{(A)_{r_{j-1}}}}{\mathrm{d}t} = j_A$$

$$= -l_{11}\left(\frac{A_{m,A}}{T}\right) - l_{12}\left(\frac{A_{m,B}}{T}\right) - l_{111}\left(\frac{A_{m,A}}{T}\right)^2$$

$$- l_{112}\left(\frac{A_{m,A}}{T}\right)\left(\frac{A_{m,B}}{T}\right) - l_{122}\left(\frac{A_{m,B}}{T}\right)^2 \tag{7.621}$$

$$- l_{1111}\left(\frac{A_{m,A}}{T}\right)^3 - l_{1112}\left(\frac{A_{m,A}}{T}\right)^2\left(\frac{A_{m,B}}{T}\right)$$

$$- l_{1122}\left(\frac{A_{m,A}}{T}\right)\left(\frac{A_{m,B}}{T}\right)^2 - l_{1222}\left(\frac{A_{m,B}}{T}\right)^3 - \cdots$$

$$\frac{\mathrm{d}n_{B(s)}}{\mathrm{d}t} = -\frac{\mathrm{d}n_{(B)_{r_{j-1}}}}{\mathrm{d}t} = j_B$$

$$= -l_{21}\left(\frac{A_{m,A}}{T}\right) - l_{22}\left(\frac{A_{m,B}}{T}\right) - l_{211}\left(\frac{A_{m,A}}{T}\right)^2$$

$$- l_{212}\left(\frac{A_{m,A}}{T}\right)\left(\frac{A_{m,B}}{T}\right) - l_{222}\left(\frac{A_{m,B}}{T}\right)^2 \tag{7.622}$$

$$- l_{2111}\left(\frac{A_{m,A}}{T}\right)^3 - l_{2112}\left(\frac{A_{m,A}}{T}\right)^2\left(\frac{A_{m,B}}{T}\right)$$

$$- l_{2122}\left(\frac{A_{m,A}}{T}\right)\left(\frac{A_{m,B}}{T}\right)^2 - l_{2222}\left(\frac{A_{m,B}}{T}\right)^3 - \cdots$$

4）在温度 T_E 以下

压力恒定，在温度 T_E 以下的 T_k，不考虑耦合作用，有

$$\frac{\mathrm{d}n_{\mathrm{A(s)}}}{\mathrm{d}t} = -\frac{\mathrm{d}n_{(\mathrm{A})_{l_{k-1}}}}{\mathrm{d}t} = j_{\mathrm{A}}$$

$$= -l_1\left(\frac{A_{\mathrm{m,A}}}{T}\right) - l_2\left(\frac{A_{\mathrm{m,A}}}{T}\right)^2 - l_3\left(\frac{A_{\mathrm{m,A}}}{T}\right)^3 - \cdots \quad (7.623)$$

$$\frac{\mathrm{d}n_{\mathrm{B(s)}}}{\mathrm{d}t} = -\frac{\mathrm{d}n_{(\mathrm{B})_{l_{k-1}}}}{\mathrm{d}t} = j_{\mathrm{B}}$$

$$= -l_1\left(\frac{A_{\mathrm{m,B}}}{T}\right) - l_2\left(\frac{A_{\mathrm{m,B}}}{T}\right)^2 - l_3\left(\frac{A_{\mathrm{m,B}}}{T}\right)^3 - \cdots \quad (7.624)$$

$$\frac{\mathrm{d}n_{\mathrm{C(s)}}}{\mathrm{d}t} = -\frac{\mathrm{d}n_{(\mathrm{C})_{l_{k-1}}}}{\mathrm{d}t} = j_{\mathrm{C}}$$

$$= -l_1\left(\frac{A_{\mathrm{m,C}}}{T}\right) - l_2\left(\frac{A_{\mathrm{m,C}}}{T}\right)^2 - l_3\left(\frac{A_{\mathrm{m,C}}}{T}\right)^3 - \cdots \quad (7.625)$$

考虑耦合作用，有

$$\frac{\mathrm{d}n_{\mathrm{A(s)}}}{\mathrm{d}t} = -\frac{\mathrm{d}n_{(\mathrm{A})_{l_{k-1}}}}{\mathrm{d}t} = j_{\mathrm{A}}$$

$$= -l_{11}\left(\frac{A_{\mathrm{m,A}}}{T}\right) - l_{12}\left(\frac{A_{\mathrm{m,B}}}{T}\right) - l_{13}\left(\frac{A_{\mathrm{m,C}}}{T}\right) - l_{111}\left(\frac{A_{\mathrm{m,A}}}{T}\right)^2$$

$$- l_{112}\left(\frac{A_{\mathrm{m,A}}}{T}\right)\left(\frac{A_{\mathrm{m,B}}}{T}\right) - l_{113}\left(\frac{A_{\mathrm{m,A}}}{T}\right)\left(\frac{A_{\mathrm{m,C}}}{T}\right)$$

$$- l_{122}\left(\frac{A_{\mathrm{m,B}}}{T}\right)^2 - l_{123}\left(\frac{A_{\mathrm{m,B}}}{T}\right)\left(\frac{A_{\mathrm{m,C}}}{T}\right)$$

$$- l_{133}\left(\frac{A_{\mathrm{m,C}}}{T}\right)^2 - l_{1111}\left(\frac{A_{\mathrm{m,A}}}{T}\right)^3 - l_{1112}\left(\frac{A_{\mathrm{m,A}}}{T}\right)^2\left(\frac{A_{\mathrm{m,B}}}{T}\right)$$

$$- l_{1113}\left(\frac{A_{\mathrm{m,A}}}{T}\right)^2\left(\frac{A_{\mathrm{m,C}}}{T}\right) - l_{1122}\left(\frac{A_{\mathrm{m,A}}}{T}\right)\left(\frac{A_{\mathrm{m,B}}}{T}\right)^2 \quad (7.626)$$

$$- l_{1123}\left(\frac{A_{\mathrm{m,A}}}{T}\right)\left(\frac{A_{\mathrm{m,B}}}{T}\right)\left(\frac{A_{\mathrm{m,C}}}{T}\right) - l_{1133}\left(\frac{A_{\mathrm{m,A}}}{T}\right)\left(\frac{A_{\mathrm{m,C}}}{T}\right)^2$$

$$- l_{1222}\left(\frac{A_{\mathrm{m,B}}}{T}\right)^3 - l_{1223}\left(\frac{A_{\mathrm{m,B}}}{T}\right)^2\left(\frac{A_{\mathrm{m,C}}}{T}\right)$$

$$- l_{1233}\left(\frac{A_{\mathrm{m,B}}}{T}\right)\left(\frac{A_{\mathrm{m,C}}}{T}\right)^2 - l_{1222}\left(\frac{A_{\mathrm{m,C}}}{T}\right)^3 - \cdots$$

$$\frac{\mathrm{d}n_{B(s)}}{\mathrm{d}t} = -\frac{\mathrm{d}n_{(B)_{l_{k-1}}}}{\mathrm{d}t} = j_B$$

$$= -l_{21}\left(\frac{A_{m,A}}{T}\right) - l_{22}\left(\frac{A_{m,B}}{T}\right) - l_{23}\left(\frac{A_{m,C}}{T}\right) - l_{211}\left(\frac{A_{m,A}}{T}\right)^2$$

$$- l_{212}\left(\frac{A_{m,A}}{T}\right)\left(\frac{A_{m,B}}{T}\right) - l_{213}\left(\frac{A_{m,A}}{T}\right)\left(\frac{A_{m,C}}{T}\right)$$

$$- l_{222}\left(\frac{A_{m,B}}{T}\right)^2 - l_{223}\left(\frac{A_{m,B}}{T}\right)\left(\frac{A_{m,C}}{T}\right)$$

$$- l_{233}\left(\frac{A_{m,C}}{T}\right)^2 - l_{2111}\left(\frac{A_{m,A}}{T}\right)^3 - l_{2112}\left(\frac{A_{m,A}}{T}\right)^2\left(\frac{A_{m,B}}{T}\right)$$

$$- l_{2113}\left(\frac{A_{m,A}}{T}\right)^2\left(\frac{A_{m,C}}{T}\right) - l_{2122}\left(\frac{A_{m,A}}{T}\right)\left(\frac{A_{m,B}}{T}\right)^2$$

$$- l_{2123}\left(\frac{A_{m,A}}{T}\right)\left(\frac{A_{m,B}}{T}\right)\left(\frac{A_{m,C}}{T}\right) - l_{2133}\left(\frac{A_{m,A}}{T}\right)\left(\frac{A_{m,C}}{T}\right)^2$$

$$- l_{2222}\left(\frac{A_{m,B}}{T}\right)^3 - l_{2223}\left(\frac{A_{m,B}}{T}\right)^2\left(\frac{A_{m,C}}{T}\right)$$

$$- l_{2233}\left(\frac{A_{m,B}}{T}\right)\left(\frac{A_{m,C}}{T}\right)^2 - l_{2333}\left(\frac{A_{m,C}}{T}\right)^3 - \cdots$$

$$(7.627)$$

$$\frac{\mathrm{d}n_{C(s)}}{\mathrm{d}t} = -\frac{\mathrm{d}n_{(C)_{l_{k-1}}}}{\mathrm{d}t} = j_C$$

$$= -l_{31}\left(\frac{A_{m,A}}{T}\right) - l_{32}\left(\frac{A_{m,B}}{T}\right) - l_{33}\left(\frac{A_{m,C}}{T}\right) - l_{311}\left(\frac{A_{m,A}}{T}\right)^2$$

$$- l_{312}\left(\frac{A_{m,A}}{T}\right)\left(\frac{A_{m,B}}{T}\right) - l_{313}\left(\frac{A_{m,A}}{T}\right)\left(\frac{A_{m,C}}{T}\right)$$

$$- l_{322}\left(\frac{A_{m,B}}{T}\right)^2 - l_{323}\left(\frac{A_{m,B}}{T}\right)\left(\frac{A_{m,C}}{T}\right)$$

$$- l_{333}\left(\frac{A_{m,C}}{T}\right)^2 - l_{3111}\left(\frac{A_{m,A}}{T}\right)^3 - l_{3112}\left(\frac{A_{m,A}}{T}\right)^2\left(\frac{A_{m,B}}{T}\right)$$

$$- l_{3113}\left(\frac{A_{m,A}}{T}\right)^2\left(\frac{A_{m,C}}{T}\right) - l_{3122}\left(\frac{A_{m,A}}{T}\right)\left(\frac{A_{m,B}}{T}\right)^2$$

$$(7.628)$$

$$-l_{3123}\left(\frac{A_{m,A}}{T}\right)\left(\frac{A_{m,B}}{T}\right)\left(\frac{A_{m,C}}{T}\right)-l_{3133}\left(\frac{A_{m,A}}{T}\right)\left(\frac{A_{m,C}}{T}\right)^{2}$$

$$-l_{3222}\left(\frac{A_{m,B}}{T}\right)^{3}-l_{3223}\left(\frac{A_{m,B}}{T}\right)^{2}\left(\frac{A_{m,C}}{T}\right)$$

$$-l_{3233}\left(\frac{A_{m,B}}{T}\right)\left(\frac{A_{m,C}}{T}\right)^{2}-l_{3333}\left(\frac{A_{m,C}}{T}\right)^{3}-\cdots$$

第8章 固-固相反应

8.1 固-固相化学反应

固-固反应是指反应物都是固体的反应。例如，烧结、金属氧化物的直接还原、固态相变都涉及固-固反应。固-固化学反应可以分为三种类型：一是生成物都是固体；二是生成物中有气体或液体；三是交换反应，即固相反应物之间交换阴离子或阳离子生成产物。

在固-固化学反应中，固相反应物之间必须彼此接触，并且至少有一个反应物在产物形成后，可以通过产物层扩散到另一个反应物的表面。因此，固-固化学反应有下列几种控制步骤：

（1）相界面上的化学反应为过程的控制步骤。

（2）固相反应物经过产物层的扩散为过程的控制步骤。

（3）界面上的化学反应和反应物经过产物层的扩散共同为过程的控制步骤。

8.1.1 界面化学反应为控制步骤

固-固化学反应与反应物的反应面积密切相关。反应物的反应面积通常不是一个常量，随着化学反应的进程变化。因此，在单位时间化学反应的量与反应面积有关。

固体反应物 A 与 B 发生化学反应，化学反应方程式为

$$aA(s) + bB(s) =\!=\!= cC(s) + dD(g) \tag{8.a}$$

有

$$-\frac{1}{a}\frac{dN_A}{dt} = -\frac{1}{b}\frac{dN_B}{dt} = \frac{1}{c}\frac{dN_C}{dt} = \frac{1}{d}\frac{dN_D}{dt} = \Omega j \tag{8.1}$$

其中

$$j = -l_1\left(\frac{A_m}{T}\right) - l_2\left(\frac{A_m}{T}\right)^2 - l_3\left(\frac{A_m}{T}\right)^3 - \cdots \tag{8.2}$$

$$A_m = \Delta G_m = \Delta G_m^{\ominus} + RT\ln\frac{a_C^c (p_D/p^{\ominus})^d}{a_A^a a_B^b}$$

化学反应速率

$$-\frac{dN_A}{dt} = a\Omega j \tag{8.3}$$

$$-\frac{dN_B}{dt} = b\Omega j \tag{8.4}$$

对于半径为 r 的球形颗粒，有

$$\Omega = 4\pi r^2 \tilde{N}_A$$

$$\frac{dN_A}{dt} = \frac{d}{dt}\left(\frac{\tilde{N}_A \frac{4}{3}\pi r^3 \rho_A}{M_A}\right) = \frac{4\tilde{N}_A \pi r^2 \rho_A}{M_A}\frac{dr}{dt} \tag{8.5}$$

同理，有

$$\frac{dN_B}{dt} = \frac{4\tilde{N}_B \pi r^2 \rho_B}{M_B}\frac{dr}{dt} \tag{8.6}$$

式中，$\tilde{N}_A$、$\tilde{N}_B$ 分别为固体颗粒 A、B 的个数；M_A、M_B 分别为组元 A、B 的摩尔质量；ρ_A、ρ_B 分别为组元 A、B 的密度。

$$\tilde{N}_A = \frac{N_A M_A}{\frac{4}{3}\pi r_0^3 \rho_A} \tag{8.7}$$

$$\tilde{N}_B = \frac{N_B M_B}{\frac{4}{3}\pi r_0^3 \rho_B} \tag{8.8}$$

式中，r_0 为球形颗粒的初始半径。

转化率为

$$\alpha_A = 1 - \frac{\frac{4\pi r^3 \rho_A}{3M_A}}{\frac{4\pi r_0^3 \rho_A}{3M_A}} = 1 - \left(\frac{r}{r_0}\right)^3 \tag{8.9}$$

$$\alpha_B = 1 - \frac{\frac{4\pi r^3 \rho_B}{3M_B}}{\frac{4\pi r_0^3 \rho_B}{3M_B}} = 1 - \left(\frac{r}{r_0}\right)^3 \tag{8.10}$$

所以

$$\frac{dr}{dt} = -\frac{r_0^3}{3r^2}\frac{d\alpha_A}{dt} \tag{8.11}$$

$$\frac{dr}{dt} = -\frac{r_0^3}{3r^2}\frac{d\alpha_B}{dt} \tag{8.12}$$

将式（8.7）和式（8.11）代入式（8.5），得

$$\frac{dN_A}{dt} = -N_A \frac{d\alpha_A}{dt} \qquad (8.13)$$

将式（8.8）和式（8.12）代入式（8.6），得

$$\frac{dN_B}{dt} = -N_B \frac{d\alpha_B}{dt} \qquad (8.14)$$

化学反应面积为

$$\Omega_A = \tilde{N}_A 4\pi r^2$$

$$= \frac{N_A M_A 4\pi r^2}{\frac{4}{3}\pi r_0^3 \rho_A}$$

$$= \frac{3N_A M_A}{r_0 \rho_A}(1-\alpha_A)^{\frac{2}{3}} \qquad (8.15)$$

$$\Omega_B = \frac{3N_B M_B}{r_0 \rho_B}(1-\alpha_B)^{\frac{2}{3}} \qquad (8.16)$$

将式（8.13）和式（8.15）代入式（8.3），得

$$\frac{d\alpha_A}{dt} = \frac{3aM_A}{r_0 \rho_A}(1-\alpha_A)^{\frac{2}{3}} j \qquad (8.17)$$

将式（8.14）和式（8.16）代入式（8.4），得

$$\frac{d\alpha_B}{dt} = \frac{3bM_B}{r_0 \rho_B}(1-\alpha_B)^{\frac{2}{3}} j \qquad (8.18)$$

比较式（8.3）和式（8.5），得

$$-\frac{dr}{dt} = \frac{aM_A}{\rho_A} j \qquad (8.19)$$

分离变量积分式（8.19），得

$$r = r_0 - \frac{aM_A}{\rho_A} \int_0^t j dt \qquad (8.20)$$

即

$$1 - \frac{r}{r_0} = \frac{aM_A}{\rho_A r_0} \int_0^t j dt \qquad (8.21)$$

各项除以 r_0，得

$$1 - (1-\alpha)^{\frac{1}{3}} = \frac{aM_A}{r_0 \rho_A} \int_0^t j dt \qquad (8.22)$$

比较式（8.4）和式（8.6），得

$$-\frac{\mathrm{d}r}{\mathrm{d}t}=\frac{bM_\mathrm{B}}{\rho_\mathrm{B}}j \tag{8.23}$$

分离变量积分式（8.23），得

$$r=r_0-\frac{bM_\mathrm{B}}{\rho_\mathrm{B}}\int_0^t j\mathrm{d}t \tag{8.24}$$

即

$$1-\frac{r}{r_0}=\frac{bM_\mathrm{B}}{r_0\rho_\mathrm{B}}\int_0^t j\mathrm{d}t \tag{8.25}$$

各项除以 r_0 ，得

$$1-(1-\alpha)^{\frac{1}{3}}=\frac{bM_\mathrm{B}}{r_0\rho_\mathrm{B}}\int_0^t j\mathrm{d}t \tag{8.26}$$

8.1.2　反应物通过产物层的扩散为控制步骤

如果反应物通过产物层的扩散比界面化学反应慢得多，则过程为扩散控制。

1. 反应物 A 和 B 都为平板状

如图 8.1 所示，平板状反应物 A 和 B 互相接触发生化学反应，生成厚度为 x 的产物层 C。化学反应可以表示为

$$a\mathrm{A(s)}+b\mathrm{B(s)}=\!\!=\!\!=c\mathrm{C(s)} \tag{8.b}$$

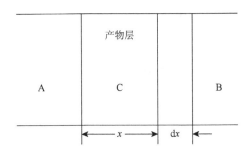

图 8.1　反应物 A 和 B 都为平板状

产物层 C 把反应物 A 和 B 分隔开。反应要继续进行，反应物 A 就需要穿过

产物层 C 向 C-B 界面扩散。设平板间的接触面积为 Ω，在 dt 时间内经过产物层 C 扩散的 A 的量为 dN_A，则

$$-\frac{dN_A}{dt} = \Omega|J_A| = \Omega\left|-L_A\frac{\nabla\mu_A}{T}\right| = \Omega L_A\frac{\Delta\mu_A}{Tx} \qquad (8.27)$$

在 dt 时间内，反应物 A 迁移的量 dN_A 正比于 Ωdx，所以

$$dN_A = k'\Omega dx \qquad (8.28)$$

式中，k' 为比例常数。

将式（8.28）代入式（8.27），得

$$\frac{k'\Omega dx}{dt} = \Omega L_A\frac{\Delta\mu_A}{Tx}$$

即

$$x dx = \frac{L_A}{k'}\frac{\Delta\mu_A}{T} dt \qquad (8.29)$$

积分（8.29），得

$$x^2 = \frac{2L_A}{k'}\frac{\Delta\mu_A}{T} t \qquad (8.30)$$

其中

$$\Delta\mu_A = \mu_{ACA} - \mu_{ACB} = RT\ln\frac{a_{ACA}}{a_{ACB}} \qquad (8.31)$$

式中，μ_{ACA} 和 μ_{ACB}、a_{ACA} 和 a_{ACB} 分别为产物层 C 中靠近 A 侧和靠近 B 侧组元 A 的化学势和活度。它们都为恒定值。

将式（8.31）代入式（8.30），得

$$x^2 = \frac{2L_A R}{k'}\left(\ln\frac{a_{ACA}}{a_{ACB}}\right)t = k_J t \qquad (8.32)$$

其中

$$k_J = \frac{2L_A}{Tk'}\Delta\mu_A = \frac{2L_A R}{k'}\left(\ln\frac{a_{ACA}}{a_{ACB}}\right)$$

式（8.32）表示产物层厚度的平方与时间成正比，此即抛物线速率方程。

2. 球状反应物 B 被反应物 A 包围

如图 8.2 所示，反应物 B 是半径为 r_0 的等径圆球，被反应物 A 包围；反应物 A 是扩散相，产物层是连续的，反应物 A、B 和产物 C 完全接触；反应从 B 球的表面向中心进行；反应物 A 在产物层中的化学势呈线性变化，即化学势梯度为常数；反应过程中圆球的体积和密度不变。

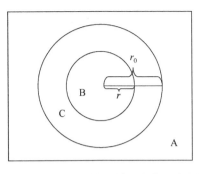

图 8.2 球形反应物 B 被反应物 A 包围

反应物 A 通过产物层的扩散速率为

$$-\frac{dN_A}{dt} = 4\pi r^2 J_A = 4\pi r^2 |J_A|$$

$$= 4\pi r^2 \left| -L_A \frac{\nabla \mu_A}{T} \right|$$

$$= 4\pi r^2 \frac{L_A}{T} \frac{d\mu_A}{dr} \tag{8.33}$$

过程达到稳态，$\dfrac{dN_A}{dt}$ 为常数，积分式（8.33），有

$$\int_{\mu_{ACA}}^{\mu_{ACB}} d\mu_A = \frac{1}{4\pi L_A / T} \frac{dN_A}{dt} \int_0^r \frac{dr}{r^2}$$

得

$$-\frac{dN_A}{dt} = \frac{4\pi L_A}{T} \frac{r_0 r}{r_0 - r} (\mu_{ACA} - \mu_{ACB}) \tag{8.34}$$

式中，μ_{ACA} 和 μ_{ACB} 分别为产物层中 C-A 界面和 C-B 界面组元 A 的化学势。

由式（8.b），得

$$\frac{dN_A}{adt} = \frac{dN_B}{bdt} \tag{8.35}$$

而

$$\frac{dN_B}{dt} = \frac{d}{dt}\left(\frac{4\pi r^3 \rho_B}{3M_B}\right) = \frac{4\pi r^2 \rho_B}{M_B} \frac{dr}{dt} \tag{8.36}$$

将式（8.36）代入式（8.35），得

$$\frac{dN_A}{dt} = \frac{4\pi r^2 \rho_B a}{b M_B} \frac{dr}{dt} \tag{8.37}$$

将式（8.37）代入式（8.34），得

$$-\frac{4\pi r^2 \rho_B a}{b M_B}\frac{dr}{dt}=\frac{4\pi L_A}{T}\frac{r_0 r}{r_0-r}\Delta\mu_A \tag{8.38}$$

分离变量积分式（8.38），得

$$1-3\left(\frac{r}{r_0}\right)^2+2\left(\frac{r}{r_0}\right)^3=\frac{6L_A b M_B \Delta\mu_A}{T\rho_B r_0^2 a}t=k_J' t$$

$$3-2\alpha_B-3(1-\alpha_B)^{\frac{2}{3}}=k_J' t \tag{8.39}$$

其中

$$k_J'=\frac{6L_A b M_B \Delta\mu_A}{T\rho_B r_0^2 a} \tag{8.40}$$

8.1.3　化学反应和扩散共同为控制步骤

1. 化学反应发生在界面

界面化学反应和反应物通过产物层的扩散快慢相近，则过程由界面化学反应和反应物通过产物层的扩散共同控制。如图 8.3 所示，设平板状反应物 A 和 B 相互接触发生化学反应，生成厚度为 x 的产物层 C。反应物 A 经产物层 C 扩散到 C-B 界面与 B 发生化学反应。以 A 表示的化学反应速率为

$$-\frac{dN_A}{dt}=a\Omega j=a\Omega\left[-l_1\left(\frac{A_m}{T}\right)-l_2\left(\frac{A_m}{T}\right)^2-l_3\left(\frac{A_m}{T}\right)^3-\cdots\right] \tag{8.41}$$

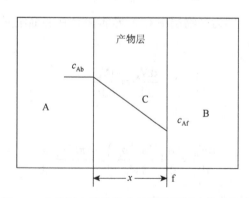

图 8.3　产物层中的扩散和界面化学反应共同控制

以 A 表示的扩散速率为

$$-\frac{dN_A}{dt} = \Omega\left|\boldsymbol{J}_A\right| = \Omega J_A$$

$$= \Omega\left|-L_A\frac{\nabla\mu_A}{T}\right|$$

$$= \Omega L_A\frac{\Delta\mu_A}{Tx}$$

$$= \frac{\Omega L_A R}{x}\ln\frac{a_{ACA}}{a_{ACB}} \tag{8.42}$$

过程达到稳态，有

$$-\frac{1}{a}\frac{dN_A}{dt} = -\frac{1}{b}\frac{dN_B}{dt} = \frac{1}{c}\frac{dN_C}{dt} = \frac{1}{a}\Omega J_A = \Omega j = \Omega J \tag{8.43}$$

其中

$$J = \frac{1}{a}J_A = \frac{\Omega L_A R}{x}\ln\frac{a_{ACA}}{a_{ACB}} \tag{8.44}$$

$$J = j = -l_1\left(\frac{A_m}{T}\right) - l_2\left(\frac{A_m}{T}\right)^2 - l_3\left(\frac{A_m}{T}\right)^3 - \cdots \tag{8.45}$$

式（8.44）+式（8.45）后除以 2，得

$$J = \frac{1}{2}\left(\frac{1}{a}J_A + j\right) \tag{8.46}$$

由式（8.43）得

$$-\frac{dN_A}{dt} = aJ \tag{8.47}$$

将式（8.47）分离变量积分，得

$$N_A = N_{A_0} - k_{Jj}t \tag{8.48}$$

其中

$$k_{Jj} = aJ = \frac{a}{2}\left(\frac{1}{a}J_A + j\right)$$

将式（8.48）各项除以 N_{A_0}，得

$$\frac{N_{A_0} - N_A}{N_{A_0}} = \frac{a}{2N_{A_0}}\left(\frac{1}{a}J_A + j\right)t \tag{8.49}$$

即

$$\alpha = k'_{Jj}t$$

$$k'_{Jj} = \frac{a}{2N_{A_0}}\left(\frac{1}{a}J_A + j\right)$$

2. 化学反应发生在反应层内

过程为扩散和化学反应共同控制。反应物 A 的扩散比化学反应快一些，以

至于反应物 A 可以穿过产物层和反应物 B 的界面而进入固体反应物 B 中，并在 C-B 界面反应物 B 一侧形成一个反应层，反应物 A 和 B 在反应层中继续进行化学反应。

若反应物 A 在产物层中的扩散没有阻力，则在产物层和反应物层的界面上，A 的浓度等于其本体浓度，即 $c_{Af} = c_{Ab}$；如果反应物 A 在产物层中扩散有阻力，则在产物层和反应物层的界面上，A 的浓度小于其本体浓度，即 $c_{Af} < c_{Ab}$。两种情况分别如图 8.4（c）和图 8.4（d）所示。

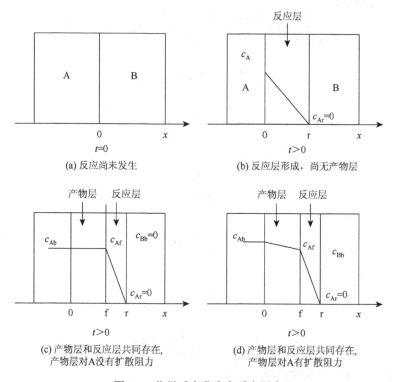

(a) 反应尚未发生

(b) 反应层形成，尚无产物层

(c) 产物层和反应层共同存在，产物层对 A 没有扩散阻力

(d) 产物层和反应层共同存在，产物层对 A 有扩散阻力

图 8.4　化学反应发生在反应层内

1）产物层

对于产物层，反应物 A 在其中扩散，质量守恒方程为

$$
\begin{aligned}
\frac{\partial c_{A}}{\partial t} &= -\nabla \cdot \boldsymbol{J}_{A} \\
&= -\nabla \cdot \left(-L_{A} \frac{\nabla \mu_{A}}{T} \right) \\
&= L_{A} \frac{\nabla^{2} \mu_{A}}{T}
\end{aligned}
\tag{8.50}
$$

设反应物 A 和 B 为两块平板

$$\frac{\partial c_A}{\partial t} = \frac{L_A}{T}\frac{\partial^2 \mu_A}{\partial x^2} \tag{8.51}$$

初始条件和边界条件如下：

当 $t = 0$ 时

$$\left.\begin{array}{l} x < 0, c_A = c_{Ab} \\ x > 0, c_A = 0 \end{array}\right\} \tag{8.52}$$

当 $t > 0$ 时

$$\left.\begin{array}{l} x = 0, c_A = c_{Ab} \\ x = f, c_A = c_{Af} \end{array}\right\} \tag{8.53}$$

若产物层的厚度与反应物 A 和 B 的尺寸相比很小，则认为有如下初始条件：

当 $t \geqslant 0$ 时

$$x = \infty, c_A = 0 \tag{8.54}$$

2）反应层

反应层中同时有扩散和化学反应。设反应层的厚度为一常数，则反应层内的质量守恒方程为

$$\begin{aligned} \frac{\partial c_A}{\partial t} &= -\nabla \cdot \boldsymbol{J}_A - aj \\ &= \frac{L_A}{T}\nabla^2 \mu_A - aj \end{aligned} \tag{8.55}$$

达到稳态，有

$$\frac{L_A}{T}\frac{\mathrm{d}^2 \mu_A}{\mathrm{d}x^2} - aj = 0 \tag{8.56}$$

其中

$$j = -l_1\left(\frac{A_m}{T}\right) - l_2\left(\frac{A_m}{T}\right)^2 - l_3\left(\frac{A_m}{T}\right)^3 - \cdots$$

初始条件和边界条件如下：

当 $t = 0$ 时

$$\left.\begin{array}{l} x < 0, c_A = c_{Ab} \\ x > 0, c_A = 0 \end{array}\right\} \tag{8.57}$$

当 $t > 0$ 时

$$\left.\begin{array}{l} x = 0, c_A = c_{Ab} \\ x = f, c_A = c_{Af} \end{array}\right\} \tag{8.58}$$

8.2　固-固相同时发生多个化学反应

8.2.1　界面化学反应为控制步骤

固-固相同时发生多个化学反应，可以表示为

$$a_j A_j(s) + b_j B_j(s) \Longrightarrow c_j C_j(s) + d_j D_j(g) \tag{8.c}$$

$$(j = 1, 2, \cdots, r)$$

$$A_{m,j} = \Delta G_{m,j} = \Delta G_{m,j}^{\ominus} + RT \ln \frac{a_C^{c_j} (p_{D_j}/p^{\ominus})^{d_j}}{a_{A_j}^{a_j} a_{B_j}^{b_j}}$$

$$(j = 1, 2, \cdots, r)$$

如果组元 A、B、C、D 为纯物质则个组元的活度为 1，则

$$-\frac{1}{a_j}\frac{dN_{A_j}}{dt} = -\frac{1}{b_j}\frac{dN_{B_j}}{dt} = \frac{1}{c_j}\frac{dN_{C_j}}{dt} = \frac{1}{d_j}\frac{dN_{D_j}}{dt} \tag{8.59}$$

其中

$$j_j = -\sum_{k=1}^{r} l_{jk}\left(\frac{A_{m,k}}{T}\right) - \sum_{k=1}^{r}\sum_{l=1}^{r} l_{jkl}\left(\frac{A_{m,k}}{T}\right)\left(\frac{A_{m,l}}{T}\right)$$

$$- \sum_{k=1}^{r}\sum_{l=1}^{r}\sum_{h=1}^{r} l_{jklh}\left(\frac{A_{m,k}}{T}\right)\left(\frac{A_{m,l}}{T}\right)\left(\frac{A_{m,h}}{T}\right)\cdots$$

而

$$\frac{dN_{A_j}}{dt} = -a_j \Omega_{A_j} j_j \tag{8.60}$$

$$\frac{dN_{B_j}}{dt} = -b_j \Omega_{B_j} j_j \tag{8.61}$$

对于半径为 r 的等径球形颗粒，有

$$\Omega_{A_j} = \tilde{N}_{A_j} 4\pi r_j^2$$

$$\Omega_{B_j} = \tilde{N}_{B_j} 4\pi r_j^2$$

$$\frac{dN_{A_j}}{dt} = \frac{d}{dt}\left(\frac{\tilde{N}_{A_j}\frac{4}{3}\pi r^3 \rho'_{A_j}}{M_{A_j}}\right)$$

$$= \frac{4\pi r_j^2 \tilde{N}_{A_j}\rho'_{A_j}}{M_{A_j}}\frac{dr_j}{dt} \tag{8.62}$$

$$\frac{\mathrm{d}N_{\mathrm{B}_j}}{\mathrm{d}t} = \frac{4\pi r_j^2 \tilde{N}_{\mathrm{B}_j} \rho'_{\mathrm{B}_j}}{M_{\mathrm{B}_j}} \frac{\mathrm{d}r_j}{\mathrm{d}t} \tag{8.63}$$

其中

$$\tilde{N}_{\mathrm{A}_j} = \frac{N_{\mathrm{A}_{j0}} M_{\mathrm{A}_j}}{\frac{4}{3}\pi r_{j0}^3 \rho'_{\mathrm{A}_j}}$$

$\tilde{N}_{\mathrm{A}_j}$ 为组元 A_j 颗粒数。

$$\tilde{N}_{\mathrm{B}_j} = \frac{N_{\mathrm{B}_{j0}} M_{\mathrm{B}_j}}{\frac{4}{3}\pi r_{j0}^3 \rho'_{\mathrm{B}_j}}$$

$\tilde{N}_{\mathrm{B}_j}$ 为组元 B_j 颗粒数。

转化率为

$$\alpha_{\mathrm{A}_j} = 1 - \frac{\dfrac{4\pi r_j^3 \rho'_{\mathrm{A}_j} \tilde{N}_{\mathrm{A}_j}}{3 M_{\mathrm{A}_j}}}{\dfrac{4\pi r_{j0}^3 \rho'_{\mathrm{A}_j} \tilde{N}_{\mathrm{A}_j}}{3 M_{\mathrm{A}_j}}} = 1 - \left(\frac{r_j}{r_{j0}}\right)^3 \tag{8.64}$$

$$\frac{\mathrm{d}r_j}{\mathrm{d}t} = -\frac{r_{j0}^3}{3r_j^2} \frac{\mathrm{d}\alpha_{\mathrm{A}_j}}{\mathrm{d}t} \tag{8.65}$$

$$\alpha_{\mathrm{B}_j} = 1 - \frac{\dfrac{4\pi r_j^3 \rho'_{\mathrm{B}_j} \tilde{N}_{\mathrm{B}_j}}{3 M_{\mathrm{B}_j}}}{\dfrac{4\pi r_{j0}^3 \rho'_{\mathrm{B}_j} \tilde{N}_{\mathrm{B}_j} \tilde{N}_{\mathrm{B}_j}}{3 M_{\mathrm{B}_j}}} = 1 - \left(\frac{r_j}{r_{j0}}\right)^3 \tag{8.66}$$

$$\frac{\mathrm{d}r_j}{\mathrm{d}t} = -\frac{r_{j0}^3}{3r_j^2} \frac{\mathrm{d}\alpha_{\mathrm{B}_j}}{\mathrm{d}t} \tag{8.67}$$

$$\frac{\mathrm{d}N_{\mathrm{A}_j}}{\mathrm{d}t} = -N_{\mathrm{A}_{j0}} \frac{\mathrm{d}\alpha_{\mathrm{A}_j}}{\mathrm{d}t} \tag{8.68}$$

$$\frac{\mathrm{d}N_{\mathrm{B}_j}}{\mathrm{d}t} = -N_{\mathrm{B}_{j0}} \frac{\mathrm{d}\alpha_{\mathrm{B}_j}}{\mathrm{d}t} \tag{8.69}$$

组元 A_j 的化学反应面积为

$$\Omega_{A_j} = \tilde{N}_{A_j} 4\pi r_j^2$$

$$= \frac{N_{A_{j0}} M_{A_j} 4\pi r_j^2}{\frac{4}{3}\pi r_{j0}^3 \rho'_{A_j}}$$

$$= \frac{3N_{A_{j0}} M_{A_j}}{r_{j0} \rho'_{A_j}}(1-\alpha_{A_j})^{\frac{2}{3}} \tag{8.70}$$

组元 B_j 的化学反应面积为

$$\Omega_{B_j} = \frac{3N_{B_{j0}} M_{B_j}}{r_{j0} \rho'_{B_j}}(1-\alpha_{B_j})^{\frac{2}{3}} \tag{8.71}$$

将式（8.68）和式（8.70）代入式（8.60），得

$$\frac{d\alpha_{A_j}}{dt} = \frac{3a_j M_{A_j}}{r_0 \rho_{A_j}}(1-\alpha_{A_j})^{\frac{2}{3}} j_j \tag{8.72}$$

将式（8.69）和式（8.71）代入式（8.61），得

$$\frac{d\alpha_{B_j}}{dt} = \frac{3b_j M_{B_j}}{r_0 \rho_{B_j}}(1-\alpha_{B_j})^{\frac{2}{3}} j_j \tag{8.73}$$

将式（8.60）和式（8.62）比较，得

$$\frac{dr_j}{dt} = -\frac{a_j M_{A_j}}{\rho'_{A_j}} j_j \tag{8.74}$$

分离变量积分式（8.74），得

$$r_j = r_{j0} - \frac{a_j M_{A_j}}{\rho'_{A_j}} \int_0^t j_j dt \tag{8.75}$$

同理得

$$r_j = r_{j0} - \frac{b_j M_{B_j}}{\rho'_{B_j}} \int_0^t j_j dt \tag{8.76}$$

将式（8.75）各项除以 r_{j0}，得

$$1-(1-\alpha_{A_j})^{\frac{1}{3}} = \frac{a_j M_{A_j}}{\rho'_{A_j} r_{j0}} \int_0^t j_j dt \tag{8.77}$$

将式（8.76）各项除以 r_0，得

$$1-(1-\alpha_{B_j})^{\frac{1}{3}} = -\frac{b_j M_{B_j}}{\rho'_{B_j} r_{j0}} \int_0^t j_j \mathrm{d}t \qquad (8.78)$$

8.2.2 反应物通过产物层的扩散为控制步骤

1. 反应物 A_j 和 B_j 都为平板状

如图 8.5 所示，平板状反应物 A_j 和 B_j 相互接触发生化学反应，生成厚度为 x 的产物层 C_j。化学反应可以表示为

$$a_j A_j(s) + b_j B_j(s) = c_j C_j(s) \qquad (8.d)$$

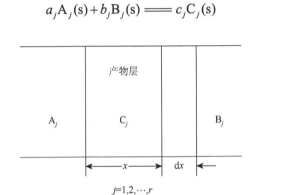

$$j=1,2,\cdots,r$$

图 8.5 反应物 A_j 和 B_j 都为平板状

平板间的接触面积为 Ω，在 $\mathrm{d}t$ 时间内经过产物层 C_j 扩散的 A_j 的量为 $\mathrm{d}N_j$，则

$$-\frac{\mathrm{d}N_{A_j}}{\mathrm{d}t} = \Omega J_{A_j} = \Omega |J_{A_j}|$$

$$= \Omega \left| -\sum_{k=1}^{r} L_{A_j A_k} \frac{\nabla \mu_{A_k}}{T} \right|$$

$$= \Omega \sum_{k=1}^{r} L_{A_j A_k} \frac{\Delta \mu_{A_k}}{Tx} \qquad (8.79)$$

其中

$$\Delta \mu_{A_k} = \mu_{A_k C_k A_k} - \mu_{A_k C_k B_k}$$

$$= RT \ln \frac{a_{A_k C_k A_k}}{a_{A_k C_k B_k}}$$

式中，$\mu_{A_kC_kA_k}$ 和 $\mu_{A_kC_kB_k}$、$a_{A_kC_kA_k}$ 和 $a_{A_kC_kB_k}$ 分别为产物层靠近反应物层 A_k 和靠近反应物层 B 侧组元 A_k 的化学势和活度。过程达到稳态，它们都为定值。

在 dt 时间内，反应物 A_j 迁移的量 N_{A_j} 正比于 Ωdx，所以

$$dN_{A_j} = k_j' \Omega dx \tag{8.80}$$

式中，k_j' 为比例常数。

将式（8.80）代入式（8.79），得

$$\frac{k_{J_j}'\Omega dx}{dt} = \Omega \sum_{k=1}^{r} L_{A_jA_k} \frac{\Delta\mu_{A_k}}{Tx} \tag{8.81}$$

分离变量积分式（8.81），得

$$xdx = \frac{1}{k_{J_j}'} \sum_{k=1}^{r} L_{A_jA_k} \Delta\mu_{A_k} dt \tag{8.82}$$

过程速率为

$$x^2 = \frac{2}{Tk_{J_j}'} \left(\sum_{k=1}^{r} L_{A_jA_k} \Delta\mu_{A_k} \right) t = k_{J_j}'' t \tag{8.83}$$

其中

$$k_{J_j}'' = \frac{2}{Tk_{J_j}'} \left(\sum_{k=1}^{r} L_{A_jA_k} \Delta\mu_{A_k} \right)$$
$$= \frac{2}{k_{J_j}'} \left(\sum_{k=1}^{r} L_{A_jA_k} RT \ln \frac{a_{A_kC_kA_k}}{a_{A_kC_kB_k}} \right)$$

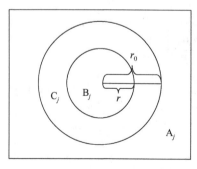

图 8.6　球形反应物 B_j 被
反应物 A_j 包围

2. 球状反应物 B_j 被反应物 A_j 包围

反应物 B_j 是半径为 r_0 的等径圆球，被反应物 A 包围（图 8.6）。反应物 A 是扩散相，产物层是连续的，反应物 A_j、B_j 和产物 C_j 完全接触；反应从 B_j 球的表面向中心进行；反应物 A_j 在产物层中的化学势呈线性变化，即化学势梯度为常数；反应过程中圆球的体积和密度不变。反应物 A_j 通过产物层的扩散速率为

$$-\frac{dN_{A_j}}{dt} = 4\pi r_j^2 J_{A_j}$$

$$= 4\pi r_j^2 \left| \boldsymbol{J}_{A_j} \right|$$

$$= 4\pi r_j^2 \left| -\sum_{k=1}^{r} L_{A_j A_k} \frac{\nabla \mu_{A_k}}{T} \right|$$

$$= 4\pi r_j^2 \sum_{k=1}^{r} \frac{L_{A_j A_k}}{T} \frac{d\mu_{A_k}}{dr} \tag{8.84}$$

过程达到稳态，$\dfrac{dN_{A_j}}{dt}$ 为常数，对 r 分离变量积分式（8.84），得

$$\frac{dN_{A_j}}{dt} = -\frac{4\pi}{T} \frac{r_{j0} r_j}{r_{j0} - r_j} \sum_{k=1}^{r} L_{A_j A_k} (\mu_{A_k C_k A_k} - \mu_{A_k C_k B_k}) \tag{8.85}$$

式中，$\mu_{A_k C_k A_k}$ 和 $\mu_{A_k C_k B_k}$ 分别为产物层中 C_k - A_k 界面和 C_k - B_k 界面组元 A_k 的化学势。

由

$$-\frac{1}{a_j}\frac{dN_{A_j}}{dt} = -\frac{1}{b_j}\frac{dN_{B_j}}{dt} = \frac{1}{c_j}\frac{dN_{C_j}}{dt}$$

和

$$\frac{dN_{B_j}}{dt} = \frac{d}{dt}\left(\frac{4}{3}\pi r_j^3 \rho'_{B_j}\right) = \frac{4\pi r_j^2 \rho'_{B_j}}{M_{B_j}} \frac{dr_j}{dt}$$

得

$$\frac{dN_{A_j}}{dt} = \frac{4\pi r_j^2 \rho'_{A_j} a_j}{b_j M_{B_j}} \frac{dr_j}{dt} \tag{8.86}$$

将式（8.85）和式（8.86）对 j 求和后比较得

$$-\frac{dr_j}{dt} = \frac{r_{j0} b_j M_{B_j}}{T r_j (r_{j0} - r_j) \rho'_{B_j}} \sum_{k=1}^{r} L_{A_j A_k}(\mu_{A_k C_k A_k} - \mu_{A_k C_k B_k}) \tag{8.87}$$

分离变量积分式（8.87），得

$$3\left(\frac{r_j}{r_{j0}}\right)^2 - 2\left(\frac{r_j}{r_{j0}}\right)^3 - 1 = -\frac{6b_j M_{B_j}}{T r_{j0}^2 \rho'_{B_j}} \sum_{k=1}^{r} L_{A_j A_k}(\mu_{A_k C_k A_k} - \mu_{A_k C_k B_k})$$

$$3(1-\alpha_{B_j})^{\frac{2}{3}} + 2\alpha_{B_j} - 3 = -\frac{6b_j M_{B_j}}{T r_{j0}^2 \rho'_{B_j}} \sum_{k=1}^{r} L_{A_j A_k}(\mu_{A_k C_k A_k} - \mu_{A_k C_k B_k}) = k_{Jj} t \tag{8.88}$$

$$t = \frac{3(1-\alpha_{B_j})^{\frac{2}{3}} + 2\alpha_{B_j} - 3}{k_{Jj}}$$

其中

$$k_{Jj} = -\frac{6b_j M_{B_j}}{Tr_0^2 \rho'_{B_j}} \sum_{k=1}^{r} L_{A_j A_k} (\mu_{A_k c_k A_k} - \mu_{A_k c_k B_k})$$

$$t_f = -\frac{1}{k_{Jj}}$$

$$\frac{t}{t_f} = 3 - 2\alpha_{B_j} - 3(1 - \alpha_{B_j})^{\frac{2}{3}}$$

8.2.3　化学反应和扩散共同为控制步骤

1. 化学反应发生在界面

界面化学反应和反应物通过产物层的扩散快慢相近，则过程由界面化学反应和扩散共同控制。如图 8.7 所示，平板状反应物 A_j 和 B_j 相互接触发生化学反应，生成厚度为 x 的产物层 C_j。反应物 A_j 经产物层 C_j 扩散到 C_j-B_j 界面与 B_j 发生化学反应。反应物 A_j 的化学反应速率为

$$-\frac{\mathrm{d}N_{A_j}}{\mathrm{d}t} = a\Omega j_j \tag{8.89}$$

$$j_j = -\sum_{k=1}^{r} l_{jk}\left(\frac{A_{m,k}}{T}\right) - \sum_{k=1}^{r}\sum_{l=1}^{r} l_{jkl}\left(\frac{A_{m,k}}{T}\right)\left(\frac{A_{m,l}}{T}\right)$$

$$-\sum_{k=1}^{r}\sum_{l=1}^{r}\sum_{h=1}^{r} l_{jklh}\left(\frac{A_{m,k}}{T}\right)\left(\frac{A_{m,l}}{T}\right)\left(\frac{A_{m,h}}{T}\right)\cdots \tag{8.90}$$

$$(j = 1, 2, \cdots, r)$$

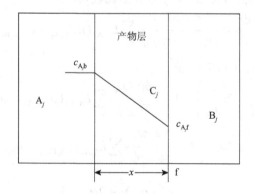

图 8.7　化学反应发生在界面

反应物 A_j 的扩散速率为

$$-\frac{dN_{A_j}}{dt} = \Omega J_{A_j}$$

$$= \Omega \left| \boldsymbol{J}_{A_j} \right|$$

$$= \Omega \left| -\sum_{k=1}^{r} L_{A_j A_k} \frac{\nabla \mu_{A_k}}{T} \right|$$

$$= \Omega \sum_{k=1}^{r} L_{A_j A_k} \frac{\Delta \mu_{A_k}}{Tx}$$

$$= \frac{\Omega R}{x} \sum_{k=1}^{r} L_{A_j A_k} RT \ln \frac{a_{A_k c_k A_k}}{a_{A_k c_k B_k}} \tag{8.91}$$

过程达到稳态，有

$$-\frac{1}{a_j}\frac{dN_{A_j}}{dt} = -\frac{1}{b_j}\frac{dN_{B_j}}{dt} = \frac{1}{c_j}\frac{dN_{C_j}}{dt} = \frac{1}{a_j}\Omega J_{A_j} = \Omega j_j = \Omega J_j \tag{8.92}$$

其中

$$J_j = \frac{1}{a} J_{A_j} \tag{8.93}$$

$$J_j = j_j \tag{8.94}$$

式（8.93）+式（8.94）后除以 2，得

$$J_j = \frac{1}{2}\left(\frac{1}{a_j} J_{A_j} + j_j\right) \tag{8.95}$$

由式（8.92）得

$$-\frac{dN_{A_j}}{dt} = a_j \Omega J_j = \frac{a_j}{2}\Omega\left(\frac{1}{a_j} J_{A_j} + j_j\right) \tag{8.96}$$

式（8.96）分离变量积分，得

$$N_{A_j} = N_{A_{j0}} - k'_{J_j} t \tag{8.97}$$

其中

$$k'_{J_j} = \frac{a_j}{2}\Omega\left(\frac{1}{a_j} J_{A_j} + j_j\right)$$

由式（8.92）得

$$-\frac{dN_{B_j}}{dt} = b_j \Omega J_j$$
$$= \frac{b_j}{2}\Omega\left(\frac{1}{a_j} J_{A_j} + j_j\right) \tag{8.98}$$

$$N_{B_j} = N_{B_{j0}} - k''_{J_j} t \tag{8.99}$$

其中

$$k''_{J_j} = \frac{b_j}{2}\left(\frac{1}{a_j}J_{A_j} + j_j\right)$$

2. 化学反应发生在反应层内

若反应物 A_j 在产物层中的扩散没有阻力，则在产物层和反应层的界面上，A_j 的浓度等于其本体浓度，即 $c_{A_jf} = c_{A_jb}$；若反应物 A_j 在产物层中扩散有阻力，则在产物层和反应层的界面上，A_j 的浓度小于其本体浓度，即 $c_{A_jf} < c_{A_jb}$。两种情况分别如图 8.8（c）和（d）所示。

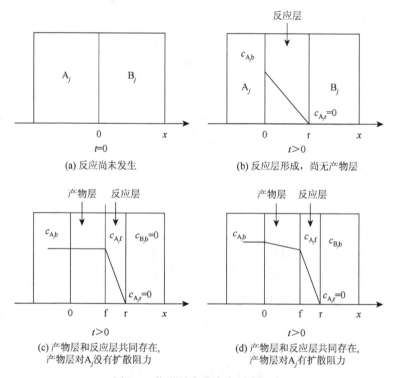

(a) 反应尚未发生　　　　　　　　　　(b) 反应层形成，尚无产物层

(c) 产物层和反应层共同存在，　　　　(d) 产物层和反应层共同存在，
　　产物层对A_j没有扩散阻力　　　　　　产物层对A_j有扩散阻力

图 8.8　化学反应发生在反应层内

1）产物层

对于产物层，反应物 A_j 在其中扩散，质量守恒方程为

$$\frac{dc_{A_j}}{dt} = -\nabla \cdot \boldsymbol{J}_{A_j}$$

$$= -\nabla\left(-\sum_{k=1}^{r} L_{A_jA_k}\frac{\nabla\mu_{A_k}}{T}\right)$$

$$= \sum_{k=1}^{r} L_{A_jA_k} \frac{\nabla^2 \mu_{A_k}}{T} \tag{8.100}$$

设反应物 A_j 和 B_j 为两块平板

$$\frac{dc_{A_j}}{dt} = \Omega \sum_{k=1}^{r} \frac{L_{A_jA_k}}{T} \frac{\partial^2 \mu_{A_k}}{\partial x^2} \tag{8.101}$$

初始条件和边界条件如下：

当 $t = 0$ 时

$$\left.\begin{array}{l} x < 0, c_{A_j} = c_{A_jb} \\ x > 0, c_{A_j} = 0 \end{array}\right\} \tag{8.102}$$

当 $t > 0$ 时

$$\left.\begin{array}{l} x = 0, c_{A_j} = c_{A_jb} \\ x = f, c_{A_j} = c_{A_jf} \end{array}\right\} \tag{8.103}$$

若产物层的厚度与反应物 A 和 B 的尺寸相比很小，则可认为有如下初始条件：
当 $t \geq 0$ 时，　$x = \infty, c_{A_j} = 0$。

2）反应层

反应层中同时有扩散和化学反应。反应层的厚度为一常数，则反应层内的质量守恒方程为

$$\frac{dc_{A_j}}{dt} = -\nabla \cdot \boldsymbol{J}_{A_j} - a_j j_j$$

$$= -\nabla \left(-\sum_{k=1}^{r} L_{A_jA_k} \frac{\nabla \mu_{A_k}}{T} \right) - a_j j_j$$

$$= \sum_{k=1}^{r} \frac{L_{A_jA_k}}{T} \nabla^2 \mu_{A_k} - a_j j_j \tag{8.104}$$

达到稳态，有

$$\sum_{k=1}^{r} \frac{L_{A_jA_k}}{T} \nabla^2 \mu_{A_k} - a_j j_j = 0 \tag{8.105}$$

初始条件和边界条件如下：

当 $t = 0$ 时

$$\left.\begin{array}{l} x < 0, c_{A_j} = c_{A_jb} \\ x > 0, c_{A_j} = 0 \end{array}\right\} \tag{8.106}$$

当 $t > 0$ 时

$$\left.\begin{array}{l} x = f, c_{A_j} = c_{Af} \\ x = r, c_{A_j} = 0 \end{array}\right\} \tag{8.107}$$

8.3　固　态　相　变

8.3.1　纯固态物质相变

1. 纯固态物质相变的热力学

一般固态物质有多个相。在一定条件下，其中某个相稳定。条件变化，相之间会发生转变。

在恒温恒压条件下，纯物质的两相平衡，可以表示为

$$\alpha\text{-A} \xrightleftharpoons{\hspace{1cm}} \beta\text{-A}$$

该过程的摩尔吉布斯自由能变为

$$
\begin{aligned}
\Delta G_{m,A(\alpha\to\beta)}(T_{平}) &= \Delta G_{m,\beta\text{-A}}(T_{平}) - \Delta G_{m,\alpha\text{-A}}(T_{平}) \\
&= (H_{m,\beta\text{-A}}(T_{平}) - T_{平}S_{m,\beta\text{-A}}(T_{平})) - (H_{m,\alpha\text{-A}}(T_{平}) - T_{平}S_{m,\alpha\text{-A}}(T_{平})) \\
&= (H_{m,\beta\text{-A}}(T_{平}) - H_{m,\alpha\text{-A}}(T_{平})) - T_{平}(S_{m,\beta\text{-A}}(T_{平}) - S_{m,\alpha\text{-A}}(T_{平})) \\
&= \Delta H_{m,A(\alpha\to\beta)}(T_{平}) - T_{平}\Delta S_{m,A(\alpha\to\beta)}(T_{平}) \\
&= \Delta H_{m,A(\alpha\to\beta)}(T_{平}) - T_{平}\frac{\Delta H_{m,A(\alpha\to\beta)}(T_{平})}{T_{平}} \\
&= 0
\end{aligned}
\tag{8.108}
$$

改变温度到 T，纯物质 A 的相变继续进行，有

$$\alpha\text{-A} \xrightequal{\hspace{1cm}} \beta\text{-A}$$

该过程的摩尔吉布斯自由能变为

$$
\begin{aligned}
\Delta G_{m,A(\alpha\to\beta)}(T) &= \Delta G_{m,\beta\text{-A}}(T) - \Delta G_{m,\alpha\text{-A}}(T) \\
&= (H_{m,\beta\text{-A}}(T) - TS_{m,\beta\text{-A}}(T)) - (H_{m,\alpha\text{-A}}(T) - TS_{m,\alpha\text{-A}}(T)) \\
&= (H_{m,\beta\text{-A}}(T) - H_{m,\alpha\text{-A}}(T)) - T(S_{m,\beta\text{-A}}(T) - S_{m,\alpha\text{-A}}(T)) \\
&= \Delta H_{m,A(\alpha\to\beta)}(T) - T\Delta S_{m,A(\alpha\to\beta)}(T) \\
&\approx \Delta H_{m,A(\alpha\to\beta)}(T_{平}) - T\frac{\Delta H_{m,A(\alpha\to\beta)}(T_{平})}{T_{平}} \\
&= \frac{\Delta H_{m,A(\alpha\to\beta)}(T_{平})\Delta T}{T_{平}}
\end{aligned}
\tag{8.109}
$$

其中

$$\Delta T = T_{平} - T$$

升温相变，相变过程吸热，$\Delta H_{m,A(\alpha\to\beta)} > 0$，$T > T_{平}$，$\Delta T < 0$，$\Delta G_{m,A(\alpha\to\beta)} < 0$。

降温相变，相变过程放热，$\Delta H_{m,A(\alpha\to\beta)} < 0$，$T_{平} > T$，$\Delta T > 0$，$\Delta G_{m,A(\alpha\to\beta)} < 0$。

2. 纯固态物质相变的速率

在恒温恒压条件下，纯固态物质相变的速率为

$$\frac{\mathrm{d}n_{\mathrm{A(\beta)}}}{\mathrm{d}t} = -\frac{\mathrm{d}n_{\mathrm{A(\alpha)}}}{\mathrm{d}t} = j_{\mathrm{A}}$$

$$= -l_1\left(\frac{A_{\mathrm{m,A}}}{T}\right) - l_2\left(\frac{A_{\mathrm{m,A}}}{T}\right)^2 - l_3\left(\frac{A_{\mathrm{m,A}}}{T}\right)^3 - \cdots$$

$$= -l_1\left(\frac{\Delta H_{\mathrm{m,A(\alpha\to\beta)}}(T_{平})\Delta T}{TT_{平}}\right) - l_2\left(\frac{\Delta H_{\mathrm{m,A(\alpha\to\beta)}}(T_{平})\Delta T}{TT_{平}}\right)^2 - l_3\left(\frac{\Delta H_{\mathrm{m,A(\alpha\to\beta)}}(T_{平})\Delta T}{TT_{平}}\right)^3 - \cdots$$

$$= -l_1\left(\frac{-L_{\mathrm{m,A}}\Delta T}{TT_{平}}\right) - l_2\left(\frac{-L_{\mathrm{m,A}}\Delta T}{TT_{平}}\right)^2 - l_3\left(\frac{-L_{\mathrm{m,A}}\Delta T}{TT_{平}}\right)^3 - \cdots$$

$$= -l_1'\left(\frac{\Delta T}{T_{平}}\right) - l_2'\left(\frac{\Delta T}{T_{平}}\right)^2 - l_3'\left(\frac{\Delta T}{T_{平}}\right)^3 - \cdots$$

$$(8.110)$$

其中

$$L_{\mathrm{m,A}} = \Delta H_{\mathrm{m,A(\alpha\to\beta)}}$$

$$l_1' = l_1\left(\frac{-L_{\mathrm{m,A}}}{T}\right), l_2' = l_2\left(\frac{-L_{\mathrm{m,A}}}{T}\right), l_3' = l_3\left(\frac{-L_{\mathrm{m,A}}}{T}\right)$$

$$A_{\mathrm{m,B}} = \Delta G_{\mathrm{m,A(\alpha\to\beta)}}(T) = \frac{\Delta H_{\mathrm{m,A(\alpha\to\beta)}}(T_{平})\Delta T}{T_{平}}$$

$L_{\mathrm{m,A}}$ 为固体 A 的相变潜热，吸热取负值，放热取正值，与 $\Delta H_{\mathrm{m,A(\alpha\to\beta)}}$ 正负号相反。

8.3.2　具有最低共晶点的二元系升温过程的相变

1. 升温过程相变的热力学

图 8.9 是具有最低共晶点的二元系相图。在恒压条件下，组成点为 P 的物质升温。

1）在温度 T_{E}

温度升到 T_{E}，物质组成点为 P_{E} 点。在组成为 P_{E} 的物质中，有共晶点组成的 E 和过量的组元 B。

在温度 T_{E}，组成为 E 的固相发生相变，可以表示为

$$\mathrm{E(A+B)} \rightleftharpoons \mathrm{E(\gamma)}$$

即

$$x_{\mathrm{A}}\mathrm{A(s)} + x_{\mathrm{B}}\mathrm{B(s)} \rightleftharpoons x_{\mathrm{A}}(\mathrm{A})_{\mathrm{E(\gamma)}} + x_{\mathrm{B}}(\mathrm{B})_{\mathrm{E(\gamma)}}$$

或

$$\mathrm{A(s)} \rightleftharpoons (\mathrm{A})_{\mathrm{E(\gamma)}} \rightleftharpoons (\mathrm{A})_{饱}$$

$$B(s) \Longleftrightarrow (B)_{E(\gamma)} \Longrightarrow (B)_{\text{饱}}$$

式中，x_A 和 x_B 分别为组成为 E 的组元 A 和 B 的摩尔分数。

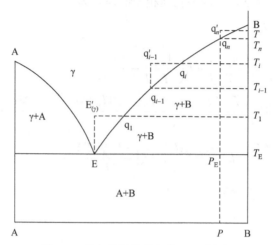

图 8.9   具有最低共晶点的二元系相图

相变过程的摩尔吉布斯自由能变为

$$\begin{aligned}
\Delta G_{m,E}(T_E) &= G_{m,E(\gamma)}(T_E) - G_{m,E(A+B)}(T_E) \\
&= (H_{m,E(\gamma)}(T_E) - T_E S_{m,E(\gamma)}(T_E)) - (H_{m,E(A+B)}(T_E) - T_E S_{m,E(A+B)}(T_E)) \\
&= (H_{m,E(\gamma)}(T_E) - H_{m,E(A+B)}(T_E)) - T_E (S_{m,E(\gamma)}(T_E) - S_{m,E(A+B)}(T_E)) \\
&= \Delta H_{m,E}(T_E) - T_E \Delta S_{m,E}(T_E) \\
&= \Delta H_{m,E}(T_E) - T_E \frac{\Delta H_{m,E}(T_E)}{T_E} \\
&= 0
\end{aligned} \tag{8.111}$$

或者

$$\begin{aligned}
\Delta G_{m,A}(T_E) &= \overline{G}_{m,(A)_{E(\gamma)}}(T_E) - G_{m,A(s)}(T_E) \\
&= (\overline{H}_{m,(A)_{E(\gamma)}}(T_E) - T_E \overline{S}_{m,(A)_{E(\gamma)}}(T_E)) - (H_{m,A(s)}(T_E) - T_E S_{m,A(s)}(T_E)) \\
&= (\overline{H}_{m,(A)_{E(\gamma)}}(T_E) - H_{m,A(s)}(T_E)) - T_E (\overline{S}_{m,(A)_{E(\gamma)}}(T_E) - S_{m,A(s)}(T_E)) \\
&= \Delta H_{m,A}(T_E) - T_E \Delta S_{m,A}(T_E) \\
&= \Delta H_{m,A}(T_E) - T_E \frac{\Delta H_{m,A}(T_E)}{T_E} \\
&= 0
\end{aligned} \tag{8.112}$$

同理

$$\begin{aligned}
\Delta G_{m,B}(T_E) &= \overline{G}_{m,(B)_{E(\gamma)}}(T_E) - G_{m,B(s)}(T_E) \\
&= 0
\end{aligned} \tag{8.113}$$

总摩尔吉布斯自由能变为

$$\Delta G_{m,t}(T_E) = x_A G_{m,A}(T_E) + x_B G_{m,B}(T_E) + x_C G_{m,C}(T_E) \tag{8.114}$$
$$= 0$$

或如下计算：以纯固态组元 A 和 B 为标准状态，浓度以摩尔分数表示，摩尔吉布斯自由能变为

$$\Delta G_{m,A} = \mu_{(A)_{E(\gamma)}} - \mu_{A(s)}$$
$$= \mu_{(A)_{饱}} - \mu_{A(s)} \tag{8.115}$$
$$= 0$$

其中

$$\mu_{(A)_{饱}} = \mu_{(A)_{E(\gamma)}} = \mu_{A(s)}^* + RT \ln a_{(A)_{E(\gamma)}}^R$$
$$= \mu_{A(s)}^* + RT \ln a_{(A)_{饱}}^R$$
$$\mu_{A(S)} = \mu_{A(s)}^*$$
$$a_{(A)_{饱}}^R = a_{(A)_{E(\gamma)}}^R = 1$$
$$\Delta G_{m,B} = \mu_{(B)_{E(\gamma)}} - \mu_{B(s)}$$
$$= \mu_{(B)_{饱}} - \mu_{B(s)} \tag{8.116}$$
$$= 0$$

其中

$$\mu_{(B)_{饱}} = \mu_{(B)_{E(\gamma)}} = \mu_{B(s)}^* + RT \ln a_{(B)_{E(\gamma)}}^R$$
$$= \mu_{B(s)}^* + RT \ln a_{(B)_{饱}}^R$$
$$\mu_{B(s)} = \mu_{B(s)}^*$$
$$a_{(B)_{饱}}^R = a_{(B)_{E(\gamma)}}^R = 1$$

总摩尔吉布斯自由能变为

$$\Delta G_{m,E}(T_E) = x_A \Delta G_{m,A} + x_B \Delta G_{m,B} = 0$$

2）升高温度到 T_1

组成为 E 的组元 A 和 B 如果在温度 T_E 还未完全转变为 E(γ)，则会继续转变为 E(γ)，这时的 E(γ) 已由组元 A、B 的饱和相变成组元 A、B 的不饱和相 E'(γ)，有

$$E(A+B) \Longrightarrow E'(\gamma)$$

即

$$x_A A(s) + x_B B(s) \Longrightarrow x_A (A)_{E'(\gamma)} + x_B (B)_{E'(\gamma)}$$

或

$$A(s) \Longrightarrow (A)_{E'(\gamma)} \Longrightarrow (A)_{未饱}$$
$$B(s) \Longrightarrow (B)_{E'(\gamma)} \Longrightarrow (B)_{未饱}$$

转变过程在非平衡状态下进行，摩尔吉布斯自由能变为

$$
\begin{aligned}
\Delta G_{m,A}(T_1) &= \bar{G}_{m,(A)_{E'(\gamma)}}(T_1) - G_{m,A(s)}(T_1) \\
&= (\bar{H}_{m,(A)_{E'(\gamma)}}(T_1) - T_1\bar{S}_{m,(A)_{E'(\gamma)}}(T_1)) - (H_{m,A(s)}(T_1) - T_1 S_{m,A(s)}(T_1)) \\
&= (\bar{H}_{m,(A)_{E'(\gamma)}}(T_1) - H_{m,A(s)}(T_1)) - T_1(\bar{S}_{m,(A)_{E'(\gamma)}}(T_1) - S_{m,A(s)}(T_1)) \\
&= \Delta H_{m,A}(T_1) - T_1\Delta S_{m,A}(T_1) \\
&\approx \Delta H_{m,A}(T_E) - T_1\Delta S_{m,A}(T_E) \\
&= \frac{\Delta H_{m,A}(T_E)\Delta T}{T_E}
\end{aligned}
\tag{8.117}
$$

同理

$$
\begin{aligned}
\Delta G_{m,B}(T_1) &= \bar{G}_{m,(B)_{E'(\gamma)}}(T_1) - G_{m,B(s)}(T_1) \\
&= \Delta H_{m,B}(T_1) - T_1\Delta S_{m,B}(T_1) \\
&\approx \Delta H_{m,B}(T_E) - T_1\Delta S_{m,B}(T_E) \\
&= \frac{\Delta H_{m,B}(T_E)\Delta T}{T_E}
\end{aligned}
\tag{8.118}
$$

其中

$$
T_1 > T_E
$$

$$
\Delta T = T_E - T_1 < 0
$$

$$
\Delta H_{m,A} > 0, \quad \Delta H_{m,B} > 0
$$

$\Delta G_{m,A}$、$\Delta G_{m,B}$、$\Delta H_{m,A}$、$\Delta H_{m,B}$ 和 $\Delta S_{m,A}$、$\Delta S_{m,B}$ 分别为组元 A(s) 和 B(s) 溶解到 γ 相中的溶解自由能变、焓变和熵变。

总摩尔吉布斯自由能变为

$$
\begin{aligned}
\Delta G_{m,t}(T_1) &= x_A\Delta G_{m,A}(T_1) + x_B\Delta G_{m,B}(T_1) \\
&= \frac{x_A\Delta H_{m,A}(T_E)\Delta T}{T_E} + \frac{x_B\Delta H_{m,B}(T_E)\Delta T}{T_E}
\end{aligned}
\tag{8.119}
$$

或如下计算：组元 A 和 B 都以纯固态为标准状态，浓度以摩尔分数表示，摩尔吉布斯自由能变为

$$
\begin{aligned}
\Delta G_{m,A} &= \mu_{(A)_{E'(\gamma)}} - \mu_{A(s)} \\
&= \mu_{(A)_{未饱}} - \mu_{A(s)} \\
&= -RT\ln a^R_{(A)_{E'(\gamma)}} \\
&= -RT\ln a^R_{(A)_{未饱}}
\end{aligned}
\tag{8.120}
$$

其中

$$\mu_{(A)_{E(\gamma)}} = \mu_{(A)_{未饱}} = \mu_{A(s)}^* + RT\ln a_{(A)_{未饱}}^R$$
$$= \mu_{A(s)}^* + RT\ln a_{(A)_{E'(\gamma)}}^R$$
$$\mu_{A(s)} = \mu_{A(s)}^*$$
$$a_{(A)_{未饱}}^R = a_{(A)_{E'(\gamma)}}^R < 1$$

$a_{(A)_{E'(\gamma)}}^R$ 为 $E'_{(\gamma)}$ 相中组元 A 的活度。

$$\Delta G_{m,B} = \mu_{(B)_{E'(\gamma)}} - \mu_{B(s)}$$
$$= \mu_{(B)_{未饱}} - \mu_{B(s)}$$
$$= -RT\ln a_{(B)_{E'(\gamma)}}^R$$
$$= -RT\ln a_{(B)_{未饱}}^R \tag{8.121}$$

其中

$$\mu_{(B)_{E(\gamma)}} = \mu_{(B)_{未饱}} = \mu_{B(s)}^* + RT\ln a_{(B)_{未饱}}^R$$
$$= \mu_{B(s)}^* + RT\ln a_{(B)_{E'(\gamma)}}^R$$
$$\mu_{B(s)} = \mu_{B(s)}^*$$
$$a_{(B)_{未饱}}^R = a_{(B)_{E'(\gamma)}}^R < 1$$

$a_{(B)_{E'(\gamma)}}^R$ 为 $E'_{(\gamma)}$ 相中组元 B 的活度。

总摩尔吉布斯自由能变为

$$\Delta G_{m,t}(T_1) = x_A\Delta G_{m,A} + x_B\Delta G_{m,B}$$
$$= x_A RT\ln a_{(A)_{E'(\gamma)}}^R + x_B RT\ln a_{(B)_{E'(\gamma)}}^R \tag{8.122}$$

组成为 E 的组元 A 和 B 完全转变为 E'(γ) 后，在温度 T_1，E'(γ) 仍是不饱和相，以 E″(γ) 表示。按照组成为 E 的组元 A 消耗尽后，组元 B 还有剩余。继续向 E″(γ) 相中溶解，有

$$B(s) = (B)_{E''(\gamma)}$$

摩尔吉布斯自由能变为

$$\Delta G_{m,B}(T_1) = \bar{G}_{m,(B)_{E''(\gamma)}}(T_1) - G_{m,B(s)}(T_1)$$
$$= (\bar{H}_{m,(B)_{E''(\gamma)}}(T_1) - T_1\bar{S}_{m,(B)_{E''(\gamma)}}(T_1)) - (H_{m,B(s)}(T_1) - T_1 S_{m,B(s)}(T_1))$$
$$= (\bar{H}_{m,(B)_{E''(\gamma)}}(T_1) - H_{m,B(s)}(T_1)) - T_1(\bar{S}_{m,(B)_{E''(\gamma)}}(T_1) - S_{m,B(s)}(T_1))$$
$$= \Delta H_{m,B}(T_1) - T_1\Delta S_{m,B}(T_1)$$
$$\approx \frac{\Delta H_{m,B}(T_E)\Delta T}{T_E} \tag{8.123}$$

其中

$$T_1 > T_E$$

$$\Delta T = T_E - T_1 < 0$$

或如下计算：以纯固态组元 B 为标准状态，浓度以摩尔分数表示，有

$$
\begin{aligned}
\Delta G_{m,B} &= \mu_{(B)_{E''(\gamma)}} - \mu_{B(s)} \\
&= \mu_{(B)_{未饱}} - \mu_{B(s)} \\
&= -RT \ln a^R_{(B)_{E(\gamma)}} \\
&= -RT \ln a^R_{(B)_{未饱}}
\end{aligned}
\tag{8.124}
$$

其中

$$
\begin{aligned}
\mu_{(B)_{E(\gamma)}} = \mu_{(B)_{未饱}} &= \mu^*_{B(s)} + RT \ln a^R_{(B)_{未饱}} \\
&= \mu^*_{B(s)} + RT \ln a^R_{(B)_{E''(\gamma)}} \\
\mu_{B(s)} &= \mu^*_{B(s)}
\end{aligned}
\tag{8.125}
$$

组元 B 向 $E''(\gamma)$ 中溶解，直到组元 B 达到饱和，与 γ 相达到平衡，组成为共晶线 ET_B 上的 q_1 点。有

$$B(s) \Longrightarrow (B)_{q_1} \Longrightarrow (B)_{饱}$$

3）从温度 T_1 到 T_n

从温度 T_1 到温度 T_n，随着温度的升高，组元 B 在 γ 相中的溶解度增大，γ 相成为不饱和相。因此，组元 B 向 γ 相中溶解。该过程可以统一描述如下：

在温度 T_{i-1}，组元 B 在 γ 相中的溶解达到饱和，平衡组成为共晶线 EE_1 上的 q_{i-1} 点，有

$$B(s) \Longrightarrow (B)_{q_{i-1}} \Longrightarrow (B)_{饱}$$
$$(i = 1, 2, \cdots, n)$$

升高温度到 T_i。在温度刚升到 T_i，组元 B 还未来得及向 γ 相溶解，γ 相组成未变，但已由组元 B 饱和的相 q_{i-1} 变成组元 B 不饱和的相 q'_{i-1}，组元 B 向其中溶解，有

$$B(s) \Longrightarrow (B)_{q'_{i-1}} \Longrightarrow (B)_{未饱}$$
$$(i = 1, 2, \cdots, n)$$

摩尔吉布斯自由能变为

$$\Delta G_{m,B}(T_i) = \overline{G}_{m,(B)_{q_{i-1}}}(T_i) - G_{m,B(s)}(T_i)$$

$$= (\overline{H}_{m,(B)_{q_{i-1}}}(T_i) - T_i \overline{S}_{m,(B)_{q_{i-1}}}(T_i)) - (H_{m,B(s)}(T_i) - T_i S_{m,B(s)}(T_i))$$

$$= (\overline{H}_{m,(B)_{q_{i-1}}}(T_i) - H_{m,B(s)}(T_i)) - T_i(\overline{S}_{m,(B)_{q_{i-1}}}(T_i) - S_{m,B(s)}(T_i))$$

$$= \Delta H_{m,B}(T_i) - T_i \Delta S_{m,B}(T_i)$$

$$\approx \Delta H_{m,B}(T_{i-1}) - T_i \frac{\Delta H_{m,B}(T_{i-1})}{T_{i-1}}$$

$$= \frac{\Delta H_{m,B}(T_{i-1}) \Delta T}{T_{i-1}} \tag{8.126}$$

其中

$$T_i > T_{i-1}$$

$$\Delta T = T_{i-1} - T_i < 0$$

$$\Delta H_{m,B} > 0$$

或如下计算：以纯固态组元 B 为标准状态，浓度以摩尔分数表示，摩尔吉布斯自由能变为

$$\Delta G_{m,B} = \mu_{(B)_{q_{i-1}}} - \mu_{B(s)}$$

$$= \mu_{(B)_{未饱}} - \mu_{B(s)}$$

$$= -RT \ln a^R_{(B)_{q_{i-1}}}$$

$$= -RT \ln a^R_{(B)_{未饱}} \tag{8.127}$$

其中

$$\mu_{(B)_{q_{i-1}}} = \mu_{(B)_{未饱}} = \mu^*_{B(s)} + RT \ln a^R_{(B)_{q_{i-1}}}$$

$$= \mu^*_{B(s)} + RT \ln a^R_{(B)_{未饱}}$$

$$\mu_{B(s)} = \mu^*_{B(s)}$$

随着组元 B 向 q'_{i-1} 相中溶解，相 q'_{i-1} 的未饱和程度降低，直到组元 B 溶解达到饱和，组元 B 和 γ 相达到新的平衡，平衡相组成为共晶线 ET_B 上的 q_i 点。有

$$B(s) \rightleftharpoons (B)_{q_i} = (B)_{饱}$$

在温度 T_n，组元 B 在 γ 相中的溶解达到饱和，组元 B 和 γ 相达成平衡，组成为共晶线上的 q_n 点，有

$$B(s) \rightleftharpoons (B)_{q_n} = (B)_{饱}$$

4）升高温度到 T

在温度刚升到 T，γ 相组成仍为 q_n，但已由组元 B 饱和的相 q_n 变成不饱和相 q'_n，组元 B 向其中溶解，有

$$B(s) \rightleftharpoons (B)_{q'_n} = (B)_{未饱}$$

摩尔吉布斯自由能变为

$$
\begin{aligned}
\Delta G_{m,B}(T) &= \bar{G}_{m,(B)_{q_n'}}(T) - G_{m,B(s)}(T) \\
&= (\bar{H}_{m,(B)_{q_n'}}(T) - T\bar{S}_{m,(B)_{q_n'}}(T)) - (H_{m,B(s)}(T) - TS_{m,B(s)}(T)) \\
&= (\bar{H}_{m,(B)_{q_n'}}(T) - H_{m,B(s)}(T)) - T(\bar{S}_{m,(B)_{q_n'}}(T) - S_{m,B(s)}(T)) \\
&= \Delta H_{m,B}(T) - T\Delta S_{m,B}(T) \\
&\approx \Delta H_{m,B}(T_n) - T\frac{\Delta H_{m,B}(T_n)}{T_n} \\
&= \frac{\Delta H_{m,B}(T_n)\Delta T}{T_n}
\end{aligned}
\tag{8.128}
$$

其中

$$
T > T_n
$$
$$
\Delta T = T - T_n < 0
$$

也可以如下计算：以纯固态组元 B 为标准状态，浓度以摩尔分数表示，摩尔吉布斯自由能变为

$$
\begin{aligned}
\Delta G_{m,B} &= \mu_{(B)_{q_n'}} - \mu_{B(s)} \\
&= \mu_{(B)_{未饱}} - \mu_{B(s)} \\
&= -RT\ln a_{(B)_{q_n'}}^{R} \\
&= -RT\ln a_{(B)_{未饱}}^{R}
\end{aligned}
\tag{8.129}
$$

直到组元 B 完全溶解进入 γ 相中。

2. 升温过程相变的速率

1）在温度 T_1

压力恒定，温度为 T_1，组元 E(A + B) 转化为 E(γ) 的速率为

$$
\begin{aligned}
\frac{dn_{E(\gamma)}}{dt} &= -\frac{dn_{E(A+B)}}{dt} = j_E \\
&= -l_1\left(\frac{A_{m,E}}{T}\right) - l_2\left(\frac{A_{m,E}}{T}\right)^2 - l_3\left(\frac{A_{m,E}}{T}\right)^3 - \cdots
\end{aligned}
\tag{8.130}
$$

不考虑耦合作用，组元 A 和 B 转化为 $(A)_{E(\gamma)}$ 和 $(B)_{E(\gamma)}$ 的速率为

$$
\begin{aligned}
\frac{dn_{(A)_{E(\gamma)}}}{dt} &= -\frac{dn_{A(s)}}{dt} = j_A \\
&= -l_1\left(\frac{A_{m,A}}{T}\right) - l_2\left(\frac{A_{m,A}}{T}\right)^2 - l_3\left(\frac{A_{m,A}}{T}\right)^3 - \cdots
\end{aligned}
\tag{8.131}
$$

$$\frac{dn_{(B)_{E(\gamma)}}}{dt} = -\frac{dn_{B(s)}}{dt} = j_B$$

$$= -l_1\left(\frac{A_{m,B}}{T}\right) - l_2\left(\frac{A_{m,B}}{T}\right)^2 - l_3\left(\frac{A_{m,B}}{T}\right)^3 - \cdots \quad (8.132)$$

考虑耦合作用，有

$$\frac{dn_{(A)_{E(\gamma)}}}{dt} = -\frac{dn_{A(s)}}{dt} = j_A$$

$$= -l_{11}\left(\frac{A_{m,A}}{T}\right) - l_{12}\left(\frac{A_{m,B}}{T}\right) - l_{111}\left(\frac{A_{m,A}}{T}\right)^2$$

$$- l_{112}\left(\frac{A_{m,A}}{T}\right)\left(\frac{A_{m,B}}{T}\right) - l_{122}\left(\frac{A_{m,B}}{T}\right)^2 - l_{1111}\left(\frac{A_{m,A}}{T}\right)^3 \quad (8.133)$$

$$- l_{1112}\left(\frac{A_{m,A}}{T}\right)^2\left(\frac{A_{m,B}}{T}\right) - l_{1122}\left(\frac{A_{m,A}}{T}\right)\left(\frac{A_{m,B}}{T}\right)^2$$

$$- l_{1222}\left(\frac{A_{m,B}}{T}\right)^3 - \cdots$$

$$\frac{dn_{(B)_{E(\gamma)}}}{dt} = -\frac{dn_{B(s)}}{dt} = j_B$$

$$= -l_{21}\left(\frac{A_{m,A}}{T}\right) - l_{22}\left(\frac{A_{m,B}}{T}\right) - l_{211}\left(\frac{A_{m,A}}{T}\right)^2$$

$$- l_{212}\left(\frac{A_{m,A}}{T}\right)\left(\frac{A_{m,B}}{T}\right) - l_{222}\left(\frac{A_{m,B}}{T}\right)^2$$

$$- l_{2111}\left(\frac{A_{m,A}}{T}\right)^3 - l_{2112}\left(\frac{A_{m,A}}{T}\right)^2\left(\frac{A_{m,B}}{T}\right) \quad (8.134)$$

$$- l_{2122}\left(\frac{A_{m,A}}{T}\right)\left(\frac{A_{m,B}}{T}\right)^2 - l_{2222}\left(\frac{A_{m,B}}{T}\right)^3 - \cdots$$

2）从温度 T_2 到温度 T

压力恒定，在温度 T_i，组元 B 的转化速率为

$$\frac{dn_{(B)_{qi-1}}}{dt} = -\frac{dn_{B(s)}}{dt} = j_B$$

$$= -l_1\left(\frac{A_{m,B}}{T}\right) - l_2\left(\frac{A_{m,B}}{T}\right)^2 - l_3\left(\frac{A_{m,B}}{T}\right)^3 - \cdots \quad (8.135)$$

其中

$$A_{m,B} = \Delta G_{m,B}$$

8.3.3　具有最低共晶点的三元系升温过程的相变

1. 升温过程相变的热力学

图 8.10 是具有最低共晶点的三元系相图。在恒压条件下，物质组成点为 M 的固相升温。

1）温度升高到 T_E

温度升到 T_E，物质组成点到达最低共晶点 E 所在的平行于底面的等温平面。在组成为 M 的物质中，有共晶点组成的 E 和过量的组元 A 和 B。

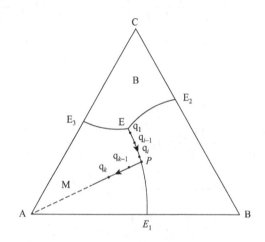

图 8.10　是具有最低共晶点的三元系相图

在温度 T_E，组成为 E 的组元相变过程可表示为

$$E(A+B+C)\Longrightarrow E(\gamma)$$

即

$$x_A A(s) + x_B B(s) + x_C C(s) \Longrightarrow x_A (A)_{E(\gamma)} + x_B (B)_{E(\gamma)} + x_C (C)_{E(\gamma)}$$

或

$$A(s) \Longrightarrow (A)_{E(\gamma)} = (A)_饱$$

$$B(s) \Longrightarrow (B)_{E(\gamma)} = (B)_饱$$

$$C(s) \Longrightarrow (C)_{E(\gamma)} = (C)_饱$$

式中，x_A、x_B 和 x_C 分别为组成 E 的组元 A、B 和 C 的摩尔分数。

摩尔吉布斯自由能变为

$$\Delta G_{m,E}(T_E) = G_{m,E(\gamma)}(T_E) - G_{m,E(A+B+C)}(T_E)$$
$$= (H_{m,E(\gamma)}(T_E) - T_E S_{m,E(\gamma)}(T_E)) - (H_{m,E(A+B+C)}(T_E) - T_E S_{m,E(A+B+C)}(T_E))$$
$$= \Delta H_{m,E}(T_E) - T_E \Delta S_{m,E}(T_E) \qquad (8.136)$$
$$= \Delta H_{m,E}(T_E) - T_E \frac{\Delta H_{m,E}(T_E)}{T_E}$$
$$= 0$$

或者

$$\Delta G_{m,A}(T_E) = \overline{G}_{m,(A)_{E(\gamma)}}(T_E) - G_{m,A(s)}(T_E)$$
$$= (\overline{H}_{m,(A)_{E(\gamma)}}(T_E) - T_E \overline{S}_{m,(A)_{E(\gamma)}}(T_E)) - (H_{m,A(s)}(T_E) - T_E S_{m,A(s)}(T_E))$$
$$= \Delta H_{m,A}(T_E) - T_E \Delta S_{m,A}(T_E) \qquad (8.137)$$
$$= \Delta H_{m,A}(T_E) - T_E \frac{\Delta H_{m,A}(T_E)}{T_E}$$
$$= 0$$

同理

$$\Delta G_{m,B}(T_E) = \overline{G}_{m,(B)_{E(\gamma)}}(T_E) - G_{m,B(s)}(T_E) \qquad (8.138)$$
$$= 0$$

$$\Delta G_{m,C}(T_E) = \overline{G}_{m,(C)_{E(\gamma)}}(T_E) - G_{m,C(s)}(T_E) \qquad (8.139)$$
$$= 0$$

总摩尔吉布斯自由能变为

$$\Delta G_{m,t}(T_E) = x_A \Delta G_{m,A}(T_E) + x_B \Delta G_{m,B}(T_E) + x_C \Delta G_{m,C}(T_E) \qquad (8.140)$$
$$= 0$$

或如下计算：以纯固态组元 A、B 和 C 为标准状态，浓度以摩尔分数表示，有

$$\Delta G_{m,A} = \mu_{(A)_{E(\gamma)}} - \mu_{A(s)}$$
$$= \mu_{(A)_{饱}} - \mu_{A(s)} \qquad (8.141)$$
$$= 0$$

其中

$$\mu_{(A)_{饱}} = \mu_{(A)_{E(\gamma)}} = \mu_{A(s)}^* + RT \ln a_{(A)_{E(\gamma)}}^R$$
$$= \mu_{A(s)}^* + RT \ln a_{(A)_{饱}}^R$$
$$\mu_{A(s)} = \mu_{A(s)}^*$$
$$a_{(A)_{饱}}^R = a_{(A)_{E(\gamma)}}^R = 1$$

$$\Delta G_{m,B} = \mu_{(B)_{E(\gamma)}} - \mu_{B(s)}$$
$$= \mu_{(B)_{饱}} - \mu_{B(s)}$$
$$= 0$$
（8.142）

其中

$$\mu_{(B)_{饱}} = \mu_{(B)_{E(\gamma)}} = \mu_{B(s)}^* + RT \ln a_{(B)_{E(\gamma)}}^R$$
$$= \mu_{B(S)}^* + RT \ln a_{(B)_{饱}}^R$$
$$\mu_{B(s)} = \mu_{B(s)}^*$$
$$a_{(B)_{饱}}^R = a_{(B)_{E(\gamma)}}^R = 1$$

$$\Delta G_{m,C} = \mu_{(C)_{E(\gamma)}} - \mu_{C(s)}$$
$$= \mu_{(C)_{饱}} - \mu_{C(s)}$$
$$= 0$$
（8.143）

其中

$$\mu_{(C)_{饱}} = \mu_{(C)_{E(\gamma)}} = \mu_{A(s)}^* + RT \ln a_{(C)_{E(\gamma)}}^R$$
$$= \mu_{C(S)}^* + RT \ln a_{(C)_{饱}}^R$$

总摩尔吉布斯自由能变为

$$\Delta G_{m,t}(T_E) = x_A \Delta G_{m,A} + x_B \Delta G_{m,B} + x_C \Delta G_{m,C}$$
$$= 0$$
（8.144）

2）升高温度到 T_1

E(γ) 由组元 A、B、C 的饱和相变成不饱和相 E'(γ)，组成为 E 的组元 A、B 和 C。如果在温度 T_E 还没完全转变为 E(γ)，则会继续向 E'(γ) 中溶解，有

$$E(A + B + C) = E'(\gamma)$$

即

$$x_A A(s) + x_B B(s) + x_C C(s) = x_A (A)_{E'(\gamma)} + x_B (B)_{E'(\gamma)} + x_C (C)_{E'(\gamma)}$$

或

$$A(s) = (A)_{E'(\gamma)} = (A)_{未饱}$$
$$B(s) = (B)_{E'(\gamma)} = (B)_{未饱}$$
$$C(s) = (C)_{E'(\gamma)} = (C)_{未饱}$$

摩尔吉布斯自由能变为

$$\Delta G_{m,A}(T_1) = \bar{G}_{m,(A)_{E(\gamma)}}(T_1) - G_{m,A(s)}(T_1)$$

$$= (\bar{H}_{m,(A)_{E(\gamma)}}(T_1) - T_1\bar{S}_{m,(A)_{E(\gamma)}}(T_1)) - (H_{m,A(s)}(T_1) - T_1 S_{m,A(s)}(T_1))$$

$$= (\bar{H}_{m,(A)_{E(\gamma)}}(T_1) - H_{m,A(s)}(T_1)) - T_1(\bar{S}_{m,(A)_{E(\gamma)}}(T_1) - S_{m,A(s)}(T_1))$$

$$= \Delta H_{m,A}(T_1) - T_1\Delta S_{m,A}(T_1)$$

$$\approx \Delta H_{m,A}(T_E) - T_1\Delta S_{m,A}(T_E)$$

$$= \frac{\Delta H_{m,A}(T_E)\Delta T}{T_E} \qquad\qquad (8.145)$$

同理

$$\Delta G_{m,B}(T_1) = \bar{G}_{m,(B)_{E(\gamma)}}(T_1) - G_{m,B(s)}(T_1)$$

$$= \Delta H_{m,B}(T_1) - T_1\Delta S_{m,B}(T_1)$$

$$\approx \Delta H_{m,B}(T_E) - T_1\Delta S_{m,B}(T_E) \qquad\qquad (8.146)$$

$$= \frac{\Delta H_{m,B}(T_E)\Delta T}{T_E}$$

$$< 0$$

$$\Delta G_{m,C}(T_1) = \bar{G}_{m,(C)_{E(\gamma)}}(T_1) - G_{m,C(s)}(T_1)$$

$$= \Delta H_{m,C}(T_1) - T_1\Delta S_{m,C}(T_1)$$

$$\approx \Delta H_{m,C}(T_E) - T_1\Delta S_{m,C}(T_E) \qquad\qquad (8.147)$$

$$= \frac{\Delta H_{m,C}(T_E)\Delta T}{T_E}$$

$$< 0$$

其中

$$T > T_E$$

$$\Delta T = T_E - T_1 < 0$$

$$\Delta H_{m,I} > 0, \quad \Delta S_{m,I} > 0$$

$\Delta H_{m,I}$、$\Delta S_{m,I}(I = A,B,C)$ 分别为组元 A(s)、B(s) 和 C(s) 溶解到 γ 相中的焓变和熵变。

总摩尔吉布斯自由能变为

$$\Delta G_{m,t}(T_1) = x_A\Delta G_{m,A}(T_1) + x_B\Delta G_{m,B}(T_1) + x_C\Delta G_{m,C}(T_1)$$

$$= \frac{x_A\Delta H_{m,A}(T_1)\Delta T}{T_1} + \frac{x_B\Delta H_{m,B}(T_1)\Delta T}{T_1} + \frac{x_C\Delta H_{m,C}(T_1)\Delta T}{T_1} \qquad (8.148)$$

或如下计算：以纯固态组元 A、B、C 为标准状态，浓度以摩尔分数表示，摩尔吉布斯自由能变为

$$\Delta G_{m,A} = \mu_{(A)_{E'(\gamma)}} - \mu_{A(s)}$$
$$= \mu_{(A)_{未饱}} - \mu_{A(s)}$$
$$= -RT \ln a_{(A)_{E'(\gamma)}}^{R}$$
$$= -RT \ln a_{(A)_{未饱}}^{R} \qquad （8.149）$$

其中

$$\mu_{(A)_{E'(\gamma)}} = \mu_{(A)_{未饱}} = \mu_{A(s)}^{*} + RT \ln a_{(A)_{E'(\gamma)}}^{R}$$
$$= \mu_{A(s)}^{*} + RT \ln a_{(A)_{未饱}}^{R}$$
$$\mu_{A(s)} = \mu_{A(s)}^{*}$$
$$a_{(A)_{E'(\gamma)}}^{R} = a_{(A)_{未饱}}^{R} < 1$$

$a_{(A)_{E'(\gamma)}}^{R}$ 为 E'(γ) 相中组元 A 的活度。

$$\Delta G_{m,B} = \mu_{(B)_{E'(\gamma)}} - \mu_{B(s)}$$
$$= \mu_{(B)_{未饱}} - \mu_{B(s)}$$
$$= -RT \ln a_{(B)_{E'(\gamma)}}^{R}$$
$$= -RT \ln a_{(B)_{未饱}}^{R} \qquad （8.150）$$

其中

$$\mu_{(B)_{E'(\gamma)}} = \mu_{(B)_{未饱}} = \mu_{B(s)}^{*} + RT \ln a_{(B)_{E'(\gamma)}}^{R}$$
$$= \mu_{B(s)}^{*} + RT \ln a_{(B)_{未饱}}^{R}$$
$$\mu_{B(s)} = \mu_{B(s)}^{*}$$
$$a_{(B)_{E'(\gamma)}}^{R} = a_{(B)_{未饱}}^{R} < 1$$

$a_{(B)_{E'(\gamma)}}^{R}$ 为 E'(γ) 相中组元 B 的活度。

$$\Delta G_{m,C} = \mu_{(C)_{E'(\gamma)}} - \mu_{BC(s)}$$
$$= \mu_{(C)_{未饱}} - \mu_{C(s)}$$
$$= -RT \ln a_{(C)_{E'(\gamma)}}^{R}$$
$$= -RT \ln a_{(C)_{未饱}}^{R} \qquad （8.151）$$

其中

$$\mu_{(C)_{E'(\gamma)}} = \mu_{(C)_{未饱}} = \mu_{C(s)}^{*} + RT \ln a_{(C)_{E'(\gamma)}}^{R}$$
$$= \mu_{C(S)}^{*} + RT \ln a_{(C)_{未饱}}^{R}$$
$$\mu_{C(s)} = \mu_{C(s)}^{*}$$
$$a_{(C)_{E'(\gamma)}}^{R} = a_{(C)_{未饱}}^{R} < 1$$

$a_{(C)_{E'(\gamma)}}^{R}$ 为 E′(γ) 相中组元 C 的活度。

总摩尔吉布斯自由能变为

$$\Delta G_{m,t}(T_1) = x_A \Delta G_{m,A} + x_B \Delta G_{m,B} + x_C \Delta G_{m,C}$$
$$= x_A RT \ln a_{(A)_{E'(\gamma)}}^{R} + x_B RT \ln a_{(B)_{E'(\gamma)}}^{R} + x_C RT \ln a_{(C)_{E'(\gamma)}}^{R} \qquad (8.152)$$

组成为 E 的组元 A、B 和 C 完全转变为 E′(γ) 后，在温度 T_1，E′(γ) 仍是不饱和相，以 E″(γ) 表示。按照组成为 E 而过量的组元 A 和 B 继续向 E″(γ) 相中溶解，有

$$A(s) =\!\!=\!\!= (A)_{E''(\gamma)}$$

$$B(s) =\!\!=\!\!= (B)_{E''(\gamma)}$$

摩尔吉布斯自由能变为

$$\Delta G_{m,A}(T_1) = \bar{G}_{m,(A)_{E''(\gamma)}}(T_1) - G_{m,A(s)}(T_1)$$
$$= (\bar{H}_{m,(A)_{E''(\gamma)}}(T_1) - T_1 \bar{S}_{m,(A)_{E''(\gamma)}}(T_1)) - \left(H_{m,A(s)}(T_1) - T_1 S_{m,A(s)}(T_1)\right)$$
$$= (\bar{H}_{m,(A)_{E''(\gamma)}}(T_1) - H_{m,A(s)}(T_1)) - T_1(\bar{S}_{m,(A)_{E''(\gamma)}}(T_1) - S_{m,A(s)}(T_1))$$
$$= \Delta H_{m,A}(T_1) - T_1 \Delta S_{m,A}(T_1)$$
$$= \frac{\Delta H_{m,A}(T_E) \Delta T}{T_E} \qquad (8.153)$$

同理

$$\Delta G_{m,B}(T_1) = \bar{G}_{m,(B)_{E''(\gamma)}}(T_1) - G_{m,B(s)}(T_1)$$
$$= \Delta H_{m,B}(T_1) - T_1 \Delta S_{m,B}(T_1)$$
$$= \frac{\Delta H_{m,B}(T_E) \Delta T}{T_E} \qquad (8.154)$$

其中

$$T_1 > T_E$$

$$\Delta T = T_E - T_1 < 0$$

$$\Delta G_{m,t}(T_1) = x_A \Delta G_{m,A}(T_1) + x_B \Delta G_{m,B}(T_1)$$
$$\approx \frac{x_A \Delta H_{m,A}(T_E) \Delta T}{T_E} + \frac{x_B \Delta H_{m,B}(T_E) \Delta T}{T_E} \qquad (8.155)$$

以纯固态组元 A 和 B 为标准状态，浓度以摩尔分数表示，有

$$\Delta G_{m,A} = \mu_{(A)_{E'(\gamma)}} - \mu_{A(s)}$$

$$= \mu_{(A)_{未饱}} - \mu_{A(s)}$$

$$= -RT \ln a^R_{(A)_{E'(\gamma)}}$$

$$= -RT \ln a^R_{(A)_{未饱}} \tag{8.156}$$

其中

$$\mu_{(A)_{E'(\gamma)}} = \mu_{(A)_{未饱}} = \mu^*_{A(s)} + RT \ln a^R_{(A)_{E'(\gamma)}}$$

$$= \mu^*_{A(s)} + RT \ln a^R_{(A)_{未饱}}$$

$$\mu_{A(s)} = \mu^*_{A(s)}$$

$$a^R_{(A)_{E'(\gamma)}} = a^R_{(A)_{未饱}} < 1$$

$$\Delta G_{m,B} = \mu_{(B)_{E'(\gamma)}} - \mu_{B(s)}$$

$$= \mu_{(B)_{未饱}} - \mu_{B(s)}$$

$$= -RT \ln a^R_{(B)_{E'(\gamma)}}$$

$$= -RT \ln a^R_{(B)_{未饱}} \tag{8.157}$$

其中

$$\mu_{(B)_{E'(\gamma)}} = \mu_{(B)_{未饱}} = \mu^*_{B(s)} + RT \ln a^R_{(B)_{E'(\gamma)}}$$

$$= \mu^*_{B(s)} + RT \ln a^R_{(B)_{未饱}}$$

$$\mu_{B(s)} = \mu^*_{B(s)}$$

$$a^R_{(B)_{E'(\gamma)}} = a^R_{(B)_{未饱}} < 1$$

组元 A 和 B 向 E″(γ) 中溶解，直到组元 A 和 B 达到饱和，与 γ 相达到平衡，组成为共晶线 EE_1 上的 q_1 点。有

$$A(s) \Longleftrightarrow (A)_{q_1} \Longrightarrow (A)_{饱}$$

$$B(s) \Longleftrightarrow (B)_{q_1} \Longrightarrow (B)_{饱}$$

3）从温度 T_1 到 T_p

从温度 T_1 到 T_p，随着温度的升高，平衡组成沿共晶线 EP 移动到 P 点。组元 A、B 在 γ 相中的溶解度增大。因此，组元 A、B 向相 γ 中溶解。该过程可以统一描述如下：

在温度 T_{i-1}，组元 A、B 在 γ 相中的溶解达到饱和，和 γ 相达成平衡，平衡组成为共晶线 EP 上的 q_{i-1} 点。有

$$A(s) \Longleftrightarrow (A)_{q_{i-1}} \Longrightarrow (A)_{饱}$$

$$B(s) \Longleftrightarrow (B)_{q_{i-1}} \Longrightarrow (B)_{饱}$$

$$(i = 1, 2, \cdots, p)$$

升高温度到T_i。在温度刚升到T_i，组元 A 和 B 还未来得及向q_{i-1}中溶解，其组成未变，仍为q_{i-1}，但已由组元 A 和 B 饱和的相q_{i-1}变成组元 A 和 B 不饱和的相q'_{i-1}，组元 A 和 B 向其中溶解，有

$$A(s) \Longrightarrow (A)_{q'_{i-1}} \Longrightarrow (A)_{未饱}$$

$$B(s) \Longrightarrow (B)_{q'_{i-1}} \Longrightarrow (B)_{未饱}$$

$$(i = 1, 2, \cdots, p)$$

摩尔吉布斯自由能变为

$$\begin{aligned}
\Delta G_{m,A}(T_i) &= \overline{G}_{m,(A)_{q'_{i-1}}}(T_i) - G_{m,A(s)}(T_i) \\
&= \Delta H_{m,A}(T_i) - T_i \Delta S_{m,A}(T_i) \\
&\approx \Delta H_{m,A}(T_{i-1}) - T_i \frac{\Delta H_{m,A}(T_{i-1})}{T_{i-1}} \\
&= \frac{\Delta H_{m,A}(T_{i-1}) \Delta T}{T_{i-1}}
\end{aligned} \tag{8.158}$$

同理

$$\begin{aligned}
\Delta G_{m,B}(T_i) &= \overline{G}_{m,(B)_{q'_{i-1}}}(T_i) - G_{m,B(s)}(T_i) \\
&\approx \Delta H_{m,B}(T_{i-1}) - T_i S_{m,B}(T_{i-1}) \\
&= \frac{\Delta H_{m,B}(T_{i-1}) \Delta T}{T_{i-1}}
\end{aligned} \tag{8.159}$$

其中

$$T_i > T_{i-1}$$

$$\Delta T = T_{i-1} - T_i < 0$$

或如下计算：以纯固态组元 A 和 B 为标准状态，浓度以摩尔分数表示，摩尔吉布斯自由能变为

$$\begin{aligned}
\Delta G_{m,A} &= \mu_{(A)_{q'_{i-1}}} - \mu_{A(s)} \\
&= RT \ln a^R_{(A)_{q'_{i-1}}}
\end{aligned} \tag{8.160}$$

其中

$$\mu_{(A)_{q_{i-1}}} = \mu^*_{A(s)} + RT \ln a^R_{(A)_{q_{i-1}}}$$

$$\mu_{A(s)} = \mu^*_{A(s)}$$

$$\Delta G_{m,B} = \mu_{(B)_{q_{i-1}}} - \mu_{B(s)}$$

$$= -RT \ln a^R_{(B)_{q'_{i-1}}} \tag{8.161}$$

其中

$$\mu_{(B)_{q'_{i-1}}} = \mu_{(B)_{未饱}} = \mu^*_{B(s)} + RT \ln a^R_{(B)_{q'_{i-1}}}$$

$$\mu_{B(s)} = \mu^*_{B(s)}$$

总摩尔吉布斯自由能变为

$$\Delta G_{m,t} = x_A \Delta G_{m,A} + x_B \Delta G_{m,B}$$

$$= x_A RT \ln a^R_{(A)_{q'_{i-1}}} + x_B RT \ln a^R_{(B)_{q'_{i-1}}} \tag{8.162}$$

随着组元 A 和 B 向 q'_{i-1} 相中溶解，相 q'_{i-1} 的未饱和程度降低，直到组元 A 和 B 溶解达到饱和，组元 A、B 和 γ 相达到新的平衡，平衡相组成为共晶线 EE_1 上的 q_i 点。有

$$A(s) \Longleftrightarrow (A)_{q_i} \equiv\!\equiv\!\equiv (A)_{饱}$$

$$B(s) \Longleftrightarrow (B)_{q_i} \equiv\!\equiv\!\equiv (B)_{饱}$$

继续升高温度，在温度 T_p，组元 A、B 在 γ 相中的溶解达到饱和，有

$$A(s) \Longleftrightarrow (A)_{q_p} \equiv\!\equiv\!\equiv (A)_{饱}$$

$$B(s) \Longleftrightarrow (B)_{q_p} \equiv\!\equiv\!\equiv (B)_{饱}$$

4）升高温度到 T_{M_1}

温度刚升到 T_{M_1}，组元 A 和 B 还未来得及溶解进入 q_p 相中，其组成未变，但已由组元 A、B 的饱和相 q_p 变成组元 A、B 不饱和相 q'_p。因此，组元 A、B 向其中溶解，有

$$A(s) \equiv\!\equiv\!\equiv (A)_{q'_p} \equiv\!\equiv\!\equiv (A)_{未饱}$$

$$B(s) \equiv\!\equiv\!\equiv (B)_{q'_p} \equiv\!\equiv\!\equiv (B)_{未饱}$$

该过程摩尔吉布斯自由能变为

$$\begin{aligned}
\Delta G_{m,A}(T_{M_1}) &= \bar{G}_{m,(A)_{q'_p}}(T_{M_1}) - G_{m,A(s)}(T_{M_1}) \\
&= \Delta H_{m,A}(T_{M_1}) - T_{M_1}\Delta S_{m,A}(T_{M_1}) \\
&\approx \Delta H_{m,A}(T_p) - T_{M_1}\Delta S_{m,A}(T_p) \\
&= \frac{\Delta H_{m,A}(T_p)\Delta T}{T_p}
\end{aligned} \tag{8.163}$$

同理

$$\begin{aligned}
\Delta G_{m,B}(T_{M_1}) &= \bar{G}_{m,(B)_{q'_p}}(T_{M_1}) - G_{m,B(s)}(T_{M_1}) \\
&= \Delta H_{m,B}(T_{M_1}) - T_{M_1}\Delta S_{m,B}(T_{M_1}) \\
&\approx \Delta H_{m,B}(T_p) - T_{M_1}\Delta S_{m,B}(T_p) \\
&= \frac{\Delta H_{m,B}(T_p)\Delta T}{T_p}
\end{aligned} \tag{8.164}$$

其中

$$T_{M_1} > T_p$$

$$\Delta T = T_p - T_{M_1} < 0$$

总摩尔吉布斯自由能变为

$$\Delta G_{m,t}(T_{M_1}) = x_A \Delta G_{m,A}(T_{M_1}) + x_B \Delta G_{m,B}(T_{M_1})$$

$$\approx \frac{x_A \Delta H_{m,A}(T_p)\Delta T}{T_p} + \frac{x_B \Delta H_{m,B}(T_p)\Delta T}{T_p} \qquad (8.165)$$

或如下计算：以纯固态组元 A 和 B 为标准状态，浓度以摩尔分数表示，摩尔吉布斯自由能变为

$$\Delta G_{m,A} = \mu_{(A)_{q'_p}} - \mu_{A(s)}$$

$$= RT \ln a^R_{(A)_{q'_p}} \qquad (8.166)$$

其中

$$\mu_{(A)_{q'_p}} = \mu^*_{A(s)} + RT \ln a^R_{(A)_{q'_p}}$$

$$\mu_{A(s)} = \mu^*_{A(s)}$$

$$\Delta G_{m,B} = \mu_{(B)_{q'_p}} - \mu_{B(s)} = -RT \ln a^R_{(B)_{q'_p}} \qquad (8.167)$$

其中

$$\mu_{(B)_{q'_p}} = \mu^*_{B(s)} + RT \ln a^R_{(B)_{q'_p}}$$

$$\mu_{B(s)} = \mu^*_{B(s)}$$

直到组元 B 消失，完全溶解到 q'_p 中，组元 A 溶解达到饱和，组元 A 的平衡组成为 PM 连线上的 q_{M_1} 点，有

$$A(s) \rightleftharpoons (A)_{q_{M_1}} \Longequal (A)_{饱}$$

5）从温度 T_{M_1} 到 T_M

从温度 T_{M_1} 到 T_M，组元 A 的平衡组成沿 PM 连线从 P 点向 M 点移动。组元 A 在 γ 相中的溶解度增大。因此，组元 A 向 γ 相中溶解。组元 A 的溶解过程可以统一描写如下：

在温度 T_{k-1}，组元 A 溶解达到饱和，平衡组成为 q_{k-1} 点，有

$$A(s) \Longequal (A)_{q_{k-1}} \Longequal (A)_{饱}$$

升高温度到 T_k。在温度刚升到 T_k，组元 A 还未来得及溶解时，其组成仍为 q_{k-1}，但已由组元 A 饱和的相 q_{k-1} 变成不饱和的相 q'_{k-1}，组元 A 向其中溶解，有

$$A(s) \Longequal (A)_{q'_{k-1}}$$

摩尔吉布斯自由能变为

$$\begin{aligned}
\Delta G_{m,A}(T_k) &= \bar{G}_{m,(A)_{q_{k-1}}}(T_k) - G_{m,A(s)}(T_k) \\
&= (\bar{H}_{m,(A)_{q_{k-1}}}(T_k) - T_1\bar{S}_{m,(A)_{q_{k-1}}}(T_k)) - (H_{m,A(s)}(T_k) - T_k S_{m,A(s)}(T_k)) \\
&= \Delta H_{m,A}(T_k) - T_k \Delta S_{m,A}(T_k) \\
&= \frac{\Delta H_{m,A}(T_{k-1})\Delta T}{T_{k-1}}
\end{aligned} \tag{8.168}$$

其中

$$T_k > T_{k-1}$$
$$\Delta T = T_{k-1} - T_k < 0$$

或如下计算：以纯固态组元 A 为标准状态，浓度以摩尔分数表示，摩尔吉布斯自由能变为

$$\begin{aligned}
\Delta G_{m,A} &= \mu_{(A)_{q_{k-1}}} - \mu_{A(s)} \\
&= RT \ln a^R_{(A)_{q_{k-1}}}
\end{aligned} \tag{8.169}$$

其中

$$\mu_{(A)_{q_{k-1}}} = \mu^*_{A(s)} + RT \ln a^R_{(A)_{q_{k-1}}}$$
$$\mu_{A(s)} = \mu^*_{A(s)}$$

组元 A 向 q'_{k-1} 相中溶解达到饱和，两相达到平衡，平衡组成为 PM 连线上的 q_k 点。有

$$A(s) \Longleftrightarrow (A)_{q_k} \Longleftrightarrow (A)_{饱}$$

在温度 T_M，组元 A 溶解达到饱和，平衡组成为 q_M 点，有

$$A(s) \Longleftrightarrow (A)_{q_M} \Longleftrightarrow (A)_{饱}$$

6）升高温度到 T

在温度刚升到 T，组元 A 还未来得及向 q_M 中溶解时，其组成未变，但已由组元 A 饱和的相 q_M 变成不饱和的 q'_M，组元 A 向其中溶解，有

$$A(s) \Longleftrightarrow (A)_{q'_M}$$

摩尔吉布斯自由能变为

$$\begin{aligned}
\Delta G_{m,A}(T) &= \bar{G}_{m,(A)_{q'_M}}(T) - G_{m,A(s)}(T) \\
&= \Delta H_{m,A}(T) - T\Delta S_{m,A}(T) \\
&\approx \frac{\Delta H_{m,A}(T_M)\Delta T}{T_M}
\end{aligned} \tag{8.170}$$

其中

$$T > T_M$$

$$\Delta T = T_{\mathrm{M}} - T < 0$$

也可以如下计算

$$\Delta G_{\mathrm{m,A}} = \mu_{(\mathrm{A})_{q'_{\mathrm{M}}}} - \mu_{\mathrm{A(s)}}$$
$$= RT \ln a^{\mathrm{R}}_{(\mathrm{A})_{q'_{\mathrm{M}}}} \tag{8.171}$$

其中

$$\mu_{(\mathrm{A})_{q'_{\mathrm{M}}}} = \mu^*_{\mathrm{A(s)}} + RT \ln a^{\mathrm{R}}_{(\mathrm{A})_{q'_{\mathrm{M}}}}$$
$$\mu_{\mathrm{A(s)}} = \mu^*_{\mathrm{A(s)}}$$

直到组元 A 消失，完全溶解到 γ 相中。

2. 相变过程的速率

1）在温度 T_1

压力恒定，在温度 T_1，组元 E(A+B+C) 转化为 E(γ) 的速率为

$$\frac{\mathrm{d}n_{\mathrm{E(\gamma)}}}{\mathrm{d}t} = -\frac{\mathrm{d}n_{\mathrm{E(A+B+C)}}}{\mathrm{d}t} = j_{\mathrm{E}}$$
$$= -l_1\left(\frac{A_{\mathrm{m,E}}}{T}\right) - l_2\left(\frac{A_{\mathrm{m,E}}}{T}\right)^2 - l_3\left(\frac{A_{\mathrm{m,E}}}{T}\right)^3 - \cdots \tag{8.172}$$

不考虑耦合作用，组元 A、B、C 转化为 E(γ) 的速率为

$$\frac{\mathrm{d}n_{(\mathrm{A})_{\mathrm{E'(\gamma)}}}}{\mathrm{d}t} = -\frac{\mathrm{d}n_{\mathrm{A(s)}}}{\mathrm{d}t} = j_{\mathrm{A}}$$
$$= -l_1\left(\frac{A_{\mathrm{m,A}}}{T}\right) - l_2\left(\frac{A_{\mathrm{m,A}}}{T}\right)^2 - l_3\left(\frac{A_{\mathrm{m,A}}}{T}\right)^3 - \cdots \tag{8.173}$$

$$\frac{\mathrm{d}n_{(\mathrm{B})_{\mathrm{E'(\gamma)}}}}{\mathrm{d}t} = -\frac{\mathrm{d}n_{\mathrm{B(s)}}}{\mathrm{d}t} = j_{\mathrm{B}}$$
$$= -l_1\left(\frac{A_{\mathrm{m,B}}}{T}\right) - l_2\left(\frac{A_{\mathrm{m,B}}}{T}\right)^2 - l_3\left(\frac{A_{\mathrm{m,B}}}{T}\right)^3 - \cdots \tag{8.174}$$

$$\frac{\mathrm{d}n_{(\mathrm{C})_{\mathrm{E'(\gamma)}}}}{\mathrm{d}t} = -\frac{\mathrm{d}n_{\mathrm{C(s)}}}{\mathrm{d}t} = j_{\mathrm{B}}$$
$$= -l_1\left(\frac{A_{\mathrm{m,C}}}{T}\right) - l_2\left(\frac{A_{\mathrm{m,C}}}{T}\right)^2 - l_3\left(\frac{A_{\mathrm{m,C}}}{T}\right)^3 - \cdots \tag{8.175}$$

考虑耦合作用，有

$$\frac{\mathrm{d}n_{(\mathrm{A})_{\mathrm{E'(\gamma)}}}}{\mathrm{d}t} = -\frac{\mathrm{d}n_{\mathrm{A(s)}}}{\mathrm{d}t} = j_{\mathrm{A}}$$

$$
\begin{aligned}
= & -l_{11}\left(\frac{A_{\mathrm{m,A}}}{T}\right) - l_{12}\left(\frac{A_{\mathrm{m,B}}}{T}\right) - l_{13}\left(\frac{A_{\mathrm{m,C}}}{T}\right) - l_{111}\left(\frac{A_{\mathrm{m,A}}}{T}\right)^2 \\
& -l_{112}\left(\frac{A_{\mathrm{m,A}}}{T}\right)\left(\frac{A_{\mathrm{m,B}}}{T}\right) - l_{113}\left(\frac{A_{\mathrm{m,A}}}{T}\right)\left(\frac{A_{\mathrm{m,C}}}{T}\right) \\
& -l_{122}\left(\frac{A_{\mathrm{m,B}}}{T}\right)^2 - l_{123}\left(\frac{A_{\mathrm{m,B}}}{T}\right)\left(\frac{A_{\mathrm{m,C}}}{T}\right) \\
& -l_{133}\left(\frac{A_{\mathrm{m,C}}}{T}\right)^2 - l_{1111}\left(\frac{A_{\mathrm{m,A}}}{T}\right)^3 - l_{1112}\left(\frac{A_{\mathrm{m,A}}}{T}\right)^2\left(\frac{A_{\mathrm{m,B}}}{T}\right) \\
& -l_{1113}\left(\frac{A_{\mathrm{m,A}}}{T}\right)^2\left(\frac{A_{\mathrm{m,C}}}{T}\right) - l_{1122}\left(\frac{A_{\mathrm{m,A}}}{T}\right)\left(\frac{A_{\mathrm{m,B}}}{T}\right)^2 \\
& -l_{1123}\left(\frac{A_{\mathrm{m,A}}}{T}\right)\left(\frac{A_{\mathrm{m,B}}}{T}\right)\left(\frac{A_{\mathrm{m,C}}}{T}\right) - l_{1133}\left(\frac{A_{\mathrm{m,A}}}{T}\right)\left(\frac{A_{\mathrm{m,C}}}{T}\right)^2 \\
& -l_{1222}\left(\frac{A_{\mathrm{m,B}}}{T}\right)^3 - l_{1223}\left(\frac{A_{\mathrm{m,B}}}{T}\right)^2\left(\frac{A_{\mathrm{m,C}}}{T}\right) \\
& -l_{1233}\left(\frac{A_{\mathrm{m,B}}}{T}\right)\left(\frac{A_{\mathrm{m,C}}}{T}\right)^2 - l_{1233}\left(\frac{A_{\mathrm{m,C}}}{T}\right)^3 - \cdots
\end{aligned}
\tag{8.176}
$$

$$\frac{\mathrm{d}n_{(\mathrm{B})_{\mathrm{E'(\gamma)}}}}{\mathrm{d}t} = -\frac{\mathrm{d}n_{\mathrm{B(s)}}}{\mathrm{d}t} = j_{\mathrm{B}}$$

$$
\begin{aligned}
= & -l_{21}\left(\frac{A_{\mathrm{m,A}}}{T}\right) - l_{22}\left(\frac{A_{\mathrm{m,B}}}{T}\right) - l_{23}\left(\frac{A_{\mathrm{m,C}}}{T}\right) - l_{211}\left(\frac{A_{\mathrm{m,A}}}{T}\right)^2 \\
& -l_{212}\left(\frac{A_{\mathrm{m,A}}}{T}\right)\left(\frac{A_{\mathrm{m,B}}}{T}\right) - l_{213}\left(\frac{A_{\mathrm{m,A}}}{T}\right)\left(\frac{A_{\mathrm{m,C}}}{T}\right) \\
& -l_{222}\left(\frac{A_{\mathrm{m,B}}}{T}\right)^2 - l_{223}\left(\frac{A_{\mathrm{m,B}}}{T}\right)\left(\frac{A_{\mathrm{m,C}}}{T}\right) \\
& -l_{233}\left(\frac{A_{\mathrm{m,C}}}{T}\right)^2 - l_{2111}\left(\frac{A_{\mathrm{m,A}}}{T}\right)^3 - l_{2112}\left(\frac{A_{\mathrm{m,A}}}{T}\right)^2\left(\frac{A_{\mathrm{m,B}}}{T}\right) \\
& -l_{2113}\left(\frac{A_{\mathrm{m,A}}}{T}\right)^2\left(\frac{A_{\mathrm{m,C}}}{T}\right) - l_{2122}\left(\frac{A_{\mathrm{m,A}}}{T}\right)\left(\frac{A_{\mathrm{m,B}}}{T}\right)^2 \\
& -l_{2123}\left(\frac{A_{\mathrm{m,A}}}{T}\right)\left(\frac{A_{\mathrm{m,B}}}{T}\right)\left(\frac{A_{\mathrm{m,C}}}{T}\right) - l_{2133}\left(\frac{A_{\mathrm{m,A}}}{T}\right)\left(\frac{A_{\mathrm{m,C}}}{T}\right)^2 \\
& -l_{2222}\left(\frac{A_{\mathrm{m,B}}}{T}\right)^3 - l_{2223}\left(\frac{A_{\mathrm{m,B}}}{T}\right)^2\left(\frac{A_{\mathrm{m,C}}}{T}\right) \\
& -l_{2233}\left(\frac{A_{\mathrm{m,B}}}{T}\right)\left(\frac{A_{\mathrm{m,C}}}{T}\right)^2 - l_{2333}\left(\frac{A_{\mathrm{m,C}}}{T}\right)^3 - \cdots
\end{aligned}
\tag{8.177}
$$

$$\frac{\mathrm{d}n_{(C)_{E'(\gamma)}}}{\mathrm{d}t} = -\frac{\mathrm{d}n_{C(s)}}{\mathrm{d}t} = j_C$$

$$
\begin{aligned}
= &-l_{31}\left(\frac{A_{m,A}}{T}\right) - l_{32}\left(\frac{A_{m,B}}{T}\right) - l_{33}\left(\frac{A_{m,C}}{T}\right) - l_{311}\left(\frac{A_{m,A}}{T}\right)^2 \\
&- l_{312}\left(\frac{A_{m,A}}{T}\right)\left(\frac{A_{m,B}}{T}\right) - l_{313}\left(\frac{A_{m,A}}{T}\right)\left(\frac{A_{m,C}}{T}\right) \\
&- l_{322}\left(\frac{A_{m,B}}{T}\right)^2 - l_{323}\left(\frac{A_{m,B}}{T}\right)\left(\frac{A_{m,C}}{T}\right) \\
&- l_{333}\left(\frac{A_{m,C}}{T}\right)^2 - l_{3111}\left(\frac{A_{m,A}}{T}\right)^3 - l_{3112}\left(\frac{A_{m,A}}{T}\right)^2\left(\frac{A_{m,B}}{T}\right) \\
&- l_{3113}\left(\frac{A_{m,A}}{T}\right)^2\left(\frac{A_{m,C}}{T}\right) - l_{3122}\left(\frac{A_{m,A}}{T}\right)\left(\frac{A_{m,B}}{T}\right)^2 \\
&- l_{3123}\left(\frac{A_{m,A}}{T}\right)\left(\frac{A_{m,B}}{T}\right)\left(\frac{A_{m,C}}{T}\right) - l_{3133}\left(\frac{A_{m,A}}{T}\right)\left(\frac{A_{m,C}}{T}\right)^2 \\
&- l_{3222}\left(\frac{A_{m,B}}{T}\right)^3 - l_{3223}\left(\frac{A_{m,B}}{T}\right)^2\left(\frac{A_{m,C}}{T}\right) \\
&- l_{3233}\left(\frac{A_{m,B}}{T}\right)\left(\frac{A_{m,C}}{T}\right)^2 - l_{3333}\left(\frac{A_{m,C}}{T}\right)^3 - \cdots
\end{aligned}
\tag{8.178}
$$

其中

$$A_{m,A} = \Delta G_{m,A}$$
$$A_{m,B} = \Delta G_{m,B}$$
$$A_{m,C} = \Delta G_{m,C}$$

2）从温度 T_2 到温度 T_p

压力恒定，在温度 T_i，不考虑耦合作用，组元 A 和 B 的转化速率为

$$\frac{\mathrm{d}n_{(A)_{q_{i-1}}}}{\mathrm{d}t} = -\frac{\mathrm{d}n_{A(s)}}{\mathrm{d}t} = j_A$$

$$= -l_1\left(\frac{A_{m,A}}{T}\right) - l_2\left(\frac{A_{m,A}}{T}\right)^2 - l_3\left(\frac{A_{m,A}}{T}\right)^3 - \cdots \tag{8.179}$$

$$\frac{\mathrm{d}n_{(B)_{q_{i-1}}}}{\mathrm{d}t} = -\frac{\mathrm{d}n_{B(s)}}{\mathrm{d}t} = j_B$$

$$= -l_1\left(\frac{A_{m,B}}{T}\right) - l_2\left(\frac{A_{m,B}}{T}\right)^2 - l_3\left(\frac{A_{m,B}}{T}\right)^3 - \cdots \tag{8.180}$$

考虑耦合作用，有

$$\frac{\mathrm{d}n_{(A)_{q_{i-1}}}}{\mathrm{d}t} = -\frac{\mathrm{d}n_{A(s)}}{\mathrm{d}t} = j_A$$

$$= -l_{11}\left(\frac{A_{m,A}}{T}\right) - l_{12}\left(\frac{A_{m,B}}{T}\right) - l_{111}\left(\frac{A_{m,A}}{T}\right)^2$$

$$- l_{112}\left(\frac{A_{m,A}}{T}\right)\left(\frac{A_{m,B}}{T}\right) - l_{122}\left(\frac{A_{m,B}}{T}\right)^2$$

$$- l_{1111}\left(\frac{A_{m,A}}{T}\right)^3 - l_{1112}\left(\frac{A_{m,A}}{T}\right)^2\left(\frac{A_{m,B}}{T}\right)$$

$$- l_{1122}\left(\frac{A_{m,A}}{T}\right)\left(\frac{A_{m,B}}{T}\right)^2 - l_{1222}\left(\frac{A_{m,B}}{T}\right)^3 - \cdots$$

$$(8.181)$$

$$\frac{\mathrm{d}n_{(B)_{q_{i-1}}}}{\mathrm{d}t} = -\frac{\mathrm{d}n_{B(s)}}{\mathrm{d}t} = j_A$$

$$= -l_{21}\left(\frac{A_{m,A}}{T}\right) - l_{22}\left(\frac{A_{m,B}}{T}\right) - l_{211}\left(\frac{A_{m,A}}{T}\right)^2$$

$$- l_{212}\left(\frac{A_{m,A}}{T}\right)\left(\frac{A_{m,B}}{T}\right) - l_{222}\left(\frac{A_{m,B}}{T}\right)^2$$

$$- l_{2111}\left(\frac{A_{m,A}}{T}\right)^3 - l_{2112}\left(\frac{A_{m,A}}{T}\right)^2\left(\frac{A_{m,B}}{T}\right)$$

$$- l_{2122}\left(\frac{A_{m,A}}{T}\right)\left(\frac{A_{m,B}}{T}\right)^2 - l_{2222}\left(\frac{A_{m,B}}{T}\right)^3 - \cdots$$

$$(8.182)$$

其中

$$A_{m,A} = \Delta G_{m,A}$$

$$A_{m,B} = \Delta G_{m,B}$$

3）从温度 T_{M+1} 到温度 T

压力恒定，从 T_{M+1} 到温度 T，在温度 T_k，组元 A 的转化速率为

$$\frac{\mathrm{d}n_{(A)_{q'_{k-1}}}}{\mathrm{d}t} = -\frac{\mathrm{d}n_{A(s)}}{\mathrm{d}t} = j_A$$

$$= -l_1\left(\frac{A_{m,A}}{T}\right) - l_2\left(\frac{A_{m,A}}{T}\right)^2 - l_3\left(\frac{A_{m,A}}{T}\right)^3 - \cdots$$

$$(8.183)$$

其中

$$A_{m,A} = \Delta G_{m,A}$$

8.3.4 具有最低共晶点的二元系降温过程的相变

1. 降温过程相变的热力学

图 8.11 是具有最低共晶点的二元系相图。物质组成点为 P 的固相 γ 降温冷却。

1）从温度 T_1 到 T_E

温度降到 T_1，物质组成点到达共晶线上的 P_1 点，也是平衡相组成的 q_1 点，两点重合。组元 B 在固相 γ 中溶解达到饱和，两相平衡，有

$$(B)_{q_1} \Longequal (B)_{饱} \rightleftharpoons B(s)$$

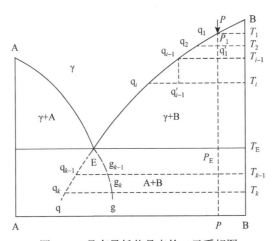

图 8.11 具有最低共晶点的二元系相图

摩尔吉布斯自由能变为

$$\Delta G_{m,B}(T_1) = G_{m,B(s)}(T_1) - G_{m,(B)_{饱}}(T_1)$$

$$= (H_{m,B(s)}(T_1) - T_1 S_{m,B(s)}(T_1)) - (\bar{H}_{m,(B)_{饱}}(T_1) - T_1 \bar{S}_{m,(B)_{饱}}(T_1))$$

$$= (H_{m,B(s)}(T_1) - \bar{H}_{m,(B)_{饱}}(T_1)) - T_1(S_{m,B(s)} - \bar{S}_{m,(B)_{饱}}(T_1)) \qquad (8.184)$$

$$= \Delta H_{m,B}(T_1) - T_1 \frac{\Delta H_{m,B}(T_1)}{T_1}$$

$$= 0$$

或如下计算：纯固相组元 B 和组元 B 饱和的 γ 相中组元 B 都以纯固相为标准状态，浓度以摩尔分数表示，则摩尔吉布斯自由能变为

$$\Delta G_{m,B} = \mu_{B(s)} - \mu_{(B)_{饱}}$$

$$= \mu_{B(s)}^* - (\mu_{B(s)}^* + RT \ln a_{(B)_{饱}}^R) \qquad (8.185)$$

$$= 0$$

其中

$$\ln a_{(B)_{饱}}^{R} = 1$$

　　继续降温到 T_2。当温度刚降到 T_2，组元 B 还未来得及析出时，γ 相组成未变，但已由组元 B 的饱和相 q_1 变成组元 B 的过饱和的 q_1'，析出组元 B 的晶体，有

$$(B)_{q_1'} =\!=\!= (B)_{过饱} =\!=\!= B(s)$$

　　以纯固态组元 B 为标准状态，浓度以摩尔分数表示，析出组元 B 过程的摩尔吉布斯自由能变为

$$\begin{aligned}
\Delta G_{m,B} &= \mu_{B(s)} - \mu_{(B)_{过饱}} \\
&= \mu_{B(s)} - \mu_{(B)q_1'} \\
&= -RT \ln a_{(B)_{过饱}}^{R} \\
&= -RT \ln a_{(B)q_1'}^{R}
\end{aligned} \qquad (8.186)$$

其中

$$\begin{aligned}
\mu_{B(s)} &= \mu_{B(s)}^{*} \\
\mu_{(B)_{过饱}} = \mu_{(B)q_1'} &= \mu_{B(s)}^{*} + RT \ln a_{(B)_{过饱}}^{R} \\
&= \mu_{B(s)}^{*} + RT \ln a_{(B)q_1'}^{R}
\end{aligned}$$

　　或如下计算

$$\begin{aligned}
\Delta G_{m,B}(T_2) &= G_{m,B}(T_2) - \bar{G}_{m,(B)_{过饱}}(T_2) \\
&= (H_{m,B}(T_2) - T_2 S_{m,B}(T_2)) - (\bar{H}_{m,(B)_{过饱}}(T_2) - T_2 \bar{S}_{m,(B)_{过饱}}(T_2)) \\
&= \Delta H_{m,B}(T_2) - T_2 \Delta S_{m,B}(T_2) \\
&\approx \Delta H_{m,B}(T_1) - T_2 \frac{\Delta H_{m,B}(T_1)}{T_1} \\
&= \frac{\theta_{B,T_2} \Delta H_{m,B}(T_1)}{T_1} \\
&= \eta_{B,T_2} \Delta H_{m,B}(T_1)
\end{aligned} \qquad (8.187)$$

式中，$\Delta H_{m,B}$ 和 $\Delta S_{m,B}$ 分别为从 γ 相中析出组元 B 的焓变和熵变。

$$T_1 > T_2$$
$$\theta_{B,T_2} = T_1 - T_2 > 0$$

θ_{B,T_2} 是组元 B 在温度 T_2 的绝对饱和过冷度。

$$\eta_{B,T_2} = \frac{T_1 - T_2}{T_1} > 0$$

η_{B_2,T_2} 是组元 B 在温度 T_2 的相对饱和过冷度。

$$\Delta H_{m,B}(T_2) \approx \Delta H_{m,B}(T_1) < 0$$

$$\Delta S_{m,B}(T_2) \approx \Delta S_{m,B}(T_1) = \frac{\Delta H_{m,B}(T_1)}{T_1} < 0$$

如果温度 T_1 和 T_2 相差大，则

$$\Delta H_{m,B}(T_2) = \Delta H_{m,B}(T_1) + \int_{T_1}^{T_2} \Delta C_{p,B} \mathrm{d}T$$

$$\Delta S_{m,B}(T_1) = \Delta S_{m,B}(T_1) + \int_{T_1}^{T_2} \frac{\Delta C_{p,B}}{T} \mathrm{d}T$$

式中，$\Delta C_{p,B}$ 为纯固态组元 B 和 γ 相中组元 B 的热容差，即

$$\Delta C_{p,B} = C_{p,B(s)} - C_{p,(B)过饱}$$

随着组元 B 的析出，组元 B 的过饱和程度逐渐减小，直到达到饱和。达到新的平衡相 q_2 点，有

$$(B)_{q_2} =\!=\!= (B)_{饱} =\!\Longleftrightarrow B(s)$$

继续降温。从温度 T_2 到 T_E，析晶过程可以描述如下：

在温度 T_{i-1}，组元 B 达到饱和，平衡相为 q_{i-1}，有

$$(B)_{q_{i-1}} =\!=\!= (B)_{饱} =\!\Longleftrightarrow B(s)$$

温度降到 T_i。在温度 T_i，平衡相为 q_i。当温度刚降到 T_i，组元 B 还未来得及析出时，在温度 T_{i-1} 的平衡相 q_{i-1} 的组成未变，但已由组元 B 的饱和相 q_{i-1} 变成为组元 B 的过饱和相 q'_{i-1}，析出组元 B，有

$$(B)_{q'_{i-1}} =\!=\!= (B)_{过饱} =\!=\!= B$$

以纯固态组元 B 为标准状态，浓度以摩尔分数表示，析出组元 B 的摩尔吉布斯自由能变为

$$\begin{aligned}
\Delta G_{m,B} &= \mu_{B(s)} - \mu_{(B)_{过饱}} \\
&= \mu_{B(s)} - \mu_{(B)q'_{i-1}} \\
&= -RT \ln a^{R}_{(B)过饱} \\
&= -RT \ln a^{R}_{(B)q'_{i-1}}
\end{aligned} \tag{8.188}$$

其中

$$\begin{aligned}
\mu_{B(s)} &= \mu^{*}_{B(s)} \\
\mu_{(B)过饱} &= \mu_{(B)q'_{i-1}} = \mu^{*}_{B(s)} + RT \ln a^{R}_{(B)过饱} \\
&= \mu^{*}_{B(s)} + RT \ln a^{R}_{(B)q'_{i-1}}
\end{aligned}$$

或如下计算

$$\Delta G_{m,B}(T_i) = G_{m,B}(T_i) - \bar{G}_{m,(B)_{过饱}}(T_i)$$

$$= (H_{m,B}(T_i) - T_i S_{m,B}(T_i)) - (\bar{H}_{m,(B)_{过饱}}(T_i) - T_i \bar{S}_{m,(B)_{过饱}}(T_i))$$

$$= (H_{m,B}(T_i) - H_{m,(B)_{过饱}}(T_i)) - T_i(S_{m,B}(T_i) - S_{m,(B)_{过饱}}(T_i))$$

$$= \Delta H_{m,B}(T_i) - T_i \Delta S_{m,B}(T_i)$$

$$\approx \Delta H_{m,B}(T_{i-1}) - T_i \Delta S_{m,B}(T_{i-1})$$

$$= \frac{\theta_{B,T_2} \Delta H_{m,B}(T_{i-1})}{T_{i-1}}$$

$$= \eta_{B,T_{i-1}} \Delta H_{m,B}(T_{i-1}) \tag{8.189}$$

其中

$$T_{i-1} > T_i$$

$$\theta_{B,T_i} = T_{i-1} - T_i > 0$$

θ_{B,T_i} 是组元 B 在温度 T_i 的绝对饱和过冷度。

$$\eta_{B,T_i} = \frac{T_{i-1} - T_i}{T_{i-1}} > 0$$

η_{B,T_i} 是组元 B 在温度 T_i 的相对饱和过冷度。

$$\Delta H_{m,B}(T_i) \approx \Delta H_{m,B}(T_i) < 0$$

$$\Delta S_{m,B}(T_i) \approx \Delta S_{m,B}(T_{i-1}) = \frac{\Delta H_{m,B}(T_{i-1})}{T_{i-1}}$$

如果温度 T_1 和 T_2 相差大，则

$$\Delta H_{m,B}(T_i) = \Delta H_{m,B}(T_{i-1}) + \int_{T_{i-1}}^{T_i} \Delta C_{p,B} \mathrm{d}T$$

$$\Delta S_{m,B}(T_i) = \Delta S_{m,B}(T_{i-1}) + \int_{T_{i-1}}^{T_i} \frac{\Delta C_{p,B}}{T} \mathrm{d}T$$

随着组元 B 的析出，组元 B 的过饱和程度逐渐减小，直到达到饱和。达到与 γ 相达成平衡，成为饱和相 q_i，有

$$(B)_{q_i} \Longrightarrow (B)_{饱} \Longleftrightarrow B(s)$$

继续降温。在温度 T_{E-1}，组元 B 达到饱和，平衡相为 q_{E-1}，有

$$(B)_{q_{E-1}} \Longrightarrow (B)_{饱} \Longleftrightarrow B(s)$$

继续降温到 T_E。当温度刚降到 T_E，组元 B 还未来得及析出时，在温度 T_{E-1} 的平衡相 q_{E-1} 成为组元 B 的过饱和相 q'_{E-1}，析出组元 B，有

$$(B)_{q'_{E-1}} \Longrightarrow (B)_{过饱} \Longleftrightarrow B(s)$$

以纯固态组元 B 为标准状态，浓度以摩尔分数表示，析出组元 B 的摩尔吉布

斯自由能变为

$$\Delta \mu_{m,B} = \mu_{B(s)} - \mu_{(B)过饱}$$
$$= \mu_{B(s)} - \mu_{(B)q'_{E-1}}$$
$$= -RT \ln a^{R}_{(B)过饱}$$
$$= -RT \ln a^{R}_{(B)q'_{E-1}} \qquad (8.190)$$

其中

$$\mu_{B(s)} = \mu^{*}_{B(s)}$$
$$\mu_{(B)过饱} = \mu_{(B)q'_{E-1}} = \mu^{*}_{B(s)} + RT \ln a^{R}_{(B)过饱}$$
$$= \mu^{*}_{B(s)} + RT \ln a^{R}_{(B)q'_{E-1}}$$

或者如下计算

$$\Delta G_{m,B}(T_E) = G_{m,B}(T_E) - G_{m,(B)过饱}(T_E)$$
$$= (H_{m,B}(T_E) - T_E S_{m,B}(T_E)) - (\bar{H}_{m,(B)过饱} - T_E \bar{S}_{m,(B)过饱}(T_E))$$
$$= (H_{m,B}(T_E) - \bar{H}_{m,(B)过饱}) - T_E(S_{m,B}(T_E) - S_{m,(B)过饱}(T_E))$$
$$\approx \Delta H_{m,B}(T_{E-1}) - T_E \Delta S_{m,B}(T_{E-1})$$
$$= \frac{\theta_{m,T_E} \Delta H_{m,B}(T_{E-1})}{T_{E-1}}$$
$$= \eta_{m,T_E} \Delta H_{m,B}(T_{E-1}) \qquad (8.191)$$

其中

$$T_{E-1} > T_E$$
$$\theta_{B,T_E} = T_{E-1} - T_E$$

θ_{B,T_E} 是组元 B 在温度 T_E 的绝对饱和过冷度。

$$\eta_{B,T_E} = \frac{T_{E-1} - T_E}{T_{E-1}}$$

η_{B,T_E} 是组元 B 在温度 T_E 的相对饱和过冷度。

$$\Delta H_{m,B}(T_E) \approx \Delta H_{m,B}(T_{E-1})$$
$$\Delta S_{m,B}(T_E) \approx \Delta S_{m,B}(T_{E-1}) = \frac{\Delta H_{m,B}(T_{E-1})}{T_{E-1}}$$

如果温度 T_{E-1} 和 T_E 相差大，则

$$\Delta H_{m,B}(T_E) = \Delta H_{m,B}(T_{E-1}) + \int_{T_{E-1}}^{T_E} \Delta C_{p,B} \mathrm{d}T$$

$$\Delta S_{m,B}(T_E) = \Delta S_{m,B}(T_{E-1}) + \int_{T_{E-1}}^{T_E} \frac{\Delta C_{p,B}}{T} \mathrm{d}T$$

随着组元 B 的析出，组元 B 的过饱和程度逐渐减小，直至达到饱和。达到与 γ 相达成平衡，组元 B 饱和，同时组元 A 也达到饱和，有

$$(B)_E \Longrightarrow (B)_{饱} \rightleftharpoons B(s)$$

$$(A)_E \Longrightarrow (A)_{饱} \rightleftharpoons A(s)$$

在温度 T_E，三相平衡共存，有

$$E \rightleftharpoons A(s) + B(s)$$

即

$$x_A(A)_E + x_B(B)_E \rightleftharpoons x_A A(s) + x_B B(s)$$

在恒温恒压条件下，在平衡状态，相 E 转变为固相组元 A 和 B，摩尔吉布斯自由能变为

$$
\begin{aligned}
\Delta G_{m,B}(T_E) &= G_{m,B(s)}(T_E) - \bar{G}_{m,(B)_{饱}}(T_E) \\
&= (H_{m,B(s)}(T_E) - T_E S_{m,B(s)}(T_E)) - (\bar{H}_{m,(B)_{饱}} - T_E \bar{S}_{m,(B)_{饱}}(T_E)) \\
&= (H_{m,B(s)}(T_E) - \bar{H}_{m,(B)_{饱}}(T_E)) - T_E(S_{m,B(s)}(T_E) - \bar{S}_{m,(B)_{饱}}(T_E)) \\
&= \Delta H_{m,B}(T_E) - T_E \Delta S_{m,B}(T_E) \\
&= \Delta H_{m,B}(T_E) - T_E \frac{\Delta H_{m,B}(T_E)}{T_E} \\
&= 0
\end{aligned}
\tag{8.192}
$$

$$
\begin{aligned}
\Delta G_{m,A}(T_E) &= G_{m,A(s)}(T_E) - \bar{G}_{m,(A)_{饱}}(T_E) \\
&= (H_{m,A(s)}(T_E) - T_E S_{m,A(s)}(T_E)) - (\bar{H}_{m,(A)_{饱}} - T_E \bar{S}_{m,(A)_{饱}}(T_E)) \\
&= (H_{m,A(s)}(T_E) - \bar{H}_{m,(A)_{饱}}(T_E)) - T_E(S_{m,A(s)}(T_E) - \bar{S}_{m,(A)_{饱}}(T_E)) \\
&= \Delta H_{m,A}(T_E) - T_E \Delta S_{m,A}(T_E) \\
&= \Delta H_{m,A}(T_E) - T_E \frac{\Delta H_{m,A}(T_E)}{T_E} \\
&= 0
\end{aligned}
\tag{8.193}
$$

$$
\begin{aligned}
\Delta G_{m,t}(T_E) &= (x_A G_{m,A(s)}(T_E) + x_B G_{m,B(s)}(T_E)) - (x_A \bar{G}_{m,(A)_E}(T_E) + x_B \bar{G}_{m,(B)_E}(T_E)) \\
&= x_A(G_{m,A(s)}(T_E) - \bar{G}_{m,(A)_E}(T_E)) + x_B(G_{m,B(s)}(T_E) - \bar{G}_{m,(B)_E}(T_E)) \\
&= x_A(\Delta H_{m,A}(T_E) - T_E S_{m,A}(T_E)) + x_B(\Delta H_{m,B}(T_E) - T_E \Delta S_{m,B}(T_E)) \\
&= 0
\end{aligned}
\tag{8.194}
$$

或如下计算：以纯固态组元 A 和 B 为标准状态，浓度以摩尔分数表示，摩尔吉布斯自由能变为

$$\Delta G_{m,t} = (x_A \mu_{A(s)} + x_B \mu_{B(s)}) - (x_A \mu_{(A)_E} + x_B \mu_{(B)_E})$$
$$= x_A(\mu_{A(s)} - \mu_{(A)_E}) + x_B(\mu_{B(s)} - \mu_{(B)_E}) \qquad (8.195)$$
$$= 0$$

其中

$$\mu_{A(s)} = \mu^*_{A(s)}$$
$$\mu_{(A)_E} = \mu^*_{A(s)} + RT \ln a^R_{(A)_{饱}}$$
$$= \mu^*_{A(s)}$$
$$\mu_{B(s)} = \mu^*_{B(s)}$$
$$\mu_{(B)_E} = \mu^*_{B(s)} + RT \ln a^R_{(B)_{饱}}$$
$$= \mu^*_{B(s)}$$

2）降温到 T_E 以下

继续降温到 T，固溶体 E(γ) 完全转变为共晶相 A 和 B。从温度 T_E 到 T，析晶过程描述如下：

在温度 T_{j-1} 固溶体与析出的固相组元 A 和 B 达成平衡，组元 A 和 B 在固溶体中溶解达到饱和，有

$$(A)_{g_{j-1}} =\!=\!= (A)_{饱} \rightleftharpoons A(s)$$
$$(B)_{q_{j-1}} =\!=\!= (B)_{饱} \rightleftharpoons B(s)$$

式中，g_{j-1} 和 q_{j-1} 分别是在温度 T_{j-1}，组元 A 和 B 共晶线 T_{AE} 和 T_{BE} 延长线上的点，即组元 A 和 B 的饱和组成点。E_{j-1} 在 g_{j-1} 和 q_{j-1} 连线上，符合杠杆规则的点，即实际组成点。

在温度刚降到 T_j，固相组元 A 和 B 还未来得及析出时，固体组成未变，但在温度 T_{j-1} 时组元 A 和 B 的饱和相 E_{j-1} 成为过饱和相 E'_{j-1}，析出固相组元 A 和 B，可以表示为

$$(A)_{g'_{j-1}} =\!=\!= (A)_{过饱} =\!=\!= A(s)$$
$$(B)_{q'_{j-1}} =\!=\!= (B)_{过饱} =\!=\!= B(s)$$

以固态组元 A 和 B 为标准状态，浓度以摩尔分数表示，析晶过程的摩尔吉布斯自由能变为

$$\Delta G_{m,A} = \mu_{A(s)} - \mu_{(A)_{过饱}}$$
$$= \mu_{A(s)} - \mu_{(A)g'_{j-1}}$$
$$= -RT \ln a^R_{(A)_{过饱}}$$
$$= -RT \ln a^R_{(A)g'_{j-1}} \qquad (8.196)$$

其中

$$\mu_{A(s)} = \mu^*_{A(s)}$$

$$\mu_{(A)过饱} = \mu_{(A)g'_{j-1}} = \mu^*_{A(s)} + RT \ln a^R_{(A)过饱}$$

$$= \mu^*_{A(s)} + RT \ln a^R_{(A)g'_{j-1}}$$

$$\Delta G_{m,B} = \mu_{B(s)} - \mu_{(B)过饱}$$

$$= \mu_{B(s)} - \mu_{(B)q'_{j-1}}$$

$$= -RT \ln a^R_{(B)过饱}$$

$$= -RT \ln a^R_{(B)q'_{j-1}} \tag{8.197}$$

其中

$$\mu_{B(s)} = \mu^*_{B(s)}$$

$$\mu_{(B)过饱} = \mu^*_{B(s)} + RT \ln a^R_{(B)过饱}$$

$$= \mu^*_{B(s)} + RT \ln a^R_{(B)q'_{j-1}}$$

总摩尔吉布斯自由能变为

$$\Delta G_{m,t} = x_A G_{m,A(s)} + x_B G_{m,B(s)}$$

$$= -RT(x_A \ln a^R_{(A)过饱} + x_B \ln a^R_{(B)过饱}) \tag{8.198}$$

或如下计算

$$\Delta G_{m,A}(T_j) = G_{m,A(s)}(T_j) - G_{m,(A)过饱}(T_j)$$

$$= (H_{m,A(s)}(T_j) - T_j S_{m,A(s)}(T_j)) - (\bar{H}_{m,(A)过饱}(T_j) - T_j \bar{S}_{m,(A)过饱}(T_j))$$

$$= (H_{m,A(s)}(T_j) - \bar{H}_{m,(A)过饱}(T_j)) - T_j(S_{m,A(s)}(T_j) - \bar{S}_{m,(A)过饱}(T_j))$$

$$= \Delta H_{m,A}(T_j) - T_j \Delta S_{m,A}(T_j)$$

$$\approx \Delta H_{m,A}(T_{j-1}) - T_j \frac{\Delta H_{m,A}(T_{j-1})}{T_{j-1}}$$

$$= \frac{\theta_{A,T_j} \Delta H_{m,A}(T_{j-1})}{T_{j-1}}$$

$$= \eta_{A,T_j} \Delta H_{m,A}(T_{j-1}) \tag{8.199}$$

其中

$$T_{j-1} > T_j$$

$$\theta_{A,T_j} = T_{j-1} - T_j$$

θ_{A,T_j} 是组元 A 在 T_j 温度的绝对饱和过冷度。

$$\eta_{A,T_j} = \frac{T_{j-1} - T_j}{T_{j-1}}$$

η_{A,T_j} 是组元 A 在 T_j 温度的相对饱和过冷度

如果温度 T_j 和 T_{j-1} 相差大，则

$$\Delta H_{m,A}(T_j) = \Delta H_{m,A}(T_{j-1}) + \int_{T_{j-1}}^{T_j} \Delta C_{p,A} \mathrm{d}T$$

$$\Delta S_{m,A}(T_j) = \Delta S_{m,A}(T_{j-1}) + \int_{T_{j-1}}^{T_j} \frac{\Delta C_{p,A}}{T} \mathrm{d}T$$

$$\begin{aligned}
\Delta G_{m,B}(T_j) &= G_{m,B(s)}(T_j) - G_{m,(B)_{过饱}}(T_j) \\
&= (H_{m,B(s)}(T_j) - T_j S_{m,B(s)}(T_j)) - (\bar{H}_{m,(B)_{过饱}}(T_j) - T_j \bar{S}_{m,(B)_{过饱}}(T_j)) \\
&= (H_{m,B(s)}(T_j) - \bar{H}_{m,(B)_{过饱}}(T_j)) - T_j(S_{m,B(s)}(T_j) - \bar{S}_{m,(B)_{过饱}}(T_j)) \\
&= \Delta H_{m,B}(T_j) - T_j \Delta S_{m,B}(T_j) \\
&\approx \Delta H_{m,B}(T_{j-1}) - T_j \frac{\Delta H_{m,B}(T_{j-1})}{T_{j-1}} \\
&= \frac{\theta_{B,T_j} \Delta H_{m,B}(T_{j-1})}{T_{j-1}} \\
&= \eta_{B,T_j} \Delta H_{m,B}(T_{j-1})
\end{aligned} \tag{8.200}$$

其中

$$T_{j-1} > T_j$$

$$\theta_{B,T_j} = T_{j-1} - T_j$$

θ_{B,T_j} 是组元 B 在 T_j 温度的绝对饱和过冷度。

$$\eta_{B,T_j} = \frac{T_{j-1} - T_j}{T_{j-1}}$$

η_{B,T_j} 是组元 B 在 T_j 温度的相对饱和过冷度。

$$\Delta H_{m,B}(T_j) \approx \Delta H_{m,B}(T_{j-1}) < 0$$

$$\Delta S_{m,B}(T_j) \approx \Delta S_{m,B}(T_{j-1}) = \frac{\Delta H_{m,B}(T_{j-1})}{T_{j-1}} < 0$$

如果温度 T_j 和 T_{j-1} 相差大，则

$$\Delta H_{m,B}(T_j) = \Delta H_{m,B}(T_{j-1}) + \int_{T_{j-1}}^{T_j} \Delta C_{p,B} \mathrm{d}T$$

$$\Delta S_{m,B}(T_j) = \Delta S_{m,B}(T_{j-1}) + \int_{T_{j-1}}^{T_j} \frac{\Delta C_{p,B}}{T} \mathrm{d}T$$

总摩尔吉布斯自由能变为

$$\Delta G_{m,t} = x_A G_{m,A(s)} + x_B G_{m,B(s)}$$

$$= \frac{x_A \theta_{A,T_j} \Delta H_{m,A}(T_{j-1})}{T_{j-1}} + \frac{x_B \theta_{B,T_j} \Delta H_{m,B}(T_{j-1})}{T_{j-1}}$$

$$= x_A \eta_{A,T_j} \Delta H_{m,A}(T_{j-1}) + x_B \eta_{B,T_j} \Delta H_{m,B}(T_{j-1}) \tag{8.201}$$

直到相 E 完全转变为组元 A 和 B。

2. 具有最低共晶点的二元系降温过程相变的速率

1）从温度 T_1 到 T_E

从温度 T_1 到 T_E，恒压条件下，组元 B 析出速率为

$$\frac{dn_{B(s)}}{dt} = -\frac{dn_{(B)_{饱和}}}{dt} = j_B$$

$$= -l_1 \left(\frac{A_{m,B}}{T}\right) - l_2 \left(\frac{A_{m,B}}{T}\right)^2 - l_3 \left(\frac{A_{m,B}}{T}\right)^3 - \cdots \tag{8.202}$$

其中

$$A_{m,B} = \Delta G_{m,B}$$

2）在温度 T_E 以下

在温度 T_E 以下，压力恒定，不考虑耦合作用，组元 A 和 B 的析出速率为

$$\frac{dn_{A(s)}}{dt} = -\frac{dn_{(A)_{饱和}}}{dt} = j_A$$

$$= -l_1 \left(\frac{A_{m,A}}{T}\right) - l_2 \left(\frac{A_{m,A}}{T}\right)^2 - l_3 \left(\frac{A_{m,A}}{T}\right)^3 - \cdots \tag{8.203}$$

$$\frac{dn_{B(s)}}{dt} = -\frac{dn_{(B)_{饱和}}}{dt} = j_B$$

$$= -l_1 \left(\frac{A_{m,B}}{T}\right) - l_2 \left(\frac{A_{m,B}}{T}\right)^2 - l_3 \left(\frac{A_{m,B}}{T}\right)^3 - \cdots \tag{8.204}$$

考虑耦合作用，有

$$\frac{dn_{A(s)}}{dt} = -\frac{dn_{(A)_{饱和}}}{dt} = j_A$$

$$= -l_{11} \left(\frac{A_{m,A}}{T}\right) - l_{12} \left(\frac{A_{m,B}}{T}\right) - l_{111} \left(\frac{A_{m,A}}{T}\right)^2$$

$$- l_{112} \left(\frac{A_{m,A}}{T}\right) \left(\frac{A_{m,B}}{T}\right) - l_{122} \left(\frac{A_{m,B}}{T}\right)^2 \tag{8.205}$$

$$- l_{1111} \left(\frac{A_{m,A}}{T}\right)^3 - l_{1112} \left(\frac{A_{m,A}}{T}\right)^2 \left(\frac{A_{m,B}}{T}\right)$$

$$- l_{1122} \left(\frac{A_{m,A}}{T}\right) \left(\frac{A_{m,B}}{T}\right)^2 - l_{1222} \left(\frac{A_{m,B}}{T}\right)^3 - \cdots$$

$$\frac{\mathrm{d}n_{\mathrm{B(s)}}}{\mathrm{d}t} = -\frac{\mathrm{d}n_{\mathrm{(B)}_{饱和}}}{\mathrm{d}t} = j_{\mathrm{B}}$$

$$= -l_{21}\left(\frac{A_{\mathrm{m,A}}}{T}\right) - l_{22}\left(\frac{A_{\mathrm{m,B}}}{T}\right) - l_{211}\left(\frac{A_{\mathrm{m,A}}}{T}\right)^2$$

$$- l_{212}\left(\frac{A_{\mathrm{m,A}}}{T}\right)\left(\frac{A_{\mathrm{m,B}}}{T}\right) - l_{222}\left(\frac{A_{\mathrm{m,B}}}{T}\right)^2 \qquad (8.206)$$

$$- l_{2111}\left(\frac{A_{\mathrm{m,A}}}{T}\right)^3 - l_{2112}\left(\frac{A_{\mathrm{m,A}}}{T}\right)^2\left(\frac{A_{\mathrm{m,B}}}{T}\right)$$

$$- l_{2122}\left(\frac{A_{\mathrm{m,A}}}{T}\right)\left(\frac{A_{\mathrm{m,B}}}{T}\right)^2 - l_{2222}\left(\frac{A_{\mathrm{m,B}}}{T}\right)^3 - \cdots$$

其中

$$A_{\mathrm{m,A}} = \Delta G_{\mathrm{m,A}}$$

$$A_{\mathrm{m,B}} = \Delta G_{\mathrm{m,B}}$$

8.3.5　具有最低共晶点的三元系降温过程的相变

1. 降温过程相变的热力学

图 8.12 为具有最低共晶点的三元系相图。物质组成点为 M 的固相 γ 降温冷却。

1）从温度 T_1 到 T_p

温度降到 T_1，物质组成为相 A 面上的 M_1 点，平衡相组成为 q_1 点，两点重合，是组元 A 的饱和相，有

$$(\mathrm{A})_{\mathrm{q}_1} \Longrightarrow (\mathrm{A})_{饱} \rightleftharpoons \mathrm{A(s)}$$

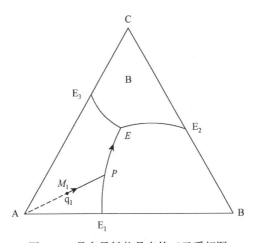

图 8.12　具有最低共晶点的三元系相图

摩尔吉布斯自由能变为

$$
\begin{aligned}
\Delta G_{m,A}(T_1) &= G_{m,A(s)}(T_1) - \bar{G}_{m,(A)_{\text{饱}}}(T_1) \\
&= (H_{m,A(s)}(T_1) - T_1 S_{m,A(s)}(T_1)) - (\bar{H}_{m,(A)_{\text{饱}}}(T_1) - T_1 \bar{S}_{m,(A)_{\text{饱}}}) \\
&= (H_{m,A(s)}(T_1) - \bar{H}_{m,(A)_{\text{饱}}}(T_1)) - T_1(S_{m,A(s)}(T_1) - \bar{S}_{m,(A)_{\text{饱}}}(T_1)) \\
&= \Delta H_{m,A}(T_1) - T_1 \Delta S_{m,A}(T_1) \\
&= \Delta H_{m,A}(T_1) - T_1 \frac{\Delta H_{m,A}(T_1)}{T_1} \\
&= 0
\end{aligned} \tag{8.207}
$$

或者如下计算：以纯固态 A 为标准状态，浓度以摩尔分数表示，摩尔吉布斯自由能变为

$$
\begin{aligned}
\Delta G_{m,A} &= \mu_{A(s)} - \mu_{(A)_{\text{饱}}} \\
&= \mu_{A(s)} - \mu_{(A)_{q_1}} \\
&= -RT \ln a_{(A)_{\text{饱}}}^{R} \\
&= 0 \\
\mu_{A(s)} &= \mu_{A(s)}^{*} \\
\mu_{(A)_{\text{饱}}} &= \mu_{A(s)}^{*} + RT \ln a_{(A)_{\text{饱}}}^{R} \\
&= \mu_{A(s)}^{*}
\end{aligned} \tag{8.208}
$$

继续降低温度到 T_2。物质组成点为 M_2 点。温度刚降到 T_2，组元 A 还未来得及析出时，物相组成未变，但已由组元 A 的饱和相 q_1 变成组元 A 的过饱和相 q_1'，析出固相组元 A，即

$$
(A)_{q_1'} =\!=\!= (A)_{\text{过饱}} =\!=\!= A(s)
$$

摩尔吉布斯自由能变为

$$
\begin{aligned}
\Delta G_{m,A}(T_2) &= G_{m,A(s)}(T_2) - \bar{G}_{m,(A)_{\text{过饱}}}(T_2) \\
&= (H_{m,A(s)}(T_2) - T_2 S_{m,A(s)}(T_2)) - (\bar{H}_{m,(A)_{\text{过饱}}}(T_2) - T_2 \bar{S}_{m,(A)_{\text{过饱}}}(T_2)) \\
&= (H_{m,A(s)}(T_2) - \bar{H}_{m,(A)_{\text{过饱}}}(T_2)) - T_2(S_{m,A(s)}(T_2) - \bar{S}_{m,(A)_{\text{过饱}}}(T_2)) \\
&= \Delta H_{m,A}(T_2) - T_2 \Delta S_{m,A}(T_2) \\
&\approx \Delta H_{m,A}(T_1) - T_2 \frac{\Delta H_{m,A}(T_1)}{T_1} \\
&= \frac{\theta_{A,T_2} \Delta H_{m,A}(T_1)}{T_{E-1}} \\
&= \eta_{A,T_2} \Delta H_{m,A}(T_1)
\end{aligned} \tag{8.209}
$$

式中，$\Delta H_{m,B}$ 和 $\Delta S_{m,B}$ 分别为组元 A 的焓变和熵变。

$$T_1 > T_2$$

$$\theta_{A,T_2} = T_1 - T_2 > 0$$

θ_{A,T_2} 为组元 A 在温度 T_2 的绝对饱和过冷度。

$$\eta_{A,T_2} = \frac{T_1 - T_2}{T_1} > 0$$

η_{A,T_2} 为组元 A 在温度 T_2 的相对饱和过冷度。

或者如下计算：以纯固态组元 A 为标准状态，浓度以摩尔分数表示，摩尔吉布斯自由能变为

$$
\begin{aligned}
\Delta G_{m,A} &= \mu_{A(s)} - \mu_{(A)_{\text{过饱}}} \\
&= \mu_{A(s)} - \mu_{(A)q_1'} \\
&= -RT \ln a_{(A)_{\text{过饱}}}^{R} \\
&= -RT \ln a_{(A)q_1'}^{R}
\end{aligned}
\tag{8.210}
$$

其中

$$
\begin{aligned}
\mu_{A(s)} &= \mu_{A(s)}^{*} \\
\mu_{(A)_{\text{过饱}}} &= \mu_{(A)q_1'} \\
&= -RT \ln a_{(A)_{\text{过饱}}}^{R} \\
&= -RT \ln a_{(A)q_1'}^{R}
\end{aligned}
$$

式中，$a_{(A)_{\text{过饱}}}^{R} = a_{(A)q_1'}^{R}$，为在温度 T_2 过饱和相 q_1' 中组元 A 的活度。

随着组元 A 析出，组元 A 的过饱和程度降低，直到达到平衡相组成 q_2 点，达到新的平衡，有

$$(A)_{q_2} =\!=\!= (A)_{\text{饱}} \Longleftrightarrow A(s)$$

继续降温，平衡相组成沿着 AM_1 连线的延长线向共晶线 EE_1 移动，并交于共晶线上的 P 点。从温度 T_1 到 T_p，析出固相组元 A 的过程可以描述如下：

在温度 T_{i-1}，析出组元 A 达到平衡，平衡相组成为 q_{i-1} 点，有

$$(A)_{q_{i-1}} =\!=\!= (A)_{\text{饱}} \Longleftrightarrow A(s)$$

温度降到 T_i。在温度刚降到 T_i，组元 A 还未来得及析出时，物相组成未变，但已由组元 A 的饱和相 q_{i-1} 变成组元 A 的过饱和相 q_{i-1}'，析出固相组元 A，即

$$(A)_{q_{i-1}'} =\!=\!= (A)_{\text{过饱}} =\!=\!= A(s)$$

摩尔吉布斯自由能变为

$$\begin{aligned}
\Delta G_{m,A}(T_i) &= G_{m,A(s)}(T_i) - \bar{G}_{m,(A)_{过饱}}(T_i) \\
&= (H_{m,A(s)}(T_i) - T_i S_{m,A(s)}(T_2)) - (\bar{H}_{m,(A)_{过饱}}(T_i) - T_i \bar{S}_{m,(A)_{过饱}}(T_i)) \\
&= (H_{m,A(s)}(T_i) - \bar{H}_{m,(A)_{过饱}}(T_i)) - T_i(S_{m,A(s)}(T_i) - \bar{S}_{m,(A)_{过饱}}(T_i)) \\
&= \Delta H_{m,A}(T_i) - T_i \Delta S_{m,A}(T_i) \\
&\approx \Delta H_{m,A}(T_i) - T_i \frac{\Delta H_{m,A}(T_{i-1})}{T_{i-1}} \\
&= \frac{\theta_{A,T_i} \Delta H_{m,A}(T_{i-1})}{T_{i-1}} \\
&= \eta_{A,T_i} \Delta H_{m,A}(T_{i-1})
\end{aligned} \tag{8.211}$$

其中

$$T_{i-1} > T_i$$
$$\theta_{A,T_i} = T_{i-1} - T_i > 0$$

θ_{A,T_i} 为组元 A 在温度 T_i 的绝对饱和过冷度,

$$\eta_{A,T_i} = \frac{T_{i-1} - T_i}{T_{i-1}} > 0$$

η_{A,T_i} 为组元 A 在温度 T_i 的相对饱和过冷度。

或者如下计算:以纯固态组元 A 为标准状态,浓度以摩尔分数表示,摩尔吉布斯自由能变为

$$\begin{aligned}
\Delta G_{m,A} &= \mu_{A(s)} - \mu_{(A)_{过饱}} \\
&= \mu_{A(s)} - \mu_{(A)q'_{i-1}} \\
&= -RT \ln a^R_{(A)_{过饱}} \\
&= -RT \ln a^R_{(A)q'_{i-1}}
\end{aligned} \tag{8.212}$$

其中

$$\mu_{A(s)} = \mu^*_{A(s)}$$
$$\mu_{(A)_{过饱}} = \mu_{(A)q'_{i-1}} = \mu^*_{A(s)} + RT \ln a^R_{(A)_{过饱}}$$
$$= \mu^*_{A(s)} + RT \ln a^R_{(A)q'_{i-1}}$$

式中, $a^R_{(A)_{过饱}} = a^R_{(A)q'_{i-1}}$,为过饱和相 q'_{i-1} 中组元 A 的活度。

随着组元 A 的析出,组元 A 的过饱和程度降低,直到达到新的平衡组成 q_i 点,成为饱和溶液,有

$$(A)_{q_i} \Longequal (A)_{饱} \Longrightleftharpoons A(s)$$

继续降温。在温度 T_{p-1}，析出组元 A 达到平衡，平衡相组成为 q_{p-1} 点，有

$$(\mathrm{A})_{\mathrm{q}_{p-1}} \Longrightarrow (\mathrm{A})_{饱} \rightleftharpoons \mathrm{A}(\mathrm{s})$$

继续降低温度到 T_p，温度刚降到共晶线上的 P 点，还未来得及析出组元 A 时，物相组成未变，但已由组元 A 的饱和相 q_{p-1} 变成组元 A 的过饱和相 q'_{p-1}，析出固相组元 A，即

$$(\mathrm{A})_{\mathrm{q}'_{p-1}} \Longrightarrow (\mathrm{A})_{过饱} \Longrightarrow \mathrm{A}(\mathrm{s})$$

摩尔吉布斯自由能变为

$$\begin{aligned}
\Delta G_{\mathrm{m,A}}(T_p) &= G_{\mathrm{m,A(s)}}(T_p) - \bar{G}_{\mathrm{m,(A)}过饱}(T_p) \\
&= (H_{\mathrm{m,A(s)}}(T_p) - T_p S_{\mathrm{m,A(s)}}(T_p)) - (\bar{H}_{\mathrm{m,(A)}过饱}(T_p) - T_p \bar{S}_{\mathrm{m,(A)}过饱}(T_p)) \\
&= (H_{\mathrm{m,A(s)}}(T_p) - \bar{H}_{\mathrm{m,(A)}过饱}(T_p)) - T_p (S_{\mathrm{m,A(s)}}(T_p) - \bar{S}_{\mathrm{m,(A)}过饱}(T_p)) \\
&= \Delta H_{\mathrm{m,A}}(T_p) - T_p \Delta S_{\mathrm{m,A}}(T_p) \\
&\approx \Delta H_{\mathrm{m,A}}(T_{p-1}) - T_p \frac{\Delta H_{\mathrm{m,A}}(T_{p-1})}{T_{p-1}} \\
&= \frac{\theta_{\mathrm{A},T_p} \Delta H_{\mathrm{m,A}}(T_{p-1})}{T_{\mathrm{E-1}}} \\
&= \eta_{\mathrm{A},T_p} \Delta H_{\mathrm{m,A}}(T_{p-1})
\end{aligned} \tag{8.213}$$

$$T_{p-1} > T_p$$

$$\theta_{\mathrm{A},T_p} = T_{p-1} - T_p$$

$$\eta_{\mathrm{A},T_p} = \frac{T_{p-1} - T_p}{T_{p-1}}$$

或者如下计算：以纯固态组元 A 为标准状态，浓度以摩尔分数表示，摩尔吉布斯自由能变为

$$\begin{aligned}
\Delta G_{\mathrm{m,A}} &= \mu_{\mathrm{A(s)}} - \mu_{(\mathrm{A})过饱} \\
&= \mu_{\mathrm{A(s)}} - \mu_{(\mathrm{A})\mathrm{q}'_{p-1}} \\
&= -RT \ln a^{\mathrm{R}}_{(\mathrm{A})过饱} \\
&= -RT \ln a^{\mathrm{R}}_{(\mathrm{A})\mathrm{q}'_{p-1}}
\end{aligned} \tag{8.214}$$

其中

$$\mu_{\mathrm{A(s)}} = \mu^{*}_{\mathrm{A(s)}}$$

$$\begin{aligned}
\mu_{(\mathrm{A})过饱} = \mu_{(\mathrm{A})\mathrm{q}'_{p-1}} &= \mu^{*}_{\mathrm{A(s)}} + RT \ln a^{\mathrm{R}}_{(\mathrm{A})过饱} \\
&= \mu^{*}_{\mathrm{A(s)}} + RT \ln a^{\mathrm{R}}_{(\mathrm{A})\mathrm{q}'_{p-1}}
\end{aligned}$$

式中，$a^{\mathrm{R}}_{(\mathrm{A})_{过饱}} = a^{\mathrm{R}}_{(\mathrm{A})\mathrm{q}'_{p-1}}$，为在温度 T_p 过饱和相 q'_{p-1} 中组元 A 的活度。

随着组元 A 的析出，组元 A 的过饱和程度降低，直到达到新的平衡相组成 q_p 点，达到新的平衡，成为组元 A 的饱和相，此时，组元 B 也达到饱和，有

$$(\mathrm{A})_{\mathrm{q}_p} \Equiv (\mathrm{A})_{饱} \Equiv \mathrm{A(s)}$$
$$(\mathrm{B})_{\mathrm{q}_p} \Equiv (\mathrm{B})_{饱} \Equiv \mathrm{B(s)}$$

2）从温度 T_p 到 T_{E}

继续降温，从温度 T_p 到 T_{E}，平衡相组成沿着共晶线 $\mathrm{EE_1}$ 移动。析出晶体过程可以描述如下：

在温度 T_{j-1}，析出固相组元 A 和 B 达到平衡，平衡相组成点为 q_{j-1} 点，是组元 A 和 B 的饱和相，有

$$(\mathrm{A})_{\mathrm{q}_{j-1}} \Equiv (\mathrm{A})_{饱} \rightleftharpoons \mathrm{A(s)}$$
$$(\mathrm{B})_{\mathrm{q}_{j-1}} \Equiv (\mathrm{B})_{饱} \rightleftharpoons \mathrm{B(s)}$$

继续降低温度到 T_j。温度刚降到 T_j，还未来得及析出固相组元 A 和 B 时，物相组成未变，但已由组元 A 和 B 的饱和相 q_{j-1} 变成组元 A 和 B 的过饱和相 q'_{j-1}，析出固相组元 A 和 B，有

$$(\mathrm{A})_{\mathrm{q}'_{j-1}} \Equiv (\mathrm{A})_{过饱} \Equiv \mathrm{A(s)}$$
$$(\mathrm{B})_{\mathrm{q}'_{j-1}} \Equiv (\mathrm{B})_{过饱} \Equiv \mathrm{B(s)}$$

摩尔吉布斯自由能变为

$$\begin{aligned}\Delta G_{\mathrm{m,A}}(T_j) &= G_{\mathrm{m,A(s)}}(T_j) - \bar{G}_{\mathrm{m,(A)}_{过饱}}(T_j)\\ &= (H_{\mathrm{m,A(s)}}(T_j) - T_j S_{\mathrm{m,A(s)}}(T_j)) - (\bar{H}_{\mathrm{m,(A)}_{过饱}}(T_j) - T_j \bar{S}_{\mathrm{m,(A)}_{过饱}}(T_j))\\ &= (H_{\mathrm{m,A(s)}}(T_j) - \bar{H}_{\mathrm{m,(A)}_{过饱}}(T_j)) - T_j(S_{\mathrm{m,A(s)}}(T_j) - \bar{S}_{\mathrm{m,(A)}_{过饱}}(T_j))\\ &= \Delta H_{\mathrm{m,A}}(T_j) - T_j \Delta S_{\mathrm{m,A}}(T_j)\\ &\approx \Delta H_{\mathrm{m,A}}(T_{j-1}) - T_j \frac{\Delta H_{\mathrm{m,A}}(T_{j-1})}{T_{j-1}}\\ &= \frac{\theta_{\mathrm{A},T_j}\Delta H_{\mathrm{m,A}}(T_{j-1})}{T_{j-1}}\\ &= \eta_{\mathrm{A},T_j}\Delta H_{\mathrm{m,A}}(T_{j-1})\end{aligned} \tag{8.215}$$

其中

$$T_{j-1} > T_j$$
$$\theta_{\mathrm{A},T_j} = T_{j-1} - T_j$$

θ_{A,T_j} 是组元 A 在 T_j 温度的绝对饱和过冷度。

$$\eta_{A,T_j} = \frac{T_{j-1} - T_j}{T_{j-1}}$$

η_{A,T_j} 是组元 A 在 T_j 温度的相对饱和过冷度。

同理

$$\begin{aligned}
\Delta G_{m,B}(T_j) &= G_{m,B(s)}(T_j) - G_{m,(B)过饱}(T_j) \\
&= \Delta H_{m,B}(T_j) - T_j \Delta S_{m,B}(T_j) \\
&\approx \Delta H_{m,B}(T_{j-1}) - T_j \frac{\Delta H_{m,B}(T_{j-1})}{T_{j-1}} \\
&= \frac{\theta_{B,T_j} \Delta H_{m,B}(T_{j-1})}{T_{j-1}} \\
&= \eta_{B,T_j} \Delta H_{m,B}(T_{j-1})
\end{aligned} \tag{8.216}$$

其中

$$\theta_{B,T_j} = T_{j-1} - T_j$$

θ_{B,T_j} 是组元 B 在温度 T_j 的绝对饱和过冷度。

$$\eta_{B,T_j} = \frac{T_{j-1} - T_j}{T_{j-1}}$$

η_{B,T_j} 是组元 B 在温度 T_j 的相对饱和过冷度。

或者如下计算：以纯固态组元 A 和 B 为标准状态，浓度以摩尔分数表示，析晶过程的摩尔吉布斯自由能变为

$$\begin{aligned}
\Delta G_{m,A} &= \mu_{A(s)} - \mu_{(A)过饱} \\
&= \mu_{A(s)} - \mu_{(A)q'_{j-1}} \\
&= -RT \ln a^R_{(A)过饱} \\
&= -RT \ln a^R_{(A)q'_{j-1}}
\end{aligned} \tag{8.217}$$

其中

$$\begin{aligned}
\mu_{A(s)} &= \mu^*_{A(s)} \\
\mu_{(A)过饱} = \mu_{(A)q'_{j-1}} &= \mu^*_{A(s)} + RT \ln a^R_{(A)过饱} \\
&= \mu^*_{A(s)} + RT \ln a^R_{(A)q'_{j-1}}
\end{aligned}$$

$$\Delta G_{m,B} = \mu_{B(s)} - \mu_{(B)_{过饱}}$$

$$= \mu_{B(s)} - \mu_{(B)q'_{j-1}}$$

$$= -RT \ln a^R_{(B)_{过饱}}$$

$$= -RT \ln a^R_{(B)q'_{j-1}} \qquad (8.218)$$

$$\mu_{B(s)} = \mu^*_{B(s)}$$

$$\mu_{(B)_{过饱}} = \mu_{(B)q'_{j-1}} = \mu^*_{B(s)} + RT \ln a^R_{(B)_{过饱}}$$

$$= \mu^*_{B(s)} + RT \ln a^R_{(B)q'_{j-1}}$$

总摩尔吉布斯自由能变为

$$\Delta G_{m,t}(T_j) = x_A G_{m,A(s)}(T_j) + x_B G_{m,B(s)}(T_j)$$

$$= \frac{x_A \theta_{A,T_j} \Delta H_{m,A}(T_{j-1})}{T_{j-1}} + \frac{x_B \theta_{B,T_j} \Delta H_{m,B}(T_{j-1})}{T_{j-1}}$$

$$= x_A \eta_{A,T_j} \Delta H_{m,A}(T_{j-1}) + x_B \eta_{B,T_j} \Delta H_{m,B}(T_{j-1}) \qquad (8.219)$$

或

$$\Delta G_{m,t} = -RT x_A \ln a^R_{(A)_{过饱}} - RT x_B \ln a^R_{(B)_{过饱}}$$

$$= -RT x_A \ln a^R_{(A)q'_{j-1}} - RT x_B \ln a^R_{(B)q'_{j-1}} \qquad (8.220)$$

随着组元 A 和 B 的析出，组元 A 和 B 的过饱和程度降低。直到达到新的平衡，成为组元 A 和 B 的饱和相，组成为共晶线上的 q_j 点，有

$$(A)_{q_j} =\!=\!= (A)_{过饱} \rightleftharpoons A(s)$$

$$(B)_{q_j} =\!=\!= (B)_{过饱} \rightleftharpoons B(s)$$

继续降温。在温度 T_{E-1}，析出组元 A 和 B 达到平衡，平衡相组成点为 q_{E-1}，有

$$(A)_{q_{E-1}} =\!=\!= (A)_{过饱} \rightleftharpoons A(s)$$

$$(B)_{q_{E-1}} =\!=\!= (B)_{过饱} \rightleftharpoons B(s)$$

继续降低温度到 T_E，温度刚降到三元共晶点 E，还未来得析出组元 A 和 B 时，物相组成仍为在温度 T_{E-1} 时的组成 q_{E-1}，但已由组元 A 和 B 的饱和相 q_{E-1} 变成组元 A 和 B 的过饱和相 q'_{E-1}，析出固相组元 A 和 B，即

$$(A)_{q'_{E-1}} =\!=\!= (A)_{过饱} =\!=\!= A(s)$$

$$(B)_{q'_{E-1}} =\!=\!= (B)_{过饱} =\!=\!= B(s)$$

摩尔吉布斯自由能变为

$$\begin{aligned}
\Delta G_{m,A}(T_E) &= G_{m,A(s)}(T_E) - \bar{G}_{m,(A)过饱}(T_E) \\
&= (H_{m,A(s)}(T_E) - T_E S_{m,A(s)}(T_E)) - (\bar{H}_{m,(A)过饱}(T_E) - T_E \bar{S}_{m,(A)过饱}(T_E)) \\
&= (H_{m,A(s)}(T_E) - \bar{H}_{m,(A)过饱}(T_E)) - T_E (S_{m,A(s)}(T_E) - \bar{S}_{m,(A)过饱}(T_E)) \\
&= \Delta H_{m,A}(T_E) - T_j \Delta S_{m,A}(T_E) \\
&\approx \Delta H_{m,A}(T_{E-1}) - T_E \frac{\Delta H_{m,A}(T_{E-1})}{T_{E-1}} \\
&= \frac{\theta_{A,T_E} \Delta H_{m,A}(T_{E-1})}{T_{E-1}} \\
&= \eta_{A,T_E} \Delta H_{m,A}(T_{E-1})
\end{aligned}$$
（8.221）

其中

$$T_{E-1} > T_E$$

$$\theta_{A,T_E} = T_{E-1} - T_E$$

θ_{A,T_E} 是组元 A 在 T_E 温度的绝对饱和过冷度。

$$\eta_{A,T_E} = \frac{T_{E-1} - T_E}{T_{E-1}}$$

η_{A,T_E} 是组元 A 在 T_E 温度的相对饱和过冷度。

同理

$$\begin{aligned}
\Delta G_{m,B}(T_E) &= G_{m,B}(T_E) - G_{m,(B)过饱}(T_E) \\
&= \Delta H_{m,B}(T_E) - T_E \Delta S_{m,B}(T_E) \\
&\approx \Delta H_{m,B}(T_{E-1}) - T_E \frac{\Delta H_{m,B}(T_{E-1})}{T_{E-1}} \\
&= \frac{\theta_{A,T_E} \Delta H_{m,B}(T_{E-1})}{T_{E-1}} \\
&= \eta_{A,T_E} \Delta H_{m,B}(T_{E-1})
\end{aligned}$$
（8.222）

其中

$$T_{E-1} > T_E$$

$$\theta_{B,T_E} = T_{E-1} - T_E$$

θ_{B,T_E} 是组元 B 在温度 T_E 的绝对饱和过冷度。

$$\eta_{B,T_E} = \frac{T_{E-1} - T_E}{T_{E-1}}$$

η_{B,T_E} 是组元 B 在温度 T_E 的相对饱和过冷度。

或者如下计算。

$$\begin{aligned}
\Delta G_{m,A} &= \mu_{A(s)} - \mu_{(A)过饱} \\
&= \mu_{A(s)} - \mu_{(A)q'_{E-1}} \\
&= -RT \ln a^R_{(A)过饱} \\
&= -RT \ln a^R_{(A)q'_{E-1}}
\end{aligned} \tag{8.223}$$

$$\begin{aligned}
\Delta G_{m,B} &= \mu_{B(s)} - \mu_{(B)过饱} \\
&= \mu_{B(s)} - \mu_{(B)q'_{E-1}} \\
&= -RT \ln a^R_{(B)过饱} \\
&= -RT \ln a^R_{(B)q'_{E-1}}
\end{aligned} \tag{8.224}$$

总摩尔吉布斯自由能变为

$$\begin{aligned}
\Delta G_{m,t}(T_E) &= x_A \Delta G_{m,A(s)}(T_E) + x_B \Delta G_{m,B(s)}(T_E) \\
&= \frac{x_A \theta_{A,T_E} \Delta H_{m,A}(T_{E-1})}{T_{j-1}} + \frac{x_B \theta_{B,T_E} \Delta H_{m,B}(T_{E-1})}{T_{j-1}} \\
&= x_A \eta_{A,T_E} \Delta H_{m,A}(T_{E-1}) + x_B \eta_{B,T_E} \Delta H_{m,B}(T_{E-1})
\end{aligned} \tag{8.225}$$

或

$$\begin{aligned}
\Delta G_{m,t} &= x_A \Delta G_{m,A} + x_B \Delta G_{m,B} \\
&= -RT x_A \ln a^R_{(A)过饱} - RT x_B \ln a^R_{(B)过饱} \\
&= -RT x_A \ln a^R_{(A)q'_{E-1}} - RT x_B \ln a^R_{(B)q'_{E-1}}
\end{aligned} \tag{8.226}$$

随着组元 A 和 B 的析出，组元 A 和 B 的过饱和程度降低。直到达到新的平衡，成为组元 A 和 B 的饱和相，同时，组元 C 也达到饱和，组成为 E 点，有

$$(A)_{q_E} =\!=\!= (A)_{饱和} \rightleftharpoons A(s)$$

$$(B)_{q_E} =\!=\!= (B)_{饱和} \rightleftharpoons B(s)$$

$$(C)_{q_E} =\!=\!= (C)_{饱和} \rightleftharpoons C(s)$$

在温度 T_E，三相平衡共存，有

$$q_E \rightleftharpoons x_A A(s) + x_B B(s) + x_C C(s)$$

即

$$x_A(A)_{q_E} + x_B(B)_{q_E} + x_C(C)_{q_E} \rightleftharpoons x_A A(s) + x_B B(s) + x_C C(s)$$

摩尔吉布斯自由能变为零。有

$$
\begin{aligned}
\Delta G_{m,A}(T_E) &= G_{m,A(s)}(T_E) - G_{m,(A)_{饱}}(T_E) \\
&= (H_{m,A(s)}(T_E) - T_E S_{m,A(s)}(T_E)) - (\bar{H}_{m,(A)_{过饱}}(T_E) - T_E \bar{S}_{m,(A)_{过饱}}(T_E)) \\
&= (H_{m,A(s)}(T_E) - \bar{H}_{m,(A)_{饱}}(T_E)) - T_E(S_{m,A(s)}(T_E) - \bar{S}_{m,(A)_{饱}}(T_E)) \\
&= \Delta H_{m,A}(T_E) - T_E \Delta S_{m,A}(T_E) \\
&= \Delta H_{m,A}(T_E) - T_E \frac{\Delta H_{m,A}(T_E)}{T_E} \\
&= 0
\end{aligned}
\tag{8.227}
$$

同理

$$
\Delta G_{m,B}(T_E) = \Delta H_{m,B}(T_E) - T_E \frac{\Delta H_{m,B}(T_E)}{T_E} \tag{8.228}
$$
$$= 0$$

$$
\Delta G_{m,C}(T_E) = \Delta H_{m,C}(T_E) - T_E \frac{\Delta H_{m,C}(T_E)}{T_E} \tag{8.229}
$$
$$= 0$$

或者如下计算

$$
\begin{aligned}
\Delta G_{m,A} &= \mu_{A(s)} - \mu_{(A)_{过饱}} \\
&= \mu_{A(s)} - \mu_{(A)q_E} \\
&= 0
\end{aligned}
\tag{8.230}
$$

$$
\begin{aligned}
\Delta G_{m,B} &= \mu_{B(s)} - \mu_{(B)_{饱}} \\
&= \mu_{B(s)} - \mu_{(B)q_E} \\
&= 0
\end{aligned}
\tag{8.231}
$$

$$
\begin{aligned}
\Delta G_{m,C} &= \mu_{C(s)} - \mu_{(C)_{饱}} \\
&= \mu_{C(s)} - \mu_{(C)q_E} \\
&= 0
\end{aligned}
\tag{8.232}
$$

其中

$$\mu_{A(s)} = \mu_{A(s)}^*$$
$$\mu_{(A)_{饱}} = \mu_{(A)q_E} = \mu_{A(s)}^* + RT \ln a_{(A)_{饱}}^R$$
$$a_{(A)_{饱}}^R = 1$$

$$\mu_{B(s)} = \mu_{B(s)}^{*}$$

$$\mu_{(B)_{饱}} = \mu_{(B)q_E} = \mu_{B(s)}^{*} + RT \ln a_{(B)_{饱}}^{R}$$

$$a_{(B)_{饱}}^{R} = 1$$

$$\mu_{C(s)} = \mu_{C(s)}^{*}$$

$$\mu_{(C)_{饱}} = \mu_{(C)q_E} = \mu_{C(s)}^{*} + RT \ln a_{(C)_{饱}}^{R}$$

$$a_{(C)_{饱}}^{R} = 1$$

总摩尔吉布斯自由能变为

$$\begin{aligned} \Delta G_{m,t} &= x_A \Delta G_{m,A} + x_B \Delta G_{m,B} + x_C \Delta G_{m,C} \\ &= 0 \end{aligned} \tag{8.233}$$

3）降低温度到 T_E 以下

从温度 T_E 到温度 T，组元 A、B、C 全部从 q_E 中析出，过程可以描述如下：

在温度 T_{k-1}，析出组元 A、B 和 C 达到平衡，组元 A、B 和 C 的平衡组成分别为 q_{k-1}、g_{k-1} 和 r_{k-1}，是组元 A、B 和 C 的饱和相，有

$$(A)_{q_{k-1}} =\!=\!= (A)_{饱} \rightleftharpoons A(s)$$

$$(B)_{g_{k-1}} =\!=\!= (B)_{饱} \rightleftharpoons B(s)$$

$$(C)_{r_{k-1}} =\!=\!= (C)_{饱} \rightleftharpoons C(s)$$

降低温度到 T_k。在温度刚降到 T_k，还未来得及析出固相组元 A、B 和 C 时，物相组成未变，但已由组元 A、B 和 C 的饱和相 q_{k-1}、g_{k-1}、r_{k-1} 变成过饱相 q'_{k-1}、g'_{k-1}、r'_{k-1}，析出组元 A、B 和 C。有

$$(A)_{q'_{k-1}} =\!=\!= (A)_{过饱} =\!=\!= A(s)$$

$$(B)_{g'_{k-1}} =\!=\!= (B)_{过饱} =\!=\!= B(s)$$

$$(C)_{r'_{k-1}} =\!=\!= (C)_{过饱} =\!=\!= C(s)$$

摩尔吉布斯自由能变为

$$\begin{aligned} \Delta G_{m,A}(T_k) &= G_{m,A(s)}(T_k) - \bar{G}_{m,(A)_{过饱}}(T_k) \\ &= \Delta H_{m,A}(T_k) - T_k \Delta S_{m,A}(T_k) \\ &\approx \Delta H_{m,A}(T_{k-1}) - T_k \frac{\Delta H_{m,A}(T_{k-1})}{T_{k-1}} \\ &= \frac{\theta_{A,T_k} \Delta H_{m,A}(T_{k-1})}{T_{k-1}} \\ &= \eta_{A,T_k} \Delta H_{m,A}(T_{k-1}) \end{aligned} \tag{8.234}$$

同理

$$\Delta G_{m,B}(T_k) = G_{m,B(s)}(T_k) - \bar{G}_{m,(B)过饱}(T_k)$$

$$= \Delta H_{m,B}(T_k) - T_k \Delta S_{m,B}(T_k)$$

$$\approx \Delta H_{m,B}(T_{k-1}) - T_k \frac{\Delta H_{m,B}(T_{k-1})}{T_{k-1}}$$

$$= \frac{\theta_{B,T_k} \Delta H_{m,B}(T_{k-1})}{T_{k-1}}$$

$$= \eta_{B,T_k} \Delta H_{m,B}(T_{k-1}) \qquad (8.235)$$

$$\Delta G_{m,C}(T_k) = G_{m,C(s)}(T_k) - \bar{G}_{m,(C)过饱}(T_k)$$

$$= \Delta H_{m,C}(T_k) - T_k \Delta S_{m,C}(T_k)$$

$$\approx \Delta H_{m,C}(T_{k-1}) - T_k \frac{\Delta H_{m,C}(T_{k-1})}{T_{k-1}}$$

$$= \frac{\theta_{C,T_k} \Delta H_{m,C}(T_{k-1})}{T_{k-1}}$$

$$= \eta_{C,T_k} \Delta H_{m,C}(T_{k-1}) \qquad (8.236)$$

其中

$$T_{k-1} > T_k$$

$$\theta_{I,T_k} = T_{k-1} - T_k$$

$$\eta_{I,T_k} = \frac{T_{k-1} - T_k}{T_{k-1}}$$

$$(I = A,B,C)$$

或者如下计算：以纯固态组元 A、B 和 C 为标准状态，浓度以摩尔分数表示，摩尔吉布斯自由能变为

$$\Delta G_{m,A} = \mu_{A(s)} - \mu_{(A)过饱}$$

$$= \mu_{A(s)} - \mu_{(A)q'_{k-1}}$$

$$= -RT \ln a^R_{(A)过饱}$$

$$= -RT \ln a^R_{(A)q'_{k-1}} \qquad (8.237)$$

其中

$$\mu_{A(s)} = \mu^*_{A(s)}$$

$$\mu_{(A)过饱} = \mu_{(A)q'_{k-1}} = \mu^*_{A(s)} + RT \ln a^R_{(A)过饱}$$

$$= \mu^*_{A(s)} + RT \ln a^R_{(A)q'_{k-1}}$$

$$\Delta G_{m,B} = \mu_{B(s)} - \mu_{(B)过饱}$$

$$= \mu_{B(s)} - \mu_{(B)g'_{k-1}}$$

$$= -RT \ln a^R_{(B)过饱}$$

$$= -RT \ln a^R_{(B)g'_{k-1}} \tag{8.238}$$

$$\mu_{B(s)} = \mu^*_{B(s)}$$

$$\mu_{(B)过饱} = \mu_{(B)g'_{k-1}} = \mu^*_{B(s)} + RT \ln a^R_{(B)过饱}$$

$$= \mu^*_{B(s)} + RT \ln a^R_{(B)g'_{k-1}}$$

$$\Delta G_{m,C} = \mu_{C(s)} - \mu_{(C)过饱}$$

$$= \mu_{C(s)} - \mu_{(C)r'_{k-1}}$$

$$= -RT \ln a^R_{(C)过饱}$$

$$= -RT \ln a^R_{(C)r'_{k-1}} \tag{8.239}$$

$$\mu_{C(s)} = \mu^*_{C(s)}$$

$$\mu_{(C)过饱} = \mu_{(C)r'_{k-1}} = \mu^*_{C(s)} + RT \ln a^R_{(C)过饱}$$

$$= \mu^*_{C(s)} + RT \ln a^R_{(C)r'_{k-1}}$$

总摩尔吉布斯自由能变为

$$\Delta G_{m,t} = x_A \Delta G_{m,A} + x_B \Delta G_{m,B} + x_C \Delta G_{m,C}$$

$$= \frac{1}{T_{k-1}} [x_A \theta_{A,T_k} \Delta H_{m,A}(T_{k-1}) + x_B \theta_{B,T_k} \Delta H_{m,B}(T_{k-1}) + x_C \theta_{C,T_k} \Delta H_{m,C}(T_{k-1})] \tag{8.240}$$

$$= x_A \eta_{A,T_k} \Delta H_{m,A}(T_{k-1}) + x_B \eta_{B,T_k} \Delta H_{m,B}(T_{k-1}) + x_C \eta_{C,T_k} \Delta H_{m,C}(T_{k-1})$$

或

$$\Delta G_{m,t} = x_A \Delta G_{m,A} + x_B \Delta G_{m,B} + x_C \Delta G_{m,C}$$

$$= -x_A RT \ln a^R_{(A)过饱} - x_B RT \ln a^R_{(B)过饱} - x_C RT \ln a^R_{(C)过饱}$$

$$= -x_A RT \ln a^R_{(A)q'_{k-1}} - x_B RT x_B \ln a^R_{(B)g'_{k-1}} - x_C RT x_C \ln a^R_{(C)r'_{k-1}} \tag{8.241}$$

直到相 E 完全转变为组元 A、B、C。

2. 析晶过程的速率

1）在温度 T_2

压力恒定，在温度 T_2，组元 A 的析出速率为

$$\frac{dn_{A(s)}}{dt} = -\frac{dn_{(A)}}{dt} = j_A$$

$$= -l_1 \left(\frac{A_{m,A}}{T} \right) - l_2 \left(\frac{A_{m,A}}{T} \right)^2 - l_3 \left(\frac{A_{m,A}}{T} \right)^3 - \cdots \tag{8.242}$$

其中

$$A_{m,A} = \Delta G_{m,A}$$

2）从温度 T_2 到温度 T_p

压力恒定，在温度 T_i，组元 A 的析出速率为

$$\frac{dn_{A(s)}}{dt} = -\frac{dn_{(A)_{qi-1}}}{dt} = j_A$$

$$= -l_1\left(\frac{A_{m,A}}{T}\right) - l_2\left(\frac{A_{m,A}}{T}\right)^2 - l_3\left(\frac{A_{m,A}}{T}\right)^3 - \cdots \qquad (8.243)$$

其中

$$A_{m,A} = \Delta G_{m,A}$$

3）从温度 T_p 到温度 T_E

压力恒定，在温度 T_j，不考虑耦合作用，组元 A 和 B 的析出速率为

$$\frac{dn_{A(s)}}{dt} = -\frac{dn_{(A)_{r_{j-1}}}}{dt} = j_A$$

$$= -l_1\left(\frac{A_{m,A}}{T}\right) - l_2\left(\frac{A_{m,A}}{T}\right)^2 - l_3\left(\frac{A_{m,A}}{T}\right)^3 - \cdots \qquad (8.244)$$

$$\frac{dn_{B(s)}}{dt} = -\frac{dn_{(B)_{r_{j-1}}}}{dt} = j_B$$

$$= -l_1\left(\frac{A_{m,B}}{T}\right) - l_2\left(\frac{A_{m,B}}{T}\right)^2 - l_3\left(\frac{A_{m,B}}{T}\right)^3 - \cdots \qquad (8.245)$$

考虑耦合作用，有

$$\frac{dn_{A(s)}}{dt} = -\frac{dn_{(A)_{r_{j-1}}}}{dt} = j_A$$

$$= -l_{11}\left(\frac{A_{m,A}}{T}\right) - l_{12}\left(\frac{A_{m,B}}{T}\right) - l_{111}\left(\frac{A_{m,A}}{T}\right)^2$$

$$- l_{112}\left(\frac{A_{m,A}}{T}\right)\left(\frac{A_{m,B}}{T}\right) - l_{122}\left(\frac{A_{m,B}}{T}\right)^2 \qquad (8.246)$$

$$- l_{1111}\left(\frac{A_{m,A}}{T}\right)^3 - l_{1112}\left(\frac{A_{m,A}}{T}\right)^2\left(\frac{A_{m,B}}{T}\right)$$

$$- l_{1122}\left(\frac{A_{m,A}}{T}\right)\left(\frac{A_{m,B}}{T}\right)^2 - l_{1222}\left(\frac{A_{m,B}}{T}\right)^3 - \cdots$$

$$\frac{\mathrm{d}n_{\mathrm{B(s)}}}{\mathrm{d}t} = -\frac{\mathrm{d}n_{(\mathrm{B})_{r_{j-1}}}}{\mathrm{d}t} = j_{\mathrm{B}}$$

$$= -l_{21}\left(\frac{A_{\mathrm{m,A}}}{T}\right) - l_{22}\left(\frac{A_{\mathrm{m,B}}}{T}\right) - l_{211}\left(\frac{A_{\mathrm{m,A}}}{T}\right)^2$$

$$- l_{212}\left(\frac{A_{\mathrm{m,A}}}{T}\right)\left(\frac{A_{\mathrm{m,B}}}{T}\right) - l_{222}\left(\frac{A_{\mathrm{m,B}}}{T}\right)^2 \qquad (8.247)$$

$$- l_{2111}\left(\frac{A_{\mathrm{m,A}}}{T}\right)^3 - l_{2112}\left(\frac{A_{\mathrm{m,A}}}{T}\right)^2\left(\frac{A_{\mathrm{m,B}}}{T}\right)$$

$$- l_{2122}\left(\frac{A_{\mathrm{m,A}}}{T}\right)\left(\frac{A_{\mathrm{m,B}}}{T}\right)^2 - l_{2222}\left(\frac{A_{\mathrm{m,B}}}{T}\right)^3 - \cdots$$

其中

$$A_{\mathrm{m,A}} = \Delta G_{\mathrm{m,A}}$$

$$A_{\mathrm{m,B}} = \Delta G_{\mathrm{m,B}}$$

4）在温度 T_{E} 以下

压力恒定，在温度 T_{E} 以下的 T_k，不考虑耦合作用，组元 A、B 和 C 的析出速率为

$$\frac{\mathrm{d}n_{\mathrm{A(s)}}}{\mathrm{d}t} = -\frac{\mathrm{d}n_{(\mathrm{A})_{l_{k-1}}}}{\mathrm{d}t} = j_{\mathrm{A}}$$

$$= -l_1\left(\frac{A_{\mathrm{m,A}}}{T}\right) - l_2\left(\frac{A_{\mathrm{m,A}}}{T}\right)^2 - l_3\left(\frac{A_{\mathrm{m,A}}}{T}\right)^3 - \cdots \qquad (8.248)$$

$$\frac{\mathrm{d}n_{\mathrm{B(s)}}}{\mathrm{d}t} = -\frac{\mathrm{d}n_{(\mathrm{B})_{q_{k-1}}}}{\mathrm{d}t} = j_{\mathrm{B}}$$

$$= -l_1\left(\frac{A_{\mathrm{m,B}}}{T}\right) - l_2\left(\frac{A_{\mathrm{m,B}}}{T}\right)^2 - l_3\left(\frac{A_{\mathrm{m,B}}}{T}\right)^3 - \cdots \qquad (8.249)$$

$$\frac{\mathrm{d}n_{\mathrm{C(s)}}}{\mathrm{d}t} = -\frac{\mathrm{d}n_{(\mathrm{C})_{r_{k-1}}}}{\mathrm{d}t} = j_{\mathrm{C}}$$

$$= -l_1\left(\frac{A_{\mathrm{m,C}}}{T}\right) - l_2\left(\frac{A_{\mathrm{m,C}}}{T}\right)^2 - l_3\left(\frac{A_{\mathrm{m,C}}}{T}\right)^3 - \cdots \qquad (8.250)$$

考虑耦合作用，有

$$\frac{\mathrm{d}n_{\mathrm{A(s)}}}{\mathrm{d}t} = -\frac{\mathrm{d}n_{(\mathrm{A})_{l_{k-1}}}}{\mathrm{d}t} = j_{\mathrm{A}}$$

$$= -l_{11}\left(\frac{A_{\mathrm{m,A}}}{T}\right) - l_{12}\left(\frac{A_{\mathrm{m,B}}}{T}\right) - l_{13}\left(\frac{A_{\mathrm{m,C}}}{T}\right) - l_{111}\left(\frac{A_{\mathrm{m,A}}}{T}\right)^2$$

$$- l_{112}\left(\frac{A_{\mathrm{m,A}}}{T}\right)\left(\frac{A_{\mathrm{m,B}}}{T}\right) - l_{113}\left(\frac{A_{\mathrm{m,A}}}{T}\right)\left(\frac{A_{\mathrm{m,C}}}{T}\right)$$

$$-l_{122}\left(\frac{A_{m,B}}{T}\right)^2 - l_{123}\left(\frac{A_{m,B}}{T}\right)\left(\frac{A_{m,C}}{T}\right)$$

$$-l_{133}\left(\frac{A_{m,C}}{T}\right)^2 - l_{1111}\left(\frac{A_{m,A}}{T}\right)^3 - l_{1112}\left(\frac{A_{m,A}}{T}\right)^2\left(\frac{A_{m,B}}{T}\right)$$

$$-l_{1113}\left(\frac{A_{m,A}}{T}\right)^2\left(\frac{A_{m,C}}{T}\right) - l_{1122}\left(\frac{A_{m,A}}{T}\right)\left(\frac{A_{m,B}}{T}\right)^2$$

$$-l_{1123}\left(\frac{A_{m,A}}{T}\right)\left(\frac{A_{m,B}}{T}\right)\left(\frac{A_{m,C}}{T}\right) - l_{1133}\left(\frac{A_{m,A}}{T}\right)\left(\frac{A_{m,C}}{T}\right)^2 \qquad (8.251)$$

$$-l_{1222}\left(\frac{A_{m,B}}{T}\right)^3 - l_{1223}\left(\frac{A_{m,B}}{T}\right)^2\left(\frac{A_{m,C}}{T}\right)$$

$$-l_{1233}\left(\frac{A_{m,B}}{T}\right)\left(\frac{A_{m,C}}{T}\right)^2 - l_{1333}\left(\frac{A_{m,C}}{T}\right)^3 - \cdots$$

$$\frac{\mathrm{d}n_{B(s)}}{\mathrm{d}t} = -\frac{\mathrm{d}n_{(B)_{qk-1}}}{\mathrm{d}t} = j_B$$

$$= -l_{21}\left(\frac{A_{m,A}}{T}\right) - l_{22}\left(\frac{A_{m,B}}{T}\right) - l_{23}\left(\frac{A_{m,C}}{T}\right) - l_{211}\left(\frac{A_{m,A}}{T}\right)^2$$

$$-l_{212}\left(\frac{A_{m,A}}{T}\right)\left(\frac{A_{m,B}}{T}\right) - l_{213}\left(\frac{A_{m,A}}{T}\right)\left(\frac{A_{m,C}}{T}\right)$$

$$-l_{222}\left(\frac{A_{m,B}}{T}\right)^2 - l_{223}\left(\frac{A_{m,B}}{T}\right)\left(\frac{A_{m,C}}{T}\right)$$

$$-l_{233}\left(\frac{A_{m,C}}{T}\right)^2 - l_{2111}\left(\frac{A_{m,A}}{T}\right)^3 - l_{2112}\left(\frac{A_{m,A}}{T}\right)^2\left(\frac{A_{m,B}}{T}\right) \qquad (8.252)$$

$$-l_{2113}\left(\frac{A_{m,A}}{T}\right)^2\left(\frac{A_{m,C}}{T}\right) - l_{2122}\left(\frac{A_{m,A}}{T}\right)\left(\frac{A_{m,B}}{T}\right)^2$$

$$-l_{2123}\left(\frac{A_{m,A}}{T}\right)\left(\frac{A_{m,B}}{T}\right)\left(\frac{A_{m,C}}{T}\right) - l_{2133}\left(\frac{A_{m,A}}{T}\right)\left(\frac{A_{m,C}}{T}\right)^2$$

$$-l_{2222}\left(\frac{A_{m,B}}{T}\right)^3 - l_{2223}\left(\frac{A_{m,B}}{T}\right)^2\left(\frac{A_{m,C}}{T}\right)$$

$$-l_{2233}\left(\frac{A_{m,B}}{T}\right)\left(\frac{A_{m,C}}{T}\right)^2 - l_{2333}\left(\frac{A_{m,C}}{T}\right)^3 - \cdots$$

$$\frac{\mathrm{d}n_{C(s)}}{\mathrm{d}t} = -\frac{\mathrm{d}n_{(C)_{qk-1}}}{\mathrm{d}t} = j_C$$

$$= -l_{31}\left(\frac{A_{m,A}}{T}\right) - l_{32}\left(\frac{A_{m,B}}{T}\right) - l_{33}\left(\frac{A_{m,C}}{T}\right) - l_{311}\left(\frac{A_{m,A}}{T}\right)^2$$

$$-l_{312}\left(\frac{A_{m,A}}{T}\right)\left(\frac{A_{m,B}}{T}\right)-l_{313}\left(\frac{A_{m,A}}{T}\right)\left(\frac{A_{m,C}}{T}\right)$$

$$-l_{322}\left(\frac{A_{m,B}}{T}\right)^2-l_{323}\left(\frac{A_{m,B}}{T}\right)\left(\frac{A_{m,C}}{T}\right)$$

$$-l_{333}\left(\frac{A_{m,C}}{T}\right)^2-l_{3111}\left(\frac{A_{m,A}}{T}\right)^3-l_{3112}\left(\frac{A_{m,A}}{T}\right)^2\left(\frac{A_{m,B}}{T}\right)$$

$$-l_{3113}\left(\frac{A_{m,A}}{T}\right)^2\left(\frac{A_{m,C}}{T}\right)-l_{3122}\left(\frac{A_{m,A}}{T}\right)\left(\frac{A_{m,B}}{T}\right)^2$$

$$-l_{3123}\left(\frac{A_{m,A}}{T}\right)\left(\frac{A_{m,B}}{T}\right)\left(\frac{A_{m,C}}{T}\right)-l_{3133}\left(\frac{A_{m,A}}{T}\right)\left(\frac{A_{m,C}}{T}\right)^2$$

$$-l_{3222}\left(\frac{A_{m,B}}{T}\right)^3-l_{3223}\left(\frac{A_{m,B}}{T}\right)^2\left(\frac{A_{m,C}}{T}\right)$$

$$-l_{3233}\left(\frac{A_{m,B}}{T}\right)\left(\frac{A_{m,C}}{T}\right)^2-l_{3333}\left(\frac{A_{m,C}}{T}\right)^3-\cdots \qquad (8.253)$$

8.4　几种典型的固态相变

固态相变有很多种。本节讨论几种典型的固态相变。

8.4.1　脱溶过程

1. 脱溶过程的热力学

从过饱和固溶体中析出第二相或形成溶质原子富集的亚稳区等过渡相的过程称为沉淀，或称脱溶。

图 8.13 是具有最低共晶点的二元系相图。其中 γ、A、B 均为固相，曲线 ET_B 是组元 B 在 γ 相中的饱和溶解度线。在恒压条件下，物质组成点为 P 的 γ 相降温冷却。

1）从温度 T_1 到 T_E

温度降至 T_1，物质组成点为 P_1，也是组元 B 在 γ 相的饱和溶解度线上的 q_1 点，两点重合。组元 B 在 γ 相中的溶解达到饱和，有

$$q_1 \Longleftrightarrow B$$

即

$$(B)_{q_1} = (B)_{饱} \Longleftrightarrow B$$

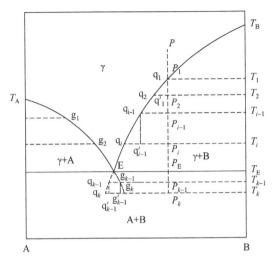

图 8.13　具有最低共晶点的二元系相图

T_1 为 P 组成的 γ 固溶体的平衡相变温度。在温度 T_1，相变在平衡状态下进行，摩尔吉布斯自由能变为零，即

$$\Delta G_{m,B} = \mu_{B(s)} - \mu_{(B)_{饱}}$$
$$= \mu_{B(s)}^* - \mu_{B(s)}^* - RT \ln a_{(B)_{饱}}^R \qquad (8.254)$$
$$= 0$$

式中，析出的固相 B 和固溶体中的组元 B 都以纯固态组元 B 为标准状态，浓度以摩尔分数表示。

$$\Delta G_{m,B}(T_1) = G_{m,B(s)}(T_1) - \bar{G}_{m,(B)_{饱}}(T_1)$$
$$= (H_{m,B(s)}(T_1) - T_1 S_{m,B(s)}(T_1)) - (\bar{H}_{m,(B)_{饱}}(T_1) - T_1 \bar{S}_{m,(B)_{饱}}(T_1))$$
$$= \Delta H_{m,B}(T_1) - T_1 \Delta S_{m,B}(T_1) \qquad (8.255)$$
$$= \Delta H_{m,B}(T_1) - T_1 \frac{\Delta H_{m,B}(T_1)}{T_1}$$
$$= 0$$

温度由 T_1 降到 T_2，物质组成点从 P_1 移到 P_2。当温度刚降到 T_2，组元 B 还未来得及析出时，γ 相组成仍为 q_1。由于温度降低，组元 B 在 γ 相中的溶解度变小，平衡相组成应为 q_2，q_1 已变为组元 B 过饱和的相 q_1'。B 在 γ 相中已达过饱和，会析出晶体 B，进行脱溶反应。可以表示为

$$(B)_{q_1'} \Longrightarrow (B)_{过饱} \Longrightarrow B$$

该过程的摩尔吉布斯自由能变为

$$\Delta G_{m,B} = \mu_B - \mu_{(B)过饱} \qquad (8.256)$$

以纯固态组元 B 为标准状态，式中

$$\mu_B = \mu_B^*\tag{8.257}$$

$$\mu_{(B)过饱} = \mu_B^* + RT\ln a_{(B)过饱}^R$$
$$= \mu_B^* + RT\ln a_{(B)_{q1}}^R\tag{8.258}$$

将式（8.257）和式（8.258）代入式（8.256），得

$$\Delta G_{m,B} = -RT\ln a_{(B)_{q1}}^R = -RT\ln a_{(B)过饱}^R < 0\tag{8.259}$$

在温度 T_2，脱溶过程可以自发进行。

也可以如下计算

$$\Delta G_{m,B}(T_2) = \Delta G_{m,B}(T_2) - \bar{G}_{m,(B)_{q1}}(T_2)$$
$$= (H_{m,B}(T_2) - T_2 S_{m,B}(T_2)) - (\bar{H}_{m,(B)_{q1}}(T_2) - T_2\bar{S}_{m,(B)_{q1}}(T_2))$$
$$= \Delta_{ref}H_{m,B}(T_2) - T_2\Delta_{ref}S_{m,B}(T_2)$$
$$\approx \frac{\theta_{B,T_2}\Delta_{ref}H_{m,B}(T_1)}{T_1}$$
$$\approx \eta_{B,T_2}\Delta_{ref}H_{m,B}(T_1)\tag{8.260}$$

其中

$$\Delta_{ref}S_{m,B}(T_2) \approx \Delta_{ref}S_{m,B}(T_1) = \frac{\Delta_{ref}H_{m,B}(T_1)}{T_1}$$

$$\Delta_{ref}H_{m,B}(T_2) \approx \Delta_{ref}H_{m,B}(T_1)$$

$$T_1 > T_2$$

$$\theta_{B,T_2} = T_1 - T_2$$

θ_{B,T_2} 为组元 B 在温度 T_2 的绝对饱和过冷度。

$$\eta_{B,T_2} = \frac{T_1 - T_2}{T_1}$$

η_{B,T_2} 为组元 B 在温度 T_2 的相对饱和过冷度。

直到达成新的平衡，γ 相成为 T_2 温度组元 B 的饱和相 q_2，有

$$(B)_{q_2} \Longrightarrow (B)_{饱} \Longleftrightarrow B$$

继续降温，从 T_1 到 T_E，脱溶过程同上，可以统一描述如下：
在温度 T_{i-1}，析出的固相组元 B 与 γ 相平衡，即

$$(B)_{q_{i-1}} \Longrightarrow (B)_{饱} \Longleftrightarrow B$$

温度降到 T_i。在温度刚至 T_i，还未来得及析出组元 B 时，在温度 T_{i-1} 的饱和相 q_{i-1} 成为过饱和相 q'_{i-1}，析出组元 B，即

$$(B)_{q'_{i-1}} \Longrightarrow (B)_{过饱} \Longrightarrow B$$

以纯固态组元 B 为标准状态，在温度 T_i，脱溶过程的摩尔吉布斯自由能变为

$$\Delta G_{m,B} = \mu_B - \mu_{(B)_{过饱}}$$
$$= \mu_B - \mu_{(B)_{q'_{i-1}}}$$
$$= -RT \ln a_{(B)_{过饱}}$$
$$= -RT \ln a_{(B)_{q'_{i-1}}} \tag{8.261}$$
$$(i = 1, 2, 3, \cdots)$$

其中

$$\mu_B = \mu_B^*$$
$$\mu_{(B)_{q'_{i-1}}} = \mu_B^* + RT \ln a_{(B)_{过饱}}$$
$$= \mu_B^* + RT \ln a_{(B)_{q'_{i-1}}}$$

也可以如下计算

$$\Delta G_{m,B}(T_i) \approx \frac{\theta_{B,T_i} \Delta H_{m,B}(T_{i-1})}{T_{i-1}}$$
$$\approx \eta_{B,T_i} \Delta H_{m,B}(T_{i-1}) \tag{8.262}$$

其中

$$T_{i-1} > T_i$$
$$\theta_{B,T_i} = T_{i-1} - T_i > 0$$

θ_{B,T_i} 为组元 B 在温度 T_i 的绝对饱和过冷度。

$$\eta_{B,T_i} = \frac{T_{i-1} - T_i}{T_i} > 0$$

η_{B,T_i} 为组元 B 在温度 T_i 的相对饱和过冷度。

直到过饱和的 q'_{i-1} 相析出组元 B 成为饱和相 q_i，两相达到新的平衡，有

$$(B)_{q_i} =\!=\!= (B)_{饱} \Longleftrightarrow B$$

在温度 T_{E-1}，组元 B 与组成为 q_{E-1} 的 γ 相平衡，有

$$(B)_{q_{E-1}} =\!=\!= (B)_{饱} \Longleftrightarrow B$$

降低温度到 T_E，在温度刚降到 T_E，尚未来得及析出组元 B 时，q_{E-1} 相组成未变，但组元 B 饱和的 q_{E-1} 成为组元 B 过饱和 q'_{E-1}，析出组元 B，即

$$(B)_{q'_{E-1}} =\!=\!= (B)_{饱} =\!=\!= B$$

以纯固态组元 B 为标准状态，脱溶过程的摩尔吉布斯自由能变为

$$\Delta G_{m,B} = \mu_B - \mu_{(B)_{过饱}}$$
$$= \mu_B - \mu_{(B)_{q'_{E-1}}}$$
$$= -RT \ln a^R_{(B)_{过饱}}$$
$$= -RT \ln a^R_{(B)_{q'_{E-1}}}$$

（8.263）

其中

$$\mu_B = \mu_B^*$$
$$\mu_{(B)_{过饱和}} = \mu_B^* + RT \ln a^R_{(B)_{过饱}}$$
$$= \mu_B^* + RT \ln a^R_{(B)_{q'_{E-1}}}$$

式中，$a^R_{(B)_{q'_{E-1}}}$ 和 $a^R_{(B)_{过饱}}$ 是在温度 T_E 组成为 q'_{i-1} 的 γ 相及过饱和溶液中组元 B 的活度。

也可以如下计算：

$$\Delta G_{m,B}(T_E)$$
$$\approx \frac{\theta_{B,T_i} \Delta_{cry} H_{m,B}(T_{E-1})}{T_{i-1}}$$
$$\approx \eta_{B,T_i} \Delta_{cry} H_{m,B}(T_{E-1})$$

其中

$$T_{E-1} > T_E$$
$$\theta_{B,T_E} = T_{E-1} - T_E$$

θ_{B,T_E} 为在温度 T_E 组元 B 的绝对饱和过冷度。

$$\eta_{B,T_E} = \frac{T_{E-1} - T_E}{T_{E-1}}$$

（8.264）

η_{B,T_E} 为在温度 T_E 组元 B 的相对饱和过冷度。

直到组元 B 达到饱和，组元 A 也达到饱和。γ 相组成为 E(γ)。组元 A、B 和 E(γ)相达到平衡，有

$$E(\gamma) \Longrightarrow A + B$$

即

$$x_A(A)_{E(\gamma)} + x_B(B)_{E(\gamma)} \Longleftrightarrow x_A A + x_B B$$

$$(A)_{E(\gamma)} \Longrightarrow (A)_{饱} \Longleftrightarrow A$$

$$(B)_{E(\gamma)} \Longrightarrow (B)_{饱} \Longleftrightarrow B$$

在温度 T_E 和恒压条件下，析晶在平衡状态进行，该过程的摩尔吉布斯自由能变为

$$\Delta G_{m,A} = \mu_A - \mu_{(A)_{E(\gamma)}}$$
$$= \mu_A - \mu_{(A)_{饱}}$$
$$= \mu_A^* - \mu_A^* \tag{8.265}$$
$$= 0$$

$$\Delta G_{m,B} = \mu_B - \mu_{(B)_{E(\gamma)}}$$
$$= \mu_B - \mu_{(B)_{饱}}$$
$$= \mu_B^* - \mu_B^* \tag{8.266}$$
$$= 0$$

总摩尔吉布斯自由能变为

$$\Delta G_m(T_E) = x_A \Delta G_{m,A}(T_E) + x_B \Delta G_{m,B}(T_E) \tag{8.267}$$
$$= 0$$

2）降温到 T_E 以下

从温度 T_E 到组元 A、B 完全析出的温度，过程可以统一描述如下：在低于 T_E 温度的 T_{k-1}，析出组元 A 和 B 晶体达到平衡，有

$$(A)_{q_{k-1}} \Longequal (A)_{过饱} \Longrightleftharpoons A$$

$$(B)_{q_{k-1}} \Longequal (B)_{过饱} \Longrightleftharpoons B$$

继续降温到 T_k，温度刚降到 T_k，尚未来得及析出组元 A 和 B 时，相 q_{k-1} 组成未变，但已由组元 A 和 B 的饱和相 q_{k-1} 变成组元 A 和 B 的过饱和相 q'_{k-1}，析出组元 A 和 B，可以表示为

$$(A)_{q'_{k-1}} \Longequal (A)_{过饱} \Longequal A$$

$$(B)_{q'_{k-1}} \Longequal (B)_{过饱} \Longequal B$$

这实际是共析转变。

以纯固态组元 A 和 B 为标准状态，在温度 T_k，共析过程的摩尔吉布斯自由能变为

$$\Delta G_{m,A} = \mu_A - \mu_{(A)_{过饱}}$$
$$= \mu_A - \mu_{(A)_{q_{k-1}}}$$
$$= -RT \ln a_{(A)_{过饱}}^R$$
$$= -RT \ln a_{(A)_{q_{k-1}}}^R \tag{8.268}$$

$$\Delta G_{m,B} = \mu_B - \mu_{(B)_{过饱}}$$
$$= \mu_B - \mu_{(B)_{q_{k-1}}}$$
$$= -RT \ln a_{(B)_{过饱}}^R$$
$$= -RT \ln a_{(B)_{q_{k-1}}}^R \tag{8.269}$$

总摩尔吉布斯自由能变为

$$\Delta G_{m,t} = x_A \Delta G_{m,A} + x_B \Delta G_{m,B}$$
$$= -x_A RT \ln a_{(A)_{q_{k-1}}}^R - x_A RT \ln a_{(B)_{q_{k-1}}}^R \tag{8.270}$$

也可以如下计算:

$$\Delta G_{m,A}(T_k) \approx \frac{\theta_{A,T_k} \Delta_{cry} H_{m,A}(T_{k-1})}{T_{k-1}}$$
$$\approx \eta_{A,T_k} \Delta_{cry} H_{m,A}(T_{k-1}) \tag{8.271}$$

$$\Delta G_{m,B}(T_k) \approx \frac{\theta_{B,T_k} \Delta_{cry} H_{m,B}(T_{k-1})}{T_{k-1}}$$
$$\approx \eta_{B,T_k} \Delta_{cry} H_{m,B}(T_{k-1}) \tag{8.272}$$

其中

$$T_{k-1} > T_k$$
$$\theta_{J,T_k} = T_{J-1} - T_J$$
$$\eta_{J,T_k} = \frac{T_{J-1} - T_J}{T_{J-1}}$$
$$(J = A, B)$$

总摩尔吉布斯自由能变为

$$\Delta G_{m,t}(T_k) = x_A \Delta G_{m,A}(T_k) + x_B \Delta G_{m,B}(T_k)$$
$$= \frac{x_A \theta_{A,T_k} \Delta_{cry} H_{m,A}(T_{k-1}) + x_B \theta_{B,T_k} \Delta_{cry} H_{m,B}(T_{k-1})}{T_{k-1}}$$
$$= x_A \eta_{A,T_k} \Delta_{cry} H_{m,A}(T_{k-1}) + x_B \eta_{B,T_k} \Delta_{cry} H_{m,B}(T_{k-1}) \tag{8.273}$$

直到固溶体 γ 相完全转变为组元 A 和 B。其中有组元 A、B 组成的共晶相和过量的组元 B。物相组成为相图上的 P_k 点。

2. 脱溶过程的速率

从温度 T_2 到温度 T_E,压力恒定,在温度 T_i,脱溶速率为

$$\frac{dn_B}{dt} = -\frac{dn_{(B)_{q_{i-1}}}}{dt} = j_B$$
$$= -l_1 \left(\frac{A_{m,B}}{T}\right) - l_2 \left(\frac{A_{m,B}}{T}\right)^2 - l_3 \left(\frac{A_{m,B}}{T}\right)^3 - \cdots \tag{8.274}$$

$$\frac{dN_{(B)_{q_{i-1}}}}{dt} = -\frac{dN_B}{dt} = V j_B$$
$$= -V \left[l_1 \left(\frac{A_{m,B}}{T}\right) + l_2 \left(\frac{A_{m,B}}{T}\right)^2 + l_3 \left(\frac{A_{m,B}}{T}\right)^3 + \cdots \right] \tag{8.275}$$

其中，V 为 γ 相体积。

$$A_{\mathrm{m,B}} = \Delta G_{\mathrm{m,B}}$$

8.4.2　共析转变

1. 共析转变的热力学

从过饱和固溶体中，同时析出固相组元 A 和 B 的过程称为共析转变。可以表示为

$$\gamma \Longrightarrow A + B$$

图 8.14 为具有最低共晶点的二元系相图。物质组成点为 P 的 γ 相降温冷却。温度降至 T_{E} 物质组成点到达 P_1，与共晶点 E 重合。在共晶点组元 A 和 B 都达到饱和，有

$$\gamma \rightleftharpoons A + B$$

即

$$(A)_{\gamma} \Longrightarrow (A)_{饱} \rightleftharpoons A$$

$$(B)_{\gamma} \Longrightarrow (B)_{饱} \rightleftharpoons B$$

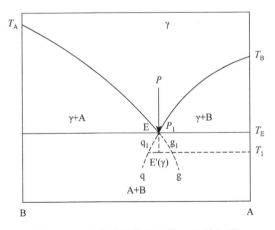

图 8.14　具有最低共晶点的二元系相图

在温度 T_{E} 和恒压条件下，γ 相和固相组元 A 和 B 三相平衡，析晶过程在平衡状态下进行，以纯固态组元 A 和 B 为标准状态，该过程的摩尔吉布斯自由能变为零，即

$$\Delta G_{\mathrm{m,A}} = \mu_{\mathrm{A}} - \mu_{(A)饱} = \mu_{\mathrm{A}}^* - \mu_{\mathrm{A}}^* = 0 \tag{8.276}$$

$$\Delta G_{\mathrm{m,B}} = \mu_{\mathrm{B}} - \mu_{(\mathrm{B})饱} = \mu_{\mathrm{B}}^* - \mu_{\mathrm{B}}^* = 0 \qquad (8.277)$$

总摩尔吉布斯自由能变为

$$\Delta G_{\mathrm{m,t}} = x_{\mathrm{A}}\Delta G_{\mathrm{m,A}} + x_{\mathrm{B}}\Delta G_{\mathrm{m,B}} = 0 \qquad (8.278)$$

继续降温到 T_1。在温度刚降至 T_1，组元 A 和 B 还未来得及析出时，组成为 E(γ) 的 γ 相组成不变，但已由组元 A 和 B 的饱和相成为组元 A 和 B 的过饱和相 E′(γ)，析出组元 A 和 B，即共析转变。该过程可以表示为

$$(\mathrm{A})_{\mathrm{E'(\gamma)}} = (\mathrm{A})_{过饱} = \mathrm{A}$$

$$(\mathrm{B})_{\mathrm{E'(\gamma)}} = (\mathrm{B})_{过饱} = \mathrm{B}$$

以纯固态组元 A、B 为标准状态，浓度以摩尔分数表示，共析过程的摩尔吉布斯自由能变为

$$\begin{aligned}
\Delta G_{\mathrm{m,A}} &= \mu_{\mathrm{A}} - \mu_{(\mathrm{A})过饱} \\
&= \mu_{\mathrm{A}} - \mu_{(\mathrm{A})_{\mathrm{E'(\gamma)}}} \\
&= -RT\ln a_{(\mathrm{A})_{\mathrm{E'(\gamma)}}}^{\mathrm{R}} \\
&= -RT\ln a_{(\mathrm{A})过饱}^{\mathrm{R}}
\end{aligned} \qquad (8.279)$$

其中

$$\mu_{\mathrm{A}} = \mu_{\mathrm{A}}^*$$

$$\begin{aligned}
\mu_{(\mathrm{A})过饱} &= \mu_{\mathrm{A}}^* + RT\ln a_{(\mathrm{A})过饱}^{\mathrm{R}} \\
&= \mu_{\mathrm{A}}^* + RT\ln a_{(\mathrm{A})_{\mathrm{E'(\gamma)}}}^{\mathrm{R}}
\end{aligned}$$

$$\begin{aligned}
\Delta G_{\mathrm{m,B}} &= \mu_{\mathrm{B}} - \mu_{(\mathrm{B})过饱} \\
&= \mu_{\mathrm{B}} - \mu_{(\mathrm{B})_{\mathrm{E'(\gamma)}}} \\
&= -RT\ln a_{(\mathrm{B})过饱}^{\mathrm{R}} \\
&= -RT\ln a_{(\mathrm{B})_{\mathrm{E'(\gamma)}}}^{\mathrm{R}}
\end{aligned} \qquad (8.280)$$

其中

$$\mu_{\mathrm{B}} = \mu_{\mathrm{B}}^*$$

$$\begin{aligned}
\mu_{(\mathrm{B})过饱} &= \mu_{\mathrm{B}}^* + RT\ln a_{(\mathrm{B})过饱}^{\mathrm{R}} \\
&= \mu_{\mathrm{B}}^* + RT\ln a_{(\mathrm{B})_{\mathrm{E'(\gamma)}}}^{\mathrm{R}}
\end{aligned}$$

直到达成该温度的平衡组成 g_1 和 q_1，是组元 A 和 B 的饱和相，有

$$(\mathrm{A})_{g_1} = (\mathrm{A})_{饱} \rightleftharpoons \mathrm{A}$$

$$(\mathrm{B})_{q_1} = (\mathrm{B})_{饱} \rightleftharpoons \mathrm{B}$$

从温度 T_E 直到组元 A 和 B 完全析出，脱溶反应完成，这个过程可以统一描述如下：

在温度 T_{k-1}，析晶达到平衡，有

$$(A)_{g_{k-1}} \Longequal (A)_{饱} \Longleftrightarrow A$$

$$(B)_{q_{k-1}} \Longequal (B)_{饱} \Longleftrightarrow B$$

继续降低温度至 T_k。在温度刚降到 T_k，组元 A 和 B 还未来得及析出时，相 g_{k-1} 和 q_{k-1} 的组成没变，但已由组元 A 和 B 的饱和相 g_{k-1} 和 q_{k-1} 变成组元 A 和 B 的过饱和相 g'_{k-1} 和 q'_{k-1}，析出固相组元 A 和 B，有

$$(A)_{g'_{k-1}} \Longequal (A)_{过饱} \Longequal A$$

$$(B)_{q'_{k-1}} \Longequal (B)_{过饱} \Longequal B$$

共析过程的摩尔吉布斯自由能变为

$$\begin{aligned}
\Delta G_{m,A} &= \mu_A - \mu_{(A)过饱} \\
&= -RT \ln a^R_{(A)过饱} \\
&= -RT \ln a^R_{(A)_{g_{k-1}}}
\end{aligned} \tag{8.281}$$

其中

$$\mu_A = \mu_A^*$$

$$\begin{aligned}
\mu_{(A)过饱} &= \mu_A^* + RT \ln a^R_{(A)过饱} \\
&= \mu_A^* + RT \ln a^R_{(A)_{g_{k-1}}}
\end{aligned}$$

$$\begin{aligned}
\Delta G_{m,B} &= \mu_B - \mu_{(B)过饱} \\
&= -RT \ln a^R_{(B)过饱} \\
&= -RT \ln a^R_{(B)_{q_{k-1}}}
\end{aligned} \tag{8.282}$$

$$\mu_B = \mu_B^*$$

$$\begin{aligned}
\mu_{(B)过饱} &= \mu_{B(s)}^* + RT \ln a^R_{(B)过饱} \\
&= \mu_{B(s)}^* + RT \ln a^R_{(B)_{q_{k-1}}}
\end{aligned}$$

总摩尔吉布斯自由能变为

$$\begin{aligned}
\Delta G_{m,t} &= x_A \Delta G_{m,A} + x_B \Delta G_{m,B} \\
&= -RT(x_A \ln a^R_{(A)_{g_{k-1}}} + x_B \ln a^R_{(B)_{q_{k-1}}}) \\
&= -RT(x_A \ln a^R_{(A)过饱} + x_B \ln a^R_{(B)过饱})
\end{aligned} \tag{8.283}$$

也可以如下计算

$$\Delta G_{m,A}(T_k) = \frac{\theta_{A,T_k} \Delta H_{m,A}(T_{k-1})}{T_{k-1}}$$

$$\approx \eta_{A,T_k} \Delta H_{m,A}(T_{k-1}) \tag{8.284}$$

$$\Delta G_{m,B}(T_k) = \frac{\theta_{B,T_k} \Delta H_{m,B}(T_{k-1})}{T_{k-1}}$$

$$\approx \eta_{B,T_k} \Delta H_{m,B}(T_{k-1}) \tag{8.285}$$

其中

$$T_{k-1} > T_k$$

$$\theta_{A,T_k} = \theta_{B,T_k} = T_{k-1} - T_k$$

$$\eta_{A,T_k} = \eta_{B,T_k} = \frac{T_{k-1} - T_k}{T_{k-1}}$$

$\Delta H_{m,A}(T_{k-1})$ 和 $\Delta H_{m,B}(T_{k-1})$ 为在温度 T_{k-1} 组元 A 和 B 析晶过程的焓变。

总摩尔吉布斯自由能变为

$$\Delta G_{m,t}(T_k) = x_A \Delta G_{m,A}(T_k) + x_B \Delta G_{m,B}(T_k)$$

$$\approx \frac{1}{T_{k-1}}(x_A \theta_{A,T_k} \Delta H_{m,A}(T_{k-1}) + x_B \theta_{B,T_k} \Delta H_{m,B}(T_{k-1}))$$

$$\approx x_A \eta_{A,T_k} \Delta H_{m,A}(T_{k-1}) + x_B \eta_{B,T_k} \Delta H_{m,B}(T_{k-1}) \tag{8.286}$$

直到达成平衡，是组元 A 和 B 的饱和相，有

$$(A)_{q_k} \equiv\!\equiv\!\equiv (A)_{饱} \Longleftrightarrow A$$

$$(B)_{q_k} \equiv\!\equiv\!\equiv (B)_{饱} \Longleftrightarrow B$$

继续降温，重复上述过程。直到固溶体 γ 相完全转变为组元 A 和 B 形成的共晶相。

2. 共析转变的速率

在温度 T_E 以下的温度 T_i，压力恒定，不考虑耦合作用，在单位体积 γ 相组元 A 和 B 的析出速率为

$$\frac{dn_A}{dt} = -\frac{dn_{(A)_{E'(\gamma)}}}{dt} = j_A$$

$$= -l_1 \left(\frac{A_{m,A}}{T}\right) - l_2 \left(\frac{A_{m,A}}{T}\right)^2 - l_3 \left(\frac{A_{m,A}}{T}\right)^3 - \cdots \tag{8.287}$$

$$\frac{\mathrm{d}n_{\mathrm{B(s)}}}{\mathrm{d}t} = -\frac{\mathrm{d}n_{(\mathrm{B})_{\mathrm{E'}(\gamma)}}}{\mathrm{d}t} = j_{\mathrm{B}}$$

$$= -l_1\left(\frac{A_{\mathrm{m,B}}}{T}\right) - l_2\left(\frac{A_{\mathrm{m,B}}}{T}\right)^2 - l_3\left(\frac{A_{\mathrm{m,B}}}{T}\right)^3 - \cdots \qquad (8.288)$$

考虑耦合作用，有

$$\frac{\mathrm{d}n_{\mathrm{A(s)}}}{\mathrm{d}t} = -\frac{\mathrm{d}n_{(\mathrm{A})_{\mathrm{E'}(\gamma)}}}{\mathrm{d}t} = j_{\mathrm{A}}$$

$$= -l_{11}\left(\frac{A_{\mathrm{m,A}}}{T}\right) - l_{12}\left(\frac{A_{\mathrm{m,B}}}{T}\right) - l_{111}\left(\frac{A_{\mathrm{m,A}}}{T}\right)^2$$

$$- l_{112}\left(\frac{A_{\mathrm{m,A}}}{T}\right)\left(\frac{A_{\mathrm{m,B}}}{T}\right) - l_{122}\left(\frac{A_{\mathrm{m,B}}}{T}\right)^2 \qquad (8.289)$$

$$- l_{1111}\left(\frac{A_{\mathrm{m,A}}}{T}\right)^3 - l_{1112}\left(\frac{A_{\mathrm{m,A}}}{T}\right)^2\left(\frac{A_{\mathrm{m,B}}}{T}\right)$$

$$- l_{1122}\left(\frac{A_{\mathrm{m,A}}}{T}\right)\left(\frac{A_{\mathrm{m,B}}}{T}\right)^2 - l_{1222}\left(\frac{A_{\mathrm{m,B}}}{T}\right)^3 - \cdots$$

$$\frac{\mathrm{d}n_{\mathrm{B(s)}}}{\mathrm{d}t} = -\frac{\mathrm{d}n_{(\mathrm{B})_{\mathrm{E'}(\gamma)}}}{\mathrm{d}t} = j_{\mathrm{B}}$$

$$= -l_{21}\left(\frac{A_{\mathrm{m,A}}}{T}\right) - l_{22}\left(\frac{A_{\mathrm{m,B}}}{T}\right) - l_{211}\left(\frac{A_{\mathrm{m,A}}}{T}\right)^2$$

$$- l_{212}\left(\frac{A_{\mathrm{m,A}}}{T}\right)\left(\frac{A_{\mathrm{m,B}}}{T}\right) - l_{222}\left(\frac{A_{\mathrm{m,B}}}{T}\right)^2 \qquad (8.290)$$

$$- l_{2111}\left(\frac{A_{\mathrm{m,A}}}{T}\right)^3 - l_{2112}\left(\frac{A_{\mathrm{m,A}}}{T}\right)^2\left(\frac{A_{\mathrm{m,B}}}{T}\right)$$

$$- l_{2122}\left(\frac{A_{\mathrm{m,A}}}{T}\right)\left(\frac{A_{\mathrm{m,B}}}{T}\right)^2 - l_{2222}\left(\frac{A_{\mathrm{m,B}}}{T}\right)^3 - \cdots$$

8.4.3　马氏体相变

1. 马氏体相变的热力学

奥氏体淬火快速冷却，在低温下，过冷奥氏体转变为亚稳态的马氏体。这种转变称为马氏体相变。奥氏体转变为马氏体化学组成不变，是非扩散型转变，即"协同型"转变。马氏体相变是德国冶金学家马滕斯（Martens）最早在钢的热处理过程中发现的。

　　后来发现在铁基合金、有色金属合金、纯金属和陶瓷也发生马氏体相变。表 8.1 给出了几种有色金属及其合金的马氏体转变的晶体结构变化。

表 8.1　有色金属及其合金的马氏体转变

材料及其成分	晶体结构的变化	惯用面
纯 Ti	bcc→hcp	{8，811}或{8，9，12}
Ti-10%Mo	bcc→hcp	{334}或{344}
Ti-5%Mn	bcc→hcp	{334}或{344}
纯 Zr	bcc→hcp	
Zr-2.5%Nb	bcc→hcp	
Zr-0.75%Cr	bcc→hcp	
纯 Li	bcc→hcp（层错）	{144}
	bcc→fcc（层错）	
纯 Na	bcc→hcp（层错）	
Cu-40%Zn	bcc→面心四方（层错）	～{155}
Cu-11～13.1%Al	bcc→fcc（层错）	～{133}
Cu-12.9～14.9%Al	bcc→正交	～{122}
Cu-Sn	bcc→fcc（层错）	
	bcc→正交	
Cu-Ga	bcc→fcc（层错）	
	bcc→正交	
Au-47.5%Cd	bcc→正交	{133}
Au-50%（mol）Mn	bcc→正交	
纯 Co	bcc→hcp	{111}
In-18～20%Tl	bcc→面心四方	{011}
Mn-0～25%Cu	bcc→面心四方	{011}
Au-56%（mol）Cu	fcc→复杂正交（有序⇄无序）	
U-0.4%（mol）Cr	复杂四方→复杂正交	（1$\bar{4}$$\bar{4}$）与（1$\overline{23}$）之间
U-1.4%（mol）Cr	复杂四方→复杂正交	（1$\bar{4}$$\bar{4}$）与（1$\overline{23}$）之间
纯 Hg	菱方→体心四方	

　　由奥氏体向马氏体转变的过程可以表示为

$$\gamma \rightleftharpoons \alpha$$

式中，γ 表示奥氏体，α 表示马氏体。该过程的摩尔吉布斯自由能变为

$$
\begin{aligned}
\Delta G_{m(\gamma \to \alpha)}(T) &= G_{m,\alpha}(T) - G_{m,\gamma}(T) \\
&= (H_{m,\alpha}(T) - TS_{m,\alpha}(T)) - (H_{m,\gamma}(T) - TS_{m,\gamma}(T)) \\
&= \Delta H_{m,\gamma \to \alpha}(T) - T\Delta S_{m,\gamma \to \alpha}(T) \\
&\approx \Delta H_{m,\gamma \to \alpha}(T_{平}) - T \frac{\Delta H_{m,\gamma \to \alpha}}{T_{平}}(T_{平}) \\
&= \frac{\Delta H_{m,\gamma \to \alpha}(T_{平})\Delta T}{T_{平}}
\end{aligned}
\tag{8.291}
$$

式中，$T_{平}$ 为 α 相和 γ 相两相平衡的温度；T 为相变实际发生的温度。

$$\Delta T = T_{平} - T$$

若 $T = T_{平}$，则 $\Delta T = 0$，$\Delta G_{m,(\gamma \to \alpha)} = 0$，$\alpha$、$\beta$ 两相达到平衡，相变在平衡状态发生。

若 $T < T_{平}$，则 $\Delta T > 0$，$\Delta G_{m,(\gamma \to \alpha)} < 0$，相变在非平衡状态发生。

若 $T > T_{平}$，则 $\Delta T > 0$，$\Delta G_{m,(\gamma \to \alpha)} > 0$，$\gamma \to \alpha$ 相变不能发生，相反 $\alpha \to \gamma$ 能发生。其中，$\Delta G_{m,(\gamma \to \alpha)}$ 为相变过程的热焓，为正值；$\Delta S_{m,\gamma \to \alpha}$ 为相变过程的熵变。

2. 马氏体相变的速率

压力恒定，在温度 T，马氏体相变速率为

$$
\begin{aligned}
\frac{dn_\alpha}{dt} &= -\frac{dn_\gamma}{dt} = j_M \\
&= -l_1\left(\frac{A_{m,M}}{T}\right) - l_2\left(\frac{A_{m,M}}{T}\right)^2 - l_3\left(\frac{A_{m,M}}{T}\right)^3 - \cdots
\end{aligned}
\tag{8.292}
$$

在整个体积 V 内，有

$$
\begin{aligned}
\frac{dN_\alpha}{dt} &= -\frac{dN_\gamma}{dt} = Vj_M \\
&= -V\left[l_1\left(\frac{A_{m,M}}{T}\right) + l_2\left(\frac{A_{m,M}}{T}\right)^2 + l_3\left(\frac{A_{m,M}}{T}\right)^3 + \cdots\right]
\end{aligned}
\tag{8.293}
$$

其中

$$A_{m,M} = \Delta G_{m(\gamma \to \alpha)}$$

8.4.4　调幅分解

1. 调幅分解的热力学

在一定温度和压力条件下，固溶体分解成结构相同而成分不同（在一定范围内连续变化）的两相。一相含原固溶体的 A 成分多、B 成分少，一相含原固溶体的 A 成分少、B 成分多，称为调幅分解。类似于液相分层所形成的两液相。该过程可以表示如下：

$$\gamma \longrightarrow \alpha + \beta$$

即

$$\gamma \Longrightarrow x\alpha + y\beta$$

图 8.15 为调幅分解图。该过程的摩尔吉布斯自由能变为

$$
\begin{aligned}
\Delta G_{\mathrm{m},\,\gamma \to \alpha+\beta}(T) &= x G_{\mathrm{m},\alpha}(T) + y G_{\mathrm{m},\beta}(T) - G_{\mathrm{m},\gamma}(T) \\
&= x(H_{\mathrm{m},\alpha}(T) - TS_{\mathrm{m},\alpha}(T)) + y(H_{\mathrm{m},\beta}(T) - TS_{\mathrm{m},\beta}(T)) - (H_{\mathrm{m},\gamma}(T) - TS_{\mathrm{m},\gamma}(T)) \\
&= (xH_{\mathrm{m},\alpha}(T) + yH_{\mathrm{m},\beta}(T) - H_{\mathrm{m},\gamma}(T)) - T(xS_{\mathrm{m},\alpha}(T) + yS_{\mathrm{m},\beta}(T) - S_{\mathrm{m},\gamma}(T)) \\
&= (xH_{\mathrm{m},\alpha}(T_{\Psi}) + yH_{\mathrm{m},\beta}(T_{\Psi}) - H_{\mathrm{m},\gamma}(T_{\Psi})) - T\frac{xH_{\mathrm{m},\alpha}(T_{\Psi}) + yH_{\mathrm{m},\beta}(T_{\Psi}) - H_{\mathrm{m},\gamma}(T_{\Psi})}{T_{\Psi}} \\
&= \frac{(xH_{\mathrm{m},\alpha}(T_{\Psi}) + yH_{\mathrm{m},\beta}(T_{\Psi}) - H_{\mathrm{m},\gamma}(T_{\Psi}))\Delta T}{T_{\Psi}} \\
&= \frac{\Delta H_{\mathrm{m},\gamma \to \alpha+\beta}(T_{\Psi})\Delta T}{T_{\Psi}}
\end{aligned}
\tag{8.294}
$$

其中

$$\Delta H_{\mathrm{m},\gamma \to \alpha+\beta}(T_{\Psi}) = xH_{\mathrm{m},\alpha}(T_{\Psi}) + yH_{\mathrm{m},\beta}(T_{\Psi}) - H_{\mathrm{m},\gamma}(T_{\Psi})$$

$\Delta H_{\mathrm{m},\gamma \to \alpha+\beta}$ 是相变过程的热焓，为负值。

$$\Delta S_{\mathrm{m},\gamma \to \alpha+\beta}(T_{\Psi}) = \frac{\Delta H_{\mathrm{m},\gamma \to \alpha+\beta}(T_{\Psi})}{T_{\Psi}}$$

$\Delta S_{\mathrm{m},\gamma \to \alpha+\beta}$ 是相变过程的熵变。

$$\Delta T = T_{\Psi} - T$$

式中，T 为相变温度；T_{Ψ} 为相变达到平衡的温度。

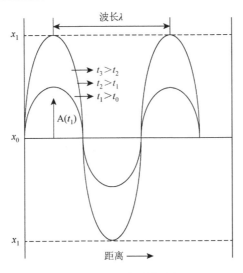

图 8.15　调幅分解图

若 $T = T_\Psi$，则 $\Delta T = 0$，$\Delta G_{\mathrm{m}} = 0$，α、β、γ 三相达到平衡，相变在平衡状态发生。

若 $T < T_\Psi$，则 $\Delta T > 0$，若相变过程放热，则 $\Delta G_{\mathrm{m}} < 0$，相变在非平衡状态发生。

若 $T > T_\Psi$，则 $\Delta T < 0$，若相变过程放热，则 $\Delta G_{\mathrm{m}} > 0$，相变不能发生。

若相变过程吸热，则情况相反。

也可以如下计算：

$$\gamma \longrightarrow \alpha + \beta$$

即

$$\gamma \longrightarrow m(\mathrm{A})_\gamma + n(\mathrm{B})_\gamma$$

$$m(\mathrm{A})_\gamma =\!=\!= m_1(\mathrm{A})_\alpha + m_2(\mathrm{A})_\beta$$

$$n(\mathrm{B})_\gamma =\!=\!= n_1(\mathrm{B})_\alpha + n_2(\mathrm{B})_\beta$$

式中，m、m_1、m_2 和 n、n_1、n_2 为计量系数。

在固溶体 γ、α、β 中的组元 A 和 B 分别以纯固态组元 A 和 B 为标准状态，该过程的摩尔吉布斯自由能变为

$$\Delta G_{\mathrm{m,A}} = m_1 \mu_{(\mathrm{A})_\alpha} + m_2 \mu_{(\mathrm{A})_\beta} - m \mu_{(\mathrm{A})_\gamma}$$

$$= \Delta G_{\mathrm{m,A}}^* + RT\ln \frac{(a_{(\mathrm{A})_\alpha}^{\mathrm{R}})^{m_1} (a_{(\mathrm{A})_\beta}^{\mathrm{R}})^{m_2}}{(a_{(\mathrm{A})_\gamma}^{\mathrm{R}})^m} \tag{8.295}$$

式中

$$\mu_{(A)_\alpha} = \mu_A^* + RT \ln a_{(A)_\alpha}^R$$

$$\mu_{(A)_\beta} = \mu_A^* + RT \ln a_{(A)_\beta}^R$$

$$\mu_{(A)\gamma} = \mu_A^* + RT \ln a_{(A)\gamma}^R$$

$$\Delta G_{m,A}^* = m_1\mu_A^* + m_2\mu_A^* - m\mu_A^* = 0$$

所以

$$\Delta G_{m,A} = RT \ln \frac{(a_{(A)_\alpha}^R)^{m_1}(a_{(A)_\beta}^R)^{m_2}}{(a_{(A)_\gamma}^R)^m} \tag{8.296}$$

$$\Delta G_{m,B} = n_1\mu_{(B)_\alpha} + n_2\mu_{(B)_\beta} - n\mu_{(B)_\gamma}$$

$$= \Delta G_{m,B}^* + RT \ln \frac{(a_{(B)_\alpha}^R)^{n_1}(a_{(B)_\beta}^R)^{n_2}}{(a_{(B)_\gamma}^R)^n}$$

其中

$$\mu_{(B)_\alpha} = \mu_B^* + RT \ln a_{(B)_\alpha}^R$$

$$\mu_{(B)_\beta} = \mu_B^* + RT \ln a_{(B)_\beta}^R$$

$$\mu_{(B)\gamma} = \mu_B^* + RT \ln a_{(B)_\gamma}^R$$

$$\Delta G_{m,B}^* = n_1\mu_B^* + n_2\mu_B^* - n\mu_B^* = 0$$

所以，摩尔吉布斯自由能变为

$$\Delta G_{m,B} = RT \ln \frac{(a_{(B)_\alpha}^R)^{n_1}(a_{(B)_\beta}^R)^{n_2}}{(a_{(B)_\gamma}^R)^n} \tag{8.297}$$

达到平衡，有

$$(A)_\alpha \rightleftharpoons (A)_\beta$$

$$(B)_\alpha \rightleftharpoons (B)_\beta$$

总摩尔吉布斯自由能变为

$$\Delta G_T = \Delta G_A + \Delta G_B = RT \ln \left[\ln \frac{(a_{(A)_\alpha}^R)^{m_1}(a_{(A)_\beta}^R)^{m_2}}{(a_{(A)_\gamma}^R)^m} + \frac{(a_{(B)_\alpha}^R)^{n_1}(a_{(B)_\beta}^R)^{n_2}}{(a_{(B)_\gamma}^R)^n} \right] \tag{8.298}$$

或者如下计算，该过程的摩尔吉布斯自由能变为

$$
\begin{aligned}
\Delta G_{\mathrm{m,A}}(T) &= m_1 \overline{G}_{\mathrm{m,(A)}_\alpha}(T) + m_2 \overline{G}_{\mathrm{m,(A)}_\beta}(T) - m\overline{G}_{\mathrm{m,(A)}_\gamma}(T) \\
&= m_1 (\overline{H}_{\mathrm{m,(A)}_\alpha}(T) - T\overline{S}_{\mathrm{m,(A)}_\alpha}(T)) + m_2 (\overline{H}_{\mathrm{m,(A)}_\beta}(T) - T\overline{S}_{\mathrm{m,(A)}_\beta}(T)) \\
&\quad - m(\overline{H}_{\mathrm{m,(A)}_\gamma}(T) - T\overline{S}_{\mathrm{m,(A)}_\gamma}(T)) \\
&= (m_1 \overline{H}_{\mathrm{m,(A)}_\alpha}(T) + m_2 \overline{H}_{\mathrm{m,(A)}_\beta}(T) - m\overline{H}_{\mathrm{m,(A)}_\gamma}(T)) + T(m_1 \overline{S}_{\mathrm{m,(A)}_\alpha}(T) \\
&\quad - m_2 \overline{S}_{\mathrm{m,(A)}_\beta}(T) - m\overline{S}_{\mathrm{m,(A)}_\gamma}(T)) \\
&\approx (m_1 \overline{H}_{\mathrm{m,(A)}_\alpha}(T_{\Psi}) + m_2 \overline{H}_{\mathrm{m,(A)}_\beta}(T_{\Psi}) - m\overline{H}_{\mathrm{m,(A)}_\gamma}(T_{\Psi})) \\
&\quad - T\frac{m_1 \overline{H}_{\mathrm{m,(A)}_\alpha}(T_{\Psi}) + m_2 \overline{H}_{\mathrm{m,(A)}_\beta}(T_{\Psi}) - m\overline{H}_{\mathrm{m,(A)}_\gamma}(T_{\Psi})}{T_{\Psi}} \\
&= \frac{(m_1 \overline{H}_{\mathrm{m,(A)}_\alpha}(T_{\Psi}) + m_2 \overline{H}_{\mathrm{m,(A)}_\beta}(T_{\Psi}) - m\overline{H}_{\mathrm{m,(A)}_\gamma}(T_{\Psi}))\Delta T}{T_{\Psi}} \\
&= \frac{\Delta H_{\mathrm{m,A}}(T_{\Psi})\Delta T}{T_{\Psi}}
\end{aligned}
\tag{8.299}
$$

同理

$$
\Delta G_{\mathrm{m,B}} = \frac{\Delta H_{\mathrm{m,B}}(T_{\Psi})\Delta T}{T_{\Psi}}
\tag{8.300}
$$

其中

$$
\Delta \overline{H}_{\mathrm{m,A}}(T_{\Psi}) = m_1 H_{\mathrm{m,(A)}_\alpha}(T_{\Psi}) + m_2 \overline{H}_{\mathrm{m,(A)}_\beta}(T_{\Psi}) - m\overline{H}_{\mathrm{m,(A)}_\gamma}
$$

$$
\Delta \overline{H}_{\mathrm{m,B}} = n_1 H_{\mathrm{m,(B)}_\alpha}(T_{\Psi}) + n_2 \overline{H}_{\mathrm{m,(B)}_\beta}(T_{\Psi}) - n\overline{H}_{\mathrm{m,(B)}_\gamma}(T_{\Psi})
$$

为调幅分解过程的焓变。

$$
\Delta T = T_{\Psi} - T
$$

2. 调幅分解的速率

在一定温度和压力条件下，调幅分解过程有

$$
-\frac{n_\gamma}{1} = \frac{n_\alpha}{x} = \frac{n_\beta}{y}
\tag{8.301}
$$

调幅分解的速率

$$
\begin{aligned}
-\frac{\mathrm{d}n_\gamma}{\mathrm{d}t} &= \frac{1}{x}\frac{\mathrm{d}n_\alpha}{\mathrm{d}t} = \frac{1}{y}\frac{\mathrm{d}n_\beta}{\mathrm{d}t} = j_{\gamma \to \alpha+\beta} \\
&= -l_1 \left(\frac{A_{\mathrm{m},\gamma \to \alpha+\beta}}{T}\right) - l_2 \left(\frac{A_{\mathrm{m},\gamma \to \alpha+\beta}}{T}\right)^2 - l_3 \left(\frac{A_{\mathrm{m},\gamma \to \alpha+\beta}}{T}\right)^3 - \cdots
\end{aligned}
\tag{8.302}
$$

其中

$$
A_{\mathrm{m},\gamma \to \alpha+\beta} = \Delta G_{\mathrm{m},\gamma \to \alpha+\beta}
$$

不考虑耦合作用，有

$$-\frac{1}{m_\gamma}\frac{\mathrm{d}n_{(A)_\gamma}}{\mathrm{d}t}=\frac{1}{m_\alpha}\frac{\mathrm{d}n_{(A)_\alpha}}{\mathrm{d}t}=\frac{1}{m_\beta}\frac{\mathrm{d}n_{(A)_\beta}}{\mathrm{d}t}=j_A$$

$$=-l_1\left(\frac{A_{m,A}}{T}\right)-l_2\left(\frac{A_{m,A}}{T}\right)^2-l_3\left(\frac{A_{m,A}}{T}\right)^3-\cdots \qquad (8.303)$$

$$-\frac{1}{m_\gamma}\frac{\mathrm{d}n_{(B)_\gamma}}{\mathrm{d}t}=\frac{1}{m_\alpha}\frac{\mathrm{d}n_{(B)_\alpha}}{\mathrm{d}t}=\frac{1}{m_\beta}\frac{\mathrm{d}n_{(B)_\beta}}{\mathrm{d}t}=j_B$$

$$=-l_1\left(\frac{A_{m,B}}{T}\right)-l_2\left(\frac{A_{m,B}}{T}\right)^2-l_3\left(\frac{A_{m,B}}{T}\right)^3-\cdots \qquad (8.304)$$

考虑耦合作用，有

$$-\frac{1}{m_\gamma}\frac{\mathrm{d}n_{(A)_\gamma}}{\mathrm{d}t}=\frac{1}{m_\alpha}\frac{\mathrm{d}n_{(A)_\alpha}}{\mathrm{d}t}=\frac{1}{m_\beta}\frac{\mathrm{d}n_{(A)_\beta}}{\mathrm{d}t}=j_A$$

$$=-l_{11}\left(\frac{A_{m,A}}{T}\right)-l_{12}\left(\frac{A_{m,B}}{T}\right)-l_{111}\left(\frac{A_{m,A}}{T}\right)^2$$

$$-l_{112}\left(\frac{A_{m,A}}{T}\right)\left(\frac{A_{m,B}}{T}\right)-l_{122}\left(\frac{A_{m,B}}{T}\right)^2 \qquad (8.305)$$

$$-l_{1111}\left(\frac{A_{m,A}}{T}\right)^3-l_{1112}\left(\frac{A_{m,A}}{T}\right)^2\left(\frac{A_{m,B}}{T}\right)$$

$$-l_{1122}\left(\frac{A_{m,A}}{T}\right)\left(\frac{A_{m,B}}{T}\right)^2-l_{1222}\left(\frac{A_{m,B}}{T}\right)^3-\cdots$$

$$-\frac{1}{m_\gamma}\frac{\mathrm{d}n_{(B)_\gamma}}{\mathrm{d}t}=\frac{1}{m_\alpha}\frac{\mathrm{d}n_{(B)_\alpha}}{\mathrm{d}t}=\frac{1}{m_\beta}\frac{\mathrm{d}n_{(B)_\beta}}{\mathrm{d}t}=j_B$$

$$=-l_{21}\left(\frac{A_{m,A}}{T}\right)-l_{22}\left(\frac{A_{m,B}}{T}\right)-l_{211}\left(\frac{A_{m,A}}{T}\right)^2$$

$$-l_{212}\left(\frac{A_{m,A}}{T}\right)\left(\frac{A_{m,B}}{T}\right)-l_{222}\left(\frac{A_{m,B}}{T}\right)^2 \qquad (8.306)$$

$$-l_{2111}\left(\frac{A_{m,A}}{T}\right)^3-l_{2112}\left(\frac{A_{m,A}}{T}\right)^2\left(\frac{A_{m,B}}{T}\right)$$

$$-l_{2122}\left(\frac{A_{m,A}}{T}\right)\left(\frac{A_{m,B}}{T}\right)^2-l_{2222}\left(\frac{A_{m,B}}{T}\right)^3-\cdots$$

其中

$$A_{m,A}=\Delta G_{m,A}$$

$$A_{m,B} = \Delta G_{m,B}$$

8.4.5　奥氏体相变

1. 奥氏体相变的热力学

1）由渗碳体+珠光体转变为奥氏体

图 8.16 是部分 Fe-C 相图。在恒压条件下，把组成点为 P 的物质加热升温。温度升至 T_E，物质组成点为 P_E。在组成点为 P_E 的物质中，有符合共晶点组成的珠光体和 Fe_3C。珠光体是由铁素体和渗碳体按确定比例形成的共晶相。

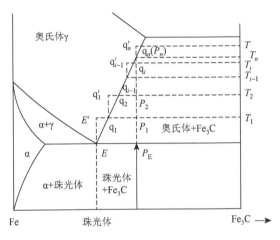

图 8.16　部分 Fe-C 相图

在温度 T_E，由铁素体和渗碳体形成的共晶相——珠光体转变为奥氏体，可以表示为

$$E(珠光体) \longrightarrow E(奥氏体)$$

即

$$x_1\alpha + x_2Fe_3C \Longleftrightarrow x_1(\alpha)_{E(\gamma)} + x_2(Fe_3C)_{E(\gamma)}$$

或

$$\alpha \Longleftrightarrow (\alpha)_{E(\gamma)}$$

$$Fe_3C \Longleftrightarrow (Fe_3C)_{E(\gamma)}$$

式中，E（珠光体）表示珠光体，α 表示铁素体，Fe_3C 为渗碳体。E（奥氏体）和 $E(\gamma)$ 表示组成为 E 的奥氏体，x_1 和 x_2 分别为组成共晶相 E（珠光体）的组元 α（铁

素体）和 Fe_3C（渗碳体）的摩尔分数，并有

$$x_1 + x_2 = 1$$

该过程的摩尔吉布斯自由能变为

$$\begin{aligned}
\Delta G_{m,\alpha} &= \bar{G}_{m,(\alpha)_{E(\gamma)}} - G_{m,\alpha} \\
&= (\bar{H}_{m,(\alpha)_{E(\gamma)}} - T_E \bar{S}_{m,(\alpha)_{E(\gamma)}}) - (H_{m,\alpha} - T_E S_{m,\alpha}) \\
&= \Delta H_{m,\alpha} - T_E S_{m,\alpha} \\
&= \Delta H_{m,\alpha} - T_E \frac{\Delta H_{m,\alpha}}{T_E} \\
&= 0
\end{aligned} \tag{8.307}$$

$$\begin{aligned}
\Delta G_{m,Fe_3C} &= \bar{G}_{m,(Fe_3C)_{E(\gamma)}} - G_{m,Fe_3C} \\
&= (\bar{H}_{m,(Fe_3C)_{E(\gamma)}} - T_E \bar{S}_{m,(Fe_3C)_{E(\gamma)}}) - (H_{m,Fe_3C} - T_E S_{m,Fe_3C}) \\
&= \Delta H_{m,Fe_3C} - T_E S_{m,Fe_3C} \\
&= \Delta H_{m,Fe_3C} - T_E \frac{\Delta H_{m,Fe_3C}}{T_E} \\
&= 0
\end{aligned} \tag{8.308}$$

$$\begin{aligned}
\Delta G_{m,E} &= x_1 \Delta G_{m,\alpha} + x_2 \Delta G_{m,Fe_3C} \\
&= (x_1 \Delta H_{m,\alpha} + x_2 \Delta H_{m,Fe_3C}) - \frac{T_E(x_1 H_{m,\alpha} + x_2 \Delta H_{m,Fe_3C})}{T_E} \\
&= 0
\end{aligned} \tag{8.309}$$

或者如下计算：

$$\begin{aligned}
\Delta G_{m,E(\gamma)}(T_E) &= G_{m,E(\gamma)} - x_1 G_{m,\alpha} - x_2 G_{m,Fe_3C} \\
&= (H_{m,E(\gamma)} - T_E S_{m,E(\gamma)}) - x_1(H_{m,\alpha} - T_E S_{m,\alpha}) - x_2(H_{m,Fe_3C} - T_E S_{m,Fe_3C}) \\
&= (H_{m,E(\gamma)} - H_{m,\alpha} - H_{m,Fe_3C}) - T_E(S_{m,E(\gamma)} - T_E S_{m,\alpha} - T_E S_{m,Fe_3C}) \\
&= \Delta H_m - T_E S_m \\
&= \Delta H_m - T_E \frac{\Delta H_m}{T_E} \\
&= 0
\end{aligned} \tag{8.310}$$

或者如下计算：α 和 Fe_3C 都以纯固态为标准状态，组成以摩尔分数表示，有

$$\begin{aligned}
\Delta G_{m,\alpha} &= \mu_{(\alpha)_{E(\gamma)}} - \mu_\alpha \\
&= RT \ln a_{(\alpha)_{E(\gamma)}} \\
&= RT \ln a_{(\alpha)_{饱}} \\
&= 0
\end{aligned} \tag{8.311}$$

$$\Delta G_{\mathrm{m,Fe_3C}} = \mu_{(Fe_3C)_{E(\gamma)}} - \mu_{Fe_3C}$$
$$= RT \ln a_{(Fe_3C)_{E(\gamma)}}$$
$$= RT \ln a_{(Fe_3C)_{飽}} \tag{8.312}$$
$$= 0$$

其中

$$\mu_\alpha = \mu_\alpha^*$$
$$\mu_{(\alpha)_{E(\gamma)}} = \mu_\alpha^* + RT \ln a_{(\alpha)_{E(\gamma)}} = \mu_\alpha^* + RT \ln a_{(\alpha)_{飽}}$$
$$\mu_{Fe_3C} = \mu_{Fe_3C}^*$$
$$\mu_{(Fe_3C)_{E(\gamma)}} = \mu_{Fe_3C}^* + RT \ln a_{(Fe_3C)_{E(\gamma)}} = \mu_{Fe_3C}^* + RT \ln a_{(Fe_3C)_{飽}} = 0$$
$$\Delta G_{\mathrm{m,E(\gamma)}} = x_1 G_{\mathrm{m,\alpha}} + x_2 G_{\mathrm{m,Fe_3C}} = 0 \tag{8.313}$$

在温度 T_E，组成为 $E(\gamma)$ 的奥氏体和组成为珠光体的铁素体 α、渗碳体 Fe_3C 平衡。相变的吉布斯自由能为零。

升高温度到 T_1，物质组成点到达 P_1。组成为 E' 的珠光体向奥氏体 $E(\gamma)$ 转变。可以表示为

$$x_1\alpha + x_2 Fe_3C \Longrightarrow E(\gamma)$$

该过程的摩尔吉布斯自由能变为

$$\Delta G_{\mathrm{m,E(\gamma)}}(T_1) = G_{\mathrm{m,E(\gamma)}}(T_1) - x_1 G_{\mathrm{m,\alpha}}(T_1) - x_2 G_{Fe_3C}(T_1)$$
$$= (H_{\mathrm{m,E(\gamma)}}(T_1) - x_1 H_{\mathrm{m,\alpha}}(T_1) - x_2 H_{\mathrm{m,Fe_3C}}(T_1)) - T_1(S_{\mathrm{m,E(\gamma)}}(T_1) - x_1 S_{\mathrm{m,\alpha}}(T_1) - x_2 S_{\mathrm{m,Fe_3C}}(T_1))$$
$$\approx (H_{\mathrm{m,E(\gamma)}}(T_E) - x_1 H_{\mathrm{m,\alpha}}(T_E) - x_2 H_{\mathrm{m,Fe_3C}}(T_E))$$
$$- \frac{T_1(H_{\mathrm{m,E(\gamma)}}(T_E) - x_1 H_{\mathrm{m,\alpha}}(T_E) - x_2 H_{\mathrm{m,Fe_3C}}(T_E))}{T_E}$$
$$= \frac{\Delta H_{\mathrm{m,E(\gamma)}}(T_E)\Delta T}{T_E} \tag{8.314}$$

其中

$$\Delta H_{\mathrm{m,E(\gamma)}}(T_E) = H_{\mathrm{m,E(\gamma)}}(T_E) - x_1 H_{\mathrm{m,\alpha}}(T_E) - x_2 H_{\mathrm{m,Fe_3C}}(T_E)$$

$\Delta H_{\mathrm{m,E(\gamma)}}(T_E)$ 是 x_1 mol α 和 x_2 mol Fe_3C 转化为 1mol 奥氏体的相变潜热，为正值；

$$\Delta T = T_E - T_1 < 0$$

或如下计算：各组元都以其纯固态为标准状态，组成以摩尔分数表示，有

$$\Delta G_{\mathrm{m,E(\gamma)}} = G_{\mathrm{m,E(\gamma)}} - x_1 G_{\mathrm{m,E(\gamma)}} - x_2 G_{Fe_3C}$$
$$\Delta G_{\mathrm{m,E(\gamma)}} = (x_{(Fe)E(\gamma)}\mu_{(Fe)E(\gamma)} + x_{(C)_{E(\gamma)}}\mu_{(C)_{E(\gamma)}}) - x_1(x_{(Fe)_\alpha}\mu_{(Fe)_\alpha} + x_{(C)_\alpha}\mu_{(C)_\alpha}) - x_2 G_{\mathrm{m,Fe_3C}} \tag{8.315}$$
$$x_1 + x_2 = 1$$

其中

$$\mu_{(Fe)_{E(\gamma)}} = \mu_{Fe_{(s)}}^* + RT \ln a_{(Fe)_{E(\gamma)}}^R$$

$$\mu_{(C)_{E(\gamma)}} = \mu_{C_{(s)}}^* + RT \ln a_{(C)_{E(\gamma)}}^R$$

$$\mu_{(Fe)\alpha} = \mu_{Fe_{(s)}}^* + RT \ln a_{(Fe)\alpha}^R$$

$$\mu_{(C)\alpha} = \mu_{C_{(s)}}^* + RT \ln a_{(C)_\alpha}^R$$

$$G_{m,Fe_3C} = G_{m,Fe_3C}^*$$

将上面各式代入式（8.315），得

$$\Delta G_{m,E(\gamma)} = \Delta G_{m,E(\gamma)}^* + RT \ln \frac{(a_{(Fe)_{E(\gamma)}}^R)^{x_{(Fe)E(\gamma)}} (a_{(C)_{E(\gamma)}}^R)^{x_{(C)E(\gamma)}}}{(a_{(Fe)\alpha}^R)^{x_1 x_{(Fe)\alpha}} (a_{(C)_\alpha}^R)^{x_1 x_{(C)\alpha}}} \tag{8.316}$$

其中

$$\Delta G_{m,\gamma}^* = x_{(Fe)E(\gamma)}\mu_{Fe_{(s)}}^* - x_1 x_{(Fe)\alpha}\mu_{Fe_{(s)}}^* + x_{(C)E(\gamma)}\mu_{C_{(s)}}^* - x_1 x_{(C)\alpha}\mu_{C_{(s)}}^* - x_2 G_{m,Fe_3C}^*$$
$$= -RT \ln K_{E(\gamma)}$$

$$K_{E(\gamma)} = \frac{(a_{(Fe)_{E(\gamma)}}^R)^{x_{(Fe)E(\gamma)}} (a_{(C)_{E(\gamma)}}^R)^{x_{(C)E(\gamma)}}}{(a_{(Fe)\alpha}^R)^{x_1 x_{(Fe)\alpha}} (a_{(C)_\alpha}^R)^{x_1 x_{(C)\alpha}}}$$

直到组成为 E 的珠光体完全转变为奥氏体。这时，组成为 E(γ) 的奥氏体中 Fe_3C 还未达到饱和，Fe_3C 会向奥氏体 E(γ) 中溶解，有

$$Fe_3C \Longrightarrow (Fe_3C)_{E(\gamma)}$$

该过程的摩尔吉布斯自由能变为

$$\Delta G_m(T_1) = \bar{G}_{m,(Fe_3C)_{E(\gamma)}}(T_1) - G_{m,Fe_3C}(T_1)$$
$$= (H_{m,(Fe_3C)_{E(\gamma)}}(T_1) - T_1 S_{m,(Fe_3C)_{E(\gamma)}}(T_1)) - (H_{m,Fe_3C}(T_1) - S_{m,Fe_3C}(T_1))$$
$$= \Delta H_m(T_1) - T_1 \Delta S_m(T_1)$$
$$\approx \Delta H_m(T_E) - T_1 \frac{\Delta H_m(T_E)}{T_E}$$
$$= \frac{\Delta H_m(T_E)\Delta T}{T_E} \tag{8.317}$$

其中

$$\Delta T = T_E - T_1 < 0$$

或者如下计算：以纯固态 Fe_3C 为标准状态，组成以摩尔分数表示，则

$$\Delta G_m = \mu_{(Fe_3C)_{E(\gamma)}} - \mu_{Fe_3C}$$
$$= RT \ln a_{(Fe_3C)_{E(\gamma)}}$$

其中

$$\mu_{(Fe_3C)_{E(\gamma)}} = \mu^*_{Fe_3C} + RT \ln a_{(Fe_3C)_{E(\gamma)}}$$

$$\mu_{Fe_3C} = \mu^*_{Fe_3C}$$

直到渗碳体 Fe_3C 在奥氏体 γ 中溶解达到饱和，Fe_3C 和奥氏体 γ 相达成新的平衡。平衡相组成为共晶线上的 q_1 点，有

$$Fe_3C \rightleftharpoons (Fe_3C)_{q_1} =\!=\!= (Fe_3C)_{饱}$$

从温度 T_1 到温度 T_n，随着温度的升高，组元 Fe_3C 不断地向 γ 相中溶解，该过程可以描述如下：

在温度 T_{i-1}，Fe_3C 和 γ 相达成平衡，Fe_3C 在 γ 相中的溶解达到饱和。平衡组成为共晶线上的 q_{i-1} 点，有

$$Fe_3C \rightleftharpoons (Fe_3C)_{\gamma} =\!=\!= (Fe_3C)_{饱}$$

$$(i=1,2,\cdots,n)$$

继续升高温度至 T_i，Fe_3C 还未来得及溶解进入 γ 相时，γ 相组成仍然与 q_{i-1} 相同，但是已由 Fe_3C 饱和的 q_{i-1} 变成不饱和的 q'_{i-1}。因此，Fe_3C 向 γ 相 q'_{i-1} 中溶解。γ 相组成由 q'_{i-1} 向该温度的平衡相组成 q_i 转变，物质组成点由 p_{i-1} 向 p_i 转变。该过程可以表示为

$$Fe_3C =\!=\!= (Fe_3C)_{q'_{i-1}}$$

$$(i=1,2,\cdots,n)$$

该过程的摩尔吉布斯自由能变为

$$\begin{aligned}
\Delta G_{m,Fe_3C}(T_i) &= \bar{G}_{m,(Fe_3C)q'_{i-1}}(T_i) - G_{m,Fe_3C}(T_i) \\
&= (\bar{H}_{m,(Fe_3C)q'_{i-1}}(T_i) - T_i\bar{S}_{m,(Fe_3C)q'_{i-1}}(T_i)) - (H_{m,Fe_3C}(T_i) - T_iS_{m,Fe_3C}(T_i)) \\
&= \Delta_{sol}H_{m,Fe_3C}(T_i) - T_i\Delta_{sol}S_{m,Fe_3C}(T_i) \\
&\approx \frac{\Delta_{sol}H_{m,Fe_3C}(T_{i-1})\Delta T}{T_{i-1}}
\end{aligned} \quad (8.318)$$

式中，$\Delta_{sol}H_{m,(Fe_3C)}$、$\Delta_{sol}S_{m,(Fe_3C)}$ 分别为 Fe_3C 的溶解焓、溶解熵。

$$\Delta_{sol}S_{m,Fe_3C}(T_i) = \Delta_{sol}S_{m,Fe_3C}(T_{i-1}) = \frac{\Delta_{sol}H_{m,Fe_3C}(T_{i-1})}{T_{i-1}}$$

$$\Delta T = T_{i-1} - T_i < 0$$

或者如下计算，Fe_3C 以其纯固态为标准状态，浓度以摩尔分数表示，有

$$\Delta G_{m,Fe_3C} = \mu_{(Fe_3C)q'_{i-1}} - \mu_{Fe_3C} = RT \ln a^R_{(Fe_3C)q'_{i-1}}$$

其中

$$\mu_{(Fe_3C)q'_{i-1}} = \mu^*_{Fe_3C} + RT \ln a^R_{(Fe_3C)q'_{i-1}}$$

$$\mu_{Fe_3C} = \mu^*_{Fe_3C}$$

直到 Fe₃C 在 γ 相中的溶解达到饱和，Fe₃C 和奥氏体相达成新的平衡。平衡相组成为共晶线上的点 q_i，有

$$Fe_3C \rightleftharpoons (Fe_3C)_{q_i} =\!=\!= (Fe_3C)_{饱}$$

在温度 T_n，Fe₃C 和 γ 相达成平衡，Fe₃C 在 γ 相中的溶解到饱和，平衡相组成为共晶线上的 q_n 点，有

$$Fe_3C \rightleftharpoons (Fe_3C)_{q_n} =\!=\!= (Fe_3C)_{饱}$$

温度升到高于 T_n 的温度 T。在温度刚升至 T，Fe₃C 还未来得及溶解进入 γ 相时，γ 相组成仍与 q_n 相同。但是，已由 Fe₃C 的饱和相 q_n 变成其不饱和相 q'_n。剩余的 Fe₃C 向其中溶解，有

$$Fe_3C =\!=\!= (Fe_3C)_{q'_n}$$

该过程的摩尔吉布斯自由能变为

$$\Delta G_{m,Fe_3C}(T) = \bar{G}_{m,(Fe_3C)q'_n}(T) - G_{m,Fe_3C}(T)$$
$$= \Delta_{sol}H_{m,Fe_3C}(T) - T\Delta_{sol}S_{m,Fe_3C}(T)$$
$$\approx \frac{\Delta_{sol}H_{m,Fe_3C}(T_n)\Delta T}{T_n} \tag{8.319}$$

其中

$$\Delta T = T_n - T < 0$$

或者如下计算：以纯固态 Fe₃C 为标准状态，浓度以摩尔分数表示，有

$$\Delta G_{m,Fe_3C} = \mu_{(Fe_3C)q'_n} - \mu_{Fe_3C} = RT \ln a^R_{(Fe_3C)q'_n} \tag{8.320}$$

其中

$$\mu_{(Fe_3C)q'_n} = \mu^*_{(Fe_3C)} + RT \ln a^R_{(Fe_3C)q'_n}$$

$$\mu_{Fe_3C} = \mu^*_{(Fe_3C)}$$

直到 Fe₃C 完全溶解进入 γ 相，奥氏体转变完成。

2）由铁素体+珠光体转变为奥氏体

在恒压条件下，把组成点为 Q 的物质加热升温。温度升至 T_E，物质组成点为 Q_E，在组成点为 Q_E 的物质中，有符合共晶点组成的珠光体和过量的铁素体 α（图 8.17）。

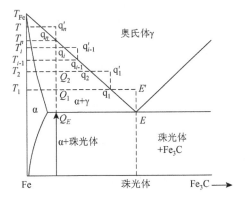

图 8.17　部分 Fe-C 相图

在温度 T_E，珠光体转变为奥氏体，可以表示为

$$E(珠光体) \rightleftharpoons E(奥氏体)$$

即

$$x_1\alpha + x_2Fe_3C \rightleftharpoons E(\gamma)$$

或

$$\alpha \rightleftharpoons (\alpha)_{E(\gamma)}$$

$$Fe_3C \rightleftharpoons (Fe_3C)_{E(\gamma)}$$

相变在平衡状态下进行，吉布斯自由能变为零。

温度升高到 T_1，物质组成点到达 Q_1，组成为 E 的珠光体向奥氏体 E(γ)转变，可以表示为

$$x_1\alpha + x_2Fe_3C \rightleftharpoons E(\gamma)$$

相变在非平衡状态下进行，摩尔吉布斯自由能变同式（8.314）、式（8.316）。

直到组成为 E 的珠光体完全转变为奥氏体。这时组成为 E(γ)的奥氏体中铁素体 α 还未达到饱和，α 会向奥氏体 E(γ)中溶解，有

$$\alpha \rightleftharpoons (\alpha)_{E(\gamma)}$$

该过程的摩尔吉布斯自由能变为

$$\begin{aligned}
\Delta G_m(T_1) &= \bar{G}_{m,(\alpha)_{E(\gamma)}}(T_1) - G_{m,\alpha}(T_1) \\
&= (\bar{H}_{m,(\alpha)_{E(\gamma)}}(T_1) - T_1\bar{S}_{m,(\alpha)_{E(\gamma)}}(T_1)) - (H_{m,\alpha}(T_1) - S_{m,\alpha}(T_1)) \\
&= \Delta H_m(T_1) - T_1\Delta S_m(T_1) \\
&\approx \Delta H_m(T_E) - T_1\frac{\Delta H_m(T_E)}{T_E} \\
&= \frac{\Delta H_m(T_E)\Delta T}{T_E}
\end{aligned} \tag{8.321}$$

或者如下计算：以纯固态铁素体为标准状态，组成以摩尔分数表示，则

$$\Delta G_{\mathrm{m}} = \mu_{(\alpha)_{\mathrm{E}(\gamma)}} - \mu_{\alpha}$$

$$= RT \ln a_{(\alpha)_{\mathrm{E}(\gamma)}}^{\mathrm{R}} \tag{8.322}$$

其中

$$\mu_{(\alpha)_{\mathrm{E}(\gamma)}} = \mu_{\alpha(\mathrm{s})}^{*} + RT \ln a_{(\alpha)_{\mathrm{E}(\gamma)}}^{\mathrm{R}}$$

$$\mu_{\alpha} = \mu_{\alpha}^{*}$$

直到铁素体 α 在奥氏体 γ 中的溶解达到饱和，α 和奥氏体 γ 达成新的平衡。平衡相组成为共晶线 E(γ)-Fe 上的 R_1 点，有

$$\alpha \underset{\rule{0pt}{0pt}}{\overset{\rule{0pt}{0pt}}{\rightleftharpoons}} (\alpha)_{R_1} =\!=\!=\!= (\alpha)_{饱}$$

从温度 T_1 到温度 T_n，随着温度的升高，组元 α 不断地向 γ 相中溶解，该过程可以描述如下：

在温度 T_{i-1}，α 和 γ 相达成平衡，α 在 γ 相中的溶解达到饱和。平衡组成为共晶线 E_γ-Fe 上的 R_{i-1} 点，有

$$\alpha \underset{\rule{0pt}{0pt}}{\overset{\rule{0pt}{0pt}}{\rightleftharpoons}} (\alpha)_{\gamma} =\!=\!=\!= (\alpha)_{饱}$$

继续升高温度值 T_i，α 还未来得及溶解进入 γ 相时，γ 相组成仍然与 R_{i-1} 相同，但是已由 α 饱和的 R_{i-1} 变成不饱和的 R'_{i-1}。因此，α 向 γ 相 R'_{i-1} 中溶解。γ 相组成由 R'_{i-1} 向该温度的平衡相组成 R_i 转变，物质组成点由 Q_{i-1} 向 Q_i 转变。该过程可以表示为

$$\alpha =\!=\!=\!= (\alpha)_{R'_{i-1}}$$

$$(i = 1, 2, 3, \cdots)$$

该过程的摩尔吉布斯自由能变为

$$\Delta G_{\mathrm{m},\alpha}(T_i) = \bar{G}_{\mathrm{m},(\alpha)_{R'_{i-1}}}(T_i) - G_{\mathrm{m},\alpha}(T_i)$$

$$= (\bar{H}_{\mathrm{m},(\alpha)_{R'_{i-1}}}(T_i) - T_i \bar{S}_{\mathrm{m},(\alpha)_{R'_{i-1}}}(T_i)) - (H_{\mathrm{m},\alpha}(T_i) - T_i S_{\mathrm{m},\alpha}(T_i))$$

$$= \Delta_{\mathrm{sol}} H_{\mathrm{m},\alpha}(T_i) - T_i \Delta_{\mathrm{sol}} S_{\mathrm{m},\alpha}$$

$$\approx \frac{\Delta_{\mathrm{sol}} H_{\mathrm{m},\alpha}(T_{i-1}) \Delta T}{T_{i-1}} \tag{8.323}$$

式中，$\Delta_{\mathrm{sol}} H_{\mathrm{m},\alpha}$、$\Delta_{\mathrm{sol}} S_{\mathrm{m},\alpha}$ 分别为 α 的溶解焓、溶解熵。

$$\Delta_{\mathrm{sol}} H_{\mathrm{m},\alpha}(T_i) \approx \Delta_{\mathrm{sol}} H_{\mathrm{m},\alpha}(T_{i-1})$$

$$\Delta_{\mathrm{sol}} S_{\mathrm{m},\alpha}(T_i) \approx \Delta_{\mathrm{sol}} S_{\mathrm{m},\alpha}(T_{i-1}) = \frac{\Delta_{\mathrm{sol}} H_{\mathrm{m},\alpha}(T_{i-1})}{T_{i-1}}$$

$$\Delta T = T_{i-1} - T_i < 0$$

或者如下计算：α 以其纯固态为标准状态，浓度以摩尔分数表示，有

$$\Delta G_{\mathrm{m},\alpha} = \mu_{(\alpha)_{R'_{i-1}}} - \mu_{\alpha}$$

$$= RT \ln a_{(\alpha)_{R'_{i-1}}}^{\mathrm{R}}$$

其中

$$\mu_{(\alpha)_{R_{i-1}}} = \mu_\alpha^* + RT \ln a_{(\alpha)_{R_{i-1}}}^R$$

$$\mu_\alpha = \mu_\alpha^*$$

直到 α 在 γ 相中的溶解达饱和，α 和奥氏体相达成新的平衡。平衡相组成为共晶线 E_γ-Fe 上的 R_i 点，有

$$\alpha \rightleftharpoons (\alpha)_{R_i} \rightleftharpoons (\alpha)_{饱}$$

在温度 T_n，α 和 γ 相达成平衡，平衡相组成为共晶线上的 R_n 点，有

$$\alpha \rightleftharpoons (\alpha)_{R_n} \rightleftharpoons (\alpha)_{饱}$$

温度升到高于 T_n 的温度 T。在温度刚升至 T，α 还未来得及溶解进入 γ 相时，γ 相组成仍与 R_n 点相同。但是，已由 α 饱和的 R_n 变成其不饱和的 R_n'。剩余的 α 向其中溶解，有

$$\alpha === (\alpha)_{R_n'}$$

该过程的摩尔吉布斯自由能变为

$$\Delta G_{m,\alpha}(T) = \bar{G}_{m,(\alpha)_{R_i}}(T) - G_{m,\alpha}(T)$$

$$= \Delta_{sol}H_{m,(\alpha)_{R_i}}(T) - T\Delta_{sol}S_{m,\alpha}(T)$$

$$\approx \frac{\Delta_{sol}H_{m,\alpha}(T_n)\Delta T}{T_n} \qquad (8.324)$$

其中

$$\Delta T = T_n - T < 0$$

或者如下计算：以纯固态 α 为标准状态，浓度以摩尔分数表示，有

$$\Delta G_{m,\alpha} = \mu_{(\alpha)_{R_n'}} - \mu_\alpha$$

$$= RT \ln a_{(\alpha)_{R_n'}}^R$$

其中

$$\mu_{(\alpha)_{R_n'}} = \mu_\alpha^* + RT \ln a_{(\alpha)_{R_n'}}^R$$

$$\mu_\alpha = \mu_\alpha^*$$

直到 α 完全溶解进入 γ 相，奥氏体转变完成。

2. 奥氏体相变的速率

1）由渗碳体+珠光体转变为奥氏体

（1）在温度 T_1。

压力恒定，在温度 T_1，渗碳体+珠光体转变为奥氏体的速率为

$$\frac{dn_{E(\gamma)}}{dt} = -\frac{1}{x_1}\frac{dn_\alpha}{dt} = -\frac{1}{x_2}\frac{dn_{Fe_3C}}{dt} = j_{E(\gamma)}$$

$$= -l_1\left(\frac{A_{m,E(\gamma)}}{T}\right) - l_2\left(\frac{A_{m,E(\gamma)}}{T}\right)^2 - l_3\left(\frac{A_{m,E(\gamma)}}{T}\right)^3 - \cdots \qquad (8.325)$$

其中

$$A_{m,E(\gamma)} = \Delta G_{m,E(\gamma)}$$

多余的 Fe_3C 继续向奥氏体溶解，有

$$\frac{dn_{(Fe_3C)_{E(\gamma)}}}{dt} = -\frac{dn_{Fe_3C}}{dt} = j_{Fe_3C}$$

$$= -l_1\left(\frac{A_m}{T}\right) - l_2\left(\frac{A_m}{T}\right)^2 - l_3\left(\frac{A_m}{T}\right)^3 - \cdots \tag{8.326}$$

其中

$$A_m = \Delta G_m$$

（2）从温度 T_2 到 T。

压力恒定，在温度 T_i，Fe_3C 的溶解速率为

$$\frac{dn_{(Fe_3C)_{q_{i-1}}}}{dt} = -\frac{dn_{Fe_3C}}{dt} = j_{Fe_3C}$$

$$= -l_1\left(\frac{A_{m,Fe_3C}}{T}\right) - l_2\left(\frac{A_{m,Fe_3C}}{T}\right)^2 - l_3\left(\frac{A_{m,Fe_3C}}{T}\right)^3 - \cdots \tag{8.327}$$

其中

$$A_{m,Fe_3C} = \Delta G_{m,Fe_3C}$$

2）由铁素体+珠光体转变为奥氏体

（1）在温度 T_1。

压力恒定，在温度 T_1，铁素体+珠光体转变为奥氏体速率同上式。

多余的珠光体继续向奥氏体中溶解，有

$$\frac{dn_{(\alpha)_{E(\gamma)}}}{dt} = -\frac{dn_\alpha}{dt} = j_\alpha$$

$$= -l_1\left(\frac{A_m}{T}\right) - l_2\left(\frac{A_m}{T}\right)^2 - l_3\left(\frac{A_m}{T}\right)^3 - \cdots \tag{8.328}$$

其中

$$A_m = \Delta G_m$$

（2）从温度 T_2 到 T。

压力恒定，在温度 T_k，α 的溶解速率为

$$\frac{dn_{(\alpha)_{R_{i-1}}}}{dt} = -\frac{dn_\alpha}{dt} = j_\alpha$$

$$= -l_1\left(\frac{A_{m,\alpha}}{T}\right) - l_2\left(\frac{A_{m,\alpha}}{T}\right)^2 - l_3\left(\frac{A_{m,\alpha}}{T}\right)^3 - \cdots \tag{8.329}$$

其中

$$A_{m,\alpha} = \Delta G_{m,\alpha}$$

参 考 文 献

德格鲁脱 S R，梅休尔 P. 1981. 非平衡态热力学. 陆全康，译. 上海：上海科学技术出版社

傅崇说. 1979. 冶金溶液热力学原理与计算. 北京：冶金工业出版社

韩其勇. 1983. 冶金过程动力学. 北京：冶金工业出版社

胡赓祥，钱苗根. 1980. 金属学. 上海：上海科学技术出版社

华一新. 2004. 冶金动力学导论. 北京：冶金工业出版社

李文超. 1996. 冶金与材料物理化学. 北京：冶金工业出版社

梁连科，车荫昌，杨怀，等. 1990. 冶金热力学及动力学. 沈阳：东北工学院出版社

莫鼎成. 1987. 冶金动力学. 长沙：中南工业大学出版社

潘金生，田民波，仝健民. 2011. 材料科学基础（修订版）. 北京：清华大学出版社

魏寿昆. 1964. 活度在冶金物理化学中的应用. 北京：中国工业出版社